复旦大学研究生教材资助项目

U0170273

复旦大学研究生数学基础课程系列教材

算子理论基础

（第二版）

郭坤宇·编著

A Basic Course
in Operator Theory

复旦大學 出版社

图书在版编目（CIP）数据

算子理论基础/郭坤宇编著. —2 版. —上海：复旦大学出版社，2022.9（2024.9 重印）
ISBN 978-7-309-16090-1

Ⅰ.①算⋯　Ⅱ.①郭⋯　Ⅲ.①算子-研究生-教材　Ⅳ.①O177

中国版本图书馆 CIP 数据核字（2021）第 280609 号

算子理论基础
郭坤宇　编著
责任编辑/陆俊杰

复旦大学出版社有限公司出版发行
上海市国权路 579 号　邮编：200433
网址：fupnet@ fudanpress. com　http://www.fudanpress. com
门市零售：86-21-65102580　团体订购：86-21-65104505
出版部电话：86-21-65642845
上海四维数字图文有限公司

开本 787 毫米×960 毫米　1/16　印张 22.5　字数 417 千字
2024 年 9 月第 2 版第 2 次印刷

ISBN 978-7-309-16090-1/O・709
定价：89.00 元

总　序

　　复旦大学数学科学学院（其前身为复旦大学数学系）一直有重视基础课教学、认真编辑出版优秀教材的传统. 当我于1953年进入复旦数学系就读时，苏步青先生当年在浙江大学任教时经多年使用修改后出版的《微分几何》教材，习题中收集了不少他自己的研究成果，就给我留下了深刻的印象. 那时，我们所用的教材，差不多都是翻译过来的苏联教材，但陈建功先生给我们上实函数论的课，用的却是他自编的讲义，使我受益匪浅. 这本教材经使用及修改后，后来也在科学出版社正式出版.

　　复旦数学系大规模地组织编写本科生的基础课程教材，开始于"大跃进"的年代. 当时曾发动了很多并未学过有关课程的学生和教师一起夜以继日地编写教材，大家的热情与干劲虽可佳，但匆促上阵、匆促出版，所编的教材实际上乏善可陈，疏漏之处也颇多. 尽管出版后一时颇得宣传及表彰，但并没有起到积极的作用，连复旦数学系自己也基本上没有使用过. 到了1962年，在"调整、巩固、充实、提高"方针的指引下，才以复旦大学数学系的名义，由上海科技出版社出版了一套大学数学本科基础课的教材，在全国产生了较大的影响，也实现了用中国自编的教材替代苏联翻译教材的目标，在中国高等数学的教育史上应该留下一个印记.

　　到了改革开放初期，由于十年"文革"刚刚结束，百废待兴，为了恢复正常的教学秩序，进一步提高教学质量，复旦数学系又组织编写了新一轮的本科基础课程教材系列，仍由上海科技出版社出版，发挥了拨乱反正的积极作用，同样产生了较大的影响.

　　其后，复旦的数学学科似乎没有再组织出版过系列教材，客观上可能是在种种评估及考核指标中教学所占的权重已较多地让位于科研，而教材（包括专著）的出版既费时费力，又往往得不到足够重视的缘故. 尽管如此，复旦的数学学科仍结合教学的实践，陆陆续续地出版了一些本科基础课程及研究生基础课程的新编教材，其中有些在国内甚至在国际上都产生了不小的影响，充分显示了复旦数学科学学院的教师们认真从事教学、积极编著教材的高度积极性，这是很难能可贵的.

　　现在的这套研究生基础课程教材，是复旦大学数学科学学院首次组织出版的研究生教学系列用书, 对认真总结学院教师在研究生教学中的教学成果与经验、切实提高研究生的培养质量、积极参与研究生教育方面的学术交流, 都将是一件既有深远意义又符合现实迫切需要的壮举, 无疑值得热情鼓励和大力支持.

相信通过精心组织策划、努力提高质量, 这套研究生基础课程教材丛书一定能够做到:

(i) 花大力气关注和呈现相应学科在理论与方法方面的必备基础, 切实加强有关的训练, 帮助广大研究生打好全面而坚实的数学基础.

(ii) 在内容的选取及编排的组织方面, 避免与国内外已有教材的雷同, 充分体现自己的水平与特色.

(iii) 符合认识规律, 并经过足够充分的教学实践, 力求精益求精、尽善尽美, 真正对读者负责.

(iv) 根据需要与可能, 其中有些教材在若干年后还可以通过改进与补充推出后续的版本, 使相关教材逐步成为精品.

可以预期, 经过坚持不懈的努力, 这套由复旦大学出版社出版的教材一定可以充分展示复旦数学学科在研究生教学方面的基本面貌和特色, 推动研究生教学的改革与实践, 发挥它特有的积极作用.

李大潜

2021年4月22日

第二版前言

近两年来，作者静下心来对 2014 年出版的本书第一版进行了全面的修改、补充和完善，在第一版的基础上新增篇幅 150 多页，几乎每个章节都进行了补充完善，同时也增加了大量的习题，特别增加了 §2.5，§3.3，§4.5 以及第七章等内容. 拓展了线性算子基本定理的应用范围，特别讨论了基本定理在 Banach 空间和 Hilbert 空间基方面的应用，见 §3.2.5，§3.2.6 节等内容. Hahn-Banach 延拓定理是泛函分析的基石，是打开无穷维空间大门的钥匙，也是整个数学中最基本的定理之一，这一版对 Hahn-Banch 延拓定理的介绍更为深入全面，涵盖了它的代数形式、几何形式和拓扑形式等，并添加了广泛深入的应用实例，特别指出了这个定理和 Lebesgue 测度、Lebesgue 积分以及 Banach-Tarski 悖论等数学理论之间的深入联系，以便读者能体会到泛函分析这一基本定理的深刻内涵. 从交换 Banach 代数的 Gelfand 理论以及 C^*-代数的 Gelfand-Naimark 定理等，可以看到大量交换的数学对象都可以用连续函数代数表示出来. 在新增的 §4.5，我们专门介绍了连续函数代数在 Hilbert 空间的表示，并由此自然地导出了谱测度、谱积分和正规算子的谱定理等内容. 正规算子是人们了解得最清楚的一类算子，正规算子的谱定理所描述的就是怎样通过谱积分表达正规算子；谱定理的另外一种表现形式是 l^2 空间上的乘法算子，这两种表现形式本质上是等价的，我们在这一版中做了专门的讨论. 在泛函分析的实际应用中，我们遇到的算子大部分是无界算子，新增的第七章介绍了 Hilbert 空间上无界线性算子的基本内容，读者通过第七章的学习，可掌握一些处理无界算子的基本方法. 正定函数、核函数是泛函分析、调和分析和算子论中经常碰到的概念，如在 §4.5.4，§7.3.3 中出现的正定函数. 正定函数的基本思想是通过这些函数构造 Hilbert 空间及其上的算子，然后再通过算子来表达这些正定函数，这是泛函分析处理问题的一个基本方法. 我们把正定函数的思想抽象出来，形成了附录 B，在这个附录中，我们建立了正定函数与再生核 Hilbert 空间之间的对应关系，并由此应用 Hilbert 空间的方法解决了许多数学问题. 为了参考的方便，在附录 A 中收集了实分析中的一些常用结论.

复旦大学数学科学学院着力打造研究生系列精品教材，李大潜先生全程关注系列教材编著的进展. 在本书第二版编著过程中，得到了李大潜先生、洪家兴先生、陈恕行先生以及陈晓漫教授的鼓励和支持;复旦大学出版社梁玲老师为本书的校订与顺利出版提供了热情的帮助;复旦大学研究生院在本系列教材的编著出版过程中提供了支持和帮助,对各位老师的关心和帮助在此致以最诚挚的感谢.我的学生王凯、段永江、王鹏辉、赵连阔、黄寒松、何薇、陈泳、陈立、程国正、赵翀、余佳洋、王子鹏、王绪迪、王奕、但晖、丁立家、刘超、倪嘉琪、张树逸、周琪、林赵锋、黄辉斥和付祥迪等先后帮我修改和校对了手稿;博士后朱森、刘磊、赵显峰、桑元琦、晏福刚等也曾参与书稿的修订和校对工作.特别感谢王绪迪博士,他仔细校对了书中的标点符号和编排格式,使全书的排版更为美观.在第二版,作者参考了大量新的文献,其中包括一些数学网站上的材料,在此不一一列举(见文献部分).限于作者的水平,错误之处在所难免,欢迎读者批评指正.

郭坤宇

2022 年2月于复旦大学

第一版前言

　　算子理论的诞生和发展，一方面源于数学内部矛盾解决的需求，另一方面，很大程度上受到来自物理和工程领域中实际问题的驱动. 20 世纪初，量子物理的蓬勃发展揭示了许多令人惊异的微观现象，对这些现象的研究需要新的数学工具. 为建立量子物理的数学基础需要研究非交换的变量来描述微观系统中的可观测量，作用在有限维空间上的矩阵算子自然成为人们的首要选择. 但矩阵并不能准确地刻画量子力学中所揭示的非交换性，其中最具代表性的当属 Heisenberg 测不准原理，所以必须研究作用在无限维空间上的线性算子. 同时，积分、微分方程的求解、各种变分问题以及 Dirichlet 问题与调和分析中不断涌现的各种算子的研究，加速了算子理论这门学科的成熟.

　　让我们先从有限维空间谈起，在有限维空间上，线性变换的表现形式就是矩阵. 矩阵的特征值、特征向量、Jordan 标准型等是矩阵研究的基本内容. n 阶矩阵的行列式是矩阵的一个重要不变量，用它就可以完全判定一个矩阵是否可逆. 一般来说，有限维空间上的线性变换理论就是矩阵理论. 而线性算子理论主要研究无限维空间上的线性变换. 在本书中，我们主要强调无限维 Hilbert 空间上的算子理论和算子代数. 当选定 Hilbert 空间一个基后，每个有界线性算子可用一个无穷阶矩阵来实现，一个典型的例子是 Hardy 空间上的 Toeplitz 算子，它的表示矩阵有非常特殊的形式 (见第六章). 但一般来说，通过无穷阶矩阵很难看清算子的特征，因此在研究无限维 Hilbert 空间上的算子时，人们很少使用矩阵的方法. 代数、分析、几何、拓扑和函数论的方法在现代算子理论的研究中起着重要作用. 从算子论的发源到其逐渐成熟的过程中，Volterra，Fredholm 和 Hilbert 等数学家做出了重要贡献. 100 年前，积分-微分方程的求解，特别 Dirichlet 问题的研究是数学的热点，这些问题自然转化成算子的研究，如 Volterra 算子和 Fredholm 算子. Fredholm 为研究这些算子而发展的 Fredholm 理论，后经 Hilbert 的公理化方法逐渐建立起了现代的 Hilbert 空间上的算子理论. 大家知道，有限阶的自伴矩阵可对角化，von Neumann 首先将它推广到 Hilbert 空间上紧的自伴算子，后来到 Hilbert 空间上一般的正规算子，形成了正规算子的谱定理. 谱定理的表现形式之一是每个正规算子可通过 L^2 空间上的乘法算子实现，这是谱理论核心内容之一. von Neumann 对自伴算子的研究影响深远，他当初的动机之一是为 Schrödinger 和 Heisenberg 等人发展的量子力学提供数学基础，其思想方法已普遍地渗透到现代物理的各个方面. 在 20 世纪 40 年代，Gelfand 以更加抽象的形式将谱理论推广到算子代数. 从那时起，算子理论逐渐成为数学学科的一个重要分支. 现代算子理论已演变成一个庞大的数学体系，呈现出与其他数学分支、其他学科深入交融、联动发展的趋势. 因此学习和掌握一些基本的算子理论显得十分必要.

近年来，在复旦大学算子理论和算子代数方向的硕士、博士生入学考试面试中，我们发现不少学生没能很好地掌握算子理论的基本概念和方法，更谈不上灵活运用这些方法解决问题. 这本书重点介绍算子理论的一些重要概念和思想方法，并列举了大量应用实例，以帮助读者掌握这些必需的内容. 前 3 章是泛函分析的基本内容，许多命题、定理的证明希望读者自己完成，学数学的最好方法是自己动手. 前 3 章是学习算子理论的必备基础. 第四章、第五章讲述算子理论、算子代数的一些基本概念、理论和方法. 很多理论和方法在 Hilbert 空间的框架下展开，如紧算子和 Fredholm 理论. 使用 Banach 空间的对偶理论，读者可以平行地将这些理论和方法推广到 Banach 空间，这是学习数学的一种重要方法. 在第六章，我们综合运用前 5 章的知识讨论 3 类具体的算子——Toeplitz 算子、Hankel 算子和复合算子，这 3 类算子具有广泛应用价值.

本书在酝酿过程中得到孙顺华教授和陈晓漫教授的鼓励和支持；郑德超教授、方向教授、童裕孙教授以及黄昭波副教授、徐胜芝副教授、姚一隽教授等和作者就有关内容进行过有益的交流；徐宪民教授、严丛荃教授、胡俊云教授、王勤教授、侯绳照教授、卫淑云教授等在用本书的初稿进行教学时提出了不少修改意见；作者也在长期的教学科研过程中得到了国内外同行的关心和支持；复旦大学出版社范仁梅老师为本书的顺利出版提供了热情的帮助；对各位的关心和帮助在此致以诚挚的感谢. 感谢我的学生王凯、段永江、王鹏辉、赵连阔、黄寒松、何薇、陈泳、陈立、程国正、赵翀、余佳洋、王子鹏、王绪迪、王奕等先后帮我修改和校对了部分手稿；博士后朱森等也参与了书稿的修订和校对工作.

在编著本书过程中，作者参考了大量文献，其中包括一些数学网站上的材料，在此不一一列举 (见文献部分). 限于作者的水平，错误之处在所难免，欢迎读者批评指正.

郭坤宇

2014 年 8 月于复旦大学

目 录

第一章 Banach 空间、Hilbert 空间和度量空间

在这章，将简要介绍 Banach 空间、Hilbert 空间和度量空间的基本概念和方法，这是泛函分析研究的基本对象.

§1.1 Banach 空间

设 X 是复的线性空间，如果泛函 $\|\cdot\|: X \to \mathbb{R}_+ (\geqslant 0)$ 满足

(i) $\|x\| = 0 \Leftrightarrow x = 0$;

(ii) $\|x + y\| \leqslant \|x\| + \|y\|$;   (三角不等式)

(iii) $\|\alpha x\| = |\alpha|\|x\|$, $\alpha \in \mathbb{C}, x \in X$,   (齐次性)

称 X 是赋范空间，$\|x\|$ 叫 x 的范数. (类似地可定义实的赋范空间)

赋范空间 X 中的序列 $\{x_n\}$ 称为 Cauchy 列 (基本列)，如果对任何 $\varepsilon > 0$，存在自然数 N，使得当 $m, n \geqslant N$ 时，成立

$$\|x_n - x_m\| \leqslant \varepsilon.$$

赋范空间 X 称为完备的，如果每个 Cauchy 序列收敛. 完备的赋范空间称为 Banach 空间.

例子1.1.1 $\mathbb{R}^n$, $\mathbb{C}^n$. 对 $x = (x_1, \cdots, x_n)$，定义范数 $\|x\| = (|x_1|^2 + \cdots + |x_n|^2)^{\frac{1}{2}}$. 它们是 Banach 空间.

Banach 空间的典型例子有：Hardy 空间、Bergman 空间、Sobolev 空间、Orlicz 空间、$L^p (p \geqslant 1)$ 空间以及一般的 Hilbert 空间等. 赋范空间的进一步推广就是拓扑线性空间，这些我们将在后面的章节中介绍.

设 X 是一个赋范空间，Y 是 X 的一个闭子空间. 在 X 上定义等价关系 $\sim$: $x_1 \sim x_2$ 当且仅当$x_1 - x_2 \in Y$. 商空间 X/Y 是等价类的全体，它是一个线性空间. 事实上，它是赋范空间，其范数

$$\|\dot{x}\| = \inf_{y \in Y} \|x - y\| = \operatorname{dist}(x, Y).$$

定理1.1.2 如果 X 是 Banach 空间，并且 Y 是 X 的闭子空间，那么 X/Y 是 Banach 空间.

证： 设 $\{x_n\}$ 是 X/Y 中的 Cauchy 序列. 可选取子序列 $\{\dot{x}_{n_k}\}$，使得

$$\|\dot{x}_{n_k} - \dot{x}_{n_{k+1}}\| < 2^{-k}, \quad k = 1, 2, \cdots.$$

先取 $y_1 = 0$，选 $y_2 \in Y$，使得

$$\|x_{n_1} - (x_{n_2} + y_2)\| < 2^{-1},$$

并选 $y_3 \in Y$，使得

$$\|(x_{n_2} + y_2) - (x_{n_3} + y_3)\| < 2^{-2},$$

$$\cdots\cdots$$

那么 $\{x_{n_k} + y_k\}$ 是 X 中的 Cauchy 序列. 记 $x = \lim\limits_{k\to\infty}(x_{n_k} + y_k)$. 易见 $\{\dot{x}_n\}$ 收敛到 $\dot{x}$.   □

若 X 是一个赋范空间，同时 X 是一个代数，其乘法满足

$$\|xy\| \leqslant \|x\|\|y\|, \quad \forall x, y \in X,$$

则称 X 是一个赋范代数. 完备的赋范代数又称 Banach 代数.

例子1.1.3 设 Ω 是 $\mathbb{R}^n$ (或 $\mathbb{C}^n$) 中的一个紧子集. $C(\Omega)$ 表示 Ω 上连续函数全体，定义

$$\|f\| = \max_{x \in \Omega} |f(x)|.$$

容易验证 $C(\Omega)$ 是一个 Banach 空间. 在 $C(\Omega)$ 上定义乘法为函数乘法，那么 $C(\Omega)$ 是一个 Banach 代数.

例子1.1.4 序列空间 l^p $(1 \leqslant p \leqslant \infty)$.
(i) 当 $1 \leqslant p < \infty$ 时，$l^p = \{\{x_n\} : \|\{x_n\}\|_p = (\sum |x_n|^p)^{\frac{1}{p}} < \infty\}$;
(ii) 当 $p = \infty$ 时，$l^\infty = \{\{x_n\} : \|\{x_n\}\|_\infty = \sup_n |x_n| < \infty\}$.

请证明：l^p $(1 \leqslant p \leqslant \infty)$ 是 Banach 空间.

例子1.1.5 $L^p(\Omega)$ 空间. 设 Ω 是 $\mathbb{R}^n$ 的一个有界开集.
(i) 当 $1 \leqslant p < \infty$ 时，定义

$$L^p(\Omega) = \left\{ f \text{ 是 Lebesgue 可测的} : \|f\|_p = \left(\int_\Omega |f(x)|^p \, dm_n \right)^{\frac{1}{p}} < \infty \right\},$$

这里 dm_n 是 n 维 Lebesgue 测度;

(ii) 当 $p = \infty$ 时, 定义

$$L^\infty(\Omega) = \{f \text{ 是 Lebesgue 可测的}: \|f\|_\infty = \text{Esup}_{x\in\Omega}|f(x)| < \infty\},$$

这里 $\text{Esup}_{x\in\Omega}|f(x)| = \inf_{E\subset\Omega,\, m_n(E)=0} \sup_{x\in\Omega\setminus E}|f(x)|$.

使用 Hölder 不等式, 可以证明 $L^p(\Omega)$ 是一个Banach 空间.

注记1.1.6 (Hölder 不等式)　设 $1 \leqslant p < \infty$, 并且 p, q 满足 $\frac{1}{p} + \frac{1}{q} = 1$ (若 $p = 1$, 规定 $q = \infty$). 如果 $f \in L^p(\Omega)$, $g \in L^q(\Omega)$, 那么 $fg \in L^1(\Omega)$, 并且

$$\left|\int_\Omega f(x)g(x)\,dm_n\right| \leqslant \left(\int_\Omega |f(x)|^p\,dm_n\right)^{\frac{1}{p}}\left(\int_\Omega |g(x)|^q\,dm_n\right)^{\frac{1}{q}}.$$

例子1.1.7　设 $\mathbb{D} = \{z \in \mathbb{C}: |z| < 1\}$ 是复平面 $\mathbb{C}$ 上的开单位圆盘. 用 $H^\infty(\mathbb{D})$ 表示 $\mathbb{D}$ 上有界解析函数全体, 作为 $L^\infty(\mathbb{D})$ 的闭子代数, 它也是一个 Banach 代数.

例子1.1.8　考虑 Banach 空间 $L^1(\mathbb{R})$, 在其上通过卷积定义乘法

$$(f * g)(x) = \int_\mathbb{R} f(t)g(x - t)\,dt, \quad f, g \in L^1(\mathbb{R}).$$

由 Fubini 定理, 这是一个交换 Banach 代数, 但无单位元.

例子1.1.9　矩阵代数 $M_n(\mathbb{C})$ 表示 $n \times n$ 复矩阵全体, 它是有单位元的代数. 定义范数 $\|(a_{ij})\| = \sum_{i,j}|a_{ij}|$. 那么它是一个 Banach 代数. 当 $n \geqslant 2$ 时, 它是非交换的, 并且无非平凡的理想.

§1.2　Hilbert 空间

设 H 是复数域上的一个线性空间, 如果泛函 $\langle\cdot,\cdot\rangle : H \times H \to \mathbb{C}$ 满足

(i) $\langle ax + by, z\rangle = a\langle x, z\rangle + b\langle y, z\rangle$;　　(对第一个变量线性)

(ii) $\overline{\langle x, y\rangle} = \langle y, x\rangle$;　　(共轭对称性)

(iii) $\langle x, x\rangle \geqslant 0$, 若 $\langle x, x\rangle = 0$, 则 $x = 0$,　　(正定性)

称这样的 H 为一个内积空间. 内积空间自然是一个赋范空间, 其范数为 $\|x\| = \langle x, x\rangle^{\frac{1}{2}}$. 若在此范数下, 内积空间是完备的, 则称为 Hilbert 空间.

极化恒等式表达了内积和范数之间的关系:

$$\langle x, y \rangle = \frac{1}{4}\left(\|x+y\|^2 - \|x-y\|^2 \right) + \frac{i}{4}\left(\|x+iy\|^2 - \|x-iy\|^2 \right).$$

内积空间也有平行四边形公式

$$\|x+y\|^2 + \|x-y\|^2 = 2\left(\|x\|^2 + \|y\|^2 \right)$$

和 Schwarz 不等式

$$|\langle x, y \rangle| \leqslant \|x\|\,\|y\|.$$

Hilbert 空间的一个基本性质是射影定理, 亦即: 一个点到闭凸集的距离总是可达到的.

定理1.2.1   设 H 是 Hilbert 空间, S 是 H 的一个闭凸子集, $x \in H$, 那么存在唯一的 $\bar{x} \in S$, 使得

$$\mathrm{dist}(x, S) = \inf_{y \in S} \|x-y\| = \|x - \bar{x}\|.$$

证: 不妨假定 $x = 0$. 因此我们需证明存在 S 的唯一元素 $\bar{x}$ 具有最小范数, 即存在唯一的 $\bar{x} \in S$, 使得 $\|\bar{x}\| = \inf_{y \in S} \|y\|$. 设 $d = \inf_{y \in S} \|y\|$, 并且选取 $x_n \in S$ 满足 $\|x_n\| \to d$. 平行四边形公式给出了

$$\left\| \frac{x_n - x_m}{2} \right\|^2 = \frac{1}{2}\|x_n\|^2 + \frac{1}{2}\|x_m\|^2 - \left\| \frac{x_n + x_m}{2} \right\|^2 \leqslant \frac{1}{2}\left(\|x_n\|^2 + \|x_m\|^2 \right) - d^2.$$

这里 $\frac{x_n + x_m}{2} \in S$ 是因为 S 是凸集. 这表明了 $\{x_n\}$ 是 Cauchy 序列, 并且因此存在 $\bar{x} \in S$, 使得 $x_n \to \bar{x}$. 我们有

$$\|\bar{x}\| = \inf_{y \in S} \|y\|.$$

如果另有 $\tilde{x} \in S$, 使得 $\|\tilde{x}\| = \|\bar{x}\|$, 那么 $\|\frac{\tilde{x}+\bar{x}}{2}\| \geqslant d$, 平行四边形公式给出了

$$\|\tilde{x} - \bar{x}\|^2 = 2\|\tilde{x}\|^2 + 2\|\bar{x}\|^2 - \|\tilde{x} + \bar{x}\|^2 \leqslant 2d^2 + 2d^2 - 4d^2 = 0. \qquad \square$$

这个与 x 最近的唯一元素 $\bar{x}$ 记为 $P_S x$, 称为 x 到 S 上的投影. 注意 P_S 是 H 到 S 的一个映射, 具有性质 $P_S P_S = P_S$.

设 L 是 Hilbert 空间 H 的一个闭线性子空间, 记

$$L^\perp = \{x \in H : \langle x, y \rangle = 0, \ \forall y \in L\},$$

称为 L 的正交补. 那么对每个 $x \in H$, $x - P_L x \in L^\perp$. 事实上，对任何 $y \in L$ 及 $t \in \mathbb{R}$, 成立

$$\|x - P_L x\|^2 \leqslant \|x - P_L x - ty\|^2 = \|x - P_L x\|^2 - 2t\mathrm{Re}(\langle x - P_L x, y\rangle) + t^2 \|y\|^2,$$

上式右边关于 t 的二次多项式在 $t = 0$ 处达到极小值, 取导数并令 $t = 0$, 则有 $\langle x - P_L x, y\rangle = 0$, 即 $x - P_L x \in L^\perp$.

上面的推理表明每一个 x 有正交分解 $x = P_L x + (x - P_L x)$，因此 H 有正交分解 $H = L \oplus L^\perp$，并且 $x - P_L x$ 是 x 到 $L^\perp$ 的投影.

习题

1. 在 Hilbert 空间 $L^2[-1, 1]$ 上，问偶函数集的正交补是什么？并证明你的结论.
2. 设 $m \geqslant 3$ 是正整数, $\xi^m = 1$, $\xi^2 \neq 1$, 证明 Hilbert 空间内积满足

$$\langle x, y\rangle = \frac{1}{m} \sum_{k=1}^{m} \|x + \xi^k y\|^2 \xi^k$$

以及

$$\langle x, y\rangle = \frac{1}{2\pi} \int_0^{2\pi} \|x + e^{i\theta} y\|^2 e^{i\theta} \, d\theta.$$

3. 设 H 是一个 Hilbert 空间, $a, b \in H, 0 \leqslant t \leqslant 1$. 用 Schwarz 不等式证明方程 $\|x - a\| = t\|b - a\|$, $\|x - b\| = (1 - t)\|b - a\|$ 有唯一的解 $x = (1 - t)a + tb$.
4. 设 H 是一个 Hilbert 空间, V 是 H 上的一个等距(不假定是线性的)，即 $\|Vx - Vy\| = \|x - y\|, \forall x, y \in H$. 用习题 3 证明存在一个 $x_0 \in H$ 以及一个实的线性等距 S, 使得 $Vx = x_0 + Sx, \forall x \in H$. 这里实的线性等距是指满足实系数条件, 即: $S(c_1 x + c_2 y) = c_1 S x + c_2 S y, c_1, c_2 \in \mathbb{R}$. 一般地，我们得不到复的线性等距，例如考察例子: $H = \mathbb{C}$ 并且 $Vz = \bar{z}$. 提示: 不失一般性, 可设 $V0 = 0$. 给定 $0 \leqslant t \leqslant 1$, $x, y \in H$, 由习题 3 和等式

$$\|V((1 - t)x + ty) - Vx\| = t\|y - x\| = t\|Vy - Vx\|$$

以及

$$\|V((1 - t)x + ty) - Vy\| = (1 - t)\|y - x\| = (1 - t)\|Vy - Vx\|,$$

我们看到 $V((1 - t)x + ty) = (1 - t)Vx + tVy$. 从此等式容易推出 V 是实的线性等距. 特别地, 我们可以得到: 对 n-维欧氏空间 $\mathbb{R}^n$ 上的每个等距 V, 存在唯一的 $x_0 \in \mathbb{R}^n$, 以及正交矩阵 A 使得 $Vx = x_0 + Ax, x \in \mathbb{R}^n$.

5. 设 H 是一个 Hilbert 空间，并且 P 是 H 上的一个压缩的幂等算子，即 $\|P\| \le 1$, $P^2 = P$. 证明 P 是自伴的 $(P^* = P)$.

§1.2.1　规范正交基

为了讨论的方便，我们假定 H 是可分的，即存在至多可数个元素，使得其在 H 中稠密.

设 $e_1, e_2, \cdots, e_n$ 是 H 中两两正交的单位向量，并且设 $S = \mathrm{span}\{e_1, e_2, \cdots, e_n\}$. 那么对 $\forall x \in H$, $\sum\limits_k \langle x, e_k \rangle e_k \in S$，并且 $x - \sum\limits_k \langle x, e_k \rangle e_k \perp S$. 所以

$$P_S x = \sum_k \langle x, e_k \rangle e_k,$$

并且因此

$$\sum_k |\langle x, e_k \rangle|^2 = \left\| \sum_k \langle x, e_k \rangle e_k \right\|^2 = \|P_S x\|^2 \le \|x\|^2. \quad \text{(Bessel 不等式)}$$

由 H 的可分性，每个正交集至多是可数的. 如果两两正交的单位向量集 $\mathcal{E} = \{e_1, \cdots, e_n, \cdots\}$ 满足 $\overline{\mathrm{span}}\,\mathcal{E} = H$，称 $\mathcal{E}$ 是 H 的一个规范正交基. 对规范正交基，容易验证：

定理1.2.2　设 $\mathcal{E} = \{e_1, \cdots, e_n, \cdots\}$ 是 H 的一个规范正交基，那么

(i) 每个 $x \in H$ 关于 $\mathcal{E}$ 的 Fourier 级数收敛于 x，即 $x = \sum\limits_n \langle x, e_n \rangle e_n$;

(ii) $\sum\limits_n |\langle x, e_n \rangle|^2 = \|x\|^2$.　(Parseval 等式)

使用 Zorn 引理，人们可以证明每个 Hilbert 空间都有规范正交基. 对可分的 Hilbert 空间，可以通过 Gram-Schmidt 正交化过程构造规范正交基.

例子1.2.3　$\mathbb{C}^n$, $\langle z, w \rangle = \sum\limits_{i=1}^n z_i \bar{w}_i$, $\{e_1 = (1, 0, \cdots, 0), \cdots, e_n = (0, 0, \cdots, 1)\}$ 是 $\mathbb{C}^n$ 的规范正交基.

例子1.2.4　l^2, $\langle x, y \rangle = \sum\limits_n x_n \bar{y}_n$, $e_n = (0, \cdots, 1, 0, \cdots)$，第 n 个位置是 1，其余均为零，那么 $\{e_n\}$ 是 l^2 的规范正交基.

例子1.2.5　设 $\mathbb{T} = \{z \in \mathbb{C} : |z| = 1\}$ 是单位圆周，空间 $L^2(\mathbb{T}, \frac{1}{2\pi}\,d\theta)$ 上的内积是：

$$\langle f, g \rangle = \int_0^{2\pi} f(e^{i\theta}) \overline{g(e^{i\theta})}\, d\theta / 2\pi,$$

这个Hilbert空间具有典型的规范正交基 $e_n = e^{in\theta}$, $n = 0, \pm 1, \pm 2, \cdots$.

例子1.2.6　单位圆盘 $\mathbb{D}$ 上的 Bergman 空间 $L_a^2(\mathbb{D})$ 定义为

$$L_a^2(\mathbb{D}) = \left\{ f(z) \text{ 在 } \mathbb{D} \text{ 上解析} : \|f\|^2 = \frac{1}{\pi} \int_{\mathbb{D}} |f(z)|^2 \, \mathrm{d}A(z) < \infty \right\},$$

这里 $\mathrm{d}A(z)$ 表示面积测度. 那么 $L_a^2(\mathbb{D})$ 是一个 Hilbert 空间, 它有一个典型的规范正交基

$$e_n(z) = \sqrt{n+1} z^n, \quad n = 0, 1, 2, \cdots.$$

例子1.2.7　Legendre 多项式 $L_n(x) = \frac{1}{2^n n!} \sqrt{\frac{2n+1}{2}} \frac{\mathrm{d}^n}{\mathrm{d}x^n}(x^2-1)^n$, $n = 0, 1, 2, \cdots$, 构成 $L^2[-1,1]$ 的一个规范正交基.

在这一节的最后, 我们用 Parseval 等式证明 Liouville 定理. 这个定理是单复变函数论中的一个基本定理, 其内容可简单描述为 "一个有界的整函数必是常函数". 事实上, 设 $f(z)$ 是复平面上的一个解析函数, $f(z) = a_0 + a_1 z + a_2 z^2 + \cdots$ 是 f 的级数展开. 对任何 $r > 0$, 令 $f_r(z) = f(rz)$, 那么 $f_r(z) = a_0 + a_1 rz + a_2 r^2 z^2 + \cdots$. 因为对任何 $r > 0$, $f_r(\mathrm{e}^{\mathrm{i}\theta}) \in L^2(\mathbb{T}, \frac{1}{2\pi} \mathrm{d}\theta)$, 应用 Parseval 等式给出了

$$\|f_r\|^2 = |a_0|^2 + |a_1|^2 r^2 + |a_2|^2 r^4 + \cdots.$$

如果 f 是一个有界的整函数, 即存在正常数 M 使得对任何复数 z, $|f(z)| \leqslant M$, 那么我们有

$$|a_0|^2 + |a_1|^2 r^2 + |a_2|^2 r^4 + \cdots \leqslant M^2.$$

上面的不等式蕴含了 $a_1 = a_2 = \cdots = 0$, 即 f 是一个常数.

从上面的推理, 也容易推出下面的结论: 假设 $f(z)$ 是复平面上的一个解析函数, $p(z)$ 是一个解析多项式. 若

$$\varlimsup_{|z| \to \infty} \left| \frac{f(z)}{p(z)} \right| < \infty,$$

那么 $f(z)$ 是一个解析多项式, 且 f 的次数不超过 p 的次数.

习题

1. 验证 $\{f_n(\theta) = \frac{1}{\sqrt{2\pi}} \mathrm{e}^{\mathrm{i}n\theta} : n = 0, \pm 1, \pm 2, \cdots\}$ 是复 Hilbert 空间 $L^2[0, 2\pi]$ 的规范正交基, 写出函数 $f(\theta) = \theta$ 在这组基下的 Fourier 展开, 并由此计算 $\sum_{n=1}^{\infty} \frac{1}{n^2}$.

2. 设 $\{e_1, e_2, \cdots\}$ 是 Hilbert 空间 H 的一个规范正交基. 如果 $\{f_1, f_2, \cdots\}$ 是 H 的一个正交集,且满足

$$\sum_{i=1}^{\infty} \|e_i - f_i\|^2 < \infty,$$

则 $\{f_1, f_2, \cdots\}$ 是 H 的一个完全正交集,即 $\overline{\text{span}}\{f_1, f_2, \cdots\} = H$. 提示:取正整数 N 使得 $\sum_{N+1}^{\infty} \|e_i - f_i\|^2 < 1$. $M = \overline{\text{span}}\{e_{N+1}, e_{N+2}, \cdots\}$, $N = \overline{\text{span}}\{f_{N+1}, f_{N+2}, \cdots\}$. 那么 $\{f_1, \cdots, f_N\} \subset N^\perp$. 先证 $M \cap N^\perp = \{0\}$. 任取这个集中的一个元素 x,那么

$$\|x\|^2 = \sum_{n \geqslant N+1} |\langle x, e_n \rangle|^2 = \sum_{n \geqslant N+1} |\langle x, e_n - f_n \rangle|^2 \leqslant \sum_{n \geqslant N+1} \|x\|^2 \|e_n - f_n\|^2 = \|x\|^2 \sum_{n \geqslant N+1} \|e_n - f_n\|^2,$$

上式蕴含了 $x = 0$. 因此到 $M^\perp$ 上的正交投影限制到 $N^\perp$ 是单的线性映射,即 $P_{M^\perp} : N^\perp \to M^\perp$ 是单的,因此 $\dim N^\perp \leqslant \dim M^\perp = N$,这说明 $N^\perp = \text{span}\{f_1, \cdots, f_N\}$,因此 $\{f_1, f_2, f_3, \cdots\}$ 也是 H 的一个完全正交集.

3. 设 $\{e_1, e_2, \cdots\}$ 是 Hilbert 空间 H 的一个规范正交基. 如果 $\{f_1, f_2, \cdots\}$ 是 H 的一列向量,且满足

$$\sum_{i=1}^{\infty} \|e_i - f_i\|^2 < 1,$$

用习题 2 的提示证明向量列 $\{f_1, f_2, \cdots\}$ 在 H 中是完全的,即 $\overline{\text{span}}\{f_1, f_2, \cdots\} = H$.

4. 设 X 表示直线 $\mathbb{R}$ 上所有形如 $f(t) = c_1 e^{is_1 t} + \cdots + c_n e^{is_n t}$ 的三角多项式全体,这里所有 c_k 是复数,s_k 是实数. 证明:

(i) 当 $f, g \in X$ 时,极限 $\langle f, g \rangle = \lim_{a \to +\infty} \frac{1}{2a} \int_{-a}^{a} f(t) \bar{g}(t) \, dt$ 存在,且在 X 上定义了一个内积. 它满足 $\|f\|^2 = \langle f, f \rangle = |c_1|^2 + \cdots + |c_n|^2$.

(ii) 按此内积完备化 X 得到 Hilbert 空间 H,证明 H 是不可分的,并且 H 包含所有三角多项式的一致极限,这些称为直线上的"几乎周期函数".

5. 令 $H_n(x) = (-1)^n e^{x^2} \frac{d^n e^{-x^2}}{dx^n}$ 是 n 次 Hermite 多项式,定义:

$$h_n(x) = \frac{c}{\sqrt{2^n n!}} e^{-x^2} H_n(\sqrt{2}x), \ n = 0, 1, \cdots, \ c = (2/\pi)^{1/4},$$

验证 $\{h_n\}$ 是 $L^2(\mathbb{R}, dx)$ 的一个规范正交基.

6. 证明:复平面上的有界调和函数是常数.

§1.2.2 Hilbert 空间上连续线性泛函

设 H 是一个 Hilbert 空间,一个自然的问题是研究 H 上的连续线性泛函,

即研究连续线性映射 $f: H \to \mathbb{C}$. 连续性是指：对任何 $x \in H$，$\lim\limits_{y \to x} f(y) = f(x)$，等价地，$\lim\limits_{x \to 0} f(x) = 0$.

给定 $x \in H$，定义线性泛函

$$f_x(y) = \langle y, x \rangle,$$

那么 f_x 是连续的，并且

$$\|f_x\| = \sup_{\|y\| \leqslant 1} |f_x(y)| = \|x\|.$$

这里 $\|f_x\|$ 称为 f_x 的范数.

下面的 Riesz 表示定理说明 H 上的每一个连续线性泛函都有这种形式.

定理1.2.8 (Riesz 表示定理)　设 H 是一个复 Hilbert 空间，并且 f 是 H 上的连续线性泛函，那么存在唯一的 $x \in H$，使得 $f(y) = \langle y, x \rangle$，并且 $\|f\| = \|x\|$.

证：　假设 $f \neq 0$，并且 y_0 使得 $f(y_0) = 1$. 那么对任何 $y \in H$，$y - f(y)y_0 \in \ker f$，这里 $\ker f = \{x \in H : f(x) = 0\}$，称为 f 的核. 从这个事实，易见 $[\ker f]^\perp$ 是 1 维的. 取 $[\ker f]^\perp$ 中的一个单位向量 e，那么任何 $y \in H$ 在 $[\ker f]^\perp$ 上的投影是 $\langle y, e \rangle e$. 故 y 可分解为

$$y = z + \langle y, e \rangle e, \text{ 这里 } z \in \ker f.$$

从而 $f(v) = \langle y, e \rangle f(e) = \langle y, \overline{f(e)}e \rangle$，令 $x = \overline{f(e)}e$ 即可. 范数等式易证.　□

设 H_1，H_2 是 Hilbert 空间. 如果 $f: H_1 \times H_2 \to \mathbb{C}$ 关于第一个变量是线性的，关于第二个变量是共轭线性的，则称 f 是双线性的. 进一步，如果

$$\|f\| = \sup_{\|x\| \leqslant 1, \|y\| \leqslant 1} |f(x, y)| < \infty,$$

则称 f 是有界的双线性泛函，其最小上界为 $\|f\|$.

设 $A: H_1 \to H_2$ 是一个线性算子 (即一个线性映射)，称 A 有界的，如果 $\|A\| = \sup_{\|x\| \leqslant 1} \|Ax\| < \infty$. 数 $\|A\|$ 称为 A 的范数. 容易验证 A 是有界的当且仅当 A 是连续的.

应用 Riesz 表示定理，易证：

系1.2.9　f 是有界的双线性泛函当且仅当存在有界线性算子 $A: H_1 \to H_2$，使得 $f(x, y) = \langle Ax, y \rangle$，$x \in H_1$，$y \in H_2$，并且 $\|A\| = \|f\|$.

习题

1. 设 $A: H_1 \to H_2$ 是一个有界线性算子. 证明：存在唯一的有界线性算子，记为 A^* (称为 A 的共轭算子)，满足 $\langle Ax, y \rangle = \langle x, A^*y \rangle$, $x \in H$, $y \in H$, 并且

    (i) $(aA_1 + bA_2)^* = \bar{a}A_1^* + \bar{b}A_2^*$;

    (ii) $\|A^*\| = \|A\|$;

    (iii) $\|A^*A\| = \|A\|^2$.

2. 设 A 是 Hilbert 空间 H 上的一个有界线性算子，如果 $A^* = A$，称 A 是自伴的. 证明：当 A 是自伴时，成立

$$\|A\| = \sup_{\|x\| \leqslant 1} |\langle Ax, x \rangle|.$$

3. 若 T, S 均是 Hilbert 空间 H 上的映射，且满足

$$\langle Tx, y \rangle = \langle x, Sy \rangle, \forall x, y \in H.$$

证明：T 是线性映射，并且它是有界的.

4. 设 $\{e_m\}$, $\{f_n\}$ 是可分 Hilbert 空间 H 的两个规范正交基，A 是 H 上的有界线性算子，证明：

$$\sum_m \|Ae_m\|^2 = \sum_n \|A^* f_n\|^2 = \sum_{m,n} |\langle Ae_m, f_n \rangle|^2.$$

这个等式表明上面的和不依赖于规范正交基的选取. 给出两个算子说明上面的和可以有限，也可以无限.

§1.2.3 应用举例

Riesz 表示定理有多方面的应用，我们列举两个例子.

例子1.2.10 单位圆周上的Hardy 空间 $H^2(\mathbb{T})$ 定义为

$$H^2(\mathbb{T}) = \left\{ f \in L^2(\mathbb{T}) : \hat{f}(-n) = \frac{1}{2\pi} \int_0^{2\pi} f e^{in\theta} \, d\theta = 0, \quad n = 1, 2, \cdots \right\}.$$

它是 $L^2(\mathbb{T}, \frac{1}{2\pi} d\theta)$ 的闭子空间. 对每个 $f \in H^2(\mathbb{T})$, f 有 Fourier 级数

$$f(e^{i\theta}) = \sum_{n=0}^{\infty} \hat{f}(n) e^{in\theta} = \sum_{n=0}^{\infty} \langle f, e^{in\theta} \rangle e^{in\theta}.$$

因为 $\sum\limits_{n=0}^{\infty} |\hat{f}(n)|^2 = \|f\|^2 < \infty$，这允许我们在圆盘 $\mathbb{D}$ 上定义唯一的解析函数，仍由 f 表示：

$$f(z) = \sum_{n=0}^{\infty} \hat{f}(n) z^n.$$

从不等式

$$|f(z)| \leqslant \left(\sum_n |\hat{f}(n)^2| \right)^{\frac{1}{2}} \cdot \left(\sum_{n=0}^{\infty} |z|^{2n} \right)^{\frac{1}{2}} = \frac{\|f\|}{\sqrt{1 - |z|^2}},$$

我们看到，对每个 $w \in \mathbb{D}$，赋值泛函 $E_w : H^2(\mathbb{T}) \to \mathbb{C}$, $f \mapsto f(w)$ 是连续的，由 Riesz 表示定理，存在唯一的 $K_w \in H^2(\mathbb{T})$，使得

$$f(w) = \langle f, K_w \rangle, \ f \in H^2(\mathbb{T}),$$

K_w 称为 Hardy 空间在 w 点的再生核.

下面我们写出 K_w 的表示形式. 设 $K_w = \sum\limits_{n=0}^{\infty} a_n(w) \mathrm{e}^{in\theta}$，那么

$$w^n = \langle \mathrm{e}^{in\theta}, K_w \rangle = \sum_k \overline{a_k(w)} \langle \mathrm{e}^{in\theta}, \mathrm{e}^{ik\theta} \rangle = \overline{a_n(w)}, \quad n = 0, 1, \cdots.$$

因此，$a_n(w) = \bar{w}^n$，这给出了

$$K_w = \sum_{n=0}^{\infty} \bar{w}^n \mathrm{e}^{in\theta} = \frac{1}{1 - \bar{w}\mathrm{e}^{i\theta}}.$$

上面的推理诱导出 Cauchy 积分公式：对 $f \in H^2(\mathbb{T})$, $w \in \mathbb{D}$，有

$$\begin{aligned} f(w) &= \frac{1}{2\pi} \int_0^{2\pi} \frac{f(\mathrm{e}^{i\theta})}{1 - w\mathrm{e}^{-i\theta}} \, d\theta \\ &= \frac{1}{2\pi i} \int_{\mathbb{T}} \frac{f(\xi)}{\xi - w} \, d\xi. \end{aligned}$$

设 $k_w = \frac{K_w}{\|K_w\|} = \frac{(1-|w|^2)^{\frac{1}{2}}}{1 - \bar{w}\mathrm{e}^{i\theta}}$ 是正则化的再生核，那么 $|k_w|^2 = \frac{1-|w|^2}{|\mathrm{e}^{i\theta} - w|^2}$ 是 Poisson 核. 对 $f \in H^2(\mathbb{T})$，我们有

$$f(w) = \langle f k_w, k_w \rangle = \frac{1}{2\pi} \int_0^{2\pi} f(\mathrm{e}^{i\theta}) \frac{1 - |w|^2}{|\mathrm{e}^{i\theta} - w|^2} \, d\theta,$$

这是我们熟悉的 Poisson 积分公式.

例子1.2.11 前面我们讲到 Bergman 空间 $L_a^2(\mathbb{D})$，同样地，对每个 $w \in \mathbb{D}$，赋值泛函 $E_w : L_a^2(\mathbb{D}) \to \mathbb{C}$，$f \mapsto f(w)$ 是连续线性泛函，因此存在唯一的 $K_w \in L_a^2(\mathbb{D})$，使得 $f(w) = \langle f, K_w \rangle$. K_w 称为 Bergman 再生核，具体地可算出 $K_w(z) = \frac{1}{(1-\bar{w}z)^2}$，因此

$$f(w) = \frac{1}{\pi} \int_{\mathbb{D}} \frac{f(z)}{(1-w\bar{z})^2} \, \mathrm{d}A(z), \ f \in L_a^2(\mathbb{D}), \ w \in \mathbb{D}.$$

进一步，设 $k_w = \frac{K_w}{\|K_w\|} = \frac{1-|w|^2}{(1-\bar{w}z)^2}$ 是正则化的再生核，那么对 $f \in L_a^2(\mathbb{D})$，有

$$f(w) = \langle f k_w, k_w \rangle = \frac{(1-|w|^2)^2}{\pi} \int_{\mathbb{D}} \frac{f(z)}{|1-w\bar{z}|^4} \, \mathrm{d}A(z).$$

习题

1. 设 $\mathcal{D}$ 是开单位圆盘 $\mathbb{D}$ 上的 Dirichlet 空间，即

$$\mathcal{D} = \left\{ f(z) \text{ 在 } \mathbb{D} \text{ 上解析} : \|f\|^2 = \|f\|_{H^2}^2 + \|f'\|_{L_a^2}^2 < \infty \right\}.$$

证明：

　　(i) $\mathcal{D}$ 是 Hilbert 空间，并写出内积.

　　(ii) 对每个 $\lambda \in \mathbb{D}$，赋值泛函 $f \mapsto f(\lambda)$ 是连续的. 进一步，由 Riesz 表示定理，存在唯一的 $K_\lambda \in \mathcal{D}$，使得 $f(\lambda) = \langle f, K_\lambda \rangle$，写出 K_λ.

2. 设 $\beta(0), \beta(1), \cdots$ 是一个正数序列，定义加权 Hardy 空间

$$H^2(\beta) = \left\{ f(z) = \sum a_n z^n \text{ 在圆盘 } \mathbb{D} \text{ 上解析} : \|f\|^2 = \sum_n |a_n|^2 \beta(n) < \infty \right\},$$

证明：

　　(i) $H^2(\beta)$ 是 Hilbert 空间. 当 $f(z) = \sum a_n z^n$，$g(z) = \sum b_n z^n$ 都属于 $H^2(\beta)$ 时，其内积是 $\langle f, g \rangle = \sum_n a_n \bar{b}_n \beta(n)$.

　　(ii) 置 $\beta(n) = (n+1)^\alpha$ (α 是实数)，则当 $\alpha = -1, 0, 1$ 时，$H^2(\beta)$ 分别是 Bergman 空间、Hardy 空间和 Dirichlet 空间.

3. 置 $\beta(n) = (n!)^2$，定义算子 $U : H^2(\mathbb{T}) \to H^2(\beta)$，

$$Uf(z) = \sum_n \frac{a_n}{n!} z^n, \qquad f(z) = \sum_n a_n z^n \in H^2(\mathbb{T}).$$

证明：

(i) U 是酉算子，即到上的等距算子；

(ii) 在 $H^2(\beta)$ 上的微分算子 $D: H^2(\beta) \to H^2(\beta)$, $f \mapsto f'$ 是有界的；

(iii) 在 $H^2(\mathbb{T})$ 上定义算子 B, $Bf(z) = \frac{f(z)-f(0)}{z}$, 证明 B 是有界的，并且 $D = UBU^*$，因此 D 和 B 是酉等价的.

4. 设 $f \in H^2(\mathbb{T})$，证明: $|f'(z)| \leqslant \|f\|/(1-|z|)^{\frac{3}{2}}$. 关于 Bergman 空间、Dirichlet 空间有怎样的结论？

5. 设 $\mathcal{F}^2$ 表示复平面上的 Fock 空间，即由复平面 $\mathbb{C}$ 上满足下面范数条件的整函数构成的空间，

$$\|f\|^2 = \int_{\mathbb{C}} |f(z)|^2 \, \mathrm{d}\lambda(z) < \infty,$$

这里 $\mathrm{d}\lambda(z) = \frac{1}{\pi} \mathrm{e}^{-|z|^2} \, \mathrm{d}A(z)$ 是复平面上的 Gauss 测度，$\mathrm{d}A(z)$ 是通常的面积测度.
证明：

(i) Fock 空间是一个 Hilbert 空间，并且 $e_n(z) = \frac{z^n}{\sqrt{n!}}$, $n = 0, 1, \cdots$ 是 Fock 空间的一个规范正交基；

(ii) Fock 空间是复平面上一个再生核 Hilbert 空间，并且在 $w \in \mathbb{C}$ 点的再生核 $K_w(z) = \mathrm{e}^{\bar{w}z}$.

6. 当 $\lambda \in \mathbb{D}$ 时，定义单位圆盘的 Möbius 变换 $\varphi_\lambda(z) = \frac{\lambda-z}{1-\bar{\lambda}z}$, 并且 K_λ 表示 Hardy 空间 $H^2(\mathbb{T})$ 在 λ 点的再生核.

证明：

(i) $K_\lambda K_w \circ \varphi_\lambda = K_w(\lambda) K_{\varphi_\lambda(w)}$. 取 $\lambda = w$, 并且设 k_λ 是在 λ 点的正则化再生核，则有

$$(k_\lambda \circ \varphi_\lambda) k_\lambda = 1.$$

(ii) 用(i)证明下面的等式：

$$\int_0^{2\pi} f \circ \varphi_\lambda(\mathrm{e}^{\mathrm{i}\theta}) P_w(\mathrm{e}^{\mathrm{i}\theta}) \, \mathrm{d}\theta = \int_0^{2\pi} f(\mathrm{e}^{\mathrm{i}\theta}) P_{\varphi_\lambda(w)}(\mathrm{e}^{\mathrm{i}\theta}) \, \mathrm{d}\theta,$$

这里 $P_w(\mathrm{e}^{\mathrm{i}\theta})$ 是在 w 点的 Poisson 核，并且 $f \in L^1(\mathbb{T}, \frac{1}{2\pi} \mathrm{d}\theta)$.

(iii) 用(ii)证明下面定义的算子是 $L^2(\mathbb{T}, \frac{1}{2\pi} \mathrm{d}\theta)$ 上的酉算子，即等距的并且到上的.

$$U_\lambda: L^2\left(\mathbb{T}, \frac{1}{2\pi} \mathrm{d}\theta\right) \to L^2\left(\mathbb{T}, \frac{1}{2\pi} \mathrm{d}\theta\right), \quad U_\lambda f = f \circ \varphi_\lambda k_\lambda,$$

进一步证明：$U_\lambda^2 = I$, 这里 I 是恒等算子.

7. 仿照习题 6 并结合例子 1.2.11，推导 Bergman 空间 $L_a^2(\mathbb{D})$ 上的类似结论.

8. 设 H_f 是单位圆盘上的一个解析再生核函数 Hilbert 空间(见附录 B), 它的再生核有形式 $K(\lambda, z) = f(\bar{\lambda}z)$, 并且其在任何给定的 λ 点的正则化再生核 k_λ 满足

$$(k_\lambda \circ \varphi_\lambda) k_\lambda = 1.$$

证明存在 $\alpha > 0$, 使得 $f(z) = \frac{1}{(1-z)^\alpha}$. 因此满足上面等式的再生核有形式 $K(\lambda, z) = \frac{1}{(1-\bar{\lambda}z)^\alpha}$. 进一步, 像在习题 6(iii) 的情形, 在 H_f 上可定义一个酉算子 U_λ, 其满足 $U_\lambda^2 = I$.

9. 一个 Dirichlet 级数是指具有形式 $f(s) = \sum_{n=1}^\infty a_n n^{-s}$ 的级数, 这里 s 是复变数. 使用 $\mathcal{H}^2$ 表示具有下面性质的 Dirichlet 级数的全体.

$$f(s) = \sum_{n=1}^\infty a_n n^{-s}, \ \|f\|^2 = \sum_{n=1}^\infty |a_n|^2 < \infty.$$

证明: (i) $\mathcal{H}^2$ 是一个 Hilbert 空间;

(ii) $\mathcal{H}^2$ 中每一个函数在半平面 $\{z : \text{Re}(z) > \frac{1}{2}\}$ 上是解析的;

(iii) 对每一个 $w \in \{z : \text{Re}(z) > \frac{1}{2}\}$, 赋值泛函 $E_w(f) = f(w)$ 是连续的, 并且该空间在点 w 处的再生核 $K_w(s) = \zeta(s + \bar{w})$, 这里 $\zeta(s) = \sum_{n=1}^\infty \frac{1}{n^s}$ 是 Riemann Zeta 函数.

§1.3 度量空间

§1.3.1 闭集套定理和 Baire 纲定理

实直线上分析的许多思想可以推广到度量空间 (也称距离空间). 用 $\mathbb{R}_+$ 表示非负实数之集.

度量空间: 设 X 是一个非空集, X 上的一个度量 $d : X \times X \to \mathbb{R}_+$ 是指它满足以下三条公理:

(i) $d(x, y) \geqslant 0$, 且 $d(x, y) = 0$ 当且仅当 $x = y$;

(ii) $d(x, y) = d(y, x)$;   (对称性)

(iii) $d(x, z) \leqslant d(x, y) + d(y, z)$.   (三角不等式)

数 $d(x, y)$ 称为 x 到 y 的度量 (距离). $\mathbb{R}^n$ 中两点的距离是度量概念产生的原型. 赋范空间是自然的度量空间, 它的度量是 $d(x, y) = \|x - y\|$.

在度量空间 X 中, 中心在 x_0, 半径为 r 的开球定义为

$$O(x_0, r) = \{x : d(x, x_0) < r\}.$$

X 的一个子集称为开的, 如果它能表为一些开球的并; 等价地, U 是开的当且仅当对每个 $x_0 \in U$, 存在 $r > 0$, 使得 $U \supseteq O(x_0, r)$. $x \in X$ 的一个邻域是指包含 x 的一个开集. X 的一个子集 F 称为闭的, 如果 $X \setminus F$ 是开的. 容易验证 F 是闭的当且仅当 F 中每个收敛序列其极限也在 F 中, 即对极限运算封闭之集. 一个子集 E 的闭包, 记为 $\overline{E}$, 定义为包含 E 的最小闭集, 事实上, 它等于包含 E 的所有闭集之交. 容易检查 $x \in \overline{E}$ 当且仅当有 E 中的序列收敛到 x. 对两个子集 E_1, E_2, 如果 $\overline{E_1} \supseteq E_2$, 称 E_1 在 E_2 中稠.

度量空间 X 中一个序列 $\{x_n\}$ 称为 Cauchy 序列, 如果对 $\forall \varepsilon > 0$, 存在自然数 N, 当 $n, m \geqslant N$ 时, 有 $d(x_n, x_m) < \varepsilon$. 如果度量空间 X 中每个 Cauchy 列收敛, 称 X 是完备的.

完备的度量空间具有许多与实直线相似的性质.

定理1.3.1 (闭集套定理)　设 X 是完备的, 并且非空闭集套 $F_1 \supseteq F_2 \supseteq F_3 \supseteq \cdots$ 满足其直径 $\mathrm{diam} F_n = \sup\limits_{x, y \in F_n} d(x, y) \to 0$, 则存在唯一的点 $y \in \bigcap\limits_n F_n$.

证:　取 $y_n \in F_n$, 则 $d(y_n, y_m) \leqslant \max\{\mathrm{diam} F_n, \mathrm{diam} F_m\}$. 因此 $\{y_n\}$ 是一 Cauchy 列, 故收敛于一点 y. 易见 y 是 F_n 的唯一交点. □

称 X 的一个子集 E 是疏朗的 (也称无处稠的), 如果 E 的闭包 $\overline{E}$ 不含任何非空开集, 这等价于补集 $X \setminus \overline{E}$ 是一个稠密开子集. 易见一个开集 O 在 X 中稠当且仅当 O 的补集 $X \setminus O$ 是疏朗的; 一个闭集 F 是疏朗的当且仅当 F 的补集 $X \setminus F$ 是稠密的开集. 度量空间的一个子集称为第一纲的, 如果它能表为可列个疏朗集之并; 否则称为第二纲的.

完备的度量空间具有一个深刻的结构定理 —— Baire 纲定理.

定理1.3.2 (Baire 纲定理)　完备的度量空间是第二纲的.

证:　用反证法. 如果结论不真, 则 $X = \bigcup\limits_{n=1}^{\infty} F_n$, F_n 是闭的, 且 F_n 不包含任何非空开集, 那么存在 $x_1 \in X$ 及 $0 < \varepsilon_1 < 1$, 使得闭球

$$B(x_1, \varepsilon_1) = \{x \in X : d(x, x_1) \leqslant \varepsilon_1\} \subseteq X \setminus F_1.$$

因为 F_2 不包含任何非空开集, 所以存在 $x_2 \in B(x_1, \varepsilon_1/2)$ 以及 $\varepsilon_2 < \frac{\varepsilon_1}{2}$, 使得 $B(x_2, \varepsilon_2) \subseteq X \setminus F_2$, 依次下去, 我们得到一个闭球套 $B(x_1, \varepsilon_1) \supseteq B(x_2, \varepsilon_2) \supseteq \cdots$ 且其直径趋向于零. 由闭集套定理, 我们看到存在唯一的 $x \in \bigcap\limits_n B(x_n, \varepsilon_n)$, 即有 $x \in X \setminus F_n$, $n = 1, 2, \cdots$, 这是一个矛盾. □

下面的推论事实上和 Baire 纲定理是等价的.

系1.3.3 完备度量空间可列个稠密开集之交是稠密的第二纲集.

证： 设 X 是完备度量空间，$\{O_n\}$ 是 X 可列个稠密开子集，我们先验证下列事实：$L = \bigcap_n O_n$ 在 X 中稠密. 现若 L 在 X 中不稠，则有开球 $O(x_0, r)$，使得 $L \cap O(x_0, r) = \emptyset$. 令 $B = \overline{O(x_0, r/2)}$，则易见 $B \subseteq O(x_0, r)$，且对每个 n，$O(x_0, r/2) \cap O_n$ 在 B 中稠密. 因此 $B \cap O_n$ 在 B 中稠密，这表明 $B \setminus (B \cap O_n)$ 在 B 中疏朗. 由 $B \cap L = \emptyset$ 可知，$B = \bigcup_n [B \setminus (B \cap O_n)]$. 作为度量空间，$B$ 是完备的，因而与 Baire 纲定理矛盾. 这就表明了 L 在 X 中稠密. 因为 L 的补集 $X \setminus L = \bigcup_n (X \setminus O_n)$ 是第一纲的，所以 L 是第二纲的.   □

事实上，从 Baire 纲定理的证明，人们可以进一步证明完备度量空间的每一非空开集是第二纲的. 因此，当完备度量空间的一个子集有内点时，这个子集必是第二纲的 ($x \in E$ 是 E 的内点，如果 E 包含 x 的一个邻域).

在微积分的发展历程中，一个重要问题是讨论函数间断点集的特征. 读者容易验证定义在闭区间 $[0, 1]$ 上的函数

$$r(x) = \begin{cases} \frac{1}{q}, & \text{有理数}x = \frac{p}{q} \text{ 是不可约形式,} \\ 0, & x \text{ 是无理数,} \\ 1, & x = 0 \end{cases}$$

在有理点是间断的，在无理点是连续的 (验证当 $0 < x < 1$ 且 x 是无理数时，$\lim_{y \to x} r(y) = 0$).

一个自然的问题是：是否在闭区间 $[0, 1]$ 上存在一个函数 h，使得它在有理点连续，在无理点间断. 注意到 $[0, 1]$ 中的无理数集是第二纲的，下面的命题表明这样的函数是不存在的.

命题1.3.4 设 X 是完备的度量空间，f 是 X 上的实函数，$C_f = \{x : f \text{在} x \text{点连续}\}$，若 C_f 在 X 中稠密，那么 $D_f = \{x : f \text{在} x \text{点间断}\}$ 是第一纲的.

证： 设 $F_k = \{x \in X : \text{存在序列 } x_j \to x, |f(x_j) - f(x)| > \frac{1}{k}\}$，$k = 1, 2, \cdots$，则 $D_f = \bigcup_k F_k$. 我们断言：F_k 是疏朗的. 事实上，对每个非空开集 O，存在 $x_0 \in C_f \cap O$，那么有小开球 $O(x_0, r) \subseteq O$，并且

$$|f(x) - f(x_0)| < \frac{1}{3k}, \quad x \in O(x_0, r).$$

因此，当 $y, z \in O(x_0, r)$ 时，有

$$|f(y) - f(z)| = |f(y) - f(x_0) + f(x_0) - f(z)| \leqslant |f(y) - f(x_0)| + |f(z) - f(x_0)| < \frac{2}{3k}.$$

如果 $O(x_0, r)$ 中有 F_k 的点 w，我们取 F_k 的定义中的点列 $w_n \to w$，当 n 充分大时，w_n 也在 $O(x_0, r)$ 中，此时会有

$$\frac{1}{k} < |f(w_n) - f(w)| < \frac{2}{3k}.$$

这个矛盾表明 $O(x_0, r) \cap F_k = \emptyset$，断言获证. 断言表明 D_f 是第一纲的. □

在微积分的发展史上，Weierstrass (1815–1897) 构造了一个处处连续但无处可微的函数，这个令人震惊的事实结束了连续函数是否总有可微点的讨论.

这是 Weierstrass 的例子：

设 $a \geqslant 3$ 是一个奇数，$b \in (0, 1)$，且 $ab > 1 + 3\pi/2$，那么

$$f(x) = \sum_{k=0}^{\infty} b^k \cos(\pi a^k x)$$

在 $\mathbb{R}$ 上是处处连续但无处可微.

下面我们用 Baire 纲定理推导出存在大量的无处可微函数.

例子1.3.5　连续函数空间 $C[0,1]$ 中处处不可微函数全体包含一个稠密子集.
令

$$E = \left\{ f \in C[0,1] : \forall x, \varlimsup_{y \to x} \left| \frac{f(y) - f(x)}{y - x} \right| = \infty \right\}.$$

显然 E 中的函数处处不可微，且 E 是集列 $\{U_n\}$ 之交，这里

$$U_n = \{ f \in C[0,1] : \forall x, \exists y \text{ 使得} |f(y) - f(x)| > n|y - x| \}.$$

下面我们将证明每个 U_n 都是 $C[0,1]$ 中的稠密开子集. 那么依据系1.3.3，$E = \bigcap_n U_n$ 是稠密的第二纲集. 因为有可微点的函数之集含于 E 的补集 $C[0,1] \setminus E = \bigcup_n (C[0,1] \setminus U_n)$ 中，因此它是第一纲集. 这说明有可微点的函数之集是第一纲集.

证：　首先证明每个 U_n 都是开的. 事实上，设 $\{f_m\}$ 是 $C[0,1] \setminus U_n$ 中的一个序列，且收敛于 f. 对每个 f_m，存在 x_m，使得对 $\forall y$，成立

$$|f_m(y) - f_m(x_m)| \leqslant n|y - x_m|.$$

无妨设 $\{x_m\}$ 本身收敛 (不然可以选取其收敛子列)，设其收敛于 x_0. 容易验证，对 $\forall y$, 成立 $|f(y) - f(x_0)| \leqslant n|y - x_0|$. 这表明 $f \in C[0,1] \setminus U_n$, 从而每个 U_n 是开的.

我们接着证明每个 U_n 都是稠的. 任取 $f \in C[0,1]$ 及 $\varepsilon > 0$, 选取自然数 k, 使得 $k\varepsilon > n$, 且 f 在每个区间 $V_j = [\frac{j}{k}, \frac{j+1}{k}]$ 上的振幅小于 ε, 即有

$$\max_{x,y \in V_j} |f(x) - f(y)| < \varepsilon, \quad j = 0, 1, \cdots, k-1.$$

置 $b_j = f(\frac{j}{k}) + (-1)^j \varepsilon$, 令 $g(\frac{j}{k}) = b_j$, $j = 0, 1, \cdots, k$, 在每个区间 V_j 上通过线性连接得到 $[0,1]$ 上的连续函数 $g(x)$, 则 $g(x)$ 在每个 V_j 上的斜率 c_j 满足 $|c_j| = k|b_{j+1} - b_j| \geqslant k\varepsilon > n$, 所以 $g \in U_n$. 注意到 f 在 V_j 上的振幅小于 ε, 故 $\|f - g\| = \max_j \|f - g\|_{V_j} \leqslant 2\varepsilon$. 因此 U_n 在 $C[0,1]$ 中稠密.

我们再给出 U_n 稠密性的略不同于上面的证明. 首先注意到对 $\forall \delta > 0$, 存在值域包含在 $[0, \delta]$ 中的锯齿形函数 h_δ, 使得 $h_\delta \in U_n$. 任给 $f \in C[0,1]$ 及 $\varepsilon > 0$, 取多项式 g, 满足 $\|f - g\| < \frac{\varepsilon}{2}$. 显然 g 连续可微, 取自然数 M, 使得 $2\|g'\| < M$. 由前面的观察, 可以取某个锯齿形函数 $h_{\frac{\varepsilon}{2}}$, 使得 $h_{\frac{\varepsilon}{2}} \in U_{n+M+1}$, 则容易明白 $g + h_{\frac{\varepsilon}{2}} \in U_n$, 且 $\|(g + h_{\frac{\varepsilon}{2}}) - f\| < \varepsilon$. 稠密性证毕. □

设 X 是一个复线性空间, $p : X \to \mathbb{R}$ 是 X 上的泛函, 如果它满足:

(i) $p(x + y) \leqslant p(x) + p(y)$;

(ii) $p(tx) = tp(x)$, $t \geqslant 0$,

我们称 p 为 X 上的一个次线性泛函; 如果对任何复数 λ, 都成立 $p(\lambda x) = |\lambda| p(x)$, 我们称 p 是 X 上的一个半范数. 如果 p 是次线性泛函, 那么 $\{x \in X : p(x) \leqslant r\}$ 是 X 中的一个凸子集. 应用 Baire 纲定理, 我们有下面的结论.

命题1.3.6 (Gelfand)   如果 p 是 Banach 空间 X 上的一个次线性泛函, 并且它是下半连续的, 即 $\varliminf_{y \to x} p(y) \geqslant p(x)$, $x \in X$, 则存在常数 $c > 0$, 使得

$$p(x) \leqslant c\|x\|, x \in X.$$

证: 由 p 的下半连续性, 凸集 $E = \{x \in X : p(x) \leqslant 1\} \cap \{x \in X : p(-x) \leqslant 1\}$ 是闭的. 也易见 E 是对称的, 即当 $x \in E$ 时, $-x \in E$. 注意到

$$X = \bigcup_{n=1}^{\infty} nE.$$

应用 Baire 纲定理，存在某自然数 m, 使得 mE 非疏朗，从而 E 是非疏朗的. 于是存在某个开球 $O(x_0, r)$, 使得 $E \supseteq O(x_0, r)$. 由 E 的对称性，$-x_0 \in E$. 这表明

$$-\frac{1}{2}x_0 + \frac{1}{2}O(x_0, r) = \frac{1}{2}O(0, r) = O(0, \frac{1}{2}r) \subseteq E.$$

因此当 $\|x\| < \frac{r}{2}$ 时，$p(x) \leqslant 1$, 于是有常数 c, 使得 $p(x) \leqslant c\|x\|$, $x \in X$. □

习题

1. 证明：实直线上的有理数集不能表为可列个开集之交.

2. 设 X 是一个完备的度量空间，$\mathfrak{F}$ 是 X 上一个连续函数簇，对每个 $x \in X$, 存在常数 M_x, 使得 $|f(x)| \leqslant M_x$, $f \in \mathfrak{F}$. 证明：存在非空开集 O 和常数 M 满足 $|f(x)| \leqslant M$, $x \in O$, $f \in \mathfrak{F}$. (这个结论通常称为一致有界原理)

3. 设 $\{r_1, r_2, \cdots\}$ 是全体有理数，$E = \bigcap_{m=1}^{\infty} \bigcup_{n=1}^{\infty} (r_n - \frac{2^{-n}}{m}, r_n + \frac{2^{-n}}{m})$. 则 E 是实直线上可数个稠开集的交，因此是稠的、第二纲的. 但 $(E) = 0$ 是 Lebesgue 零集.

4. 证明：每个没有孤立点的完备度量空间是不可数的；特别地，$\mathbb{R}^n$ 是不可数的.

5. 证明：每个 Banach 空间不能表示为可数个真闭线性子空间的并；特别地，$\mathbb{R}^n$ 不能由可数个线性子空间覆盖.

6. 证明：一个闭集是疏朗的当且仅当它是一个开集的边界当且仅当它是一个闭集的边界. 因此从几何角度看，疏朗集确切是那些开集边界的子集.

7. 设 X 是完备的，$E_1, E_2, \cdots$ 是 X 的至多可数个子集，如果 $\bigcup_n E_n$ 包含一个开集 O, 证明：存在某个 E_n 在某小开集 $O' \subseteq O$ 中稠.

8. 证明：完备的度量空间的第一纲子集的补集是第二纲的稠子集.

9. 设 X 是一个完备的度量空间，$\{f_n\}$ 是定义在 X 上的一个连续函数列，且该函数列逐点收敛到函数 $f(x)$. 证明：f 的不连续点集至多是第一纲的；连续点集是 X 的第二纲的稠密子集. 应用这个结论到 $[a, b]$ 上的连续函数 f, 假设 f 是逐点可导的，证明其导函数 $f'(x)$ 的不连续点集至多是第一纲的. 提示：考虑函数列 $\{\frac{f(x + \frac{1}{n}) - f(x)}{n} : n = 1, \cdots\}$.

10. 证明：$C[a, b]$ 中全变差等于 $+\infty$ 的函数全体是一个稠密的第二纲集.

§1.3.2　度量空间中的紧集

设 X 是一个度量空间，A 是 X 的一个子集，如果 A 中的每个序列都有收敛

子列，且其极限也在 A 中，那么称 A 为列紧的. 因此每个列紧集是闭的. 如果一个子集 A 的闭包 $\overline{A}$ 是列紧的，那么称 A 为准列紧的.

给定 X 的一个子集 A，称它是有界的，如果它包含在某个半径有限的开球中；称它是完全有界的，如果对 $\forall \varepsilon > 0$，$\exists x_1, \cdots, x_n \in A$，使得 $\bigcup_{i=1}^{n} O(x_i, \varepsilon) \supseteq A$. 因此，一个完全有界集必然是有界的.

命题1.3.7   若 A 是准列紧的，则 A 是完全有界的.

证：   假设不然，那么存在 $\varepsilon_0 > 0$，使得对 $\forall y_1, \cdots, y_m \in A$，有

$$\bigcup_{i=1}^{m} O(y_i, \varepsilon_0) \not\supseteq A.$$

任取 $x_1 \in A$，则存在 $x_2 \in A$，使得 $d(x_1, x_2) \geqslant \varepsilon_0$，取 $x_3 \in A \setminus (O(x_1, \varepsilon_0) \cup O(x_2, \varepsilon_0))$，则 $d(x_3, x_i) \geqslant \varepsilon_0$，$i = 1, 2$. 依次下去，可得 A 中序列 $\{x_n\}$ 满足

$$d(x_m, x_n) \geqslant \varepsilon_0, \, m \neq n.$$

从而 $\{x_n\}$ 中无收敛子列.   □

定义1.3.8   如果一个开集族 $\mathcal{U} = \{U_\alpha : \alpha \in \Lambda\}$ 满足 $\bigcup_{\alpha \in \Lambda} U_\alpha \supseteq A$，那么就称 $\mathcal{U}$ 为 A 的一个开覆盖. 如果 A 的每个开覆盖 $\mathcal{U}$ 含有一个有限子覆盖 (即存在 $U_{\alpha_1}, \cdots, U_{\alpha_n} \in \mathcal{U}$，使得 $\bigcup_{k=1}^{n} U_{\alpha_k} \supseteq A$)，那称 A 是紧的. 如果一个子集 A 的闭包 $\overline{A}$ 是紧的，则称 A 是准紧的.

容易验证，每个紧集一定是闭的. 度量空间中的紧集可通过下述等价的方式刻画.

定理1.3.9   设 A 是度量空间 X 中的一个子集，那么下列等价：
   (i) A 是紧的；
   (ii) A 是列紧的；
   (iii) A 是完全有界的完备集；
   (iv) A 中任何非空闭集套有公共交点；
   (v) 对 A 的任何闭集族 $\{F_i : i \in \Lambda\}$，如果该族中任何有限个之交非空，那么

$$\bigcap_{i \in \Lambda} F_i \neq \emptyset.$$

证：　我们仅证明 (i) ⇔ (ii)，其余等价性的证明留给读者.

(i) ⇒ (ii). 由紧集的闭性，只需证明 A 中的每个序列都有收敛子列. 设 $X_0 = \{x_0, x_1, \cdots\}$ 是 A 中一个序列. 将 X_0 看作 X 的一个子集，如果 X_0 不是闭的，则有 $x \in \overline{X_0} \setminus X_0$，这表明有 $\{x_n\}$ 的一个子列收敛到 $x \in A$. 因此，不妨设 X_0 是闭的，且 $x_n \neq x_m$ $(n \neq m)$. 记 $X_1 = \{x_1, x_2, \cdots\}, \cdots, X_n = \{x_n, x_{n+1}, \cdots\}$，于是 $X_0 \supseteq X_1 \supseteq X_2 \supseteq \cdots$. 如果每个 X_n 都是闭的，那么 $U_n = X \setminus X_n$ 是开的，且有 $U_1 \subseteq U_2 \subseteq \cdots$，以及 $\bigcup_{n=0}^{\infty} U_n \supseteq X_0$. 因为紧集的闭子集也是紧的，故存在 N，使得 $U_N \supseteq X_0 \supseteq X_N$，矛盾. 所以存在 m，使得 X_m 非闭. 取 $y \in \overline{X_m} \setminus X_m$，那么 $\{x_n\}$ 中必有子列收敛于 $y \in A$. 以上讨论表明，(i) ⇒ (ii) 成立.

(ii) ⇒ (i). 设 $\mathcal{U} = \{U_\alpha : \alpha \in \Lambda\}$ 是 A 的一个覆盖，我们需要找到 A 的一个有限子覆盖. 对每个 $x \in A$，存在 $U \in \mathcal{U}$，使得 $x \in U$. 定义

$$\rho(x) = \sup\{r : \text{存在 } \mathcal{U} \text{ 中开集 } U, \text{ 使得 } O(x, r) \subseteq U\},$$

那么 $\rho(x) > 0$. 另一方面，由 $\rho(x) \leqslant \rho(y) + d(x, y)$ (这里 d 是 X 上的度量)，易见 ρ 是连续的；而由列紧的定义知，列紧集的连续像 $\rho(A)$ 是列紧的，从而是实直线上的有界闭集. 于是，我们得到

$$\rho_0 = \inf_{x \in A} \rho(x) > 0.$$

由命题 1.3.7，A 完全有界，故有 $\{y_1, \cdots, y_n\} \subseteq A$，使得 $\bigcup_{i=1}^{n} O(y_i, \frac{1}{2}\rho_0) \supseteq A$. 对每个 $O(y_i, \frac{1}{2}\rho_0)$，存在 $U_i \in \mathcal{U}$，使得 $O(y_i, \frac{1}{2}\rho_0) \subseteq U_i$，于是 $\bigcup_{i=1}^{n} U_i \supseteq A$. □

紧集的刻画可归结为下面几条：

(i) 分析刻画：每个序列有收敛子列；

(ii) 几何刻画：完全有界性的描述；

(iii) 拓扑刻画：每个开覆盖有有限的子覆盖；

(iv) 函数刻画：每个连续函数是有界的.

我们知道，紧集上每个连续函数是有界的. 为了说明 (iv)，就要证明若闭集 A 上每个连续函数有界，那 A 必然是紧的. 事实上，若 A 不紧，则存在 $\delta > 0$ 以及 A 的非空闭球列 B_n，满足 $d(B_n, B_m) > \delta$，$n \neq m$. 那么易见 $\bigcup_n B_n$ 是闭的. 在 $\bigcup_n B_n$ 上定义函数 $f(x) = n$，$x \in B_n$. 因为度量空间是正规的，所以由 Tietze 延拓定理，f 可连续地延拓到 A 上，是一个无界函数.

使用紧集的定义，我们给出 Dini 定理.

定理1.3.10 (Dini 定理)　设 X 是紧的度量空间，$f_n, n = 1, 2, \cdots$，f 是 X 上实连续函数. 如果 $\{f_n\}$ 逐点递增收敛到 f，则 $\{f_n\}$ 在 X 上一致收敛到 f.

证：   由 $f_1 \leqslant f_2 \leqslant \cdots \leqslant f$，令 $g_n = f - f_n$，则 $g_n \geqslant 0$，且 g_n 逐点递减收敛到零. 对 $\forall \varepsilon > 0$，令 $U_n = \{x : g_n(x) < \varepsilon\}$，则每个 U_n 开，$U_1 \subseteq U_2 \subseteq \cdots$，且 $\bigcup_n U_n = X$. 由于 X 紧，故存在 N，使得 $X = U_N$. 从而当 $n \geqslant N$ 时，$U_n = U_N = X$，即当 $n \geqslant N$ 时，

$$\max |f(x) - f_n(x)| \leqslant \varepsilon. \qquad \Box$$

紧集和有限维空间密切相关. 大家知道 $\mathbb{R}^n$ (以及 $\mathbb{C}^n$) 的一个子集是紧的当且仅当它是有界闭集，在后面，我们将看到这是有限维赋范空间独有的特征.

定理1.3.11   设 X 是 n 维复 (实) 的赋范空间，$\{e_1, \cdots, e_n\}$ 是 X 的一个基，那么存在正常数 C_1，C_2，使得对任何 $x = \sum_{i=1}^{n} z_i e_i \in X$，成立

$$C_1 \Big(\sum_{i=1}^{n} |z_i|^2 \Big)^{1/2} \leqslant \|x\| \leqslant C_2 \Big(\sum_{i=1}^{n} |z_i|^2 \Big)^{1/2}.$$

因此映射 $\tau : \mathbb{C}^n \to X$，$(z_1, \cdots, z_n) \mapsto \sum_{i=1}^{n} z_i e_i$ 是线性拓扑同构.

证：   对 $x = \sum_{i=1}^{n} z_i e_i \in X$，那么成立

$$\|x\| \leqslant \sum_{i=1}^{n} |z_i| \|e_i\| \leqslant \Big(\sum_{i=1}^{n} |z_i|^2 \Big)^{1/2} \Big(\sum_{i=1}^{n} \|e_i\|^2 \Big)^{1/2},$$

取 $C_2 = (\sum_{i=1}^{n} \|e_i\|^2)^{1/2}$ 即可. 为了达到不等式的另一端，在球面

$$S = \Big\{ (z_1, \cdots, z_n) \in \mathbb{C}^n : \sum_{i=1}^{n} |z_i|^2 = 1 \Big\}$$

上考虑函数

$$f(z_1, \cdots, z_n) = \Big\| \sum_{i=1}^{n} z_i e_i \Big\|, \quad z = (z_1, \cdots, z_n) \in S.$$

易见 f 在 S 上连续，且无零点，故

$$\inf_{z \in S} |f(z)| = C_1 > 0.$$

所以，我们有 $C_1 (\sum_{i=1}^{n} |z_i|^2)^{1/2} \leqslant \|x\|$，因而

$$C_1 \Big(\sum_{i=1}^{n} |z_i|^2 \Big)^{1/2} \leqslant \|x\| \leqslant C_2 \Big(\sum_{i=1}^{n} |z_i|^2 \Big)^{1/2}. \qquad \Box$$

系1.3.12 有限维线性空间 X 上任何两个范数 $\|\cdot\|_1$，$\|\cdot\|_2$ 是等价的，即有正常数 C_1，C_2，使得

$$C_1\|x\|_1 \leqslant \|x\|_2 \leqslant C_2\|x\|_1, \quad x \in X.$$

系1.3.13 有限维赋范空间的一个子集是紧的当且仅当它是有界闭集.

从定理 1.3.11 知，复 (实) 的有限维线性空间本质上等同于 $\mathbb{C}^n$ ($\mathbb{R}^n$). 这些空间的结构、分析我们是熟悉的.

无限维赋范空间的几何结构、解析结构表现出与有限维的本质差别. 为了阐述差别，先介绍 Riesz 引理.

引理1.3.14 (Riesz 引理) 设 A 是赋范空间 X 的一个真闭子空间，那么对 $0 < \varepsilon < 1$，存在 $x_0 \in X$，$\|x_0\| = 1$，使得

$$d(x_0, A) > \varepsilon.$$

证： 取 $y_0 \in X \setminus A$，因 A 闭，故 $r = d(y_0, A) > 0$. 因为 $r < \frac{r}{\varepsilon}$，存在 $z_0 \in A$，使得 $\|y_0 - z_0\| < \frac{r}{\varepsilon}$. 作 $x_0 = \frac{y_0 - z_0}{\|y_0 - z_0\|}$，则 $\|x_0\| = 1$，且

$$
\begin{aligned}
d(x_0, A) &= \inf_{x \in A} \|x_0 - x\| \\
&= \frac{1}{\|y_0 - z_0\|} \inf_{x \in A} \|y_0 - (z_0 + \|y_0 - z_0\| x)\| \\
&\geqslant \frac{r}{\|y_0 - z_0\|} > \varepsilon.
\end{aligned}
$$
□

定理1.3.15 如果 X 是无限维赋范空间，则 X 的闭单位球 $B_1 = \{x \in X : \|x\| \leqslant 1\}$ 不是紧的.

证： 取 $x_1 \in X$，$\|x_1\| = 1$. 作一维空间 $X_1 = \mathbb{C}x_1$，则 X_1 是闭的. 由 Riesz 引理，存在 x_2，$\|x_2\| = 1$，使得 $d(x_2, X_1) > 1/2$. 作二维空间 $X_2 = \mathbb{C}x_1 + \mathbb{C}x_2$，存在 x_3，$\|x_3\| = 1$，使得 $d(x_3, X_2) > 1/2$. 依次下去，得一序列 $\{x_n\}$，它满足：当 $n > m$ 时，

$$d(x_n, x_m) \geqslant d(x_n, X_m) \geqslant d(x_n, X_{n-1}) > 1/2.$$

这个序列不含收敛子列，因而 B_1 非紧. □

我们再几何地审视一下无限维空间. 在无限维赋范空间 X 上，由 Riesz 引理，可构造出 X 的单位球面上一个点列 $\{x_n\}$，具有性质 $\|x_n - x_m\| > \frac{1}{2}$，$n \neq m$. 因此以 x_n 为中心、$\frac{1}{4}$ 为半径的球 O_n 两两不交，且它们都被包含在中心在原点、

半径为 2 的球中. 用几何的语言，Reisz 引理表明 X 的单位球包含可数个两两不交，且具有同样半径的球. 这是无限维空间的一个重要特征. 大家知道，在有限维空间上有 Lebesgue 测度和 Lebesgue 积分理论. 在无限维赋范空间上没有相应的理论，理由是这样，如果存在这样一种平移不变测度，以及半径有限的球具有有限的测度，因为无限维赋范空间的单位球包含了可数个具有同样半径 r $(r > 0)$ 的两两不交的球，这表明半径为 r 的球的测度为零. 因此当 X 可分时，每个半径有限的球可由至多可数个半径为 r 的球所覆盖. 因为每个球测度为零，从而每个有界的 Borel 集的测度为零. 这个测度只能是零测度了. 然而，为了研究出自数学和物理中的问题，如量子场论、统计物理学、相对论和随机过程等，Wiener 等一批数学家在无限维空间上发展了测度和积分理论，这已不是通常 Lebesgue 意义下的测度和积分了 (见 [Xia]).

与紧度量空间相反的是离散度量空间，近年来离散度量空间上的大范围几何性质研究备受关注，怎样把一个离散度量空间粗嵌入到 Banach 空间、Hilbert 空间是研究 Baum-Connes 猜测、Novikov 猜测、Borel 猜测等一系列问题的一个重要技术. 这也是近年来非交换几何、几何群论等领域的重要课题.

我们现在考察度量线性空间. 设 X 是一线性空间，其上有度量 d，如果线性运算在此度量下是连续的，我们称 (X, d) 为度量线性空间，即满足：

(i) $\lim\limits_{(\lambda, x) \to (\lambda_0, x_0)} d(\lambda x, \lambda_0 x_0) = 0$；

(ii) $\lim\limits_{(x, y) \to (x_0, y_0)} d(x + y, x_0 + y_0) = 0$.

读者容易验证：对每个 $x_0 \in X$，以及 $\lambda \in \mathbb{C}$，$\lambda \neq 0$，在度量拓扑下，平移 $x \mapsto x_0 + x$，数乘 $x \mapsto \lambda x$ 都是 X 的同胚映射. 因此，X 上的度量拓扑是平移不变的. 这表明一个度量线性空间上的拓扑完全由它在原点的一个邻域基确定 (这一事实将在下一章详细论述). 度量线性空间 X 的一个子集 E 称为一致有界的，如果对原点的每个邻域 V，存在 $s > 0$，使得当 $t > s$ 时，成立 $E \subset tV$. 等价地，E 是非一致有界的当且仅当存在原点的一个邻域 U，以及 E 中一个序列 $\{x_n\}$ 和正数列 $t_n \to 0$，使得 $t_n x_n \notin U$.

下列事实是显然的：

(i) 赋范空间子集的有界性和一致有界性是等同的；

(ii) 紧子集是一致有界的.

设 X 是一线性空间，$\{p_0, p_1, \cdots\}$ 是 X 上一列半范数，并且对每个 $x \neq 0$，有某 $p_n(x) \neq 0$. 在 X 上定义

$$d(x, y) = \max_n \frac{1}{2^n} \frac{p_n(x - y)}{1 + p_n(x - y)}.$$

容易验证 d 是 X 上的一个平移不变的度量，并在此度量下，X 是一个度量线性空间.

下面命题的证明留给读者.

命题1.3.16　下列结论成立：

(i) 每个 p_n 在 X 上连续；

(ii) 一个子集 E 是一致有界的当且仅当每个 p_n 在 E 上有界.

当一个度量线性空间的每个一致有界的闭集是紧的时，称这样的度量空间有 Heine–Borel 性质. 因此每个有限维赋范空间有 Heine–Borel 性质.

下面的例子给出了一个有 Heine–Borel 性质的无限维度量线性空间，但其度量不能由范数诱导.

例子1.3.17　设 Ω 是复平面的一非空开集，那么可选取紧集 $K_1 \subseteq K_2 \subseteq \cdots$，使得 $\Omega = \bigcup_n K_n$，且每个 K_i 位于 K_{i+1} 的内部. 令 $H(\Omega)$ 表示 Ω 上解析函数全体. 当 $f \in H(\Omega)$ 时，定义

$$\|f\|_n = \max_{z \in K_n} |f(z)|, \quad n = 1, 2, \cdots.$$

在 $H(\Omega)$ 上定义度量

$$d(f, g) = \max_n \frac{1}{2^n} \frac{\|f - g\|_n}{1 + \|f - g\|_n}, \quad f, g \in H(\Omega),$$

则易见 $(H(\Omega), d)$ 是完备的度量线性空间，且此度量是平移不变的，即 $d(f + h, g + h) = d(f, g)$. 我们断言 $H(\Omega)$ 有 Heine–Borel 性质，即每个一致有界的闭集都是紧的. 为了说明这个问题，设 $\mathcal{F}$ 是 $H(\Omega)$ 的一个一致有界的闭集. 由命题 1.3.16 (ii)，$\mathcal{F}$ 在每个紧集 K_n 上一致有界，即存在常数 C_n，使得对每个 $f \in \mathcal{F}$，$\|f\|_n \leqslant C_n$. 因为每个紧集 $K \subset \Omega$ 包含在某个 K_n 中，故 $\mathcal{F}$ 在每个紧集上一致有界. 由下面的 Montel 定理，对 $\mathcal{F}$ 中每个序列 $\{f_n\}$，存在子列 $\{f_{n_k}\}$，它在每个紧集 K_n 上一致收敛，其极限函数 f 满足 $d(f_{n_k}, f) \to 0$，并且属于 $\mathcal{F}$. 这说明 $\mathcal{F}$ 是紧的. 因此 $H(\Omega)$ 有 Heine-Borel 性质. 因为 $H(\Omega)$ 是无限维的，结合上面的事实与定理 1.3.15，我们看到不存在 $H(\Omega)$ 上一个范数，它与度量 d 诱导相同的拓扑，即 $(H(\Omega), d)$ 不可由某个范数诱导.

定理1.3.18 (Montel 定理)　设 Ω 是复平面的一个非空开集，$\{f_n\}$ 是 Ω 上一个解析函数列. 如果对每个紧集 $K \subseteq \Omega$，$\{f_n\}$ 在 K 上一致有界 (即存在仅与 K 相关的常数 C，使得 $\sup_{z \in K} |f_n(z)| \leqslant C$，$n = 1, 2, \cdots$)，那么存在子列 $\{f_{n_k}\}$ 以及 Ω 上解析函数 f，使得在每个紧集 $K \subset \Omega$ 上，$\{f_{n_k}\}$ 一致收敛到 f.

在实分析中，和 Montel 定理类似的一个结果是 Arzela-Ascoli 定理. 为了给出这个定理，先叙述下面的定义. 从度量空间 (X_1, d_1) 到 (X_2, d_2) 的一个映射簇 $\mathcal{F}$ 称在点 $x \in X_1$ 处等度连续，如果对 $\forall \varepsilon > 0$，$\exists \delta > 0$，当 $d_1(y, x) < \delta$ 时，成立

$$d_2(f(y), f(x)) < \varepsilon, \ f \in \mathcal{F}.$$

当簇 $\mathcal{F}$ 在 X_1 的每一点处等度连续时，就称它在 X_1 上等度连续.

定理1.3.19 (Arzela–Ascoli **定理**) 设 X_1 是可分的，$\{f_n : n = 1, 2, \cdots\}$ 是 X_1 到 X_2 的一个等度连续映射序列，如果对每个 $x \in X_1$，序列 $\{f_n(x) : n = 1, 2, \cdots\}$ 的闭包是 X_2 的紧子集，那么存在子列 $\{f_{n_k}\}$ 以及 X_1 到 X_2 的的连续映射 f，使得在X_1的每个紧子集上，$\{f_{n_k}\}$ 一致收敛到 f.

习题

1. 在开单位圆盘 $\mathbb{D}$ 上定义 $\rho(z, w) = |\frac{z-w}{1-\bar{z}w}|$. 证明：$\rho$ 是一个度量 (通常称为伪双曲度量)，并在此度量下开单位圆盘是完备的.

2. 在直线 $\mathbb{R}$ 上定义 $d_1(x, y) = |x-y|$，$d_2(x, y) = |f(x) - f(y)|$，这里 $f(x) = x/(1+|x|)$. 证明：d_1, d_2 是 $\mathbb{R}$ 上的两个度量，并且它们在 $\mathbb{R}$ 上诱导了同样的拓扑，但 d_2 不是完备的.

3. 证明：从列紧集 A 到 $\mathbb{R}$ 上的下半连续函数必可取到最小值.

4. 设 X 是紧度量空间，$f : X \to X$ 是等距映射. 证明：f 是到上的.

5. 设 $\mathbb{C}^\infty = \mathbb{C} \times \mathbb{C} \times \cdots$，在 $\mathbb{C}^\infty$ 上定义度量

$$d(z, w) = \sum_{n=1}^{\infty} \frac{1}{2^n} \frac{|z_n - w_n|}{1 + |z_n - w_n|}, \quad z = (z_n), \ w = (w_n).$$

证明：

    (i) 在此度量下，$\mathbb{C}^\infty$ 是一个平移不变的完备的度量线性空间，且有 Heine–Borel 性质.

    (ii) 由此度量产生的拓扑与积拓扑一致.

6. 设 $C^\infty(\mathbb{R})$ 是实直线上无限可微的函数空间，记 $K_n = [-n, n]$. 在 $C^\infty(\mathbb{R})$ 上定义

$$\|f\|_n = \max_{x \in K_n}\{|f(x)|, |f'(x)|, \cdots, |f^{(n)}(x)|\},$$

并定义 $C^\infty(\mathbb{R})$ 上一个度量

$$d(f, g) = \max_n \frac{1}{2^n} \frac{\|f - g\|_n}{1 + \|f - g\|_n}.$$

证明:

(i) $C^\infty(\mathbb{R})$ 是完备的度量线性空间;

(ii) $C^\infty(\mathbb{R})$ 有 Heine–Borel 性质.

7. 设 X 是度量空间, $C(X)$ 表示 X 上的连续函数全体,给定 $C(X)$ 的一个子集 $\mathcal{F}$,如果对 $\forall \varepsilon > 0$,$\exists \delta > 0$,当 $d(x,y) < \delta$ 时,成立

$$|f(x) - f(y)| < \varepsilon, f \in \mathcal{F},$$

那么称 $\mathcal{F}$ 为一致等度连续的. 证明:如果 X 是紧的,则 $\mathcal{F} \subseteq C(X)$ 是完全有界的当且仅当函数族 $\mathcal{F}$ 是有界的且一致等度连续 (这个结论也称为 Arzela-Ascoli 定理).

8. 设 X,Y 是两个度量空间. 如果映射 $A : X \to Y$ 映有界集到准紧集,我们称 A 是紧的.

(i) 如果 X,Y 是赋范线性空间且 Y 是无限维的,并且 A 是紧的线性映射,证明:AX 是 Y 的第一纲子集.

(ii) 证明:Hardy 空间 $H^2(\mathbb{D})$,作为 Bergman 空间 $L_a^2(\mathbb{D})$ 的子集是第一纲的. 提示:考虑嵌入映射 $i : H^2(\mathbb{D}) \to L_a^2(\mathbb{D})$.

9. 证明:无限维赋范空间的每个紧集是疏朗的;每个真闭子空间是疏朗的;每个有限维子空间是闭的.

10. 给定两个度量空间 (X_1, d_1) 和 (X_2, d_2),其在积空间 $X_1 \times X_2 = \{(x, y) : x \in X_1, y \in X_2\}$ 上诱导了一个自然度量 $d_1 \times d_2$,

$$d_1 \times d_2((x_1, y_1), (x_2, y_2)) = \sqrt{d_1(x_1, x_2)^2 + d_2(y_1, y_2)^2}.$$

证明:$d_1 \times d_2$ 是完备的当且仅当 d_1 和 d_2 都是完备的.

11. 给定两个度量空间 (X_1, d_1) 和 (X_2, d_2),并且 $f : X_1 \to X_2$ 是一个映射. 定义 f 的图像 $G(f) = \{(x, f(x)) : x \in X_1\} \subset X_1 \times X_2$,证明:

(i) 如果映射 f 是连续的,则 $G(f)$ 是 $X_1 \times X_2$ 的闭子集.

(ii) 如果 $G(f)$ 是 $X_1 \times X_2$ 的紧子集,则 f 是连续的.

(iii) 如果 $G(f)$ 是闭的且局部紧的,则 f 是连续的. 这里局部紧是指:对每个 x,存在 x 的一个邻域 U_x,使得 $G(f, U_x) = \{(y, f(y)) : y \in U_x\}$ 在 $X_1 \times X_2$ 中的闭包是紧的.

12. 设 X 是完备的度量空间. 证明:X 的一个子集是准紧的当且仅当它是完全有界的.

13. 设 μ 是可测空间 X 上的一个有限正测度, 当 $0 < p < 1$ 时, 定义空间

$$L^p(X, \mathrm{d}\mu) = \Big\{ f \text{ 是可测的}: \Delta(f) = \int_X |f|^p \, \mathrm{d}\mu < \infty \Big\}.$$

在度量 $d(f, g) = \Delta(f - g)$ 下, 证明 $L^p(X, \mathrm{d}\mu)$ 是一个完备的平移不变的度量线性空间.

14. 设 μ 是可测空间 X 上的一个有限正测度, 定义空间

$$L^0(X, \mathrm{d}\mu) = \Big\{ f \text{ 是可测的}: \Delta(f) = \int_X \log(1 + |f|) \, \mathrm{d}\mu < \infty \Big\}.$$

在度量 $d(f, g) = \Delta(f - g)$ 下, 证明:

(i) $L^0(X, \mathrm{d}\mu)$ 是平移不变的完备的度量线性空间;

(ii) $L^0(X, \mathrm{d}\mu) \supset \bigcup_{p>0} L^p(X, \mathrm{d}\mu)$.

15. 证明: 若 X 是完备的, 则 X 的一个子集不是准紧的当且仅当它含有一致离散序列 $\{x_n\}$, 即存在 $\delta > 0$, 使得 $d(x_n, x_m) > \delta$.

16. (Grothendieck) 设 X 是 Banach 空间. 证明:

(i) 若 $\{x_n\} \subseteq X$, 且 $x_n \to 0$, 则 $\{\sum_{n=1}^{\infty} \alpha_n x_n : \sum_{n=1}^{\infty} |\alpha_n| \leqslant 1\}$ 是紧的;

(ii) 对 X 的每个紧子集 K, 存在序列 $\{x_n\}$, $x_n \to 0$, 使得

$$K \subseteq \Big\{ \sum_{n=1}^{\infty} \alpha_n x_n : \sum_{n=1}^{\infty} |\alpha_n| \leqslant 1 \Big\}.$$

17. (Kuratowski 非紧性测度) 设 X 为度量空间, A 为 X 中的非空有界集, 定义 $\alpha(A) = \inf\{d > 0 : A \text{ 可由有限个直径不超过 } d \text{ 的集合覆盖}\}$. 证明:

(i) $\alpha(A) = 0$ 当且仅当 A 是完全有界的;

(ii) 如果 $A \subseteq B$, 则 $\alpha(A) \leqslant \alpha(B)$;

(iii) $\alpha(A \cup B) = \max\{\alpha(A), \alpha(B)\}$;

(iv) 若 X 为完备的度量空间, 且非空闭集套 $F_1 \supseteq F_2 \supseteq F_3 \supseteq \cdots$ 满足 $\lim_{n\to\infty} \alpha(F_n) = 0$, 那么 $F = \cap_n F_n$ 是非空的紧集.

18. (Hausdorff 非紧性测度) 设 X 为 Banach 空间, A 为 X 中的非空有界集. 定义 $\beta(A) = \inf\{r > 0 : A \text{ 可由有限个半径不超过 } r \text{ 的开球覆盖}\}$. 证明:

(i) $\beta(A) = 0$ 当且仅当 $\bar{A}$ 是紧集;

(ii) 测度 β 有半范数性质, 即 $\beta(\lambda A) = |\lambda| \beta(A)$, $\beta(A_1 + A_2) \leqslant \beta(A_1) + \beta(A_2)$, 其中 $A_1 + A_2 = \{x_1 + x_2 : x_1 \in A_1, x_2 \in A_2\}$;

(iii) $\beta(\mathrm{conv}[A]) = \beta(A)$, 这里 $\mathrm{conv}[A]$ 表示 A 的凸包.

§1.3.3　Banach 不动点定理

Banach 不动点定理是完备度量空间上的一个重要结果，它概括了用函数逼近法证明各类方程解的存在性与唯一性定理.

设 X 是一度量空间，A 是 X 到自身的映射. 如果存在数 α，$0 \leqslant \alpha < 1$，使得对一切 $x, y \in X$，成立

$$d(Ax, Ay) \leqslant \alpha d(x, y),$$

那么称 A 是 X 上的一个压缩映射.

定理1.3.20 (Banach 不动点定理)　完备度量空间上的压缩映射有唯一的不动点.

证：　设 $A : X \to X$ 是一压缩映射. 取 $x_0 \in X$，并且 $x_n = A^n x_0$，$n = 1, 2, \cdots$，得到一迭代序列 $\{x_n\}$，且有 $d(x_k, x_{k+1}) \leqslant \alpha^k d(x_0, x_1)$. 当 $m > n$ 时，

$$d(x_n, x_m) \leqslant \sum_{n \leqslant k < m} d(x_k, x_{k+1}) \leqslant \frac{\alpha^n - \alpha^m}{1 - \alpha} d(x_0, x_1).$$

因此 $\{x_n\}$ 是一 Cauchy 序列，其极限记为 x. 因为

$$d(Ax, x_{n+1}) = d(Ax, Ax_n) \leqslant \alpha d(x, x_n),$$

故 Ax 也是 $\{x_n\}$ 的极限，因此 $Ax = x$. 如有 $Ay = y$，则

$$d(x, y) = d(Ax, Ay) \leqslant \alpha d(x, y),$$

这表明 $d(x, y) = 0$，即有 $x = y$. 不动点的存在性与唯一性得证.　　□

以上求不动点的方法称为逐次逼近法，迭代序列第 n 次与不动点的误差 $d(x_n, x) \leqslant \frac{\alpha^n}{1-\alpha} d(x_0, x_1)$.

Banach 不动点定理容易推广到下列情形.

系1.3.21　如果 A 是完备度量空间 X 上的映射，且存在一个自然数 n，使得 A^n 是压缩的，那么 A 有唯一的不动点.

下面我们利用 Banach 不动点定理来研究隐函数存在定理.

例子1.3.22 (局部化的隐函数存在定理)　如果函数 $f(x, y)$，$f'_y(x, y)$ 在点 (x_0, y_0) 的某邻域连续，且

$$f(x_0, y_0) = 0, \quad f'_y(x_0, y_0) \neq 0,$$

则存在 $\varepsilon, \delta > 0$，使得方程 $f(x, y) = 0$ 在 $D_{\varepsilon, \delta} = \{(x, y) : |x - x_0| < \delta, |y - y_0| < \varepsilon\}$ 上有唯一的连续解 $y = \varphi(x)$，满足 $\varphi(x_0) = y_0$.

证： 以下证明来自 [Tong, 定理 6.2.2]. 无妨设 $f'_y(x_0, y_0) > 0$，选取 $\varepsilon > 0$，使得 $f'_y(x, y)$ 在 $D_\varepsilon \times D_\varepsilon$ 上满足

$$|1 - f'_y(x, y)f'_y(x_0, y_0)^{-1}| < \frac{1}{4},$$

这里 $D_\varepsilon = (y_0 - \varepsilon, y_0 + \varepsilon)$. 再取 δ，$0 < \delta < \varepsilon$，且当 $x \in D_\delta$ 时，

$$|f'_y(x_0, y_0)^{-1} f(x, y_0)| < \frac{\varepsilon}{4}.$$

下面我们将利用上面两个式子进行估计.

建立映射 $A : \varphi \mapsto \varphi(x) - f'_y(x_0, y_0)^{-1}f(x, \varphi(x))$. 下面我们将看到：当 φ 属于 $C[-\delta, \delta]$，并且 $\|\varphi - y_0\| \leqslant \varepsilon$ 时，成立 $\|A\varphi - y_0\| \leqslant \varepsilon$. 事实上，

$$
\begin{aligned}
|A\varphi(x) - y_0| &\leqslant |A\varphi(x) - Ay_0| + |Ay_0 - y_0| \\
&\leqslant |(\varphi(x) - y_0) - f'_y(x_0, y_0)^{-1}(f(x, \varphi(x)) - f(x, y_0))| + |f'_y(x_0, y_0)^{-1}||f(x, y_0)| \\
&= |(1 - f'_y(x, \theta)f'_y(x_0, y_0)^{-1})||\varphi(x) - y_0| + |f'_y(x_0, y_0)^{-1}||f(x, y_0)| \\
&\leqslant \frac{\varepsilon}{4} + \frac{\varepsilon}{4} = \frac{\varepsilon}{2},
\end{aligned}
$$

其中第三行等号利用了中值定理. 从上面的推理，我们看到映射 A 将集合 $S = \{\varphi : \|\varphi - y_0\| \leqslant \varepsilon, \varphi(x_0) = y_0\}$ 映到自身，而且类似上面的估计表明对任意 $\varphi_1, \varphi_2 \in S$，成立

$$\|A\varphi_2 - A\varphi_1\| \leqslant \frac{1}{2}\|\varphi_2 - \varphi_1\|,$$

即 A 在 S 上是压缩映射. 注意到 S 是 $C[-\delta, \delta]$ 的闭子集，因此是完备的. 由 Banach 不动点定理，存在唯一的 $\varphi \in S$，使得 $A\varphi = \varphi$，即有 $f(x, \varphi(x)) = 0$，且 $\varphi(x_0) = y_0$.   □

例子1.3.23 现在用不动点定理来研究一阶常微分方程满足初值条件解的存在性与唯一性.

设 $f(x, y)$ 是矩形区域 $D = [-r, r] \times [-s, s]$ 上的连续函数，且关于 y 满足 Lipschitz 条件，即有常数 $c \geqslant 0$，使得

$$|f(x, y_1) - f(x, y_2)| \leqslant c|y_1 - y_2|.$$

考察初值 $y(0) = 0$ 的一阶常微分方程

$$y'(x) = f(x, y)$$

的局部解.

此时，φ 适合上面的微分方程等价于它适合下面的积分方程

$$\varphi(x) = \int_0^x f(t, \varphi(t))\, \mathrm{d}t.$$

令 $b = \max\limits_{(x,y)\in D} |f(x,y)|$，$r_0 = \min\{r, \frac{s}{b+1}, \frac{1}{c+1}\}$，则 $cr_0 < 1$. 置

$$L = \{\varphi \in C[-r_0, r_0] : \operatorname{Ran}\varphi \subset [-s, s],\ \varphi(0) = 0\}.$$

注意 L 是 $C[-r_0, r_0]$ 的闭子集，因此 L 是完备的. 对 $\varphi \in L$，将上面积分方程右端确定的函数记为 $A\varphi$，下面说明 $AL \subseteq L$.

事实上，

$$|A\varphi(x)| = \left| \int_0^x f(t, \varphi(t))\, \mathrm{d}t \right| \leqslant br_0 < s,$$

所以 $A\varphi \in L$. 由下式

$$\|A\varphi - A\psi\| = \left| \int_0^x \big(f(t, \varphi(t)) - f(t, \psi(t))\big)\, \mathrm{d}t \right| \leqslant c \int_0^x |\varphi(t) - \psi(t)|\, \mathrm{d}t \leqslant cr_0 \|\varphi - \psi\|,$$

A 是 L 上一个压缩映射，因此 A 有唯一的不动点 φ，此 φ 即为唯一的局部解.

本章的许多讨论在完备度量空间上展开，完备性假设是一个基本要求. 下面的结论表明任何度量空间可置于一个"唯一"的完备度量空间中，使它在其中稠密.

定理1.3.24　任何度量空间 X 都有完备化 $\tilde{X}$，即 $\tilde{X}$ 完备，且 X 在 $\tilde{X}$ 中稠. 完备化在等距同构下是唯一的：即如果 $\hat{X}$ 也是 X 的完备化，则有唯一的等距同构 $S : \tilde{X} \to \hat{X}$，当 $x \in X$ 时，$Sx = x$.

将定理 1.3.24 应用到赋范空间、内积空间，它们可分别唯一完备化为 Banach 空间、Hilbert 空间.

习题

1. 设 F 是 $\mathbb{C}^n$ 中的有界闭集，φ 是 F 到自身的映射. 如果对任何 $x, y \in F$，$x \neq y$，成立 $\|\varphi(x) - \varphi(y)\| < \|x - y\|$. 证明：$\varphi$ 有唯一的不动点.

2. 写出并证明微分方程组

$$\frac{\mathrm{d}y_k}{\mathrm{d}x} = f_k(x, y_1, \cdots, y_n),\ k = 1, \cdots, n$$

解的存在性与唯一性定理 (利用 Banach 不动点定理).

3. 设 $f(x)$ 是 $[a,b]$ 上的连续函数, $k(x,y)$ 为 $[a,b] \times [a,b]$ 上的有界可测函数, 用系 1.3.21 证明: Volterra 型积分方程

$$\varphi(x) = f(x) + \lambda \int_a^x k(x,y)\varphi(y)\,\mathrm{d}y$$

在 $[a,b]$ 上有唯一的连续解, 这里 λ 是给定常数.

4. 证明: 度量空间上每个一致连续函数可唯一地延拓到它的完备化空间.

第二章　线性泛函

本章将主要讨论 Hahn-Banach 延拓定理及其应用，Hahn-Banach延拓定理是泛函分析的基石，是打开无穷维空间大门的钥匙，也是整个数学中最基本的定理之一.

§2.1　基本概念和例子

设 X，Y 是赋范空间，$A : X \to Y$ 是一个线性算子，称 A 是有界的，如果 A 将有界集映为有界集. 容易证明：A 是有界的当且仅当 A 是连续的；也当且仅当 A 在原点连续. 因此有界线性算子也称为连续线性算子. 用 $B(X, Y)$ 表示 X 到 Y 的全体有界线性算子. 若 $A \in B(X, Y)$，定义

$$\|A\| = \sup_{\|x\| \leqslant 1} \|Ax\|.$$

容易检查，在此定义下，$B(X, Y)$ 是一个赋范线性空间，并且有下述命题.

命题2.1.1　如果 X 是赋范空间，Y 是 Banach 空间，那么 $B(X, Y)$ 是 Banach 空间. 特别地，当 X 是 Banach 空间时，$B(X) = B(X, X)$ 是 Banach 代数.

例子2.1.2　$X = \mathbb{C}^n$，那么 $B(X) = M_n(\mathbb{C})$，即 $n \times n$ 阶复矩阵代数.

设 X 是赋范空间，X 上连续线性泛函 $f : X \to \mathbb{C}$ 的全体记为 X^*，称为 X 的对偶空间，它是 Banach 空间. 当 X 是 Hilbert 空间时，由 Riesz 表示定理 1.2.8，X^* 共轭等距同构于 X，且在此意义下，Hilbert 空间的对偶空间就是其本身.

对偶空间常常比较抽象. 泛函分析经常将抽象的东西具体化. 下面将两个重要空间的对偶空间通过保范同构与具体的 Banach 空间等同起来. 其证明参见 Conway 的书 [Con1].

定理2.1.3 (Riesz 表示定理)　设 (M, Ω, μ) 是一个 σ-有限的测度空间，并且 p 满足 $1 \leqslant p < \infty$ 以及 $\frac{1}{p} + \frac{1}{q} = 1$ (若 $p = 1$，则 $q = \infty$). 对 $g \in L^q(\mu)$，定义线性泛函

$F_g : L^p(\mu) \to \mathbb{C}$,

$$F_g(f) = \int_M f\bar{g}\,\mathrm{d}\mu,$$

那么 $F_g \in L^{p*}(\mu)$，且映射 $g \mapsto F_g$ 是从 $L^q(\mu)$ 到 $L^{p*}(\mu)$ 的共轭等距同构.

例子2.1.4 若取 $M = \mathbb{N}$(自然数集)，Ω 为 M 的所有子集构成的 σ-代数，μ 是计数测度. 在这个情况有 $L^p(N, u) = l^p$，从而 $l^{p*} = l^q$. 这里对每个 $y = (y_1, y_2, \cdots) \in l^q$，在 l^p 上诱导的线性泛函是 $\tilde{y}(x) = \sum\limits_n x_n \bar{y}_n$，有

$$\begin{cases} \|\tilde{y}\| = (\sum\limits_n |y|^q)^{\frac{1}{q}}, & p > 1, \\ \|\tilde{y}\| = \sup\limits_n |y_n|, & p = 1. \end{cases}$$

设 X 是局部紧空间，Ω 是 X 的开集生成的 σ-代数，在 Ω 中的集称为 Borel 集. Borel 可测空间 (X, Ω) 上的一个正测度 μ 称为正则的，如果它满足内正则性和外正则性，即下面的(i)，(ii)：

(i) 对任何 $E \in \Omega$，$\mu(E) = \sup\{\mu(K) \mid K \subseteq E, K$ 是紧的$\}$；

(ii) 对任何 $E \in \Omega$，$\mu(E) = \inf\{\mu(U) \mid E \subseteq U, U$ 是开的$\}$.

给定 (X, Ω) 上的一个复值测度 μ，称 μ 是正则的，如果全变差测度 $|\mu|$ 是正则的，这里 $|\mu|$ 定义为

$$|\mu|(\Delta) = \sup\left\{ \sum_{j=1}^n |\mu(E_j)| : \text{这里} \{E_j\}_{j=1}^n \text{是} \Delta \text{的可测划分}\right\},$$

它是 (X, Ω) 上的正的有限测度.

用 $M(X)$ 表示 X 上的具有有限复值的正则 Borel 测度全体，它是一个复线性空间. 对 $\mu \in M(X)$，定义 $\|\mu\| = |\mu|(X)$，称为 μ 的全变差. 在此范数下，$M(X)$ 是一个 Banach 空间.

下面的 Riesz 表示定理在分析中是极端重要的.

定理2.1.5 (Riesz 表示定理) 设 X 是一个局部紧空间，$\mu \in M(X)$，定义线性泛函 $F_\mu : C_0(X) \to \mathbb{C}$,

$$F_\mu(f) = \int_X f\,\mathrm{d}\mu,$$

那么 $F_\mu \in C_0(X)^*$，并且映射 $\mu \mapsto F_\mu$ 是从 $M(X)$ 到 $C_0^*(X)$ 的等距同构.

例子2.1.6 记 $\mathbf{c}_0 = \{(x_n) \in l^\infty : \lim\limits_{n \to \infty} x_n = 0\}$，它是 l^∞ 的一个闭子空间. $\mathbf{c}_0$ 可视为 $C_0(\mathbb{N})$，这里 $\mathbb{N}$ 具有离散拓扑. 注意到 $M(\mathbb{N}) = l^1$，因此就有 $\mathbf{c}_0^* = l^1$.

在研究无限维空间的分析学时，经常要用到 Zorn 引理，这常作为集合论中一个公理来接受.

设 $\mathcal{A}$ 是一个集，若 $\mathcal{A}$ 的元素间有顺序关系 "$<$", 满足:

(i) $\forall a \in \mathcal{A}$, $a < a$;   (自反性)

(ii) 若 $a < b$, $b < a$, 则 $a = b$;   (对称性)

(iii) 若 $a < b$, $b < c$, 则 $a < c$,   (传递性)

称 $\mathcal{A}$ 是一个偏序集. 设 $\mathcal{B}$ 是偏序集 $\mathcal{A}$ 的一个子集，且 $b \in \mathcal{A}$, 如果每个 $s \in \mathcal{B}$ 满足 $s < b$, 称 b 是 $\mathcal{B}$ 的一个上界. 偏序集 $\mathcal{A}$ 的一个全序子集 S 是指: $\forall a, b \in S$, 要么 $a < b$, 要么 $b < a$. 称元素 c 是偏序集 $\mathcal{A}$ 的一个极大元是指: 不存在 $\mathcal{A}$ 中的不同于 c 的元素 d, 使得 $c < d$.

Zorn 引理 设 $\mathcal{A}$ 是一个偏序集，如果 $\mathcal{A}$ 的每一个全序子集有上界，则 $\mathcal{A}$ 有极大元.

在分析中，也常常用到选择公理. 选择公理从逻辑上是和 Zorn 引理等价的，它看起来是远离物理世界的一条公理.

选择公理 设 C 是由非空集构成的一个集族，那么在 C 上存在一个选择函数 F, 它满足 $F(A) \in A$, $\forall A \in C$.

§2.2 Hahn-Banach 延拓定理(I)

研究赋范空间的对偶空间的主要工具是 Hahn-Banach 延拓定理，这是泛函分析的一个基本定理.

§2.2.1 Hahn-Banach 延拓定理

定理2.2.1   如果 f 是赋范空间的一个子空间上的连续线性泛函，则 f 可保范地延拓到 X 上.

Hahn-Banach 延拓定理来自下面广义的 Hahn-Banach 延拓定理. 对一个线性空间 X 以及 X 上的泛函 $P: X \to \mathbb{R}$, 我们说 P 是次线性的，如果

$$P(x + y) \leqslant P(x) + P(y), \quad 并且 \quad P(tx) = tP(x), \ t \geqslant 0, \ x, y \in X.$$

定理2.2.2   设 X 是实线性空间，$P: X \to \mathbb{R}$ 是一个次线性泛函，Y 是 X 的一个子空间，并且 $f: Y \to \mathbb{R}$ 是实线性泛函，它满足 $f(x) \leqslant P(x)$, $x \in Y$, 那么 f 可延拓到 X 上，使得同样的不等式对所有的 $x \in X$ 成立.

证： 取 $x_0 \in X \setminus Y$，记 $\tilde{Y} = \text{span}\{x_0, Y\} = \{tx_0 + y \mid t \in \mathbb{R}, y \in Y\}$. 首先将 f 延拓到 $\tilde{Y}$，且保持同样的不等式，然后通过 Zorn 引理完成整个证明.

因为对任何 $x, y \in Y$，

$$f(x) + f(y) = f(x + y) \leqslant P(x + y) \leqslant P(x - x_0) + P(x_0 + y),$$

这给出了

$$f(x) - P(x - x_0) \leqslant P(x_0 + y) - f(y).$$

置 $\alpha = \inf_{y \in Y}(P(x_0 + y) - f(y))$，那么 $f(x) - \alpha \leqslant P(x - x_0), x \in Y$，并且

$$f(y) + \alpha \leqslant P(x_0 + y), \ y \in Y.$$

在 $\tilde{Y}$ 上定义 $F(tx_0 + y) = t\alpha + f(y)$，那么 F 是线性的并且是 f 的延拓. 从上面的不等式易验证 $F(x) \leqslant P(x), x \in \tilde{Y}$. 然后通过 Zorn 引理完成整个证明. □

现在设 X 是复的线性空间，f 是 X 上的复线性泛函，u 是 f 的实部，那么 u 是实线性的，并且

$$f(x) = u(x) - iu(ix), \ x \in X.$$

反之，若 $u: X \to \mathbb{R}$ 是实线性的，那么由上式定义的 f 是复线性的.

定理2.2.3 设 X 是复的线性空间，$p: X \to \mathbb{R}_+$ 是半范数，Y 是 X 的一个子空间，并且 $f: Y \to \mathbb{C}$ 是复的线性泛函，它满足 $|f(x)| \leqslant p(x)$, $x \in Y$，那么 f 可以延拓到 X 上，使得同样的不等式对所有 $x \in X$ 成立.

证： 置 $u = \text{Re } f$，由上面的定理，u 可延拓到 X 上得到一个实线性泛函 U，使得 $U(x) \leqslant p(x), x \in X$. 定义 $F(x) = U(x) - iU(ix)$, $x \in X$，那么 F 是 X 上的复线性泛函，并且当 $x \in Y$ 时，

$$F(x) = u(x) - iu(ix) = f(x).$$

故 F 是 f 在 X 上的延拓. 对每个 $x \in X$，有数 $\alpha \in \mathbb{C}$，$|\alpha| = 1$，使得

$$|F(x)| = \alpha F(x) = F(\alpha x) \leqslant p(\alpha x) = p(x). \qquad □$$

在大多数实际问题的应用中，常常先构造出有限维子空间上的线性泛函，然后通过 Hahn-Banach 定理延拓到整个无穷维空间上. 因此 Hahn-Banach 延拓定理是打开无穷维空间大门的钥匙. 下面的系经常会用到.

系2.2.4　设 X 是赋范空间, $x_0 \in X$, 那么存在线性泛函 f, 满足:

$$f(x_0) = \|x_0\|, \quad \|f\| = 1.$$

系2.2.5　设 Y 是 X 的真闭子空间, $x \in X \setminus Y$, 那么存在线性泛函 f, 满足:

(i) $f(y) = 0$, $y \in Y$;

(ii) $f(x) = \operatorname{dist}(x, Y)$;

(iii) $\|f\| = 1$.

证:　置 $\tilde{Y} = \{\alpha x + y : \alpha \in \mathbb{C}, y \in Y\}$. 定义 $f(\alpha x + y) = \alpha \operatorname{dist}(x, Y)$, 剩下的证明是容易的. □

例子2.2.6　存在 l^∞ 上的线性泛函 f 满足: 当 $x = (x_1, \cdots, x_n, \cdots) \in l^\infty$ 时,

$$\underline{\lim}\operatorname{Re} x_n \leqslant \operatorname{Re} f(x) \leqslant \overline{\lim}\operatorname{Re} x_n.$$

事实上, 命 $p(x) = \overline{\lim}\operatorname{Re} x_n$, 则 p 是 l^∞ 上的一个次线性泛函. 设 $\mathbf{c}$ 是 l^∞ 中收敛序列的全体, 它是 l^∞ 的闭子空间, 在 $\mathbf{c}$ 上定义线性泛函 $g(x) = \lim_{n \to \infty} x_n$, 由 Hahn-Banach 延拓定理, g 在 l^∞ 上有满足题目要求的延拓 f.

在实际应用方面, Krein-Riesz 延拓定理常常是方便的. 它本质上与 Hahn-Banach 延拓定理等价. Hahn-Banach 延拓定理的各种形式的详细讨论, 存在丰富的文献 [Ba, Roy, Ru1].

设 X 是实的线性空间, 称子集 $\mathcal{P} \subseteq X$ 为 X 的一个锥, 如果 $\mathcal{P} + \mathcal{P} \subseteq \mathcal{P}$, 并且 $t\mathcal{P} \subseteq \mathcal{P}$, $t \geqslant 0$. 设 Y 是 X 的一个线性子空间, $\varphi : Y \mapsto \mathbb{R}$ 是一个实的线性泛函, 称 φ 是 $\mathcal{P}$-正的, 如果当 $x \in \mathcal{P} \cap Y$ 时, $\varphi(x) \geqslant 0$.

定理2.2.7 (Krein-Riesz 延拓定理)　如果 $X = Y + \mathcal{P}$, 那么每个 Y 上的 $\mathcal{P}$-线性泛函都可延拓为 X 上的 $\mathcal{P}$-正线性泛函, 即: 当 $\varphi : Y \mapsto \mathbb{R}$ 是 $\mathcal{P}$-正的, 那么存在 $\mathcal{P}$-正线性泛函 $\psi : X \mapsto \mathbb{R}$, 并且 $\psi|_Y = \varphi$.

注记　设 $X = \mathbb{R}^2$, $Y = \{(x, 0) : x \in \mathbb{R}\}$, $\mathcal{P} = \{(x, y) : y \geqslant 0\} \setminus \{(x, 0) : x < 0\}$, 在 Y 上定义泛函 $f(x, 0) = x$, 那么 f 是 $\mathcal{P}$-正的, 但 f 在 X 上不存在任何 $\mathcal{P}$-正的延拓. 因此定理中的假设 "$X = Y + \mathcal{P}$" 不能去掉.

下面, 我们给出 Krein-Riesz 延拓定理等价于 Hahn-Banach 延拓定理的证明.

证： (i) 我们先用 Hahn-Banach 延拓定理证明 Krein-Riesz 延拓定理. 设 X 上有锥 $\mathcal{P}$, Y 是 X 的一个子空间, 满足对每个 $x \in X$, $\exists y \in Y$ 使得 $y - x \in \mathcal{P}$, 并且在 Y 上有 $\mathcal{P}$-正线性泛函 $f(y)$. 在 X 上定义

$$\rho(x) = \inf_{y \in Y, y-x \in \mathcal{P}} f(y),$$

则 ρ 是 X 上的次线性泛函 (验证之), 并且当 $y \in Y$ 时, $f(y) \leqslant \rho(y)$. 根据 Hahn-Banach 定理, f 可以延拓到 X 上, 并且满足:

$$-\rho(-x) \leqslant F(x) \leqslant \rho(x), \quad \forall x \in X.$$

当 $x \in \mathcal{P}$ 时, 易见 $\rho(-x) \leqslant 0$, 故当 $x \in \mathcal{P}$ 时, $F(x) \geqslant -\rho(-x) \geqslant 0$.

(ii) 用 Krein-Riesz 延拓定理证明 Hahn-Banach 延拓定理. 设 X 是实线性空间, $\rho(x)$ 是 X 上的次线性泛函, Y 是 X 的一个子空间, 并且 f 是 Y 上实的线性泛函, 它满足 $f(y) \leqslant \rho(y)$, $y \in Y$. 令 $X' = X \oplus \mathbb{R}$, 定义锥

$$\mathcal{P} = \{(x, t) \in X \oplus \mathbb{R} : \rho(x) \leqslant t\}$$

及子空间 $Y' = Y \oplus \mathbb{R}$. 在 Y' 上定义线性泛函 $f'((y, t)) = t - f(y)$, 则 f' 在 Y 上是正的. 根据 Krein-Riesz 定理, f' 在 X' 上有正线性延拓 F'. 记 $F(x) = -F'((x, 0))$, 则 F 是 f 的延拓, 因为 $(x, \rho(x)) \in \mathcal{P}$, 从而

$$F'((x, 0)) + F'((0, \rho(x))) = F'((x, \rho(x))) \geqslant 0,$$

故

$$F(x) \leqslant F'((0, \rho(x))) = \rho(x)F'((0, 1)) = \rho(x)f'((0, 1)) = \rho(x). \qquad \square$$

Krein-Riesz 延拓定理在测度和积分理论方面有广泛的应用. 设 f 是定义在 $\mathbb{R}^n$ 上的一个函数, f 的支撑集 S_f 定义为集 $\{x : f(x) \neq 0\}$ 的闭包. 设 X 是 $\mathbb{R}^n$ 上所有具有紧支撑的有界实函数全体, Y 是 $\mathbb{R}^n$ 上具有紧支撑的 Lebesgue 可测的有界实函数全体. 令 $\mathcal{P} = \{f \in X : f \geqslant 0\}$, 在 Y 上定义线性泛函

$$F(f) = \int_{\mathbb{R}^n} f \, dm_n,$$

则 F 是 $\mathcal{P}$-正的. 由 Krein-Riesz 延拓定理, F 可延拓为 X 上的 $\mathcal{P}$-正线性泛函, 仍记为 F. 当 $f \in X$ 时, $F(f)$ 可理解为一种 f 的"广义"的 Lebesgue 积分. 从测度论方面, 对 $\mathbb{R}^n$ 的每个有界子集 E, 定义 $\mu(E) = F(\chi_E)$, 这里 χ_E 是 E 的特征函数. 根据 $\mathcal{P}$-正泛函 F 的性质, 我们有下列结论:

(i) $\mu \geqslant 0$, $\mu(\emptyset) = 0$.

(ii) μ 是有限可加的, 即若给定两两不交的有界集 $E_1, \cdots, E_n$, 有

$$\mu\left(\bigcup_{i=1}^{n} E_i\right) = \mu(E_1) + \cdots + \mu(E_n).$$

(iii) 当 E 是Lebesgue 可测的有界集时, $\mu(E) = m_n(E)$.

因此在 $\mathbb{R}^n$ 的所有有界子集的环上, 我们构造出了一个有限可加的正测度.

(iv) 对 $\forall E \subseteq \mathbb{R}^n$, 定义 $\nu(E) = \lim_{r \to \infty} \mu(E \cap B_r)$, 其中 B_r 是以 0 为中心、半径为 r 的球, 那么我们构造了一个: ν 是 $\mathbb{R}^n$ 的所有子集构成的 σ-代数上的有限可加测度, 且当 E 是 Lebesgue 可测时, $\nu(E) = m_n(E)$.

Krein-Riesz 延拓定理可推广到下列的半群形式. 一个半群 G 在实线性空间 X 上的作用是指对每个 $g \in G$, $gx \in X$, 且满足:

(i) $ex = x$, 其中 e 是 G 的单位元, $x \in X$;

(ii) $g(\alpha x + \beta y) = \alpha g(x) + \beta g(y)$, $x, y \in X$, $\alpha, \beta \in \mathbb{R}$, $g \in G$;

(iii) $(g_1 g_2)x = g_1(g_2 x)$, $g_1, g_2 \in G$, $x \in X$.

定理2.2.8 (Krein-Riesz 延拓定理的半群形式) 设 X 是实的线性空间, $\mathcal{P} \subseteq X$ 是 X 的一个锥, Y 是 X 的一个线性子空间, 并且 $X = Y + \mathcal{P}$. 进一步假设 Abel 半群 G 作用在 X 上, 满足 $GY \subseteq Y$ 并且 $G\mathcal{P} \subseteq \mathcal{P}$. 若 f 是 Y 上的 $\mathcal{P}$- 正泛函, 且

$$f(gy) = f(y), \quad \forall y \in Y, \ g \in G,$$

则 f 可延拓为 X 上 $\mathcal{P}$-的正泛函 F, 且满足:

$$F(gx) = F(x), \quad \forall x \in X, \ g \in G.$$

回到前面 Krein-Riesz 延拓定理对测度论的应用, 我们现在看看直线 $\mathbb{R}$ 上的平移不变测度. 取 X 是 $\mathbb{R}$ 上具有有界支撑的有界函数全体, Y 是所有有界支撑的 Lebesgue 可测的有界函数全体, 锥 $\mathcal{P} = \{f \in X : f \geqslant 0\}$. 在 Y 上定义线性泛函 $F(f) = \int_{\mathbb{R}} f \, \mathrm{d}x$. 定义加法群 $\mathbb{R}$ 在 X 上的作用为

$$(\tau_a f)(x) = f(x - a), \quad \forall x \in \mathbb{R}.$$

由于对任何 $a \in \mathbb{R}$, 有 $\tau_a Y \subseteq Y$, $\tau_a \mathcal{P} \subseteq \mathcal{P}$, 并且

$$F(\tau_a f) = F(f), \quad \forall f \in Y,$$

因此 F 可延拓为 X 上的正泛函,且满足群作用不变. 应用前面 (i)~(iv) 的结论和延拓泛函的群作用不变性,我们看到在 $\mathbb{R}$ 的所有子集的 σ-代数 $\mathcal{R}$ 上存在平移不变的有限可加的正测度 ν,且当 E 是 Lebesgue 可测时,$\nu(E) = m(E)$. 我们特别强调这个测度 ν 是"有限可加的". 使用选择公理可以证明:不存在 σ-代数 $\mathcal{R}$ 上的可数可加平移不变测度 μ,满足 $0 < \mu([0,1]) < +\infty$. 事实上,在 $\mathbb{R}$ 上定义等价关系 "$x \sim y$ 当且仅当 $x - y \in \mathbb{Q}$". 在这个等价关系下,应用选择公理在每个等价类中取一个属于 $[0,1]$ 的元素构成集合 E,则有

$$[0,1] \subseteq \bigcup_{q \in \mathbb{Q} \cap [-1,1]} (E + q) \subseteq [-1,2].$$

如果这样一个平移不变的测度 μ 存在,则有

$$\mu([0,1]) \leqslant \sum_{q \in \mathbb{Q} \cap [-1,1]} \mu(E + q) = \sum_{q \in \mathbb{Q} \cap [-1,1]} \mu(E) \leqslant \mu([-1,2]) = 3\mu([0,1]),$$

这是不可能的. Lebesgue 测度具有平移不变性,因此 Lebesgue 测度不能延拓到 $\mathbb{R}$ 的所有子集上.

一个离散半群 G 称为 (左) 顺从的,如果存在 G 上的左不变的、有限可加的正测度 μ,且 $\mu(G) = 1$. 这里左不变是指对 G 的任何子集 E,有 $\mu(gE) = \mu(E)$. 可以证明 $\mathbb{R}^2$ 上的刚体运动群 G (这里的刚体运动群是指由平移和旋转生成的群),作为离散群是顺从的. Krein-Riesz 延拓定理 Abel 半群版本自然地能够推广到顺从半群的情形. 因此在 $\mathbb{R}^2$ 的所有子集的 σ-代数 $\mathcal{R}^2$ 上,存在一个有限可加的刚体运动不变的正测度. 然而当 $n \geqslant 3$ 时,$\mathbb{R}^n$ 上的刚体运动群 (由平移和旋转生成的群) 不是顺从的. 因此就出现了 Banach-Tarski 悖论现象,即 $\mathbb{R}^3$ 中的单位球可分割成五"块",其中两"块"拼成一个单位球,剩下三"块"也能够拼成一个单位球. 当然这其中至少有一"块"不是 Lebesgue 可测的. 这些事实的证明都依赖选择公理! 在一维和二维情形,这种情况不会发生,即单位区间不能分割成有限份,通过平移,拼成两个单位区间. 同样地,平面上的单位正方形不能分割成有限份,通过平移和旋转拼成两个单位正方形.

我们接着叙述 Hahn-Banach 延拓定理的半群形式.

定理2.2.9 设 X, Y, P, f 同定理 2.2.2,G 是作用在 X 上的 Abel 半群且 $GY \subseteq Y$. 进一步假设 $P(ax) = P(x)$,$f(ay) = f(y)$,$a \in G$,$x \in X$,$y \in Y$,那么存在 f 到 X 上的一个线性延拓 F,满足 $F(x) \leqslant P(x)$,并且 $F(ax) = F(x)$,$x \in X$,$a \in G$.

习题

1. 如果 X 是赋范空间，M 是 X 的闭子空间，且 N 是有限维的子空间，则 $M + N$ 是闭的. [提示：只要证明 N 为一维时的情形. 设 $N = \mathbb{C}x_0$，如果 $x_0 \in M$，则 $M + N = M$. 我们假设 $x_0 \notin M$，此时 $M + N = \{x + \alpha x_0 : x \in M, \alpha \in \mathbb{C}\}$. 存在 $f \in X^*$，使得 $f|_M = 0$，$f(x_0) = 1$. 设序列 $x_n + \alpha_n x_0 \to y_0$，那么 $\alpha_n = f(x_n + \alpha_n x_0) \to f(y_0)$. 因此有 $x_n \to y_0 - f(y_0)x_0 \in M$，立得 $y_0 = (y_0 - f(y_0)x_0) + f(y_0)x_0 \in M + N$.]

2. 在 l^∞ 上定义平移算子 $T : (x_1, x_2, \cdots) \mapsto (x_2, x_3, \cdots)$，证明：在 l^∞ 上有连续线性泛函 F (Banach limit) 满足：

   (i) $FT(x) = F(x)$；

   (ii) $x \in \mathbf{c}$，$F(x) = \lim x_n$；

   (iii) $\underline{\lim} \operatorname{Re} x_n \leqslant \operatorname{Re} F(x) \leqslant \overline{\lim} \operatorname{Re} x_n$，$x \in l^\infty$.

   [提示：令 $F_n(x) = \dfrac{x_1 + \cdots + x_n}{n}$，$M = \{x \in l^\infty : G(x) = \lim F_n(x) \text{ 存在}\}$，及 $p(x) = \overline{\lim} \operatorname{Re} F_n(x)$.]

3. 设 $C_b(\mathbb{R})$ 表示 $\mathbb{R}$ 上有界连续函数全体所成的 Banach 空间，$\|f\| = \sup |f(x)|$. 讨论与习题 2 同样的问题.

4. 证明 Krein-Riesz 延拓定理的半群形式定理 2.2.8，以及 Hahn-Banach 延拓定理的半群形式定理 2.2.9.

5. 用下面提示的方法证明在整数加法群 $\mathbb{Z}$ 的所有子集上存在非负集函数 μ，满足：

   (i) $\mu(A) \in [0, 1]$，并且 $\mu(\mathbb{Z}) = 1$；

   (ii) 如果 $A \cap B = \emptyset$，那么 $\mu(A \cup B) = \mu(A) + \mu(B)$；

   (iii) μ 是平移不变的，即 $\mu(a + A) = \mu(A)$.

[提示：在 $l_\mathbb{R}^\infty(\mathbb{Z})$ 上定义平移算子 $(Tx)_i = x_{i+1}$，$x = (\cdots, x_{-1}, x_0, x_1, \cdots)$. 置 $Y = \operatorname{Ran}(I - T)$，并且 u 的所有分量为常数 1. 验证 $\operatorname{dist}(u, Y) = 1$. 因此在 $l_\mathbb{R}^\infty(\mathbb{Z})$ 上存在满足系 2.2.5 条件的实的线性泛函 f. 对子集 $A \subseteq \mathbb{Z}$，定义 $\mu(A) = f(\chi_A)$，这里 χ_A 是 A 的特征函数，验证 μ 满足题目要求. 这个 μ 是整数群上一个平移不变的有限可加测度.]

6. 对 $\alpha = (\alpha_1, \alpha_2, \cdots) \in l^1$，由

$$x \mapsto \sum_{i=1}^\infty \alpha_i x_i, \; x = (x_1, x_2, \cdots) \in l^\infty$$

定义了 l^∞ 上的一个连续线性泛函. 举例说明在 l^∞ 上存在连续线性泛函不能表示成上面的形式. 在 $L^\infty[a, b]$ 上考虑同样的问题.

7. 如果 f 是赋范空间 X 上的无界线性泛函，则 $\ker f$ 在 X 中稠密.

8. 设 $f, f_1, \cdots, f_n$ 是线性空间 X 上的线性泛函，满足 $\bigcap_{i=1}^{n} \ker f_i \subseteq \ker f$，证明：存在常数 $c_1, \cdots, c_n$，使得 $f(x) = c_1 f_1(x) + \cdots + c_n f_n(x)$，$x \in X$.

9. 设 f 是赋范空间 X 上的非零连续线性泛函，证明：从原点 $x = 0$ 到超平面 $L = \{x : f(x) = 1\}$ 的距离 d 满足 $d = \frac{1}{\|f\|}$.

10. 设 $X = \mathbb{R}^2$，$Y = \{(x, 0) : x \in \mathbb{R}\}$，$\mathcal{P} = \{(x, y) : y \geqslant 0\} \setminus \{(x, 0) : x < 0\}$，在 Y 上定义泛函 $f(x, 0) = x$，那么 f 是 $\mathcal{P}$-正的，但 f 在 X 上不存在任何 $\mathcal{P}$-正的线性延拓. 这说明 Krein-Riesz 延拓定理中的条件 "$X = Y + \mathcal{P}$" 不能去掉.

§2.2.2 共轭算子

如果 X，Y 是赋范空间，且 $T : X \to Y$ 是一个线性算子，那么可定义算子

$$T^* : Y^* \to X^*, \quad T^* f(x) = f(Tx), \ f \in Y^*, \ x \in X,$$

称 T^* 是 T 的共轭算子. 若 $T \in B(X, Y)$，那么 $T^* \in B(Y^*, X^*)$. 事实上，我们有 $\|T^*\| = \|T\|$，这是因为

$$|T^* f(x)| = |f(Tx)| \leqslant \|f\| \|Tx\| \leqslant \|f\| \|T\| \|x\|,$$

从而有 $\|T^*\| \leqslant \|T\|$. 另一方面，由系 2.2.4，对每个 $y \in Y$，存在 $g \in Y^*$，使得 $|g(y)| = \|y\|$，$\|g\| = 1$. 应用这个事实到 $y = Tx$，给出了

$$\|Tx\| = |g(Tx)| = |T^* g(x)| \leqslant \|T^*\| \|g\| \|x\| = \|T^*\| \|x\|, \quad x \in X.$$

因此 $\|T^*\| \geqslant \|T\|$. 共轭算子有下列性质：

(i) 设 $T \in B(X, Y)$，则 $T^* \in B(Y^*, X^*)$，且 $\|T^*\| = \|T\|$；

(ii) 设 $T_1, T_2 \in B(X, Y)$，则 $(\alpha T_1 + \beta T_2)^* = \alpha T_1^* + \beta T_2^*$，$\alpha, \beta \in \mathbb{C}$；

(iii) 设 $T_1 \in B(X, Y)$，$T_2 \in B(Y, Z)$，则 $(T_2 T_1)^* = T_1^* T_2^*$.

对赋范空间 X，可自然地定义 X 的二次共轭 X^{**}、三次共轭 X^{***} 等. 对每个 $x \in X$，作 X^* 上的线性泛函 x^{**} 如下：

$$x^{**}(f) = f(x), \quad f \in X^*.$$

容易证明 x^{**} 是 X^* 上的有界泛函，且 $\|x^{**}\| = \|x\|$. 因此存在一个自然的等距嵌入映射 $i : X \to X^{**}$. 因为 X^{**} 是 Banach 空间，X 在 X^{**} 中的闭包是 X 的完备化. 在自然嵌入的意义下，我们视 X 是 X^{**} 的一个子空间. 若 $X = X^{**}$，称 X 是自反的. 自反空间享有 Hilbert 空间的许多性质.

设 $T \in B(X, Y)$，则有 T 的两次共轭算子 $T^{**} : X^{**} \to Y^{**}$. 容易验证：$T^{**}x = Tx$，$x \in X$. 因此 T^{**} 是 T 的保范延拓.

由 Riesz 表示定理，Hilbert 空间和它的对偶实现了共轭线性等距同构，因此，讨论 Hilbert 空间上的共轭算子时，常用如下形式：设 $T : H_1 \to H_2$，则 $T^* : H_2 \to H_1$，它们通过如下等式联系：

$$\langle Tx, y \rangle = \langle x, T^*y \rangle, \quad x \in H_1, y \in H_2.$$

它有如下性质：

(i) $\|T^*\| = \|T\|$;

(ii) $(\alpha T_1 + \beta T_2)^* = \bar{\alpha} T_1^* + \bar{\beta} T_2^*$;

(iii) $T^{**} = T$.

例子2.2.10　考察单向移位算子 $S : l^2 \to l^2$，$x = (x_1, x_2, \cdots) \mapsto (0, x_1, x_2, \cdots)$，则 S^* 是左移位算子，$S^*x = (x_2, x_3, \cdots)$.

§2.2.3　子空间和商空间的对偶

设 X 是赋范空间，L 是 X 的子空间，L 的零化子 $L^\perp$ 定义为

$$L^\perp = \{f \in X^* : f(x) = 0, \forall x \in L\}.$$

使用 Hahn-Banach 定理，可证明下列定理.

定理2.2.11　设 L 是赋范空间 X 的闭线性子空间，则

(i) 映射 $[f] \mapsto f|_L$ 实现了商空间 $X^*/L^\perp$ 与 L^* 的等距同构；

(ii) 设 $\pi : X \to X/L$ 是商映射，则 $\pi^* : (X/L)^* \to X^*$ 是等距且 $\operatorname{Ran} \pi^* = L^\perp$.

习题

1. 设 Y 是 X^* 的子空间，定义 $^\perp Y = \{x \in X : f(x) = 0, \forall f \in Y\}$. 证明：如果 L 是 X 的子空间，那么 $^\perp(L^\perp) = \bar{L}$.

2. 证明定理 2.2.11.

3. 设 $x^* \in X^*$，沿用定理 2.2.11 的记号，证明

$$\sup\{|x^*(y)| : y \in L, \|y\| \leqslant 1\} = \inf\{\|x^* - y^*\| : y^* \in L^\perp\}.$$

44   算子理论基础(第二版)

若 $x \in X$, 证明

$$\inf\{\|x - y\| : y \in L\} = \sup\{|y^*(x)| : y^* \in L^\perp, \|y^*\| \leqslant 1\}.$$

4. 设 X, Y 是赋范线性空间, $U \subset X$ 是一个开集, $x \in U$, 并且 $F : U \to Y$ 是一个映射. 如果存在一个有界线性算子 $A : X \to Y$, 使得

$$\lim_{h \to 0} \frac{\|F(x + h) - F(x) - Ah\|}{\|h\|} = 0,$$

或等价地, $F(x + h) = F(x) + Ah + o(h)$, 就称 F 在点 x 处 Fréchet可导, 称算子 A 为 F 在点 x 处的 Fréchet 导数, 记为 $F'(x)$. 证明:

(i) 如果在点 x 处的 Fréchet 导数存在, 则其必是唯一的;

(ii) [中值定理] 若 $x, y \in U$, 且区间 $[x, y] = \{tx + (1 - t)y : 0 \leqslant t \leqslant 1\} \subset U$, 若 F 在区间 $[x, y]$ 中的每一点 Fréchet 可导, 则成立

$$\frac{\|F(x) - F(y)\|}{\|x - y\|} \leqslant \sup_{z \in [x, y]} \|F'(z)\|.$$

5. 设 X, Y 是复的赋范线性空间, $U \subset X$ 是一个开集, $u \in U, v \in X$, 并且 $F : U \to Y$ 是一个映射. 随着复变数 $z \to 0$, 如果极限

$$DF(u, v) = \lim_{z \to 0} \frac{F(u + zv) - F(u)}{z}$$

存在, 就称 F 在点 u 处沿 v 方向 Gâteaux 可导, 其导数为 $DF(u, v)$. 如果 F 是局部有界的, 且在 U 中的每一点沿任何方向 Gâteaux 可导, 称 F 是 U 上的解析映射. 证明:

(i) 如果在点 x 处 Fréchet 可导, 则其必 Gâteaux 可导, 写出导数之间的关系;

(ii) 若 F 是 U 上的解析映射, 则 F 是 连续的.

§2.3   Hahn-Banach 延拓定理(II)

在这一节, 我们介绍Hahn-Banach 延拓定理的几何形式和拓扑形式, 这些结果在 Banach 空间几何学、凸集理论以及运筹优化理论中有广泛的应用.

§2.3.1   拓扑线性空间的基本概念

设 X 是一个非空集, τ 是由 X 的一些子集构成的集类. 如果 τ 满足条件

(i) $X, \emptyset \in \tau$;

(ii) τ 中两集之交在 τ 中;

(iii) τ 中任意多个集之并在 τ 中,

称 τ 是 X 上的一个拓扑, 并称 (X, τ) 是一个拓扑空间. τ 中的集称为开集, 开集的补集称为闭集. 设 $x \in X$, $U \in \tau$, 并且 $x \in U$, 称 U 是 x 的一个邻域.

拓扑空间通过邻域基完全确定. 设 X 是一拓扑空间, $x \in X$, $\mathcal{U}(x)$ 是 x 的某些邻域所成的邻域簇, 如果对 x 的任何邻域 V, 必有 $U \in \mathcal{U}(x)$, 使得 $U \subseteq V$, 那么称 $\mathcal{U}(x)$ 是 x 的一个邻域基. 为了刻画 X 上的拓扑, 常常指定 X 中每点一个邻域基就行了.

现在设 X 是线性空间, τ 是 X 上的拓扑, 它满足:

(i) X 是 Hausdorff 空间;

(ii) 线性运算是连续的,

则称 (X, τ) 是拓扑线性空间 (也称拓扑向量空间), τ 称为 X 上的线性拓扑. 易见度量线性空间是拓扑线性空间.

(ii) 的解释如下: (a) 关于加法 "+" 连续是指: 对 $x, y \in X$, 以及 $x + y$ 的任何邻域 V, 存在 x 的邻域 V_1, y 的邻域 V_2, 使得 $V_1 + V_2 \subseteq V$. (b) 关于数乘的连续性是指: 对 $\alpha \in \mathbb{C}$, $x \in X$, 以及 αx 的任何邻域 V, 存在 α 的邻域 W (在复平面上) 以及 x 的邻域 U, 使得 $W \cdot U \subseteq V$.

读者容易验证: 对每个 $x_0 \in X$, 以及 $\lambda \in \mathbb{C}$, $\lambda \neq 0$, 平移 $x \mapsto x_0 + x$, 数乘 $x \mapsto \lambda x$ 都是 X 的同胚映射. 因此, X 上的线性拓扑 τ 是平移不变的. 这表明一个拓扑线性空间上的拓扑完全由它在原点的一个邻域基确定. 因此, 在研究拓扑线性空间时, 邻域基常常指原点的一个邻域基. 当一个邻域基确定后, 每个开集可表为邻域基中某些成员平移的并. 称一个拓扑线性空间 X 是局部凸的, 如果存在 X 的邻域基 $\mathcal{U}$, 其中每一个成员是凸的. 易见每个赋范线性空间是局部凸的.

设 X 是拓扑线性空间, X^* 是 X 的对偶空间, 即 X 上连续线性泛函全体之集. 如果 X^* 分离 X (即当 $x, y \in X$, $x \neq y$ 时, 存在 $f \in X^*$, 使得 $f(x) \neq f(y)$), 定义 X 上的弱拓扑是由 X^* 在 X 上诱导的最弱的线性拓扑, 即使得每个 $f \in X^*$ 都连续的 X 上的最弱的线性拓扑, 它是 Hausdorff 的, 简写为 w -拓扑. 当然, 它弱于 X 上的原始拓扑. 在 w -拓扑下, X 成一拓扑线性空间. 原点有邻域基

$$O(f_1, \cdots, f_n, \varepsilon) = \left\{ x \in X : |f_k(x)| < \varepsilon, k = 1, 2, \cdots, n \right\}, \text{这里 } f_k \in X^*, n \in \mathbb{N}, \varepsilon > 0.$$

因此 X_{w} 是局部凸的拓扑线性空间, 这里 X_{w} 表示 X 配备其弱拓扑. 一般地, 弱拓扑的开集是相当大的, 例如取原点的一个邻域 U, 那么 U 包含某个 $\{x \in X:$

$|f_k(x)| < \varepsilon, k = 1, 2, \cdots, n\}$. 因此 $U \supseteq \ker f_1 \cap \cdots \cap \ker f_n$，后者是一个无限维闭子空间.

类似地，如果 $X^* \neq 0$，那么每个 $x \in X$ 在 X^* 上定义了线性泛函 $\tilde{x}(f) = f(x)$，$f \in X^*$. 在此意义下，X 显然分离 X^*. 由 X 以这种方式诱导的 X^* 上的最弱的线性拓扑称为 X^* 的 w*-拓扑，即使得每个 $\tilde{x}$ $(x \in X)$ 都是连续的 X^* 上的最弱的线性拓扑，它是 Hausdorff 的，简写为 w*-拓扑. 在 w*-拓扑下，X^* 成一拓扑线性空间，原点有邻域基

$$O(x_1, \cdots, x_n, \varepsilon) = \left\{ f \in X^* : |f(x_k)| < \varepsilon, k = 1, 2, \cdots, n \right\},$$

这里 $x_k \in X$，$n \in \mathbb{N}$，$\varepsilon > 0$. 因此 X^* 在 w*-拓扑下是局部凸的拓扑线性空间.

读者应当注意到赋范线性空间上几乎所有关于线性泛函和算子的理论可平行地推广到局部凸拓扑线性空间 (参见 [Con1, Ru1]).

在非局部凸的拓扑线性空间的情形，会出现许多奇怪的现象. 我们来看一个经典例子. 当 $p \geqslant 1$ 时，我们在例 1.1.5 中定义了 L^p 空间，这是一个 Banach 空间. 现在对 $0 < p < 1$，以及 $\mathbb{R}^n$ 中的一个开集 Ω，我们定义空间 $L^p(\Omega)$. 对 Ω 上的 Lebesgue 可测函数 f，定义

$$\Delta(f) = \int_\Omega |f(x)|^p \, \mathrm{d}V,$$

这里 $\mathrm{d}V$ 表示 Ω 上的体积测度. 定义

$$L^p(\Omega) = \{f : f \text{ 是 Lebesgue 可测的，且} \Delta(f) < \infty\},$$

由不等式 $(a + b)^p \leqslant a^p + b^p$，$a, b \geqslant 0$ 知

$$\Delta(f + g) \leqslant \Delta(f) + \Delta(g).$$

因此 $d(f, g) = \Delta(f - g)$ 给出了 $L^p(\Omega)$ 上的一个平移不变的度量. 在此度量下，和在 $p \geqslant 1$ 时的情形一样可以证明，$L^p(\Omega)$ 是完备的，从而 $L^p(\Omega)$ 是一个完备的度量线性空间，具有邻域基 $O_r = \{f \in L^p(\Omega) : \Delta(f) < r\}$. 然而 $L^p(\Omega)$ 不是局部凸的，甚至它不包含非平凡的凸开集. 为了说明这个事实，我们假设 V 是 $L^p(\Omega)$ 的非空凸开集，并无妨设 $0 \in V$，那么有 $r > 0$，使得 $V \supseteq O_r$. 任取 $f \in L^p(\Omega)$，因 $p < 1$，存在自然数 n，使得 $n^{p-1}\Delta(f) < r$. 对于 $t \geqslant 0$，记 $\Omega_t = \{x = (x_1, \cdots, x_n) \in \Omega : |x_1| \leqslant t\}$，并定义 $\varphi(t) = \int_{\Omega_t} |f|^p \, \mathrm{d}V$，则 $\varphi(0) = 0$，且 $\varphi(t)$ 单调递增. 由积分的绝对连续性知，$\varphi(t)$ 是连续的，且

$$\lim_{t \to \infty} \varphi(t) = \int_\Omega |f|^p \, \mathrm{d}V.$$

因而存在 $t_1 < t_2 < \cdots < t_{n-1}$，使得 $\varphi(t_i) = \frac{i}{n}\Delta(f)$，$1 \leqslant i \leqslant n-1$. 命 $U_1 = \Omega_{t_1}$，$U_2 = \Omega_{t_2} \setminus \Omega_{t_1}$，$\cdots$，$U_{n-1} = \Omega_{t_{n-1}} \setminus \Omega_{t_{n-2}}$，$U_n = \Omega \setminus \Omega_{t_{n-1}}$，则成立

$$\int_{U_i} |f|^p \, \mathrm{d}V = n^{-1}\Delta(f), \, i = 1, \cdots, n.$$

令

$$g_i = nf\chi_{U_i},$$

则 $\Delta(g_i) = n^{p-1}\Delta(f) < r$，故 $g_i \in V$，且 $f = \frac{1}{n}(g_1 + \cdots + g_n)$，由 V 的凸性知 $f \in V$，从而 $V = L^p(\Omega)$.

$L^p(\Omega)$ $(p < 1)$ 中凸开集的消失引起许多奇怪的现象. 例如，若 A 是 $L^p(\Omega)$ 到一个局部凸拓扑线性空间 Y 中的连续线性映射，并设 $\mathcal{B}$ 是 Y 的一个凸的邻域基，那么对每个 $W \in \mathcal{B}$，$A^{-1}(W)$ 是 $L^p(\Omega)$ 的非空凸开子集，从而 $A^{-1}(W) = L^p(\Omega)$，于是 $AL^p(\Omega) \subseteq W$，$\forall W \in \mathcal{B}$. 这导致 $A = 0$. 因此零映射是 $L^p(\Omega)$ $(p < 1)$ 到局部凸空间的唯一连续线性映射. 特别地，零泛函是 $L^p(\Omega)$ $(p < 1)$ 空间上仅有的连续线性泛函.

最后，我们提及拓扑空间理论中常用的一些事实和结论：

(i) 设 X 是一个非空集，$\mathcal{F}$ 是 X 上一簇函数 $f : X \to \mathbb{C}$. 令 τ 是集类 $\{f^{-1}(V) : f \in \mathcal{F}, V 是 \mathbb{C} 的开子集\}$ 生成的拓扑. 如果 $\mathcal{F}$ 分离 X 中的点，那么 τ 是 Hausdorff 的. 事实上，τ 是使得所有 $f \in \mathcal{F}$ 连续的 X 上的最弱拓扑，称为由 $\mathcal{F}$ 诱导的 X 上的弱拓扑，或 X 的 $\mathcal{F}$-拓扑.

(ii) 设 X 是一个拓扑空间，称 X 是正规的，如果它满足：

(a) X 的每点是闭的，

(b) 对 X 的两个不交闭子集 F_1，F_2，存在不交的开子集 U_1，U_2，使得 $F_1 \subset U_1$，$F_2 \subset U_2$.

每个紧的 Hausdorff 空间是正规的. 正规空间有下面重要性质.

引理2.3.1 (Urysohn 引理)

(i) 设 F_1，F_2 是正规空间 X 的两个不交闭子集，则存在连续函数 $f : X \to [0,1]$ 满足 $f(F_1) = 0$，$f(F_2) = 1$.

(ii) 设 X 是一个局部紧的 Hausdorff 空间，C 是 X 的一个紧子集，那么对 C 的任何开邻域 U，存在 X 上的一个具有紧支撑的连续函数 f，满足：

$$f(C) = 1; \quad 0 \leqslant f(x) \leqslant 1; \quad \mathrm{supp} f \subseteq U.$$

定理2.3.2 (Tietze 延拓定理)　设 F 是正规空间 X 的一个闭子集，并设函数 $f : F \to [-1,1]$ 是连续的，则 f 有一个到 X 上的连续延拓 $g : X \to [-1,1]$.

习题

1. 设 X 是一线性空间，$\mathcal{P}$ 是 X 上的一个半范数族，并且对每个 $x \in X$, $x \neq 0$, 存在 $p \in \mathcal{P}$, 使得 $p(x) \neq 0$. 在这个条件下，半范数族 $\mathcal{P}$ 称为可分离的. 设 $\mathcal{P}$ 是 X 上的可分离的半范数族，τ 是由 $\mathcal{P}$ 在 X 上诱导的线性拓扑. 证明:

    (i) (X, τ) 是局部凸的拓扑线性空间;

    (ii) 原点有邻域基

$$\{x \in X : |p_k(x)| < \varepsilon, k = 1, 2, \cdots, n\}, \text{这里 } p_k \in \mathcal{P}, n \in \mathbb{N}, \varepsilon > 0;$$

    (iii) 一个网 $\{x_\alpha\} \to 0$ 当且仅当对每个 $p \in \mathcal{P}$, $p(x_\alpha) \to 0$;

    (iv) 如果 $\mathcal{P} = \{p_1, p_2, \cdots\}$ 是至多可数的，在 X 上定义度量

$$d(x, y) = \max_n \frac{1}{2^n} \frac{p_n(x - y)}{1 + p_n(x - y)},$$

证明由度量 d 在 X 上诱导的线性拓扑和 τ 是一致的，即拓扑 τ 可度量化.

2. 设 X 是由可分离的半范数族 $\mathcal{P}$ 定义的局部凸的拓扑线性空间，F 是 X 上的一个线性泛函，证明 F 是连续的当且仅当存在有限个 $P_1, \cdots, P_n \in \mathcal{P}$ 以及正常数 M, 使得

$$|F(x)| \leqslant M (P_1(x) + \cdots + P_n(x)).$$

3. 用习题 2 证明：设 X 是一线性空间，$\mathcal{L}$ 是 X 上的一族可分离的线性泛函 (即当 $x \neq y$ 时，存在 $f \in \mathcal{L}$, 使得 $f(x) \neq f(y)$). 证明使得每个 $f \in \mathcal{L}$ 都连续的 X 上的最弱线性拓扑与由可分离的半范数族 $\{P_f(x) = |f(x)|, f \in \mathcal{L}\}$ 定义的线性拓扑一致，并且在此线性拓扑下，$X^* = \text{span}\mathcal{L}$. 并由此推出：若 X 是拓扑线性空间，X^* 分离 X, 则 $X_w^* = X^*$, 这里 X_w 表示 X 配备其弱拓扑.

4. 设 Ω 是一个 Hausdorff 空间，$\mathcal{F}(\Omega)$ 表示 Ω 上全体复函数的复线性空间. 对每个 $x \in \Omega$, 定义半范数 $P_x(f) = |f(x)|, f \in \mathcal{F}(\Omega)$. 证明由半范数族 $\{P_x : x \in \Omega\}$ 在 $\mathcal{F}(\Omega)$ 上定义的线性拓扑和 $\mathcal{F}(\Omega)$ 上的逐点收敛拓扑一致.

5. 设 $\Omega \subseteq \mathbb{R}^n$ 是一个开集，$C(\Omega)$ 表示 Ω 上连续函数的全体. 取紧集列 $K_1 \subseteq K_2 \subseteq \cdots \subseteq \Omega$, 使得 $\cup_n K_n = \Omega$. 定义

$$\rho_n(f) = \max_{x \in K_n} |f(x)|, f \in C(\Omega).$$

令 τ 是由族 $\{\rho_n\}$ 诱导的 $C(\Omega)$ 上的线性拓扑，证明:

(i) 在此拓扑下，$C(\Omega)$ 是局部凸拓扑线性空间，且 $\{f : \rho_n(f) < \frac{1}{n}\}$，$n = 1, 2, \cdots$ 是原点一个邻域基；

(ii) 在 $C(\Omega)$ 上定义度量

$$d(f, g) = \max_n \frac{1}{2^n} \frac{\rho_n(f - g)}{1 + \rho_n(f - g)},$$

在此度量下，$C(\Omega)$ 是完备的 (具有平移不变性质且完备的局部凸的度量线性空间称为 Fréchet 空间)；

(iii) 由度量 d 诱导的拓扑和 τ 是一致的，即拓扑 τ 可度量化.

6. 设 X 是紧的 Hausdorff 空间. 如果在 X 上存在一个连续函数列 $\{f_n\}$，使得它分离 X 中的点，证明：X 可度量化. 提示：可假设每个 $|f_n| \leqslant 1$，并研究由如下度量诱导的拓扑：

$$d(x, y) = \sum_n 2^{-n} |f_n(x) - f_n(y)|.$$

7. 当 $0 < p < 1$ 时，定义 $L_a^p(\mathbb{D}) = \{f$ 在 $\mathbb{D}$ 上解析：$\Delta(f) < \infty\}$.

(i) 在度量 $d(f, g) = \Delta(f - g)$ 下，证明：$L_a^p(\mathbb{D})$ 是完备的度量线性空间；

(ii) 对每个 $\lambda \in \mathbb{D}$，赋值泛函 $E_\lambda : L_a^p(\mathbb{D}) \to \mathbb{C}$，$f \mapsto f(\lambda)$ 是连续的. 因而 $L_a^p(\mathbb{D})$ 包含非平凡的凸开集；

(iii) $L_a^p(\mathbb{D})$ 是否是局部凸的？

8. 证明局部紧的拓扑线性空间是有限维的. 这里局部紧的定义是指存在原点的一个邻域其闭包是紧的.

9. 设 X 是赋范空间，且 X 的范数拓扑和弱拓扑一致，证明 X 是有限维的.

10. 证明 $L^1[0, 1]$ 中的序列 $\{f_n\}$ 弱收敛于零当且仅当序列满足：

(i) $\sup_n \|f_n\|_1 < \infty$；

(ii) 对 $[0, 1]$ 的每个 Lebesgue 可测子集 E，$\lim_{n\to\infty} \int_E f_n \, dx = 0$.

11. 设 μ 是可测空间 X 上的一个有限正测度，$0 < p < +\infty$，$f_n, f \in L^p(X, \mu)$. 如果 $\{f_n\}$ 在 X 上几乎处处收敛到 f，并且随着 $n \to \infty, \|f_n\|_p \to \|f\|_p$，证明随着 $n \to \infty$，$\|f_n - f\|_p \to 0$.

12. 设 X 是赋范线性空间，$x_n \in X, n = 1, 2, \cdots$，级数 $\sum_n x_n$ 在 X 中收敛，数列 $\{\lambda_n\}$ 满足 $0 \leqslant \lambda_1 \leqslant \lambda_2 \leqslant \cdots, \lambda_n \to \infty$. 证明：

$$\lim_{n\to\infty} \frac{1}{\lambda_n} \Big\| \sum_{k=1}^n \lambda_k x_k \Big\| = 0.$$

提示：使用求和公式，$\sum_{n=1}^N a_n b_n = A_N b_N - \sum_{n=1}^{N-1} A_n (b_{n+1} - b_n)$，这里 $A_0 = 0, A_n = \sum_{i=1}^n a_n$.

§2.3.2　Hahn-Banach 延拓定理的几何形式

Hahn-Banach 延拓定理在 Banach 空间的几何学以及数学规划和运筹优化中有广泛的应用. 在平面及三维欧氏空间, 平面几何和立体几何是古典几何的基本内容. 在无限维线性空间, 尽管我们不再有明显的几何直观, 但仍可以对一些典型几何对象引入分析进行研究. 线性空间中最简单的几何对象是凸集. 从凸集出发, 就可以引发出一系列深刻的数学理论. 我们沿着下面的思路展开讨论.

$$\text{线性空间} \xrightarrow{\text{几何}} \text{凸集} \xrightarrow{\text{分析}} \text{Minkowski 泛函}.$$

线性空间 X 的一个子集 V 称为凸的, 如果对任何 $x, y \in V$, 都有

$$tx + (1 - t)y \in V, \quad 0 \leqslant t \leqslant 1.$$

称一个凸集 V 是吸收的, 如果对任何 $x \in X$, 存在 $t > 0$, 使得 $x \in tV$. 显然, 每个吸收的凸集都包含原点. 定义吸收凸集 V 的 Minkowski 泛函

$$P(x) = \inf\{t \geqslant 0 : x \in tV\}, \ x \in X.$$

命题2.3.3　$P(x)$ 有下面的性质: (i) $P(x) \geqslant 0$, $x \in X$; $P(0) = 0$.

(ii) $P(tx) = tP(x)$, $t \geqslant 0$, $x \in X$.

(iii) $P(x + y) \leqslant P(x) + P(y)$, $\quad x, y \in X$.

此外, 如果 V 是均衡的, 即 $\xi V = V$, $\forall |\xi| = 1$, 则

(iv) $P(\alpha x) = |\alpha| P(x)$, $\alpha \in \mathbb{K}$, $x \in X$ (这里 $\mathbb{K}$ 是 $\mathbb{R}$, 或者 $\mathbb{C}$, 取决于 X 是实空间还是复空间).

(v) $\{x : P(x) < 1\} \subseteq V \subseteq \{x : P(x) \leqslant 1\} \subseteq \bigcap_{t>1} tV$.

因此, 对线性空间 X 的每个吸收凸集 V, Minkowski 泛函 $P(x)$ 是 X 上的一个次线性泛函, 且当 V 是均衡时, $P(x)$ 是 X 上的一个半范数.

我们从几何角度来理解 Hahn-Banach 延拓定理.

定理2.3.4 (Hahn-Banach 延拓定理的几何形式)　设 X 是实线性空间, V 是 X 的一个吸收凸集, $P(x)$ 是 V 的 Minkowski 泛函, $x_0 \notin V$, 那么在 X 上存在实线性泛函 F, 满足:

$$-P(-x) \leqslant F(x) \leqslant P(x), \ x \in X, \ F(x_0) = 1.$$

特别在 V 上, $F(x) \leqslant 1$.

证： 置 $Y = \{tx_0 : t \in \mathbb{R}\}$，在 Y 上定义线性泛函 $f(tx_0) = t$, $t \in \mathbb{R}$. 因为 $x_0 \notin V$，$P(x_0) \geqslant 1$，因此在子空间 Y 上，$f(y) \leqslant P(y)$. 由 Hahn-Banach 延拓定理，f 延拓为 X 上的一个线性泛函 F，满足：

$$-P(-x) \leqslant F(x) \leqslant P(x),\ x \in X;\ F(x_0) = 1. \qquad \square$$

我们知道 $\mathbb{R}^n$ 上的每一个线性泛函有形式 $F(x) = a_1x_1 + \cdots + a_nx_n$，因此 $\mathbb{R}^n$ 中的超平面由线性泛函给出，即方程 $F(x) = c$. 在一个实线性空间 X 上，一个超平面定义为 $F(x) = c$，这里 F 是 X 上的一个线性泛函，c 是一个实数. Hahn-Banach 延拓定理的几何版本表明：对每个吸收凸集 V，$x_0 \notin V$，都存在过 x_0 的一个超平面 $F(x) = 1$，V 位于这个超平面的一侧.

应用 Hahn-Banach 定理的几何版本，容易证明下面的凸集分离定理. 凸集分离定理是 Banach 空间几何学研究的出发点，在运筹优化理论中有广泛的应用.

实线性空间 X 中的凸集 V 称为平移可吸收的，如果存在 $a \in V$，使得 $V - a$ 是吸收的.

定理2.3.5 (凸集分离定理) 设 V, W 是 X 中的两个不交凸集，且至少之一是平移可吸收的，那么存在一个超平面 $F(x) = c$，使得 V, W 分别位于超平面的两侧，即

$$\sup_W F(x) \leqslant c \leqslant \inf_V F(y).$$

证： 可设 V 是平移可吸收的，且 $a \in V$，使得 $V - a$ 是吸收的. 取 $b \in W$ 并置 $C = W - V + a - b$. 因为 $V \cap W = \emptyset$，$a - b \notin C$. 由 Hahn-Banach 延拓定理几何版本，X 上存在实线性泛函 F，使得 $F(w - v + a - b) \leqslant F(a - b)$，$w \in W$，$v \in V$. 因此 $F(w) \leqslant F(v)$，$w \in W$，$v \in V$. $\qquad \square$

设 $x \in V$，称 x 是凸集 V 的一个端点，如果 x 不能表为 V 中两个不同点的凸组合，即若 $x = ty + (1-t)z$, $y,z \in V$, $0 < t < 1$，那么 $x = y = z$.

系2.3.6 若 V 是平移可吸收的，x_0 是 V 的一个端点，则存在过点 x_0 的一个超平面 $F(x) = c$，使得 V 位于该超平面的一侧.

凸集分离定理是数学规划以及优化理论的基础. 设 V 是线性空间 X 的一个凸子集，定义在 V 上的一个实泛函 F 称为凸的，如果对任何 $x,y \in V$ 以及 $0 \leqslant t \leqslant 1$，都成立

$$F(tx + (1-t)y) \leqslant tF(x) + (1-t)F(y),$$

这等价于 $\text{epi}(F) = \{(x,t) \in V \times \mathbb{R} : F(x) \leqslant t\}$ 是 $X \times \mathbb{R}$ 中的凸集. 凸泛函是数学分析中凸函数概念的推广. 凸泛函最简单的例子是线性空间 X 上的次线性泛函.

凸规划问题是给定凸集 V 上的凸泛函 $F, G_1, \cdots, G_m$，求 $x_0 \in V$, 使得

$$F(x_0) = \min\big\{F(x) : x \in V, G_1(x) \leqslant 0, \cdots, G_m(x) \leqslant 0\big\}.$$

处理凸规划问题的基本方法是应用凸集分离定理和 Lagrange 乘子建立起来的 Kuhn-Tucker 理论，可参见 [Zei, Vol III].

§2.3.3 Hahn-Banach 延拓定理的拓扑形式

我们现在考虑拓扑线性空间的情况. 设 X 是拓扑线性空间，如果存在 X 的凸子集 V，并且 V 的内部包含原点，那么 V 是吸收的并且它的 Minkowski 泛函 $P(x)$ 是连续的. 由 Hahn-Banach 延拓定理的几何版本，取 $x_0 \notin V$，那么存在线性泛函 F, 使得 $F(x_0) = 1$ 并且

$$-P(-x) \leqslant F(x) \leqslant P(x), \quad \forall x \in X.$$

因此 $F(x)$ 是连续的.

命题2.3.7 设 X 是拓扑线性空间，X 上存在非零连续线性泛函当且仅当存在非平凡的凸开集.

证： 设 X^* 表示 X 上连续线性泛函的全体，若 $0 \neq f \in X^*$, 则

$$V = \{x \in X : |f(x)| < 1\}$$

是一个非平凡的凸开集.

反之，若 V 是 X 的一个凸开集，$V \neq X$，取 $a \in V$，$V' = V - a$，则 V' 是凸的并且其是原点的一个邻域，由前面的推理即知存在非零的连续线性泛函.   □

从上一节的内容可知，空间 $L^p(\Omega)\,(0 < p < 1)$ 中不存在非平凡的凸开集，因此 $L^p(\Omega)$ 上没有非零的连续线性泛函.

定理2.3.8 (凸集分离定理的拓扑版本) 设 X 是实的拓扑线性空间，V 和 W 是 X 中不相交的非空凸集，则

(i) 若 V 的内部 $V^\circ \neq \emptyset$，则存在 $F \in X^*$ 以及 $\gamma \in \mathbb{R}$, 使得

$$F(x) \leqslant \gamma \leqslant F(y), \quad \forall x \in V, y \in W,$$

即 V 和 W 位于超平面 $F(x) = \gamma$ 的两侧; 并且当 $x \in V^\circ$, $y \in W$ 时, $F(x) < \gamma \leqslant F(y)$.

(ii) 如果 X 是局部凸的, V 是紧的, 并且 $V \cap \overline{W} = \emptyset$, 那么存在 $F \in X^*$ 和实数 $\gamma_1 < \gamma_2$, 使得

$$F(x) < \gamma_1 < \gamma_2 < F(y), \quad \forall x \in V, y \in W,$$

即超平面 $F(x) = \gamma$ 将 V 和 W 严格分离, 这里 $\gamma_1 < \gamma < \gamma_2$.

(iii) 若 X^* 分离 X, 且 V 和 W 是紧的, 那么存在 $F \in X^*$ 和实数 $\gamma_1 < \gamma_2$, 使得

$$F(x) < \gamma_1 < \gamma_2 < F(y), \quad x \in V, y \in W.$$

即超平面 $F(x) = \gamma$ 将 V 和 W 严格分离, 这里 $\gamma_1 < \gamma < \gamma_2$.

证: (i) 的前半部分来自于分离定理 2.3.5. 注意到连续线性泛函是开映射, 因此 $F(V^\circ)$ 是直线的一个开区间, 结合前半部分即可得到(i).

(ii) 存在 X 在原点的一个凸邻域 Ω, 使得 $(V + \Omega) \cap W = \emptyset$, 注意到 $V + \Omega$ 是凸开集, $F(V)$ 是开区间 $F(V + \Omega)$ 中的一个闭区间, 然后应用 (i) 即可.

(iii) 考虑 X 上的弱拓扑 τ, 则 (X, τ) 是局部凸的, 且 τ 弱于 X 上的拓扑, 于是在弱拓扑下, V 和 W 也是紧的. 应用 (ii), 存在 $F \in (X, \tau)^*$ 及实数 $\gamma_1 < \gamma_2$, 使得

$$F(x) < \gamma_1 < \gamma_2 < F(y), \quad x \in V, y \in W,$$

由于 $(X, \tau)^* = X^*$, 故 (iii) 成立. □

注记 设 X 是拓扑线性空间, 则

(i) 如果 $0 \neq f \in X^*$, 则 f 是开映射;

(ii) 若 M 是 X 的线性子空间, 则 $f(M) = \{0\}$ 或者 $f(M) = \mathbb{R}$;

(iii) 设 V 是 X 中的凸集, 则 V 的内部 V° 和 V 的闭包 $\overline{V}$ 都是凸的.

由注记和凸集分离定理的拓扑版本 (i), 我们有: 若凸集 V 有非空的内部, M 是 X 的一个线性子空间, $V \cap M = \emptyset$, 则存在 $F \in X^*$, 使得

$$F|_V \leqslant 0, \quad F|_{V^\circ} < 0, \quad F(M) = \{0\},$$

即存在过 M 的超平面 $F(x) = 0$, 使得 V 位于该超平面的一侧, V 的内部严格位于该侧. 特别地, 当 V 是凸开集时, V 严格位于过 M 的超平面 $F(x) = 0$ 的一侧.

系2.3.9 设 X 是局部凸的拓扑线性空间, 则

    (i) X^* 分离 X 中的点, 这表明 X 上有 "足够多" 的连续线性泛函;

    (ii) 设 M 是 X 的一个线性子空间, $x_0 \notin \overline{M}$, 则存在 $f \in X^*$, 使得 $f|_M = 0$ 并且 $f(x_0) = 1$;

    (iii) 设 S 是 X 的一个子集, 则 S 凸组合的闭包等于它的弱闭包.

证: (i) 来自定理 2.3.8(ii). (ii) 来自于定理 2.3.8(ii) 和注记 (ii). (iii) 来自于定理 2.3.8(ii).   □

定理2.3.10 (Hahn-Banach 延拓定理的拓扑形式) 设 X 是局部凸的拓扑线性空间, M 是 X 的一个线性子空间, f 是 M 上的连续线性泛函, 则 f 可连续延拓到整个 X 上.

证: 不妨假设 $f \neq 0$, 记 $M_0 = \{x \in M : f(x) = 0\}$, 并取 $x_0 \in M$, 使得 $f(x_0) = 1$. 根据 f 的连续性, x_0 不属于 M_0 的 M-闭包, 于是 x_0 不属于 M_0 的 X-闭包, 记 M_0 的 X-闭包为 W. 由系 2.3.9(ii), 存在 $g \in X^*$, 使得 $g(x_0) = 1$ 并且 $g|_W = 0$. 当 $x \in M$ 时, $x - f(x)x_0 \in M_0$, 因此 $g(x) = f(x)$, $x \in M$, 即 g 是 f 到 X 上的一个连续延拓.   □

§2.3.4 凸集的端点

    一个凸集是否存在端点是一个深刻的问题. 设 K 是线性空间 X 的一个凸子集, 用 $\mathfrak{E}(K)$ 表示 K 的所有端点之集. 我们先看下面的例子.

例子2.3.11 考虑 $X = \mathbb{R}^2$ 的两个子集,

$$D = \{(x,y) \in \mathbb{R}^2 : x^2 + y^2 < 1\}, \quad \overline{D} = \{(x,y) \in \mathbb{R}^2 : x^2 + y^2 \leqslant 1\},$$

那么 $\mathfrak{E}(D) = \emptyset$, $\mathfrak{E}(\overline{D}) = \{(x,y) \in \mathbb{R}^2 : x^2 + y^2 = 1\}$.

例子2.3.12 设 $K = \{f \in L^1[a,b] : \|f\|_1 \leqslant 1\}$, 我们有 $\mathfrak{E}(K) = \emptyset$. 事实上, 如果有 $f \in \mathfrak{E}(K)$, 那么 $\|f\| = 1$. 可以取 $c \ (a < c < b)$, 使得 $\int_a^c |f| \, \mathrm{d}x = \frac{1}{2}$. 置 $g = 2f\chi_{(c,b]}$, $h = 2f\chi_{[a,c]}$. 显然 $\|g\| = \|h\| = 1$, 且成立 $f = \frac{1}{2}g + \frac{1}{2}h$, 这表明 f 不是 K 的端点, 矛盾. 因此 $\mathfrak{E}(K) = \emptyset$.

    Krein-Milman 定理是凸集端点理论的一个基本结果, 其证明基于 Hahn-Banach 延拓定理和凸集分离定理. 设 K 是局部凸拓扑线性空间 X 的一个子集, K 的凸包定义为包含 K 的最小凸集, 即它由 K 的元素凸组合生成, 记为 $\mathrm{co}(K)$.

54 算子理论基础(第二版)

定理2.3.13 (Krein-Milman) 设 K 是一个局部凸拓扑线性空间 X 的非空紧子集,那么我们有

(i) $\mathfrak{E}(K) \neq \emptyset$,并且 $K \subseteq \overline{\text{co}}[\mathfrak{E}(K)]$;

(ii) 如果 K 是凸的,那么 $K = \overline{\text{co}}[\mathfrak{E}(K)]$,即 K 是其端点凸组合的闭包;

(iii) 如果 K 是凸的,并且 W 是 K 的一个子集,使得 $K = \overline{\text{co}}(W)$,那么

$$\mathfrak{E}(K) \subseteq \overline{W}.$$

其证明见 [Con1] 或 [Ru1].

当 K 是平面上的一个非空的有界闭集时,请用初等方法给出这个定理的一个证明.

应用 Krein-Milman 定理,容易推出在凸分析以及优化理论中的一些基本结果.

系2.3.14 设 K 是局部凸拓扑线性空间 X 中的非空紧凸集,且 F 是 K 上一个凸泛函,则

$$\max_{K} F(x) = \max_{\mathfrak{E}(K)} F(x).$$

系2.3.15 设 K 是 $\mathbb{R}^n$ 中一个多面体,$S = \{w_1, \cdots, w_m\}$ 是 K 的顶点,那么

(i) 若 $f(x) = a_1 x_1 + \cdots + a_n x_n + c$ 是实线性函数,则有

$$\max_{K} f(x) = \max\{f(w_1), \cdots, f(w_m)\}; \quad \min_{K} f(x) = \min\{f(w_1), \cdots, f(w_m)\}.$$

(ii) 如果 K 是 $\mathbb{R}^n$ 中的凸多面体,且 F 是 K 上一个凸函数,则有

$$\max_{K} F(x) = \max\{F(w_1), \cdots, F(w_m)\}.$$

Krein-Milman 定理是关于紧凸集端点的组合拓扑陈述,Choquet 定理则从测度论的观点描述了凸集和它端点的关系. 这两个定理本质上是等价的.

定理2.3.16 (Choquet) 设 X 是局部凸拓扑线性空间,K 是 X 的非空紧凸子集,则

(i) $\mathfrak{E}(K)$ 是 K 非空的 Borel 子集;

(ii) 对每个 $x \in K$,在 $\mathfrak{E}(K)$ 上存在一个 Borel 概率测度 μ_x,使得

$$f(x) = \int_{\mathfrak{E}(K)} f(s) \mathrm{d}\mu_x(s), \quad \forall f \in X^*.$$

Choquet 定理的证明基于 Krein-Milman 定理和 Riesz 表示定理.

习题

1. 证明命题 2.3.3.

2. 设 X 具有凸的、均衡的并且吸收的邻域基 $\mathcal{U} = \{V_i\}_{i \in I}$. 设 P_i 是 V_i 的 Minkowski 泛函,那么 $\{P_i\}_{i \in I}$ 是 X 的可分离的半范数族,并且由半范数族 $\{P_i\}_{i \in I}$ 在 X 上定义的线性拓扑和 X 上的原始拓扑一致. 因此由 §2.3.1 习题 1 知,局部凸拓扑线性空间 X 具有凸的、均衡的并且吸收的邻域基当且仅当该拓扑由可分离的半范数族诱导.

3. 拓扑线性空间 X 的一个子集 E 称为有界的,如果对原点的每个邻域 V,存在 $s > 0$,使得当 $t > s$ 时,成立 $E \subset tV$. 设 X 是复的拓扑线性空间,如果 X 有一个有界的均衡的吸收的凸邻域,证明 X^* 分离 X. 提示:使用 Minkowski 泛函和 Hahn-Banach 延拓定理.

4. 设 $L^2 = L^2([0,1], \mathrm{d}x)$ 是实的 L^2 空间,对每个实数 a,定义 V_a 是 $[0,1]$ 上所有满足 $f(0) = a$ 连续函数的集,那么当 $a \neq b$ 时,V_a, V_b 是不相交的凸集,证明在 L^2 上不存在连续线性泛函分离 V_a, V_b.

5. 如果 K 是赋范空间 X 的闭单位球,即 $K = \{x \in X : \|x\| \leqslant 1\}$,那么

$$\mathfrak{E}(K) \subseteq \partial K = \{x : \|x\| = 1\}.$$

6. 当 $X = \mathbb{C}^2$,$\mathbb{D}^2 = \{(z, w) : |z| \leqslant 1, |w| \leqslant 1\}$,求 $\mathfrak{E}(\mathbb{D}^2)$.

7. 设 $\mathbf{c}_0 = \{x = (x_1, x_2, \cdots) \in l^\infty : x_n \to 0\}$. 证明:$\mathbf{c}_0$ 的闭单位球 $\{x \in \mathbf{c}_0 : \|x\| \leqslant 1\}$ 没有端点.

8. 设 H 是一个 Hilbert 空间,则 H 的闭单位球 $B = \{x \in H : \|x\| \leqslant 1\}$ 的端点集 $\mathfrak{E}(B) = \{x \in H : \|x\| = 1\}$. 证明过闭单位球 B 的边界上的每一点 a 都存在唯一的一个切平面,其与 B 的切点为 a 点,切平面方程是 $\langle x, a \rangle = 1$.

9. 设 $X = \mathbb{R}^n$,并且 $B_n = \{(x_1, \cdots, x_n) : x_1^2 + \cdots + x_n^2 \leqslant 1\}$,写出 B_n 的 Minkowski 泛函的具体形式. 当 $X = \mathbb{C}^n$ 时,考虑同样的问题.

10. 设 X 是赋范空间,证明下列结论:

   (i) 设 $x_n \xrightarrow{w} x$,则 $\|x\| \leqslant \underline{\lim} \|x_n\|$;

   (ii) S 是 X 的一个凸集,则 S 的弱闭包 $\bar{S}^w$ 等于它的赋范闭包 $\bar{S}$;

   (iii) 一个凸集是弱闭的当且仅当它是赋范闭的.

11. 证明每个 $l^1(\mathbb{N})$ 中弱收敛序列必依范数收敛.

12. 设 X 是 Banach 空间,记 X 的闭单位球为 $B_1(X) = \{x : \|x\| \leqslant 1\}$,单位球面 $S(X) = \{x : \|x\| = 1\}$. 称 $B_1(X)$ 是严格凸的,若对任何 $x, y \in S(X)$,$x \neq y$,成立

$\|\frac{x+y}{2}\| < 1$. 称 $B_1(X)$ 是光滑的, 指对每个 $x \in S(X)$, 存在唯一的 $f \in X^*$, $\|f\| = 1$ 满足 $f(x) = 1$. 证明下列结论:

(i) 闭单位球面 $B_1(X)$ 是严格凸的当且仅当单位球面的每一点是 $B_1(X)$ 的端点;

(ii) 若 $B_1(X^*)$ 是严格凸的, 则 $B_1(X)$ 是光滑的;

(iii) 若 $B_1(X^*)$ 是光滑的, 则 $B_1(X)$ 是严格凸的.

13. 设 X 是 Banach 空间, 称 $B_1(X)$ 是一致凸的, 若对任何 $\varepsilon > 0$, 存在 $\delta > 0$, 使得对任何 $x, y \in S(X)$, 当 $\|\frac{x+y}{2}\| > 1 - \delta$ 时, 就有 $\|x - y\| < \varepsilon$. 证明下列结论:

(i) $B(X)$ 是一致凸的当且仅当球面上的点列 $\{x_n, y_n\}$ 满足 $\|\frac{x_n + y_n}{2}\| \to 1$ 时, 就有 $x_n - y_n \to 0$;

(ii) 证明可分的 Hilbert 空间是一致凸的.

14. 设 X 是局部凸的拓扑线性空间, F 是 X 上非零的实连续线性泛函, $K \subseteq X$. 考虑优化问题 $S_{\max} = \{u \in K : F(u) = \max_{x \in K} F(x)\}$. 证明:

(i) 若 K 是紧凸集, 则解集 $S_{\max}$ 是非空紧凸集, 并且 $S_{\max} \cap \mathfrak{E}(K) \neq \emptyset$;

(ii) 若 X 是自反的 Banach 空间且 K 是 X 中的有界闭凸集, 则解集 $S_{\max}$ 是非空闭凸集, 并且 $S_{\max} \cap \mathfrak{E}(K) \neq \emptyset$.

15. 设 $1 < p < \infty$, $\frac{1}{p} + \frac{1}{q} = 1$, $0 \neq g \in L^q(X, \mathrm{d}\mu)$ (实空间), 考虑优化问题

$$S_{\max} = \left\{ f \in L^p(X, \mathrm{d}\mu) : \|f\| \leqslant 1, \int_X f g \, \mathrm{d}\mu = \max_{\|h\|_p \leqslant 1} \int_X h g \, \mathrm{d}\mu \right\},$$

证明此优化问题有唯一的解

$$f = \mathrm{sgn}(g) |g|^{q-1} \|g\|_q^{-\frac{q}{p}}.$$

这里, 如果 $g(x) \geqslant 0$, $\mathrm{sgn}(g)(x) = 1$; 如果 $g(x) < 0$, $\mathrm{sgn}(g)(x) = -1$.

16. 设 X 是复的赋范线性空间且 K 是 X 的一个非空子集, $x \in X$, 求距离

$$\mathrm{dist}(x, K) = \inf_{y \in K} \|x - y\|$$

是一个非线性优化问题. 证明当 X 是自反空间且 K 是非空闭凸集时, 优化问题

$$\inf_{y \in K} \|x - y\| = \mathrm{dist}(x, K)$$

在 K 上总是可解的, 在什么条件下解是唯一的?

17. 设 X 一个是赋范线性空间，$F \in X^*$，$F \neq 0$. 设 $c \in \mathbb{R}$，并且 $H = \{x \in X : \mathrm{Re}F(x) = c\}$ 是 X 中的一个超平面，那么对任何 $x_0 \in X$，点 x_0 到超平面 H 的距离

$$d(x_0, H) = \|F\|^{-1}|\mathrm{Re}F(x_0) - c|.$$

18. 设 X 是一个赋范线性空间，K 是 X 的凸子集，任给 $\overline{K}$ 外一点 x，证明存在 X 上的一个有界线性泛函 F，满足：

    (i) $\|F\| = 1$;

    (ii) $d(x, K) = \mathrm{Re}F(x) - \sup_{y \in K} \mathrm{Re}F(y)$.

19. 设 X 是一个 Banach 空间，V 是 X 的一个凸子集，证明 V 是 w-闭的当且仅当对每个 $r > 0$，$V \cap \{x \in X : \|x\| \leqslant r\}$ 是 w-闭的.

20. 设 X 是一个 Banach 空间，V 是 X^* 的一个凸子集，证明 V 是 w^*-闭的当且仅当对每个 $r > 0$，$V \cap \{x^* \in X : \|x^*\| \leqslant r\}$ 是 w^*-闭的. 这个结论就是 Krein-Smulian 定理.

§2.4   Banach-Alaoglu 定理

大家知道，w^*-拓扑有一个非常重要的紧性特征，即 Banach-Alaoglu 定理. 我们主要讨论赋范空间的情形，其结果和方法可以毫无困难地推广到拓扑线性空间上. 一般拓扑线性空间上的 Banach-Alaoglu 定理见习题 8，其证明方法和赋范空间情形几乎是一样的.

为了展开讨论，先介绍拓扑空间中紧集的概念. 直线上闭区间 $[a, b]$ 的开覆盖定理启发人们在拓扑空间上引入紧集的概念. 紧集享有闭区间的许多性质. 设 X 是 Hausdorff 拓扑空间，$S \subset X$，称 S 是紧的，如果 S 的每个开覆盖有有限的子覆盖，也即如果开集族 $\{U_\alpha : \alpha \in \Lambda\}$ 覆盖 S，则一定可选出有限个覆盖 S. 容易验证，紧集一定是闭的.

定理2.4.1 (Banach-Alaoglu)　设 X 是赋范空间，则 X^* 的闭单位球

$$B_1 = \{f \in X^* : \|f\| \leqslant 1\}$$

是 w^*-紧的.

证：设 $x \in X$，记 $I_x = \{z \in \mathbb{C} : |z| \leqslant \|x\|\}$，并且 $\Omega = \prod_{x \in X} I_x$，且 Ω 配备其积拓扑. 自然地可视 Ω 为 X 上具有性质 $|f(x)| \leqslant \|x\|$ 的函数全体，Ω 上的积拓扑就是使得对每个 $x \in X$，函数 $\tilde{x} : \Omega \to I_x$，$f \mapsto f(x)$ 连续的最弱的拓扑，由 Tychonoff

定理，Ω 是紧的 Hausdorff 空间. 易知，X^* 的闭单位球 $B_1 = \{f \in X^* : \|f\| \leqslant 1\}$ 是 w*-闭的，且 $B_1 \subseteq \Omega$，易见 B_1 继承的 Ω 拓扑恰是 w*-拓扑. 因此 B_1 是 w*-紧的. □

注记2.4.2 设 $\{X_\alpha : \alpha \in \Lambda\}$ 是一族 Hausdorff 拓扑空间，在积空间 $\prod_\alpha X_\alpha$ 上定义乘积拓扑如下：对 $x \in \prod_\alpha X_\alpha$，记 $\pi_\alpha(x)$ 表示 x 的 α-坐标，$\prod_\alpha X_\alpha$ 上的乘积拓扑是使得对每个 α，$\pi_\alpha : \prod_\alpha X_\alpha \to X_\alpha$ 是连续的 $\prod_\alpha X_\alpha$ 上的最弱拓扑. 在乘积拓扑下，$\prod_\alpha X_\alpha$ 是 Hausdorff 空间.

定理2.4.3 (Tychonoff) 若每个 X_α 是紧的，则 $\prod_\alpha X_\alpha$ 是紧的.

作为 Banach-Alaoglu 定理的推论，我们有

系2.4.4 如果 $f_n \xrightarrow{\text{w}^*} f$，那么 $\|f\| \leqslant \underline{\lim} \|f_n\|$.

证：令 $C = \underline{\lim} \|f_n\|$，那么对 $\forall \varepsilon > 0$，闭球 $\{g \in X^* : \|g\| \leqslant C + \varepsilon\}$ 是 w*-紧的. 因为存在无限多个 f_n 属于这个闭球，并且 f 是它们的 w*-极限点，故 $\|f\| \leqslant C + \varepsilon$，从而 $\|f\| \leqslant C$. □

由 Banach-Alaoglu 定理和 Krein-Milman 定理，如果 X 是赋范空间，则 X^* 的闭单位球 $B_1 = \{f \in X^* : \|f\| \leqslant 1\}$ 是其端点凸组合的 w*-闭包. 因此由例子 2.3.12，$L^1[a,b]$ 不能等距同构于任何赋范空间的对偶.

设 $C(B_1)$ 是紧集 B_1 上连续函数全体所成的 Banach 空间，建立映射

$$\wedge : X \to C(B_1), \ \hat{x}(f) = f(x), \ f \in B_1.$$

结合系 2.2.4 知，该映射是线性等距，因此每个赋范线性空间等距同构于一个函数空间的子空间. 特别地，一个 Banach 空间等距同构于一个函数空间的闭子空间. 这就说明研究函数空间的重要性了.

一个拓扑空间称为可度量化的，如果它上面存在一个度量，使得由该度量诱导的拓扑和原拓扑一致. 可度量化的拓扑空间可通过序列描述其拓扑，即一个集是闭的当且仅当该集中每个收敛序列的极限也在该集中. 因此可度量化的拓扑空间上的分析可通过序列的极限描述.

定理2.4.5 设 X 是可分的赋范空间，$K \subset X^*$，且 K 是 w*-紧的，则 K 可度量化.

证： 取 X 的一个可列稠子集 $\{x_n\}$，则 $\{x_n\}$ 分离 X^*，即如果 $f, g \in X^*$，$f \neq g$，那么存在某 x_n，使得 $f(x_n) \neq g(x_n)$. 在 K 上定义度量

$$d(f, g) = \sum_{n=1}^{\infty} \frac{1}{2^n} \frac{|f(x_n) - g(x_n)|}{1 + |f(x_n) - g(x_n)|}, \quad f, g \in K,$$

易见，对每个固定的 f，$d(f, g)$ 关于 g 在 K 上是 w*-连续的. 因此对 $r > 0$，

$$O_r(f) = \{g \in K : d(f, g) < r\}$$

在 K 中是 w*-开的. 从而 K 上的度量拓扑弱于 w*-拓扑. 反之，设 $F \subset K$，F 是 w*- 闭的，那么 F 是 w*-紧的. 注意 F 的每一个度量拓扑下的开覆盖也是 w*-拓扑下的开覆盖. F 的 w*-紧性表明存在有限的子覆盖. 这说明 F 在度量拓扑下也是紧的. 因为度量拓扑是 Hausdorff 的，故 F 在度量拓扑下是闭的，亦即 K 的 w*-拓扑也弱于度量拓扑，从而它们一致.   □

设 H 是一个可分的 Hilbert 空间，结合 Banach-Alaoglu 定理与上面的定理知，H 的闭单位球 w-紧，并且可度量化. 即在 w-拓扑下，H 的闭单位球上的分析可通过序列描述.

众所周知，Hilbert 空间是典型的自反空间. 自反空间享有许多和 Hilbert 空间同样的性质.

定理2.4.6   设 X 是 Banach 空间，则 X 是自反的当且仅当 X 的闭单位球是 w- 紧的.

证： 考虑自然等距嵌入 $i : X \to X^{**}$，$x \mapsto \tilde{x}$，$\tilde{x}(f) = f(x)$，$f \in X^*$. 若 X 是自反的 Banach 空间，即在此嵌入下，$X = X^{**}$，此时 X 的 w-拓扑等同于 X^{**} 的 w*-拓扑. Banach-Alaoglu 定理表明 X 的闭单位球是 w-紧的. 定理的另一个方向来自下面的一个稠密性命题.   □

命题2.4.7   赋范空间 X 的闭单位球在 X^{**} 的闭单位球中是 w*-稠的.

系2.4.8   自反空间的闭子空间也是自反的.

为了叙述下面的推论，我们需要事实：若 X^* 可分，则 X 可分.

系2.4.9   若 X 是自反的，则 X 中每一个有界序列必有弱收敛的子列.

证：　设 $\{x_n\} \subset X$，置 $Y = \overline{\text{span}}\{x_n\}$，则 Y 可分且自反. 因为 $Y = Y^{**}$，故 Y^* 可分. 利用定理 2.4.5、定理 2.4.6，知 Y 的闭单位球是 w-紧的，且可度量化. 不妨设 $\|x_n\| \leqslant 1$，故 $\{x_n\}$ 有弱收敛的子列. □

例子 2.4.10 $L^1[0,1]$ 不是自反的.

取 $f_n = n\chi_{[0,\frac{1}{n}]}$，则 $\|f_n\| = 1$. 若自反，它有弱收敛的子列，不妨仍设为 f_n，且弱收敛于 f. 因为

$$1 = \int_0^1 f_n \, \mathrm{d}x \to \int_0^1 f \, \mathrm{d}x,$$

故 $f \neq 0$. 因为对 $\forall g \in L^\infty[0,1]$，以及 $\forall \varepsilon > 0$，

$$\int_0^1 f_n \bar{g} \chi_\varepsilon \, \mathrm{d}x \to \int_0^1 f \bar{g} \chi_\varepsilon \, \mathrm{d}x,$$

这里 $\chi_\varepsilon = \chi_{[\varepsilon,1]}$，可知

$$\int_0^1 f \bar{g} \chi_\varepsilon \, \mathrm{d}x = 0, \forall \varepsilon > 0;$$

可知 $\int_0^1 f \bar{g} \, \mathrm{d}x = 0$，故 $f = 0$，矛盾.

习题

1. 设 X 是自反的 Banach 空间，证明下列结论：
   (i) 每个 $f \in X^*$ 在 X 的闭单位球上达到范数；
   (ii) X 的每个闭凸集有范数最小的元；
   (iii) 设 Ω 是 X 的一个闭凸集，证明对每个 $x \in X$，存在 $y \in \Omega$，使得

$$d(x, \Omega) = \|x - y\|,$$

即 x 到 Ω 的距离是可达的. 事实上，James 于 1957 年证明 (i) 完全刻画了 Banach 空间的自反性，即一个 Banach 空间 X 是自反的当且仅当每个 $f \in X^*$ 在 X 的闭单位球上达到它的范数.

2. 证明命题 2.4.13.

3. 证明在 w*-拓扑下 $(l^\infty)^*$ 的闭单位球不可度量化.

4. 证明 Riemann-Lebesgue 引理. 考虑 $L^\infty[0, 2\pi]$, $f_n(x) = e^{inx}$, $n = 0, 1, \cdots$, 那么 $f_n \xrightarrow{w^*} 0$. 亦即要说明对每个 $g \in L^1[0, 2\pi]$,

$$\int_0^{2\pi} g(x)e^{inx}\,\mathrm{d}x \to 0.$$

即，任何 L^1 函数的 Fourier 系数趋于零. 提示：首先验证三角多项式结论真. Stone-Weierstrass 逼近定理表明 $C[0, 2\pi]$ 中的函数结论也成立. 注意 $C[0, 2\pi]$ 在 $L^1[0, 2\pi]$ 中稠.

5. 考虑 $C[-1, 1]^*$ 上的序列 $\delta_n = 2n\chi_{[-\frac{1}{n}, \frac{1}{n}]}\mathrm{d}x$, 证明 δ_n w*-收敛于 δ-函数 δ_0, 即 $\delta_n \xrightarrow{w^*} \delta_0$.

6. 证明：$(X_{w^*}^*)^* = X$.

7. 设 X 是赋范空间，如果 X^* 上的范数拓扑和 w*-拓扑一致，证明：X 是有限维的.

8. 证明 Banach-Alaoglu 定理. 设 X 是拓扑线性空间，U 是原点的一个邻域，令

$$K = \{f \in X^* : |f(x)| \leqslant 1, \forall x \in U\},$$

那么 K 是 w*-紧的.

§2.5　连续函数代数

　　这一节将综合运用 Hahn-Banach 延拓定理、凸集分离定理、Riesz 表示定理、Banach-Alaoglu 定理、Krein-Milman 的紧凸集端点定理和测度论的知识研究紧集上复值连续函数代数的子代数. 连续函数代数的子代数蕴含了丰富的拓扑、分析和代数性质.

§2.5.1　Stone-Weierstrass 定理

　　这一段将综合运用 Banach-Alaoglu 定理、Krein-Milman 的紧凸集端点定理来证明一个重要的"稠密性"定理 —— Stone-Weierstrass 定理，这个证明是由 L. de Branges 在 1959 年给出的 [Con1, pp145].

　　设 X 是紧的 Hausdorff 空间，$C(X)$ 是 X 上复值连续函数全体在一致范数下的 Banach 空间，即 $\|f\| = \max_{x \in X} |f(x)|$. 我们称 $C(X)$ 的一个子集 $\mathcal{B}$ 分离 X，若对任意 $x, y \in X$，且 $x \neq y$，存在 $f \in \mathcal{B}$，使得 $f(x) \neq f(y)$. 称 $\mathcal{B}$ 是自伴的，若 $f \in \mathcal{B}$，则 $\bar{f} \in \mathcal{B}$.

定理2.5.1 (Stone-Weierstrass 定理) 如果 $\mathcal{A}$ 是 $C(X)$ 的包含常数函数 1 的闭自伴子代数，且 $\mathcal{A}$ 分离 X，那么 $\mathcal{A} = C(X)$.

证： 为了证明定理，只需要表明 $\mathcal{A}^{\perp} = \{\nu \in C(X)^* : \nu(\mathcal{A}) = 0\} = \{0\}$. 为此反设 $\mathcal{A}^{\perp} \neq \{0\}$，由 Banach-Alaoglu 定理 [定理 2.4.1]，单位球 $\{\nu \in \mathcal{A}^{\perp} : \|\nu\| \leqslant 1\}$ 是 w^*-紧的. 由 Krein-Milman 定理 [定理 2.3.13]，存在单位球的一个端点 μ. 显然有 $\|\mu\| = |\mu|(X) = 1$，且 μ 是 X 上的正则 Borel 测度. μ 的支撑集 K 定义为 $\{x \in X :$ 对 x 的任何邻域 $U, |\mu|(U) > 0\}$. 因此 K 是非空紧集并且 $|\mu|(X \setminus K) = 0$. 取 $x_0 \in K$，我们断言 $K = \{x_0\}$. 为证明断言，反设存在 K 中异于 x_0 的一点 y_0. 由假设，存在 $g \in \mathcal{A}$，$\|g\| < 1/2$，使得 $g(y_0) \neq g(x_0)$，置

$$f = \frac{|g - g(y_0)|^2}{|g - g(y_0)|^2 + 1},$$

那么 f 也分离 x_0 和 y_0，同时 $f \in \mathcal{A}$ 且 $0 \leqslant f < 1$. 显然 $f\mu$ 及 $(1-f)\mu$ 属于 $\mathcal{A}^{\perp}$，并且 $\|f\mu\| = \int f \, d|\mu| > 0$，以及 $\|(1-f)\mu\| = \int (1-f) \, d|\mu| > 0$. 记 $\alpha = \|f\mu\|$，那么 $0 < \alpha < 1$ 并且

$$\mu = \alpha \frac{f\mu}{\|f\mu\|} + (1-\alpha)\frac{(1-f)\mu}{\|(1-f)\mu\|}.$$

由 μ 是 $\mathcal{A}^{\perp}$ 的端点，立得 $\frac{f\mu}{\|f\mu\|} = \mu$，即 $(f-\alpha)\mu = 0$，因此 $f = \alpha$, a.e. $[|\mu|]$. 因为 f 是连续的，可得 $f(x) = \alpha$，$x \in K$. 这与 f 分离 x_0 和 y_0 矛盾. 故 $K = \{x_0\}$，断言获证.

由断言立得 $\mu = r\delta_{x_0}$，这里 r 是一个常数. 因为 $0 = \int 1 \, d\mu = r$，可见 $\mu - 0$，矛盾. 故有 $\mathcal{A}^{\perp} = \{0\}$，从而知 $A = C(X)$. □

系2.5.2 设 X 是紧的 Hausdorff 空间，$\mathcal{A}$ 是 $C(X)$ 的闭自伴子代数，且 $\mathcal{A}$ 分离 X，那么或者 $\mathcal{A} = C(X)$，或者存在 x_0，使得 $\mathcal{A} = \{f \in C(X) : f(x_0) = 0\}$.

证： 无妨设 $\mathcal{A} \neq C(X)$，考虑 $\widetilde{\mathcal{A}} = \mathcal{A} + \mathbb{C}$，则 $\widetilde{\mathcal{A}}$ 是 $C(X)$ 的闭自伴子代数，且满足 Stone-Weierstrass 定理的条件，故 $\mathcal{A} + \mathbb{C} = C(X)$. 由此立得 $\dim C(X)/\mathcal{A} = 1$，由定理 2.2.11知 $\dim \mathcal{A}^{\perp} = 1$. 取 $\mu \in \mathcal{A}^{\perp}$，$\|\mu\| = 1$. 那么对 $\forall f \in \mathcal{A}$，$f\mu \in \mathcal{A}^{\perp}$，故存在常数 α，使得 $f\mu = \alpha\mu$. 这表明每个 $f \in \mathcal{A}$ 在 μ 的支撑上为常数. 又知 $\mathcal{A}$ 分离 X，故 μ 的支撑是单点集，记为 $\{x_0\}$. 所以 $\mathcal{A}^{\perp} = \mathbb{C}\delta_{x_0}$. 由 Hahn-Banach 定理，

$$\mathcal{A} = {}^{\perp}(\mathcal{A}^{\perp}) = \{f \in C(X) : f(x_0) = 0\}. \qquad \square$$

当 X 是局部紧的 Hausdorff 空间时，记

$C_0(X) = \{f : f \in C(X),$ 且对 $\forall \varepsilon > 0,$ 存在紧集 $K \subseteq X,$ 使得当 $x \in X \backslash K$ 时, $|f(x)| < \varepsilon\}.$

在范数 $\|f\| = \sup_{x \in X} |f(x)|$ 下, $C_0(X)$ 是 Banach 空间.

系2.5.3 如果 X 是局部紧的, $\mathcal{A}$ 是 $C_0(X)$ 的闭自伴子代数, 且 $\mathcal{A}$ 分离 X, 如果对每个 $x \in X$, 存在 $f \in C_0(X),$ 使得 $f(x) \neq 0$, 那么 $\mathcal{A} = C_0(X)$.

证: 设 X_∞ 是 X 的单点紧化, 那么 $C_0(X) = \{f \in C(X_\infty) : f(\infty) = 0\}$. 此时 $\mathcal{A}$ 可以看成 $C(X_\infty)$ 的一个子代数, 应用上面的系立得结论. □

下面我们用 Urysohn 引理刻画 $C(X)$ 的闭理想. 设 X 是紧的 Hausdorff 空间, V 是 X 的一个闭子集, 那么 $I(V) = \{f \in C(X) : f|_V = 0\}$ 是一个闭理想. 反过来, 结论也是成立的.

定理2.5.4 设 I 是 $C(X)$ 的一个真闭理想, 记 $V = \{x \in X : f(x) = 0, \forall f \in I\}$, 那么 $I = I(V)$.

证: 不妨设 $I \neq 0$, 那么 $V = \{x \in X : f(x) = 0, \quad \forall f \in I\}$ 是 X 的真闭子集, 并有 $I \subseteq I(V)$. 我们首先证明当 $g \in C(X)$, 并且它的支撑集满足 $S_g \cap V = \emptyset$ 时, 有 $g \in I$. 为此, 设 C 是 X 的闭子集, $C \cap V = \emptyset$. 当 $x \in C$ 时, 存在 $f_x \in I$, $f_x(x) \neq 0$. 由于 C 紧, 存在 C 的一个有限子集 F, 使得函数

$$f(y) = \sum_{x \in F} f_x(y)\overline{f_x(y)} = \sum_{x \in F} |f_x(y)|^2, \quad y \in X$$

在 C 上是严格正的. 易见, $f \in I$. 现在令 $C = S_g$, 并定义函数

$$h(x) = 0, \quad x \in X \backslash S_g; \qquad h(x) = \frac{g(x)}{f(x)}, \quad x \in S_g.$$

容易证明 $h \in C(X)$, 并有 $g = fh$, 因而 $g \in I$.

置

$$J = \{g \in C(X) : S_g \cap V = \emptyset\}.$$

断言 J 在 $I(V)$ 中稠. 事实上, 设 $\varphi \in I(V)$, 并对任何 $\varepsilon > 0$, 写 $C = \{x \in X : |\varphi(x)| \geqslant \varepsilon\}$, 则 C 是 X 的紧子集, 并有 $C \cap V = \emptyset$. 应用 Urysohn 引理 (ii), 存在连续函数 h, 满足:

$$h|_C = 1; \quad 0 \leqslant h \leqslant 1; \quad S_h \subset X \backslash V,$$

那么 $\psi = \varphi h$ 满足 $S_\psi \cap V = \emptyset$，并有

$$\|\psi - \varphi\|_\infty \leqslant \varepsilon.$$

由此，$\overline{J} = I(V)$. 从包含 $J \subseteq I \subseteq I(V)$，我们看到 $I = \overline{J} = I(V)$. □

结合系 2.5.3 和定理 2.5.4 的证明，我们有

系2.5.5　如果 X 是局部紧的，并且 I 是 $C_0(X)$ 的闭理想，那么 $I = I(V)$，这里 $V = \{x \in X : f(x) = 0, \quad \forall f \in I\}$.

习题

1. 设 X 是紧的 Hausdorff 空间，$C(X)$ 上的一个线性泛函 φ 是可乘的，是指它满足 $\varphi(fg) = \varphi(f)\varphi(g)$，$f, g \in C(X)$. 证明如果 φ 是可乘的，那么存在 $x \in X$，使得 $\varphi = \delta_x$，这里 $\delta_x(f) = f(x)$，$f \in C(X)$ 是在点 x 的赋值泛函. 如果 X 是局部紧的，确定 $C_0(X)$ 上的可乘线性泛函.
2. 设 X, Y 是紧的 Hausdorff 空间，$\sigma : C(X) \to C(Y)$ 是一个代数同态，即 σ 是线性的，且是可乘的. 用习题1证明存在一个连续映射 $\varphi : Y \to X$，使得 $\sigma(f) = f \circ \varphi$. 因此这个代数同态是连续的. 特别当 σ 是 $C(X)$ 的一个代数同构时，存在 X 上一个同胚 φ，使得 $\sigma(f) = f \circ \varphi$. 提示：每个 $y \in Y$ 诱导了 $C(X)$ 上的可乘线性泛函 $\upsilon(f)(y)$，$f \subset C(X)$，由习题 1，存在 $\varphi(y) \in X$，使得 $\sigma(f)(y) = f(\varphi(y))$，$f \in C(X)$. 因此映射 $\varphi : Y \to X$ 满足 $\sigma(f) = f \circ \varphi$. 结合 X, Y 的紧性证明这个映射是连续的.
3. 设 X 是紧的，证明 $C(X)/I(V) = C(V)$. 当 X 是局部紧时，$C_0(X)/I(V) = ?$

§2.5.2　一致代数

设 X 是紧的 Hausdorff 空间，$C(X)$ 的一个闭子代数 $\mathcal{A}$ 称为 X 上的一致代数是指它包含常数函数且可分离 X 中的点，那么在一致范数下，$\mathcal{A}$ 是一个有单位的交换的 Banach 代数. $\mathcal{A}$ 上的一个线性泛函 φ 是可乘的，是指它满足 $\varphi(fg) = \varphi(f)\varphi(g)$，$f, g \in \mathcal{A}$.

命题2.5.6　如果 φ 是 $\mathcal{A}$ 上的一个非零可乘线性泛函，那么

(i) φ 是有界的且 $\|\varphi\| = 1$；

(ii) 存在 X 上正的 Borel 测度 μ，$\|\mu\| = 1$，使得 $\varphi(f) = \int_X f \, d\mu$，$f \in \mathcal{A}$.

证: (i) 易见如果 φ 是非零的可乘线性泛函, 则对每个在 $\mathcal{A}$ 中可逆函数 f, $\varphi(f) \neq 0$, 且 $\varphi(1) = 1$. 我们断言如果 $\|f\| \leqslant 1$, 那么 $|\varphi(f)| \leqslant 1$. 假如存在 $\|g\| \leqslant 1$, 但 $|\varphi(g)| > 1$, 那么 $1 - \frac{g}{\varphi(g)}$ 在 $\mathcal{A}$ 中是可逆的. 因为 $\varphi(1 - \frac{g}{\varphi(g)}) = 1 - 1 = 0$, 这个矛盾表明 $\|\varphi\| = 1$.

(ii) 由 Hahn-Banach 延拓定理, 将 φ 保范地延拓到 $C(X)$ 上, 记为 φ'. 根据 Riesz 表示定理, 在 X 上有 Borel 测度 μ, 使得 $\varphi'(f) = \int_X f \, \mathrm{d}\mu$, $f \in C(X)$. 因为

$$\|\mu\| = \|\varphi'\| = \|\varphi\| = 1 = \varphi(1) = \varphi'(1) = \int_X \mathrm{d}\mu = \mu(X),$$

这表明 μ 是正的 Borel 测度且 $\|\mu\| = 1$. □

令 M 表示 $\mathcal{A}$ 的非零可乘线性泛函全体, 显然 M 是 w*-闭的, 由 Banach-Alaoglu 定理, 在 w*-拓扑下, M 是紧的 Hausdorff 空间.

对每个 $\varphi \in M$, 满足命题 2.5.6 (ii) 的正的 Borel 测度 μ 称为 φ 表示测度. φ 的所有表示测度之集用 M_φ 表示, 那么 M_φ 是 w*-紧的非空凸集. 一致代数理论中一个基本问题是研究表示测度的唯一性, 一般情况下, 表示测度不是唯一的. 例如设 $\mathbb{D} = \{z \in \mathbb{C} : |z| < 1\}$ 是开单位圆盘, $A(\mathbb{D})$ 是圆盘代数, 即在开单位圆盘 $\mathbb{D}$ 中解析、在 $\overline{\mathbb{D}}$ 上连续的函数全体. 作为 $C(\overline{\mathbb{D}})$ 的一个闭代数, 它是一致代数. 对每个 $z \in \mathbb{D}$, 赋值泛函 $\delta_z(f) = f(z)$ 是圆盘代数的一个可乘泛函, 则测度 $\mu_z(\{z\}) = 1$, $\mu_z(\overline{\mathbb{D}} \setminus \{z\}) = 0$ 是 δ_z 的一个表示测度; 另外 Poisson 测度 $P_z(\theta)\frac{\mathrm{d}\theta}{2\pi} = \frac{1-|z|^2}{|e^{i\theta}-z|^2}\frac{\mathrm{d}\theta}{2\pi}$ 也是它的一个表示测度. 第一个测度支撑在点 z 上; 第二个测度支撑在单位圆周上.

例子2.5.7 设 $\mathbb{T} = \{z \in \mathbb{C} : |z| = 1\}$ 是单位圆周, $A(\mathbb{T})$ 是解析多项式全体在 $C(\mathbb{T})$ 中的闭包, 那么 $A(\mathbb{T})$ 是 $\mathbb{T}$ 上的一致代数. 容易验证, $A(\mathbb{T})$ 的非零可乘线性泛函全体 M 在 w*-拓扑下恰是在欧氏度量下的闭单位圆盘. 当 $z \in \mathbb{T}$ 时, 易证赋值泛函 $\delta_z(f) = f(z)$ 在单位圆周上有唯一的表示测度, 该测度支撑在点 z 上. 当 $z \in \mathbb{D}$ 时, 通过 Poisson 积分定义

$$\delta_z(f) = \frac{1}{2\pi} \int_0^{2\pi} P_z(\theta) f(e^{i\theta}) \, \mathrm{d}\theta, \quad f \in A(\mathbb{T}),$$

那么容易验证 δ_z 是可乘泛函. 下面我们验证 δ_z 在单位圆周上的表示测度是唯一的, 即 $\mu_z = P_z(\theta)\frac{\mathrm{d}\theta}{2\pi}$. 事实上, 设 μ 是单位圆周上一个实的 Borel 测度, 它满足对任何解析多项式 $p(z)$, $\int p(z) \, \mathrm{d}\mu = 0$. 因此对解析多项式 $p(z)$, $q(z)$, $\int (p(z) + \bar{q}(z)) \, \mathrm{d}\mu = 0$. 注意在单位圆周 $\mathbb{T}$ 上, 集 $\{p(z) + \bar{q}(z) : p(z), q(z)$ 是解析多项式$\}$ 是

$C(\mathbb{T})$ 的一个含常数的自伴子代数, 且分离 $\mathbb{T}$ 中的点, 由 Stone-Weierstrass 定理, 这个子代数在 $C(\mathbb{T})$ 中稠密, 这就表明 $\mu = 0$. 因此每一个 δ_z 的表示测度是唯一的.

现在我们回到 X 上的一致代数 $\mathcal{A}$, 对它的一个非零可乘线性泛函 φ, X 上一个正 Borel 测度 μ 称为 φ-Jensen 测度, 如果它满足下面的 Jensen 不等式

$$\log|\varphi(f)| \leqslant \int_X \log|f|\,\mathrm{d}\mu,\ f \in \mathcal{A}.$$

应用 Jensen 不等式到函数 e^f, e^{-f}, 我们有

$$\mathrm{Re}\,\varphi(f) = \int_X \mathrm{Re}(f)\,\mathrm{d}\mu,\ f \in \mathcal{A}.$$

从上面的等式, 我们容易得到:

$$\varphi(f) = \int_X f\,\mathrm{d}\mu,\ f \in \mathcal{A}.$$

因此每一个 φ-Jensen 测度是 φ 的表示测度.

下面定理告诉我们 φ-Jensen 测度总是存在的.

定理2.5.8 对每个 $\varphi \in M$, φ-Jensen 测度总是存在的.

证: 这个证明取自 Gamelin 的书 [Gam]. 令 $C_{\mathbb{R}}(X)$ 表示 X 上所有实的连续函数全体, 并且令

$$Q = \Big\{ u \in C_{\mathbb{R}}(X) : \text{存在常数 } c > 0,\ \text{以及 } f \in \mathcal{A},\ \varphi(f) = 1,\ \text{使得 } u > c\,\log|f| \Big\}.$$

取 $f = 1$, 那么 Q 包含所有严格正函数. 也易见 Q 是开集且满足当 $t > 0$, $u \in Q$ 时, $tu \in Q$. 设 $u_1, u_2 \in Q$ 且 $u_1 > c_1 \log|f_1|$, $u_2 > c_2 \log|f_2|$. 不失一般性, 我们可设 c_1, c_2 是有理数, 且 $c_1 = p_1/q_1$, $c_2 = p_2/q_2$, 那么

$$u_1 + u_2 > \frac{1}{q_1 q_2}\log|f_1^{p_1 q_2} f_2^{p_2 q_1}|.$$

因此我们证明了 Q 是 $C_{\mathbb{R}}(X)$ 的一个非空的开的凸子集. 显然 $0 \notin Q$, 由凸集分离定理 2.3.8(i) 和 Riesz 表示定理, 存在 X 上的一个实的 Borel 测度 μ, 使得

$$\int_X u\,\mathrm{d}\mu \geqslant 0,\ u \in Q.$$

因为 Q 包含所有严格正函数，所以 $\mu \geqslant 0$，即 μ 是正的. 乘 μ 一个适当正常数，我们可假设 $\|\mu\| = \mu(X) = 1$. 当 $f \in \mathcal{A}$，$\varphi(f) = 1$，并且 $\varepsilon > 0$ 时，就有 $\log(|f| + \varepsilon) \in Q$. 因此 $\int_X \log(|f| + \varepsilon)\,\mathrm{d}\mu \geqslant 0$，令 $\varepsilon \to 0$ 并应用 Fatou 引理给出了

$$\int_X \log |f|\,\mathrm{d}\mu \geqslant 0, \quad f \in \mathcal{A}, \varphi(f) = 1.$$

当 $f \in \mathcal{A}$，$\varphi(f) \neq 0$ 时，应用这个不等式到函数 $f/\varphi(f)$ 就得到

$$\log |\varphi(f)| \leqslant \int_X \log |f|\,\mathrm{d}\mu.$$

当 $\varphi(f) = 0$ 时，结论是平凡的. $\square$

由例子 2.5.7，通过 Poisson 积分，$A(\mathbb{T})$ 中的每个函数可解析地延拓到单位圆盘上，写 $f(z) = \delta_z(f)$，$f \in A(\mathbb{T})$. 在 Poisson 积分下，$A(\mathbb{T}) = A(\mathbb{D})$. 根据 δ_z 的表示测度唯一性和定理 2.5.8，我们有下面的 Jensen 不等式：

$$\log |f(z)| \leqslant \frac{1}{2\pi} \int_0^{2\pi} P_z(\theta) \log |f(\mathrm{e}^{\mathrm{i}\theta})|\,\mathrm{d}\theta, \quad z \in \mathbb{D}, f \in A(\mathbb{D}).$$

考虑单位圆盘上有界解析函数代数 $H^\infty(\mathbb{D})$，即 $H^\infty(\mathbb{D})$ 由所有在 $\mathbb{D}$ 上解析，且满足 $\|f\|_\infty = \sup_{z \in \mathbb{D}} |f(z)| < \infty$ 的函数 f 组成，它是一个有单位的交换 Banach 代数. 当 $f \in H^\infty(\mathbb{D})$，$0 < r < 1$ 时，写 $f_r(z) = f(rz)$，$z \in \mathbb{D}$，那么 $f_r(z) \in A(\mathbb{D})$. 应用上面的 Jensen 不等式到函数 $f_r(z)$，并由 Fatou 引理，我们看到 Jensen 不等式对 $H^\infty(\mathbb{D})$ 中的函数也成立，即

$$\log |f(z)| \leqslant \frac{1}{2\pi} \int_0^{2\pi} P_z(\theta) \log |f(\mathrm{e}^{\mathrm{i}\theta})|\,\mathrm{d}\theta, \quad z \in \mathbb{D}, f \in H^\infty(\mathbb{D}).$$

这里 $f(\mathrm{e}^{\mathrm{i}\theta})$ 是 f 的边界函数 (径向极限). 事实上，上述 Jensen 不等式对 Hardy 空间 $H^p(\mathbb{D})$ $(0 < p \leqslant \infty)$ 中的函数也是真的，这里我们不再介绍，有兴趣的读者可参阅 [Gar, Gam, Hof] 等书.

§2.5.3 Shilov 边界

设 X 是紧的 Hausdorff 空间，$\mathcal{A}$ 是 $C(X)$ 的一个包含常数的子代数，且 $\mathcal{A}$ 分离 X 中的点，这里不要求 $\mathcal{A}$ 是闭的. 对这样的子代数，有一个重要概念是它的 Shilov 边界. 设 S 是 X 的一个非空闭子集，定义 $\|f\|_S = \max_{x \in S} |f(x)|$，$\|f\|$ 表示 f 的一致范数，即 $\|f\| = \max_{x \in X} |f(x)|$. X 的一个闭子集 S 称为 $\mathcal{A}$ 的边界，如果

对任何 $f \in \mathscr{A}$, $\|f\|_S = \|f\|$, 即每个 $f \in \mathscr{A}$ 的绝对值在 S 上达到它的最大值. 因此子代数完全由它在边界上的性质确定. 对子代数 $\mathscr{A}$, 是否存在一个 "最小" 边界？答案是肯定的.

定理2.5.9 子代数 $\mathscr{A}$ 的所有边界之交 ∂ 是 $\mathscr{A}$ 的边界, 即 $\mathscr{A}$ 的 "最小" 边界, 称为 $\mathscr{A}$ 的 Shilov 边界.

在证明这个定理之前, 我们做些准备工作. 设 $f_1, \cdots, f_n \in \mathscr{A}$, X 的开集 $U = \{x \in X : |f_i(x)| < 1, i = 1, \cdots, n\}$ 称为一个基本开集.

引理2.5.10 给定一个基本开集 U, 如果存在一个边界 S, 使得 $S \cap U = \varnothing$, 那么对每个边界 K, $K \setminus U$ 仍是 $\mathscr{A}$ 的边界.

证： 不失一般性, 我们可假设 $U \neq \varnothing, X$. 给定一个边界 K, 首先断言 $K \setminus U \neq \varnothing$. 如果 $K \setminus U = \varnothing$, 那么 $K \subseteq U$. 取 $x_0 \in X \setminus U$, 则有某 i, $|f_i(x_0)| \geqslant 1$, 并且因此 $\|f_i\|_K \geqslant 1$, 这表明存在 $y_0 \in K$, 使得 $|f_i(y_0)| \geqslant 1$, 显然这个 $y_0 \notin U$. 从而 $K \setminus U \neq \varnothing$. 假设 $K \setminus U$ 不是边界, 那么存在 $f \in \mathscr{A}$, $\|f\| = 1$, $\|f\|_{K \setminus U} < 1$. 如果需要, 我们可选择合适的正整数 m 由 f^m 代替 f, 因此我们可假设 $\|ff_i\|_{K \setminus U} < 1$, $i = 1, \cdots, n$. 因为在 U 上, $|ff_i| < 1$, $i = 1, \cdots, n$, 故对所有 i, $\|ff_i\|_K < 1$, 并且因此 $\|ff_i\| < 1$. 设 x 满足 $|f(x)| = 1$, 我们断言 $x \in U$. 若 $x \notin U$, 则有某 j, $|f_j(x)| \geqslant 1$, 因此就有 $\|ff_j\| \geqslant 1$. 这个矛盾表明了 $\varDelta = \{x : |f(x)| = 1\} \subseteq U$. 因为 $\varDelta \cap S \neq \varnothing$, 所以 $U \cap S \neq \varnothing$, 这和引理假设矛盾, 因此 $K \setminus U$ 是 $\mathscr{A}$ 的边界. □

引理2.5.11 设 K 是 X 的一个闭子集, $x_0 \notin K$, 那么存在 x_0 的一个基本邻域 U, 使得 $K \cap U = \varnothing$.

证： 因为 $\mathscr{A}$ 包含常数且分离 X 中的点, 所以对每个 $x \in K$, 存在 $f_x \in \mathscr{A}$ 满足 $f_x(x_0) = 0$, $f_x(x) = 2$. 设 $V_x = \{y \in X : 1 < |f_x(y)| < 3\}$, 那么 V_x 是点 x 的一个邻域, K 的紧性表明存在有限个 $V_{x_1}, \cdots, V_{x_n}$ 覆盖 K. 令 $U = \{x \in X : |f_{x_i}(x)| < 1, i = 1, \cdots, n\}$, 那么 U 是 x_0 的一个基本邻域且满足 $K \cap U = \varnothing$. □

定理 2.5.9 的证明： 我们首先断言：子代数 $\mathscr{A}$ 的所有边界之交 $\partial \neq \varnothing$. 如果 $\partial = \varnothing$, 由 X 的紧性及紧集的有限交性质, 存在有限个边界 $S_1, \cdots, S_n$, 使得它们的交 $\bigcap_{i=1}^n S_i = \varnothing$. 设 N 是最小的正整数, 使得存在 N 个边界之交是空集, 任何小于 N 个的边界之交是非空的. 选 N 个边界 $S_1, \cdots, S_N$ 满足 $\bigcap_{i=1}^N S_i = \varnothing$. 记 $K = \bigcap_{i=2}^N S_i$, 那么 $K \neq \varnothing$. 由引理 2.5.11, 对每个 $x \in K$, 存在 x 的一个基本邻域

U_x，使得 $U_x \cap S_1 = \emptyset$. K 的紧性表明存在有限个 $U_{x_1}, \cdots, U_{x_m}$ 覆盖 K. 应用引理 2.5.10，对 $2 \leqslant i \leqslant N$，

$$S_i' = S_i \setminus \bigcup_{i=1}^{m} U_{x_i} = S_i \setminus U_{x_1} \cdots \setminus U_{x_m}$$

是边界. 注意到

$$\bigcap_{i=2}^{N} S_i' = \bigcap_{i=2}^{N} S_i \setminus \bigcup_{i=1}^{m} U_{x_i} = \emptyset.$$

这 $N-1$ 个边界之交是空集，和假设矛盾，因此 $\partial \neq \emptyset$.

下面我们证明 ∂ 是边界. 任取 $f \in \mathcal{A}$, $f \neq 0$. 写 $G_f = \{x : |f(x)| = \|f\|\}$，为完成证明，我们须证明 $G_f \cap \partial \neq \emptyset$. 若 $G_f \cap \partial = \emptyset$，对每个 $x \in G_f$，因为 $x \notin \partial$，所以存在一个边界 S_x，使得 $x \notin S_x$. 故由引理 2.5.11，存在 x 的一个基本邻域 U_x，使得 $U_x \cap S_x = \emptyset$. G_f 的紧性表明存在有限个 $U_{x_1}, \cdots, U_{x_m}$ 覆盖 G_f. 应用引理 2.5.10，

$$X \setminus U_{x_1} \cdots \setminus U_{x_m} = X \setminus \bigcup_{i=1}^{m} U_{x_i}$$

是一个边界. 但在这个边界上，$|f| < \|f\|$. 这个矛盾表明 $G_f \cap \partial \neq \emptyset$. 完成了定理的证明.

一个点 $x \in X$ 称为子代数 $\mathcal{A}$ 的 p-点，如果存在 $f \in \mathcal{A}$, 使得 $f(x) = 1$，并且 $|f(y)| < 1$, $y \in X \setminus \{x\}$. 因此所有 p-点属于 Shilov 边界. 易见子代数 $\mathcal{A}$ 和它的闭包有同样的 Shilov 边界，而它的闭包是 X 上的一致代数. 作为 $C(\overline{\mathbb{D}})$ 的子代数，所有解析多项式的代数 $P(\mathbb{D})$ 以及它的闭包圆盘代数 $A(\mathbb{D})$ 的 Shilov 边界是单位圆周. 这个事实来自极大模原理和圆周上每一个点都是 $P(\mathbb{D})$ 的 p-点.

我们把子代数 $\mathcal{A}$ 限制在 Shilov 边界上，那么 $\mathcal{A}$ 等距同构于 $C(\partial)$ 的子代数 $\mathcal{A}|_\partial$. 因此对每个 $x \in X$，存在点 x 在 Shilov 边界上的一个表示测度 μ_x，使得

$$f(x) = \int_\partial f \, \mathrm{d}\mu_x, \ f \in \mathcal{A}.$$

在上一节我们已经证明，对每个 $z \in \mathbb{D}$，存在点 z 的在单位圆周上的唯一表示测度 $\mu_z = P_z(\theta) \frac{\mathrm{d}\theta}{2\pi}$，使得

$$f(z) = \frac{1}{2\pi} \int_0^{2\pi} P_z(\theta) f(\mathrm{e}^{\mathrm{i}\theta}) \, \mathrm{d}\theta, \quad f \in A(\mathbb{D}).$$

本节的内容是 Shilov 边界的基本理论. Shilov 边界理论是研究交换 Banach 代数的一个重要的工具，我们在第四章讨论 Banach 代数时，将用到 Shilov 边界理论. 有兴趣的读者可参阅 Gamelin 的书 [Gam].

习题

1. 设 X 是紧的 Hausdorff 空间，$\mathcal{A}$ 是 X 上的一个一致代数. 在 X 上定义两元函数

$$\rho(x,y) = \sup_{f \in \mathcal{A}, \|f\| < 1} \left| \frac{f(x) - f(y)}{1 - \overline{f(x)} f(y)} \right|, \quad x, y \in X.$$

证明下列结论：

　　(i) $\rho(x,y) = \sup\{|f(y)| : f \in \mathcal{A}, f(x) = 0, \|f\| < 1\}, \quad x, y \in X.$

　　(ii) $\rho(x,y)$ 是 X 上的一个度量，并且在此度量下，X 是完备的.

　　(iii) 如果 $\rho(x,y) < 1$, $\rho(y,z) < 1$, 则 $\rho(x,z) < 1$.

　　(iv) 由(iii)，在 X 上可定义一个等价关系：$x \sim y$ 是由 $\rho(x,y) < 1$ 定义的. 在此等价关系下的等价类称为 Gleason 部分. 证明每一个 Gleason 部分在度量 ρ 下是既开又闭的.

2. 圆盘代数 $A(\mathbb{D})$ 作为 $\overline{\mathbb{D}}$ 上的一致代数，明确写出由此产生的 $\overline{\mathbb{D}}$ 上的 Gleason 部分.

第三章　线性算子的基本定理

古典泛函分析的主要内容是线性泛函分析. 1932 年，波兰学派的领袖人物 S. Banach 出版了泛函分析的第一部著作 *Theory of Linear Operations* [Ban]，标志着泛函分析作为一门新的数学分支成为数学大家庭中的一员. 今天大学数学院系为本科生开设的 "泛函分析" 课程的主要内容就是线性泛函分析. 开映射定理、一致有界原理和 Hahn-Banach 延拓定理被认为是线性泛函分析的 "三大基本定理". 除此之外，由这些基本定理派生出的 Banach 逆算子定理、闭图像定理、范数等价定理以及闭值域定理常常为应用带来方便.

§3.1　基本定理

定理3.1.1 (开映射定理)　设 X, Y 是 Banach 空间，$T : X \to Y$ 是有界线性算子. 如果 T 是满的，则 T 是开映射.

证明基于 Baire 纲定理和下述引理.

引理3.1.2　设 $T : X \to Y$ 是 Banach 空间之间的有界线性算子，如果 $O_Y(\varepsilon) \subseteq \overline{TO_X(1)}$，那么 $O_Y(\varepsilon) \subseteq TO_X(2)$，这里 $\varepsilon > 0$, $O_Y(\varepsilon) = \{y \in Y : \|y\| < \varepsilon\}$.

证：　置 $U = TO_X(1)$. 任取 $y \in O_Y(\varepsilon)$，即 $\|y\| < \varepsilon$，那么存在 $y_0 \in U$，使得

$$\|y - y_0\| \leqslant \frac{\varepsilon}{2}, \quad \text{i.e., } y - y_0 \in \frac{1}{2}O_Y(\varepsilon).$$

因为 $\frac{1}{2}O_Y(\varepsilon) \subseteq \frac{1}{2}\overline{U}$，故有 $y_1 \in \frac{1}{2}U$，使得

$$\|y - y_0 - y_1\| \leqslant \frac{\varepsilon}{2^2}.$$

又由 $\frac{1}{2^2}O_Y(\varepsilon) \subseteq \frac{1}{2^2}\overline{U}$，从而有 $y_2 \in \frac{1}{2^2}U$，使得 $\|y - y_0 - y_1 - y_2\| \leqslant \frac{\varepsilon}{2^3}$, $\cdots$. 取 $x_n \in O_X(1)$，使得 $y_n = \frac{1}{2^n}Tx_n$, $n = 0, 1, \cdots$. 置 $x = \sum\limits_{n=0}^{\infty} \frac{x_n}{2^n}$，则 $\|x\| < 2$，且 $y = Tx$. 故 $O_Y(\varepsilon) \subseteq TO_X(2)$. □

开映射定理之证明： 因为 $Y = \bigcup\limits_{n=1}^{\infty} \overline{TO_X(n)}$，由 Baire 纲定理，存在自然数 l，使得 $\overline{TO_X(l)}$ 有非空的内部. 注意到 $\overline{TO_X(l)} = l\,\overline{TO_X(1)}$，因此 $\overline{TO_X(1)}$ 有非空的内部. 易见它的内部是对称的凸开集. 取内部一点 y_0，则 $\frac{y_0}{2} + \frac{-y_0}{2} = 0$ 是其内点. 这表明存在 $\varepsilon > 0$，使得 $\overline{TO_X(1)} \supseteq O_Y(\varepsilon)$，应用引理完成证明. □

作为开映射定理的推论，我们给出 Banach 逆算子定理和范数等价定理.

定理3.1.3 (Banach 逆算子定理) 设 X，Y 是 Banach 空间，$T : X \to Y$ 是可逆的有界线性算子，则其逆 T^{-1} 也是有界的.

定理3.1.4 (范数等价定理) 设 X 是 Banach 空间. 若 X 有一个新范数 $\|\cdot\|'$ 使得在此范数下，X 也是 Banach 空间. 如果存在正常数 C，使得 $\|x\| \leqslant C\|x\|'$，$x \in X$，则两个范数等价，也即有常数 C'，使得 $C'\|x\|' \leqslant \|x\| \leqslant C\|x\|'$，$\forall x \in X$.

现在转向闭图像定理. 设 X，Y 是赋范空间，$T : X \to Y$ 是一个线性算子，T 的图像定义为 $\{(x, Tx) : x \in X\}$，它是 $X \times Y$ 的一个线性子空间，这里 $X \times Y$ 的范数定义为 $\|(x, y)\| = \sqrt{\|x\|^2 + \|y\|^2}$，$x \in X$，$y \in Y$. 称 T 是闭算子，如果 T 的图像是 $X \times Y$ 的闭子空间. 容易检查 T 是闭的当且仅当它满足：

$$\text{若 } x_n \to x_0, \; Tx_n \to y_0, \text{ 则有 } y_0 = Tx_0.$$

定理3.1.5 (闭图像定理) 设 X，Y 是 Banach 空间，$T : X \to Y$ 是闭线性算子，则 T 是有界的.

证明来自范数等价定理. 事实上，上面的几个定理是相互等价的 (请证之).

开映射定理 $\Leftrightarrow$ Banach 逆算子定理 $\Leftrightarrow$ 范数等价定理 $\Leftrightarrow$ 闭图像定理.

一致有界原理，也叫共鸣定理或 Banach-Steinhaus 定理.

定理3.1.6 (一致有界原理) 设 X 是 Banach 空间，Y 是赋范空间，$\mathcal{B}$ 是从 X 到 Y 的一族有界线性算子，若对每个 $x \in X$，$\sup_{T \in \mathcal{B}} \|Tx\| < \infty$，则 $\sup_{T \in \mathcal{B}} \|T\| < \infty$.

证： 置 $B_n = \{x \in X : \|Tx\| \leqslant n, T \in \mathcal{B}\}$，则 $X = \bigcup\limits_{n} B_n$，且每个 B_n 是闭的. Baire 纲定理表明存在 N，使得 B_N 包含某开球 $O(x_0, r)$. 因此如果 $\|x\| < r$，则

$$\|Tx\| = \|T(x + x_0) - T(x_0)\| \leqslant N + \sup_{T \in \mathcal{B}} \|Tx_0\| = M < \infty.$$

因此

$$\sup_{T\in\mathcal{B}}\|T\| \leqslant \frac{M}{r}. \qquad \Box$$

系3.1.7 设 X 是 Banach 空间，Y 是赋范空间，$T_n : X \to Y$ 是一列有界线性算子，若对每个 $x \in X$，极限 $\lim_n T_n x$ 存在，则算子 $Tx = \lim_n T_n x$ 是有界的，且 $\|T\| \leqslant \varliminf \|T_n\|$.

下面是一致有界原理的另一种表现形式.

定理3.1.8 设 X 是 Banach 空间，Y 是赋范空间. $\mathcal{B}$ 是从 X 到 Y 的一族有界线性算子，且 $\sup_{T\in\mathcal{B}}\|T\| = \infty$，则

$$\mathcal{R} = \left\{ x \in X : \sup_{T\in\mathcal{B}}\|Tx\| = \infty \right\}$$

是 X 的第二纲的稠子集.

证： $\mathcal{R}$ 的补集

$$\mathcal{R}^c = \left\{ x \in X : \sup_{T\in\mathcal{B}}\|Tx\| < \infty \right\} = \bigcup_n \left\{ x \in X : \sup_{T\in\mathcal{B}}\|Tx\| \leqslant n \right\}.$$

置

$$F_n = \left\{ x \in X : \sup_{T\in\mathcal{B}}\|Tx\| \leqslant n \right\},$$

则 F_n 是闭的. 于是断言：F_n 是疏朗的. 若不，F_n 包含某开球 $O(x_0, r)$. 当 $T \in \mathcal{B}$ 时，$\|T(-x_0)\| = \|T(x_0)\| \leqslant n$，因此如果 $\|x\| < r$，则

$$\|Tx\| = \|T(x + x_0) + T(-x_0)\| \leqslant \|T(x + x_0)\| + \|T(-x_0)\| \leqslant 2n.$$

由此易得

$$\|T\| \leqslant \frac{2n}{r},\ T \in \mathcal{B}.$$

这个矛盾表明断言是真的. 由于 F_n 是闭的疏朗集，则其补集 F_n^c 是稠的开集. 因为

$$\mathcal{R} = \bigcap_n F_n^c,$$

Baire 纲定理表明 $\mathcal{R}$ 是 X 的第二纲的稠子集. $\qquad \Box$

我们再把定理 3.1.8 做进一步推广.

系3.1.9 设 X 是 Banach 空间, Y 是赋范空间. 设 $n = 1, 2, \cdots$, 并且 $\mathcal{B}_n$ 是从 X 到 Y 的有界线性算子族, 且

$$\sup_{T \in \mathcal{B}_n} \|T\| = \infty, \ n = 1, 2, \cdots,$$

则

$$\mathcal{R} = \left\{ x \in X : \sup_{T \in \mathcal{B}_n} \|Tx\| = \infty, \ n = 1, 2, \cdots \right\}$$

是 X 的第二纲的稠子集.

证:

$$\mathcal{R} = \bigcap_n \mathcal{R}_n; \quad \mathcal{R}_n = \left\{ x \in X : \sup_{T \in \mathcal{B}_n} \|Tx\| = \infty \right\},$$

并且每个 $\mathcal{R}_n$ 的补集

$$\mathcal{R}_n^c = \left\{ x \in X : \sup_{T \in \mathcal{B}_n} \|Tx\| < \infty \right\} = \bigcup_m \left\{ x \in X : \sup_{T \in \mathcal{B}_n} \|Tx\| \leqslant m \right\}.$$

置

$$F_{(n,m)} = \left\{ x \in X : \sup_{T \in \mathcal{B}_n} \|Tx\| \leqslant m \right\}.$$

根据前面定理的证明, $F_{(n,m)}$ 是闭的疏朗集. 从

$$\mathcal{R}^c = \bigcup_n \mathcal{R}_n^c = \bigcup_{n,m} F_{(n,m)},$$

以及补集 $F_{(n,m)}^c$ 是稠的开集, 我们看到

$$\mathcal{R} = \bigcap_{n,m} F_{(n,m)}^c$$

是至多可数个稠的开集之交, Baire 纲定理表明 $\mathcal{R}$ 是 X 的第二纲的稠子集.　　□

一致有界原理也称共鸣定理. 为了加强对这个定理的理解, 我们看看 "共鸣" 的含义. 在物理学中, 若给系统施加外力的振动频率接近该系统的固有频率时, 系统就会发生共鸣, 即系统在该外力下的受迫振动会非常剧烈. 从算子的角度看, 条件 $\sup_{T \in \mathcal{B}} \|Tx\| = +\infty$ 意味着 "算子系统 $\mathcal{B}$" 在 x 点处 "振荡剧烈", 产生共鸣, 并称点 x 是算子系统的一个共鸣点. 共鸣定理说: 如果一个 "算子系统 $\mathcal{B}$" 发生共鸣, 即 $\sup_{T \in \mathcal{B}} \|T\| = +\infty$, 那么系统一定在某点发生共鸣, 并且所有共鸣点构成算子定义空间的一个稠密的第二纲集.

在分析中常用到下面的闭值域定理.

定理3.1.10 (**闭值域定理**) 设 X, Y 是 Banach 空间，$T : X \to Y$ 是有界线性算子，则 Ran T 是闭的当且仅当 Ran T^* 是闭的.

必要性证明： 若 $T : X \to Y$ 有闭的值域，则 T 可分解为 $T = i\tilde{T}\pi$,

$$\pi : X \to X/\ker T, \quad \tilde{T} : X/\ker T \to \operatorname{Ran} T, \quad i : \operatorname{Ran} T \to Y.$$

这里，π 是商映射，$\tilde{T}(\bar{x}) = Tx$，i 是包含映射，于是 $T^* = \pi^*\tilde{T}^*i^*$. 由 Hahn-Banach 延拓定理，$i^*Y^* = (\operatorname{Ran} T)^*$，又注意 $\tilde{T}^*$ 是拓扑同构以及定理 2.2.11(ii)，立得

$$T^*Y^* = \pi^*\tilde{T}^*i^*Y^* = (\ker T)^{\perp}.$$

故 Ran T^* 是闭的.   □

   充分性需要下面的引理.

引理3.1.11   设 X, Y 是 Banach 空间，$T : X \to Y$ 是有界线性算子，若 T^* 是单的且 Ran T^* 是闭的，则 T 是满映射.

证： 设 O 是 X 的开单位球 $\{x \in X : \|x\| < 1\}$，且 $F = \overline{TO}$. 使用引理 3.1.2，只要证明 F 包含中心在原点的一个开球就够了. 由题设，存在常数 $\delta > 0$，使得 $\|T^*f\| \geqslant \delta\|f\|$, $f \in Y^*$. 我们将证明

$$F \supseteq \{y \in Y : \|y\| < \delta\}.$$

否则，存在 $y_0 \in Y$, $\|y_0\| < \delta$，但 $y_0 \notin F$. 因为 F 是闭的对称凸集，由凸集分离定理，存在 $g \in Y^*$ 以及 $r > 0$，使得 $g(y_0) > r$，并且 $\sup\limits_{x \in O} \operatorname{Re} g(Tx) \leqslant r$，因此 $\|g\| > \frac{r}{\delta}$. 故

$$\|T^*g\| = \sup_{x \in O} |T^*g(x)| = \sup_{x \in O} |g(Tx)| = \sup_{x \in O} \operatorname{Re} g(Tx) \leqslant r < \delta \|g\|.$$

这与 $\|T^*f\| \geqslant \delta\|f\|$, $\forall f \in Y^*$ 矛盾.   □

闭值域定理的充分性的证明： 置 $Z = \overline{\operatorname{Ran} T}$，则 $Z^{\perp} = \ker T^*$，那么 T 诱导了算子 $S : X \to Z$，这里 $Sx = Tx$, $x \in X$，则 $S^* : Y^*/Z^{\perp} \to X^*$，这是 T^* 到 $Y^*/Z^{\perp}$ 上的提升. 因为 Ran $S^* = $ Ran T^*，以及 S^* 是单的，上面的引理表明 S 是到上的. 故 Ran T 是闭的.   □

我们看到本节主要定理的证明都基于 §1.3 中的完备度量空间的 Baire 纲定理，因此这些定理可推广到更广泛一类的拓扑线性空间. 一个拓扑线性空间 X 称为 F-空间，如果它的拓扑由完备的不变度量诱导. 称 X 是 Fréchet 空间，如果它是局部凸的 F-空间. 用完全类似的方法，可以把这节的几个主要定理推广到 F-空间，其证明留给读者.

定理3.1.12 (开映射定理) 设 X, Y 是 F-空间，$T : X \to Y$ 是连续的线性映射. 如果 T 是满的，则 T 是开映射.

定理3.1.13 (Banach 逆算子定理) 设 X, Y 是 F-空间，$T : X \to Y$ 是连续的、单的且满的映射，则其逆 T^{-1} 也是连续的.

设 X, Y 是拓扑线性空间，则其积空间 $X \times Y$，配备积拓扑，也是拓扑线性空间. 一个映射 $T : X \to Y$ 称为闭映射，如果它的图像 $G(T) = \{(x, Tx) : x \in X\}$ 是积空间 $X \times Y$ 的一个闭子集.

定理3.1.14 (闭图像定理) 设 X, Y 是 F-空间，$T : X \to Y$ 是闭的线性映射. 那么 T 是连续的.

为了叙述拓扑线性空间上的一致有界原理，我们先介绍一些概念. 拓扑线性空间 X 的一个子集 E 称为有界的，如果原点 $x = 0$ 的每个邻域 V，存在 $s > 0$，使得当 $t > s$ 时，$E \subseteq tV$. 设 X, Y 是拓扑线性空间，Γ 是从 X 到 Y 的一族线性映射，我们说 Γ 是等度连续的，如果对 Y 的原点 $y = 0$ 的每个邻域 U，存在 X 的原点 $x = 0$ 的一个邻域 V，使得 $TV \subset U$，$\forall T \in \Gamma$.

定理3.1.15 (一致有界原理) 设 X 是 F-空间，Y 是拓扑线性空间，Γ 是从 X 到 Y 的一族连续线性映射，若对每个 $x \in X$，$\Gamma(x) = \{Tx : T \in \Gamma\}$ 在 Y 中有界，那么 Γ 是等度连续的映射族.

习题

1. 设 X, Y 是 Banach 空间，并且 U, V 是 X, Y 的开单位球，$T : X \to Y$ 是有界线性算子，$\delta > 0$ 是一常数，设

  (i) $\|T^*y\| \geqslant \delta\|y\|$，$y \in Y^*$；

  (ii) $\overline{T(U)} \supseteq \delta V$；

  (iii) $T(U) \supseteq \delta V$；

  (iv) $T(X) = Y$.

证明: (i) ⇒(ii)⇒(iii)⇒(iv).

进一步证明: 如果 (iv) 成立, 那么存在一个常数 $\delta > 0$, 使得 (i) 成立.

2. 设 X, Y 是 Banach 空间, $T : X \to Y$ 是有界线性算子, 证明下列陈述是等价的:

(i) $\operatorname{Ran} T$ 是闭的;

(ii) $\operatorname{Ran} T^*$ 是 w*-闭的;

(iii) $\operatorname{Ran} T^*$ 是闭的.

3. 设 X, Y 是 Banach 空间, $T : X \to Y$ 是连续线性算子且是单的, 证明要么 T 是满射, 要么 T 的像集 TX 是 Y 的第一纲子集.

§3.2 一些应用实例

这节将给出多个例子、命题以表明基本定理的广泛应用. 读者可参考 Rudin 的书 [Ru1] 中的第五章, 那里包含了基本定理在分析中许多深刻广泛的应用.

§3.2.1 在 Fourier 级数中的应用

19 世纪初, Fourier 级数中的一个基本问题 (Fourier 提出) 是: 是否每个连续周期函数的 Fourier 级数逐点收敛到该函数? 当时很多数学家研究了这个问题, 包括 Dirichlet, Riemann, Weierstrass 等. Dirichlet 证明了对连续可微函数结论成立. 当时数学家们相信结论是对的. 直到 1876 年, Reymond 构造了一个连续周期函数, 其 Fourier 级数在给定点处发散!

设 $C_{2\pi}$ 是直线上周期为 2π 的连续函数全体, 范数 $\|f\| = \max_{0 \leqslant t \leqslant 2\pi} |f(t)|$. 在此范数下, 它是一个 Banach 空间. 易见

$$C_{2\pi} = \{f \in C[0, 2\pi] : f(0) = f(2\pi)\}.$$

给定 $f \in C_{2\pi}$, f 的 Fourier 级数 $f(t) \sim \sum_{k \in \mathbb{Z}} \hat{f}(k) \mathrm{e}^{ikt}$; Fourier 系数是

$$\hat{f}(k) = \frac{1}{2\pi} \int_0^{2\pi} f(t) \mathrm{e}^{-ikt} \, \mathrm{d}t.$$

在 $t = 0$ 处, f 的 Fourier 级数的 n 阶部分和 $\varphi_n(f) = \sum_{k=-n}^{n} \hat{f}(k)$, 算得

$$\varphi_n(f) = \frac{1}{2\pi} \int_0^{2\pi} f(s) \frac{\sin(n + 1/2)s}{\sin s/2} \, \mathrm{d}s,$$

则 $\{\varphi_0, \varphi_1, \varphi_2, \cdots\}$ 是 $C_{2\pi}$ 上一列有界线性泛函. 易证

$$\|\varphi_n\| = \frac{1}{2\pi} \int_0^{2\pi} \left| \frac{\sin(n+1/2)s}{\sin s/2} \right| \, \mathrm{d}s.$$

简单的估计表明

$$\sup_n \|\varphi_n\| = +\infty.$$

由定理 3.1.8，我们看到

$$\mathcal{R} = \left\{ f \in C_{2\pi} : \sup_n |\varphi_n(f)| = +\infty \right\}$$

是 $C_{2\pi}$ 的第二纲稠子集. 易见

$$\mathcal{R} \subseteq \left\{ f \in C_{2\pi} : \text{部分和序列 } \varphi_n(f) \text{ 发散} \right\}.$$

因而后者是 $C_{2\pi}$ 的第二纲稠子集.

以上的证明是非构造性的 —— 用泛函分析的观点和方法给出的一个存在性的证明. 这显示了泛函分析的精神和力量.

在 Fourier 级数中的进一步应用：

设 $\{t_1, t_2, \cdots\}$ 是 $[0, 2\pi]$ 的一个稠子集，当 $t \in [0, 2\pi]$ 时，

$$\varphi_{n,t}(f) = \sum_{k=-n}^{n} \hat{f}(k) \mathrm{e}^{ikt}$$

是 f 在 t 处的 Fourier 级数的 n 阶部分和，则 $\{\varphi_{0,t}, \varphi_{1,t}, \varphi_{2,t}, \cdots\}$ 是 $C_{2\pi}$ 上一列有界线性泛函. 同理可证

$$\sup_n \|\varphi_{n,t}\| = \infty,$$

$$\mathcal{R}_t = \left\{ f \in C_{2\pi} : \sup_n \|\varphi_{n,t}(f)\| = \infty \right\}.$$

由系 3.1.9，我们看到

$$\mathcal{R} = \left\{ f \in C_{2\pi} : \sup_n \|\varphi_{n,t_m}(f)\| = \infty, \, m = 1, 2, \cdots \right\} = \mathcal{R}_{t_1} \cap \mathcal{R}_{t_2} \cap \cdots$$

是 $C_{2\pi}$ 的第二纲稠子集. 易见

$$\mathcal{R} \subseteq \left\{ f \in C_{2\pi} : \text{部分和序列 } \{\varphi_{n,t_m}(f)\}_n \text{ 发散}, m = 1, 2, \cdots \right\},$$

因而后者是 $C_{2\pi}$ 的第二纲稠子集. 这表明存在 "充分多" 的连续周期函数，其 Fourier 级数在 $[0, 2\pi]$ 的一个稠子集上发散！

为了研究 Fourier 级数的收敛性，匈牙利数学家 Fejér 考虑了函数 f 的 Fourier 级数的 Cesàro 平均

$$\sigma_n(f) = \frac{S_0 + S_1 + \cdots + S_{n-1}}{n}, n = 1, 2, \cdots, \quad \text{这里} S_n = \sum_{k=-n}^{n} \hat{f}(k)e^{ikx},$$

并有下面的结论，见 [Hof, pp16]:

(i) 如果 $f \in L^p[0, 2\pi]$, $1 \leqslant p < \infty$, 那么 $\sigma_n(f) \xrightarrow{L^p} f$;

(ii) 如果 $f \in L^\infty[0, 2\pi]$, 那么 $\sigma_n(f) \xrightarrow{w^*} f$;

(iii) 如果 f 在 $[0, 2\pi]$ 上连续，且 $f(0) = f(2\pi)$, 那么 $\sigma_n(f)$ 一致收敛到 f.

这些结论主要基于 Fejér 核的构造. 因为

$$S_n = \sum_{k=-n}^{n} \hat{f}(k)e^{ikx} = \frac{1}{2\pi} \int_0^{2\pi} f(t)\Big[\sum_{k=-n}^{n} e^{ik(x-t)} \Big] dt,$$

$\sigma_n(f)$ 有如下形式:

$$\sigma_n(f) = \frac{1}{2\pi} \int_0^{2\pi} f(t)K_n(x - t) dt.$$

从等式

$$(n+1)K_{n+1}(x) - nK_n(x) = \sum_{k=-n}^{n} e^{ikx} = \frac{\cos nx - \cos(n+1)x}{1 - \cos x}$$

以及 $K_1(x) = 1$ 算得

$$K_n(x) = \frac{1}{n}\Big(\frac{\sin \frac{nx}{2}}{\sin \frac{x}{2}}\Big)^2.$$

序列 $K_1, K_2, \cdots$ 称为 Fejér 核，它有下面性质 (见 [Hof, pp17]):

(i) $K_n(x) \geqslant 0$;

(ii) $\frac{1}{2\pi} \int_0^{2\pi} K_n(x) dx = 1$;

(iii) 对任何 $\varepsilon > 0$, 成立

$$\lim_{n \to \infty} \sup_{|x| > \varepsilon} K_n(x) = 0.$$

在 Fourier 级数收敛性的研究中，Luzin 1915 年猜测: 当 $f \in L^2[0, 2\pi]$ 时，成立

$$\lim_n \sum_{k=-n}^{n} \hat{f}(k)e^{ikx} = f(x), \text{ a.e..}$$

Carleson 1966 年证明了 Luzin 猜测. Hunt 1968 年推广了 Carleson 的证明，证明了在 $p > 1$ 时，Luzin 猜测在 L^p 空间也成立. Kolmogorov 于1923 年在 L^1 空间上找到反例，即找到一个 L^1-函数，其 Fourier 级数几乎处处发散.

事实上，Katznelson 在1966 年证明了对任何 $S \subset [0, 2\pi]$，$m(S) = 0$，存在连续周期函数 f，其 Fourier 级数在 S 的每点发散. 结合 Carleson 定理和 Katznelson 的结果，存在连续周期函数，其 Fourier 级数在给定集上每点发散当且仅当该集是一个 Lebesgue-零集.

当 $f \in L^1[0, 2\pi]$，由 Riemann-Lebesgue 引理，f 的 Fourier 系数满足

$$\lim_{|n| \to \infty} \hat{f}(n) = 0.$$

一个自然的问题是：给定复数序列 $\{a_n\}_{n \in \mathbb{Z}}$，$\lim_{|n| \to \infty} a_n = 0$，问是否存在 L^1-函数 f，满足

$$\hat{f}(n) = a_n, \quad n \in \mathbb{Z}?$$

为了回答这个问题，我们做下面的数学推理. 设

$$l_0^\infty = \{\{a_n\}_{n \in \mathbb{Z}} : \lim_{|n| \to \infty} a_n = 0\},$$

在 l_0^∞ 定义范数 $\|\{a_n\}\|_\infty = \sup_{n \in \mathbb{Z}} |a_n|$，那么在通常的线性运算下，$l_0^\infty$ 是 Banach 空间. 建立映射 $T : L^1[0, 2\pi] \to l_0^\infty$，$Tf = \{\hat{f}(n)\}$. 显然算子 T 是连续的线性算子，并且是单的. 我们证明它不是满的. 事实上，若 T 是满的，则由 Banach 逆算子定理，有常数 C, 使得 $\|f\| \leqslant C \|Tf\|_\infty$，$f \in L^1$. 取

$$D_N(t) = \sum_{|n| \leqslant N} e^{-int} = \frac{\sin(n + 1/2)t}{\sin t/2}, \ N = 0, 1, \cdots,$$

我们看到，当 $N \to \infty$ 时，

$$\|D_N\| = \frac{1}{2\pi} \int_0^{2\pi} \left| \frac{\sin(N + 1/2)t}{\sin t/2} \right| dt \to \infty,$$

但对所有 N，$\|TD_N\|_\infty = 1$. 因此这样一个常数 C 要满足 $C \geqslant \|D_N\| \to \infty$，显然是不可能的，因此 T 不是满的. 这说明存在一个 $\{a_n\}_{n \in \mathbb{Z}}$，$\lim_{|n| \to \infty} a_n = 0$，它不是任何 L^1 函数的 Fourier 系数列.

§3.2.2 对收敛性的应用

设 X, Y 是赋范空间, $A, A_n \in B(X,Y)$, 称

(i) 按范数收敛: 若 $\lim \|A_n - A\| = 0$;

(ii) 强算子收敛: 若对 $\forall x \in X$, $\lim \|A_n x - Ax\| = 0$, 记为 (SOT)$\lim A_n = A$;

(iii) 弱算子收敛: 若对 $\forall x \in X$, $f \in Y^*$, 都有 $\lim f(A_n x) = f(Ax)$, 记为 (WOT)$\lim A_n = A$.

命题3.2.1 设 X, Y 是 Banach 空间, S 是 X 的稠线性子空间, 并且 A_n 属于 $B(X,Y)$, $\sup_n \|A_n\| < \infty$. 如果对每个 $x \in S$, 极限 $\lim A_n x$ 存在, 那么存在 $A \in B(X,Y)$, 使得 (SOT)$\lim A_n = A$, 并且 $\|A\| \leqslant \varliminf\limits_{n\to\infty} \|A_n\|$.

以后常会讨论泛函序列的收敛性. 泛函序列的 w*-收敛可视为有界线性算子序列的强算子收敛, 这种解释为应用带来方便.

数项级数 $x_1 + \cdots + x_n + \cdots$ 的求和有多种方式. 常规意义下的和是部分和序列 $(s_n = x_1 + \cdots + x_n)$ 的极限. 现介绍 $\mathbb{A}$-求和法, 其中 $\mathbb{A}$ 是无限阶数值矩阵 $[a_{ij}]_{i,j\geq 1}$, 使得当 $n \geq 1$ 时 Cauchy 和

$$\sigma_n = a_{n1}s_1 + a_{n2}s_2 + \cdots$$

都存在且序列 $\{\sigma_n\}$ 都收敛, 其极限 σ 称为级数 $\sum_{n=1}^{\infty} x_n$ 按求和阵 $\mathbb{A}$ 的广义和, 并记为 $(\mathbb{A})$-$\sum_{n=1}^{\infty} x_n$. 此时 $\mathbb{A}$ 定义了线性算子 $A : \mathbf{c} \to \mathbf{c}$, 使 $A(s_n) = (\sigma_n)$, 这里符号 $\mathbf{c}$ 表示收敛的复数列全体之空间, 视为 l^∞ 的闭子空间.

当 $a_{ij} = \delta_{ij}$ 时, 广义和就是 Cauchy 和. 而以下求和阵

$$\begin{pmatrix} 1 & 0 & 0 & 0 & \cdots \\ \frac{1}{2} & \frac{1}{2} & 0 & 0 & \cdots \\ \frac{1}{3} & \frac{1}{3} & \frac{1}{3} & 0 & \cdots \\ \cdots & & \cdots & & \cdots \end{pmatrix}$$

对应 Cesàro 的 $(C,1)$-求和法. 相应地, $\sigma_n = (s_1 + \cdots + s_n)/n$.

定理3.2.2 (Toeplitz 定理) 设 $\mathbb{A}$ 是无限阶数值矩阵 $[a_{ij}]_{i,j\geq 1}$. 以下条件等价:

(i) $\mathbb{A}$-求和法是正则的: 即 $(\mathbb{A})$-$\sum_{n=1}^{\infty} x_n = \sum_{n=1}^{\infty} x_n$ 在右边存在时成立;

(ii) $\mathbb{A}$ 是 Toeplitz 矩阵: 即有常数 b, 使得当 $n \geqslant 1$时, $\sum_{j=1}^{\infty} |a_{nj}| \leqslant b$, 同时

$$\lim_{n\to\infty} \sum_{j=1}^{\infty} a_{nj} = 1, \quad \lim_{n\to\infty} a_{nj} = 0.$$

此时 $A: \mathbf{c} \to \mathbf{c}$ 是有界线性算子且算子范数 $\|A\| = \sup_{n \geq 1} \sum_{j=1}^{\infty} |a_{nj}|$.

证：　令 $f_n(s) = \sum_{j=1}^{\infty} a_{nj} s_j$，$f_{nl}(s) = \sum_{j=1}^{l} a_{nj} s_j$ 及 $f(s) = \lim_{n \to \infty} s_n$. $\mathbb{A}$-求和法是正则的相当于 $(f_{nl})_{l=1}^{\infty}$ 逐点收敛于 f_n 且 $(f_n)_{n=1}^{\infty}$ 逐点收敛于 f.

(i) $\Rightarrow$(ii). 用一致有界原理知 $\sup \|f_n\| < \infty$. 容易验证

$$\|f_n\| = \sum_{j=1}^{\infty} |a_{nj}|.$$

置 $b = \sup_{n \geq 1} \|f_n\|$. 设 $e = \{1, 1, \cdots\}$ 并且 e_j 表示 j-坐标为 1、其余为 0 的序列. 因为 $\lim_{n \to \infty} f_n(e) = f(e) = 1$ 且 $\lim_{n \to \infty} f_n(e_j) = f(e_j) = 0$，所以 (ii) 中两个极限成立.

(ii) $\Rightarrow$(i). 由条件知 $\|f_n\| \leqslant b$ 且 $\lim_{n \to \infty} f_n(s) = f(s)$ 对 $s = e_j$ 及 $s = e$ 成立. 因为 $\mathrm{span}\{e, e_1, e_2, \cdots\}$ 在 $\mathbf{c}$ 中稠密，由命题 3.2.1 知 $\{f_n\}$ 逐点收敛于 f. 因此 $\mathbb{A}$-求和法是正则的. □

§3.2.3　在向量值解析函数中的应用

应用一致有界原理，容易证明

命题3.2.3　赋范空间 X 的子集 S 有界当且仅当它 w-有界 —— 即当 $f \in X^*$ 时，数集 $f(S)$ 有界. 若 X 是 Banach 空间，X^* 的子集 E 有界当且仅当它 w*-有界 —— 即当 $x \in X$ 时，数集 $\hat{x}(E)$ 有界.

我们利用上面的命题讨论向量值解析函数，它在谱论中将起重要作用.

定理3.2.4　设 Ω 是复平面的开集，X 是复 Banach 空间. 以下条件等价:

(i) 函数 $f: \Omega \to X$ 是解析函数，即它在每一点 $z_0 \in \Omega$，有导数

$$f'(z_0) = \lim_{z \to z_0} \frac{f(z) - f(z_0)}{z - z_0} \in X;$$

(ii) 函数 f 与每个 $\varphi \in X^*$ 的复合 $\varphi f: \Omega \to \mathbb{C}$ 是解析函数;

(iii) 函数 f 连续且当 $r > 0$ 使 $z \in B(z_0, r) \subset \Omega$ 时，

$$f(z) = \frac{1}{2\pi \mathrm{i}} \int_{|\lambda - z_0| = r} \frac{f(\lambda)}{\lambda - z} \, \mathrm{d}\lambda;$$

(iv) 函数 f 在 Ω 中每个开圆盘 $O(z_0, s)$ 内可展成向量值系的幂级数:

$$f(z) = \sum_{n=0}^{\infty} a_n (z - z_0)^n,$$

其中 $a_n \in X$.

证: 同 Riemann 积分一样，可以建立向量值连续函数 $g : \Omega \to X$ 沿可求长连续
曲线 $\gamma : [a, b] \to \Omega$ 的积分，它为 X 中的极限 (与 ξ_i 在 $[t_{i-1}, t_i]$ 中的选取无关)

$$\int_\gamma g(z)\,\mathrm{d}z = \lim_{\max(t_i - t_{i-1}) \to 0} \sum_{i=1}^n g(\gamma(\xi_i))[\gamma(t_i) - \gamma(t_{i-1})].$$

积分与有界线性算子可交换：如果 $A : X \to Y$ 是一个有界线性算子，则

$$\int_\gamma Ag(z)\,\mathrm{d}z = A \int_\gamma g(z)\,\mathrm{d}z. \tag{$\star$}$$

(i) $\Rightarrow$ (ii). 当 $z \to z_0$ 时，$(\varphi f(z) - \varphi f(z_0))/(z - z_0) \to \varphi(f'(z_0))$.

(ii) $\Rightarrow$ (iii). 命 $L = \{\lambda : |\lambda - z_0| = r\}$. 因为 φf 连续且 L 是紧集，所以 $\varphi f(L)$ 有
界. 据命题 3.2.3, $f(L)$ 有界. 命 $c = \sup\{\|f(z)\| : z \in L\}$. 当 $|\lambda - z_0| < r$ 时，对函数
φf 用 Cauchy 积分公式得

$$\varphi f(z) = \frac{1}{2\pi\mathrm{i}} \int_L \frac{\varphi f(\lambda)}{\lambda - z}\,\mathrm{d}\lambda.$$

当 $|z - z_0| < \frac{r}{2}$ 时，

$$\begin{aligned}
\|f(z) - f(z_0)\| &= \sup_{\|\varphi\| \leqslant 1} |\varphi(f(z) - f(z_0))| = \sup_{\|\varphi\| \leqslant 1} \left| \frac{1}{2\pi\mathrm{i}} \int_L \frac{\varphi f(\lambda)(z - z_0)}{(\lambda - z)(\lambda - z_0)}\,\mathrm{d}\lambda \right| \\
&\leqslant \frac{c|z - z_0|}{2\pi} \int_L \frac{|\mathrm{d}\lambda|}{|(\lambda - z)(\lambda - z_0)|} \\
&\leqslant M|z - z_0|,
\end{aligned}$$

这里 M 仅相关于 z_0, r. 因此 f 在 z_0 连续. 由 z_0 的任意性知 f 连续. 应用 ($\star$) 和
连续线性泛函的分离性知

$$f(z) = \frac{1}{2\pi\mathrm{i}} \int_{|\lambda - z_0| = r} \frac{f(\lambda)}{\lambda - z}\,\mathrm{d}\lambda.$$

(iii) $\Rightarrow$ (iv). 当 $|z - z_0| < s$ 时，设 $|z - z_0| < r < s$. 命 $L = \{\lambda : |\lambda - z_0| = r\}$. 作系
数 $a_n = \frac{1}{2\pi\mathrm{i}} \int_L \frac{f(\lambda)\,\mathrm{d}\lambda}{(\lambda - z_0)^{n+1}}$, 它与 r 无关. 因此对任何 $|z - z_0| < r$, 下式关于 $\lambda \in L$ 一致
收敛:

$$\frac{f(\lambda)}{\lambda - z} = \sum_{n=0}^\infty \frac{f(\lambda)(z - z_0)^n}{(\lambda - z_0)^{n+1}}.$$

将上式代入 Cauchy 积分公式即可.

(iv) $\Rightarrow$ (i). 是显然的.   □

当 X 是复数域 $\mathbb{C}$ 时，这就是通常的解析函数理论. 使用这个定理，解析函数理论的某些定理可以逐字逐句地移植到向量值解析函数上来. 如有界向量值整函数是常值函数 (Liouville 定理).

例子3.2.5 设解析函数 $f: \mathbb{C} \to l^1$ 为 $f(z) = (1, z, \cdots, \frac{z^n}{n!}, \cdots)$，则

(i) $\exp z = \varphi_1(f(z))$，其中 $\varphi_1: l^1 \to \mathbb{C}$，$x \mapsto \sum_{n\geq 0} x_n$；

(ii) $\sin z = \varphi_2(f(z))$，其中 $\varphi_2: l^1 \to \mathbb{C}$，$x \mapsto \sum_{n\geq 0}(-1)^n x_{2n+1}$；

(iii) $\cos z = \varphi_3(f(z))$，其中 $\varphi_3: l^1 \to \mathbb{C}$，$x \mapsto \sum_{n\geq 0}(-1)^n x_{2n}$.

§3.2.4 在解析再生核 Hilbert 空间中的应用

设 Ω 是复平面上的一个区域，H 是由 Ω 上一些解析函数组成的再生解析 Hilbert 空间，即对每个 $\lambda \in \Omega$，赋值泛函 $E_\lambda: H \to \mathbb{C}$，$f \mapsto f(\lambda)$ 是连续的. 因此，由 Riesz 表示定理，存在唯一的 $K_\lambda \in H$，使得

$$f(\lambda) = \langle f, K_\lambda \rangle, f \in H, \lambda \in \Omega.$$

函数 K_λ 称为 H 在 λ 处的再生核. 进一步，容易证明：如果 $\{f_n\}$ 是 H 的一个规范正交基，那么

$$K_\lambda(z) = \sum_n \overline{f_n(\lambda)} f_n(z).$$

对 H 的一个闭子空间 M，它的再生核记为 K_λ^M，易知 $K_\lambda^M = PK_\lambda$，这里 P 表示 H 到 M 的正交投影.

命题3.2.6 如果 H 是 Ω 上的再生解析 Hilbert 空间，那么作为 λ 的函数，$\|K_\lambda^M\| \in L^\infty(\Omega)$ 当且仅当 $M \subset H^\infty(\Omega)$.

证： 如果 $\|K_\lambda^M\| \in L^\infty(\Omega)$，那么对任何 $f \in M$，

$$|f(\lambda)| = |\langle f, K_\lambda^M \rangle| \leqslant \|f\| \|K_\lambda^M\|, \lambda \in \Omega,$$

即有 $M \subset H^\infty(\Omega)$.

反之，我们定义算子

$$i: M \to H^\infty(\Omega), f \mapsto f.$$

由闭图像定理，易见 i 是连续的，因此有常数 M，使得

$$\|f\|_\infty \leqslant M\|f\|, f \in M.$$

设 $\{\varphi_1, \cdots, \varphi_n\} \subset \mathcal{M}$ 是两两正交的单位向量. 记 $\mathbb{B}_n = \{z = (z_1, \cdots, z_n) \in \mathbb{C}^n : |z_1|^2 + \cdots + |z_n|^2 \leqslant 1\}$ —— $\mathbb{C}^n$ 的闭单位球. 对每个 $z = (z_1, \cdots, z_n) \in \mathbb{B}_n$, 定义 $F_z = \sum_{k=1}^n z_k \varphi_k$, 那么 $\|F_z\| \leqslant 1$, 从而对每个 $z \in \mathbb{B}_n$, $\|F_z\|_\infty \leqslant M$. 因为

$$\Big(\sum_{k=1}^n |\varphi_k(\lambda)|^2 \Big)^{\frac{1}{2}} = \sup_{z \in \mathbb{B}^n} \Big| \sum_{k=1}^n z_k \varphi_k(\lambda) \Big|,$$

这说明对任何 $\lambda \in \Omega$,

$$\sum_{k=1}^n |\varphi_k(\lambda)|^2 \leqslant M^2.$$

取 $\mathcal{M}$ 的一个规范正交基 $\{\varphi_1, \cdots, \varphi_n, \cdots\}$, 那么

$$\sum_n |\varphi_n(\lambda)|^2 \leqslant M^2, \ \lambda \in \Omega.$$

由再生核的性质,

$$\|K_\lambda^{\mathcal{M}}\|^2 = \sum_n |\varphi_n(\lambda)|^2 \leqslant M^2, \ \lambda \in \Omega,$$

即 $\|K_\lambda^{\mathcal{M}}\| \in L^\infty(\Omega)$. $\qquad\qquad \square$

系3.2.7 假如 H 由测度给出, 即 Ω 上有有限正测度 $\mathrm{d}\mu$, 使得 $\langle f, g \rangle = \int f(z)\overline{g(z)}\,\mathrm{d}\mu$, 并且闭子空间满足 $\mathcal{M} \subset H^\infty(\Omega)$, 那么 $\mathcal{M}$ 是有限维的.

证: 由命题 3.2.6, $\|K_\lambda^{\mathcal{M}}\| \in L^\infty(\Omega)$. 设 $\{\varphi_1, \cdots, \varphi_n\} \subset \mathcal{M}$ 是两两正交的单位向量, 那么

$$\sum_{k=1}^n |\varphi_k(\lambda)|^2 \leqslant \|K_\lambda^{\mathcal{M}}\|^2,$$

因此

$$n = \sum_{k=1}^n \int |\varphi_k(\lambda)|^2 \,\mathrm{d}\mu \leqslant \int \|K_\lambda^{\mathcal{M}}\|^2 \,\mathrm{d}\mu < \infty.$$

故 $\mathcal{M}$ 是有限维的. 事实上,

$$\dim \mathcal{M} = \int \|K_\lambda^{\mathcal{M}}\|^2 \,\mathrm{d}\mu. \qquad\qquad \square$$

注记3.2.8 假如 H 由测度给出, 并且 $\mathcal{M}$ 是 H 的闭子空间, 由系 3.2.7 的最后部分, 我们看到 $\dim \mathcal{M} < \infty$ 当且仅当 $\|K_\lambda^{\mathcal{M}}\| \in L^2$, 并且此时有等式

$$\dim \mathcal{M} = \int \|K_\lambda^{\mathcal{M}}\|^2 \,\mathrm{d}\mu.$$

命题3.2.9 如果 H 是 Ω 上的再生解析 Hilbert 空间，φ 是 Ω 上的解析函数，它满足对每个 $f \in H$, $\varphi f \in H$, 那么乘法算子 $M_\varphi : H \to H$, $f \mapsto \varphi f$ 是有界的，且 $\varphi \in H^\infty(\Omega)$, $\|\varphi\|_\infty \leqslant \|M_\varphi\|$.

证： 用闭图像定理，易见 M_φ 是有界的. 命题来自下面的关系:

$$|\varphi(\lambda)| \|K_\lambda\|^2 = |\langle \varphi K_\lambda, K_\lambda \rangle| \leqslant \|M_\varphi\| \|K_\lambda\|^2, \lambda \in \Omega. \qquad \square$$

命题3.2.10 如果 X, Y 是 Ω 上的再生 Banach 空间，且作为集合，$X \subseteq Y$, 那么包含映射 $\tau : X \to Y$, $f \mapsto f$ 是连续的.

证： 假如在 X 和 Y 的范数下，f_n 分别收敛到 f 和 g, 由再生性，对每个 $z \in \Omega$, $f_n(z) \to f(z)$, $f_n(z) \to g(z)$, 并且因此 $f = g$. 应用闭图像定理，我们看到包含映射 τ 是连续的. $\qquad \square$

系3.2.11 如果 X 在范数 $\|f\|_1$ 和范数 $\|f\|_2$ 下都是 Ω 上的再生 Banach 空间，那么这两个范数等价. 这说明再生的 Banach 空间的结构有某种刚性.

使用这个推论和 Hilbert 空间上的 Riesz 表示定理，容易证明下列结论.

系3.2.12 如果 H 在内积 $\langle f, g \rangle_1$ 和内积 $\langle f, g \rangle_2$ 下都是 Ω 上的再生解析 Hilbert 空间，那么存在正的可逆算子 $A : (H, \langle \cdot, \cdot \rangle_1) \to (H, \langle \cdot, \cdot \rangle_1)$, 使得

$$\langle f, g \rangle_2 = \langle Af, g \rangle_1, \qquad f, g \in H.$$

这个推论说明 Ω 上再生解析 Hilbert 空间的内积在某种意义下是唯一的. 上述相关结论也可以推广到一般的再生核函数 Hilbert 空间.

§3.2.5 在 Banach 空间基方面的应用

设 X 是一个可分的 Banach 空间，X 中一个序列 $\{e_k\}$ 称为 X 的 Schauder 基，如果对每个 $x \in X$, 存在唯一的数列 $\{c_k(x)\}$, 使得依 X 的范数，$x = \sum_k c_k(x) e_k$. 例如若 $1 \leqslant p < \infty$, 并设 $X = l^p$, 那么 $\{e_k\}$ 是 l^p 的一个基，这里 $e_k = (0, \cdots, 0, 1, 0, \cdots)$, 第 k 个坐标是 1, 其余全为 0. 当 A 是 X 上的一个有界可逆的线性算子时，那么 $\{Ae_k\}$ 也是 X 的一个 Schauder 基. 不同于 Hilbert 空间，当 $p \neq 2$ 时，Enflo [En] 在 1973 年证明了存在 l^p 的闭子空间，这些子空间没有 Schauder 基.

下面的概念要用在本节和下一节的讨论中.

设 $\{x_k\}_k$ 是 Banach 空间 X 中一个序列，我们称该序列是

(i) 线性无关的，如果序列中任何有限个向量是线性无关的；

(ii) ω-线性无关的，若级数 $\sum_k a_k x_k$ 依 X 的范数收敛到零，即 $\sum_k a_k x_k = 0$，则所有系数 a_k 全为零；

(iii) 完全的，如果 $\overline{\text{span}}\{x_k\} = X$；

(iv) 极小的，如果对每个 m，$x_m \notin \overline{\text{span}}\{x_k\}_{k \neq m}$.

下面的定理是关于 Banach 空间 Schauder 基的一个经典结论.

定理3.2.13   设 X 是一个可分的 Banach 空间，且序列 $\{e_k\}$ 在 X 中是完全的，那么 $\{e_k\}$ 是 X 的一个 Schauder 基当且仅当存在正常数 $C \geqslant 1$，使得对任何有限个复数 $c_1, \cdots, c_n$，以及任何正整数 m 并且 $m \leqslant n$，都成立下面的不等式：

$$\left\| \sum_{k \leqslant m} c_k e_k \right\| \leqslant C \left\| \sum_{k \leqslant n} c_k e_k \right\|. \tag{$*$}$$

证：   若序列 $\{e_k\}$ 是 X 的一个 Schauder 基，那么每个 $x \in X$ 有按此基的展开 $x = \sum_k c_k(x) e_k$. 由展开的唯一性，系数泛函 $c_k(x)$ 是线性的. 令 $Q_n(x) = \sum_{k \leqslant n} c_k(x) e_k$，并定义

$$\|x\|_0 = \sup_n \|Q_n(x)\|, \ x \in X.$$

那么容易看出 $\|\cdot\|_0$ 是 X 上的一个新范数，并且对任何 $x \in X$，$\|x\| \leqslant \|x\|_0$.

下面我们证明在新范数 $\|\cdot\|_0$ 下，X 是完备的. 设 $\{x_k\}_k$ 是在范数 $\|\cdot\|_0$ 下的 Cauchy 列，那么对任何自然数 N，$\{Q_N(x_k)\}_k$ 在范数 $\|\cdot\|$ 下是 Cauchy 列. 从等式 $c_N(x_k)e_N = Q_N(x_k) - Q_{N-1}(x_k)$，我们看到，$\{c_N(x_k)\}_k$ 是一个 Cauchy 数列，其极限记为 c_N.

我们回到范数 $\|\cdot\|_0$ 下的 Cauchy 列 $\{x_k\}_k$，那么对任何 $\varepsilon > 0$，存在自然数 K，当 $m, n \geqslant K$ 时，

$$\|x_m - x_n\|_0 \leqslant \varepsilon. \tag{$*1$}$$

因此当 $m, n \geqslant K$ 时，对任何自然数 N，都有

$$\left\| \sum_{k \leqslant N} c_k(x_m)e_k - \sum_{k \leqslant N} c_k(x_n)e_k \right\| \leqslant \varepsilon. \tag{$*2$}$$

在上式中令 $n \to \infty$，就得到当 $m \geqslant K$ 以及任何自然数 N，都有

$$\left\| \sum_{k \leqslant N} c_k(x_m)e_k - \sum_{k \leqslant N} c_k e_k \right\| \leqslant \varepsilon. \tag{$*3$}$$

现在我们固定一个 $m \, (m \geqslant K)$，由于依范数 $\| \cdot \|$，$\lim\limits_{N \to \infty} \sum_{k \leqslant N} c_k(x_m) e_k = x_m$，这蕴含着存在自然数 N_0，使得当 $N_0 \leqslant N_1 \leqslant N_2$ 时，

$$\Big\| \sum_{N_1 < k \leqslant N_2} c_k(x_m) e_k \Big\| \leqslant \varepsilon. \tag{*4}$$

应用这个不等式和 $(*3), (*4)$，当 $N_0 \leqslant N_1 \leqslant N_2$ 时，

$$\Big\| \sum_{k \leqslant N_2} c_k e_k - \sum_{k \leqslant N_1} c_k e_k \Big\|$$

$$= \Big\| \sum_{k \leqslant N_2} (c_k - c_k(x_m)) e_k + \sum_{N_1 < k \leqslant N_2} c_k(x_m) e_k + \sum_{k \leqslant N_1} (c_k(x_m) - c_k) e_k \Big\|$$

$$\leqslant \Big\| \sum_{k \leqslant N_2} (c_k - c_k(x_m)) e_k \Big\| + \Big\| \sum_{N_1 < k \leqslant N_2} c_k(x_m) e_k \Big\| + \Big\| \sum_{k \leqslant N_1} (c_k(x_m) - c_k) e_k \Big\|$$

$$\leqslant \varepsilon + \varepsilon + \varepsilon = 3\varepsilon.$$

从而级数 $\sum_{k=1}^{\infty} c_k e_k$ 依范数 $\| \cdot \|$ 收敛，其值记为 x. 回到 $(*3)$ 并令 $N \to \infty$，就得到当 $m \geqslant K$ 时，成立

$$\|x_m - x\|_0 \leqslant \varepsilon.$$

这表明在范数 $\| \cdot \|_0$ 下，Cauchy 列 $\{x_k\}_k$ 收敛. 从而在范数 $\| \cdot \|_0$ 下，X 是完备的. 注意到 $\|x\| \leqslant \|x\|_0$，$x \in X$. 应用范数等价定理 (定理 3.1.4)，存在常数 $C \geqslant 1$，使得对任何 $x \in X$，都有

$$\|x\|_0 \leqslant C \|x\|.$$

特别地，任取 $x = c_1 e_1 + \cdots + c_n e_n$，则当 $m \leqslant n$ 时，

$$\|c_1 e_1 + \cdots + c_m e_m\| = \|Q_m(x)\| \leqslant \|x\|_0 \leqslant C\|x\| = C\|c_1 e_1 + \cdots + c_n e_n\|.$$

现在我们假设 $(*)$ 成立，证明 $\{e_k\}_k$ 是 X 的一个 Schauder 基. 从 $(*)$，容易推知 $\{e_k\}_k$ 是 ω-线性无关的. 因此如果 x 有以范数 $\| \cdot \|$ 的展开 $x = \sum_k c_k e_k$，那么展式是唯一的. 设 X_0 是 X 中所有能以 $\{e_k\}_k$ 展开的向量 x 的全体，那么 X_0 是 X 的一个线性子空间. 因为 $\{e_k\}_k$ 在 X 中是完全的，故 X_0 是一个 X 的稠的线性子空间. 当 $x \in X_0$ 时，并设 x, $x = \sum_k c_k(x) e_k$ 是 x 的展式. 记 $Q_n(x) = \sum_{k \leqslant n} c_k(x) e_k$，那么 $\|x\|_0 = \sup_n \|Q_n(x)\|$ 是 X_0 上的一个范数，并且由 $(*)$，

$$\|x\| \leqslant \|x\|_0 \leqslant C \|x\|, \quad x \in X_0.$$

任取 $x \in X$，那么存在 X_0 中的序列 $\{x_k\}$，使得按范数 $\|\cdot\|$，$x_k \to x$. 由上式，依范数 $\|\cdot\|_0$，$\{x_k\}_k$ 是 Cauchy 列. 完全类似于前面的推理，对每个自然数 N，数列 $\{c_N(x_k)\}_k$ 是一个 Cauchy 列，其极限记为 c_N. 重复前面的推理表明，在范数 $\|\cdot\|$ 下，级数 $\sum_k c_k e_k$ 收敛，且其收敛到 x. 这表明 x 有展式 $x = \sum_k c_k e_k$. 因此 $\{e_k\}_k$ 是 X 的一个 Schauder 基，完成了证明.   □

下面的推论是重要的.

系 3.2.14   设 $\{e_k\}_k$ 是 X 的一个 Schauder 基，则有

(i) 基 $\{e_k\}_k$ 是 ω-线性无关的；

(ii) 基 $\{e_k\}_k$ 是极小的；

(iii) 当 $x \in X$ 时，并设 $x = \sum_k c_k(x) e_k$ 是 x 以此基的展开，那么对每个 k，系数泛函 $c_k : X \to \mathbb{C}$，$x \mapsto c_k(x)$ 是 X 上的连续的线性泛函，即 $c_k \in X^*$；

(iv) 若 $\inf_k \|e_k\| > 0$，那么对每个 x，$\lim_{k \to \infty} c_k(x) = 0$，即系数泛函列 $\{c_k\}$ w*-收敛到零.

证：   (i) 是显然的. 我们先证 (iii). 令 $Q_n(x) = \sum_{k \leqslant n} c_k(x) e_k$，并在定理 3.2.13 (*) 式中令 $n \to \infty$，就得到对每个自然数 N，都有

$$\|Q_N(x)\| \leqslant C\|x\|, \; x \in X.$$

因此我们有

$$|c_N(x)| \|e_N\| = \|Q_N(x) - Q_{N-1}(x)\| \leqslant \|Q_N(x)\| + \|Q_{N-1}(x)\| \leqslant 2C \|x\|.$$

从上式，我们看到系数泛函是连续的.

(iv) 也从等式 $|c_N(x)| \|e_N\| = \|Q_N(x) - Q_{N-1}(x)\|$，我们看到当 $N \to \infty$ 时，此式右边趋于零. 因此在假设 $\inf_k \|e_k\| > 0$ 下，对每个 x，$\lim_{k \to \infty} c_k(x) = 0$.

(ii) 若某个 $e_m \in \overline{\text{span}}\{e_k\}_{k \neq m}$，那么存在一个序列 $\{x_n\}$，其中每一个 x_n 是序列 $\{e_1, \cdots, e_{m-1}, e_{m+1}, \cdots\}$ 中有限个向量的线性组合，使得 $y_n = e_m + x_n \to 0$. 注意到系数 $c_m(y_n) = 1$，这和 (iii) 矛盾. 因此基 $\{e_k\}_k$ 是极小的.   □

设 $\{x_k\}_k$ 是 X 中的序列，称该序列可逐点分离的，如果存在 X^* 中序列 $\{y_k\}_k$ 使得

$$y_n(x_m) = \delta_{m,n} = \begin{cases} 1, & m = n, \\ 0, & m \neq n. \end{cases}$$

我们也有下面的推论.

系3.2.15　设 $\{e_k\}_k$ 是 X 的一个 Schauder 基, 则有

(i) 基 $\{e_k\}_k$ 是可逐点分离的, 并且其可分离性由系数泛函序列 $\{c_k\}$ 实现, 即有 $c_n(e_m) = \delta_{m,n}$;

(ii) 设 $C = \overline{\operatorname{span}}\{c_k\}$ 是由系数泛函列张成的 X^* 的闭子空间, 则 $\{c_k\}$ 是 C 的一个 Schauder 基;

(iii) 如果 X 是自反的, 则 $\{c_k\}$ 是 X^* 的 Schauder 基.

证：　由定义立得 (i).

(ii) 注意到 $\{c_k\}$ 在 C 中是完全的, 我们应用定理 3.2.13, 验证不等式 (∗). 对任何有限个复数 $\xi_1, \cdots, \xi_n$, 以及任何正整数 m 并且 $m \leqslant n$, 我们估计范数 $\|\sum_{k \leqslant m} \xi_k c_k\|$. 记 $f_m = \sum_{k \leqslant m} \xi_k c_k$, $f_n = \sum_{k \leqslant n} \xi_k c_k$. 对任何 $\varepsilon > 0$, 存在不全为零的复数 $\lambda_1, \cdots, \lambda_N$, 使得

$$\|f_m\| \leqslant \varepsilon + |f_m(y)| = \varepsilon + \frac{|\sum_{k \leqslant m} \xi_k \lambda_k|}{\|\sum_{k \leqslant N} \lambda_k e_k\|}, \tag{∗5}$$

这里 $y = \frac{\sum_{k \leqslant N} \lambda_k e_k}{\|\sum_{k \leqslant N} \lambda_k e_k\|}$. 由定理 3.2.13, 向量 $y' = \frac{\sum_{k \leqslant m} \lambda_k e_k}{C \|\sum_{k \leqslant N} \lambda_k e_k\|}$ 的范数不超过 1, 因此

$$\|f_n\| \geqslant |f_n(y')| = \frac{|\sum_{k \leqslant m} \xi_k \lambda_k|}{C \|\sum_{k \leqslant N} \lambda_k e_k\|}.$$

与 (∗5) 比较得,

$$\|f_m\| \leqslant \varepsilon + C \|f_n\|.$$

在上式中令 $\varepsilon \to 0$, 就得到 $\|f_m\| \leqslant C \|f_n\|$. 应用定理 3.2.13 给出了要求的结论.

(iii) 如果 X 是自反的, 应用系 2.2.5 容易证明 $X^* = \overline{\operatorname{span}}\{c_k\}$. 因此 (ii) 蕴含了 (iii).　　□

当 X 是可分的 Hilbert 空间时, 应用 Riesz 表示定理和系 3.2.15, 我们有

系3.2.16　设 $\{e_k\}_k$ 是可分 Hilbert 空间 H 的一个 Schauder 基, 则存在唯一的向量列 $\{x_k\}_k$, 使得对每个 $x \in H$, x 有展式

$$x = \sum_k \langle x, x_k \rangle e_k,$$

并且向量列 $\{x_k\}_k$ 也是 H 的一个 Schauder 基.

下面我们考虑单位圆盘上解析函数的 Banach 空间. 设 X 是复平面上的单位圆盘 $\mathbb{D} = \{z : |z| < 1\}$ 上的一些解析函数构成的再生核 Banach 空间，即对每个 $\lambda \in \mathbb{D}$，赋值泛函 $f \mapsto f(\lambda)$ 是连续的. 同时我们假设: (i) 所有解析多项式属于 X，并且它们在 X 中稠密; (ii) X 中的函数列按范数收敛蕴含在 $\mathbb{D}$ 的紧子集上的一致收敛. 假设 (i) 说明 $\{1, z, z^2, \cdots\}$ 在 X 中是完全的. 当 $f \in X$ 时，设

$$f = \sum_{k=0}^{\infty} \frac{f^{(k)}(0)}{k!} z^k$$

是 f 的 Taylor 展开. 记 $Q_n(f) = \sum_{k=0}^{n} \frac{f^{(k)}(0)}{k!} z^k$, $n = 0, 1, \cdots$, 那么由 Schauder 基的定义和上面的假设，序列 $\{1, z, z^2, \cdots\}$ 是 X 的一个 Schauder 基当且仅当对每个 $f \in X$,

$$\|f - Q_n(f)\| \to 0 \quad (n \to \infty).$$

结合一致有界原理、定理 3.2.13 和上述假设，上式成立当且仅当存在一个正常数 C, 使得对所有 Q_n, 都有 $\|Q_n\| \leqslant C$.

下面我们介绍单位圆盘上两个经典的函数空间 —— Hardy 空间和 Bergman 空间. 在下面的讨论中，一些细节可参阅 Hoffman 的书 [Hof] 或 Duren 的书 [Dur].

对每个 p, $1 \leqslant p < \infty$, 定义单位圆盘上的 Hardy 空间

$$H^p(\mathbb{D}) = \left\{ \varphi \text{ 在 } \mathbb{D} \text{ 上解析} : \|f\|_p = \left[\sup_{0 < r < 1} \frac{1}{2\pi} \int_0^{2\pi} |\varphi(re^{i\theta})|^p \, d\theta \right]^{\frac{1}{p}} < \infty \right\},$$

那么 $H^p(\mathbb{D})$ 是一个解析的再生核 Banach 空间. 所有解析多项式属于 $H^p(\mathbb{D})$ 并且它们在 $H^p(\mathbb{D})$ 中稠密.

定义单位圆周上的 Hardy 空间

$$H^p(\mathbb{T}) = \left\{ f \in L^p(\mathbb{T}) : \hat{f}(n) = \frac{1}{2\pi} \int_0^{2\pi} f e^{-in\theta} \, d\theta = 0, \quad n = -1, -2, \cdots \right\}.$$

记 $P_z(\theta) = \frac{1-|z|^2}{|e^{i\theta}-z|^2}$ 是在 z 点的 Poisson 核，那么对每个 $f \in H^p(\mathbb{T})$, f 的 Poisson 积分 $P[f](z)$ 在 $\mathbb{D}$ 上解析，并且

$$P[f](z) = \frac{1}{2\pi} \int_0^{2\pi} f(e^{i\theta}) \frac{1 - |z|^2}{|e^{i\theta} - z|^2} \, d\theta \in H^p(\mathbb{D}).$$

同时它满足 $\|P[f]\|_p = \|f\|_p$.

另一方面，当 $f \in H^p(\mathbb{D})$ 时，则对几乎所有 $\theta \in [0, 2\pi]$，径向极限 $\lim_{r \to 1} f(re^{i\theta})$ 存在，并且径向极限函数满足

$$R(f) = f(e^{i\theta}) \in H^p(\mathbb{T}),$$

以及 $P[R(f)] = f$.

从上面的分析，映射 $f \mapsto P[f]$ 建立了 $H^p(\mathbb{T})$ 和 $H^p(\mathbb{D})$ 之间的等距同构. 即对每个 $f \in H^p(\mathbb{T})$，通过 Poisson 积分给出了 $H^p(\mathbb{D})$ 中的函数 $P[f](z)$；同时 $H^p(\mathbb{D})$ 中的每个函数是其边界函数的 Poisson 积分，并且它们具有同样的范数. 因此在 Hardy 空间的研究中，将根据需要自由地理解 $H^p(\mathbb{T})$ 中的函数为单位圆上的解析函数. 在 Hardy 空间 $H^2(\mathbb{D})$ 的情形，我们在 §6.2.1 提供了详细推导.

设 P_+ 是从 $L^2(\mathbb{T})$ 到 $H^2(\mathbb{T})$ 的正交投影，那么容易推知

$$P_+ f(z) = \frac{1}{2\pi} \int_0^{2\pi} \frac{f(e^{i\theta})}{1 - e^{-i\theta}z} \, d\theta.$$

这是经典的 Szegö 投影算子. 显然 P_+ 的定义域可延拓到所有 $L^p(\mathbb{T})$ 空间 $(p \geqslant 1)$. 应用 Riesz 的一个经典定理 [Dur, Theorem 4.1] 以及在 [Dur] 中的相关结论，P_+ 映 $L^p(\mathbb{T})$ 到 $H^p(\mathbb{T})$ 并且是有界的当且仅当 $1 < p < \infty$. 从这个事实，朱克和教授在 [Zhu3] 中证明了序列 $\{1, z, z^2, \cdots\}$ 是 $H^p(\mathbb{D})$ 的一个 Schauder 基当且仅当 $1 < p < \infty$. 事实上，因为所有解析三角多项式在 $H^p(\mathbb{T})$ 中稠密，并且对每个解析三角多项式 $q(e^{i\theta}) = a_0 + a_1 e^{i\theta} + \cdots + a_n e^{in\theta}$，以及任何非负整数 N，容易验证等式

$$Q_N(q)(e^{i\theta}) = \overline{e^{-iN\theta} P_+(e^{iN\theta} \overline{q(e^{i\theta})})}.$$

上面等式蕴含了

$$\sup_N \|Q_N\| = \|P_+\|.$$

结合上述结论与前面的讨论，当 f 在圆盘 $\mathbb{D}$ 上解析并且 $1 < p < \infty$ 时，存在一个正常数 C_p，仅依赖 p，使得

$$\int_0^{2\pi} |Q_n(f)(re^{i\theta})|^p \, d\theta \leqslant C_p \int_0^{2\pi} |f(re^{i\theta})|^p \, d\theta, \ n = 0, 1, \cdots.$$

这个不等式将用在下面 Bergman 空间的情形的讨论中.

对每个 p，$1 \leqslant p < \infty$，定义单位圆盘上的 Bergman 空间

$$L_a^p(\mathbb{D}) = \left\{ f \text{ 在 } \mathbb{D} \text{ 上解析} : \|f\|_p = \left[\frac{1}{\pi} \int_{\mathbb{D}} |f(z)|^p \, dA(z) \right]^{\frac{1}{p}} < \infty \right\},$$

这里 $dA(z)$ 是面积测度. 容易验证 $L_a^p(\mathbb{D})$ 是一个解析的再生核 Banach 空间. 也注意到所有解析多项式属于 $L_a^p(\mathbb{D})$ 并且它们在 $L_a^p(\mathbb{D})$ 中稠密. 应用上面 Hardy 空间的结论, 容易推出当 $1 < p < \infty$ 时, 序列 $\{1, z, z^2, \cdots\}$ 是 $L_a^p(\mathbb{D})$ 的一个 Schauder 基. 事实上, 由前面的讨论, 当 $1 < p < \infty$ 时,

$$
\begin{aligned}
\|Q_n(f)\|_p^p &= \frac{1}{\pi} \int_{\mathbb{D}} |Q_n(f)(z)|^p \, dA(z) = \frac{1}{\pi} \int_0^1 r \, dr \int_0^{2\pi} |Q_n(f)(re^{i\theta})|^p \, d\theta \\
&\leqslant \frac{C_p}{\pi} \int_0^1 r \, dr \int_0^{2\pi} |f(re^{i\theta})|^p \, d\theta = C_p \|f\|_p^p.
\end{aligned}
$$

因此 Bergman 空间 $L_a^p(\mathbb{D})$ 上的算子列 $\{Q_n\}$ 是一致有界的, 根据前面的讨论, 我们看到当 $1 < p < \infty$ 时, 序列 $\{1, z, z^2, \cdots\}$ 是 $L_a^p(\mathbb{D})$ 的一个 Schauder 基. 朱克和教授也在 [Zhu3] 中证明了当 $p = 1$ 时, 序列 $\{1, z, z^2, \cdots\}$ 不是 $L_a^1(\mathbb{D})$ 的 Schauder 基.

§3.2.6   在 Hilbert 空间基方面的应用

设 H 是一个复的可分 Hilbert 空间, 在 §1.2, 我们介绍了 H 的规范正交基. 从形式上看, 它是 H 的一个直角坐标系. 如果 $\{e_k\}_k$ 是 H 的一个规范正交基, Parseval 等式表明: 对任何 $x \in H$, $\|x\|^2 = \sum_k |\langle x, e_k \rangle|^2$. 但在 Hilbert 空间上的调和分析研究中, 常常需要构造 Hilbert 空间上的特定的序列 $\{x_k\}_k$, 使得存在正常数 b, 对任何 $x \in H$, 都有

$$
\sum_k |\langle x, x_k \rangle|^2 \leqslant b\|x\|^2. \tag{$\ddagger$1}
$$

满足上面 ($\ddagger$1) 的序列 $\{x_k\}_k$ 称为 H 中的一个 Bessel 序列.

现在我们固定 H 的一个规范正交基 $\{e_k\}_k$. 如果 $\{x_k\}_k$ 是 H 中的一个 Bessel 序列, 定义算子

$$
T : H \to H, \quad x \mapsto \sum_k \langle x, x_k \rangle e_k, \tag{$\ddagger$2}
$$

那么算子 T 是有界的, 且容易验证

$$
T^* x = \sum_k \langle x, e_k \rangle x_k. \tag{$\ddagger$3}
$$

从上面的推理, 我们即可获得下面的命题.

命题3.2.17   设 $\{x_k\}_k$ 是 H 中一个序列, 那么序列 $\{x_k\}_k$ 是 H 中的一个 Bessel 序列当且仅当存在 H 上的一个有界线性算子 A, 使得

$$
x_k = Ae_k, \ k = 1, 2, \cdots.
$$

当一个 Bessel 序列也满足下有界条件时，即存在正常数 a, b, 使得对任何 $x \in H$, 都有

$$a\|x\|^2 \leqslant \sum_k |\langle x, x_k \rangle|^2 \leqslant b\|x\|^2, \tag{‡4}$$

这种序列称为 H 中的一个框架. 显然每个框架在 H 中是完全的. 关于框架、Bessel 序列和基的详细讨论可参阅 Christensen 的书 [Ch].

现在设 $\{x_k\}_k$ 是 H 的一个框架, 那么由 (‡2), 我们有

$$a\|x\|^2 \leqslant \|Tx\|^2 \leqslant b\|x\|^2, \ x \in H. \tag{‡5}$$

令 $S = T^*T$, 那么 S 是自伴的有界可逆算子, 且对任何 $x \in H$, 有

$$Sx = T^*Tx = \sum_k \langle x, x_k \rangle x_k. \tag{‡6}$$

因为 S 是自伴的且可逆的, 从上式, 我们看到对任何 $x \in H$, 在框架 $\{x_k\}_k$ 下, 向量 x 有展式

$$x = \sum_k \langle S^{-1}x, x_k \rangle x_k = \sum_k \langle x, S^{-1}x_k \rangle x_k. \tag{‡7}$$

然而, 不同于规范正交基, 此展式一般不是唯一的. 例如, 若 $\{e_k\}$ 是 H 的一个规范正交基, 那么

$$e_1, \frac{e_2}{\sqrt{2}}, \frac{e_2}{\sqrt{2}}, \frac{e_3}{\sqrt{3}}, \frac{e_3}{\sqrt{3}}, \frac{e_3}{\sqrt{3}}, \cdots$$

是 H 的一个框架.

怎样通过算子刻画 Hilbert 空间中的框架? 下面的定理给出了答案.

定理3.2.18 可分 Hilbert 空间 H 中的序列 $\{x_k\}_k$ 是一个框架当且仅当存在 H 上一个有界线性算子 A, 且 A 的值域是满的, 即 $\text{Ran}A = H$, 使得

$$x_k = Ae_k, \ k = 1, 2, \cdots.$$

证: 若算子 A 是有界的, 且 A 的值域是满的, 那么由闭值域定理 3.1.10 和 Banach 逆算子定理 3.1.3 知, 算子 A^* 是下有界的, 即存在正常数 c, 使得对任何 $x \in H$, 都有 $\|A^*x\| \geqslant c\|x\|$. 因此我们有

$$c^2\|x\|^2 \leqslant \|A^*x\|^2 = \sum_k |\langle A^*x, e_k \rangle|^2 = \sum_k |\langle x, Ae_k \rangle|^2 = \sum_k |\langle x, x_k \rangle|^2 \leqslant \|A\|^2\|x\|^2.$$

这表明 $\{Ae_k\}_k$ 是一个框架.

若 $\{x_k\}_k$ 是一个框架，那么由 ($\ddagger$2) 和 ($\ddagger$5)，算子 T 是下有界的从而其值域是闭的. 由闭值域定理知，T^* 的值域是闭的，且其等于 $\ker T$ 的正交补. 故 $\mathrm{Ran}T^* = H$. 由 ($\ddagger$3)，$x_k = T^*e_k$，$k = 1, 2, \cdots$. 完成了证明.   □

如果一个序列 $\{x_k\}_k$ 满足

$$\|x\|^2 = \sum_k |\langle x, x_k \rangle|^2, \ \forall x \in H,$$

那么这个序列称为一个 Parseval 框架.

如果序列 $\{x_k\}_k$ 是一个 Parseval 框架，那么在 ($\ddagger$2) 中定义的算子 T 是一个等距. 因此由 ($\ddagger$7)，在 Parseval 框架 $\{x_k\}_k$ 下，每个向量 x 有展式

$$x = \sum_k \langle x, x_k \rangle x_k.$$

应用极化恒等式，在 Parseval 框架 $\{x_k\}_k$ 下，成立内积公式

$$\langle x, y \rangle = \sum_k \langle x, x_k \rangle \overline{\langle y, x_k \rangle}.$$

从 Parseval 框架的定义，容易验证，如果每个 $\|x_k\| = 1$，则 Parseval 框架 $\{x_k\}_k$ 是一个规范正交基.

下面的推论从等距算子的角度刻画了 Parseval 框架.

系3.2.19   可分 Hilbert 空间 H 中的序列 $\{x_k\}_k$ 是一个 Parseval 框架当且仅当存在 H 上一个等距算子 V，使得

$$x_k = V^*e_k, \ k = 1, 2, \cdots.$$

当 A 是 Hilbert 空间 H 上的一个有界可逆算子，并令 $x_k = Ae_k$ 时，这样一个序列 $\{x_k\}_k$ 称为 H 的一个 Riesz 基. 在此 Riesz 基下，由 ($\ddagger$2) 和 ($\ddagger$7)，每个向量 x 有唯一的展开，

$$x = \sum_k \langle x, (A^{-1})^*A^{-1}x_k \rangle x_k.$$

下面的定理给出了框架、Riesz 基和 Schauder 基等数学概念之间的联系.

定理3.2.20   设 $\{x_k\}_k$ 是可分 Hilbert 空间 H 的一个框架，则下列陈述等价.

(i) 序列 $\{x_k\}_k$ 是一个 Riesz 基；

(ii) 序列 $\{x_k\}_k$ 是一个 Schauder 基；

(iii) 序列 $\{x_k\}_k$ 是逐点可分离的；

(iv) 序列 $\{x_k\}_k$ 是极小的；

(v) 序列 $\{x_k\}_k$ 是 ω-线性无关的.

证： (i)$\Rightarrow$ (ii) 是显然的. (ii)$\Rightarrow$ (iii) 应用系 3.2.15. (iii)$\Rightarrow$ (iv) 如果存在 k, 使得 $x_k \in \overline{\mathrm{span}}\{x_1, \cdots, x_{k-1}, x_{k+1}, \cdots\}$，由可分离性，存在 $h \in H$, 使得 $h(x_k) \neq 0$, 但 $h(x_j) = 0$, $\forall j \neq k$. 这与假设矛盾. (iv)$\Rightarrow$ (v) 如果序列 $\{x_k\}_k$ 是 ω-线性相关的，那么存在不全为零的数 $a_1, a_2, \cdots$，使得 $\sum_k a_k x_k = 0$. 不失一般性，我们假设 $a_1 \neq 0$, 那么有 $x_1 = -\frac{1}{a_1}(\sum_{k \geqslant 2} a_k x_k)$, 这蕴含了 $x_1 \in \overline{\mathrm{span}}\{x_2, x_3, \cdots\}$. 这和极小性矛盾. (v)$\Rightarrow$(i) 因为 $\{x_k\}_k$ 是一个框架，由定理 3.2.17, 存在 H 上一个有界线性算子 A, 且 A 的值域是满的，使得 $x_k = Ae_k$, $k = 1, 2, \cdots$, 这里 $\{e_k\}$ 是 H 的一个规范正交基. 我们首先证明 A 是 1-1 的. 任取 $x \in \ker A$ 并设 $x = \sum_k b_k e_k$ 是 x 在基 $\{e_k\}$ 下的展开，由 A 的连续性，

$$0 = Ax = \sum_k b_k A e_k = \sum_k b_k x_k.$$

由 ω-线性无关性，所有 $b_k = 0$ 并且因此 $x = 0$. 故 A 是 1-1 的. 应用 Banach 逆算子定理表明 A 是有界可逆的算子，因此 $\{x_k\}_k$ 是一个 Riesz 基. $\qquad\square$

Hilbert 空间的框架和基理论与函数空间上的调和分析有密切的联系. 让我们看一个在单位圆盘上 Hardy 空间插值理论中的一个例子.

设 $\{\lambda_k\}_k$ 是单位圆盘 $\mathbb{D} = \{z \in \mathbb{C} : |z| < 1\}$ 中的一个点列，且当 $i \neq j$ 时，$\lambda_i \neq \lambda_j$. 称点列 $\{\lambda_k\}_k$ 是一个 $H^2(\mathbb{D})$-插值序列，如果对每个 $\{w_k\}_k \in l^2$, 存在 $f \in H^2(\mathbb{D})$, 使得

$$\sqrt{1 - |\lambda_k|^2} f(\lambda_k) = w_k, \quad k = 0, 1, \cdots.$$

在下面的讨论中，一些概念和结论可参见第 6 章中的 §6.2 或 Hoffman 的书 [Hof]. 设 K_λ 是 Hardy 空间在 λ 点的再生核，那么 $K_\lambda = \frac{1}{1 - \bar{\lambda} e^{i\theta}}$, 并且设

$$k_\lambda = \frac{K_\lambda}{\|K_\lambda\|} = \frac{\sqrt{1 - |\lambda|^2}}{1 - \bar{\lambda} e^{i\theta}}$$

是在 λ 点处正则化的再生核，那么上面的插值条件可写为

$$\langle f, k_{\lambda_k} \rangle = w_k, \quad k = 0, 1, \cdots.$$

记 $\mathfrak{H} = \overline{\mathrm{span}}\{k_{\lambda_k}\}$, 那么序列 $\{k_{\lambda_k}\}$ 在 $\mathfrak{H}$ 中是完全的.

命题3.2.21   序列 $\{\lambda_k\}_k$ 是一个 $H^2(\mathbb{D})$-插值序列当且仅当 $\{k_{\lambda_k}\}$ 是 $\mathfrak{H}$ 的一个 Riesz 基.

证：   事实上，假设 $\{k_{\lambda_k}\}$ 是 $\mathfrak{H}$ 的一个 Riesz 基. 固定 $\mathfrak{H}$ 的一个规范正交基 $\{e_k\}$，那么存在 $\mathfrak{H}$ 上的一个有界可逆算子 A, 使得

$$k_{\lambda_k} = Ae_k, \ k = 0, 1, \cdots.$$

因为 A 是有界可逆的，故 $A^*\mathfrak{H} = \mathfrak{H}$. 这蕴含了对每个 $\{w_k\} \in l^2$, 存在 $f \in \mathfrak{H}$, 使得在规范正交基 $\{e_k\}$ 下，A^*f 的系数列 $\{\langle A^*f, e_k \rangle\}$ 等于 $\{w_k\}$. 因此我们有

$$\langle f, k_{\lambda_k} \rangle = \langle f, Ae_k \rangle = \langle A^*f, e_k \rangle = w_k, \ k = 0, 1, \cdots.$$

这表明了问题的一个方向.

我们接着推导另一个方向. 假设序列 $\{\lambda_k\}_k$ 是一个 $H^2(\mathbb{D})$-插值序列. 对每个 m, 取 $w_m = 1$, $w_k = 0$, $k \neq m$, 那么存在函数 $f_m \in H^2(\mathbb{D})$, 使得 $f_m(\lambda_m) \neq 0$, $f_m(\lambda_k) = 0$, $k \neq m$. 从这个结论易知 $\{\lambda_k\}_k$ 是一个 $H^2(\mathbb{D})$-零序列，故其满足 Blaschke 条件 $\sum_k(1 - |\lambda_k|^2) < \infty$. 因此我们可以定义一个无限 Blaschke 积

$$B(z) = \prod_{k=0}^{\infty} \frac{|\lambda_k|}{\lambda_k} \frac{\lambda_k - z}{1 - \bar{\lambda}_k z},$$

这是一个内函数. 易见 f, g 同时满足上面的插值条件当且仅当存在 $h \in H^2(\mathbb{D})$, 使得 $f - g = Bh$. 注意到 $BH^2(\mathbb{D})$ 是 $H^2(\mathbb{D})$ 的一个闭子空间，并且每一个 $k_{\lambda_n} \perp BH^2(\mathbb{D})$. 也容易验证

$$\mathfrak{H} = \overline{\mathrm{span}}\{k_{\lambda_k}\} = H^2(\mathbb{D}) \ominus BH^2(\mathbb{D}).$$

因此当 $\{\lambda_k\}_k$ 是一个 $H^2(\mathbb{D})$-插值序列时，我们可定义算子 R,

$$R : H^2(\mathbb{D}) \to H^2(\mathbb{D}), \ f \mapsto \sum_{k=0}^{\infty} \langle f, k_{\lambda_k} \rangle z^k.$$

由闭图像定理，这是一个连续的线性算子，并且它是一个满映射. 也易见，$\ker R = BH^2(\mathbb{D})$. 当限制算子 R 到子空间 $\mathfrak{H}$ 上时，记限制算子为 A, 那么由 Banach 逆算子定理，它是有界可逆的，其逆也是有界的. 因此存在正常数 a, 当 $f \in \mathfrak{H}$ 时，成立

$$a\|f\|^2 \leqslant \|Af\|^2 = \sum_{n=0}^{\infty} |\langle f, k_{\lambda_n} \rangle|^2 \leqslant \|R\|^2 \|f\|^2.$$

由上式，$\{k_{\lambda_k}\}$ 是子空间 $\mathfrak{H}$ 的一个框架. 对每个 m，定义 Blaschke 积

$$B_m(z) = \prod_{k \neq m} \frac{|\lambda_k|}{\lambda_k} \frac{\lambda_k - z}{1 - \bar{\lambda}_k z},$$

那么 $B_m \notin BH^2(\mathbb{D})$，因此 B_m 到 $\mathfrak{H}$ 上的正交投影 $h_m \neq 0$. 从而

$$\langle h_m, k_{\lambda_n} \rangle = \langle B_m, k_{\lambda_n} \rangle = \begin{cases} \sqrt{1 - |\lambda_n|^2} B_m(\lambda_n) \neq 0, & m = n, \\ 0, & m \neq n. \end{cases}$$

因此序列 $\{k_{\lambda_n}\}$ 在 $\mathfrak{H}$ 中是可分离的，故由定理 3.2.20，该序列是 $\mathfrak{H}$ 的一个 Riesz 基. □

我们继续上述命题的推理，也容易推知

$$A^* f = \sum_{n=0}^{\infty} \langle f, z^n \rangle k_{\lambda_n} = \sum_{n=0}^{\infty} \hat{f}(n) k_{\lambda_n}.$$

因此在 $\mathfrak{H}$ 上的算子 $S = A^*A$ 是自伴的、有界的且可逆的. 一个简单的计算给出

$$S f = \sum_{n=0}^{\infty} \langle f, k_{\lambda_n} \rangle k_{\lambda_n}. \tag{‡8}$$

从而在此 Riesz 基下，每个 $f \in \mathfrak{H}$ 可唯一地展开为

$$f = \sum_{n=0}^{\infty} \langle f, S^{-1} k_{\lambda_n} \rangle k_{\lambda_n}.$$

我们进一步计算出 B_m 到 $\mathfrak{H}$ 上的正交投影 h_m. 注意到从 $H^2(\mathbb{D})$ 到 $\mathfrak{H}$ 的正交投影算子 $P = I - M_B M_B^*$，这里 M_B 是 Hardy 空间上的乘法算子，$M_B f = Bf$. 记 $\varphi_m(z) = \frac{|\lambda_m|}{\lambda_m} \frac{\lambda_m - z}{1 - \bar{\lambda}_m z}$，那么容易验证

$$h_m = PB_m = (I - M_B M_B^*) B_m = B_m (1 - |\lambda_m| \varphi_m).$$

因为 B_m 是内函数，从而

$$\|h_m\|^2 = \|1 - |\lambda_m| \varphi_m\|^2 = 1 - |\lambda_m|^2. \tag{‡9}$$

把 h_m 代入 (‡8) 中，就得到

$$S h_m = \sqrt{1 - |\lambda_m|^2} B_m(\lambda_m) k_{\lambda_m}.$$

因为 S 是可逆的，故其下有界，即存在正常数 δ, 使得对任何 $f \in \mathfrak{H}$, $\|Sf\| \geqslant \delta\|f\|$. 因此由 ($\ddagger$9)，我们有

$$\sqrt{1 - |\lambda_m|^2} \, |B_m(\lambda_m)| \geqslant \delta\|h_m\| = \sqrt{1 - |\lambda_m|^2} \, \delta.$$

上式表明若 $\{\lambda_k\}$ 是一个 $H^2(\mathbb{D})$-插值序列，那么存在正常数 δ, 使得对每个 m, 都有

$$\prod_{k \neq m} \left| \frac{\lambda_k - \lambda_m}{1 - \bar{\lambda}_k \lambda_m} \right| \geqslant \delta. \tag{$\ddagger$10}$$

事实上，上面的不等式 ($\ddagger$10) 也是 $\{\lambda_k\}$ 为 $H^2(\mathbb{D})$-插值序列的充分条件，它也是 $H^\infty(\mathbb{D})$-插值序列的充要条件，其相关证明可参见 Hoffman 的书 [Hof]. 关于 Bergman 空间插值序列的讨论，可参阅 [HKZ].

习题

1. 设 $p \geqslant 1$, 并且 μ 是 Ω 上的概率测度 (即 μ 是正的，且 $\mu(\Omega) = 1$), 如果 S 是 $L^p(\mu)$ 的闭子空间且 $S \subseteq L^\infty(\mu)$, 证明 S 是有限维的.

2. 假如 $1 \leqslant p < \infty$, 并且 φ 在 $[a, b]$ 上是 Lebesgue 可测的. 如果 $\varphi L^p[a, b] \subseteq L^1[a, b]$, 证明 $\varphi \in L^q[a, b]$, 这里 $\frac{1}{p} + \frac{1}{q} = 1$. 如果 $\varphi L^p[a, b] \subseteq L^p[a, b]$, 证明 $\varphi \in L^\infty[a, b]$.

3. 设 $1 < p < \infty$, 证明 Cesàro 算子 $C : l^p \longrightarrow l^p$ 是有界的，并求 $\|C\|$, 这里

$$C(a_1, a_2, \cdots) = (s_1, s_2, \cdots),$$

其中 $s_n = \frac{a_1 + a_2 + \cdots + a_n}{n}$.

4. (Tauber 型定理) 设 $\{a_0, a_1, \cdots\}$ 是复数列. 命 $s_n = a_0 + \cdots + a_n$. 考虑下列陈述：

   (i) $\lim_n s_n = s$;

   (ii) $f(r) = \sum_n a_n r^n$, $0 < r < 1$, 那么 $\lim_{r \to 1} f(r) = s$;

   (iii) 存在常数 C, 使得 $|na_n| \leqslant C$.

证明：(i)$\Rightarrow$(ii); 并且 (ii)+(iii)$\Rightarrow$(i).

5. 设 X 是 Banach 空间，X_1, X_2 是它的闭子空间，证明：

(i) 如果 $X = X_1 + X_2$, 那么存在常数 C, 使得每个 $x \in X$ 有表示 $x = x_1 + x_2$, $x_1 \in X_1$, $x_2 \in X_2$, 且 $\|x_1\| + \|x_2\| \leqslant C\|x\|$.

(ii) 如果 $X = X_1 + X_2$, $X_1 \cap X_2 = \{0\}$, 每个 $x \in X$ 可唯一地表示为 $x = x_1 + x_2$, $x_1 \in X_1$, $x_2 \in X_2$. 对 $i = 1, 2$, 定义算子 $P_i : X \to X$, $x \mapsto x_i$, 那么 P_i 是有界的，且 $P_i^2 = P_i$, $i = 1, 2$.

提示：(i) 在线性空间 $X_1 \times X_2$ 上赋范数 $\|(x_1, x_2)\| = \|x_1\| + \|x_2\|$. 因为 X_1, X_2 是 Banach 空间，在此范数下，$X_1 \times X_2$ 也是 Banach 空间. 定义算子 $A: X_1 \times X_2 \to X$, $(x_1, x_2) \mapsto x_1 + x_2$, 那么 A 是连续的满映射. 由开映射定理,存在常数 C 且有要求的性质. (ii) 对 (i) 中的算子 A 使用 Banach 逆算子定理.

6. 设 X, Y 是 Banach 空间，$A: X \to Y$ 是一个有界线性算子. 若存在 Y 的闭子空间 Z, 使得 $Z \cap AX = \{0\}$, 且 $AX + Z$ 是闭的，则 AX 是闭的. 提示：不失一般性，可设 A 是单的且 $Y = AX + Z$, 否则考虑 $\widetilde{A}: X/\ker A \to Y$. 建立线性映射 $\sigma: Y \to X$, 若 $y = Ax + z$, $x \in X$, $z \in Z$, $\sigma(y) = x$. 现在由闭图像定理证明 σ 是连续的. 事实上，若 $Ax_n + z_n \to y_0$, 且 $x_n \to x_0$, 则 $z_n \to y_0 - Ax_0$. 因为 Z 是闭的，从而 $y_0 - Ax_0 \in Z$, 记 $z_0 = y_0 - Ax_0$, 即 $y_0 = Ax_0 + z_0$, 那么 $\sigma(y_0) = x_0$. 由闭图像定理，σ 是连续的. 若 $Ax_n \to y_0$, 记 $y_n = Ax_n$, 则 $\sigma(y_n) = x_n \to \sigma(y_0)$, 记 $x_0 = \sigma(y_0)$, 有 $Ax_n \to Ax_0$. 因此 AX 是闭的. 这个结论在研究 Fredholm 算子时有用.

7. 设 $\{e_k\}_k$ 是可分 Banach 空间 X 的一个 Schauder 基，并且 $\{c_k\}_k$ 是系数泛函序列. 如果 $\inf_n \|e_n\| > 0$, 那么由系 3.2.14 (iv) 可建立线性映射

$$\Lambda: X \to \mathbf{c}_0, \ x \mapsto (c_1(x), c_2(x), \cdots).$$

用闭图像定理证明此映射是连续的.

8. 设 $\{x_k\}_k$ 是 Banach 空间 X 的一个序列，并且每个 $\|x_k\| \leqslant 1$. 如果存在 $\delta > 0$, 使得每个 $f \in X^*$, 都有

$$\sup_k |f(x_k)| \geqslant \delta\|f\|,$$

给定 $\varepsilon > 0$, 那么每个 $x \in X$ 都可表示为 $x = \sum_k c_k x_k$, 并且 $\delta \sum_k |c_k| \leqslant \|x\| + \varepsilon$.

9. 设 $\{e_k\}$ 是可分 Hilbert 空间 H 的一个 Parseval 框架，证明存在一个可分 Hilbert 空间 K, 并且 H 是 K 的一个闭子空间以及 K 的一个规范正交基 $\{e_k'\}$, 使得 $e_k = Pe_k'$, $k = 1, 2, \cdots$, 这里 P 是从 K 到 H 上的正交投影.

10. 设 H 是区域 Ω 上的一个解析再生核 Hilbert 空间，$K(z, w)$ 是其再生核函数，证明 $\{f_k\}$ 是 H 的一个 Parseval 框架当且仅当 $K(z, w) = \sum_k \overline{f_k(w)} f_k(z)$.

11. 设 $\{x_k\}_k$ 是 H 中的一个序列，用闭图像定理证明该序列是一个 Bessel 序列当且仅当对每个 $x \in H$, 都成立 $\sum_k |\langle x, x_k \rangle|^2 < \infty$.

12. 设 Ω 是复平面上的一个区域，H 是 Ω 上的一个解析再生核 Hilbert 空间，并且 $K(z, w)$ 是其核函数. 用一致有界原理证明函数 $K(z, z)$ 在 Ω 中的每个紧子集上有界.

§3.3   直线上的 Fourier 变换

在这一节，我们应用泛函分析中的基本定理，研究 $L^1(\mathbb{R}, \mathrm{d}m)$ 中函数的 Fourier 变换. 为了运算的方便，这里取正则化的 Lebesgue 测度 $\mathrm{d}m(t) = \frac{1}{\sqrt{2\pi}}\,\mathrm{d}t$. $L^1(\mathbb{R}, \mathrm{d}m)$ 中函数的范数定义为 $\|f\| = \int_{\mathbb{R}} |f(t)|\,\mathrm{d}m(t)$. 当 $f \in L^1(\mathbb{R})$ 时，f 的 Fourier 变换定义为

$$\hat{f}(x) = \int_{\mathbb{R}} f(t)\mathrm{e}^{-ixt}\,\mathrm{d}m(t), \quad x \in \mathbb{R}.$$

用紧支撑的简单函数逼近 f，容易证明 $\hat{f} \in C_0(\mathbb{R})$，并且 $\|\hat{f}\|_\infty \leqslant \|f\|_1$. 当 $f, g \in L^1(\mathbb{R})$ 时，它们的卷积定义为

$$f * g(x) = \int_{\mathbb{R}} f(t)g(x - t)\,\mathrm{d}m(t),$$

那么 $f * g \in L^1(\mathbb{R})$，应用 Fubini 定理给出了等式

$$\widehat{f * g} = \hat{f}\hat{g}.$$

在卷积下，$L^1(\mathbb{R})$ 是一个交换的 Banach 代数. 因此 Fourier 变换建立了一个从 $L^1(\mathbb{R})$ 到 $C_0(\mathbb{R})$ 的连续代数同态. 应用 Stone-Weierstrass 定理，在 Fourier 变换下 $L^1(\mathbb{R})$ 的像是 $C_0(\mathbb{R})$ 的一个稠的自伴子代数. 应用 Banach 逆算子定理可以证明这不是一个满的映射.

为了对 Fourier 变换做更加细致的分析，我们介绍速降函数空间，也称 Schwartz 函数空间. 这一节的主要材料参考了 Rudin 的书 [Ru1, Chapter 7].

给定 $f \in C^\infty(\mathbb{R})$，$N$ 是非负整数，定义

$$\|f\|_N = \sup\{(1 + x^2)^N |f^{(m)}(x)| : x \in \mathbb{R}, \ 0 \leqslant m \leqslant N\}.$$

Schwartz 函数空间 S 定义为

$$S = \{f \in C^\infty(\mathbb{R}) : \|f\|_N < \infty, \ N = 0, 1, 2, \cdots\}.$$

容易验证 $f \in S$ 当且仅当对任何非负整数 m，n，函数 $x^m f^{(n)}(x)$ 是 $\mathbb{R}$ 上的有界函数. 应用 Leibniz 法则表明 S 是一个代数. Schwartz 空间 S 包含所有紧支撑的光滑函数. 在半范数序列 $\|\cdot\|_N$ 下，S 是一个局部凸的拓扑线性空间. 这意味着：$f_n \to f_0$ 当且仅当对每个非负整数 N，$\|f_n - f_0\|_N \to 0$. 这个线性拓扑和由下面度量诱导的拓扑一致：

$$d(f, g) = \max \frac{1}{2^n} \frac{\|f - g\|_n}{1 + \|f - g\|_n}.$$

因此 Schwartz 空间 S 是一个平移不变的度量线性空间.

命题3.3.1　Schwartz 空间 $\mathcal{S}$ 是 Fréchet 空间.

证：设 $\{f_N\}$ 是 $\mathcal{S}$ 中的一个 Cauchy 列，由度量 d 的定义，对任何非负整数 m，n，函数 $x^m f_N^{(n)}(x)$ 在直线 $\mathbb{R}$ 上一致收敛到一个有界函数 f_{mn}. 因此 $f_{mn}(x) = x^m f_{00}(x)$. 简单的推理表明 $f_N \xrightarrow{d} f_{00}$，完成了证明.　□

当 $s \in \mathbb{R}$ 时，函数 e_s 定义为 $e_s(t) = e^{ist}$，那么

$$\hat{f}(s) = \int_{\mathbb{R}} f e_{-s} \, dm,$$

并且 $\hat{f}(s) = f * e_s(0)$. 用 D 表示微分算子 $\frac{1}{i}\frac{d}{dx}$，那么 $D^n e_s = s^n e_s$. 当 $p(x) = a_0 + a_1 x + \cdots + a_N x^N$ 时，$p(D) = a_0 + a_1 D + \cdots + a_N D^N$，$p(-D) = a_0 - a_1 D + \cdots + (-1)^N D^N$. 用 τ_s 表示平移算子 $(\tau_s f)(x) = f(x - s)$. 我们容易验证下列结论：

(i) $\widehat{\tau_s f} = e_{-s} \hat{f}$;

(ii) $\widehat{e_s f} = \tau_s \hat{f}$;

(iii) 若 $\lambda \neq 0$，$g(x) = f(x/\lambda)$，那么 $\hat{g}(x) = \lambda \hat{f}(\lambda x)$.

命题3.3.2　下列结论成立.

(i) 设 $p(x)$ 是一个多项式，$g \in \mathcal{S}$，则下面三个映射是从 $\mathcal{S}$ 到 $\mathcal{S}$ 的连续映射：

$$f \mapsto pf, \quad f \mapsto p(D)f, \quad f \mapsto gf;$$

(ii) 设 $p(x)$ 是一个多项式，$f \in \mathcal{S}$，那么

$$\widehat{p(D)f} = p\hat{f}, \quad \widehat{pf} = p(-D)\hat{f};$$

(iii) Fourier 变换是从 $\mathcal{S}$ 到 $\mathcal{S}$ 的连续映射.

证：(i) 当 $f \in \mathcal{S}$ 时，已见对任何多项式 q，$qf \in \mathcal{S}$ 以及 $q(D)f \in \mathcal{S}$. 应用 Leibniz 法则表明当 $f, g \in \mathcal{S}$ 时，$fg \in \mathcal{S}$. 因为 $\mathcal{S}$ 是 Fréchet 空间，应用闭图像定理 3.1.14 表明这三映射是连续的. (ii) 因为 $p(D)f \in \mathcal{S}$，由一个简单的计算，我们有

$$(p(D)f) * e_s = f * (p(D)e_s) = f * (p(s)e_s) = p(s)\, f * e_s.$$

从等式 $\hat{f}(t) = f * e_t(0)$，我们有

$$(p(D)f)(s) = p(s)\,\hat{f}(s).$$

对 (ii) 中的第二个等式, 仅证明 $p(x) = x$ 的情形, 一般情形通过迭代完成. 因为

$$\frac{\hat{f}(t + \Delta t) - \hat{f}(t)}{i\,\Delta t} = \int_{\mathbb{R}} x f(x) \Big(\frac{e^{-ix\Delta t} - 1}{ix\Delta t} \Big) e^{-ixt}\, dm(x),$$

并且 $x f(x) \in L^1(\mathbb{R})$, 应用控制收敛定理表明

$$-\frac{1}{i}\frac{d\hat{f}}{dx}(t) = \int_{\mathbb{R}} x f(x) e^{-ixt}\, dm(x).$$

(iii) 任取 $f \in \mathcal{S}$, 以及非负整数 n, 令 $g(x) = (-1)^n x^n f(x)$, 那么由 (ii), $D^n \hat{f} = \hat{g}$. 那么对任何多项式 p,

$$p\, D^n \hat{f} = p\, \hat{g} = \widehat{p(D)g},$$

这是一个有界函数, 因此 $\hat{f} \in \mathcal{S}$. 如果 $\mathcal{S}$ 的一个序列 $\{f_n\}$ 按度量 d 收敛到 f, 那么按 L^1 的范数, $\{f_n\}$ 收敛到 f, 因此 $\{\hat{f_n}\}$ 逐点收敛到 $\hat{f}$, 然后应用闭图像定理 3.1.14 就得到要求的结论. □

系3.3.3   设 $\varphi(x) = e^{-\frac{1}{2}x^2}$, 那么 $\varphi \in \mathcal{S}$, 并且 φ 满足 $\hat{\varphi} = \varphi$.

证: 显然 $\varphi \in \mathcal{S}$. 容易检查 φ 满足微分方程 $y' + xy = 0$, $y(0) = 1$. 在等式 $\varphi' + x\varphi = 0$ 两边取 Fourier 变换并应用命题 3.3.2 (ii) 知, $\frac{d\hat{\varphi}}{dx} + x\hat{\varphi} = 0$, 计算得到 $\hat{\varphi}(0) = 1$. 由上述微分方程解的唯一性知 $\hat{\varphi} = \varphi$. □

给定 $f, g \in L^1(\mathbb{R})$, 那么 $f\hat{g}, g\hat{f} \in L^1(\mathbb{R})$, 这是因为 $\hat{f}$, $\hat{g}$ 都是有界函数. 为了进一步的讨论, 我们需要下面的乘法公式.

$$\int_{\mathbb{R}} \hat{f} g\, dm = \int_{\mathbb{R}} f \hat{g}\, dm.$$

这个公式是将 Fubini 定理应用到双重积分 $\int_{\mathbb{R}} \int_{\mathbb{R}} f(s) g(t)\, dm(s)\, dm(t)$ 上获得的.

用乘法公式, 我们能够推导出 Fourier 变换的反演公式.

定理3.3.4 (反演公式)   设 $f \in \mathcal{S}$, 那么

$$f(t) = \int_{\mathbb{R}} \hat{f}(s) e^{ist}\, dm(s), \quad t \in \mathbb{R}.$$

证: 当 $\lambda > 0$ 时, 令 $g(s) = \varphi(s/\lambda)$, 这里 $\varphi(s) = e^{-\frac{1}{2}s^2}$, 应用乘法公式到 f, g, 我们有

$$\int_{\mathbb{R}} f(s) \lambda \hat{\varphi}(\lambda s)\, dm(s) = \int_{\mathbb{R}} \hat{f}(s) \varphi(s/\lambda)\, dm(s),$$

故有

$$\int_{\mathbb{R}} f(s/\lambda)\hat{\varphi}(s)\,\mathrm{d}m(s) = \int_{\mathbb{R}} \hat{f}(s)\varphi(s/\lambda)\,\mathrm{d}m(s).$$

当 $\lambda \to \infty$ 时，$f(s/\lambda) \to f(0)$，$\varphi(s/\lambda) \to \varphi(0)$，并且它们是有界的. 应用控制收敛定理给出了

$$f(0)\int_{\mathbb{R}} \hat{\varphi}(s)\,\mathrm{d}m(s) = \varphi(0)\int_{\mathbb{R}} \hat{f}(s)\,\mathrm{d}m(s).$$

由系 3.3.3，$\int_{\mathbb{R}} \hat{\varphi}(s)\,\mathrm{d}m(s) = \int_{\mathbb{R}} \varphi(s)\,\mathrm{d}m(s) = \varphi(0) = 1$，因此我们有

$$f(0) = \int_{\mathbb{R}} \hat{f}(s)\,\mathrm{d}m(s).$$

把这个等式应用到函数 $\tau_{-t}f$，我们就得到反演公式如下:

$$f(t) = (\tau_{-t}f)(0) = \int_{\mathbb{R}} \widehat{\tau_{-t}f}(s)\,\mathrm{d}m(s) = \int_{\mathbb{R}} \hat{f}(s)\mathrm{e}^{\mathrm{i}st}\,\mathrm{d}m(s), \quad t \in \mathbb{R}. \qquad \square$$

系3.3.5　下列结论成立.

(i) Fourier 变换是从 $\mathcal{S}$ 到 $\mathcal{S}$ 的单的且到上的连续映射，且其逆映射也是连续的. Fourier 变换是具有周期 4 的映射;

(ii) 如果 $f, g \in \mathcal{S}$，那么 $f * g \in \mathcal{S}$，并且 $\widehat{fg} = \hat{f} * \hat{g}$;

(iii) 如果 $f, \hat{f} \in L^1(\mathbb{R})$，那么 $f(t) = \int_{\mathbb{R}} \hat{f}(s)\mathrm{e}^{\mathrm{i}st}\,\mathrm{d}m(s)$，a.e..

证: (i) 记 Fourier 变换为 $\mathcal{F}$，即 $\mathcal{F}g = \hat{g}$. 反演公式表明 $\mathcal{F}$ 是 1-1 的. 反演公式也蕴含了 $\mathcal{F}^2 g = \tilde{g}$，这里 $\tilde{g}(t) = g(-t)$. 因此 $\mathcal{F}^4 g = g$，$\forall g \in \mathcal{S}$. 这表明 $\mathcal{F}$ 是满映射. 应用 Banach 逆算子定理 3.1.13 以及命题 3.3.2 (iii) 知，逆 $\mathcal{F}^{-1}$ 是连续的. 上面的推理也蕴含了 Fourier 变换 $\mathcal{F}$ 的周期是 4.

(ii) 如果 $f, g \in \mathcal{S}$，从等式

$$\mathcal{F}(\hat{f} * \hat{g}) = \mathcal{F}^2 f \mathcal{F}^2 g = \tilde{f}\tilde{g} = \widetilde{fg} = \mathcal{F}^2(fg),$$

Fourier 变换的逆 $\mathcal{F}^{-1}$ 作用在上式两边给出了 $\widehat{fg} = \hat{f} * \hat{g}$. 因为 $fg \in \mathcal{S}$，前面的等式蕴含了 $\hat{f} * \hat{g} \in \mathcal{S}$，再结合 Fourier 变换是满映射就完成了 (ii) 的证明.

(iii) 任取 $g \in \mathcal{S}$，写 $h(t) = \int_{\mathbb{R}} \hat{f}(s)\mathrm{e}^{\mathrm{i}st}\,\mathrm{d}m(s)$. 应用乘法公式、反演公式和

Fubini 定理到下式

$$
\begin{aligned}
\int_{\mathbb{R}} \hat{g}(t) f(t) \, dm(t) &= \int_{\mathbb{R}} \hat{f}(t) g(t) \, dm(t) \\
&= \int_{\mathbb{R}} \hat{f}(t) \left(\int_{\mathbb{R}} \hat{g}(s) e^{ist} \, dm(s) \right) dm(t) \\
&= \int_{\mathbb{R}} \hat{g}(t) \left(\int_{\mathbb{R}} \hat{f}(s) e^{ist} \, dm(s) \right) dm(t) \\
&= \int_{\mathbb{R}} \hat{g}(t) h(t) \, dm(t).
\end{aligned}
$$

因为 $\hat{g}$ 可取遍 $\mathcal{S}$ 中的所有函数，上式蕴含了 $f(t) = \int_{\mathbb{R}} \hat{f}(s) e^{ist} \, dm(s)$，a.e..　□

　　Schwartz 函数空间 $\mathcal{S}$ 上有两种乘法运算，一个是卷积，另一个是函数的自然乘法，这个系 (i) 和 (ii) 说明 Fourier 变换 $\mathcal{F} : (\mathcal{S}, *) \to (\mathcal{S}, \cdot)$ 是一个双向连续的的代数同构.

　　下面我们考虑 $L^2(\mathbb{R})$-范数，$\|f\|_2 = (\int_{\mathbb{R}} |f|^2 \, dm)^{1/2}$. 下面命题留作练习.

命题3.3.6　设 $f, g \in L^2(\mathbb{R})$，那么 $f * g$ 是直线 $\mathbb{R}$ 上一致连续的有界函数.

定理3.3.7 (Fourier-Plancherel 定理)　下列结论成立:

　　(i) 如果 $f \in L^1(\mathbb{R}) \cap L^2(\mathbb{R})$，那么 $\hat{f} \in L^2(\mathbb{R})$，并且 $\|f\|_2 = \|\hat{f}\|_2$.

　　(ii) 如果 $f \in \mathcal{S}$，那么 $\|f\|_2 = \|\hat{f}\|_2$. 特别地，Fourier 变换 $\mathcal{F}$ 唯一地延拓到 $L^2(\mathbb{R})$ 上的一个酉算子，满足 $\mathcal{F}^4 = I$.

证:　(i) 我们首先证明当 $g \in L^1(\mathbb{R}) \cap L^2(\mathbb{R})$，并且 $\hat{g} \in L^2(\mathbb{R})$ 时，成立等式 $\|g\|_2 = \|\hat{g}\|_2$. 置 $\psi(x) = \bar{g}(-x)$，并且 $h(x) = g * \psi(x)$，那么 $h \in L^1(\mathbb{R})$. 容易验证 $\hat{\psi} = \bar{\hat{g}}$，因此 $\hat{h} = \hat{g} \hat{\psi} = |\hat{g}|^2 \in L^1(\mathbb{R})$. 由系 3.3.5 (iii) 和 h 的连续性 (命题 3.3.6)，我们有

$$
h(0) = \int_{\mathbb{R}} \hat{h} \, dm = \int_{\mathbb{R}} |\hat{g}|^2 \, dm.
$$

这就推导出

$$
\int_{\mathbb{R}} |\hat{g}|^2 \, dm = h(0) = g * \psi(0) = \int_{\mathbb{R}} g(t) \psi(0 - t) \, dm(t) = \int_{\mathbb{R}} |g|^2 \, dm.
$$

下面我们证明当 $f \in L^1(\mathbb{R}) \cap L^2(\mathbb{R})$ 时，$\hat{f} \in L^2(\mathbb{R})$. 然后用上面的结论给出要求的结果. 取紧支撑的非负的光滑函数 $\varphi(x)$ 满足 $\int_{\mathbb{R}} \varphi \, dm = 1$，并定义 $\varphi_n(x) = n\varphi(nx)$，

那么 $f * \varphi_n \in L^1(\mathbb{R}) \cap L^2(\mathbb{R})$ 并且 $\widehat{f * \varphi_n} = \hat{f}\hat{\varphi}_n \in L^2(\mathbb{R})$. 由上面证明的结论, 我们有

$$\|f * \varphi_n\|_2 = \|\widehat{f * \varphi_n}\|_2 = \|\hat{f}\hat{\varphi}_n\|_2.$$

一个简单的推理表明 $f * \varphi_n$ 按 $L^2(\mathbb{R})$-范数收敛到 f (其证明留作习题), 这因此蕴含着 $\hat{f}\hat{\varphi}_n$ 按 $L^2(\mathbb{R})$-范数收敛到一个 L^2 中的函数 F, 从而依测度收敛到 F. 应用实分析中的 Riesz 定理 (见附录) 表明, 存在一个子列几乎处处收敛到 F. 不失一般性, 我们假设这个子列仍为 $\{\hat{f}\hat{\varphi}_n\}$, 那么对几乎所有 x, $\hat{f}(x)\hat{\varphi}_n(x) \to F(x)$. 因为对每个 $x \in \mathbb{R}$, $\hat{\varphi}_n(x) \to 1$ (其证明留作习题), 我们就得到 $\hat{f} = F \in L^2(\mathbb{R})$. 完成了 (i) 的证明.

(ii) 因为当 $f \in \mathcal{S}$ 时, $\hat{f} \in \mathcal{S}$. 又因为 $\mathcal{S} \subset L^1(\mathbb{R}) \cap L^2(\mathbb{R})$, 并且以 $L^2(\mathbb{R})$-范数, $\mathcal{S}$ 是 $L^2(\mathbb{R})$ 的一个稠的线性子空间, 另外注意到 Fourier 变换是从 $\mathcal{S}$ 到 $\mathcal{S}$ 的 1-1 到上的映射, 从而由 (i), Fourier 变换 $\mathcal{F}$ 唯一地延拓到 $L^2(\mathbb{R})$ 上的一个酉算子, 且满足等式 $\mathcal{F}^4 = I$. □

注记 Fourier 变换 $\mathcal{F}$ 作用在 L^1-函数上有确切的定义. 对任意一个 L^2-函数 f, 其 Fourier 变换不再有常规的积分表达公式.

最后我们列出下面的命题, 其证明已蕴含在命题 3.3.2 (ii) 以及之前的讨论中.

命题3.3.8　下列结论成立.

(i) $L^2(\mathbb{R})$ 上的平移算子 $(\tau_s f)(t) = f(t - s)$ 和乘法算子 $(M_s f)(t) = e^{ist} f(t)$ 有如下等价关系:

$$\mathcal{F}\tau_s\mathcal{F}^{-1} = M_{-s}, \qquad \mathcal{F}M_s\mathcal{F}^{-1} = \tau_s;$$

(ii) 乘法算子 M_x 和微分算子 $\frac{\mathrm{d}}{\mathrm{d}x}$ 是 $L^2(\mathbb{R})$ 中的闭的稠定线性算子 (其定义见下一节), 它们满足

$$\mathcal{F}M_x\mathcal{F}^{-1} = \mathrm{i}\frac{\mathrm{d}}{\mathrm{d}x}.$$

习题

1. 假设 $1 \leqslant p \leqslant \infty$, $f \in L^1(\mathbb{R})$, $g \in L^p(\mathbb{R})$, 证明 $f * g \in L^p(\mathbb{R})$, 并且

$$\|f * g\|_p \leqslant \|f\|_1 \|g\|_p.$$

2. 证明命题 3.3.6.

3. 设 φ 是直线上的紧支撑连续函数, $f \in L^p(\mathbb{R})$, $1 \leqslant p \leqslant \infty$, 证明 $\varphi * f$ 是直线上的连续函数. 当 φ 是直线上的紧支撑的可微函数时, 讨论函数 $\varphi * f$ 的可微性.

4. 设 φ 是直线上的紧支撑的非负的光滑函数, 满足 $\int_{\mathbb{R}} \varphi \, dm = 1$, 并定义 $\varphi_n(x) = n\varphi(nx)$. 证明:

(i) 如果 $f \in C_0(\mathbb{R})$, 那么当 $n \to \infty$ 时, $f * \varphi_n$ 在 $\mathbb{R}$ 上一致收敛到 f;

(ii) 如果 $1 \leqslant p < \infty$, $f \in L^p(\mathbb{R})$, 那么当 $n \to \infty$ 时, $\|f * \varphi_n - f\|_p \to 0$;

(iii) 如果 $f \in L^\infty(\mathbb{R})$, 那么当 $n \to \infty$ 时, $f * \varphi_n \xrightarrow{w^*} f$;

(iv) 对每个点 $x \in \mathbb{R}$, 当 $n \to \infty$ 时, $\hat{\varphi}_n(x) \to 1$.

5. 设 μ 是 $\mathbb{R}$ 上一个复的 Borel 测度, μ 的 Fourier 变换定义为

$$\hat{\mu}(t) = \int_{\mathbb{R}} e^{-ist} d\mu(s), \ t \in \mathbb{R}.$$

证明 $\hat{\mu}(t)$ 在直线 $\mathbb{R}$ 上是有界且一致连续的.

6. 应用 Banach 逆算子定理证明 Fourier 变换 $\mathcal{F}: L^1(\mathbb{R}) \to C_0(\mathbb{R})$ 不是满的映射.

§3.4　算子半群简介

　　算子半群理论是算子论的一个重要分支, 在数学、物理等方面有着广泛的应用. 在这一节, 我们将应用算子基本定理来研究一类重要的算子半群 —— 强连续的单参数算子半群, 也称为 C_0-算子半群. 像指数函数在常系数线性微分方程求解中一样, C_0-算子半群在 Banach 空间中的微分方程的研究中起着基本的作用. 算子半群的详细讨论可参阅 [Yos, Tong, Ru1].

定义3.4.1　设 $\{T(t) : t \geqslant 0\}$ 是 Banach 空间 X 上的一族有界线性算子, 如果 $T(0) = I$ (这里 I 是 X 上的恒等算子), 并且对一切 $0 \leqslant t, s < \infty$,

$$T(t + s) = T(t)T(s), \tag{$\star$}$$

则称 $\{T(t) : t \geqslant 0\}$ 为单参数算子半群. 如果 $(\star)$ 对一切 $t, s \in \mathbb{R}$ 成立, 则称 $\{T(t) : t \in \mathbb{R}\}$ 为单参数算子群. 进一步, 若单参数算子半群 $\{T(t) : t \geqslant 0\}$ 对每个 $t_0 \geqslant 0, x \in X$ 均有

$$\lim_{t \to t_0} \|T(t)x - T(t_0)x\| = 0,$$

则称 $\{T(t) : t \geqslant 0\}$ 是强连续的算子半群, 简称 C_0-算子半群.

命题3.4.2 设 $\{T(t) : t \geqslant 0\}$ 是 Banach 空间 X 上的算子半群，且对任何 $x \in X$，

$$\lim_{t \to 0^+} \|T(t)x - x\| = 0,$$

则 $\{T(t) : t \geqslant 0\}$ 为 C_0-算子半群.

该命题说明就算子半群而言，在某 $t = 0$ 点的强连续性即能导出在一切点处的强连续性.

证： 给定 $t_0 > 0$，$x \in X$，则

$$\lim_{h \to 0^+} \|T(t_0 + h)x - T(t_0)x\| \leqslant \|T(t_0)\| \lim_{h \to 0^+} \|T(h)x - x\| = 0,$$

即 $T(t)x$ 在 t_0 点是右连续的. 下面证明它是左连续的. 首先，我们断言对给定的 $M > 0$，

$$\sup\{\|T(t)\| : 0 \leqslant t \leqslant M\} < \infty.$$

对每个 x，由于 $\lim\limits_{t \to 0^+} T(t)x = x$，因此存在和 x 相关的常数 h，C，使得

$$\sup\{\|T(t)x\| : t \in [0, h]\} \leqslant C.$$

当 $t \in [0, M]$ 时，可设 $t = kh + r$，此处 k 是非负整数，$0 \leqslant r < h$. 于是成立

$$\|T(t)x\| = \|T(h)^k T(r)x\| \leqslant \|T(h)^k\|C \leqslant \|T(h)\|^k C.$$

记 $N - [\frac{M}{h}] + 1$，则对 $t \in [0, M]$，

$$\|T(t)x\| \leqslant \max\{C, \|T(h)\|C, \cdots, \|T(h)\|^N C\}.$$

由一致有界原理知， $\sup\{\|T(t)\| : t \in [0, M]\} < \infty$. 因此，当 $h \to 0$ 时，

$$
\begin{aligned}
\|T(t_0 - h)x - T(t_0)x\| &= \|T(t_0 - h)(x - T(h)x)\| \\
&\leqslant \|T(t_0 - h)\|\|x - T(h)x\| \\
&\to 0.
\end{aligned}
$$

$\square$

从上面命题的证明可知，对于 C_0-算子半群，成立以下结论.

系3.4.3 设 $\{T(t) : t \geqslant 0\}$ 是 Banach 空间 X 上的一个 C_0-算子半群，则对任意 $M > 0$，$\sup\{\|T(t)\| : t \in [0, M]\} < \infty$.

命题3.4.4 设 $\{T(t) : t \geqslant 0\}$ 是 Banach 空间 X 上的 C_0-算子半群, 则存在正常数 M 和 β, 使得 $\|T(t)\| \leqslant Me^{\beta t}$, $t \geqslant 0$.

证: 我们首先断言

$$\lim_{t \to \infty} \frac{\log \|T(t)\|}{t} = \inf_{t > 0} \frac{\log \|T(t)\|}{t}.$$

为此, 令 $\beta_0 = \inf_{t>0} \frac{\log\|T(t)\|}{t}$, β_0 是有限的, 或者为 $-\infty$, 并且

$$\varliminf_{t \to \infty} \frac{\log \|T(t)\|}{t} \geqslant \beta_0.$$

当 β_0 是有限时, $\forall \varepsilon > 0$, 可取到 $a \in (0, \infty)$, 满足 $a^{-1} \log \|T(a)\| \leqslant \beta_0 + \varepsilon$. 对 $t \in (0, \infty)$, 存在唯一的 $n \in \mathbb{N}$, $0 \leqslant s < a$, 使得 $t = na + s$. 因此

$$\|T(t)\| \leqslant \|T(a)\|^n \|T(s)\| \leqslant e^{na(\beta_0 + \varepsilon)} A.$$

这里, $A = \sup\{\|T(s)\| : s \in [0, a]\}$. 于是

$$\frac{\log \|T(t)\|}{t} \leqslant \frac{na}{t}(\beta_0 + \varepsilon) + \frac{\log A}{t}.$$

两边取上极限得

$$\varlimsup_{t \to \infty} \frac{\log \|T(t)\|}{t} \leqslant \beta_0 + \varepsilon.$$

由 ε 的任意性知 $\varlimsup_{t \to \infty} \frac{\log\|T(t)\|}{t} \leqslant \beta_0$. 因此当 β_0 是有限时, 断言成立. 类似可证明 $\beta_0 = -\infty$ 的情况. 由断言, 取 $\beta > \beta_0$, 在 t 充分大时, 有 $\|T(t)\| \leqslant e^{\beta t}$. 而当 t 在一个有限区间时, $\|T(t)\|$ 有上界. 因此可取到充分大的 $M > 0$ 使命题成立. $\quad\square$

容易推出, 若 $f(t)$ 是定义在半直线 $\mathbb{R}_+ = \{t \geqslant 0\}$ 上 非零的连续复值函数, 满足 $f(s + t) = f(s)f(t)$, 那么存在一个复数 a, 使得 $f(t) = e^{at}$. 因此 f 完全由其在 $t = 0$ 处的导数唯一决定. 自然地, 人们遵循这个思路引入 C_0-半群母元的概念. 这个概念是 1948 年前后由 Hille 和 Yosida 引入的.

定义3.4.5 C_0-半群 $\{T(t) : t \geqslant 0\}$ 的母元 T 定义为

$$Tx = \lim_{t \to 0^+} \frac{(T(t) - I)x}{t}.$$

T 的定义域为上式极限存在的所有 x 所成的子空间.

为了研究母元算子, 我们先介绍一些术语.

定义3.4.6　设 T 是 Banach 空间 X 上的线性算子，其定义域为 $\mathcal{D}(T)$. 若 $\mathcal{D}(T)$ 在 X 中稠，称 T 为稠定算子. 若其图像 $G(T) = \{(x, Tx) : x \in \mathcal{D}(T)\}$ 是 $X \times X$ 的闭子空间，就称 T 是闭算子.

读者容易验证：T 是闭算子当且仅当若 $x_n \in \mathcal{D}(T)$，$x_n \to x_0$，$Tx_n \to y_0$，就有 $x_0 \in \mathcal{D}(T)$，$y_0 = Tx_0$.

定理3.4.7　T 是闭的稠定算子，且

(i) 对 $t \geqslant 0$，$T(t)\mathcal{D}(T) \subseteq \mathcal{D}(T)$.

(ii) $\frac{\mathrm{d}T(t)x}{\mathrm{d}t} = TT(t)x = T(t)Tx$，$x \in \mathcal{D}(T)$.

(iii) 假设 $\|T(t)\| \leqslant Me^{\beta t}$ (见命题 3.4.4). 如果 $\lambda \in \mathbb{C}$，并且 $\operatorname{Re}\lambda > \beta$，那么对任何 $x \in X$，积分

$$R(\lambda)x = \int_0^\infty e^{-\lambda t}T(t)x \, \mathrm{d}t$$

定义了 Banach 空间 X 上的一个有界线性算子，并且

$$(\lambda I - T)R(\lambda)x = x, \ \forall x \in X, \quad R(\lambda)(\lambda I - T)x = x, \ x \in \mathcal{D}(T).$$

在 (iii) 中的算子 $R(\lambda)$ 称为半群 $\{T(t)\}$ 的预解算子.

证：　像定理 3.2.4 的证明一样，我们可以定义连续的向量值函数的 Riemann 积分，对每个 $x \in X$，注意到

$$
\begin{aligned}
\left\| \frac{1}{h}\int_0^h T(t)x \, \mathrm{d}t - x \right\| &= \left\| \frac{1}{h}\int_0^h (T(t)x - x)\,\mathrm{d}t \right\| \\
&\leqslant \frac{1}{h}\int_0^h \|T(t)x - x\| \, \mathrm{d}t \\
&\leqslant \sup_{0 \leqslant t \leqslant h} \|T(t)x - x\| \to 0 \quad (h \to 0).
\end{aligned}
$$

下面我们证明对每个 $\varepsilon > 0$，$y = \int_0^\varepsilon T(t)x \, \mathrm{d}t \in \mathcal{D}(T)$.

$$
\begin{aligned}
T(t)y - y &= \int_0^\varepsilon [T(t+s)x - T(s)x]\,\mathrm{d}s \\
&= \int_t^{t+\varepsilon} T(s)x\,\mathrm{d}s - \int_0^\varepsilon T(s)x\,\mathrm{d}s \\
&= \int_0^t (T(s+\varepsilon)x - T(s)x)\,\mathrm{d}s.
\end{aligned}
$$

容易验证

$$\frac{1}{t}(T(t)y - y) - (T(\varepsilon)x - x)$$

$$= (T(\varepsilon) - I)\left(\frac{1}{t}\int_0^t T(s)x\,\mathrm{d}s - x\right).$$

由前面的推理知,

$$\lim_{t\to 0^+}\frac{T(t)y - y}{t} = T(\varepsilon)x - x.$$

故 $y \in \mathcal{D}(T)$. 这证明了 T 是稠定的.

接下来, 我们证明 (i), (ii) 成立. 对 (i), 当 $x \in \mathcal{D}(T)$ 时, 由定义成立

$$Tx = \lim_{h\to 0^+}\frac{(T(h) - I)x}{h}.$$

于是, 对于取定的 $t \geqslant 0$,

$$T(t)Tx = \lim_{h\to 0^+}\frac{T(t)(T(h) - I)x}{h} = \lim_{h\to 0^+}\frac{(T(h) - I)T(t)x}{h}.$$

因此 $T(t)x \in \mathcal{D}(T)$, 且 $TT(t)x = T(t)Tx$. (ii), 即要证明当 $x \in \mathcal{D}(T)$ 时, 向量值函数 $t \mapsto T(t)x$ 是强可微的, 且要求的等式成立. 事实上, 由 (i) 的证明, $T(t)x$ 关于 t 的强右导数

$$\frac{\mathrm{d}^+ T(t)x}{\mathrm{d}t} = TT(t)x = T(t)Tx.$$

当 $h < 0$ 时,

$$\frac{T(t+h)x - T(t)x}{h} = T(t+h)\left(\frac{T(-h)x - x}{-h}\right).$$

因为对固定的 t_0, $T(t)$ 在 t_0 的一个邻域内有界, 且强算子拓扑收敛, 同时当 $h \to 0^-$ 时, $\frac{T(-h)x-x}{-h} \to Tx$, 一个简单的推导表明

$$\frac{\mathrm{d}^- T(t)x}{\mathrm{d}t} = T(t)Tx.$$

因此

$$\frac{\mathrm{d}T(t)x}{\mathrm{d}t} = T(t)Tx = TT(t)x.$$

把它写成积分形式, 就是

$$T(t)x = x + \int_0^t T(s)Tx\,\mathrm{d}s = x + \int_0^t TT(s)x\,\mathrm{d}s.$$

最后再证明 T 是闭算子. 设 $x_n \in \mathcal{D}(T)$, $x_n \to x$, $Tx_n \to y$, 则有

$$
\begin{aligned}
\lim_{h \to 0^+} \frac{T(h) - I}{h} x &= \lim_{h \to 0^+} \lim_{n \to \infty} \frac{T(h) - I}{h} x_n \\
&= \lim_{h \to 0^+} \lim_{n \to \infty} \frac{1}{h} \int_0^h T(t) T x_n \, \mathrm{d}t \\
&= \lim_{h \to 0^+} \frac{1}{h} \int_0^h T(t) y \, \mathrm{d}t \\
&= y.
\end{aligned}
$$

故有 $x \in \mathcal{D}(T)$, 且 $y = Tx$.

(iii) 像经典的广义 Riemann 积分一样, 人们可定义连续的向量值函数的广义 Riemann 积分. 给定复数 λ, $\mathrm{Re}\lambda > \beta$, 那么我们有

$$
\|R(\lambda)\| \leqslant M/\mathrm{Re}(\lambda - \beta) < +\infty.
$$

这表明 $R(\lambda)$ 是有界的. 由 $R(\lambda)$ 的定义, 当 $x \in X$ 时, 一个简单的验证给出下面等式

$$
T(t)R(\lambda)x - R(\lambda)x = (\mathrm{e}^{\lambda t} - 1)R(\lambda)x - \mathrm{e}^{\lambda t} \int_0^t \mathrm{e}^{-\lambda s} T(s)x \, \mathrm{d}s.
$$

因此

$$
TR(\lambda)x = \lim_{t \to 0} \frac{T(t)R(\lambda)x - R(\lambda)x}{t} = \lambda R(\lambda)x - x, \ x \in X.
$$

故有

$$
(\lambda I - T)R(\lambda) = I. \tag{$\star\star$}
$$

由 ($\star\star$), 算子 $\lambda I - T$ 是满映射. 因此只要证明算子 $\lambda I - T$ 是单的就行了. 假如存在 $x_0 \in \mathcal{D}(T)$, $x_0 \neq 0$, 使得 $Tx_0 = \lambda x_0$. 取 $f \in X^*$, $f(x_0) = 1$ 并定义函数 $F(t) = f(T(t)x_0)$, 那么 $F(t)$ 是 $\mathbb{R}_+$ 上的连续函数, $F(0) = 1$. 对 $F(t)$ 求导容易推出 $F'(t) = \lambda F(t)$, 考虑初值条件 $F(0) = 1$, 我们解得 $F(t) = \mathrm{e}^{\lambda t}$. 因为

$$
\mathrm{e}^{t\mathrm{Re}\lambda} = |F(t)| \leqslant \|f\| \|T(t)x_0\| \leqslant M \|f\| \|x_0\| \mathrm{e}^{\beta t}, \ \forall t \geqslant 0,
$$

上式蕴含了 $\mathrm{Re}\lambda \leqslant \beta$. 因此当 $\mathrm{Re}\lambda > \beta$ 时, 算子 $\lambda I - T$ 是单的. 结合这个事实和 ($\star\star$), 我们有

$$
R(\lambda)(\lambda I - T)x = x, \ x \in \mathcal{D}(T). \qquad \qquad \square
$$

下面我们将推导出每一个 C_0-半群 $\{T(t) : t \geqslant 0\}$ 完全由其母元 T 所唯一确定. 对半群 $\{T(t) : t \geqslant 0\}$，我们假设该半群是一致有界的，即 $\sup_t \|T(t)\| = M < \infty$. 否则应用命题 3.4.4，可考虑半群 $S(t) = e^{-\beta t} T(t)$. 由 Fourier 变换和下面的等式

$$(\lambda I - T)^{-1} x = \int_0^\infty e^{-\lambda s} T(s) x \, ds, \quad x \in X, \ \text{Re} \lambda > 0,$$

容易推出一致有界半群 $\{T(t) : t \geqslant 0\}$ 完全由其母元 T 唯一确定. 这个半群由其母元的确切表达由下述公式给出(见 [Yos, Chapter IX]):

$$T(t)x = \lim_{\varepsilon > 0, \, \varepsilon \to 0} e^{tT(I-\varepsilon T)^{-1}} x, \quad x \in X.$$

从这个公式可知，当 T 是有界算子时，成立等式 $T(t) = e^{tT}$. 下面是这个结论的一个直接证明.

定理3.4.8   设 $\{T(t) : t \geqslant 0\}$ 是 Banach 空间上的 C_0- 半群，且母元算子 T 是有界的，则

$$T(t) = e^{tT}, \ t \geqslant 0.$$

证：   从 $T(t)Tx = TT(t)x$，易见

$$T(t)e^{sT} = e^{sT} T(t), \ s \in \mathbb{R}, \ t \geqslant 0.$$

作 $U(t) = e^{-tT} T(t)$，$t \geqslant 0$. 容易检查 $\{U(t) : t \geqslant 0\}$ 是一个 C_0-算子半群. 注意到

$$
\begin{aligned}
\left\| \frac{U(h) - I}{h} x \right\| &= \left\| \frac{e^{-hT} T(h) - I}{h} x \right\| \\
&\leqslant \|e^{-hT}\| \left\| \frac{T(h)x - e^{hT}x}{h} \right\| \\
&\leqslant \|e^{-hT}\| \left(\left\| \frac{T(h)x - x}{h} - Tx \right\| + \left\| \frac{e^{hT}x - x}{h} - Tx \right\| \right) \\
&\to 0 \, (h \to 0^+),
\end{aligned}
$$

故 $\{U(t) : t \geqslant 0\}$ 的无穷小母元是零算子，即向量值函数 $y(t) = U(t)x$ 的强导数为零，故

$$y(t) = U(t)x = U(0)x = x, \ x \in X.$$

即成立 $U(t) = I$，从而 $T(t) = e^{tT}$.   □

当 $t > 0$ 时，定义平均算子和微商算子如下：

$$M_t x = \frac{1}{t} \int_0^t T(s)x\,\mathrm{d}s; \quad D_t x = \frac{1}{t}(T(t) - I)x, \quad x \in X.$$

这两个算子都是有界的. 当 $s, t > 0$ 时，容易验证等式

$$M_t D_s = D_s M_t; \quad M_t D_s = D_t M_s.$$

何时母元算子是有界的？下面的命题给出了答案.

命题3.4.9　下列陈述是等价的：

(i) 母元算子 T 是有界的；

(ii) $\mathcal{D}(T) = X$；

(iii) $\lim_{t \to 0} \|T(t) - I\| = 0$.

证：(i) $\Rightarrow$ (ii) 显然. (ii) $\Rightarrow$ (i). 若 $\mathcal{D}(T) = X$，由于 T 是闭算子，由闭图像定理，T 是有界的. (i) $\Rightarrow$ (iii)，若母元算子 T 是有界的，由定理 3.4.8，$T(t) = \mathrm{e}^{tT}$，因此 (iii) 成立. (iii) $\Rightarrow$ (i)，因为 $(M_t - I)x = \frac{1}{t} \int_0^t (T(s) - I)x\,\mathrm{d}s$，从而

$$\|(M_t - I)x\| \leqslant \frac{1}{t} \int_0^t \|(T(s) - I)x\|\,\mathrm{d}s \leqslant \sup_{0 \leqslant s \leqslant t} \|T(s) - I\|\,\|x\|,$$

所以当 $t \to 0$ 时，$\|M_t - I\| \to 0$. 这蕴含了当 t 充分小时，M_t 是可逆的，Banach 逆算子定理表明对这样的 t，逆 M_t^{-1} 是有界的. 固定这样一个 t_0，从上面第二个等式，我们看到 $D_s = M_{t_0}^{-1} D_{t_0} M_s$. 当 $s \to 0$ 时，我们得到母元算子 $T = M_{t_0}^{-1} D_{t_0}$，因此它是有界的. □

例子3.4.10　在 $L^p[0, \infty)$, $1 \leqslant p < \infty$ 上考察平移算子半群

$$(T(t)f)(s) = f(t + s), t \geqslant 0, s \geqslant 0,$$

则易验证，$T(t)T(s) = T(t + s)$，$t \geqslant 0$，$s \geqslant 0$；$T(0) = I$. 由实变函数的知识，当 $f \in L^p[0, \infty)$，且 $t \to 0^+$ 时，

$$\|T(t)f - f\|_p^p = \int_0^\infty |f(t + s) - f(s)|^p\,\mathrm{d}s \longrightarrow 0.$$

因此 $\{T(t) : t \geqslant 0\}$ 是 C_0-算子半群. 其无穷小母元记为 T.

当 $f \in \mathcal{D}(T)$ 时，$\lim_{t \to 0^+} \frac{T(t)f - f}{t}$ 按 L^p 范数存在，记为 Tf，则有 $Tf = f'$. 因此

$$\mathcal{D}(T) = \left\{ f \in L^p : f \text{ 在 } \mathbb{R}_+ \text{ 的每个有限区间内绝对连续，且 } f' \in L^p \right\}.$$

上面关于 $\mathcal{D}(T)$ 中函数的论述基于其强、弱导数的性质：

定义3.4.11 $f \in L^p(\mathbb{R}_+)$，称 f 是强可导的，如果极限 $\lim\limits_{t \to 0} \frac{T(t)f-f}{t}$ 在 L^p 中存在，记为 f'. 称 f 有弱导数 f'，如果对每个 $\varphi \in C_c^\infty(\mathbb{R}_+)$，有 $\int f\varphi' = -\int f'\varphi$.

容易知道当强导数存在时，弱导数也存在并且等于强导数. 关于强、弱导数，有如下命题.

命题3.4.12 $p \in [1, \infty)$，$f \in L^p(\mathbb{R}_+)$，则以下等价：

(i) 存在 $g \in L^p(\mathbb{R}_+)$，$\{t_n\}_{n=1}^\infty \subseteq \mathbb{R}_+ \backslash \{0\}$，使得 $\lim\limits_{n \to \infty} t_n = 0$ 并且

$$\lim_{n \to \infty} \int \frac{T(t_n)f - f}{t_n} \varphi = \int g\varphi, \quad \forall \varphi \in C_c^\infty(\mathbb{R}_+);$$

(ii) f 的弱导数 g 存在并且在 $L^p(\mathbb{R}_+)$ 中；

(iii) 存在 $g \in L^p(\mathbb{R}_+)$ 及 $f_n \in C_c^\infty(\mathbb{R}_+)$，使得 $f_n \xrightarrow{L^p} f$，$f_n' \xrightarrow{L^p} g$；

(iv) f 的强导数 g 存在且在 $L^p(\mathbb{R}_+)$ 中.

回到上面的例子，由 (i) 和 (iv) 的等价我们知道

$$\mathcal{D}(T) = \left\{ f \in L^p : f \text{ 强可导且导函数在 } L^p \text{ 中} \right\}.$$

事实上，这样的 f 一定在每个有限区间上绝对连续. 如果 $f \in \mathcal{D}(T)$，由 (iii)，存在 $f_n \in C_c^\infty(\mathbb{R}_+)$，使得 $f_n \xrightarrow{L^p} f$，$f_n' \xrightarrow{L^p} f'$. 于是，对任意 $x \in \mathbb{R}_+$，有

$$f_n(x) - f_n(0) = \int_0^x f_n'(t)\,\mathrm{d}t \to \int_0^x f'\,\mathrm{d}t,$$

又由于 $f_n \xrightarrow{L^p} f$，f_n 存在子列几乎处处收敛到 f. 因此存在常数 C，使得 $f(x) = \int_0^x f'(t)\,\mathrm{d}t + C$.

反之，利用 (i)，(ii) 和 (iv) 等价，我们知道每个在有限区间上绝对连续且导函数在 L^p 中的函数都在 $\mathcal{D}(T)$ 中.

下面我们给出命题 3.4.12 的证明.

证：   (iv) $\Rightarrow$(i) 是显然的.

(i) $\Rightarrow$(ii). 对 $\varphi \in C_c^\infty$，

$$
\begin{aligned}
\int g\varphi &= \lim_{n \to \infty} \int \frac{T(t_n)(f) - f}{t_n} \varphi \\
&= \lim_{n \to \infty} \int f \frac{T(-t_n)(\varphi) - \varphi}{t_n} \\
&= -\int f\varphi'.
\end{aligned}
$$

(ii) ⟹ (iii). 取非负函数 $\varphi \in C_c^\infty$ 满足 $\int \varphi(x)\,dx = 1$,对正整数 m,令 $\varphi_m(x) = m\varphi(mx)$,$h_m = f * \varphi_m$. 则可以证明 $h_m' = g * \varphi_m$ 并且 $h_m \xrightarrow{L^p} f$,$h_m' \xrightarrow{L^p} g$. 再取非负函数 $\psi \in C_c^\infty$ 满足 ψ 在 0 点的一个邻域内等于 1. 对 $\varepsilon > 0$,令 $\psi_\varepsilon(x) = \psi(\varepsilon x)$,则适当选取充分小的 ε_m 可使 $\psi_{\varepsilon_m} h_m \xrightarrow{L^p} f$,$(\psi_{\varepsilon_m} h_m)' \xrightarrow{L^p} g$. 取 $f_m = \psi_{\varepsilon_m} h_m$ 即可.

(iii) ⟹ (iv). 对 $x \in \mathbb{R}_+$,$t \neq 0$,

$$\frac{T(t)f_n - f_n}{t}(x) = \frac{1}{t}\int_x^{x+t} f_n'(s)\,ds.$$

固定 t,上式左边存在子列几乎处处收敛到 $\frac{T(t)f - f}{t}$,而右边逐点收敛到 $\frac{1}{t}\int_x^{x+t} g(s)\,ds$. 于是

$$\frac{T(t)f - f}{t}(x) = \frac{1}{t}\int_x^{x+t} g(s)\,ds.$$

记 $g_t(x) = \frac{1}{t}\int_x^{x+t} g(s)\,ds$,我们只需证明 g_t 按 L^p 收敛到 g 即可. 由于 $g_t = \frac{1}{t}\int_0^t T(s)g\,ds$,当 $t \to 0$ 时,

$$\|g_t - g\|_p \leqslant \frac{1}{t}\int_0^t \|T(s)g - g\|_p\,ds \to 0.$$

这就证明了 (iv). □

习题

1. 设 $PC[0,\infty)$ 表示 $[0,\infty)$ 上周期为 2π 的连续函数全体构成的 Banach 空间,$\|f\| = \sup_{0 \leqslant x < \infty} |f(x)|$. 定义 $(S(t)f)(s) = f(t+s)$. 证明:

(i) $\{S(t) : t \geqslant 0\}$ 是一个等距的 C_0-算子半群;

(ii) 母元 S 的定义域是 $\mathcal{D}(S) = \{f \in PC[0,\infty) : f' \in PC[0,\infty)\}$,且有

$$Sf = f', \quad f \in \mathcal{D}(S).$$

2. 设 H 是一个可分的 Hilbert 空间,$\{e_1, e_2, \cdots\}$ 是 H 的一个规范正交基,$\beta_1, \beta_2, \cdots$ 是一列有界的正数. 当 $t > 0$ 时,定义算子

$$Q(t)x = \sum_n (\beta_n^t a_n)e_n, \quad x = \sum_n a_n e_n.$$

证明:

(i) $\{Q(t) : t \geqslant 0\}$ 是一个 C_0-算子半群;

(ii) 母元 Q 的定义域是 $\mathcal{D}(Q) = \{x = \sum_n a_n e_n \in H : x = \sum_n (a_n \log \beta_n) e_n \in H\}$, 且 $Qx = \sum_n (a_n \log \beta_n) e_n$;

(iii) Q 的所有特征值是 $\{\log \beta_1, \log \beta_2, \cdots\}$.

3. 验证等式 $M_t D_s = D_s M_t$; $M_t D_s = D_t M_s$.

4. 设 $G(t,s) = \frac{1}{\sqrt{\pi t}} e^{-s^2/t}$, $t > 0$, $s \in \mathbb{R}$ 是 Gauss 概率密度函数, 在 $L^p(\mathbb{R})$ $(1 \leqslant p < \infty)$ 上考察算子

$$(T(t)f)(s) = \int_{-\infty}^{+\infty} G(t, s - \sigma) f(\sigma) \, \mathrm{d}\sigma, \ t > 0; \ T(0) = I.$$

证明:

(i) $\{T(t) : t \geqslant 0\}$ 是 C_0-算子半群;

(ii) 定义 $u(s,t) = (T(t)f)(s)$, 则 $u(s,t)$ 是热传导方程

$$\frac{\partial^2 u}{\partial s^2} = 4 \frac{\partial u}{\partial t}$$

满足初值条件 $u(s,0) = f(s)$ 的解;

(iii) 求 $\{T(t) : t \geqslant 0\}$ 的母元算子.

第四章　Banach 代数和谱

算子的谱理论在数学和物理学中都有着广泛的应用，它是泛函分析的一个重要组成部分，其自身已形成一套完整的理论. 在 Banach 代数的框架下展开谱理论的研究是数学工作者通常采用的方法.

§4.1　Banach 代数

在第一章中我们已引入 Banach 代数的概念. 设 $\mathcal{A}$ 是一个复的 Banach 空间，同时它是代数，其乘法满足 $\|xy\| \leqslant \|x\| \|y\|$，则称 $\mathcal{A}$ 是复的 Banach 代数. Banach 代数主要包含三类代数，分别是函数代数、算子代数和群代数. 这章将主要考虑复的 Banach 代数和谱.

例子4.1.1　设 X 是 Banach 空间，那么 X 上的有界线性算子全体 $B(X)$ 是一个 Banach 代数.

例子4.1.2　用 $A(\mathbb{D})$ 记圆盘代数，即在开单位圆盘 $\mathbb{D}$ 中解析、在 $\overline{\mathbb{D}}$ 上连续的函数全体. 作为 $C(\overline{\mathbb{D}})$ 的一个闭子代数，它也是一个 Banach 代数.

例子4.1.3　考虑 Banach 空间 $l^1(\mathbb{Z})$，定义 $l^1(\mathbb{Z})$ 上的乘法

$$(x * y)_n = \sum_{k=-\infty}^{+\infty} x_k y_{n-k},$$

可验证 $l^1(\mathbb{Z})$ 是有单位元的交换 Banach 代数，其单位元是 $e = (\cdots, 0, 1, 0, \cdots)$，即在 0-位置为 1，其余位置为 0 的元.

为了讨论的方便，我们总假定 Banach 代数有单位元的. 否则可以通过下面自然的方式添加单位元. 如果 $\mathcal{A}$ 无单位元，考虑 $\tilde{\mathcal{A}} = \mathbb{C} \dotplus \mathcal{A}$，在 $\tilde{\mathcal{A}}$ 上定义范数 $\|\alpha \dotplus x\| = |\alpha| + \|x\|$. 在此范数下，$\tilde{\mathcal{A}}$ 是有单位元 $1 \dotplus \mathbf{0}$ 的 Banach 代数，$\mathcal{A}$ 是 $\tilde{\mathcal{A}}$ 的余维数为 1 的闭理想.

如果 $\mathcal{A}$ 是 Banach 代数，其单位元记为 $\mathbf{1}$. 在我们的讨论中，通常假设 $\|\mathbf{1}\| = 1$.

§4.1.1 Banach 代数的可逆元

设 $\mathcal{A}$ 是一个 Banach 代数，$x \in \mathcal{A}$，如果存在 $y \in \mathcal{A}$，使得 $xy = yx = \mathbf{1}$，则称 x 是可逆的. $\mathcal{A}$ 的可逆元全体 $\mathcal{A}^{-1}$ 在乘法下构成群.

定理4.1.4 设 $\mathcal{A}$ 是一个 Banach 代数，那么

(i) 若 $x \in \mathcal{A}$，$\|x\| < 1$，则 $\mathbf{1} - x$ 可逆，其逆为 $(\mathbf{1} - x)^{-1} = \sum\limits_{n=0}^{\infty} x^n$，且

$$\|(\mathbf{1} - x)^{-1}\| \leqslant (1 - \|x\|)^{-1};$$

(ii) 若 $x \in \mathcal{A}^{-1}$ 且 $h \in \mathcal{A}$ 满足 $\|h\| < \frac{1}{2}\|x^{-1}\|^{-1}$，则 $x + h \in \mathcal{A}^{-1}$，且

$$\|(x + h)^{-1} - x^{-1}\| \leqslant 2\|x^{-1}\|^2\|h\|;$$

(iii) $\mathcal{A}^{-1}$ 是开集，且映射 $x \mapsto x^{-1}$ 是 $\mathcal{A}^{-1}$ 上的一个拓扑同胚.

证： (i) 因为 $\|x^n\| \leqslant \|x\|^n$，$n = 0, 1, \cdots$，故级数 $\sum\limits_n x^n$ 收敛，记 $y = \sum\limits_n x^n$. 易见

$$(\mathbf{1} - x)y = y(\mathbf{1} - x) = \mathbf{1}.$$

另外

$$\|(\mathbf{1} - x)^{-1}\| \leqslant \sum_n \|x^n\| \leqslant \sum_n \|x\|^n = (1 - \|x\|)^{-1}.$$

(ii) 因为 $x + h = x(\mathbf{1} + x^{-1}h)$，并且 $\|x^{-1}h\| < \frac{1}{2}$，由 (i) 知 $x + h$ 可逆. 因为

$$
\begin{aligned}
(x + h)^{-1} - x^{-1} &= x^{-1}[x - (x + h)](x + h)^{-1} \\
&= -x^{-1}h(x + h)^{-1} \\
&= -x^{-1}h(\mathbf{1} + x^{-1}h)^{-1}x^{-1},
\end{aligned}
$$

故

$$
\begin{aligned}
\|(x + h)^{-1} - x^{-1}\| &\leqslant \|x^{-1}\|^2\|h\|\|(\mathbf{1} + x^{-1}h)^{-1}\| \\
&\leqslant \|x^{-1}\|^2\|h\|(1 - \|x^{-1}h\|)^{-1} \\
&\leqslant 2\|x^{-1}\|^2\|h\|.
\end{aligned}
$$

(iii) 来自 (ii). □

§4.1.2　谱

设 $\mathcal{A}$ 是 Banach 代数, $x \in \mathcal{A}$, x 的谱定义为

$$\sigma(x) = \{\lambda \in \mathbb{C} : x - \lambda\mathbf{1} \notin \mathcal{A}^{-1}\}.$$

对 $x \in \mathcal{A}$, 由定理 4.1.4, $\sigma(x)$ 是包含在圆盘 $\{z \in \mathbb{C} : |z| \leqslant \|x\|\}$ 中的闭子集. 定义 $\rho(x) = \mathbb{C} \setminus \sigma(x)$, 则 $\rho(x)$ 是复平面的一个开子集.

若 X 是 Banach 空间, A 是 X 上的一个有界线性算子, 即 $A \in B(X)$, A 的谱就是:

$$\sigma(A) = \{\lambda \in \mathbb{C} : A - \lambda\mathbf{1} \text{ 不可逆}\}.$$

A 的点谱 (全体特征值) 为:

$$\sigma_p(A) = \{\lambda \in \mathbb{C} : \text{存在 } x \in X, x \neq 0, \text{ 使得 } (A - \lambda\mathbf{1})x = 0\},$$

集 $\sigma(A) \backslash \sigma_p(A)$ 称为 A 的连续谱 (或剩余谱).

定理4.1.5 (谱不空定理)　对每个 $x \in \mathcal{A}$, $\sigma(x) \neq \emptyset$.

证:　如果 $\sigma(x) = \emptyset$, 那么 $f(\lambda) = (x - \lambda\mathbf{1})^{-1}$ 是向量值的整函数. 容易验证极限 $\lim\limits_{|\lambda| \to \infty} \|f(\lambda)\| = 0$, 故 $f(\lambda)$ 是有界整函数. Liouville 定理和极大模原理表明 f 恒为 0 (见定理 3.2.4 后面的分析), 矛盾. 故 $\sigma(x) \neq \emptyset$.　　　□

对 $x \in \mathcal{A}$, x 的谱半径定义为

$$r(x) = \sup_{\lambda \in \sigma(x)} |\lambda|.$$

定理4.1.6　当 $x \in \mathcal{A}$ 时, $r(x) = \lim\limits_{n \to \infty} \|x^n\|^{\frac{1}{n}}$.

证:　若 $\lambda \in \sigma(x)$, 易见 $\lambda^n \in \sigma(x^n)$, $n = 1, 2, \cdots$. 因此, $|\lambda^n| \leqslant \|x^n\|$, 即有 $|\lambda| \leqslant \|x^n\|^{\frac{1}{n}}$, 从而 $r(x) \leqslant \underline{\lim}\|x^n\|^{\frac{1}{n}}$, 因此只要证明

$$r(x) \geqslant \overline{\lim}\|x^n\|^{\frac{1}{n}}.$$

在 $\{\lambda \in \mathbb{C} : |\lambda| > r(x)\}$ 上, 考虑向量值解析函数 $R_x(\lambda) = (x - \lambda\mathbf{1})^{-1}$, 它有 Laurent 展开式 $R_x(\lambda) = \sum\limits_{n=0}^{\infty} \frac{y_n}{\lambda^n}$, $y_n \in \mathcal{A}$. 因为当 $|\lambda| > \|x\|$ 时 $R_x(\lambda) = -\frac{1}{\lambda} \sum\limits_{n=0}^{\infty} \frac{x^n}{\lambda^n}$, 故我们有

$$y_0 = 0, \ y_n = -x^{n-1}, \ n = 1, 2, \cdots.$$

因为当 $|\lambda| > r(x)$ 时，向量值级数 $R_x(\lambda) = -\sum\limits_{n=1}^{\infty} \dfrac{x^{n-1}}{\lambda^n}$ 收敛，这导致

$$\overline{\lim}\left\|\frac{x^n}{\lambda^{n+1}}\right\|^{\frac{1}{n}} \leqslant 1,$$

从而 $|\lambda| \geqslant \overline{\lim}\|x^n\|^{\frac{1}{n}}$，故 $r(x) \geqslant \overline{\lim}\|x^n\|^{\frac{1}{n}}$，从而 $r(x) = \lim_{n\to\infty}\|x^n\|^{\frac{1}{n}}$.   □

注记4.1.7 $x \in \mathcal{A}$ 是否可逆 (在 $\mathcal{A}$ 中) 反映了元素 x 的代数性质，也就是说谱 $\sigma(x)$ 反映了 x 的代数特征；谱半径 $r(x) = \lim\limits_{n\to\infty}\|x^n\|^{\frac{1}{n}}$ 从度量角度刻画了 x 的谱性质. 谱半径公式实现了代数和分析的联系，这是一个深刻的结果. 另外，如果 $x \in \mathcal{A} \subseteq \mathcal{B}$，这里 $\mathcal{B}$ 是更大的 Banach 代数，则 $\sigma_\mathcal{B}(x) \subseteq \sigma_\mathcal{A}(x)$. 一般情况下，它们不等，然而谱半径不受影响.

下面的定理描述了 $\sigma_\mathcal{B}(x)$ 和 $\sigma_\mathcal{A}(x)$ 之间的关系.

定理4.1.8   假定 $\mathbf{1} \in \mathcal{A} \subseteq \mathcal{B}$，且 $x \in \mathcal{A}$，我们有

(i) $\partial\sigma_\mathcal{A}(x) \subseteq \sigma_\mathcal{B}(x) \subseteq \sigma_\mathcal{A}(x)$;

(ii) 如果 Ω 是 $\mathbb{C} \setminus \sigma_\mathcal{B}(x)$ 的一个有界连通分支，那么 $\Omega \cap \sigma_\mathcal{A}(x) = \emptyset$ 或者 $\Omega \subseteq \sigma_\mathcal{A}(x)$;

(iii) $\sigma_\mathcal{A}(x) = \sigma_\mathcal{B}(x) \cup \Omega_1 \cup \Omega_2 \cup \cdots$，这里 Ω_n 是 $\mathbb{C} \setminus \sigma_\mathcal{B}(x)$ 的某些有界分支.

证: (i) 不失一般性，我们证 $0 \in \partial\sigma_\mathcal{A}(x) \Rightarrow 0 \in \sigma_\mathcal{B}(x)$ 就够了. 事实上，若 $0 \in \partial\sigma_\mathcal{A}(x)$，那么存在序列 $\lambda_n \to 0$，且 $\lambda_n \notin \sigma_\mathcal{A}(x)$，即 $x - \lambda_n$ 在 $\mathcal{A}$ 中可逆. 如果 $0 \notin \sigma_\mathcal{B}(x)$，就有 x 在 $\mathcal{B}$ 中可逆. 由在 $\mathcal{B}$ 中求逆运算的连续性知在 $\mathcal{B}$ 中成立 $(x - \lambda_n\mathbf{1})^{-1} \to x^{-1}$. 因此 $x^{-1} = \lim\limits_{n\to\infty}(x - \lambda_n\mathbf{1})^{-1} \in \mathcal{A}$. 这说明 x 在 $\mathcal{A}$ 中可逆. 这个矛盾表明 $0 \in \sigma_\mathcal{B}(x)$，故 $\partial\sigma_\mathcal{A}(x) \subseteq \sigma_\mathcal{B}(x)$.

(ii) 如果 Ω 是 $\mathbb{C} \setminus \sigma_\mathcal{B}(x)$ 的一个有界连通分支，令 $X = \Omega \cap \sigma_\mathcal{A}(x)$，则 X 是 Ω 的闭子集. 相对于 Ω，X 的边界满足 $\partial_\Omega X \subseteq \partial\sigma_\mathcal{A}(x) \subseteq \sigma_\mathcal{B}(x) \subseteq \mathbb{C} \setminus \Omega$，故 $\partial_\Omega X = \emptyset$. 从而 $X = \emptyset$ 或 $X = \Omega$，即有要求的结论.

(iii) 来自 (ii).   □

例子4.1.9   设 $K = \{z \in \mathbb{C} : 1 \leqslant |z| \leqslant 2\}$，$\mathcal{A}$ 和 $\mathcal{B}$ 分别是由 $\{1, z\}$ 和 $\{1, z, \frac{1}{z}\}$ 生成的 $C(K)$ 的闭子代数，则 $\mathcal{A} \subsetneqq \mathcal{B}$. 令 $f(z) = z$，那么

$$\sigma_\mathcal{B}(f) = K, \quad \sigma_\mathcal{A}(f) = \{z \in \mathbb{C} : |z| \leqslant 2\}.$$

事实上，若 $\mathcal{A} = \mathcal{B}$，则存在 $\mathcal{A}$ 的子列 f_n 在 K 上一致收敛于 $g(z) = \frac{1}{z}$。注意到每个 $f_n(z)$ 有形式 $\sum_{k=0}^{l_n} a_k^{(n)} z^k$，故其极限函数必在 $\{z \in \mathbb{C} : |z| < 2\}$ 中解析。这个矛盾表明 $\mathcal{A} \subsetneqq \mathcal{B}$。若 $f(z) = z$，则 $\sigma_{\mathcal{B}}(f) \supseteq K$。事实上，$\sigma_{\mathcal{B}}(f) = K$。因若 $|\lambda| < 1$，级数 $\frac{1}{z} \sum_{n=0}^{\infty} \frac{\lambda^n}{z^n}$ 在 K 上一致收敛于 $\frac{1}{z-\lambda}$，从而 $\frac{1}{z-\lambda} \in \mathcal{B}$，故 $\lambda \notin \sigma_{\mathcal{B}}(f)$，这表明 $\sigma_{\mathcal{B}}(f) = K$。因此断言：$0 \in \sigma_{\mathcal{A}}(f)$。若 $0 \notin \sigma_{\mathcal{A}}(f)$，则 f 在 $\mathcal{A}$ 中可逆，这导致 $g(z) = \frac{1}{z} \in \mathcal{A}$，不可能，故 $0 \in \sigma_{\mathcal{A}}(f)$。由定理 4.1.8 (iii)，$\sigma_{\mathcal{A}}(f) = \{z \in \mathbb{C} : |z| \leqslant 2\}$。

例子4.1.10 设 (X, μ) 为一个 σ-有限的测度空间 $(\mu \geqslant 0)$，$\varphi \in L^\infty(X, \mu)$。考虑乘法算子 $M_\varphi : L^2(X, \mu) \to L^2(X, \mu)$，$f \mapsto \varphi f$，那么 $\sigma(M_\varphi) = \mathrm{Erange}(\varphi)$，其中 $\mathrm{Erange}(\varphi)$ 为 φ 的本性值域，其定义为 $\lambda \in \mathrm{Erange}(\varphi)$ 当且仅当对任何 $\varepsilon > 0$，

$$\mu\{x \in X : |\varphi(x) - \lambda| < \varepsilon\} > 0.$$

首先，若 $\lambda \in \mathrm{Erange}(\varphi)$，要证明算子 $M_\varphi - \lambda$ 是不可逆的。若 $M_\varphi - \lambda$ 可逆，则其下有界，即有正常数 C，使得 $\|(\varphi - \lambda)f\| \geqslant C\|f\|$，$\forall f \in L^2$。对 $\forall \varepsilon > 0$，记 $E_\varepsilon = \{x \in X : |\varphi(x) - \lambda| < \varepsilon\}$，则 $\mu(E_\varepsilon) > 0$。由于 X 是 σ-有限的，易知存在集合 $\Delta_\varepsilon \subseteq E_\varepsilon$，使得 $0 < \mu(\Delta_\varepsilon) < \infty$。记 $\chi_{\Delta_\varepsilon}$ 为 Δ_ε 的特征函数，令

$$f_\varepsilon = \frac{\chi_{\Delta_\varepsilon}}{\|\chi_{\Delta_\varepsilon}\|} = \frac{\chi_{\Delta_\varepsilon}}{\sqrt{\mu(\Delta_\varepsilon)}},$$

那么 $\|f_\varepsilon\| = 1$，但是

$$\|(\varphi - \lambda)f_\varepsilon\|^2 = \int_{\Delta_\varepsilon} |\varphi - \lambda|^2 \frac{1}{\mu(\Delta_\varepsilon)} \, \mathrm{d}\mu \leqslant \varepsilon^2,$$

从而 $\mathrm{Erange}(\varphi) \subseteq \sigma(M_\varphi)$。其次，若 $\lambda \notin \mathrm{Erange}(\varphi)$，则存在 ε_0，使得 $\mu\{x \in X : |\varphi(x) - \lambda| < \varepsilon_0\} = 0$，从而 $|\varphi(x) - \lambda| \geqslant \varepsilon_0$，a.e.。易见此时 $M_\varphi - \lambda$ 是可逆的，即 $\lambda \notin \sigma(M_\varphi)$，从而 $\sigma(M_\varphi) \subseteq \mathrm{Erange}(\varphi)$。综上可得 $\sigma(M_\varphi) = \mathrm{Erange}(\varphi)$。

例子4.1.11 在 §1.2.3 节讲到对每个 $f \in H^2(\mathbb{T})$，可通过 Poisson 积分，视 f 为 $\mathbb{D}$ 上的解析函数，其径向极限为 f。设 $\varphi \in H^\infty(\mathbb{T})$ ($\triangleq H^2(\mathbb{T}) \cap L^\infty(\mathbb{T})$)，则 φ 可视为 $H^\infty(\mathbb{D})$ 中的函数。对 $\varphi \in H^\infty(\mathbb{T})$，定义乘法算子

$$M_\varphi : H^2(\mathbb{T}) \to H^2(\mathbb{T}), \quad f \mapsto \varphi f,$$

则 $\sigma(M_\varphi) = \overline{\varphi(\mathbb{D})}$。

事实上, 容易验证: $\overline{\varphi(\mathbb{D})} \subseteq \sigma(M_\varphi)$. 因为对 $\lambda \in \mathbb{D}$, 设 $k_\lambda = K_\lambda / \|K_\lambda\|$ 是正则化的再生核. 若 $M_\varphi - \varphi(\lambda)$ 可逆, 则有算子 A, 使得 $M_{\varphi - \varphi(\lambda)} A = I$, 故 $\langle M_{\varphi - \varphi(\lambda)} A k_\lambda, k_\lambda \rangle = 1$, 但等式左边等于 0, 因而 $\sigma(M_\varphi) \supseteq \{\varphi(\lambda) : \lambda \in \mathbb{D}\}$. 故我们有 $\sigma(M_\varphi) \supseteq \overline{\varphi(\mathbb{D})}$. 若 $\lambda \notin \overline{\varphi(\mathbb{D})}$, 则 $\varphi - \lambda$ 在 $H^\infty(\mathbb{D})$ 中可逆, 故 $M_\varphi - \lambda$ 是可逆的. 从而 $\sigma(M_\varphi) = \overline{\varphi(\mathbb{D})}$.

注记4.1.12   当 $\varphi(z) = z$ 时, M_φ 是单向移位, 因此单向移位的谱是 $\overline{\mathbb{D}}$.

设 $x \in \mathcal{A}$, 如果 $r(x) = \lim\limits_{n \to \infty} \|x^n\|^{\frac{1}{n}} = 0$, 则称 x 是广义幂零的. 广义幂零元素的谱 $\sigma(x) = \{0\}$.

例子4.1.13   考虑积分算子 $V : C[a, b] \longrightarrow C[a, b]$, $Vf(x) = \int_a^x f(t)\, \mathrm{d}t$. 由于

$$|Vf(x)| \leqslant \int_a^x \|f\|\, \mathrm{d}t = \|f\|(x - a),$$

归纳地得到

$$|V^n f(x)| \leqslant \|f\| \frac{(x - a)^n}{n!},$$

于是 $\|V^n\| \leqslant \frac{(b-a)^n}{n!}$. 从而 $r(V) = \lim_{n \to \infty} \|V^n\|^{\frac{1}{n}} = 0$, 故 V 是广义幂零算子.

使用谱不空定理, 我们容易证明下述定理.

定理4.1.14 (Gelfand-Mazur)   可除的复 Banach 代数 $\mathcal{A}$ 等距同构于复数域 $\mathbb{C}$.

证: 可除的代数是指每个非零元是可逆的. 设 **1** 是 $\mathcal{A}$ 的单位元. 对每个 $x \in \mathcal{A}$, 由谱不空定理知存在 $\lambda(x) \in \mathbb{C}$, 使得 $x - \lambda(x)\mathbf{1}$ 不可逆, 故 $x = \lambda(x)\mathbf{1}$. 容易验证映射 $\lambda : x \mapsto \lambda(x)$ 是一个等距的代数同构. □

习题

1. 设 n 是非负整数, 用 $C^n[a, b]$ 表示所有在闭区间 $[a, b]$ 上 n 次连续可微的复值函数全体, 在 $C^n[a, b]$ 上定义范数

$$\|f\| = \sum_{k=0}^{n} \frac{1}{k!} \|f^{(k)}\|_\infty,$$

证明: $C^n[a, b]$ 是一个交换的 Banach 代数.

2. 设 $\mathcal{A}$ 是 Banach 代数，$x, y \in \mathcal{A}$，$xy = yx$，证明：

$$r(xy) \leqslant r(x)r(y); \quad r(x+y) \leqslant r(x) + r(y).$$

3. 设 $A_1, A_2, \cdots \in B(H)$，且按算子范数 $A_n \to A$，证明：$\varlimsup\limits_{n \to \infty} r(A_n) \leqslant r(A)$.

4. 设 $\mathcal{A}$ 是有单位元 $\mathbf{1}$ 的 Banach 代数，$x, y \in \mathcal{A}$，证明：$xy - yx \neq \mathbf{1}$.

§4.1.3 谱映射定理

设 $\mathcal{A}$ 是 Banach 代数，$x \in \mathcal{A}$，如果 $f(z)$ 在 $\{z \in \mathbb{C} : |z| \leqslant r(x)\}$ 的某邻域上解析，将其展开成幂级数 $f(z) = \sum a_n z^n$，则其收敛半径大于 $r(x)$. 取 $R > r(x)$，使得 $\sum |a_n| R^n$ 收敛，那么

$$\Big\| \sum_n a_n x^n \Big\| \leqslant \sum_n |a_n| \|x^n\| = \sum_n |a_n| R^n \Big(\frac{\|x^n\|^{\frac{1}{n}}}{R} \Big)^n < \infty.$$

因此级数 $\sum\limits_n a_n x^n$ 在 $\mathcal{A}$ 中收敛. 人们可自然地定义 $f(x) = \sum\limits_n a_n x^n$. 容易验证

$$f(x) = \frac{1}{2\pi i} \int_\gamma \frac{f(z)}{z - x} \, dz,$$

这里 γ 是正向 (逆时针) 的圆周 $\{|z| = R\}$. 事实上，上述公式不依赖于正向闭回路的选取，只要 γ 是位于 f 的解析域中的正向无自交点的闭回路，并且 $\sigma(x)$ 在 $\mathbb{C} \setminus \gamma$ 的有界连通分支中. 这只需对每个 $x^* \in \mathcal{A}^*$，对数值解析函数 $x^*(f(z)(z - x)^{-1})$ 应用 Cauchy 定理即可. 谱的函数演算是谱理论的一个重要组成部分，见 §4.3 Riesz 函数演算.

定理4.1.15 (谱映照定理)　设 $f(z)$ 在 $\{z \in \mathbb{C} : |z| \leqslant r(x)\}$ 的某邻域 Ω 上解析，则 $\sigma(f(x)) = f(\sigma(x))$.

证：当 $\lambda \in \sigma(x)$ 时，分解函数 $f(z) - f(\lambda) = (z - \lambda)g(z)$，$g(z)$ 在 Ω 上解析，故 $f(x) - f(\lambda) = (x - \lambda)g(x)$. 这表明 $f(x) - f(\lambda)$ 不可逆，即有 $f(\lambda) \in \sigma(f(x))$. 故 $f(\sigma(x)) \subseteq \sigma(f(x))$.

反之，若 $\mu \notin f(\sigma(x))$，则解析函数 $f_\mu(z) = f(z) - \mu$ 在 $\sigma(x)$ 上无零点. 选 $\varepsilon_0 > 0$，使得 $\Omega \supsetneqq \{|z| \leqslant r(x) + \varepsilon_0\}$. 因为 $f_\mu(z)$ 在 $\{|z| \leqslant r(x) + \varepsilon_0\}$ 上至多有有限个零点 $\mu_1, \cdots, \mu_n$，因此可分解 $f_\mu(z) = g(z)(z - \mu_1) \cdots (z - \mu_n)$，使得 $g(z)$ 在

$\{|z| \leqslant r(x) + \varepsilon_0\}$ 上无零点，这导致 $g(z)$ 是可逆的，并且因此 $g(x)$ 是可逆的. 又因为所有 $\mu_1, \cdots, \mu_n \notin \sigma(x)$，故 $x - \mu_1, \cdots, x - \mu_n$ 是可逆的, 从而

$$f_\mu(x) = f(x) - \mu = g(x)(x - \mu_1) \cdots (x - \mu_n)$$

是可逆的. 所以 $\mu \notin \sigma(f(x))$. □

例子4.1.16　如果 $x, y \in \mathcal{A}$，且 $xy = yx$，则

(i) $e^{x+y} = e^x e^y$. 事实上

$$
\begin{aligned}
e^{x+y} &= \sum_{n=0}^{\infty} \frac{(x+y)^n}{n!} = \sum_{n=0}^{\infty} \sum_{i+j=n} \frac{n! x^i y^j}{n! i! j!} \\
&= \sum_{i,j} \frac{x^i y^j}{i! j!} = \sum_{i=0}^{\infty} \frac{x^i}{i!} \sum_{j=0}^{\infty} \frac{y^j}{j!} \\
&= e^x e^y.
\end{aligned}
$$

(ii) $\sigma(e^x) = \{e^z : z \in \sigma(x)\}$.

例子4.1.17　考虑 Fourier 变换 $\mathcal{F} : L^2(\mathbb{R}) \to L^2(\mathbb{R})$，§3.3 节定理 3.3.7 (ii) 表明 $\mathcal{F}^4 = I$，因此 ± 1, $\pm i$ 是 $\mathcal{F}$ 仅有可能的谱点. 对 $m \geqslant 1$，令 $f_m(x) = e^{\frac{x^2}{2}} \frac{d^m e^{-x^2}}{dx^m}$. 通过像在系 3.3.3 中的计算，人们可以证明 1, -1, i, $-i$ 是 $\mathcal{F}$ 的特征值. 计算思路如下：令 $\varphi(x) = e^{-x^2/2}$，那么每个 f_m 可写为 $f_m = \varphi p_m$，这里 p_m 是多项式. 对 f_m 求导得，$f_m' + x f_m = \varphi p_m'$，此式两边取 Fourier 变换并应用命题 3.3.2 (ii) 得到：$(\hat{f}_m)' + x \hat{f}_m = -i \widehat{\varphi p_m'}$. 我们这里仅考虑 $m = 1$ 的情况，其他情况请读者完成计算. 在 $m = 1$ 的情况，$p_1(x) = -2x$，并且注意到 $\hat{\varphi} = \varphi$，我们看到 $\hat{f}_1$, $-i f_1$ 同时满足方程 $y' + xy - 2i\varphi = 0$，并且这两个函数在 $x = 0$ 处都为零，因此 $\hat{f}_1 = -i f_1$. 这说明 $-i$ 是 $\mathcal{F}$ 的特征值.

§4.2　交换的 Banach 代数

§4.2.1　Banach 代数的理想

设 $\mathcal{A}$ 是 Banach 代数，称 I 是 $\mathcal{A}$ 的一个理想，如果 I 满足 $I\mathcal{A} + \mathcal{A}I \subseteq I$. 一个真理想是指非平凡的理想，即不等于 $\mathcal{A}$ 本身. $\mathcal{A}$ 的一个极大理想 M 是指不存在真理想 N，使得 $M \subsetneq N$.

命题4.2.1

(i) 设 I 是 $\mathcal{A}$ 的一个真理想，则对每个 $y \in I$，$\|\mathbf{1} - y\| \geqslant 1$，特别地，真理想的闭包仍是真理想；

(ii) $\mathcal{A}$ 的每一个极大理想是闭的，每一个真理想包含在某极大理想之中.

证：(i) 如果有 $y \in I$，使得 $\|\mathbf{1} - y\| < 1$，则 $y = \mathbf{1} - (\mathbf{1} - y)$，由定理 4.1.4 (i) 知 y 是可逆的. 故对任何 $x \in \mathcal{A}$，$x = y(y^{-1}x) \in \mathcal{A}$，就有 $I = A$. 不难验证真理想的闭包仍为理想，且因为 $\mathbf{1}$ 不属于此闭包，则真理想的闭包仍为真理想.

(ii) 来自 (i) 以及 Zorn 引理. □

当 I 是 $\mathcal{A}$ 的一个闭理想时，在商范数下，$\mathcal{A}/I$ 是一个 Banach 空间，事实上是一个 Banach 代数，因为

$$
\begin{aligned}
\|\bar{x}\bar{y}\| &= \inf_{z \in I} \|xy + z\| \leqslant \inf_{z_1,z_2 \in I} \|xy + xz_2 + z_1y + z_1z_2\| \\
&= \inf_{z_1,z_2 \in I} \|(x + z_1)(y + z_2)\| \leqslant \inf_{z_1,z_2 \in I} \|x + z_1\|\|y + z_2\| \\
&= \inf_{z_1 \in I} \|x + z_1\| \inf_{z_2 \in I} \|y + z_2\| \\
&= \|\bar{x}\|\|\bar{y}\|,
\end{aligned}
$$

商映射 $\pi : \mathcal{A} \longrightarrow \mathcal{A}/I$ 是一个连续同态，且 $\|\pi\| = 1$. 显然 $\|\pi\| \leqslant 1$，又因为 $\|\pi(\mathbf{1})\| = \|\pi(\mathbf{1})\pi(\mathbf{1})\| \leqslant \|\pi(\mathbf{1})\|^2$，故 $\|\pi(\mathbf{1})\| = 1$，从而 $\|\pi\| = 1$.

§4.2.2 可乘线性泛函和极大理想

设 φ 是 $\mathcal{A}$ 上的一个线性泛函，如果 $\varphi(xy) = \varphi(x)\varphi(y)$，称 φ 是可乘线性泛函 (也称复同态). 易见，如果 φ 是非零的可乘线性泛函，则对每个可逆元 x，$\varphi(x) \neq 0$，且 $\varphi(\mathbf{1}) = 1$. Gleason 的一个定理也说明：如果一个线性泛函有这样的性质，那么 φ 是可乘的 (见 [Ru1]). 非零可乘线性泛函一定是连续的，且 $\|\varphi\| = 1$. 事实上，如果 $\|x\| \leqslant 1$，但 $|\varphi(x)| > 1$，那么 $\mathbf{1} - \frac{x}{\varphi(x)}$ 是可逆的，但 $\varphi(\mathbf{1} - \frac{x}{\varphi(x)}) = 1 - 1 = 0$，矛盾表明 $\|\varphi\| = 1$. 非零可乘线性泛函的核是极大理想.

设 $\mathcal{A}$ 是交换的 Banach 代数，令 Δ 表示 $\mathcal{A}$ 的非零可乘线性泛函全体，则 $\Delta \subseteq \{x^* \in \mathcal{A}^* : \|x^*\| \leqslant 1\}$. 显然 Δ 是 w*-闭的，由 Banach-Alaoglu 定理，在 w*-拓扑下，Δ 是紧的 Hausdorff 空间.

定理4.2.2 设 $\mathcal{A}$ 是交换的 Banach 代数，M 是 $\mathcal{A}$ 的一个极大理想，则存在唯一的 $\varphi \in \Delta$，使得 $M = \ker\varphi$. 反之，对每个 $\varphi \in \Delta$，$\ker\varphi$ 是一个极大理想. 因此 $\varphi \mapsto \ker\varphi$ 给出了可乘线性泛函与极大理想之间的一一对应.

证： 若 M 是一个极大理想，则 M 是闭的. 考虑商代数 $\mathcal{A}/M$，当 $a\in\mathcal{A}$, $a\notin M$ 时，我们断言：$\bar{a}$ 在 $\mathcal{A}/M$ 中可逆. 事实上，因为理想 $a\mathcal{A}+M\supsetneqq M$，且 M 是极大的，故 $a\mathcal{A}+M=\mathcal{A}$. 因此，存在 $b\in\mathcal{A}$ 及 $m\in M$，使得 $ab+m=\mathbf{1}$，即有 $\bar{a}\bar{b}=\bar{b}\bar{a}=\bar{\mathbf{1}}$. 从而 $\bar{a}$ 在 $\mathcal{A}/M$ 中可逆. 由 Gelfand-Mazur 定理 4.1.14，$\mathcal{A}/M=\mathbb{C}\bar{\mathbf{1}}$. 故商映射 $\pi:\mathcal{A}\to\mathcal{A}/M$ 是可乘线性泛函，其核 $\ker\pi=M$. 反之，易见对每个 $\varphi\in\Delta$，$\ker\varphi$ 是极大理想. 且若 $\varphi_1\neq\varphi_2$，则 $\ker\varphi_1\neq\ker\varphi_2$.   □

从这个定理可以看出，$\mathcal{A}$ 的极大理想和 $\mathcal{A}$ 的可乘线性泛函建立了一一对应关系. 因此，Δ(配备其 w*-拓扑) 称为 $\mathcal{A}$ 的极大理想空间.

定理4.2.3   设 $\mathcal{A}$ 是交换的 Banach 代数，$x\in\mathcal{A}$，则

$$\sigma(x)=\{\varphi(x):\varphi\in\Delta\}.$$

证：   因为对每个 $\varphi\in\Delta$，$\varphi(x-\varphi(x))=0$. 所以 $x-\varphi(x)$ 不可逆. 故

$$\sigma(x)\supseteq\{\varphi(x):\varphi\in\Delta\}.$$

反之，若 $\lambda\in\sigma(x)$，就有 $x-\lambda$ 不可逆，故真理想 $(x-\lambda)\mathcal{A}$ 一定包含在某极大理想中. 由定理 4.2.2，存在 $\psi\in\Delta$，使得 ψ 零化 $(x-\lambda)\mathcal{A}$，特别地，$\lambda=\psi(x)$.   □

考虑例子 4.1.13，我们知道算子 V 的谱半径 $r(V)=0$. 设 $\mathcal{A}$ 是所有具有形式

$$\sum_{k=0}^{n}a_k V^k,\quad a_k\in\mathbb{C}, k\in\mathbb{N}$$

的算子之集合在算子范数下的闭包，这是一个有单位元的交换的 Banach 代数. 设 φ 是 $\mathcal{A}$ 的一个可乘线性泛函，那么

$$|\varphi(V)|=|\varphi(V^n)|^{\frac{1}{n}}\leqslant\|\varphi\|\|V^n\|^{\frac{1}{n}}\to 0,$$

因此 $\varphi(V)=0$. 这表明 $\mathcal{A}$ 的极大理想空间只有一个点，这个可乘线性泛函记为 φ_0，它由下式唯一确定：

$$\varphi_0\Big(\sum_{k=0}^{n}a_k V^k\Big)=a_0.$$

结合定理 4.1.8 和谱不空定理，对每个 $A\in\mathcal{A}$，$\sigma(A)=\{\varphi_0(A)\}$. 容易看出 φ_0 对应的极大理想空间是所有形式 $\sum_{k=1}^{n}a_k V^k$ 的算子全体的范数闭包.

§4.2.3 Gelfand 变换

定义4.2.4 设 $\mathcal{A}$ 是交换的 Banach 代数，对每个 $x \in \mathcal{A}$，定义

$$\hat{x} : \Delta \to \mathbb{C}, \quad \hat{x}(\varphi) = \varphi(x),$$

$\hat{x}$ 称为 x 的 Gelfand 变换.

我们注意到 $\hat{x}$ 是 Δ 上的连续函数，即 $\hat{x} \in C(\Delta)$，同时 Gelfand 映射 $\Lambda : \mathcal{A} \to C(\Delta)$，$x \mapsto \hat{x}$ 是复的连续同态，且有 $\|\Lambda\| = 1$. 这是因为 $\|\hat{x}\|_\infty \leqslant \|x\|$，并且 $\widehat{xy} = \hat{x}\hat{y}$. 其核是所有极大理想之交. $\mathcal{A}$ 的根理想 $\text{rad}\,\mathcal{A}$ 定义为所有极大理想之交. 称 $\mathcal{A}$ 是半单的，如果 $\text{rad}\,\mathcal{A} = \{0\}$. 上面的讨论可总结为如下定理.

定理4.2.5 设 $\mathcal{A}$ 是交换的 Banach 代数，则

 (i) 映射 $\Lambda : \mathcal{A} \to C(\Delta)$ 是连续的代数同态，且 $\|\Lambda\| = 1$，$\ker \Lambda = \text{rad}\,\mathcal{A}$；

 (ii) 对每个 $x \in \mathcal{A}$，$\|\hat{x}\|_\infty = r(x)$；

 (iii) Gelfand 映射是等距的当且仅当 $\|x^2\| = \|x\|^2$，$\forall x \in \mathcal{A}$.

证: 仅证 (ii) 和 (iii). (ii) 注意到 $\|\hat{x}\| = \max\limits_{\varphi \in \Delta} |\varphi(x)| = r(x)$ (由定理 4.2.3).

 (iii) 如果对每个 $x \in \mathcal{A}$，$\|x\| = \|\hat{x}\|_\infty$，那么

$$\|x^2\| = \|\widehat{x^2}\|_\infty = \|\hat{x}^2\|_\infty = \|\hat{x}\|_\infty^2 = \|x\|^2.$$

反之，若 $\|x^2\| = \|x\|^2$，$\forall x \in \mathcal{A}$，我们有

$$\|\hat{x}\|_\infty = r(x) = \lim_{n \to \infty} \|x^n\|^{\frac{1}{n}} = \lim_{n \to \infty} \|x^{2^n}\|^{\frac{1}{2^n}} = \|x\|,$$

即 Gelfand 映射是等距的.   □

在第二章 §2.5.3 节，我们介绍了连续函数代数子代数的 Shilov 边界的概念. 设 $\mathcal{A}$ 是交换的 Banach 代数，那么 $\hat{\mathcal{A}}$ 作为 $C(\Delta)$ 的子代数包含常数且分离 Δ 中的点，因此 §2.5.3 节中的结论可用于交换 Banach 代数的研究. 事实上，很多教材是在讨论交换 Banach 代数时引入 Shilov 边界的概念. 定义 $\mathcal{A}$ 的 Shilov 边界是 $C(\Delta)$ 的子代数 $\hat{\mathcal{A}}$ 在极大理想空间 Δ 中的 Shilov 边界，$\mathcal{A}$ 的 Shilov 边界用 ∂ 表示. 对每个 $\varphi \in \Delta$，应用 §2.5.3 节的结论，存在支撑在 ∂ 上的 φ 的表示测度 μ_φ，使得

$$\varphi(x) = \int_\partial \hat{x}\,\mathrm{d}\mu_\varphi, \ x \in \mathcal{A}.$$

Shilov 边界有下面的几何性质.

定理4.2.6 设 $x \in \mathcal{A}$，那么 $\hat{x}(\partial)$ 包含 $\hat{x}$ 的值域的拓扑边界 $\partial\hat{x}(\varDelta)$.

证： 假设存在 $\varphi \in \varDelta$，使得 $\hat{x}(\varphi) \in \partial\hat{x}(\varDelta)$，但 $\hat{x}(\varphi) \notin \hat{x}(\partial)$. 记 $\delta = \mathrm{dist}(\hat{x}(\varphi), \hat{x}(\partial))$. 我们选 $\lambda \notin \hat{x}(\varDelta)$ 且 $|\lambda - \hat{x}(\varphi)| < \delta/2$. 由定理 4.2.3，$\lambda - x$ 在 $\mathcal{A}$ 中可逆，且记 $y = (\lambda - x)^{-1}$. 则有 $\hat{y} = (\lambda - \hat{x})^{-1}$ 并且容易验证 $|\hat{y}(\sigma)| \leqslant 2/\delta$，$\sigma \in \partial$. 这表明 $\|\hat{y}\|_\infty \leqslant 2/\delta$. 然而我们看到 $|\hat{y}(\varphi)| > 2/\delta$. 这个矛盾表明定理成立.   □

Shilov 边界理论在交换 Banach 代数研究中有广泛的应用，有兴趣的读者可参阅 Gamelin 的书 [Gam].

§4.2.4 例子和应用

例子4.2.7 $C(X)$ 的极大理想空间.

设 X 是紧的 Hausdorff 空间，$\mathcal{A} = C(X)$. 对每个 $x \in X$，$f \mapsto f(x)$ 是一个可乘线性泛函，记为 δ_x. 由 Urysohn 引理，当 $x \neq y$ 时，$\delta_x \neq \delta_y$. 也易见嵌入映射 $\tau : X \to \varDelta$，$x \mapsto \delta_x$ 是连续的.

我们断言每个 $\varphi \in \varDelta$ 是某个 δ_x. 否则，有极大理想空间 M，使得对每个 $y \in X$，存在 $f \in M$，$f(y) \neq 0$. X 的紧性导致存在有限多个 $f_1, \cdots, f_n$，使得对 X 中每点，至少有一个在此点非零. 作函数 $g = f_1\bar{f}_1 + \cdots + f_n\bar{f}_n$，则 $g \in M$，并且 g 在 X 上无零点，故 g 是可逆的. 但真理想绝不含可逆元. 这表明嵌入映射 $\tau : X \to \varDelta$ 是满的. 因为 τ 是连续的双射，且考虑到 X, $\varDelta$ 的紧性知 τ 是同胚. 为此将 X 和 $\varDelta$ 等同起来，$C(X)$ 的极大理想空间是 X，Gelfand 映射就是恒等映射.

例子4.2.8   卷积代数 $l^1(\mathbb{Z})$ 和 Fourier 变换.

考虑 Banach 代数 $\mathcal{A} = l^1(\mathbb{Z})$，对 $a, b \in \mathcal{A}$，其积运算为卷积

$$(a * b)_n = \sum_{i+j=n} a_i b_j.$$

单位元 $\mathbf{1} = \{e_n\}$，其中 $e_0 = 1$，其余均为零，那么 $\mathcal{A}$ 的极大理想空间 $\varDelta$ 可与单位圆周 $\mathbb{T} = \{z \in \mathbb{C} : |z| = 1\}$ 等同. 事实上，对每个 $\xi \in \mathbb{T}$，定义 δ_ξ 为

$$\delta_\xi(a) = \sum_{n\in\mathbb{Z}} a_n \xi^n,$$

那么 $\delta_\xi(a * b) = \delta_\xi(a)\delta_\xi(b)$，且当 $\xi_1 \neq \xi_2$ 时，$\delta_{\xi_1} \neq \delta_{\xi_2}$. 建立映射

$$\tau : \mathbb{T} \to \varDelta, \quad \xi \mapsto \delta_\xi,$$

那么 τ 是连续的. 令 $e = \{\alpha_n\}$, $\alpha_1 = 1$, 其余均为零, 则 e 是可逆的, 其逆 $e^{-1} = \{\beta_n\}$, $\beta_{-1} = 1$, 其余均为零. 容易验证: 对每个自然数 k, e^k 的第 k 个坐标为 1, 其余均为零, 且 e^{-k} 的第 $-k$ 个坐标为 1, 其余为零. 现在设 $\varphi \in \Delta$, 置 $\xi_0 = \varphi(e)$, 则 $|\varphi(e)| \leqslant 1$, $|\varphi(e^{-1})| \leqslant 1$. 因为

$$\varphi(\mathbf{1}) = \varphi(e * e^{-1}) = \varphi(e)\varphi(e^{-1}) = 1,$$

故 $|\xi_0| = 1$, 且 $\varphi(e^{-1}) = \xi_0^{-1}$. 从而 $\varphi(e^n) = \xi_0^n$, $n \in \mathbb{Z}$. 对任何 $a = \{a_n\} \in l^1(\mathbb{Z})$, $a = \sum_{n \in \mathbb{Z}} a_n e^n$. 因此

$$\varphi(a) = \lim_{N \to \infty} \sum_{|n| \leqslant N} a_n \varphi(e^n) = \lim_{N \to \infty} \sum_{|n| \leqslant N} a_n \xi_0^n = \sum_{n \in \mathbb{Z}} a_n \xi_0^n = \delta_{\xi_0}(a),$$

即 $\varphi = \delta_{\xi_0}$.

从而映射 $\tau : \mathbb{T} \to \Delta$ 是满的. 因为 τ 是连续的双射, 并考虑到 $\mathbb{T}$ 和 Δ 的紧性知 τ 是同胚. 为此将 $\mathbb{T}$ 和 Δ 等同起来, $l^1(\mathbb{Z})$ 的极大理想空间是 $\mathbb{T}$, Gelfand 映射就是 Fourier 变换: $\Lambda : l^1(\mathbb{Z}) \to C(\mathbb{T})$, $a \mapsto \hat{a}$, $\hat{a}(z) = \sum_{n \in \mathbb{Z}} a_n z^n$.

从上面的推理, 我们有: 当 $a = (\cdots, a_{-1}, a_0, a_1, \cdots) \in l^1(\mathbb{Z})$ 时,

$$\sigma(a) = \Big\{ \sum_{n \in \mathbb{Z}} a_n z^n : z \in \mathbb{T} \Big\}, \quad r(a) = \max_{z \in \mathbb{T}} \Big| \sum_n a_n z^n \Big|.$$

作为这个例子的进一步展开, 在单位圆周 $\mathbb{T}$ 上引入下面的 Wiener 代数. 记

$$W = \Big\{ f(z) = \sum_{n \in \mathbb{Z}} a_n z^n : \|f\| = \sum_n |a_n| < \infty \Big\},$$

则在逐点乘法下, W 是一个 Banach 代数. 作为 Banach 代数, 它等距同构于 $l^1(\mathbb{Z})$.

命题4.2.9 (Wiener) 设 $f \in W$, 且 f 在 $\mathbb{T}$ 上无零点, 则 $\frac{1}{f} \in W$.

证: 设 $f = \sum a_n z^n$, 则由前面的讨论, $\sigma(f) = \{\sum a_n \xi^n : \xi \in \mathbb{T}\}$. 由假设, 我们看到 $0 \notin \sigma(f)$, 故 f 在 W 中可逆. 其逆为 $\frac{1}{f}$, 即 $\frac{1}{f} \in W$. □

例子4.2.10 卷积代数 $L^1(\mathbb{R})$ 和 Fourier 变换.

考虑 Banach 空间 $L^1(\mathbb{R})$，这里和 §3.3 一样，取正则化的 Lebesgue 测度 $\mathrm{d}m = \frac{1}{\sqrt{2\pi}}\,\mathrm{d}x$. 两个函数的卷积是：

$$(f * g)(x) = \int_{\mathbb{R}} f(t)g(x - t)\,\mathrm{d}m, \quad f, g \in L^1(\mathbb{R}).$$

由 Fubini 定理，这是一个交换的 Banach 代数，但无单位元. 事实上，若 e 是 $L^1(\mathbb{R})$ 的单位元，取 χ 是区间 $[0,1]$ 上的特征函数，则有

$$(\chi * e)(x) = \int_0^1 e(x - t)\,\mathrm{d}m = \int_{x-1}^x e(t)\,\mathrm{d}m,$$

注意上式右端是连续函数，它不可能与特征函数 χ 几乎处处相等，因此 $L^1(\mathbb{R})$ 无单位元. 添加单位元 $\mathbf{1}$，并置 $\mathcal{A} = \mathbb{C}\mathbf{1} + L^1(\mathbb{R})$. 在 $\mathcal{A}$ 上定义乘法和范数如下：

$$(\lambda_1 \mathbf{1} + f_1) * (\lambda_2 \mathbf{1} + f_2) = \lambda_1 \lambda_2 \mathbf{1} + \lambda_1 f_2 + \lambda_2 f_1 + f_1 * f_2,$$

$$\|\lambda \mathbf{1} + f\| = |\lambda| + \|f\|.$$

在此乘法和范数下，$\mathcal{A}$ 成为有单位元的 Banach 代数，单位元是 $\mathbf{1}$.

设 $\varDelta$ 表示 $\mathcal{A}$ 的极大理想空间，并且 $\mathbb{R}_\infty = \mathbb{R} \cup \{\infty\}$ 是实数 $\mathbb{R}$ 的单点紧化. 当 $x \in \mathbb{R}$ 时，在 $\mathcal{A}$ 上定义线性泛函

$$\delta_x(\lambda \mathbf{1} + f) = \lambda + \int_{\mathbb{R}} f(t)\mathrm{e}^{-\mathrm{i}xt}\,\mathrm{d}m,$$

并且定义

$$\delta_\infty(\lambda \mathbf{1} + f) = \lambda,$$

由 Fourier 变换的性质，δ_x 和 δ_∞ 是可乘的. 因此可定义映射

$$\tau : \mathbb{R}_\infty \to \varDelta, \quad x \mapsto \delta_x, \quad \infty \mapsto \delta_\infty,$$

那么 τ 是单射. 为了验证 τ 是连续的，关键要验证：当 $x \to \infty$ 时，$\delta_x \xrightarrow{\mathrm{w}^*} \delta_\infty$，这等价于

$$\lim_{x \to \infty} \int_{\mathbb{R}} f(t)\mathrm{e}^{-\mathrm{i}xt}\,\mathrm{d}m = 0, \quad \forall f \in L^1(\mathbb{R}).$$

这就是 Riemann-Lebesgue 引理，用紧支撑的简单函数逼近的方法，容易证明这个事实.

断言：τ 是满射. 设 $\varphi \in \Delta$ 且 $\varphi \neq \delta_\infty$, 要证明存在 $x \in \mathbb{R}$, 使得 $\varphi = \delta_x$. 取 $f \in L^1(\mathbb{R})$, 满足 $\varphi(f) = 1$, 并令 $\chi(s) = \varphi(L_s f)$, $s \in \mathbb{R}$, 这里 $L_s f(t) = f(t - s)$, 那么 $\chi(s)$ 是 $\mathbb{R}$ 上的连续函数, 并且 $\chi(0) = 1$. 当 $s_1, s_2 \in \mathbb{R}$ 时, 因为

$$
\begin{aligned}
L_{s_1} f * L_{s_2} f(s) &= \int_\mathbb{R} L_{s_1} f(t) L_{s_2} f(s - t) \, \mathrm{d}m \\
&= \int_\mathbb{R} f(t - s_1) f(s - t - s_2) \, \mathrm{d}m \\
&= \int_\mathbb{R} f(t) L_{s_1 + s_2} f(s - t) \, \mathrm{d}m \\
&= f * L_{s_1 + s_2} f(s),
\end{aligned}
$$

即 $L_{s_1} f * L_{s_2} f = f * L_{s_1 + s_2} f$, 所以

$$
\chi(s_1)\chi(s_2) = \varphi(L_{s_1} f * L_{s_2} f) = \varphi(f * L_{s_1 + s_2} f) = \chi(s_1 + s_2).
$$

因此对任何 $s \in \mathbb{R}$ 以及自然数 n, 成立

$$
|\chi(ns)| = |\chi(s)|^n = |\varphi(L_{ns} f)| \leqslant \|f\|,
$$

故 $|\chi(s)| \leqslant 1$, $s \in \mathbb{R}$. 又因为

$$
1 = \chi(0) = \chi(s - s) = \chi(s)\chi(-s),
$$

上面的推理表明 $|\chi(s)| = 1$, $s \in \mathbb{R}$. 由事实

(i) $\chi(0) = 1$;

(ii) $\chi(s)$ 是 $\mathbb{R}$ 上的连续函数, 并且 $|\chi(s)| = 1$, $s \in \mathbb{R}$;

(iii) $\chi(s_1 + s_2) = \chi(s_1)\chi(s_2)$, $s_1, s_2 \in \mathbb{R}$,

使用本节末尾的提升引理, 存在唯一的 $x \in \mathbb{R}$, 使得

$$
\chi(s) = \mathrm{e}^{-ixs}, \quad s \in \mathbb{R}.
$$

现在对任何 $g \in L^1(\mathbb{R})$, 有

$$
g * f(s) = \int_\mathbb{R} g(t) f(s - t) \, \mathrm{d}m = \int_\mathbb{R} g(t) L_t f(s) \, \mathrm{d}m,
$$

即有

$$
g * f = \int_\mathbb{R} g(t) L_t f \, \mathrm{d}m,
$$

从而

$$\varphi(g) = \varphi(g * f) = \int_{\mathbb{R}} g(t)\varphi(L_t f) \, dm = \int_{\mathbb{R}} g(t)e^{-ixt} \, dm.$$

这就证明了 $\varphi = \delta_x$，即映射 $\tau : \mathbb{R}_\infty \to \varDelta$ 是满射.

由 $\mathbb{R}_\infty$ 和 $\varDelta$ 的紧性知，τ 是同胚. 将 $\mathbb{R}_\infty$ 和 $\varDelta$ 等同起来，$\mathcal{A} = \mathbb{C}\mathbf{1}\dotplus L^1(\mathbb{R})$ 的极大理想空间是 $\mathbb{R}_\infty$. 当 $g \in L^1(\mathbb{R})$ 时，g 的 Gelfand 变换为

$$\hat{g}(x) = \int_{\mathbb{R}} g(t)e^{-ixt} \, dm, \quad x \in \mathbb{R},$$

这即为 g 的 Fourier 变换. 故 Fourier 变换有如下性质：若 $g_1, g_2 \in L^1(\mathbb{R})$，那么

$$\widehat{g_1 * g_2} = \hat{g}_1 \hat{g}_2.$$

我们将例 4.2.8、例 4.2.10 的结论推广到局部紧 Abel 群情况，概述如下. 在局部紧群的调和分析研究中，一个重要结论是每一个这样的群带有唯一的左不变 Haar 测度(一个常数因子除外). 我们这里仅考虑局部紧 Abel 群，例如，整数加法群上的 Haar 测度在每个单点集上的测度为 1；实数加法群上 Haar 测度是 Lebesgue 测度；单位圆周上(作为乘法群)的 Haar 测度是弧长测度等. 设 G 是局部紧 Abel 群，群运算用 + 表示，$d\mu$ 是其上的 Haar 测度. 在 $L^1(G, d\mu)$ 上定义卷积

$$f * g(t) = \int_G f(s)g(t - s) \, d\mu,$$

在此卷积下，$L^1(G, d\mu)$ 是一个交换的 Banach 代数(也称为 G 的群代数). 为了确定 $L^1(G, d\mu)$ 的可乘线性泛函，我们需要关于群特征的概念. 群 G 的一个特征是从 G 到单位圆周群 $\mathbb{T}$ 的连续同态. 群 G 的所有特征的集合在乘法下是一个 Abel 群，并赋予紧开拓扑（即在每个紧集上一致收敛确定的拓扑），它是一个局部紧 Abel 群，称为 G 的对偶群，记为 $\hat{G}$. 对每个 $\chi \in \hat{G}$，在 $L^1(G, d\mu)$ 上定义泛函

$$\delta_\chi(f) = \int_G f(t)\overline{\chi(t)} \, d\mu(t).$$

容易验证 $\delta_\chi(f)$ 是可乘的. 仿照例 4.2.10 的证明，可以证明 $L^1(G, d\mu)$ 的所有可乘线性泛函都有这样的形式. 因此 $L^1(G, d\mu)$ 的极大理想空间等同于 G 的对偶群 $\hat{G}$. 故 Gelfand 变换由下式给出：

$$\hat{f}(\chi) = \delta_\chi(f) = \int_G f(t)\overline{\chi(t)} \, d\mu(t), \; f \in L^1(G, d\mu), \chi \in \hat{G},$$

上面的表达式正是 f 在对偶群上的 Fourier 变换. 因此 Fourier 变换是 Gelfand 变换的特殊情形.

上面的讨论展现了局部紧 Abel 群上调和分析和群代数之间的相互联系.

注记4.2.11 关于局部紧群上的调和分析以及群代数等的相关内容可参阅 [Ru3, Li2].

例子4.2.12 圆代数 $A(\mathbb{D})$.

如果 $f_1, \cdots, f_n \in A(\mathbb{D})$, 且有 $\varepsilon > 0$, 使得 $\sum\limits_{i=1}^{n} |f_i(z)|^2 > \varepsilon$, $z \in \mathbb{D}$, 则存在 $g_1, \cdots, g_n \in A(\mathbb{D})$, 使得 $\sum\limits_{i=1}^{n} f_i g_i = 1$.

为了研究这个问题, 还得从 $A(\mathbb{D})$ 的极大理想空间入手. 对每个 $\lambda \in \overline{\mathbb{D}}$, 赋值泛函 $E_\lambda : f \mapsto f(\lambda)$ 是可乘的, 因此建立了映射 $\tau : \overline{\mathbb{D}} \to \Delta$, $\lambda \mapsto E_\lambda$, 易见 τ 是连续的, 且当 $\lambda_1 \neq \lambda_2$ 时, $E_{\lambda_1} \neq E_{\lambda_2}$. 现在设 $\varphi \in \Delta$, 记 $\lambda_0 = \varphi(Z)$, 这里 $Z(z) = z$ 是坐标函数, 则 $|\lambda_0| \leqslant 1$. 那么对任何多项式 p, 有

$$\varphi(p) = p(\lambda_0) = E_{\lambda_0}(p).$$

因为多项式在 $A(\mathbb{D})$ 中稠密, 故对每个 $f \in A(\mathbb{D})$, $\varphi(f) = E_{\lambda_0}(f)$. 因此 τ 是满的. 考虑到 $\overline{\mathbb{D}}$ 和 Δ 的紧性, 以及 τ 是连续的双射, 故 τ 是同胚. 将 $\overline{\mathbb{D}}$ 和 Δ 等同起来, $A(\mathbb{D})$ 的极大理想空间是 $\overline{\mathbb{D}}$, 并且 Gelfand 映射就是恒等映射.

如果理想 $f_1 A(\mathbb{D}) + \cdots + f_n A(\mathbb{D}) \neq A(\mathbb{D})$, 那么它一定包含在某个极大理想中, 即有 $\lambda_0 \in \overline{\mathbb{D}}$, 使得 F_{λ_0} 零化此理想. 由假设, 这是不可能的. 从而存在 $g_1, \cdots, g_n \in A(\mathbb{D})$, 使得 $\sum\limits_{i=1}^{n} f_i g_i = 1$.

例子4.2.13 单位圆盘上有界解析函数代数 $H^\infty(\mathbb{D})$, 即 $H^\infty(\mathbb{D})$ 由所有在开单位圆盘 $\mathbb{D}$ 上解析, 且 $\|f\|_\infty = \sup_{z \in \mathbb{D}} |f(z)| < \infty$ 有限的函数 f 组成.

记 $\mathfrak{M}$ 是 $H^\infty(\mathbb{D})$ 的极大理想空间. 那么存在自然的连续嵌入映射

$$i : \mathbb{D} \to \mathfrak{M}, \lambda \mapsto E_\lambda,$$

这里 $E_\lambda(f) = f(\lambda)$, $f \in H^\infty$. 显然 i 是单的, 记 i 的像为 $\hat{\mathbb{D}}$. 设 $Z(z) = z$ 是坐标函数. 若 $\varphi \in \mathfrak{M}$, $|\varphi(Z)| < 1$, 那么 $\varphi = E_{\lambda_0}$, $\lambda_0 = \varphi(Z)$. 这是因为对任何 $f \in H^\infty(\mathbb{D})$, $f = f(\lambda_0) + (z - \lambda_0)\frac{f(z)-f(\lambda_0)}{z-\lambda_0}$, 从而 $\varphi(f) = f(\lambda_0) = E_{\lambda_0}(f)$. 因此

$$\hat{\mathbb{D}} = \{E_\lambda : \lambda \in \mathbb{D}\} = \{\varphi \in \mathfrak{M} : |\varphi(Z)| < 1\},$$

这是 $\mathfrak{M}$ 的一个开子集. 故单位圆盘 $\mathbb{D}$ 可视为 $\mathfrak{M}$ 的一个开子集. 考虑坐标函数的 Gelfand 变换 $\hat{Z}: \mathfrak{M} \to \overline{\mathbb{D}}$. 因为 $\mathfrak{M}$ 是紧的, 故 $\hat{Z}$ 是满的. 对每个 $\xi \in \partial\mathbb{D}$, $\mathfrak{M}_\xi = \hat{Z}^{-1}(\xi)$ 称为点 ξ 的纤维. 对不同的 ξ, $\mathfrak{M}_\xi$ 是相互同胚的. $\mathfrak{M}$ 可写为 $\mathfrak{M} = \mathbb{D} \bigcup \bigcup\limits_{|\xi|=1} \mathfrak{M}_\xi$.

著名的 Corona 问题是: $\mathbb{D}$ 是否在 $\mathfrak{M}$ 中稠? Carleson 的 Corona 定理表明了 $\mathbb{D}$ 在 $\mathfrak{M}$ 中稠密. 其证明是相当困难的, 参阅 [Gar].

下面将 Corona 问题化为一个等价形式, 见 [Gar].

命题4.2.14 $\mathbb{D}$ 在 $\mathfrak{M}$ 中稠当且仅当: 如果 $f_1, \cdots, f_n \in H^\infty(\mathbb{D})$, 且存在 $\delta > 0$, 使得 $\sum\limits_{i=1}^{n} |f_i(z)|^2 \geqslant \delta$, $\forall z \in \mathbb{D}$, 那么存在 $g_1, \cdots, g_n \in H^\infty(\mathbb{D})$, 使得

$$\sum_{i=1}^{n} f_i g_i = 1. \qquad (\star)$$

证: 若 $\mathbb{D}$ 在 $\mathfrak{M}$ 中稠, 那么理想 $I = f_1 H^\infty(\mathbb{D}) + \cdots + f_n H^\infty(\mathbb{D})$ 必然等于 $H^\infty(\mathbb{D})$. 否则由命题 4.2.1, 它必包含在某个极大理想中, 即有 $m \in \mathfrak{M}$, 使得 m 零化 I, 从而 $\hat{f}_i(m) = 0$, $i = 1, \cdots, n$. 但由 $\mathbb{D}$ 在 $\mathfrak{M}$ 中稠和假设知 $\sum\limits_{i=1}^{n} |\hat{f}_i(m)|^2 \geqslant \delta$. 这个矛盾表明有 $g_1, \cdots, g_n \in H^\infty(\mathbb{D})$, 使得 $\sum\limits_{i=1}^{\infty} f_i g_i = 1$.

反之, 假设 $\mathbb{D}$ 在 $\mathfrak{M}$ 中不稠, 那么有 $m_0 \in \mathfrak{M}$, 使得 m_0 有一个邻域与 $\mathbb{D}$ 不交, 此邻域可取如下形式:

$$V = \{m \in \mathfrak{M} : |\hat{f}_j(m)| < \delta, j = 1, 2, \cdots, n\},$$

这里 $\delta > 0$, $\hat{f}_1(m_0) = \hat{f}_2(m_0) = \cdots = \hat{f}_n(m_0) = 0$, 那么函数 $f_1, \cdots, f_n$ 满足

$$\sum_{j=1}^{n} |f_j(z)|^2 \geqslant \delta^2, \quad \forall z \in \mathbb{D},$$

但它们不满足 $(\star)$. $\square$

下面的提升引理在我们的讨论中经常用到, 它的证明可在相关的拓扑学的书中找到.

一个拓扑空间 X 称为局部道路连通的是指: 如果对 X 中的任意一点 x 以及点 x 的任何邻域 V, 存在点 x 的道路连通邻域 U, 使得 $U \subseteq V$.

提升引理. 设 X 是单连通的且局部道路连通的拓扑空间，$\psi : X \to \mathbb{C} \setminus \{0\}$ 是连续映射，那么存在 ψ 的连续的提升映射 $\tilde{\psi} : X \to \mathbb{C}$ 使得 $\psi(x) = e^{\tilde{\psi}(x)}$, $x \in X$. 若 $x_0 \in X$，并且 $z_0 \in \mathbb{C}$, 使得 $\psi(x_0) = e^{z_0}$，那么存在唯一的连续的提升映射 $\tilde{\psi}$ 满足 $\tilde{\psi}(x_0) = z_0$.

习题

1. 设 $\mathcal{A}$ 是一个 Banach 代数，$\mathbf{1}$ 是它的单位. 如果 $\mathcal{A}$ 上的线性泛函 φ 满足 $\varphi(\mathbf{1}) = 1$, $\varphi(x^2) = \varphi(x)^2$, $\forall x \in \mathcal{A}$, 证明：$\varphi$ 是可乘的.

2. 设 $\mathcal{A}$ 是一个 Banach 代数，$\mathbf{1}$ 是它的单位. 证明下列是等价的：

   (i) φ 是一个非零可乘线性泛函；

   (ii) $\varphi(\mathbf{1}) = 1$, 并且当 x 是 $\mathcal{A}$ 的可逆元时，$\varphi(x) \neq 0$；

   (iii) $\varphi(x) \in \sigma_{\mathcal{A}}(x)$, $\forall x \in \mathcal{A}$.

3. 证明：从一个交换 Banach 代数到一个半单的交换 Banach 代数的同态总是连续的.

4. 设 $C^{(n)}[a,b]$ 表示 $[a,b]$ 上所有 n-阶可微的函数全体，定义其范数 $\|f\| = \sum_{k=0}^{n} \|f^{(k)}\|_{\infty}$, 这里 $\|g\|_{\infty} = \sup_{[a,b]} |g(t)|$. 证明在逐点乘法下，$C^{(n)}[a,b]$ 是一个交换的 Banach 代数，且其极大理想空间是 $[a,b]$.

5. 设 $0 < \alpha \leqslant 1$, $\text{Lip}_\alpha[a,b]$ 表示 $[a,b]$ 上满足下面条件的连续函数全体：

$$\|f\| = \|f\|_{\infty} + \sup_{a \leqslant s < t \leqslant b} \frac{|f(s) - f(t)|}{|s-t|^\alpha}.$$

证明在逐点乘法下，Lipschitz 空间 $\text{Lip}_\alpha[a,b]$ 是一个交换的 Banach 代数，其极大理想空间是 $[a,b]$.

6. 设 $C^\infty[a,b]$ 表示闭区间 $[a,b]$ 上无限阶可微函数全体，证明：在 $C^\infty[a,b]$ 上不存在 Banach 代数范数. (提示：建立映射 $i : C^\infty[a,b] \to C[a,b]$; $f \mapsto f$, 结合习题 3 并用反证法).

7. 用与例 4.2.8 同样的方法，研究卷积代数 $l^1(\mathbb{Z}^n)$ 和它的 Fourier 变换.

8. 用与例 4.2.10 同样的方法，研究 $\mathbb{R}^n$ 上同样的问题.

9. 使用 $\mathcal{A}(\mathbb{D})$ 表示单位圆盘 $\mathbb{D}$ 上的具有下面性质的解析函数的空间：

$$f(z) = \sum_{n=0}^{\infty} a_n z^n, \ \|f\| = \sum_{n=0}^{\infty} |a_n| < \infty.$$

证明：(i) $\mathcal{A}(\mathbb{D})$ 在逐点乘法下是一个交换的 Banach 代数；(ii) 确定 $\mathcal{A}(\mathbb{D})$ 的极大理想空间并写出相应的 Gelfand 变换；(iii) 如果 $f(z) \in \mathcal{A}(\mathbb{D})$ 在闭单位圆盘 $\overline{\mathbb{D}}$ 上没有零点，则 $1/f \in \mathcal{A}(\mathbb{D})$.

10. 一个 Dirichlet 级数是指具有形式 $f(s) = \sum_{n=1}^{\infty} a_n n^{-s}$ 的级数，这里 s 是复变数. 使用 $\mathcal{D}$ 表示具有下面性质的 Dirichlet 级数的全体.

$$f(s) = \sum_{n=1}^{\infty} a_n n^{-s}, \ \|f\| = \sum_{n=1}^{\infty} |a_n| < \infty.$$

证明：(i) $\mathcal{D}$ 在逐点乘法下是一个交换的 Banach 代数. (ii) 对 $\mathcal{D}$ 的每一个可乘线性泛函 F，在自然数集 $\mathbb{N}$ 上定义算术函数 χ，$\chi(n) = F(n^{-s})$，那么 χ 是 $\mathbb{N}$ 上的完全可乘的有界算术函数，即：$\chi(1) = 1, \chi(mn) = \chi(m)\chi(n), |\chi(n)| \leqslant 1, m, n = 1, 2, \cdots$. 反之，给定 $\mathbb{N}$ 上一个完全可乘的有界算术函数 χ，通过上述方式定义的 F 可唯一地延拓为 $\mathcal{D}$ 上的一个可乘线性泛函. 因此 $\mathcal{D}$ 上的可乘线性泛函与 $\mathbb{N}$ 上的完全可乘的有界算术函数建立了 $1-1$ 对应关系. (iii) 设 $p_1 = 2, p_2 = 3, \cdots$ 是依据大小排列的所有素数，那么每一个完全可乘算术函数 χ 由数列 $(\chi(p_1), \chi(p_2), \cdots)$ 唯一确定. 反之，给定任意一个复数列 $(\lambda_1, \lambda_2, \cdots), |\lambda_n| \leqslant 1, n = 1, 2, \cdots$，置 $\chi(p_1) = \lambda_1, \chi(p_2) = \lambda_2, \cdots$，应用算术基本定理可定义一个完全可乘的有界算术函数 $\chi, \chi(n) = \chi(p_1)^{\alpha_1} \chi(p_2)^{\alpha_2} \cdots, n = p_1^{\alpha_1} p_2^{\alpha_2} \cdots$. 置 $\overline{\mathbb{D}}^{\infty} = \overline{\mathbb{D}} \times \overline{\mathbb{D}} \times \cdots$ (带有乘积拓扑), 建立映射 $\chi \mapsto (\chi(p_1), \chi(p_2), \cdots)$, 那么这是一个从所有完全可乘的有界算术函数到 $\overline{\mathbb{D}}^{\infty}$ 的 $1-1$ 到上的映射. (iv) 在上述对应关系下，证明 $\mathcal{D}$ 的极大理想空间是 $\overline{\mathbb{D}}^{\infty}$, 写出相应的 Gelfand 变换 (这个变换就是著名的 Bohr 变换). (v) 置 $\mathbb{C}_0 = \{s \in \mathbb{C} : \mathrm{Re}(s) \geqslant 0\}$, 若 $f \in \mathcal{D}$, 证明 f 在 $\mathbb{C}_0$ 上连续, 在右半开平面 $\{s \in \mathbb{C} : \mathrm{Re}(s) > 0\}$ 上解析. (vi) 对每个 $s_0 \in \mathbb{C}_0$, 证明赋值泛函 $E_{s_0}(f) = f(s_0)$ 对应 $\overline{\mathbb{D}}^{\infty}$ 中的点 $(p_1^{-s_0}, p_2^{-s_0}, \cdots)$. 定义嵌入映射 $E : \mathbb{C}_0 \to \overline{\mathbb{D}}^{\infty}$, $s \mapsto (p_1^{-s}, p_2^{-s}, \cdots)$, 证明嵌入映射 E 是连续的单映射. (vii) 证明 $f \in \mathcal{D}$ 在 $\mathcal{D}$ 中可逆当且仅当 $\inf_{s \in \mathbb{C}_0} |f(s)| > 0$.

11. 直线上周期为 2π 的函数自然理解为单位圆周 $\mathbb{T}$ 上的函数. 当 $f, g \in L^1(\mathbb{T}, \frac{\mathrm{d}\theta}{2\pi})$ 时，定义卷积

$$f * g(t) = \frac{1}{2\pi} \int_0^{2\pi} f(s)g(t-s)\,\mathrm{d}s.$$

(i) 在上述卷积下，证明 $L^1(\mathbb{T})$ 是一个无单位元的交换 Banach 代数. (ii) 当 $f \in L^1(\mathbb{T}), \frac{\mathrm{d}\theta}{2\pi})$ 时，在整数群 $\mathbb{Z}$ 上定义 f 的 Fourier 变换

$$\hat{f}(n) = \frac{1}{2\pi} \int_0^{2\pi} f(s)\mathrm{e}^{-ins}\,\mathrm{d}s,$$

证明 $\widehat{f * g}(n) = \hat{f}(n)\hat{g}(n)$, $n \in \mathbb{Z}$. (iii) 通过添加单位元得 Banach 代数 $\mathcal{A} = \mathbb{C} + L^1(\mathbb{T})$，定义 $\delta_\infty(c + f) = c$, $c \in \mathbb{C}$, $f \in L^1(\mathbb{T})$, 以及 $\delta_n(c + f) = c + \hat{f}(n)$, $n \in \mathbb{Z}$, 证明 δ_∞ 和所有 δ_n 是 $\mathcal{A}$ 上的可乘线性泛函，并证明若 δ 是 $\mathcal{A}$ 上的一个可乘线性泛函，且 $\delta \neq \delta_\infty$，那么必存在一个整数 n，使得 $\delta = \delta_n$. 因此 $\mathcal{A}$ 的极大理想空间是整数群的单点紧化.

12. 设 $\mathcal{A}$ 是一个 Banach 代数，$x, y \in \mathcal{A}$，$xy = yx$. 证明：

$$\sigma(x + y) \subseteq \sigma(x) + \sigma(y); \quad \sigma(xy) \subseteq \sigma(x)\sigma(y).$$

13. 设 $\mathcal{A}$ 是一个 Banach 代数，$x \in \mathcal{A}$，$\mathcal{A}_x$ 是由 $\mathbf{1}$, x 和 $\{(\lambda - x)^{-1} : \lambda \in \rho(x)\}$ 生成的 Banach 子代数. 证明：(i) $\mathcal{A}_x$ 是交换的 Banach 子代数；(ii) $\sigma_{\mathcal{A}_x}(x) = \sigma_{\mathcal{A}}(x)$；(iii)

$$\lim_{\lambda \in \rho(x), \, \lambda \to \partial\sigma_{\mathcal{A}}(x)} \|(\lambda - x)^{-1}\| = \infty.$$

§4.3 Riesz 函数演算

在这一节，我们用解析方法研究 Banach 代数、谱和 Banach 空间上的算子. 在已知算子谱结构的情况下，Riesz 函数演算是研究算子的一个有力工具. 我们从 Banach 代数谈起.

设 $\mathcal{A}$ 是有单位的 Banach 代数，$a \in \mathcal{A}$，当 $\varphi(z) = \sum a_n z^n$ 的收敛半径 $r > \|a\|$ 时，人们可自然地定义 $\varphi(a) = \sum a_n a^n$. 然而当 $\varphi(z)$ 在包含 $\sigma(a)$ 的一个开集上解析时，怎样定义 $\varphi(a)$ 呢？复变函数论中的 Cauchy 积分公式将帮助我们建立 Riesz 函数演算，它在 Banach 代数及算子论中有重要的应用.

我们首先回顾复变函数论中 Cauchy 积分的一些概念和结论.

设 γ 是复平面 $\mathbb{C}$ 上可求长的闭合曲线，当 $\zeta \notin \gamma$ 时，γ 环绕 ζ 的圈数定义为

$$\mathrm{Ind}(\gamma, \zeta) = \frac{1}{2\pi i} \int_\gamma \frac{1}{z - \zeta} \, \mathrm{d}z.$$

我们知道 $\mathrm{Ind}(\gamma, \zeta)$ 总是整数，并在 $\mathbb{C} \setminus \gamma$ 的每一个分支上为常数. 可求长的闭合曲线 γ 称为是正定向的，是指如果 $\zeta \in \mathbb{C} \setminus \gamma$，则 $\mathrm{Ind}(\gamma, \zeta)$ 等于 0 或 1，此时 γ 的内部定义为

$$\mathrm{Ins}(\gamma) = \{\zeta \in \mathbb{C} \setminus \gamma : \mathrm{Ind}(\gamma, \zeta) = 1\},$$

γ 的外部定义为

$$\mathrm{Out}(\gamma) = \{\zeta \in \mathbb{C} \setminus \gamma : \mathrm{Ind}(\gamma, \zeta) = 0\}.$$

可求长的闭合曲线 $\gamma : [0,1] \to \mathbb{C}$ 被称为简单的, 是指该曲线没有自交点, 即若 $\gamma(s) = \gamma(t)$, 则要么 $s = t$, 要么 $s = 0$, $t = 1$. Jordan 闭合曲线定理告诉人们, 若 γ 是可求长简单闭合曲线, 则 $\mathbb{C} \setminus \gamma$ 有两个连通分支, 以 γ 为公共边界, 且当 $\zeta \notin \gamma$ 时, $\text{Ind}(\gamma, \zeta)$ 仅取值 0 或 ± 1. 因此简单的闭合曲线总可以赋予它的正定向. 设 $\Gamma = \{\gamma_1, \cdots, \gamma_n\}$ 是一组可求长闭合曲线, 两两不交, 且当 $\zeta \in \mathbb{C} \setminus \bigcup_{j=1}^{n} \gamma_j$ 时 $\text{Ind}(\Gamma, \zeta) = \sum_{j=1}^{n} \text{Ind}(\gamma_j, \zeta)$ 仅取值 0 或 1. 在这种情形下, 称 $\Gamma = \{\gamma_1, \cdots, \gamma_n\}$ 是正定向的. Γ 的内部定义为

$$\text{Ins}(\Gamma) = \{\zeta \in \mathbb{C} \setminus \Gamma : \text{Ind}(\Gamma, \zeta) = 1\},$$

Γ 的外部定义为

$$\text{Out}(\Gamma) = \{\zeta \in \mathbb{C} \setminus \Gamma : \text{Ind}(\Gamma, \zeta) = 0\}.$$

Cauchy 积分公式: 设 G 是复平面 $\mathbb{C}$ 的开子集, f 在 G 上解析, 闭合曲线 $\Gamma = \{\gamma_1, \cdots, \gamma_n\} \subset G$, 且 Γ 是正定向的. 则当 $\zeta \in \text{Ins}(\Gamma)$ 时,

$$f(\zeta) = \frac{1}{2\pi \text{i}} \int_{\Gamma} \frac{f(z)}{z - \zeta} \, \text{d}z = \frac{1}{2\pi \text{i}} \sum_{k=1}^{n} \int_{\gamma_k} \frac{f(z)}{z - \zeta} \, \text{d}z,$$

当 $\zeta \in \text{Out}(\Gamma)$ 时, 上面的积分等于零.

Riesz 函数演算是 Cauchy 积分公式在 Banach 代数中的推广与应用.

设 $\mathcal{A}$ 是有单位元 $\mathbf{1}$ 的 Banach 代数, $a \in \mathcal{A}$. 如果复平面的开集 $G \supset \sigma(a)$, 且 f 是 G 上的解析函数, 我们建立如下的Riesz 函数演算:

$$f(a) = \frac{1}{2\pi \text{i}} \int_{\Gamma} f(z)(z\mathbf{1} - a)^{-1} \, \text{d}z, \qquad (\star)$$

这里 $\Gamma = \{\gamma_1, \cdots, \gamma_n\}$ 是 G 中正定向的闭合曲线组, 且 $\sigma(a) \subset \text{Ins}(\Gamma)$.

为了说明上述定义不依赖闭合曲线组的选取, 我们先叙述一些向量值函数积分的知识.

设 X 是一个 Banach 空间, 若 $\gamma : [0,1] \to \mathbb{C}$ 是可求长的曲线, f 是定义在 γ 上且取值在 X 中的连续函数, 则积分 $\int_{\gamma} f$ 定义为如下和式的极限:

$$\int_{\gamma} f = \lim_{\Delta \to 0} \sum_{j} [\gamma(t_j) - \gamma(t_{j-1})] f(\gamma(t_j)).$$

这里 $\{t_0, t_1, \cdots, t_n\}$ 是 $[0,1]$ 的任意划分, $\Delta = \max_j (t_j - t_{j-1})$.

由 f 的连续性易知其积分存在，且

$$\int_{\gamma} f = \int_0^1 f(\gamma(t))\, d\gamma(t).$$

对任意的 $y^* \in X^*$，易见

$$\langle \int_{\gamma} f, y^* \rangle = \int_0^1 \langle f(\gamma(t)), y^* \rangle\, d\gamma(t).$$

因此 Riesz 函数演算 ($\star$) 的确定义了 Banach 代数 $\mathcal{A}$ 中的元素.

下面的命题见 [Con1, Chapter VII].

命题4.3.1　设 G 是复平面上的开集，K 是紧集且 $K \subseteq G$，那么在 $G \setminus K$ 中存在具有正定向的光滑闭合曲线组 $\Gamma = \{\gamma_1, \cdots, \gamma_n\}$ 使得 $K \subset \mathrm{Ins}(\Gamma)$，并且 $\mathbb{C} \setminus G \subseteq \mathrm{Out}(\Gamma)$.

应用 Banach 空间的对偶理论和复变函数中的 Cauchy 定理，我们有下面的命题，也见 [Con1, Chapter VII].

命题4.3.2　设 $\mathcal{A}$ 是有单位元 $\mathbf{1}$ 的 Banach 代数，$a \in \mathcal{A}$，并设 G 是 $\mathbb{C}$ 的一个开集，$G \supseteq \sigma(a)$. 如果 $\Gamma = \{\gamma_1, \cdots, \gamma_n\}$，$\Lambda = \{\lambda_1, \cdots, \lambda_m\}$ 是 G 中两个正定向的闭合曲线组，$\sigma(a) \subseteq \mathrm{Ins}(\Gamma) \bigcap \mathrm{Ins}(\Lambda)$，$f$ 是 G 上的解析函数，则

$$\frac{1}{2\pi i} \int_{\Gamma} f(z)(z\mathbf{1} - a)^{-1}\, dz = \frac{1}{2\pi i} \int_{\Lambda} f(z)(z\mathbf{1} - a)^{-1}\, dz.$$

上述命题说明只要 f 在 $\sigma(a)$ 的某邻域上解析，Riesz 函数演算给出的 $\mathcal{A}$ 中元素 $f(a)$ 就不依赖于闭合曲线组 Γ 的选取，故 $f(a)$ 是良定义的. 用 $\mathrm{Hol}(a)$ 表示在 $\sigma(a)$ 的某邻域上解析的函数全体，那么 $\mathrm{Hol}(a)$ 是一个代数. 这里如果 f, g 的定义域分别是 $D(f)$, $D(g)$，则 $f + g$, fg 的定义域是 $D(f) \cap D(g)$.

下面是 Riesz 函数演算的主要定理，也见 [Con1, Chapter VII].

定理4.3.3 (Riesz 函数演算)　设 $\mathcal{A}$ 是有单位元 $\mathbf{1}$ 的 Banach 代数，$a \in \mathcal{A}$，则

(i) 映射 $f \mapsto f(a)$ 是从 $\mathrm{Hol}(a)$ 到 $\mathcal{A}$ 的代数同态；

(ii) 设 G 是复平面上的开集，$G \supseteq \sigma(a)$，$f_1, f_2, \cdots$ 是 G 上的解析函数，并且 f_n 在 G 的紧子集上一致收敛到 f，则 $f \in \mathrm{Hol}(a)$，且成立

$$\|f_n(a) - f(a)\| \to 0;$$

(iii) 如果 $f(z) = \sum_k c_k z^k$ 的收敛半径大于 $r(a)$，则 $f \in \mathrm{Hol}(a)$，且

$$f(a) = \sum_k c_k a^k;$$

(iv) (谱映射定理) 若 $f \in \mathrm{Hol}(a)$，则 $\sigma(f(a)) = f(\sigma(a))$；

(v) 若 $f \in \mathrm{Hol}(a)$，$b = f(a)$，$g \in \mathrm{Hol}(b)$，则 $g \circ f \in \mathrm{Hol}(a)$，且有

$$(g \circ f)(a) = g(f(a)).$$

证：(i) 设 $f, g \in \mathrm{Hol}(a)$，G 是 $\sigma(a)$ 的一个邻域，f，g 在 G 上解析. 由命题 4.3.1 可在 G 中选取正定向的闭合曲线组 Γ_1 和 Γ_2，满足 $\sigma(a) \subseteq \mathrm{Ins}(\Gamma_1)$ 并且 $\overline{\mathrm{Ins}(\Gamma_1)} \subseteq \mathrm{Ins}(\Gamma_2)$，则有

$$
\begin{aligned}
f(a)g(a) &= -\frac{1}{4\pi^2} \int_{\Gamma_1} f(z)(z\mathbf{1}-a)^{-1}\,\mathrm{d}z \int_{\Gamma_2} g(\xi)(\xi\mathbf{1}-a)^{-1}\,\mathrm{d}\xi \\
&= -\frac{1}{4\pi^2} \int_{\Gamma_1} \left(\int_{\Gamma_2} f(z)g(\xi)(z\mathbf{1}-a)^{-1}(\xi\mathbf{1}-a)^{-1}\,\mathrm{d}\xi \right)\mathrm{d}z \\
&= -\frac{1}{4\pi^2} \int_{\Gamma_1} \left(\int_{\Gamma_2} g(\xi)\frac{(z\mathbf{1}-a)^{-1}-(\xi\mathbf{1}-a)^{-1}}{\xi-z}\,\mathrm{d}\xi \right)f(z)\,\mathrm{d}z \\
&= -\frac{1}{4\pi^2} \int_{\Gamma_1} f(z)\left[\int_{\Gamma_2} \frac{g(\xi)}{\xi-z}\,\mathrm{d}\xi \right](z\mathbf{1}-a)^{-1}\,\mathrm{d}z \\
&\quad + \frac{1}{4\pi^2} \int_{\Gamma_2} g(\xi)\left[\int_{\Gamma_1} \frac{f(z)}{\xi-z}\,\mathrm{d}z \right](\xi\mathbf{1}-a)^{-1}\,\mathrm{d}\xi.
\end{aligned}
$$

因为 $\xi \in \Gamma_2$，$\xi \in \mathrm{Out}(\Gamma_1)$，故由 Cauchy 定理知

$$\int_{\Gamma_1} \frac{f(z)}{\xi-z}\,\mathrm{d}z = 0.$$

由于 $z \in \Gamma_1 \subseteq \mathrm{Ins}(\Gamma_2)$，我们有

$$\frac{1}{2\pi\mathrm{i}} \int_{\Gamma_2} \frac{g(\xi)}{\xi-z}\,\mathrm{d}\xi = g(z).$$

故而从上面的推理得到

$$f(a)g(a) = \frac{1}{2\pi\mathrm{i}} \int_{\Gamma_1} f(z)g(z)(z\mathbf{1}-a)^{-1}\,\mathrm{d}z = (fg)(a).$$

容易证明 $(\alpha f + \beta g)(a) = \alpha f(a) + \beta g(a)$，从而 $f \mapsto f(a)$ 成为一个代数同态.

(ii) 设 Γ 是 G 中正定向的闭合曲线组，$\sigma(a) \subseteq \mathrm{Ins}(\Gamma)$，则

$$\|f_n(a) - f(a)\| = \left\| \frac{1}{2\pi\mathrm{i}} \int_{\Gamma} (f_n(z) - f(z))(z\mathbf{1} - a)^{-1}\, \mathrm{d}z \right\|$$

$$\leqslant \frac{1}{2\pi} \int_{\Gamma} |f_n(z) - f(z)| \|(z\mathbf{1} - a)^{-1}\| \, |\mathrm{d}z|.$$

因为 $z \mapsto \|(z\mathbf{1} - a)^{-1}\|$ 在 Γ 上连续，故有界，且 $f_n(z)$ 在 Γ 上一致收敛到 $f(z)$，简单的估计表明 $f_n(a) \to f(a)$.

(iii) 当 f 是多项式时，容易验证结论. 现在取 r 满足 $r > r(a)$ 且 r 小于级数的收敛半径. 设 $\gamma(t) = re^{2\pi\mathrm{i}t}$, $0 \leqslant t \leqslant 1$，因为 $f_n(z) = \sum_{j=0}^{n} c_j z^j$ 在 γ 上一致收敛到 $f(z)$，由 (ii) 得出

$$f_n(a) = \sum_{j=0}^{n} c_j a^j \to f(a),$$

即 $f(a) = \sum_{n=0}^{\infty} c_n a^n$.

(iv) 若 $\lambda \in \sigma(a)$，考虑分解 $f(z) - f(\lambda) = (z - \lambda)g(z)$，其中 $g \in \mathrm{Hol}(a)$，故而

$$f(a) - f(\lambda)\mathbf{1} = (a - \lambda\mathbf{1})g(a).$$

若 $f(a) - f(\lambda)\mathbf{1}$ 可逆，则 $a - \lambda\mathbf{1}$ 是可逆的，且其逆为 $g(a)(f(a) - f(\lambda)\mathbf{1})^{-1}$，与 λ 的取法矛盾. 因此 $f(\lambda) \in \sigma(f(a))$，这表明 $f(\sigma(a)) \subseteq \sigma(f(a))$. 反之，若 $\mu \notin f(\sigma(a))$，则 $g(z) = (\mu - f(z))^{-1} \in \mathrm{Hol}(a)$，这给出了

$$(\mu\mathbf{1} - f(a))g(a) = \mathbf{1}.$$

此时必有 $\mu \notin \sigma(f(a))$. 以上的推理表明 $\sigma(f(a)) = f(\sigma(a))$.

(v) 留作练习.　　　　　　　　　　　　　　　　　　　　　□

下面是 Riesz 函数演算的应用实例，例子来源于 [Con1, Chapter VII], [Ru1, Chaper 10].

设 $a \in \mathcal{A}$, $\sigma(a) = F \cup F'$，这里 F, F' 是不交的非空闭集. 我们选取开集 $G_1 \supseteq F$, $G_2 \supseteq F'$ 使 $G_1 \cap G_2 = \emptyset$. 令 $G = G_1 \cup G_2$，则 G_1 的特征函数 χ_{G_1} 是 G 上的解析函数，$\chi_{G_1} \in \mathrm{Hol}(a)$. 在 G_1 中取正定向曲线组 Γ_1 使 $F \subseteq \mathrm{Ins}(\Gamma_1)$，并在 G_2 中取正定向的闭合曲线组 Γ_2 使 $F' \subseteq \mathrm{Ins}(\Gamma_2)$. 记 $\Gamma = \Gamma_1 \cup \Gamma_2$，则有

$$\delta_1 = \chi_{G_1}(a) = \frac{1}{2\pi\mathrm{i}} \int_{\Gamma} \chi_{G_1}(z)(z\mathbf{1} - a)^{-1}\, \mathrm{d}z = \frac{1}{2\pi\mathrm{i}} \int_{\Gamma_1} (z\mathbf{1} - a)^{-1}\, \mathrm{d}z.$$

由定理 4.3.3(i),(iv)，δ_1 是非平凡的幂等元，即 $\delta_1^2 = \delta_1$，且有 $\sigma(\delta_1) = \{0,1\}$. 类似地可定义 δ_2，并且它也是非平凡的. 也易见 δ_1，δ_2 和开集 G_1，G_2 选取无关.

应用定理 4.3.3，容易验证下列结论：

(i) $\delta_1 + \delta_2 = \mathbf{1}$，$\delta_1\delta_2 = \delta_2\delta_1 = 0$；

(ii) 如果 $ba = ab$，则 $b\delta_j = \delta_j b$，$j = 1,2$；

(iii) 如果 $a_1 = a\delta_1$，$a_2 = a\delta_2$，那么 $a = a_1 + a_2$，$a_1a_2 = a_2a_1 = 0$；

(iv) $\sigma(a_1) = F \cup \{0\}$，$\sigma(a_2) = F' \cup \{0\}$；

(v) $\mathcal{A}$ 可分解为两个非平凡的拓扑可补的闭子空间的直和，$\mathcal{A} = \mathcal{A}\delta_1 \dotplus \mathcal{A}\delta_2$.

把上面的结论应用于 Banach 空间 X 上的算子，有下面的结论：

命题4.3.4 设 X 是 Banach 空间，$T \in B(X)$，$\sigma(T) = F_1 \cup F_2$，这里 F_1, F_2 是不相交的闭集. 取开集 $G_1 \supseteq F_1$，$G_2 \supseteq F_2$ 且 $G_1 \cap G_2 = \emptyset$，置 $E_1 = \chi_{G_1}(T)$，$E_2 = \chi_{G_2}(T)$，$X_1 = E_1 X$，$X_2 = E_2 X$，则

(i) $X = X_1 \dotplus X_2$，即 X_1，X_2 是 X 的非平凡拓扑互补的闭子空间，且 $SX_i \subset X_i$，$i = 1,2$，这里 $S \in T' = \{S : TS = ST\}$，$T'$ 是 T 的换位子代数；

(ii) 如果 $T_i = T|_{X_i}$，则 $\sigma(T_i) = F_i$，$i = 1,2$；

(iii) 定义算子 $R : X = X_1 \dotplus X_2 \to X_1 \oplus X_2$，$x_1 + x_2 \mapsto x_1 \oplus x_2$，$x_i \in X_i$，则 R 是可逆的，且 $RTR^{-1} = T_1 \oplus T_2$，这里 $X_1 \oplus X_2$ 上的范数定义为 $\|x \oplus y\| = (\|x\|^2 + \|y\|^2)^{\frac{1}{2}}$.

证： (i) 由前面的推理，令 $\mathcal{A} = B(X)$. 当 $S \in T'$ 时，有 $SE_i = E_iS$，因此 $SX_i \subseteq X_i$，$i = 1,2$. 剩下的证明是容易的.

(iii) 的证明是显然的.

(ii) 我们先证明 $\sigma(T_1) \subseteq F_1$. 设 $\lambda \notin F_1$，选取开集 $G_1 \supseteq F_1$，且 $\lambda \notin G_1$，$G_2 \supseteq F_2$，且 $G_1 \cap G_2 = \emptyset$. 定义 $g(z) = (z - \lambda)^{-1}$，$z \in G_1$；$g(z) = 0$，$z \in G_2$，那么 $g \in \mathrm{Hol}(T)$，并且 $g(T) = \frac{1}{2\pi i} \int_\Gamma (z - \lambda)^{-1}(z - T)^{-1} \, dz$，这里 Γ 是 G_1 内的一个正定向的闭合曲线组，且 $\mathrm{Ins}(\Gamma) \supseteq F_1$. 因此我们有

$$E_1(T - \lambda)E_1 g(T)E_1 = E_1 g(T)E_1(T - \lambda)E_1 = E_1.$$

令 $A = E_1 g(T)|_{X_1}$，则有 $(T_1 - \lambda)A = A(T_1 - \lambda) = I_{X_1}$. 从而 $\lambda \in \rho(T_1)$，故 $\sigma(T_1) \subseteq F_1$. 相似地可以证明 $\sigma(T_2) \subseteq F_2$.

从 (iii) 我们看到

$$\sigma(T_1 \oplus T_2) = \sigma(T_1) \cup \sigma(T_2) = \sigma(T) = F_1 \cup F_2.$$

结合上面的讨论和 $F_1 \cap F_2 = \emptyset$，我们得到 $\sigma(T_i) = F_i$，$i = 1,2$. □

系4.3.5 设 X 是 Banach 空间, $T \in B(X)$, $\sigma(T)$ 有有限个连通分支 $F_1, \cdots, F_n$, 取开集 $G_i \supseteq F_i$, 且 $G_i \cap G_j = \emptyset$, $i \neq j$, 置 $E_i = \chi_{G_i}(T)$, $X_i = E_i X$, $i = 1, \cdots, n$, 则

(i) $X = X_1 \dot{+} \cdots \dot{+} X_n$, 即 $X_1, \cdots, X_n$ 是 X 的非平凡的拓扑互补的闭子空间, 且 $S X_i \subset X_i$, $i = 1, \cdots, n$, 这里 $S \in T'$;

(ii) 如果 $T_i = T|_{X_i}$, 则 $\sigma(T_i) = F_i$, $i = 1, \cdots, n$;

(iii) 算子 $R : X = X_1 \dot{+} \cdots \dot{+} X_n \to X_1 \oplus \cdots \oplus X_n$, $x_1 + \cdots + x_n \mapsto x_1 \oplus \cdots \oplus x_n$, 这里 $x_i \in X_i$, 则 R 是可逆的, 且 $RTR^{-1} = T_1 \oplus \cdots \oplus T_n$, 这里 $X_1 \oplus \cdots \oplus X_n$ 上的范数定义为 $\|x_1 \oplus \cdots \oplus x_n\| = (\|x_1\|^2 + \cdots + \|x_n\|^2)^{\frac{1}{2}}$.

这个推论本质上给出了高等代数中 Jordan 标准型定理在无限维 Banach 空间中的推广.

系4.3.6 若 $\sigma(T)$ 不连通, 则 T 有非平凡的超不变子空间, 即存在非平凡的闭子空间 M, $SM \subseteq M$, $S \in T'$. 特别地, 当 T 是紧算子且 $r(T) \neq 0$ 时, T 有非平凡的超不变子空间.

Lomonosov 不变子空间定理说每个非零紧算子有非平凡的超不变子空间.

例子4.3.7 设 $A \in B(X)$, λ 是 A 的一个孤立谱点, 称 λ 是 A 的 N 阶极点 (这里 $1 \leqslant N \leqslant \infty$), 是指 λ 是预解函数 $R_A(z) = (z - A)^{-1}$ 的一个 N 阶极点. 取以 λ 为中心的小开圆 $O(\lambda, \varepsilon)$, $\sigma(A)$ 的其他点在相应的闭圆外. 设 e_λ 是该开圆的特征函数, 则 $e_\lambda \in \text{Hol}(A)$. 设 $R_A(z)$ 在 $O(\lambda, \varepsilon) \setminus \{\lambda\}$ 上的 Laurent 展式为

$$R_A(z) = \sum_{k=-\infty}^{+\infty} a_k(A)(z - \lambda)^k,$$

则当 $k \geqslant 1$ 时,

$$a_{-k}(A) = \frac{1}{2\pi i} \int_\Gamma (z - \lambda)^{k-1} (z - A)^{-1} \, dz = (A - \lambda)^{k-1} e_\lambda(A)$$
$$= (-1)^{k-1} (\lambda - A)^{k-1} e_\lambda(A),$$

其中 Γ 是圆 $O(\lambda, \varepsilon)$ 的正定向的边界. 如果存在自然数 m, 使得

$$(\lambda - A)^m e_\lambda(A) = 0,$$

则有

$$N = \min\{m \in \mathbb{Z}_+ : (\lambda - A)^m e_\lambda(A) = 0\}.$$

否则 N 取 ∞.

下面的例子来源于 [Ru1, Chaper 10].

例子4.3.8 设 $a \in \mathcal{A}$ ，若 0 位于 $\mathbb{C} \setminus \sigma(a)$ 的无界分支中，则

(i) 对任何自然数 n，存在 $b \in \mathcal{A}$，使 $b^n = a$；

(ii) 存在 $b \in \mathcal{A}$，使 $e^b = a$；

(iii) 对任何 $\varepsilon > 0$，存在多项式 P，使得 $\|a^{-1} - P(a)\| < \varepsilon$, 即 a^{-1} 属于由 $\{\mathbf{1}, a\}$ 生成的 Banach 代数.

事实上，由假设可知存在一个单连通开集 $G \supseteq \sigma(a)$ 并且 $0 \notin G$，根据 §4.2.4 中的提升引理知，存在 G 上的解析函数 $f(z)$, 使得 $e^{f(z)} = z$. 由 Riesz 函数演算，成立 $e^{f(a)} = a$，取 $b = f(a)$，即有 $e^b = a$. 取 $b = e^{\frac{f(a)}{n}}$，即有 $b^n = a$. 应用 Runge 逼近定理可得 (iii).

应用下面的 Mergelyan 定理就得到 (iii). 对(iii) 来说，这个例子的假设条件是必要的. 例如若 S 是 $l^2(\mathbb{Z})$ 上的双向移位，则对任何多项式 P 都有 $\|S^{-1} - P(S)\| = \|I - S P(S)\| \geqslant 1$.

由 (i) 和 (ii)，设矩阵 $A \in M_n(\mathbb{C})$ 且其行列式非零，则对任何自然数 n，方程 $X^n = A$ 以及 $e^X = A$ 在 $M_n(\mathbb{C})$ 中必有解，这个结论显然是不平凡的.

我们列出两个在分析中广泛应用的逼近定理 (见 [Ru2]).

定理4.3.9 (Runge 定理) 设 $\mathbb{C}_\infty = \mathbb{C} \cup \{\infty\}$ 为复平面的单点紧化，$\Omega \subseteq \mathbb{C}$ 是开集，点集 Σ 与 $\mathbb{C}_\infty \setminus \Omega$ 的每一个分支都有非空的交，f 是 Ω 上的解析函数，那么存在有理函数序列 $\{R_n\}$，且每个 R_n 的极点都在 Σ 中，使得在 Ω 的任何紧子集上 R_n 都一致收敛于 f. 特别地，如果 $\mathbb{C}_\infty \setminus \Omega$ 是连通的，则存在多项式序列 $\{P_n\}$ 在 Ω 的紧集上一致收敛到 f.

定理4.3.10 (Mergelyan 定理) 设 K 是复平面 $\mathbb{C}$ 的一个紧子集，并且 $\mathbb{C} \setminus K$ 是连通的. 如果 f 在 K 上连续且在 K 的内部解析，则存在多项式序列 $\{P_n(z)\}$ 在 K 上一致收敛于 $f(z)$.

习题

1. 如果 $a, b \in \mathcal{A}$, $ab = ba$，则对任何的 $f \in \mathrm{Hol}(a)$ 都有 $f(a)b = bf(a)$.

2.证明下面的结论：

(i) 设 $T \in B(X)$，且 $Tx = \alpha x$, $x \neq 0$, $x \in X$，则对任何的 $f \in \mathrm{Hol}(T)$ 都有 $f(T)x = f(\alpha)x$.

(ii) $f(\sigma_p(T)) \subseteq \sigma_p(f(T))$.

　　(iii) 如果 $\alpha \in \sigma_p(f(T))$，并且 $\alpha - f(z)$ 在 $\sigma(T)$ 的每个分支上都不恒为零，则 $\alpha \in f(\sigma_p(T))$．

　　(iv) 如果 f 在 $\sigma(T)$ 的每个分支上都不为常数，则 $f(\sigma_p(T)) = \sigma_p(f(T))$．

3. 设 H 是 Hilbert 空间，$A \in B(H)$，$f \in \mathrm{Hol}(A)$，则有 $f(A)^* = \tilde{f}(A^*)$，这里 $\tilde{f}(z) = \overline{f(\bar{z})}$．

4. 设 H 是 Hilbert 空间，$A \in B(H)$，$f \in \mathrm{Hol}(A)$. 若 A 是正规的，证明 $f(A)$ 是正规的．

5. 设 $\mathcal{A}$ 是 Banach 代数，I 是 $\mathcal{A}$ 的真理想，$a \in I$，$f \in \mathrm{Hol}(a)$，$f(0) = 0$. 证明：$f(a) \in I$．

6. 设 $A \in B(X)$，P 在 X 上可逆，$f \in \mathrm{Hol}(A)$，则

$$f(PAP^{-1}) = Pf(A)P^{-1}.$$

7. 设 $A \in M_n(\mathbb{C})$，$\sigma_p(A) = \{\lambda_1, \cdots, \lambda_m\}$，其中 $\lambda_i \neq \lambda_j$，$i \neq j$. 设 G_i 是 λ_i 的开邻域，且 $G_1, \cdots, G_m$ 两两不交，记 e_i 是 G_i 的特征函数，则 $e_1(A), e_2(A), \cdots, e_m(A)$ 是幂等元，且 $\sum_i e_i(A) = I$. 证明：

　　(i) $\mathrm{Ran}\, e_i(A) = \ker(\lambda_i I - A)^n$；

　　(ii) $\mathbb{C}^n = \bigoplus_i \mathrm{Ran}\,(e_i(A)) = \bigoplus_i \ker(\lambda_i I - A)^n$；

　　(iii) A 相似于矩阵 $A_1 \oplus \cdots \oplus A_m$，这里 A_i 的阶数为 $\dim \ker(\lambda_i I - A)^n$，且 $\sigma_p(A_i) = \{\lambda_i\}$；

　　(iv) 若 $f \in \mathrm{Hol}(A)$，则

$$f(A) = \sum_{\lambda_i \in \sigma(A)} \sum_{k=0}^{n} \frac{f^{(k)}(\lambda_i)}{k!} (A - \lambda_i)^k e_i(A).$$

8. 设 $A \in B(X)$，若存在多项式 $P(z)$，使得 $P(A) = 0$，则

　　(i) $\sigma(A) = \sigma_p(A) \subseteq Z(P)$，即谱点都是特征值；

　　(ii) A 有极小多项式 r；

　　(iii) 设 f 是 $\sigma(A)$ 的某邻域 G 上的解析函数，验证存在多项式 q 满足 $\deg q < \deg r$，以及 G 上的解析函数 g，使得 $f(z) = q(z) + r(z)g(z)$，由 Riesz 函数演算，$f(A) = q(A)$．

9. 设 $\mathcal{A}$ 是有单位元 $\mathbf{1}$ 的 Banach 代数，$a \in \mathcal{A}$. 设 $\tau : \mathrm{Hol}(a) \to \mathcal{A}$ 是一个代数同态，满足：

　　(i) $\tau(1) = \mathbf{1}$；

　　(ii) $\tau(z) = a$；

(iii) 如果 G 是复平面上的开集，$G \supseteq \sigma(a)$，$f_1, f_2, \cdots$ 是 G 上的解析函数，并且 f_n 在 G 的紧子集上一致收敛到 f，则成立 $\tau(f_n) \to \tau(f)$，证明 $\tau(f) = f(a)$. 这个练习说明了 Riesz 函数演算在某种意义下的唯一性.

10. 设 $\mathcal{A}$ 是 Banach 代数，$a \in \mathcal{A}$. 用 $\mathbf{C}_a$ 表示代数 $\{f(a) : f \in \mathrm{Hol}(a)\}$ 在 $\mathcal{A}$ 中的闭包. 证明：

(i) $\mathbf{C}_a$ 是一个交换的 Banach 代数；

(ii) $\sigma(a) = \sigma_*(a)$，这里 $\sigma_*(a)$ 表示元素 a 在代数 $\mathbf{C}_a$ 中的谱；

(iii) 对任何 $b \in \mathbf{C}_a$，$\sigma(b) = \sigma_*(b)$；

(iv) 代数 $\mathbf{C}_a$ 的极大理想空间通过如下给定的对应与 a 的谱 $\sigma(a)$ 一致：

$$\varphi \mapsto \varphi(a).$$

11. 设 A 是 Banach 空间 X 上一个拟幂零算子，$x \in X, x \neq 0$. 证明

$$0 \leqslant \overline{\lim}_{\lambda \to 0} \frac{\log \|(\lambda - A)^{-1} x\|}{\log \|(\lambda - A)^{-1}\|} \leqslant 1.$$

§4.4 C^*-代数简介

§4.4.1 C^*-代数的基本概念

设 H 是复的 Hilbert 空间，$B(H)$ 是 H 上的有界线性算子全体，易见它是一个 Banach 代数，且共轭运算"*"有下列性质：

(i) $(\alpha A + \beta B)^* = \bar{\alpha} A^* + \bar{\beta} B^*$；

(ii) $(AB)^* = B^* A^*$；

(iii) $A^{**} = A$；

(iv) $\|A^* A\| = \|A\|^2$.

把算子的"*"运算公理化，引入 C^*-代数的概念，它是现代算子代数的一个核心概念. 其理论和方法在现代数学、物理中有重要的作用和影响.

定义4.4.1 设 $\mathcal{A}$ 是一个 Banach 代数，如果其上有"*"运算满足上面的 (i)，(ii)，(iii) 和 (iv)，则称 $\mathcal{A}$ 是一个 C^*-代数.

例子4.4.2 复 Hilbert 空间 H 上的有界线性算子全体 $B(H)$ 在上面的运算下是一个 C^*-代数.

例子4.4.3　设 X 是紧的 Hausdorff 空间，则 $C(X)$ 是一个 C^*-代数，这里 $f^*(x) = \overline{f(x)}$, $\|f\| = \max_{x \in X} |f(x)|$.

注记4.4.4　在这一节的讨论中，我们总假设 $\mathcal{A}$ 有单位元，否则可通过唯一的方式添加单位元，使其成为有单位元的 C^*-代数，见后面习题 6.

定义4.4.5　设 $\mathcal{A}$ 是一个 C^*-代数，$a \in \mathcal{A}$,
　　(i) 称 a 是自伴的，如果 $a = a^*$;
　　(ii) 称 a 是正规的，如果 $a^*a = aa^*$;
　　(iii) 称 a 是酉的，如果 $a^*a = aa^* = \mathbf{1}$.

命题4.4.6　设 $\mathcal{A}$ 是 C^*-代数，$a \in \mathcal{A}$, 那么
　　(i) $\|a^*\| = \|a\|$;
　　(ii) 若 a 可逆，则 a^* 可逆，且 $(a^*)^{-1} = (a^{-1})^*$, 以及对任何 $a \in \mathcal{A}$, 都有

$$\sigma(a^*) = \{\bar{\lambda} : \lambda \in \sigma(a)\};$$

　　(iii) 如果 a 是酉的，则 $\|a\| = 1$;
　　(iv) 如果 a 是正规的，则 a 的谱半径 $r(a) = \|a\|$;
　　(v) 如果 $\mathcal{B}$ 是一个 C^*-代数，且 $\rho : \mathcal{A} \to \mathcal{B}$ 是一个 C^*-同态，$a \in \mathcal{A}$, 则

$$\|\rho(a)\| \leqslant \|a\|.$$

证：　(i)，(ii)，(iii) 是容易的.
　　(ɪv) 如果 a 是正规元，那么

$$\|a^2\| = \|(a^2)^* a^2\|^{\frac{1}{2}} = \|a^* a a^* a\|^{\frac{1}{2}} = \|(a^* a)^2\|^{\frac{1}{2}} = \|a^* a\| = \|a\|^2.$$

因为 a^2 也是正规的，在上式中，用 a^2 替代 a 即得

$$\|a^4\| = \|a\|^4.$$

依次迭代下去就有 $\|a^{2^n}\| = \|a\|^{2^n}$, 这样 $r(a) = \lim_{n \to \infty} \|a^{2^n}\|^{\frac{1}{2^n}} = \|a\|$.

　　(v) 假设 $\rho \neq 0$. 设 $\mathcal{B}_0 = \overline{\rho(\mathcal{A})}$, 则 $\mathcal{B}_0$ 是一个 C^*-代数，其单位元为 $\rho(\mathbf{1})$, 且 $\|\rho(\mathbf{1})\| = 1$. 因此 ρ 诱导了 *-同态 $\tilde{\rho} : \mathcal{A} \to \mathcal{B}_0$, 将单位元映为单位元. 显然，对每个 $a \in \mathcal{A}$,

$$\sigma_{\mathcal{B}_0}(\tilde{\rho}(a)) = \sigma_{\mathcal{B}_0}(\rho(a)) \subseteq \sigma_{\mathcal{A}}(a).$$

因为 a^*a 是正规的, 由 (iv) 和上面的包含关系, 我们有

$$\|\tilde{\rho}(a)\|^2 = \|\tilde{\rho}(a^*a)\| = r(\tilde{\rho}(a^*a)) \leqslant r(a^*a) = \|a^*a\| = \|a\|^2,$$

从而 $\|\rho(a)\| = \|\tilde{\rho}(a)\| \leqslant \|a\|$.   □

命题4.4.7   设 $\mathcal{A}$ 是 C^*-代数, φ 是 $\mathcal{A}$ 上的可乘线性泛函, 则

(i) 如果 $a = a^*$, 则 $\varphi(a) \in \mathbb{R}$;

(ii) $\varphi(a^*) = \overline{\varphi(a)}$, $\forall a \in \mathcal{A}$;

(iii) $\varphi(a^*a) \geqslant 0$, $\forall a \in \mathcal{A}$.

证: (i) 对 $t \in \mathbb{R}$, $u_t = \mathrm{e}^{ita}$, 则 u_t 是酉的且 $u_t^* = \mathrm{e}^{-ita}$. 因此

$$\varphi(u_t) = \varphi\Big(\sum_n \frac{(it)^n}{n!} a^n \Big) = \sum_n \frac{(it)^n}{n!} \varphi^n(a) = \mathrm{e}^{it\varphi(a)},$$

同理 $\varphi(u_t^*) = \mathrm{e}^{-it\varphi(a)}$.

因为 $1 = \varphi(u_t u_t^*) = \varphi(u_t)\varphi(u_t^*)$, 并且 $|\varphi(u_t)| \leqslant 1$, $|\varphi(u_t^*)| \leqslant 1$, 故对任何实数 t, $|\varphi(u_t)| = |\mathrm{e}^{it\varphi(a)}| = 1$. 由此易见 $\varphi(a)$ 是实的.

(ii) 每个 a 可写为 $a = a_1 + ia_2$, 其中 a_1, a_2 是自伴的, 结论易得.

(iii) $\varphi(a^*a) = \overline{\varphi(a)}\varphi(a) = |\varphi(a)|^2 \geqslant 0$.   □

这个系的 (ii) 表明 C^*-代数上的可乘线性泛函自然成为一个 $*$-同态.

系4.4.8   设 $\mathcal{A}$ 是 C^*-代数, x 是 $\mathcal{A}$ 中的自伴元, 则 $\sigma(x) \subseteq \mathbb{R}$.

证: 设 $\mathcal{B}$ 是由单位元和 x 生成的 C^*-代数, 则 $\mathcal{B} \subseteq \mathcal{A}$, 且 $\sigma_{\mathcal{A}}(x) \subseteq \sigma_{\mathcal{B}}(x)$. 由定理 4.2.3 和命题 4.4.7 (i) 知

$$\sigma_{\mathcal{B}}(x) = \{\varphi(x) : \varphi \in \Delta_{\mathcal{B}}\} \subseteq \mathbb{R},$$

这里 $\Delta_{\mathcal{B}}$ 是 $\mathcal{B}$ 的极大理想空间.   □

定理4.4.9   设 $\mathcal{A}$ 是 C^*-代数, $\mathcal{B}$ 是 $\mathcal{A}$ 的 C^*-子代数, 且 $1 \in \mathcal{B}$, 那么对每个 $x \in \mathcal{B}$, $\sigma_{\mathcal{B}}(x) = \sigma_{\mathcal{A}}(x)$.

证：　显然 $\sigma_{\mathcal{A}}(x) \subseteq \sigma_{\mathcal{B}}(x)$. 为了证明反包含关系，只要证明任何元素 $x \in \mathcal{B}$，若它在 $\mathcal{A}$ 中可逆则一定在 $\mathcal{B}$ 中可逆. 事实上，x^*x 是 $\mathcal{B}$ 中的自伴元，系 4.4.8 表明 $\sigma_{\mathcal{B}}(x^*x) \subseteq \mathbb{R}$. 由定理 4.1.8 (i)，

$$\sigma_{\mathcal{A}}(x^*x) \supseteq \partial\sigma_{\mathcal{B}}(x^*x) = \sigma_{\mathcal{B}}(x^*x).$$

因为 $0 \notin \sigma_{\mathcal{A}}(x^*x)$，从而 $0 \notin \sigma_{\mathcal{B}}(x^*x)$. 故 x^*x 在 $\mathcal{B}$ 中可逆，即有 $(x^*x)^{-1} \in \mathcal{B}$，故 $(x^*x)^{-1}x^* \in \mathcal{B}$. 在 $\mathcal{A}$ 中考虑等式

$$(x^*x)^{-1}x^*x = x^{-1}x,$$

即 $(x^{-1} - (x^*x)^{-1}x^*)x = 0$. x 在 $\mathcal{A}$ 中的可逆性导致 $x^{-1} = (x^*x)^{-1}x^* \in \mathcal{B}$.　　□

注记4.4.10　上面的定理为我们计算元素的谱带来方便，为计算 $\sigma(x)$，人们只要考虑 x 在 $C^*(x)$ 中的谱就行了，这里 $C^*(x)$ 表示由 **1**, x 生成的 C^*-代数. 特别地，如果 x 是正规元，则 $C^*(x)$ 是交换的 C^*-代数. 上述定理也启发人们计算 Hilbert 空间上算子的谱时，可以选择合适的算子代数，此代数包含所研究的算子.

例子4.4.11　设 U 是 Hilbert 空间 H 上的酉算子，即 $U^*U = UU^* = I$，则 $\sigma(U) \subseteq \mathbb{T}$. 事实上，$C^*(U)$ 是交换的 C^*-代数，且 $C^*(U)$ 上每个可乘线性泛函 φ，有 $|\varphi(U)| = 1$. 由定理 4.2.3 立得 $\sigma(U) \subseteq \mathbb{T}$.

例子4.4.12　如果 P 是 H 上的投影算子，即 P 满足：$P^2 = P$, $P^* = P$，则当 $P \neq 0$, I 时，$\sigma(P) = \{0, 1\}$

§4.4.2　Gelfand-Naimark 定理

Gelfand-Naimark 定理完全刻画了交换 C^*-代数的结构，它是 C^*-代数理论中的一个里程碑式的结果.

定理4.4.13 (Gelfand-Naimark 定理)　设 $\mathcal{A}$ 是交换的 C^*-代数，$\varDelta$ 是 $\mathcal{A}$ 的极大理想空间，则 Gelfand 映射 $\Lambda : \mathcal{A} \to C(\varDelta)$ 是等距 $*$-同构，即有

$$\widehat{a^*} = \bar{\hat{a}} \quad \text{且} \quad \|\hat{a}\|_\infty = \|a\|, \quad a \in \mathcal{A}.$$

证：　由命题 4.4.7 (ii) 知 $\widehat{a^*} = \bar{\hat{a}}$. 因此，Gelfand 映射是 $*$-同态. 由定理 4.2.5 (ii)，

$$\|\hat{a}\|_\infty = r(a) \leqslant \|a\|.$$

因为对 $\forall a \in \mathcal{A}$, 应用命题 4.4.6 (iv) 和定理 4.2.5 (ii), 有

$$\|a\|^2 = \|a^*a\| = r(a^*a) = \|\widehat{a^*a}\|_\infty = \|\widehat{a^*}\,\hat{a}\|_\infty = \|\bar{\hat{a}}\hat{a}\|_\infty = \||\hat{a}|^2\|_\infty = \|\hat{a}\|_\infty^2,$$

即 $\|a\| = \|\hat{a}\|$, $a \in \mathcal{A}$. 故 Gelfand 映射 Λ 是等距. 也易见 $\hat{\mathbf{1}} = 1$, 因此 $\Lambda(\mathcal{A})$ 包含常值函数, 且在复共轭下是封闭的. 显然 $\Lambda(\mathcal{A})$ 分离 Δ 中的点, 应用 Stone-Weierstrass 定理即可完成证明.   □

在 Gelfand-Naimark 定理的证明中, 我们使用了 Stone-Weierstrass 定理. 这是一个基本的"稠密性"定理.

定理4.4.14 (Stone-Weierstrass 定理)   设 X 是紧的 Hausdorff 空间. 如果 $C(X)$ 的自伴子代数 $\mathcal{A}$ 包含常数且分离 X 中的点, 则 $\mathcal{A}$ 在 $C(X)$ 中依一致范数稠 (见 2.5.1 节).

例子4.4.15   在 $l^\infty(\mathbb{N})$ 上定义"*"运算和乘法如下: 给定 $a = (a_1, a_2, \cdots)$, $b = (b_1, b_2, \cdots) \in l^\infty(\mathbb{N})$, 定义

$$a\,b = (a_1 b_1, a_2 b_2, \cdots), \quad \text{且} \quad a^* = (\bar{a}_1, \bar{a}_2, \cdots),$$

那么 $l^\infty(\mathbb{N})$ 是一个交换的 C^*-代数, 单位元是 $\mathbf{1} = (1, 1, \cdots)$. 记 $\beta\mathbb{N}$ 是 $l^\infty(\mathbb{N})$ 的极大理想空间, 称它为自然数集 $\mathbb{N}$ 的 Stone-Čech 紧化. 由 Gelfand-Naimark 定理, $l^\infty(\mathbb{N}) = C(\beta\mathbb{N})$ (在 Gelfand 等距 *- 同构下). 注意到自然的嵌入

$$i : \mathbb{N} \to \beta\mathbb{N}, \quad n \to \delta_n,$$

这里 $\delta_n(a) = a_n$, $a = (a_1, a_2, \cdots)$. $\mathbb{N}$ 可视为 $\beta\mathbb{N}$ 的一个子集, 它在 $\beta\mathbb{N}$ 中稠密 (因为 $l^\infty(\mathbb{N})$ 中每个元素完全由在 $\mathbb{N}$ 上的行为所确定, 或使用 Urysohn 引理证明). 另外, $\beta\mathbb{N}$ 的拓扑不可度量化. 这用到如下结论: 若 X 是一个紧的度量空间, 那么在一致范数下, 连续函数代数 $C(X)$ 是可分的.

例子4.4.16   单位圆周上本性有界可测函数代数 $L^\infty(\mathbb{T})$. 记它的极大理想空间为 Δ, 则 $L^\infty(\mathbb{T}) = C(\Delta)$. 那么 Δ 不可度量化 (因为 $L^\infty(\mathbb{T})$ 不可分), 且 Δ 有如下性质: 如果 U 是 Δ 的开集, 则 $\overline{U}$ 也是开的, 即 Δ 是极度不连通的 (extremely disconnected). H^∞ 作为 L^∞ 的闭子代数分离 Δ, 且 Δ 是 $\mathfrak{M}$ (H^∞ 的极大理想空间) 的闭子集.

作为练习，请证明：考虑直线 $\mathbb{R}$ 上形如 $f(t) = \sum_{k=1}^{n} c_k e^{ib_k t}$, $c_k \in \mathbb{C}$, $b_k \in \mathbb{R}$ 的函数全体构成的代数，在其上定义范数 $\|f\| = \sup_{t \in \mathbb{R}} |f(t)|$. 取复共轭并完备化成为一个交换的 C^*-代数. 证明其极大理想空间上有一个自然的群结构，且 $\mathbb{R}$ 作为其子集是一个稠子群.

现在应用 Gelfand-Naimark 定理给出 Hilbert 空间上正规算子的连续函数演算定理. 我们在 C^*-代数的框架下叙述定理.

定理4.4.17　设 $\mathcal{A}$ 是一个 C^*-代数，x 是 $\mathcal{A}$ 的正规元，$C^*(x)$ 表示由 $\mathbf{1}$, x 生成的 C^*-子代数. 那么存在唯一的等距 $*$-同构 $\tau : C(\sigma(x)) \to C^*(x)$, τ 映 z (坐标函数) 到 x.

证：　设 Δ_x 是 $C^*(x)$ 的极大理想空间，那么映射 $r : \Delta_x \to \sigma(x)$, $\omega \mapsto \hat{x}(\omega)$ 是同胚. 这个同胚给出了等距 $*$-同构 $r^* : C(\sigma(x)) \to C(\Delta_x)$, $f \mapsto f \circ \hat{x}$, $f \in C(\sigma(x))$. 应用 Gelfand-Naimark 定理，$\Lambda : C^*(x) \to C(\Delta_x)$ 是等距 $*$-同构，Λ 映 x 到 $\hat{x}$. 因此 $\tau = \Lambda^{-1} r^* : C(\sigma(x)) \to C^*(x)$ 是等距 $*$-同构，它将坐标函数 z 映到 x. 因为复三角多项式在 $C(\sigma(x))$ 中稠，所以满足此性质的映射是唯一的.　　□

注记4.4.18　(i) 由此定理，对每个 $\sigma(x)$ 上的连续函数 f, 可定义 $f(x) = \tau(f)$. 这样对三角多项式 $f(z) = \sum_{m,n=0}^{N} C_{m,n} z^m \bar{z}^n$, 就有 $f(x) = \sum_{m,n=0}^{N} C_{m,n} x^m x^{*n}$. 特别地，当 N 是 Hilbert 空间上的正规算子 $(N^*N = NN^*)$, 且 f 是三角多项式时，我们有：

$$f(N) = \sum_{m,n=0}^{N} C_{m,n} N^m N^{*n}.$$

(ii) 当 N 是 Hilbert 空间上的正规算子，且 f 是 $\sigma(N)$ 上的连续函数时，则有

$$\sigma(f(N)) = f(\sigma(N)).$$

系4.4.19　设 $\mathcal{A}$, $\mathcal{B}$ 是 C^*-代数，且 $\rho : \mathcal{A} \to \mathcal{B}$ 是一个 1-1 的 C^*-同态，则 ρ 是等距. 特别地，若 $\rho : \mathcal{A} \to \mathcal{B}$ 是一个 C^*-同态，则 $\rho(\mathcal{A})$ 是 $\mathcal{B}$ 的一个 C^*-子代数.

证：　对每个自伴元 x, 证明等式 $\|x\| = \|\rho(x)\|$ 就行了. 由命题 4.4.6 (v), ρ 是有界的，因此 $\sigma(\rho(x)) \subseteq \sigma(x)$. 我们断言 $\sigma(\rho(x)) = \sigma(x)$. 否则在 $\sigma(x)$ 上存在非零连续函数 f, 使得 $f|_{\sigma(\rho(x))} = 0$, 并且因此 $f(\rho(x)) = 0$. 注意到 $\rho(f(x)) = f(\rho(x))$ 并且 ρ 是单的，于是 $f(x) = 0$. 定理 4.4.17 表明这是不可能的，因此 $\sigma(\rho(x)) = \sigma(x)$. 从命题 4.4.6 (iv)可知，$\|\rho(x)\| = \|x\|$. 进一步，若 $\rho : \mathcal{A} \to \mathcal{B}$ 仅仅是一个 C^*-同

态，那么 $\ker\rho$ 是 $\mathcal{A}$ 的一个 $*$ 理想（见习题6），我们考虑由 ρ 诱导的商 C^* -代数 $\mathcal{A}/\ker\rho$ 及其 1-1 的 C^*-同态 $\tilde{\rho}: \mathcal{A}/\ker\rho \to \mathcal{B}$, $\tilde{a} \mapsto \rho(a)$, 应用前面所得结论, $\rho(\mathcal{A})$ 是 $\mathcal{B}$ 的一个 C^*-子代数.   □

注记4.4.20   由此系, 我们看到如果 $\mathcal{A}$ 上有两个 C^*-范数, 那么它们必然相等.

如果 N 是压缩的正规算子, 即 $\|N\| \leqslant 1$, 那么由定理 4.4.17, 当 $f \in A(\mathbb{D})$ 时, 我们有

$$\|f(N)\| \leqslant \|f\|_\infty.$$

事实上, 这个结论可推广到一般的压缩算子, 这就是著名的 von Neumann 不等式.

定理4.4.21 (von Neumann 不等式)   设 T 是 Hilbert 空间 H 上的一个压缩算子, 即 $\|T\| \leqslant 1$. 设 $f \in A(\mathbb{D})$, 则 $\|f(T)\| \leqslant \|f\|_\infty$.

证: 首先对 Möbius 变换 $\varphi_\lambda(z) = \frac{z-\lambda}{1-\bar{\lambda}z}$, $|\lambda| < 1$, 证明 $\|\varphi_\lambda(T)\| \leqslant 1$. 事实上, 由简单的计算, 知下式对任意 $x \in H$ 成立:

$$\|(T-\lambda)x\|^2 - \|(I-\bar{\lambda}T)x\|^2 = (\|Tx\|^2 - \|x\|^2)(1-|\lambda|^2) \leqslant 0.$$

取 $x = (I-\bar{\lambda}T)^{-1}y$, $y \in H$, 就有

$$\|(T-\lambda)(I-\bar{\lambda}T)^{-1}y\|^2 \leqslant \|y\|^2.$$

故 $\|(T-\lambda)(I-\bar{\lambda}T)^{-1}\| \leqslant 1$. 因此对每一个有限 Blaschke 积 $B(z) = \varphi_{\lambda_1}(z) \cdots \varphi_{\lambda_n}(z)$, 下面不等式成立:

$$\|B(T)\| \leqslant 1.$$

因为圆代数 $A(\mathbb{D})$ 的闭单位球是有限 Blaschke 积的闭凸包 (参阅 [Gar, p. 189, Corollary 2.4]), 从此事实就可得 von Neumann 不等式.   □

§4.4.3 C^*-代数的正元

定义4.4.22   设 $\mathcal{A}$ 是一个 C^*-代数, a 是 $\mathcal{A}$ 中的一个自伴元. 称 a 是正的, 记作 $a \geqslant 0$, 如果 $\sigma(a) \subseteq \mathbb{R}_+$ (非负实数集). $\mathcal{A}$ 的全体正元记为 $\mathcal{A}_+$.

命题4.4.23   设 $\mathcal{A}$ 是一个 C^*-代数, a 是 $\mathcal{A}$ 的一个自伴元, 则有唯一的 a_+, a_- 属于 $\mathcal{A}_+$, 使得 $a = a_+ - a_-$, 且 $a_+ \cdot a_- = 0$.

证： 设 $f(t) = \max\{t, 0\}$，$g(t) = -\min\{t, 0\}$，则 f, g 是 $\sigma(a)$ 上的非负连续函数，且 $f(t) - g(t) = t$. 由定理 4.4.17，我们有 $a = f(a) - g(a)$，$f(a) \cdot g(a) = 0$，且 $f(a), g(a) \in \mathcal{A}_+$. 为证唯一性，假设 $u, v \in \mathcal{A}_+$，使得 $a = u - v$，且 $u \cdot v = 0$. 易见由 $\{1, a, u, v\}$ 生成的 C^*-代数 $\mathcal{B}$ 是交换的，且 $f(a), g(a) \in \mathcal{B}$. 又由定理 4.4.13，$\mathcal{B}$ 与 $C(X)$ *-同构，这里 X 是 $\mathcal{B}$ 的极大理想空间. 问题转化到 $C(X)$，即要验证 $C(X)$ 上每个实函数可以唯一地分解为正部减负部，这是容易的. $\square$

命题4.4.24 $\mathcal{A}_+$ 是一个闭锥，即 $\mathcal{A}_+$ 闭，且 $\mathcal{A}_+ + \mathcal{A}_+ \subseteq \mathcal{A}_+$，以及当 $t \geqslant 0$ 时，$t\mathcal{A}_+ \subseteq \mathcal{A}_+$. 另外，$\mathcal{A}_+ \cap (-\mathcal{A}_+) = \{0\}$.

证： 首先注意到若 a 是自伴的，应用定理 4.4.17 可知，$a \geqslant 0$ 当且仅当成立不等式 $\|1 - \frac{a}{\|a\|}\| \leqslant 1$，即 $\| \|a\| - a \| \leqslant \|a\|$. 若 $a_n \in \mathcal{A}_+$，且 $a_n \to a$，显然 a 是自伴的. 因为

$$\| \|a_n\| - a_n \| \leqslant \|a_n\|,$$

两边取极限有 $\| \|a\| - a \| \leqslant \|a\|$，故 $a \in \mathcal{A}_+$.

注意到若 a 自伴，且 $\|a\| \leqslant 1$，则 $a \geqslant 0$ 当且仅当 $\|1 - a\| \leqslant 1$ (应用定理 4.4.17). 现在对任意 $a, b \in \mathcal{A}_+$，有

$$\left\| 1 - \frac{1}{2} \frac{a+b}{\|a\| + \|b\|} \right\| \leqslant \frac{1}{2}\left(\left\| 1 - \frac{a}{\|a\| + \|b\|} \right\| + \left\| 1 - \frac{b}{\|a\| + \|b\|} \right\| \right) \leqslant 1,$$

所以 $a + b \in \mathcal{A}_+$.

此外，若 $h \in \mathcal{A}_+ \cap (-\mathcal{A}_+)$，则 $\sigma(h) = \{0\}$. 由正规元的谱半径公式 (命题 4.4.6)，$\|h\| = r(h) = 0$，故 $h = 0$. $\square$

依据命题 4.4.24，我们在一个 C^*-代数的所有自伴元集中可引入偏序 "$\geqslant$"，表示 $a \geqslant b$ 是指 $a - b \geqslant 0$.

命题4.4.25 设 $\mathcal{A}$ 是一个 C^*-代数，$a \in \mathcal{A}_+$，n 是一个自然数，则存在唯一的 $b \in \mathcal{A}_+$，使得 b 与 a 交换，且 $b^n = a$. 记 b 为 $a^{\frac{1}{n}}$，称为 a 的 n 次方根.

证： 其证法类似于命题 4.4.23，略. $\square$

接着的命题完全刻画了一个 C^*-代数的正元.

命题4.4.26 设 $\mathcal{A}$ 是一个 C^*-代数，$a \in \mathcal{A}$，则 $a \geqslant 0$ 当且仅当存在 $b \in \mathcal{A}$，使得 $a = b^*b$.

证： 必要性可在命题 4.4.25 中取 $n = 2$，此时 $a = (a^{\frac{1}{2}})^*(a^{\frac{1}{2}})$.

为证充分性，首先断言：对任何 $x, y \in \mathcal{A}$，$\sigma(xy) \cup \{0\} = \sigma(yx) \cup \{0\}$. 事实上，若 $\lambda \neq 0$，使得 $xy - \lambda$ 在 $\mathcal{A}$ 中可逆，且逆记为 z，则易验证

$$(yzx - 1)(yx - \lambda) = (yx - \lambda)(yzx - 1) = \lambda.$$

因此 $yx - \lambda$ 在 $\mathcal{A}$ 中可逆，故结论成立.

我们继续证明. 设 $a = b^*b$，则 a 自伴. 由命题 4.4.23 和命题 4.4.25 知，a 可表为 $a = u^2 - v^2$，$u, v \in \mathcal{A}_+$ 且 $uv = 0$. 从而

$$(bv)^*(bv) = v^*av = -v^4 \leqslant 0.$$

置 $bv = x + iy$，这里 $x = x^*$，$y = y^*$. 由命题 4.4.24 和谱映射定理，

$$(bv)^*(bv) + (bv)(bv)^* = 2(x^2 + y^2) \geqslant 0,$$

因而

$$(bv)(bv)^* = 2(x^2 + y^2) - (bv)^*(bv) = 2(x^2 + y^2) + v^4 \geqslant 0.$$

由前面的断言，$\sigma((bv)^*(bv)) \cup \{0\} = \sigma((bv)(bv)^*) \cup \{0\}$，故 $\sigma((bv)^*(bv)) = \{0\}$. 因此 $v^4 = 0$，从而 $v = 0$. 这表明 $a = u^2 \geqslant 0$，即 $a \in \mathcal{A}_+$.   □

习题

1. 设 H 是 Hilbert 空间，$A \in B(H)$，则 A 作为 C^*- 代数 $B(H)$ 中的元是正的当且仅当 A 是正算子，即对 $\forall h \in H$，$\langle Ah, h \rangle \geqslant 0$.

2. 设 A 是 Hilbert 空间 H 上的有界线性算子，$A^* = -A$，证明 $\sigma(A) \subseteq i\mathbb{R}$.

3. 设 $a \in \mathcal{A}_+$，$0 \leqslant \alpha < \infty$，$f(x) = x^\alpha$，定义 $a^\alpha = f(a)$. 设 $a, b \in \mathcal{A}_+$，$a \leqslant b$，则
   (i) (Löwner-Heinz 不等式) 当 $0 \leqslant \alpha \leqslant 1$ 时，$a^\alpha \leqslant b^\alpha$；
   (ii) $\|a\| \leqslant \|b\|$；
   (iii) $cac^* \leqslant cbc^*$，$\forall c \in \mathcal{A}$.

4. 对 $\forall a \in \mathcal{A}$，定义 $|a| = (a^*a)^{\frac{1}{2}}$，证明：若 a 是自伴的，则 $|a| = a_+ + a_-$.

5. 若 $a, b \in \mathcal{A}_+$，且 $ab = ba$，证明 $ab \in \mathcal{A}_+$.

6. 若 $\mathcal{J}$ 是 C^*-代数 $\mathcal{A}$ 的一个闭理想，证明 $\mathcal{J}$ 是自伴的，即若 $a \in \mathcal{J}$，则 $a^* \in \mathcal{J}$. 在 Banach 代数 $\widetilde{\mathcal{A}} = \mathcal{A}/\mathcal{J}$ 上，定义 $*$ 运算 $\tilde{a}^* = \widetilde{a^*}$，证明 $*$ 运算是良定义的，且在此 $*$ 运算下，$\widetilde{\mathcal{A}}$ 是一个 C^*- 代数.

7. 若 $\mathcal{A}$ 是没有单位元的 C^*-代数，在 $\tilde{\mathcal{A}} = \mathbb{C} + \mathcal{A}$ 上定义 $*$ 运算和范数如下：

$$(\lambda + a)^* = \bar{\lambda} + a^*, \quad \|\lambda + a\| = \sup_{b \in \mathcal{A}, \|b\| \leqslant 1} \|\lambda b + ab\|, \ \lambda \in \mathbb{C}, a \in \mathcal{A}.$$

证明在上述定义的范数和 $*$ 运算下，$\tilde{\mathcal{A}}$ 是一个有单位的 C^*-代数，其单位元为 $1 + \mathbf{0}$，并说明在 $*$ 等距同构意义下，单位化后的 C^*-代数是唯一的.

§4.4.4　态和 GNS 构造

设 $\mathcal{A}$ 是一个 C^*-代数，一个线性泛函 $\varphi : \mathcal{A} \to \mathbb{C}$ 称为正的，记为 $\varphi \geqslant 0$，如果当 $a \geqslant 0$ 时，$\varphi(a) \geqslant 0$.

例子4.4.27　设 $\pi : \mathcal{A} \to B(H)$ 是 $\mathcal{A}$ 到 Hilbert 空间 H 的一个表示，即 π 是一个 C^*-同态，那么对 $\forall e \in H$，$\varphi_e(a) = \langle \pi(a)e, e \rangle$ 定义了 $\mathcal{A}$ 上的一个正线性泛函.

由命题 4.4.23，如果 φ 是正线性泛函，那么 $\varphi(a^*) = \overline{\varphi(a)}$. 对正线性泛函，有下面的命题.

命题4.4.28 (Cauchy-Schwarz 不等式)　设 φ 是 $\mathcal{A}$ 上的一个正线性泛函，则对 $\forall a, b \in \mathcal{A}$，有

$$|\varphi(b^*a)|^2 \leqslant \varphi(a^*a)\varphi(b^*b).$$

证：　在 $\mathcal{A}$ 上定义双线性泛函 $\varphi(b^*a)$，由 $\varphi((a + tb)^*(a + tb)) \geqslant 0$，$\forall t \in \mathbb{R}$，即 $t^2\varphi(b^*b) + 2t\mathrm{Re}\,\varphi(b^*a) + \varphi(a^*a) \geqslant 0$，可知，对 $\forall a, b \in \mathcal{A}$，

$$|\mathrm{Re}\,\varphi(b^*a)|^2 \leqslant \varphi(a^*a)\varphi(b^*b),$$

于是立得 $|\varphi(b^*a)|^2 \leqslant \varphi(a^*a)\varphi(b^*b)$.　　　　　　　　　□

从 Cauchy-Schwarz 不等式可知，每个正线性泛函是有界的，且 $\|\varphi\| = \varphi(\mathbf{1})$. 事实上，若 $\|x\| \leqslant 1$，则 $\mathbf{1} - x^*x \geqslant 0$，从而 $\varphi(x^*x) \leqslant \varphi(\mathbf{1})$. 因此

$$|\varphi(x)| \leqslant \varphi(\mathbf{1})^{\frac{1}{2}}\varphi(x^*x)^{\frac{1}{2}} \leqslant \varphi(\mathbf{1}).$$

这表明 φ 是连续的，且 $\|\varphi\| \leqslant \varphi(\mathbf{1})$，因此立得 $\|\varphi\| = \varphi(\mathbf{1})$. 反之，我们有下面的命题.

命题4.4.29　如果 φ 是 $\mathcal{A}$ 上的有界线性泛函，$\|\varphi\| = \varphi(\mathbf{1})$，那么 φ 是正的.

证： 如果 $\mathcal{A}$ 是交换的，由定理 4.4.13 及定理 2.1.5 知，$\mathcal{A} = C(X)$，且有 X 上的测度 μ，使得 φ 有表达 $\varphi : C(X) \to \mathbb{C}, f \mapsto \int_X f \, \mathrm{d}\mu$，并且 $\|\mu\| = \mu(X)$，因此 $\mu \geqslant 0$，于是立得 φ 是正的.

在一般情形，对 $\forall\, a \in \mathcal{A}_+$，设 $C^*(a)$ 是由单位元和 a 生成的 C^*-代数，则 $C^*(a)$ 交换，且 $C^*(a) \cong C(\sigma(a))$. 置 $\varphi_0 = \varphi|_{C^*(a)}$，则有

$$\varphi_0(\mathbf{1}) \leqslant \|\varphi_0\| \leqslant \|\varphi\| = \varphi(\mathbf{1}) = \varphi_0(\mathbf{1}).$$

由上面的讨论可知，φ_0 是正的，且有 $\varphi(a) = \varphi_0(a) \geqslant 0$，即 $\varphi \geqslant 0$. □

系4.4.30 设 $\mathcal{A}$ 是 C^*-代数，$\mathcal{B}$ 是 $\mathcal{A}$ 的含单位元的 C^*-子代数，那么 $\mathcal{B}$ 上的每个正线性泛函的保范延拓必为 $\mathcal{A}$ 上的正线性泛函.

证： 如果 $\psi : \mathcal{B} \to \mathbb{C}$ 是正的，且设 φ 是 ψ 到 $\mathcal{A}$ 上的保范延拓，那么 $\|\varphi\| = \|\psi\| = \psi(\mathbf{1}) = \varphi(\mathbf{1})$，立得 φ 是正的. □

在 C^*-代数 $\mathcal{A}$ 上一个态是指范数为 1 的正线性泛函. $\mathcal{A}$ 的所有态之集称为 $\mathcal{A}$ 的态空间，记为 $\Sigma(\mathcal{A})$. 一个正线性泛函 φ 是一个态当且仅当 $\varphi(\mathbf{1}) = 1$. 特别地，由系 4.4.30，$\mathcal{A}$ 的 C^*-子代数上的态一定可以延拓为 $\mathcal{A}$ 上的一个态. 由 Banach-Alaoglu 定理，$\Sigma(\mathcal{A})$ 是 $\mathcal{A}^*$ 的一个 w*-紧的凸子集.

定义4.4.31 对于 C^*-代数 $\mathcal{A}$ 的一个表示 $\pi : \mathcal{A} \to B(H)$，如果存在 $e \in H$，使得 $\{\pi(a)e : a \in \mathcal{A}\}$ 在 H 中稠密，称 π 为循环的，并且这个向量 e 称为表示 π 的循环向量. 给定 $\mathcal{A}$ 的两个表示 $\pi_1 : \mathcal{A} \to B(H_1)$，$\pi_2 : \mathcal{A} \to B(H_2)$，如果存在酉算子 $U : H_1 \to H_2$，使得 $\pi_2(a) = U\pi_1(a)U^*$，$a \in \mathcal{A}$，称 π_1 和 π_2 是等价的.

下面的 Gelfand-Naimark-Segal 构造表明在某种意义下，由态产生的循环表示是唯一的.

定理4.4.32 (Gelfand-Naimark-Segal 构造) 设 $\mathcal{A}$ 是 C^*-代数，并且 φ 是 $\mathcal{A}$ 上的一个态, 则

(i)存在 $\mathcal{A}$ 的循环表示 $\pi_\varphi : \mathcal{A} \to B(H_\varphi)$，以及单位循环向量 e_φ，使得

$$\varphi(a) = \langle \pi_\varphi(a)e_\varphi, e_\varphi \rangle, \quad a \in \mathcal{A}.$$

(ii) 如果 $\pi : \mathcal{A} \to B(H)$ 是 $\mathcal{A}$ 的一个循环表示，e 是其单位循环向量，并且 $\varphi(a) = \langle \pi(a)e, e \rangle$，则表示 (π, H) 等价于由 (i) 产生的表示 (π_φ, H_φ).

证：(i) 置 $\mathcal{L} = \{x \in \mathcal{A} : \varphi(x^*x) = 0\}$，则易知 $\mathcal{L}$ 是 $\mathcal{A}$ 的闭子空间. 如果 $a \in \mathcal{A}$，$x \in \mathcal{L}$，那么

$$0 \leqslant \varphi((ax)^*(ax)) = \varphi(x^*a^*ax) \leqslant \varphi(x^*\|a\|^2 x) = \|a\|^2\varphi(x^*x) = 0.$$

因此，$\mathcal{L}$ 是 $\mathcal{A}$ 的闭的左理想. 以自然的方式可在商空间 $\mathcal{A}/\mathcal{L}$ 上定义内积如下：

$$\langle [x], [y] \rangle = \varphi(y^*x), \quad x, y \in \mathcal{A}.$$

记 $\mathcal{A}/\mathcal{L}$ 在此内积下的完备化为 H_φ. 因为对 $a, x \in \mathcal{A}$，

$$\|[ax]\|^2 = \langle [ax], [ax] \rangle = \varphi((ax)^*(ax)) = \varphi(x^*a^*ax) \leqslant \|a\|^2\varphi(x^*x) = \|a\|^2\|[x]\|^2,$$

所以对每个 $a \in \mathcal{A}$，在 $\mathcal{A}/\mathcal{L}$ 上可定义线性算子

$$\pi_\varphi(a) : \mathcal{A}/\mathcal{L} \to \mathcal{A}/\mathcal{L}, \quad \pi_\varphi(a)[x] = [ax],$$

那么 $\|\pi_\varphi(a)\| \leqslant \|a\|$. 因此 $\pi_\varphi(a)$ 可延拓成 H_φ 上的算子，仍记为 $\pi_\varphi(a)$. 易见成立 $\pi_\varphi(ab) = \pi_\varphi(a)\pi_\varphi(b)$，且 $\pi_\varphi(a^*) = \pi_\varphi^*(a)$. 从而可建立 C^*-同态

$$\pi_\varphi : \mathcal{A} \to B(H_\varphi),$$

即 $\pi_\varphi : \mathcal{A} \to B(H_\varphi)$ 是 $\mathcal{A}$ 的一个表示. 取 $e_\varphi = [\mathbf{1}]$，则 $\|e_\varphi\| = 1$，并且 $\pi_\varphi(\mathcal{A})e_\varphi = \{[x] : x \in \mathcal{A}\}$ 在 H_φ 中稠密. 可见 e_φ 是表示 $\{\pi_\varphi, H_\varphi\}$ 的循环向量，且有

$$\varphi(a) = \langle \pi_\varphi(a)e_\varphi, e_\varphi \rangle, \ a \in \mathcal{A}.$$

(ii) 设表示 $\{\pi, H\}$，ψ，e 如 (ii) 中所给，并且设 $\{\pi_\varphi, H_\varphi, e_\varphi\}$ 是 (i) 中通过 GNS 构造所获得的表示，那么对 $a \in \mathcal{A}$，有

$$\|\pi_\varphi(a)e_\varphi\|^2 = \langle \pi_\varphi(a^*a)e_\varphi, e_\varphi \rangle = \varphi(a^*a) = \langle \pi(a^*a)e, e \rangle = \|\pi(a)e\|^2.$$

记 $X = \{\pi_\varphi(a)e_\varphi : a \in \mathcal{A}\}$，$Y = \{\pi(a)e : a \in \mathcal{A}\}$，则 X，Y 各自是 H_φ，H 的稠线性子空间，并且我们可建立等距线性同构

$$U : X \to Y, \quad \pi_\varphi(a)e_\varphi \mapsto \pi(a)e.$$

于是 U 可延拓为 H_φ 到 H 上的一个酉算子，使得 $U\pi_\varphi(a)e_\varphi = \pi(a)e$，$a \in \mathcal{A}$. 故对 $\forall a, x \in \mathcal{A}$，

$$U\pi_\varphi(a)\pi_\varphi(x)e_\varphi = U\pi_\varphi(ax)e_\varphi = \pi(ax)e = \pi(a)\pi(x)e = \pi(a)U\pi_\varphi(x)e_\varphi,$$

立得 $U\pi_\varphi(a) = \pi(a)U$，即 $\pi(a) = U\pi_\varphi(a)U^*$. □

下面的例子将帮助我们理解 GNS 构造.

例子4.4.33 考虑紧集 X 上的连续函数代数 $C(X)$，它上面的一个态即为一个概率测度 μ，此时 $\mathcal{L} = \{f : \int_X |f|^2\,\mathrm{d}\mu = 0\} = \{f : f = 0 \text{ a.e. } [\mu]\}$，GNS 构造产生的 Hilbert 空间即为 $L^2(X, \mathrm{d}\mu)$，表示 $\pi_\mu : C(X) \to B(L^2)$ 由 $\pi_\mu(f) = M_f$ 给出，这里 M_f 为 L^2 上的乘法算子.

定理4.4.34 (Gelfand-Naimark-Segal) 每一个 C^*-代数 $*$-等距同构于一个算子 C^*-代数，即存在 Hilbert 空间 H，以及一个 $*$-等距表示 $\pi : \mathcal{A} \to B(H)$. 如果 $\mathcal{A}$ 是可分的，那么 H 也可选为可分的.

证： 设 Σ_* 是 $\Sigma(\mathcal{A})$ 的弱 $*$-稠密子集，那么 Σ_* 分离 $\mathcal{A}$. 定义

$$H = \bigoplus_{\varphi \in \Sigma_*} H_\varphi, \quad \pi = \bigoplus_{\varphi \in \Sigma_*} \pi_\varphi,$$

则表示 $\pi : \mathcal{A} \to B(H)$，$\pi(a) = \bigoplus_{\varphi \in \Sigma_*} \pi_\varphi(a)$ 是忠实的 (即单的). 由系 4.4.19 知 π 是等距.

如果 $\mathcal{A}$ 是可分的，由定理 2.4.5 和 Banach-Alaoglu 定理，$\mathcal{A}$ 的对偶空间 $\mathcal{A}^*$ 的闭单位球依弱 $*$-拓扑可度量化. 从而 Σ_* 可选为可列的. 又由 GNS 构造，每个 $H_\varphi = \overline{\pi_\varphi(\mathcal{A})e_\varphi}$ 是可分的，于是立得

$$H = \bigoplus_{\varphi \in \Sigma_*} H_\varphi$$

是可分的.   □

应用这个定理，我们看到 von Neumann 不等式 (定理4.4.21) 也对 C^* 代数中的压缩向量成立，即对范数不超过 1 的向量成立.

习题

1. 如果 $\mathcal{A}$ 的一个态 φ 是 $\Sigma(\mathcal{A})$ 的端点，称 φ 为纯的，即若 $\varphi = t\varphi_1 + (1-t)\varphi_2$，这里 $\varphi_1, \varphi_2 \in \Sigma(\mathcal{A})$，且 $0 < t < 1$，则 $\varphi_1 = \varphi_2 = \varphi$. 证明：如果 $\mathcal{A}$ 是交换的，那么 φ 是纯的当且仅当 φ 是可乘的.
2. 给定一个表示 $\pi : \mathcal{A} \to B(H)$，如果 $\pi(\mathcal{A})$ 是一个不可约的算子代数 (即 $\pi(\mathcal{A})$ 没有非平凡的闭不变子空间)，那么称 π 为不可约的. 证明：设表示 $\pi : \mathcal{A} \to B(H)$

是循环的，e 为循环向量，并设 $\varphi(a) = \langle \pi(a)e, e \rangle$，那么 φ 是纯的当且仅当 π 是不可约的.

3. 对 Hilbert 空间 H 上的每个单位向量 e，在 $B(H)$ 上定义 $\varphi_e(T) = \langle Te, e \rangle$，证明每个 φ_e 是纯的.

4. 证明：$a \in \mathcal{A}_+$ 当且仅当对每一个态 φ，$\varphi(a) \geqslant 0$.

5. 如果 a 是 $\mathcal{A}$ 的正规元，证明：$\{\varphi(a) : \varphi \in \Sigma(\mathcal{A})\} = \overline{\mathrm{con}(\sigma(a))}$，这里 $\overline{\mathrm{con}(\sigma(a))}$ 表示 $\sigma(a)$ 的闭凸包.

6. 设 $f \in \mathcal{A}^*$. 证明：存在 $\varphi \in \Sigma(\mathcal{A})$，$h \in H_\varphi$，使得

$$f(a) = \langle \pi_\varphi(a)e_\varphi, h \rangle, \quad a \in \mathcal{A}.$$

7. 用 GNS 构造证明对每个有单位的有限维 C^*-代数 $\mathcal{A}$，存在唯一的自然数组 $\{n_1, \cdots, n_m\}$，使得 $\mathcal{A}$ 是 C^*-同构于 $M_{n_1}(\mathbb{C}) \oplus \cdots \oplus M_{n_m}(\mathbb{C})$.

8. 设 φ 是 $\mathcal{A}$ 的一个连续的Hermitian泛函，即当 $x = x^*$ 时，$\varphi(x) \in \mathbb{R}$. 证明存在唯一的正泛函 φ_+, φ_- 使得 $\varphi = \varphi_+ - \varphi_-$，并且 $\|\varphi\| = \|\varphi_+\| + \|\varphi_-\|$. 对 $\mathcal{A}$ 上的任何连续线性泛函 f，令

$$f_1(x) = \frac{1}{2}(f(x) + \overline{f(x^*)}), \quad f_2(x) = \frac{1}{2\mathrm{i}}(f(x) - \overline{f(x^*)}),$$

那么 f_1, f_2 是Hermitian泛函，并且 $f = f_1 + \mathrm{i}f_2$，易见，这个分解是唯一的. 因此，$\mathcal{A}$ 上的每个连续线性泛函可分解为至多四个正泛函的线性组合.

§4.4.5 Fuglede-Putnam 定理

对正规元，有一个常用的交换性定理，即 Fuglede-Putnam 定理.

定理4.4.35 设 $\mathcal{A}$ 是 C^*-代数，x 是 $\mathcal{A}$ 的正规元，且 $y \in \mathcal{A}$，使得 $xy = yx$，那么 $x^*y = yx^*$.

证： 首先对任何 $z \in \mathcal{A}$，记 $R = \mathrm{e}^{z-z^*}$，则 $R^* = \mathrm{e}^{-(z-z^*)}$，从而

$$RR^* = R^*R = \mathbf{1}.$$

故 R 是酉的，$\|R\| = 1$.

因为 $xy = yx$，故对非负整数 n，有 $x^n y = yx^n \Rightarrow \mathrm{e}^x y = y\mathrm{e}^x$. 因此 $y = \mathrm{e}^{-x}y\mathrm{e}^x$. 这给出了 $\mathrm{e}^{x^*}y\mathrm{e}^{-x^*} = \mathrm{e}^{x^*-x}y\mathrm{e}^{x-x^*}$ (注意此处用到 $x^*x = xx^*$). 由前面的推理，$\|\mathrm{e}^{x^*-x}\| = \|\mathrm{e}^{x-x^*}\| = 1$，从而

$$\|\mathrm{e}^{x^*}y\mathrm{e}^{-x^*}\| \leqslant \|y\|.$$

因为对任何复数 λ, $(\bar{\lambda}x)y = y(\bar{\lambda}x)$. 将此应用到上式，向量值解析函数 $f(\lambda) = e^{\lambda x^*}ye^{-\lambda x^*}$ ($\lambda \in \mathbb{C}$) 满足 $\|f(\lambda)\| \leqslant \|y\|$. 应用 Liouville 定理表明 $f(\lambda)$ 是常值，故 $f(\lambda) = f(0) = y$，即有

$$e^{\lambda x^*}y = ye^{\lambda x^*}, \quad \lambda \in \mathbb{C}.$$

展开并比较两边系数就有 $x^*y = yx^*$. $\qquad\qquad\qquad\qquad\qquad\qquad\square$

系4.4.36 如果 N 是 Hilbert 空间 H 上的正规算子，且 $T \in B(H)$，如果 $TN = NT$，那么 $TN^* = N^*T$.

Hilbert 空间 H 上的一个算子 M 称为本质正规算子，如果 $\widetilde{M}$ 是 Calkin 代数 $B(H)/K(H)$ 中的正规元，这里 $K(H)$ 是 H 上的紧算子理想，等价地，M 是本质正规的当且仅当 $M^*M - MM^* \in K(H)$.

系4.4.37 如果 M 是本质正规的，且 $TM - MT$ 是紧的，则 $TM^* - M^*T$ 是紧的. 更一般地，若 $\mathcal{J}$ 是 C^*- 代数 $\mathcal{A}$ 的一个闭理想，且 $x^*x - xx^* \in \mathcal{J}$，以及 $xy - yx \in \mathcal{J}$，则 $x^*y - yx^* \in \mathcal{J}$.

习题

1. 如果 M，N 是 Hilbert 空间 H 上的正规算子，且 $T \in B(H)$ 满足 $NT = TM$，那么 $N^*T = TM^*$. 提示：在 $H \oplus H$ 上考虑算子

$$A = \begin{pmatrix} N & 0 \\ 0 & M \end{pmatrix}, \quad B = \begin{pmatrix} 0 & T \\ 0 & 0 \end{pmatrix}.$$

§4.5   连续函数代数的表示

在 §2.5 节，我们讨论了连续函数代数. 像我们已看到的，大量的交换的数学对象都可以用连续函数代数表示，诸如交换的 Banach 代数以及 Gelfand-Naimark 定理等. 设 X 是一个紧的 Hausdorff 空间，$C(X)$ 是 X 上连续的复函数全体，并且定义 $\|f\| = \max |f(x)|$. 那么在复共轭下，$C(X)$ 是一个交换的 C^*-代数. $C(X)$ 在一个可分 Hilbert 空间 H 上的一个表示：$\pi : C(X) \to B(H)$ 是一个 C^*-同态且把常数函数 1 映为 H 上的恒等算子. 我们在后面将会看到，连续函数代数的表示在正规算子的研究中有基本的重要性. 现在回到 Riesz 表示定理，即连续函数代数线性泛函的表示，它告诉我们 $C(X)$ 的每个连续的线性泛函 F，存在

唯一的复的正则 Borel 测度 μ, 使得 $F(f) = \int f \, d\mu$. 因此要研究连续函数代数的表示, 自然地要考虑算子值测度. 像 Riesz 表示定理一样, 人们期望对每个表示 π, 存在唯一的算子值测度 E, 使得 $\pi(f) = \int f \, dE$. 这个算子值测度是什么? 就是下面我们要介绍的谱测度的概念. 这是泛函分析中的一个基本概念, 也是研究正规算子的有力工具. 在这方面有大量丰富的文献, 在这一节的讨论中, 我们主要参考了 Rudin 的书 [Ru1] 和 Conway 的书 [Con1].

§4.5.1　谱测度和谱积分

设 Ω 是一个集, $\mathcal{B}$ 是 Ω 的某些子集构成的 σ-代数, H 是一个 Hilbert 空间. 可测空间 $(\Omega, \mathcal{B})$ 上的一个谱测度 (E, H) 是指一个映射 $E : \mathcal{B} \to B(H)$, 它满足:

(i) 对每个 $\omega \in \mathcal{B}$, $E(\omega)$ 是投影算子, 且 $E(\emptyset) = 0$, $E(\Omega) = I$;

(ii) 如果 $\omega_1, \omega_2 \in \mathcal{B}$, 那么 $E(\omega_1 \cap \omega_2) = E(\omega_1)E(\omega_2)$;

(iii) 如果 $\omega_1, \omega_2, \cdots$ 是 $\mathcal{B}$ 中两两不相交的可测集列, 那么在强算子拓扑下,

$$E\Big(\bigcup_n \omega_n\Big) = \sum_n E(\omega_n),$$

即对每个 $x \in H$, 依 Hilbert 空间 H 的范数, $\sum_n E(\omega_n)x = E(\bigcup_n \omega_n)x$.

在上述条件下, 我们称 $(\Omega, \mathcal{B}, E, H)$ 是一个谱测度空间. 当可测空间明确时, 我们有时也称 E 是 Ω 上的一个谱测度. 当 E 是 Ω 上的一个谱测度时, 对任何 $x, y \in H$, 定义 Ω 上的一个复测度 $E_{x,y}(\omega) = \langle E(\omega)x, y \rangle$, 那么容易验证 $E_{x,y}$ 的全变差 $\|E_{x,y}\| \leqslant \|x\| \|y\|$.

在展开下面的内容之前, 我们先看一个谱测度的例子. 设 X 是一个紧的 Hausdorff 空间, μ 是 X 上一个正的 Borel 测度. 对 X 的每个 Borel 子集 ω, 在 Hilbert 空间 $H = L^2(X, \mu)$ 上定义 $E(\omega) = M_\omega$, 这里 M_ω 表示由 ω 的特征函数定义的乘法算子. 那么 (E, H) 是 X 上的一个谱测度.

我们称 Ω 上的一个复函数 f 是可测的, 是指对复平面的任何开集 V, 都有 $f^{-1}(V) \in \mathcal{B}$. 两个可测函数相对于谱测度 E 几乎处处相等是指: $E(f \neq g) = 0$, 并且记为 $f = g$ a.e. dE. 一个 E-零集 ω 是指: $\omega \in \mathcal{B}$ 并且 $E(\omega) = 0$. 可测函数 f 相对于谱测度 E 的本性值域 $\mathrm{E}(f)$ 定义为: $\lambda \in \mathrm{E}(f)$ 当且仅当对包含 λ 的任何开集 V, $E(f^{-1}(V)) \neq 0$, 那么 f 的相对于谱测度 E 的本性值域是复平面的一个闭子集. f 的相对于谱测度 E 的本性上界定义为

$$\|f\|_{E, \infty} = \sup_{\lambda \in \mathrm{E}(f)} |\lambda|.$$

那么容易验证 $\|f\|_{E,\infty} = \inf\{\sup_{x\in\Omega\backslash S}|f(x)| : S\subset\Omega,\ E(S)=0\}$. 用 $L^\infty(\Omega,E)$ 表示 Ω 上相对于谱测度 E 的本性有界可测函数全体，像在实分析中同样的证明，在上述范数下，$L^\infty(\Omega,E)$ 是一个有单位元的交换 Banach 代数. 我们考虑这个代数的复共轭为 $*$ 运算，那么 $L^\infty(\Omega,E)$ 是一个有单位元的交换 C^*-代数.

下面我们定义谱测度空间上的谱积分. 首先定义简单函数的情形. 给定 $f=\sum_{n=1}^N a_n\chi_{\omega_n}$，这里 χ_{ω_n} 是可测集 ω_n 的特征函数. 定义 f 的谱积分

$$\int f\,\mathrm{d}E = \sum_{n=1}^N a_n E(\omega_n).$$

我们用归纳法验证这个定义是良定义的. 因此只要验证当 $f=\sum_{n=1}^N a_n\chi_{\omega_n}=0$ a.e. $\mathrm{d}E$ 时，必有 $\sum_{n=1}^N a_n E(\omega_n)=0$. 当 $N=1$ 时，结论显然成立. 假设当 $N\leqslant m$ 时结论成立. 我们考虑 $f=\sum_{n=1}^{m+1} a_n\chi_{\omega_n}$，且不妨假设所有 $a_n\neq 0$ 以及 $E(\omega_n)\neq 0$. 记 $\tilde\omega_n=\Omega\backslash\omega_n$. 因此对每个 n，$\chi_{\omega_n}\chi_{\tilde\omega_n}=0$，故简单函数 $f\chi_{\tilde\omega_k}$ 的表达式中至多含 m 项，由归纳假设和谱测度性质，我们有

$$\Big(\sum_{n=1}^{m+1} a_n E(\omega_n)\Big)E(\tilde\omega_k)=0.$$

记 $A=\sum_{n=1}^{m+1} a_n E(\omega_k)$，那么上式给出了 $A=AE(\omega_k)$，$k=1,\cdots,m+1$. 从而我们有

$$A = AE(\omega_1)\cdots E(\omega_{m+1}) = AE(\cap_{n=1}^{m+1}\omega_n) = \Big(\sum_{n=1}^{m+1} a_n\Big)E(\omega),$$

这里 $\omega=\cap_{n=1}^{m+1}\omega_n$，因为 $f\chi_\omega=(\sum_{n=1}^{m+1} a_n)\chi_\omega=0$ a.e. $\mathrm{d}E$，归纳假设蕴含了上式等于零，完成了证明.

从简单函数谱积分的定义，我们看到当 f 是简单函数时，成立范数等式

$$\|f\|_{E,\infty} = \Big\|\int f\,\mathrm{d}E\Big\|.$$

当 $f\in L^\infty(\Omega,E)$ 时，我们用简单函数逼近 f 来定义 f 的谱积分，即取一列简单函数 f_n 满足 $\|f_n-f\|_{E,\infty}\to 0$，定义 f 的谱积分

$$\int f\,\mathrm{d}E = \lim_{n\to\infty}\int f_n\,\mathrm{d}E,$$

这里依算子范数取极限. 从上面的关于简单函数的范数等式，我们看到上面的极限存在并且不依赖简单函数列的选取，因此上面对有界可测函数的谱积分定义是合理的.

当 $f \in L^\infty(\Omega, E)$ 时，我们令 $\pi(f) = \int f\, dE$. 那么通过上面的极限，我们看到对任何 $x, y \in H$，成立下面的等式：

$$\langle \pi(f)x, y \rangle = \int f\, dE_{x,y}.$$

定理4.5.1　映射 $\pi : L^\infty(\Omega, E) \to B(H)$ 是一个等距的 C^*-同态.

证：　事实上，我们只要证明：当 $f, g \in L^\infty(\Omega, E)$ 时，$\pi(fg) = \pi(f)\pi(g)$，并且 π 是单射. 其余结论来自谱积分的定义以及系 4.4.19. 首先取 $f = \sum_m a_m \chi_{\omega_m}$，$g = \sum_n b_n \chi_{\omega'_n}$ 是简单函数，那么

$$fg = \sum_{m,n} a_m b_n \chi_{\omega_m} \chi_{\omega'_n} = \sum_{m,n} a_m b_n \chi_{\omega_m \cap \omega'_n}.$$

因此

$$
\begin{aligned}
\pi(fg) &= \int fg\, dE = \sum_{m,n} a_m b_n E(\omega_m \cap \omega'_n) \\
&= \sum_{m,n} a_m b_n E(\omega_m) E(\omega'_n) \\
&= \Big(\sum_m a_m E(\omega_m)\Big)\Big(\sum_n b_n E(\omega'_n)\Big) \\
&= \int f\, dE \int g\, dE \\
&= \pi(f)\pi(g).
\end{aligned}
$$

当 f, g 相对于谱测度 E 是本性有界可测函数时，用简单函数一致逼近就得到要求的结论. 我们再来看 π 是单射. 如果 $\pi(f) = 0$，那么

$$\pi^*(f)\pi(f) = \pi(|f|^2) = \int |f|^2\, dE = 0.$$

对任何 $\varepsilon > 0$，我们有

$$\varepsilon^2 E(|f| \geqslant \varepsilon) \leqslant \int_{(|f| \geqslant \varepsilon)} |f|^2\, dE \leqslant \int |f|^2\, dE = 0,$$

因此对任何 $\varepsilon > 0$，$E(|f| \geqslant \varepsilon) = 0$. 这蕴含了 $f = 0$ a.e. dE，从而映射 π 是单的. 根据系 4.4.19，π 是等距. ∎

用 $L^\infty(\Omega, \mathcal{B})$ 表示 Ω 的有界可测函数全体, $f \in L^\infty(\Omega, \mathcal{B})$, $\|f\|_\infty = \sup_{x\in\Omega}|f(x)|$. 复共轭定义为 $*$ 运算, 那么上面的证明也给出了这个 C^*-代数在 H 上的一个表示, 但一般不是等距的, 总成立

$$\|\pi(f)\| \leqslant \|f\|_\infty, \quad f \in L^\infty(\Omega, \mathcal{B}).$$

现在设 X 是一个紧的 Hausdorff 空间, 给定 X 上一个谱测度 (E, H), 那么我们有下面的推论.

系4.5.2 映射 $\pi : C(X) \to B(H)$, $f \mapsto \int f \, dE$ 是 $C(X)$ 到 Hilbert 空间 H 上的一个表示.

下一节我们将证明这个系的逆也是成立的.

§4.5.2 连续函数代数的表示

下面是紧 Hausdorff 空间上连续函数代数表示的主要定理.

定理4.5.3 设 $\pi : C(X) \to B(H)$ 的一个 C^*-同态, 并把常数 1 映为 H 上的恒等算子, 那么在 X 上存在唯一的谱测度 (E, H), 使得

$$\pi(f) = \int f \, dE, \quad f \in C(X),$$

并且
(i) π 是单射当且仅当对 X 的每个非空开集 V, $E(V) \neq 0$.
(ii) 算子 S 与每个 $\pi(f)$ 交换当且仅当 S 与每个 $E(\omega)$ 交换.

证: 首先看唯一性, 如果存在 X 上的谱测度 (E, H) 和 (E', H) 满足要求, 那么对任何 $x, y \in H$, 成立

$$\langle \pi(f)x, y \rangle = \int f \, dE_{x,y} = \int f \, dE'_{x,y},$$

这里 $E_{x,y}$, $E'_{x,y}$ 是复的正则 Borel 测度. 因为上式对所有连续函数 f 成立, 故 $E_{x,y} = E'_{x,y}$. 因此对 X 的任何 Borel 子集 ω 以及对任何 $x, y \in H$, $\langle E(\omega)x, y \rangle = \langle E'(\omega)x, y \rangle$, 这就蕴含了 $E = E'$.

下面的任务是证明存在性.

对任何给定的 $x, y \in H$, Riesz 表示定理表明存在唯一的复的正则 Borel 测度 $\mu_{x,y}$, 使得

$$\langle \pi(f)x, y \rangle = \int f \, \mathrm{d}\mu_{x,y}.$$

根据 C^*-表示的性质, 测度 $\mu_{x,y}$ 关于变量 x 是线性的且有下列性质:

$$(\mathrm{i}) \ \mu_{x,x} \geqslant 0; \qquad (\mathrm{ii}) \ \mu_{x,y} = \bar{\mu}_{y,x}; \qquad (\mathrm{iii}) \ \|\mu_{x,y}\| \leqslant \|x\| \|y\|.$$

对 X 上的任何有界 Borel 可测函数 φ, 由测度 $\mu_{x,y}$ 的性质和 Hilbert 空间上泛函的 Riesz 表示定理, 存在唯一的有界线性算子, 记为 $\tilde{\pi}(\varphi)$, 使得

$$\langle \tilde{\pi}(\varphi)x, y \rangle = \int \varphi \, \mathrm{d}\mu_{x,y}, \quad x, y \in H.$$

那么 $\tilde{\pi}$ 是 π 到有界可测函数代数的一个有界的线性延拓. 当 f, g 是连续函数时, 从等式

$$\langle \pi(fg)x, y \rangle = \langle \pi(f)\pi(g)x, y \rangle = \int f \, \mathrm{d}\mu_{\pi(g)x,y}$$

和 $\langle \pi(fg)x, y \rangle = \int fg \, \mathrm{d}\mu_{x,y}$, 我们得到

$$g \, \mathrm{d}\mu_{x,y} = \mathrm{d}\mu_{\pi(g)x,y}.$$

任取有界 Borel 可测函数 φ 以及 $x, y \in H$, 记 $z = \tilde{\pi}^*(\varphi)y$, 那么对 X 上的任何连续函数 g, 成立

$$\begin{aligned} \int \varphi g \, \mathrm{d}\mu_{x,y} &= \int \varphi \, \mathrm{d}\mu_{\pi(g)x,y} = \langle \tilde{\pi}(\varphi)\pi(g)x, y \rangle \\ &= \langle \pi(g)x, z \rangle = \int g \, \mathrm{d}\mu_{x,z}. \end{aligned}$$

因此我们有 $\varphi \, \mathrm{d}\mu_{x,y} = \mathrm{d}\mu_{x,\tilde{\pi}^*(\varphi)y}$. 对任何有界 Borel 可测函数 ψ,

$$\begin{aligned} \int \psi \varphi \, \mathrm{d}\mu_{x,y} &= \int \psi \, \mathrm{d}\mu_{x,\tilde{\pi}^*(\varphi)y} = \langle \tilde{\pi}(\psi)x, \tilde{\pi}^*(\varphi)y \rangle \\ &= \langle \tilde{\pi}(\varphi)\tilde{\pi}(\psi)x, y \rangle = \langle \tilde{\pi}(\varphi\psi)x, y \rangle. \end{aligned}$$

因此由这个等式以及测度 $\mu_{x,y}$ 上面的性质 ii), 我们有

$$\tilde{\pi}(\varphi\psi) = \tilde{\pi}(\varphi)\tilde{\pi}(\psi), \qquad \tilde{\pi}^*(\varphi) = \tilde{\pi}(\bar{\varphi}).$$

这表明 $\tilde{\pi}$ 是 π 从 $C(X)$ 到有界 Borel 可测函数代数上的一个 C^*-延拓.

给定 X 的一个 Borel 子集 ω，定义 $E(\omega) = \tilde{\pi}(\chi_\omega)$，这里 χ_ω 是 ω 的特征函数. 因为 $\tilde{\pi}$ 是 C^*-同态，那么容易检查

(i) $E(\emptyset) = 0$, $E(X) = I$;   (ii) $E(\omega_1 \cap \omega_2) = E(\omega_1)E(\omega_2)$.

设 $\omega_1, \omega_2, \cdots$ 是两两不交的 Borel 可测集列，记 $\omega = \bigcup_n \omega_n$，那么对每个 $x \in H$,

$$\left\| E(\omega)x - \sum_{i=1}^n E(\omega_i)x \right\|^2 = \langle E(\omega \setminus \cup_{i=1}^n \omega_i)x, x \rangle$$
$$= \int \chi_{\omega \setminus \cup_{i=1}^n \omega_i} \, \mathrm{d}\mu_{x,x}$$
$$= \mu_{x,x}(\omega \setminus \cup_{i=1}^n \omega_i) \to 0.$$

以上表明了 (E, H) 是 X 上的一个谱测度，并且对任何 Borel 子集 ω 以及 $x, y \in H$,

$$\mu_{x,y}(\omega) = \int \chi_\omega \, \mathrm{d}\mu_{x,y} = \langle \tilde{\pi}(\chi_\omega)x, y \rangle = \langle E(\omega)x, y \rangle.$$

从而对任何连续函数 f 以及 $x, y \in H$,

$$\langle \pi(f)x, y \rangle = \int f \, \mathrm{d}\mu_{x,y} = \int f \, \mathrm{d}E_{x,y}.$$

故有 $\pi(f) = \int f \, \mathrm{d}E$，完成了存在性的证明.

下面我们证明 π 是单射当且仅当对 X 的每个非空开集 V，$E(V) \neq 0$. 如果 π 是单射，且假设存在非空开集 V, 使得 $E(V) = 0$，Urysohn 引理表明存在一个支撑在 V 上的非零连续函数 f. 那么 $\pi(f) = \int f \, \mathrm{d}E = 0$，这和单射矛盾. 因此如果 π 是单射，那么对每个非空开集 V，$E(V) \neq 0$. 在相反的方向，假设对每个非空开集 V，$E(V) \neq 0$，我们证明 π 是单射. 如果 π 不是单射，那么 $\ker \pi$ 是 $C(X)$ 的一个非平凡的闭理想. 由定理 2.5.4，存在 X 的非空真闭子集 S，使得 $\ker \pi = I(S)$. 取 $x \in X \setminus S$ 以及 x 的一个邻域 U 满足 $S \cap U = \emptyset$，那么 Urysohn 引理表明存在一个连续的非负函数 g 支撑在 U 上并且 $g(x) = 1$，因此 $g \in \ker \pi$. 但 $0 \neq \int g \, \mathrm{d}E = \pi(g) = 0$，这个矛盾表明要求的结论成立.

我们接下来证明算子 S 与每个 $\pi(f)$ 交换当且仅当 S 与每个 $E(\omega)$ 交换. 对任何 $x, y \in H$, 记 $z = S^*y$，那么我们有

$$\langle S\pi(f)x, y \rangle = \langle \pi(f)x, z \rangle = \int f \, \mathrm{d}E_{x,z}, \quad \langle \pi(f)Sx, y \rangle = \int f \, \mathrm{d}E_{Sx,y},$$

$$\langle SE(\omega)x, y \rangle = \langle E(\omega)x, z \rangle = E_{x,z}(\omega), \quad \langle E(\omega)Sx, y \rangle = E_{Sx,y}(\omega).$$

从上面的等式，我们看到 $S\pi(f) = \pi(f)S$，$f \in C(X)$ 当且仅当对每个 Borel 可测集 ω，$SE(\omega) = E(\omega)S$. □

注记1. 令用 $L^\infty(X, \mathcal{B})$ 表示 X 上有界 Borel 可测函数全体，$f \in L^\infty(X, \mathcal{B})$，定义 $\|f\|_\infty = \sup_{x \in X} |f(x)|$. 考虑复共轭为 $*$ 运算，那么 $L^\infty(X, \mathcal{B})$ 是一个有单位元的交换 C^*-代数. 在上面表示定理的证明中，我们得到了把表示 π 延拓为 $L^\infty(X, \mathcal{B})$ 的一个表示 $\tilde{\pi}$ 使得对任何 $f \in L^\infty(X, \mathcal{B})$ 以及 $x, y \in H$，成立

$$\langle \tilde{\pi}(f)x, y \rangle = \int f \, \mathrm{d}E_{x,y}, \qquad \|\tilde{\pi}(f)\| \leqslant \|f\|_\infty.$$

同样的证明表明一个算子 S 与每个 $\tilde{\pi}(f)$ 交换当且仅当 S 与每个 $E(\omega)$ 交换.

注记2. 对 $B(H)$ 的一个子集 Γ，我们称 H 的一个闭子空间 M 是 Γ 的约化子空间，如果对每个 $A \in \Gamma$，成立 $AM \subseteq M$，$A^*M \subseteq M$；这等价于对每个 $A \in \Gamma$，M 和 $M^\perp$ 都是 A 的不变子空间；也等价于到 M 上的投影算子与 Γ 中的每个算子交换. 因此对 X 的每个 Borel 子集 ω，$\mathrm{Ran}E(\omega)$ 是代数 $\tilde{\pi}(L^\infty(X, \mathcal{B}))$ 的约化子空间.

我们使用注记 1 证明下面结论.

系4.5.4 设 f 是 X 上的连续函数，$\omega_0 = f^{-1}(0)$，那么

(i) $\ker \pi(f) = \mathrm{Ran}E(\omega_0)$；

(ii) 设 $f_1, \cdots, f_n$ 是 X 上的连续函数，那么 $\cap_{i=1}^n \ker \pi(f_i) = \mathrm{Ran}E(\cap_{i=1}^n \omega_i)$.

证：(i) 如果 $\omega_0 = \emptyset$，结论显然成立. 我们假设 $\omega_0 \neq \emptyset$，并令 $g(x) = 1$，$x \in \omega_0$，g 在其他点为零. 那么 $fg = 0$，从而

$$\tilde{\pi}(fg) = \tilde{\pi}(f)\tilde{\pi}(g) = \tilde{\pi}(f)\, E(\omega_0) = 0.$$

因此 $\ker \pi(f) \supseteq \mathrm{Ran}E(\omega_0)$. 我们假设 $|f| \leqslant 1$，并且令

$$\omega_n = \left\{ x \in X : \frac{1}{n+1} < |f(x)| \leqslant \frac{1}{n} \right\}, \; n = 1, 2, \cdots.$$

那么 $\omega_1, \omega_2, \cdots$ 是两两不交的，且 $\bigcup_n \omega_n = X \setminus \omega_0$. 定义 $f_n(x) = 1/f(x)$，$x \in \omega_n$，在其他点为零. 那么 $ff_n = \chi_{\omega_n}$ 并且因此

$$\tilde{\pi}(ff_n) = \tilde{\pi}(f_n)\tilde{\pi}(f) = E(\omega_n).$$

如果 $\pi(f)x = 0$，那么 $E(\omega_n)x = 0$. 因为

$$E(\cup_n \omega_n)x = \sum_n E(\omega_n)x = 0,$$

我们看到

$$x = E(\omega_0)x + E(\cup_n \omega_n)x = E(\omega_0)x.$$

上式蕴含了 $\ker \pi(f) \subseteq \operatorname{Ran}E(\omega_0)$. 故有 $\ker \pi(f) = \operatorname{Ran}E(\omega_0)$.

(ii) 结合谱测度的性质和 (i) 立得要求的结论.   □

设 $\mathcal{A}$ 是 $B(H)$ 的一个含恒等算子的闭的自伴的交换子代数, 并设 $\mathcal{M}$ 是 $\mathcal{A}$ 的极大理想空间, 那么 Gefand 变换的逆变换 $\hat{T} \mapsto T$ 给出了 $C(\mathcal{M})$ 在 H 的一个表示, 应用连续函数代数的表示定理, 我们有

定理4.5.5   在 $\mathcal{M}$ 上存在唯一的谱测度 (E, H), 使得

$$A = \int_{\mathcal{M}} \hat{A}\,\mathrm{d}E, \ A \in \mathcal{A}.$$

并且

(i) 对 $\mathcal{M}$ 的每个非空开集 V, $E(V) \neq 0$;

(ii) T 与 $\mathcal{A}$ 中每个算子交换当且仅当对 $\mathcal{M}$ 的每个 Borel 子集 ω, T 与 $E(\omega)$ 交换;

(iii) 每个 $\operatorname{Ran}E(\omega)$ 是 $\mathcal{A}$ 的约化子空间;

(iv) 对每个 $A \in \mathcal{A}$, $\ker A = \operatorname{Ran}E(\{\varphi \in \mathcal{M} : \varphi(A) = 0\})$.

§4.5.3   正规算子的谱分解

我们应用上一节的内容研究正规算子的谱分解. 从理论上说, 正规算子的谱分解可以回答几乎所有的正规算子的问题.

设 $N = \{N_1, \cdots, N_m\}$ 是 Hilbert 空间 H 上一个相互交换的正规算子组, 并设 $C^*(N)$ 表示由这个算子组和恒等算子生成的 $B(H)$ 的闭的自伴的子代数, 那么由 Fuglede-Putnam 定理, 这个代数是含单位元的交换 C^*-代数. 设 $\mathcal{M}$ 是 $C^*(N)$ 的极大理想空间, 并令

$$\Delta = \left\{(\varphi(N_1), \cdots, \varphi(N_m)) \in \mathbb{C}^m : \varphi \in \mathcal{M}\right\}.$$

那么容易验证映射 $\tau : \mathcal{M} \to \Delta$, $\varphi \mapsto (\varphi(N_1), \cdots, \varphi(N_m))$ 是一个拓扑同胚. Gelfand-Naimark 定理给出了 C^*-同构:

$$\pi : C(\Delta) \to C^*(N), \quad f(z_1, \cdots, z_m) \mapsto f(N_1, \cdots, N_m).$$

我们称 $\lambda = (\lambda_1, \cdots, \lambda_m)$ 是算子组 $N = \{N_1, \cdots, N_m\}$ 的一个联合特征值, 如果存在一个非零向量 $h \in H$, 使得 $N_i h = \lambda_i h$, $i = 1, \cdots, m$.

定理4.5.6 在 Δ 上存在唯一谱测度 (E, H), 使得

$$N_k = \int_\Delta z_k \, dE, \quad k = 1, \cdots, m,$$

并且

(i) T 与每个 N_k 交换当且仅当 T 与每个 $E(\omega)$ 交换;

(ii) 每一个 $\mathrm{Ran}E(\omega)$ 是 $N_1, \cdots, N_m$ 的公共约化子空间;

(iii) λ 是 N 的一个联合特征值当且仅当 $E(\{\lambda\}) \neq 0$. 特别地, Δ 的孤立点是 N 的联合特征值.

证: 由表示定理 4.5.3, 在 Δ 上存在谱测度 (E, H), 使得 $N_k = \int_\Delta z_k \, dE$, $k = 1, \cdots, m$. 根据谱测度的性质, 对变量 $z_1, \bar{z}_1, \cdots, z_m, \bar{z}_m$ 的任何多项式 p, 我们有

$$p(N_1, N_1^*, \cdots, N_m, N_m^*) = \int_\Delta p(z_1, \bar{z}_1, \cdots, z_m, \bar{z}_m) \, dE,$$

进一步应用 Stone-Weierstrass 逼近定理表明, 上式对连续函数也成立. 因此根据表示定理 4.5.3 知, 满足此定理的谱测度是存在且唯一的.

(i) 应用 Fuglede-Putnam 定理和表示定理 4.5.3. (ii) 应用 §4.5.2 的注记 2. (iii) 应用系 4.5.4 (ii) 以及事实: 若 λ 是 Δ 的孤立点, 那么由表示定理 4.5.3 (i), 我们就有 $E(\{\lambda\}) \neq 0$. □

作为上面定理的推论, 我们能得到关于正规算子的最重要的一个定理 —— 正规算子的谱定理.

定理4.5.7 设 N 是 Hilbert 空间 H 上的一个正规算子, 那么在它的谱 $\sigma(N)$ 上存在唯一的谱测度 (E, H), 使得

$$N = \int_{\sigma(N)} z \, dE,$$

并且

(i) T 与 N 交换当且仅当 T 与每个 $E(\omega)$ 交换.

(ii) 每一个 $\mathrm{Ran}E(\omega)$ 是 N 的约化子空间.

(iii) λ 是 N 的一个特征值当且仅当 $E(\{\lambda\}) \neq 0$. 特别地, $\sigma(N)$ 的孤立点是 N 的特征值.

通过上述谱积分表达的正规算子, 我们称为正规算子谱定理的"谱积分版本", 在下一章, 我们还要介绍正规算子谱定理的"乘法版本". 应用正规算子谱定理, 我们有下面的推论.

系4.5.8 若正规算子 N 的谱 $\sigma(N) = \{\lambda_1, \lambda_2, \cdots\}$ 是至多可数的，那么

$$N = \bigoplus_n \lambda_n E(\{\lambda_n\}),$$

即对每个 $x \in H$，依 H 的范数，当 $m \to \infty$ 时，$\sum_{n=1}^m \lambda_n E(\{\lambda_n\})x \to Nx$；且每个 x 可唯一地分解为直交和 $x = x_1 \oplus x_2 \oplus + \cdots$，$x_n \in \operatorname{Ran} E(\{\lambda_n\})$.

我们回到 §3.3 节中 $L^2(\mathbb{R})$ 上的 Fourier 变换 $\mathcal{F}$，由例子 4.1.17，$\sigma(\mathcal{F}) = \{1, -1, \mathrm{i}, -\mathrm{i}\}$. 应用前面的结论，$\mathcal{F}$ 的每个谱点都是特征值，$\mathcal{F}$ 有谱分解

$$\mathcal{F} = E_1 - E_{-1} + \mathrm{i}E_{\mathrm{i}} - \mathrm{i}E_{-\mathrm{i}},$$

这里对每个特征值 λ，E_λ 是到相应特征空间上的投影算子，且 $L^2(\mathbb{R})$ 可以分解为这些特征空间的直交和.

我们再看一个例子，考虑 Hilbert 空间 $H = L^2(\mathbb{T}, \frac{1}{2\pi}\,\mathrm{d}\theta)$，并且 $U = M_z$ 是坐标函数定义的乘法算子，这是一个正规算子，并且 $\sigma(U) = \mathbb{T}$. 我们求 U 对应的唯一谱测度 E. 对单位圆周上的任何连续函数 ϕ，成立

$$\phi(U) = M_\phi = \int_{\mathbb{T}} \phi\,\mathrm{d}E.$$

当 $f, g \in L^2(\mathbb{T}, \frac{1}{2\pi}\,\mathrm{d}\theta)$，我们有

$$\langle \phi(U)f, g \rangle = \frac{1}{2\pi}\int_{\mathbb{T}} \phi f\bar{g}\,\mathrm{d}\theta = \int_{\mathbb{T}} \phi\,\mathrm{d}E_{f,g}.$$

这表明

$$\frac{1}{2\pi}f\bar{g}\,\mathrm{d}\theta = \mathrm{d}E_{f,g}.$$

对单位圆周 $\mathbb{T}$ 的任何 Borel 子集 ω，我们有

$$E_{f,g}(\omega) = \langle E(\omega)f, g \rangle = \frac{1}{2\pi}\int_\omega f\bar{g}\,\mathrm{d}\theta = \langle M_\omega f, g \rangle,$$

这里 M_ω 表示由 ω 的特征函数定义的乘法算子. 因此 $E(\omega) = M_\omega$.

我们把 §4.5.2 节的注记 1 应用到正规算子，有下面的关于正规算子的 Borel 可测函数演算的结论.

设 N 是 Hilbert 空间 H 上的一个正规算子，$\mathfrak{B}(\sigma(N))$ 表示谱 $\sigma(N)$ 上有界 Borel 可测函数全体的代数，当 $f \in \mathfrak{B}(\sigma(N))$ 时，记 $\tilde{\pi}(f) = f(N)$，则映射

$\tilde{\pi} : \mathfrak{B}(\sigma(N)) \to B(H)$ 是一个 C^*- 同态，且映坐标函数 z 到 N，常数 1 到恒等算子，并且

$$\|f(N)\| \leqslant \|f\|_\infty.$$

如果 $f \in C(\sigma(N))$，上面等式成立. 同时 T 与 N 交换当且仅当 T 与每个 $f(N)$ 交换；当且仅当与每个 $E(\omega)$ 交换.

注记3. 在 §4.5.2 中定理 4.5.3 的证明中，我们用到如下结论：设 X 是紧的 Hausdorff 空间，μ 是 X 上的复正则 Borel 测度，$f \in L^1(X, |\mu|)$，则 $f\,\mathrm{d}\mu$ 是 X 上的复正则 Borel 测度. 下面我们给出这个结论的证明.

证：　即要证明 $\nu = |f|\,\mathrm{d}|\mu|$ 是正则的. 不妨假设 μ 是正测度且 $f \geqslant 0$. 由 μ 的外正则性易知 μ 是局部有限的. 又因 X 是紧的，μ 是有限的. 任取 $E \in \mathcal{B}$. 因为 μ 外正则，存在 X 中一列单调递减的开集 $\{V_n\}$，$V_n \supseteq E$，使得 $\mu(V_n) \to \mu(E)$ $(n \to \infty)$. 从而 $\{\chi_{V_n}\}_{n \geqslant 1}$ 几乎处处收敛至 χ_E，其中 χ_{V_n}，χ_E 分别表示 V_n 和 E 的特征函数. 故由控制收敛定理，

$$\lim_{n \to \infty} \nu(V_n) = \lim_{n \to \infty} \int_{V_n} f\,\mathrm{d}\mu = \lim_{n \to \infty} \int_X f\chi_{V_n}\,\mathrm{d}\mu = \int_X f\chi_E\,\mathrm{d}\mu = \int_E f\,\mathrm{d}\mu = \nu(E).$$

这证明了 ν 的外正则性. 同理可以证明 ν 的内正则性. 证毕.　□

习题

1. 设 A 是可分 Hilbert 空间 H 上的一个有界自伴算子且其谱测度是 E. 当 $t \in \mathbb{R}$ 时，定义投影 $E(t) = E(-\infty, t)$. 证明:
(i) 当 $s \leqslant t$ 时，$E(s) \leqslant E(t)$;
(ii) 当 $t_n \leqslant t_{n+1}$，并且 $t_n \to t$ 时，$E(t_n) \to E(t)$, (SOT);
(iii) 当 f 是 $\sigma(A)$ 上的 Borel 可测函数时，类似于实分析中的 Riemann-Stieltjes 积分的定义，我们可以定义

$$f(A) = \int_{-\infty}^{+\infty} f(t)\,\mathrm{d}E(t).$$

2. 定义酉算子 $U : L^2(\mathbb{R}) \to L^2(\mathbb{R})$，$f(t) \mapsto f(t+1)$. 给出 U 的谱及谱分解. 提示：应用 §3.2.5 节的 Fourier 变换，在 $L^2(\mathbb{R})$ 上，$\mathcal{F}U\mathcal{F}^{-1} = M_\varphi$，$\varphi(t) = \mathrm{e}^{\mathrm{i}t}$. 然后证明 $\sigma(U) = \mathbb{T}$. 对圆周的一个 Borel 子集 ω，定义 $E(\omega) = \chi_{\varphi^{-1}(\omega)}$，那么当

$f, g \in L^2(\mathbb{R})$ 时，$\langle E(\omega)f, g \rangle = \int_{\mathbb{R}} \chi_\omega(\mathrm{e}^{\mathrm{i}t}) f \bar{g} \, \mathrm{d}t = \int_{\mathbb{T}} \chi_\omega \, \mathrm{d}E_{f,g}$. 进一步在单位圆周上用简单函数一致逼近坐标函数 z，就得到 $M_\varphi = \int_{\mathbb{T}} z \, \mathrm{d}E$. 再通过 Fourier 变换，得出 U 的谱分解.

3. 设 X 是紧的 Hausdorff 空间，$\{x_n\}$ 是 X 中的一个序列. 取 Hilbert 空间 H 的一个正交基 $\{e_n\}$. 定义 $C(X)$ 的一个表示以下列方式：$\pi(f)e_n = f(x_n)e_n$, $n = 1, 2, \cdots$. 给出这个表示的谱测度.

4. 设 H 是可分 Hilbert 空间，证明集 $\{A \in B(H) : 0 \leqslant A \leqslant I\}$ 的端点是投影.

5. 如果 N 是正规算子，证明 N 有分解 $N = U|N|$，这里 U 是一个酉算子. 提示：考虑 N 的谱积分，$N = \int z \, \mathrm{d}E$，定义 $p(z) = |z|$，$u(z) = z/|z|$，$z \neq 0$，$u(0) = 1$. 那么 $u\bar{u} = 1$，$p(z)u(z) = z$，应用正规算子的函数演算.

6. 设 $(\Omega, \mathcal{B}, E, H)$ 是一个谱测度空间，f 是 Ω 上一个复的可测函数. 令

$$\mathcal{D}_f = \left\{ x \in H : \int_\Omega |f|^2 \, \mathrm{d}E_{x,x} < \infty \right\}.$$

证明：

    (i) $\mathcal{D}_f$ 是 H 的一个稠子空间；

    (ii) 如果 $x, y \in H$，那么

$$\int_\Omega |f| \, \mathrm{d}|E_{x,y}| \leqslant \|y\| \left(\int_\Omega |f|^2 \, \mathrm{d}E_{x,x} \right)^{1/2};$$

    (iii) 如果 f 是有界的，并且记 $w = \pi(f)z$，那么 $\mathrm{d}E_{x,w} = \bar{f} \, \mathrm{d}E_x, z$.

提示: (i) $\mathcal{D}_f$ 是线性子空间容易证明. 这里我们说明稠性. 令 $\omega_n = \{x \in \Omega : |f(x)| \leqslant n\}$，如果 $x \in \mathrm{Ran}E(\omega_n)$，我们有 $E(\omega)x = E(\omega)E(\omega_n)x = E(\omega \cap \omega_n)x$. 因此对每个可测集 ω，$E_{x,x}(\omega) = E_{x,x}(\omega \cap \omega_n)$，这给出了

$$\int_\Omega |f|^2 \, \mathrm{d}E_{x,x} = \int_{\omega_n} |f|^2 \, \mathrm{d}E_{x,x} \leqslant n^2 \|x\|^2 < +\infty.$$

因为 $\omega_1 \subseteq \omega_2 \subseteq \cdots$，并且 $\Omega = \cup_{n=1}^\infty \omega_n$，那么对每个 $y \in H$，$\|y - E(\omega_n)y\| \to 0$ $(n \to \infty)$. 注意到 $E(\omega_n)y \in \mathcal{D}_f$，因此 $\mathcal{D}_f$ 在 H 中稠密.

7. 在习题 6 的基础上证明：对每个复的可测函数 f，在 Hilbert 空间 H 上存在唯一的闭的稠定算子 $\pi(f)$，其定义域是 $\mathcal{D}_f$，该算子由下式唯一确定：

$$\langle \pi(f)x, y \rangle = \int_\Omega f \, \mathrm{d}E_{x,y}, \quad x \in \mathcal{D}_f, y \in H,$$

且此算子满足 $\|\pi(f)x\|^2 = \int_\Omega |f|^2 \, \mathrm{d}E_{x,x}$, $x \in \mathcal{D}_f$.

8. 设 N 是 Hilbert 空间 H 上的一个正规算子，f 是 $\sigma(N)$ 上的有界 Borel 函数并令 $T = f(N)$. 如果 E_N，E_T 分别是 N 和 T 的谱测度，证明对每个 Borel 子集 $\omega \subseteq \sigma(T)$，成立 $E_T(\omega) = E_N(f^{-1}(\omega))$.

§4.5.4 Stone 定理

在 §3.4 节，我们介绍了单参数算子半群. 这一节将使用 Fourier 变换和表示定理 4.5.5 证明 Stone 定理，这个定理给出了直线上单参数酉群的表示. 这个数学结论在经典力学和量子力学中有重要的应用，它描述了可观测物理量随时间演化的状态和过程.

定理4.5.9 (Stone 定理) 设 $\{U_t : t \in \mathbb{R}\}$ 是 Hilbert 空间 H 上的单参数酉群，即它满足：

(i) $U_{t+s} = U_t U_s$；

(ii) 当 $x, y \in H$ 时，映射 $t \mapsto \langle U_t x, y \rangle$ 是连续的，即 U_t 关于参数 t 是弱算子拓扑连续的.

那么在直线 $\mathbb{R}$ 上的 Borel 可测空间 $(\mathbb{R}, \mathcal{B})$ 上存在唯一的谱测度 (P, H)，使得

$$U_t = \int_{\mathbb{R}} e^{-ist} \, dP(s).$$

在证明定理之前，我们需要一些准备.

设 $\lambda : (\Omega_1, \mathcal{B}_1) \to (\Omega_2, \mathcal{B}_2)$ 是一个可测映射，即对任何 $C \in \mathcal{B}_2$ 时，都有 $\lambda^{-1}(C) \in \mathcal{B}_1$. 如果 (E_1, H) 是 Ω_1 上的谱测度，那么它诱导的 Ω_2 的谱测度 F_2 是

$$E_2(C) = E_1(\lambda^{-1}(C)), \quad C \in \mathcal{B}_2.$$

引理4.5.10 设 f 是 Ω_2 上的有界可测函数，则

$$\int_{\Omega_2} f \, dE_2 = \int_{\Omega_1} f \circ \lambda \, dE_1.$$

证： 当 $C \in \mathcal{B}_2$ 时，对特征函数 χ_C，容易验证等式成立. 有界可测函数可用特征函数的线性组合(简单函数)一致逼近就得到要求的结论. □

Stone 定理的证明. 考虑 Lebesgue 可积函数空间 $L^1(\mathbb{R}, dm)$，这里 $dm = \frac{1}{\sqrt{2\pi}} dx$，当 $f \in L^1(\mathbb{R}, dm)$ 时，在 Hilbert 空间 H 上定义双线性形式

$$\wedge_f(x, y) = \int_{\mathbb{R}} f(s) \langle U_s x, y \rangle \, dm, \quad x, y \in H.$$

易见这是一个有界的双线性形式，因此存在唯一的有界线性算子 $\wedge(f)$，线性依赖 f，使得

$$\wedge_f(x, y) = \langle \wedge(f)x, y \rangle.$$

经过细心验证，算子 $\wedge : L^1(\mathbb{R}, \mathrm{d}m) \to B(H)$ 有如下的性质：(i) $\wedge$ 是线性的且满足 $\|\wedge(f)\| \leqslant \|f\|_1$；(ii) $\wedge(f * g) = \wedge(f) \wedge(g)$. 设 $\mathcal{A}$ 是由所有 $\wedge(f)$ 和恒等算子 I 生成的 C^*-代数，这是一个交换的 C^*-代数，记它的极大理想空间为 Δ. 注意到在卷积乘法下，$L^1(\mathbb{R}, \mathrm{d}m)$ 的极大理想空间是实数集 $\mathbb{R}$，并且映射 $\wedge : L^1(\mathbb{R}, \mathrm{d}m) \to \mathcal{A}$ 是一个连续的代数同态，因此它诱导了连续映射 $\lambda : \Delta \to \mathbb{R}$，使得

$$\lambda(\varphi)(f) = \hat{f}(\lambda(\varphi)) = \varphi(\wedge(f)) = \widehat{\wedge(f)}(\varphi). \tag{†}$$

应用定理 4.5.5，在 Δ 上存在唯一的谱测度 (E, H)，使得

$$\wedge(f) = \int_{\Delta} \widehat{\wedge(f)}(\varphi) \, \mathrm{d}E(\varphi).$$

应用引理 4.5.10 和等式 (†)，在直线 $\mathbb{R}$ 上的 Borel 可测空间上有谱测度 P，$P(B) = E(\lambda^{-1}(B))$，使得

$$\wedge(f) = \int_{\Delta} \widehat{\wedge(f)}(\varphi) \, \mathrm{d}E(\varphi) = \int_{\Delta} \hat{f}(\lambda(\varphi)) \, \mathrm{d}E(\varphi) = \int_{\mathbb{R}} \hat{f}(s) \, \mathrm{d}P(s). \tag{‡}$$

从算子 $\wedge(f)$，Fourier 变换的定义以及上面的等式 (‡)，对任何 $x, y \in H$，应用 Fubini 定理，我们有

$$\int_{\mathbb{R}} f(s)\langle U_s x, y \rangle \, \mathrm{d}m(s) = \langle \wedge(f)x, y \rangle = \int_{\mathbb{R}} \hat{f}(s) \, \mathrm{d}P_{x,y}(s) = \int_{\mathbb{R}} f(s)\left(\int_{\mathbb{R}} \mathrm{e}^{-\mathrm{i}st} \, \mathrm{d}P_{x,y}(t) \right) \mathrm{d}m(s).$$

因为上式对任何 $f \in L^1(\mathbb{R}, \mathrm{d}m)$ 都成立，故有

$$\langle U_s x, y \rangle = \int_{\mathbb{R}} \mathrm{e}^{-\mathrm{i}st} \, \mathrm{d}P_{x,y}(t), \quad x, y \in H.$$

因此，$U_s = \int_{\mathbb{R}} \mathrm{e}^{-\mathrm{i}st} \, \mathrm{d}P(t)$，$s \in \mathbb{R}$.

我们接着证明唯一性. 若 P' 是酉群在 $\mathbb{R}$ 上的另一表示测度，那么对任何 $f \in L^1(\mathbb{R}, \mathrm{d}m)$，应用 Fubini 定理，我们有

$$\begin{aligned}
\int_{\mathbb{R}} \hat{f}(s) \, \mathrm{d}P_{x,y}(s) &= \int_{\mathbb{R}} f(s)\left(\int_{\mathbb{R}} \mathrm{e}^{-\mathrm{i}st} \, \mathrm{d}P_{x,y}(t) \right) \mathrm{d}m(s) \\
&= \int_{\mathbb{R}} f(s)\left(\int_{\mathbb{R}} \mathrm{e}^{-\mathrm{i}st} \, \mathrm{d}P'_{x,y}(t) \right) \mathrm{d}m(s) \\
&= \int_{\mathbb{R}} \hat{f}(s) \, \mathrm{d}P'_{x,y}(s).
\end{aligned}$$

由于所有 L^1-函数的 Fourier 变换的集在 $C_0(\mathbb{R})$ 中稠密，故对任何 $x, y \in H$，都有 $P_{x,y} = P'_{x,y}$，这就蕴含了 $P = P'$. 完成了证明.

注记　根据 Stone 定理，单参数酉群 $\{U_t\}$ 关于参数 t 的弱算子拓扑连续蕴含了强算子拓扑连续，即对每个 $x \in H$，$\lim\limits_{t \to t_0} \|U_t x - U_{t_0} x\| = 0$.

下面，我们看一个简单例子. 考虑 Hilbert 空间 $L^2(\mathbb{T}, \frac{1}{2\pi} d\theta)$ 上的单参数酉群 $U_t f(e^{i\theta}) = f(e^{i(\theta-t)})$，那么这个酉群满足 Stone 定理的条件. 容易验证在强算子拓扑下，$U_t = \sum_n e^{-int} P_n$，这里 P_n 是到 1 维子空间 $\mathbb{C} e^{in\theta}$ 的正交投影. 写成积分形式就是 $U_t = \int_{\mathbb{R}} e^{-ist} dE$，这里谱测度 $E(\Delta) = \sum_{n \in \Delta} P_n$. 通过 Fourier 变换，我们看到 $l^2(\mathbb{Z})$ 上的乘法酉群 $\tau_t f(n) = e^{-int} f(n)$，$n \in \mathbb{Z}$ 的 Stone 表示是 $\tau_t = \int_{\mathbb{R}} e^{-ist} dP$，$P(\Delta) = \sum_{n \in \Delta} Q_n$，$Q_n$ 是到 1 维子空间 $\mathbb{C} \delta_n$ 的正交投影，这里 $\delta_n(n) = 1$，$\delta_n(m) = 0$，$m \neq n$.

直线上的谱测度通常借助谱系表达，定义如下：设 H 是一个 Hilbert 空间，$\{E_t : t \in \mathbb{R}\}$ 是关于参数 t 的一族投影算子，如果它满足：

(i) 若 $t_1 \leqslant t_2$，则 $E_{t_1} \leqslant E_{t_2}$；

(ii) 对任何 $x \in H$，$t_0 \in \mathbb{R}$，$\lim\limits_{t \to t_0^+} \|E_t x - E_{t_0} x\| = 0$；

(iii) 对任何 $x \in H$，$\lim\limits_{t \to -\infty} E_t x = 0$，$\lim\limits_{t \to +\infty} E_t x = x$，

我们就称 $\{E_t\}$ 是 $\mathbb{R}$ 上的一个谱系.

如果 E 是 $\mathbb{R}$ 上的一个谱测度，定义 $E_t = E((-\infty, t])$. 那么容易验证 $\{E_t\}$ 是 $\mathbb{R}$ 上的一个谱系. 反过来，给定直线上一个谱系 $\{E_t\}$，当 $s < t$ 时，定义 $E((s, t]) = E_t - E_s$，$E((-\infty, t]) = E_t$，$E((s, +\infty)) = I - E_s$. 那么通过实分析方法，$E$ 可以唯一地扩张为直线 $\mathbb{R}$ 上的谱测度. 因此直线上的谱系和谱测度通过这种方式相互唯一确定.

给定直线 $\mathbb{R}$ 上的一个谱系 $\{E_t\}$，当 $x \in H$ 时，定义直线上的函数 $E_x(t) = \langle E_t x, x \rangle$. 那么 $E_x(t)$ 是直线上单调递增的右连续函数，并且 $0 \leqslant E_x(t) \leqslant \|x\|^2$. 这个函数因此诱导了直线上的 Lebesgue-Stieltjes 测度 $dE_x(t)$. 因此按照 Lebesgue-Stieltjes 测度，Stone 定理可表达为

$$\langle U_t x, x \rangle = \int_{-\infty}^{+\infty} e^{-ist} dE_x(s).$$

设 g 是直线上有界的单调递增的右连续函数，$\mu = dg$ 是由 g 定义的 Lebesgue-Stieltjes 测度，μ 的 Fourier 变换定义为

$$\hat{\mu}(t) = \int_{-\infty}^{+\infty} e^{-ist} dg(s).$$

那么对任何有限个实数 $\{t_1, \cdots, t_n\}$ 及复数 $\{z_1, \cdots, z_n\}$, 都有

$$\sum_{i,j} \hat{\mu}(t_i - t_j) z_i \bar{z}_j = \int_{-\infty}^{+\infty} \Big| \sum_j z_j \mathrm{e}^{-ist_j} \Big|^2 \, dg(s) \geqslant 0.$$

自然要问, 如果一个函数满足上面的关系, 那么这个函数有什么样的结构? 为了回答这个问题, 引入下面的定义. 设 φ 是定义在直线上的一个复函数, 称 φ 是正定的, 如果它满足对任何有限个实数 $\{t_1, \cdots, t_n\}$ 及复数 $\{z_1, \cdots, z_n\}$, 都有

$$\sum_{i,j} \varphi(t_i - t_j) z_i \bar{z}_j \geqslant 0.$$

从正定函数的定义, 容易验证 φ 满足

(i) $\varphi(0) \geqslant 0$, $|\varphi(t)| \leqslant \varphi(0)$, $t \in \mathbb{R}$, 即 φ 是有界函数;

(ii) $\overline{\varphi(t)} = \varphi(-t)$.

事实上, 对任何复数 z, w, 由 $\varphi(t)$ 的正定性, 我们有

$$\varphi(0)|z|^2 + \varphi(0)|w|^2 + \varphi(t)z\bar{w} + \varphi(-t)\bar{z}w \geqslant 0.$$

上面二次型的正定性蕴含了要求的结论.

Bochner 定理回答了上面的问题. 进一步应用 Stone 定理给出连续正定函数解析表示.

定理4.5.11 (Bochner)   设 φ 是直线上的复值函数, 那么

(i) 函数 φ 是正定的当且仅当在一个 Hilbert 空间 H 上存在直线上的一个单参数酉群 $\{U_t\}$ 及 $x \in H$, 使得

$$\varphi(t) = \langle U_t x, x \rangle.$$

(ii) 正定函数 $\varphi(t)$ 在直线上是连续的当且仅当它在 $t = 0$ 点连续, 并且在这种情形, 在直线上存在有界的单调递增的右连续函数 g, 使得

$$\varphi(t) = \int_{-\infty}^{+\infty} \mathrm{e}^{-ist} \, dg(s),$$

即 φ 是 Lebesgue-Stieltjes 测度 $dg(s)$ 的 Fourier 变换.

证: (i) 如果 φ 有定理中的形式, 对任何有限个实数 $\{t_1, \cdots, t_n\}$ 及复数 $\{z_1, \cdots, z_n\}$,

$$\sum_{i,j} \varphi(t_i - t_j) z_i \bar{z}_j = \sum_{i,j} \langle U_{t_i - t_j} x, x \rangle z_i \bar{z}_j = \sum_{i,j} \langle z_i U_{t_i} x, z_j U_{t_j} x \rangle = \Big\| \sum_{i=1}^{n} z_i U_{t_i} x \Big\|^2 \geqslant 0.$$

因此 $\varphi(t)$ 是正定的.

若 $\varphi(t)$ 是正定的，为了给出 $\varphi(t)$ 的表示，我们遵循 Moore 定理证明的构造过程 (见附录 B，定理 B1) 来构造一个 Hilbert 空间及其上的酉算子群. 置 $X = \mathbb{R}$，那么直线上的二元函数 $K(s, t) = \varphi(s - t)$ 是正定的. 根据 Moore 定理证明的构造过程，可构造出 Hilbert 空间 $\mathcal{H}_\varphi$，它是由直线上的函数构成的 Hilbert 空间，且对任何 $t \in \mathbb{R}$，算子 $U_t : f(s) \mapsto f(s - t)$ 是 $\mathcal{H}_\varphi$ 上的一个酉算子，也易见 $\{U_t\}$ 是直线上的一个单参数酉群. 记 $K_s(t) = \varphi(s - t)$，由定理 B1 (见附录 B)，我们有

$$\varphi(t) = \langle U_t K_0, K_0 \rangle.$$

(ii) 根据 Hilbert 空间 $\mathcal{H}_\varphi$ 的构造，可计算得到

$$\|U_t K_s - K_s\|^2 = 2\varphi(0) - \varphi(t) - \varphi(-t).$$

若 $\varphi(t)$ 在 $t = 0$ 点连续，那么当 $t \to 0$ 时，$\|U_t K_s - K_s\| \to 0$. 因为复系数的 K_s 的所有有限线性组合在 $\mathcal{H}_\varphi$ 中稠密，从而对任何 $f \in \mathcal{H}_\varphi$，当 $t \to 0$ 时，都有

$$\|U_t f - f\| \to 0.$$

从而单参数酉群 $\{U_t\}$ 在 $t = 0$ 点是强连续的. 由命题 3.4.2，我们看到 $\{U_t\}$ 是在直线上的强连续的酉群. 结合 (i) 中 $\varphi(t)$ 的表示，我们看到 $\varphi(t)$ 在直线上是连续的.

进一步，应用 Stone 定理，在直线上存在 $\{U_t\}$ 的唯一谱系 $\{E_t\}$，使得

$$\varphi(t) = \langle U_t K_0, K_0 \rangle = \int_{-\infty}^{+\infty} e^{-ist} \, dE_{K_0}(s)$$

记 $g(s) = E_{K_0}(s)$，我们就得到定理的结论. $\qquad\square$

给定直线上两个复的正则 Borel 测度 μ, ν，在 $C_0(\mathbb{R})$ 上定义线性泛函

$$f \mapsto \int_{\mathbb{R}} \int_{\mathbb{R}} f(s + t) \, d\mu \, d\nu,$$

那么这个泛函是有界的. 因此由 Riesz 表示定理，存在直线上唯一的正则 Borel 测度，称为 μ, ν 的卷积，记为 $\mu * \nu$，使得

$$\int_{\mathbb{R}} f \, d(\mu * \nu) = \int_{\mathbb{R}} \int_{\mathbb{R}} f(s + t) \, d\mu \, d\nu, \quad f \in C_0(\mathbb{R}).$$

特别当 μ, ν 是正的有限测度时，$\mu * \nu$ 也是正的有限测度. 应用这个事实、Bochner 定理和 Fubini 定理，我们容易推出下列结论：若 $\varphi(t)$, $\psi(t)$ 是直线上连续的正

定函数, 那么它们的积函数 $\varphi(t)\psi(t)$ 也是正定函数. 事实上, 由 Bochner 定理, 在直线上存在有界的单调递增的右连续函数 g, h, 使得

$$\varphi(t) = \int_{-\infty}^{+\infty} \mathrm{e}^{-ist}\,\mathrm{d}g(s), \ \psi(t) = \int_{-\infty}^{+\infty} \mathrm{e}^{-ist}\,\mathrm{d}h(s).$$

故有

$$
\begin{aligned}
\varphi(t)\psi(t) &= \int_{-\infty}^{+\infty} \mathrm{e}^{-is_1t}\,\mathrm{d}g(s_1) \int_{-\infty}^{+\infty} \mathrm{e}^{-is_2t}\,\mathrm{d}h(s_2) \\
&= \int_{-\infty}^{+\infty}\int_{-\infty}^{+\infty} \mathrm{e}^{-i(s_1+s_2)t}\,\mathrm{d}g(s_1)\,\mathrm{d}h(s_2) \\
&= \int_{-\infty}^{+\infty} \mathrm{e}^{-ist}\,\mathrm{d}g * \mathrm{d}h.
\end{aligned}
$$

从而 $\varphi(t)\psi(t)$ 是正定的.

对应直线上正定函数的讨论, 自然要考虑离散的情况, 即考虑整数群 $\mathbb{Z}$ 上的函数. $\mathbb{Z}$ 上的函数自然可理解为一个双向序列. 给定一个双向序列 $\mathbf{c} = \{\cdots, c_{-1}, c_0, c_1, \cdots\}$. 序列 $\mathbf{c}$ 称为正定的, 如果对任何有限个复数 $z_{-n}, \cdots, z_{-1}, z_0, \ z_1, \cdots, z_n$, 都成立

$$\sum_{j,k=-n}^{n} c_{j-k} z_j \bar{z}_k \geqslant 0.$$

这等价于将在第六章讨论的 Toeplitz 矩阵

$$T = \begin{pmatrix} c_0 & c_{-1} & c_{-2} & c_{-3} & \cdots \\ c_1 & c_0 & c_{-1} & c_{-2} & \cdots \\ c_2 & c_1 & c_0 & c_{-1} & \cdots \\ \cdots & \cdots & \cdots & \cdots & \cdots \end{pmatrix}, \ \ a_{jk} = c_{j-k}, \ j,k = 0, 1, \cdots$$

的正定性问题. 使用证明 Bochner 定理的方法, 可证明下列结论.

定理4.5.12   序列 $\mathbf{c}$ 是正定的当且仅当在单位圆周 $\mathbb{T}$ 上存在一个正 Borel 测度 μ, 使得 $c_n = \int_{\mathbb{T}} z^n\,\mathrm{d}\mu(z)$, $n \in \mathbb{Z}$; 当且仅当在一个可分 Hilbert 空间 H 上存在一个酉算子 U, 以及 H 的一个元素 e, 使得 $c_n = \langle U^n e, e \rangle$, $n \in \mathbb{Z}$.

用 $\mathcal{P}(\mathbb{T})$ 表示单位圆周 $\mathbb{T}$ 上的三角多项式 $p(z) = \sum_{-n}^{n} a_n z^n$ 的全体, 它是一个复线性空间. 一个三角多项式 $p(z)$ 称为正的, 如果在每点 $z \in \mathbb{T}$, $p(z) \geqslant 0$. 当 μ

是 $\mathbb{T}$ 上的一个 Borel 测度时，定义线性泛函 $F_\mu(p) = \int_{\mathbb{T}} p(z)\,\mathrm{d}\mu(z)$. 显然当 μ 是正测度时，F_μ 是正泛函，即当 p 是正多项式时，$F_\mu(p) \geqslant 0$. 不难证明三角多项式 p 是正的当且仅当存在多项式 $q(z)$, 使得 $p(z) = |q(z)|^2$. 设 F 是 $\mathcal{P}(\mathbb{T})$ 上的一个线性泛函，记 $c_n = F(z^n)$，$n = 0, \pm 1, \pm 2, \cdots$. 那么容易验证泛函 F 是正定的当且仅当对应的双向序列 $\{\cdots, c_{-1}, c_0, c_1, \cdots\}$ 是正定的. 因此由上述定理，三角多项式空间上的一个线性泛函是正定的当且仅当它由圆周上的一个正测度给出.

　　上面的讨论说明函数、序列的正定性与矩阵的正定性以及泛函的正定性等都是和测度理论密切相关的. 因此测度理论和积分理论是我们研究分析问题的基本工具. 关于正定性问题的一个详细讨论可见附录 B.

习题

1. 设 U_t 是由函数 $e_{-t}(s) = \mathrm{e}^{-ist}$ 在 $L^2(\mathbb{R}, \mathrm{d}m)$ 上定义的乘法算子，证明:
(i) 直线上的单参数酉群 $\{U_t\}$ 是强算子拓扑连续的，即当 $f \in L^2$ 时，

$$\lim_{t \to t_0} \|U_t f - U_{t_0} f\| = 0;$$

(ii) 酉群 $\{U_t\}$ 在 Stone 定理中对应的直线 $\mathbb{R}$ 上的谱测度 $E(\varDelta)$ 是由 $\varDelta$ 的特征函数定义的乘法算子，这里 $\varDelta$ 是 $\mathbb{R}$ 的 Borel 子集. 写出该谱测度相应的谱系.
(iii) 考虑 $L^2(\mathbb{R}, \mathrm{d}m)$ 上的单参数平移算子群 τ_t, $(\tau_t f)(s) = f(s - t)$ 证明 $\{\tau_t\}$ 是强算了拓扑连续的. 利用 (ii) 和命题 3.3.8 建立该平移酉群的 Stone 表示.

2. 证明定理 4.5.12.

3. 证明单位圆周上的三角多项式 p 是正的当且仅当存在多项式 $q(z)$, 使得 $p(z) = |q(z)|^2$.

4. 设 F 是 $\mathcal{P}(\mathbb{T})$ 上的一个线性泛函，记 $c_n = F(z^n)$，$n = 0, \pm 1, \pm 2, \cdots$. 证明泛函 F 是正定的当且仅当对应的双向序列 $\{\cdots, c_{-1}, c_0, c_1, \cdots\}$ 是正定的.

5. 设 φ, ψ 是直线上的正定函数，证明 $\bar\varphi(t)$，$\varphi(t) + \psi(t)$，$\varphi(t)\psi(t)$ 也是正定函数. 证明直线上的余弦函数 $f(t) = \cos t$ 是正定函数.

6. (Schur 定理) 若 $[a_{ij}]_{i,j=1}^n$ 和 $[b_{ij}]_{i,j=1}^n$ 是正定矩阵，证明 $C = [a_{ij}b_{ij}]_{i,j=1}^n$ 也是正定的. 习题 5，6 可参见附录 B.

7. 设 $\{N_t : t \in \mathbb{R}\}$ 是一个单参数正规算子群，并且 $\sup_t \|N_t\| < \infty$, 证明该算子群是单参数酉群.

§4.6   von Neumann 代数和二次换位子定理

设 H 是可分的 Hilbert 空间，并且 $B(H)$ 表示 H 上所有有界线性算子全体. 在 $B(H)$ 上除了算子范数拓扑之外，下面两种拓扑经常用到：

(i) $B(H)$ 上的弱算子拓扑 WOT：由半范数族 $A \mapsto |\langle Ag, h \rangle|$，$g, h \in H$ 诱导的拓扑；

(ii) $B(H)$ 上的强算子拓扑 SOT：由半范数族 $A \mapsto \|Ag\|$，$g \in H$ 诱导的拓扑.

容易检查 WOT $\subseteq$ SOT $\subseteq$ 算子范数拓扑.

在弱算子拓扑 (WOT) 和强算子拓扑 (SOT) 下，$B(H)$ 成为局部凸的拓扑线性空间. 原点邻域基分别为

$$O_{\mathrm{w}}(h_1, \cdots, h_n, g_1, \cdots, g_n, \varepsilon) = \{A \in B(H) : |\langle Ah_i, g_i \rangle| < \varepsilon, i = 1, \cdots, n\};$$

$$O_{\mathrm{s}}(h_1, \cdots, h_n, \varepsilon) = \{A \in B(H) : \|Ah_i\| < \varepsilon, i = 1, \cdots, n\}.$$

设 $\mathcal{A}$ 是 $B(H)$ 的一个子集，$\mathcal{A}$ 的换位子定义为

$$\mathcal{A}' = \{S \in B(H) : AS = SA, \forall A \in \mathcal{A}\},$$

那么 $\mathcal{A}'$ 是 $B(H)$ 的 WOT-闭子代数. 称 $\mathcal{A}$ 是自伴的，若 $A \in \mathcal{A}$，那么 $A^* \in \mathcal{A}$. 我们分别使用 $\mathcal{A}_{\mathrm{s}}$ 和 $\mathcal{A}_{\mathrm{w}}$ 表示 $\mathcal{A}$ 的 SOT-闭包和 WOT-闭包. 下面定理、命题的证明主要参考了 Arveson 的书 [Ar1, Ar2].

定理4.6.1 (von Neumann)   设 $\mathcal{A}$ 是 $B(H)$ 的一个自伴的子代数，$1 \in \mathcal{A}$，那么

$$\mathcal{A}'' = \mathcal{A}_{\mathrm{w}} = \mathcal{A}_{\mathrm{s}}.$$

证：   因为 $\mathcal{A}_{\mathrm{s}} \subseteq \mathcal{A}_{\mathrm{w}} \subseteq \mathcal{A}''$，我们只需证明对每个 $B \in \mathcal{A}''$，以及任意 $\varepsilon > 0$ 和 $h_1, \cdots, h_n \in H$，存在算子 $A \in \mathcal{A}$，使得 $\sum_{k=1}^{n} \|(B - A)h_k\|^2 < \varepsilon^2$. 首先对每个 $h \in H$，易见 $\mathcal{A}h$ 的闭包 $\overline{\mathcal{A}h}$ 是 $\mathcal{A}$ 的约化子空间，即对每个 $A \in \mathcal{A}$，$A\overline{\mathcal{A}h} \subset \overline{\mathcal{A}h}$. 从而到 $\overline{\mathcal{A}h}$ 上的正交投影 P 属于 $\mathcal{A}'$. 故 $PB = BP$. 因为 $1 \in \mathcal{A}$, $Ph = h$, 这表明 $Bh \in \overline{\mathcal{A}h}$. 从而对任何 $\varepsilon > 0$，存在 $A \in \mathcal{A}$，使得 $\|(B - A)h\| < \varepsilon$.

现在我们将使用上面的推理完成定理的证明. 写 $H_n = H \oplus \cdots \oplus H$，并且设 $\mathcal{A}_n = \{S \oplus \cdots \oplus S : S \in \mathcal{A}\}$，那么 $\mathcal{A}_n$ 是 H_n 上含有单位元的自伴的子代数. 容易验证

$$\mathcal{A}'_n = \{[T_{ij}]_{n \times n} : T_{ij} \in \mathcal{A}'\},$$

并且 H_n 上一个算子 $[S_{ij}]$ 与 $\mathcal{A}_n'$ 交换当且仅当存在 $S \in \mathcal{A}''$，使得

$$[S_{ij}] = S \oplus \cdots \oplus S.$$

因此，$\mathcal{A}_n'' = \{S \oplus \cdots \oplus S : S \in \mathcal{A}''\}$. 所以当 $B \in \mathcal{A}''$ 时，$B_n = B \oplus \cdots \oplus B \in \mathcal{A}_n''$. 写 $\mathbf{h} = h_1 \oplus \cdots \oplus h_n$，前面的推理表明 $B_n \mathbf{h} \in \overline{\mathcal{A}_n \mathbf{h}}$，因此存在 $A \in \mathcal{A}$，使得

$$\|B_n \mathbf{h} - A_n \mathbf{h}\| < \varepsilon,$$

即，$\sum_{k=1}^n \|(B - A)h_k\|^2 < \varepsilon^2.$ □

系4.6.2 设 $\mathcal{A}$ 是 $B(H)$ 的一个自伴的子代数，$1 \in \mathcal{A}$，那么下列陈述等价：

(i) $\mathcal{A} = \mathcal{A}''$；

(ii) $\mathcal{A}$ 依强算子拓扑是闭的；

(iii) $\mathcal{A}$ 依弱算子拓扑是闭的.

如果一个代数满足系 4.6.2 的条件，这样的代数称为 von Neumann 代数. 这类代数的研究是现代算子代数的一个重要方向.

命题4.6.3 设 (X, μ) 是一个 σ-有限的测度空间，那么 $\mathcal{A} = L^\infty(X, \mu)$（作为 $L^2(X, \mu)$ 上的乘法算子代数）是一个极大交换的 von Neumann 代数.

证：首先注意到 $\mathcal{A}$ 是 $B(L^2(X, \mu))$ 的自伴子代数，如果我们证明了 $\mathcal{A} = \mathcal{A}'$，那么 $\mathcal{A}$ 显然是 WOT-闭的，因此是一个 von Neumann 代数，并且是极大交换的. 下面我们证明 $\mathcal{A} = \mathcal{A}'$，即要证明对 $\forall A \in B(L^2(X, \mu))$，$A \neq 0$，且 A 与每个 M_f 交换，那么存在 $\varphi \in L^\infty(X, \mu)$，使得 $A = M_\varphi$.

(i) 当 $\mu(X) < \infty$ 时，有 $1 \in L^2(X, \mu)$. 设 $\varphi = A1$，那么对 $\forall f \in L^\infty(X, \mu)$，有

$$AM_f 1 = Af = fA1 = f\varphi.$$

因为 $\|f\varphi\|_2 \leqslant \|A\|\|f\|_2$，那么对任何可测集 $E \subseteq X$，取 $f = \chi_E$，我们有

$$\int_E |\varphi|^2 \, \mathrm{d}\mu \leqslant \|A\|^2 \mu(E).$$

对 $\forall \varepsilon > 0$，置 $E_\varepsilon = \{x : |\varphi(x)| \geqslant \|A\| + \varepsilon\}$，则

$$(\|A\| + \varepsilon)^2 \mu(E_\varepsilon) \leqslant \int_{E_\varepsilon} |\varphi|^2 \, \mathrm{d}\mu \leqslant \|A\|^2 \mu(E_\varepsilon),$$

故 $\mu(E_\varepsilon) = 0$. 这表明 $|\varphi| \leqslant \|A\|$, a.e., 即 $\varphi \in L^\infty(X, \mu)$. 因为 $L^\infty(X, \mu)$ 在 $L^2(X, \mu)$ 中稠密, 易见 $A = M_\varphi$.

(ii) 当 $\mu(X) = \infty$ 时, 因为 μ 是 σ-有限的, X 可分解成可数个测度有限且互相不交的集合 X_n 之并, 即 $X = \bigsqcup_n X_n$. 定义 $\mu_n(E) = \mu(E \cap X_n)$, 此时 $L^2(X, \mu)$ 有如下分解:

$$L^2(X, \mu) = \bigoplus_n L^2(X_n, \mu_n).$$

注意到 $L^2(X, \mu)$ 到 $L^2(X_n, \mu_n)$ 上的正交投影是依 X_n 的特征函数为符号的乘子, 因此属于 $\mathcal{A}$. 这表明 A 有相应的分解 $A = \bigoplus_n A_n$, A_n 与 $L^2(X_n, \mu_n)$ 的乘子代数交换. 由 (i), 存在 $\varphi_n \in L^\infty(X_n, \mu_n)$, 使得 $A_n = M_{\varphi_n}$, 且 $\|\varphi_n\|_\infty \leqslant \|A_n\| \leqslant \|A\|$. 在 X 上定义 φ, $\varphi(x) = \varphi_n(x)$, $x \in X_n$, 则 $\varphi \in L^\infty(X, \mu)$, 且 $A = M_\varphi$. □

命题4.6.4 设 X 是紧的 Hausdorff 空间, μ 是 X 上的一个有限的 Borel 测度, 即定义在由开集生成的 σ-代数上的测度. 设 $\mathcal{F}$ 是 X 上的一族连续函数且 $\mathcal{F}$ 分离 X, 即对 $\forall x, y \in X$, $x \neq y$, 存在 $f \in \mathcal{F}$, 使得 $f(x) \neq f(y)$. 设 $W^*(\mathcal{F})$ 是由 $L^2(X, \mu)$ 上的乘法算子 M_f $(f \in \mathcal{F})$ 生成的 von Neumann 代数, 即由 $\{M_f : f \in \mathcal{F}\}$ 生成的 *- 代数的 WOT-闭包, 那么

(i) $W^*(\mathcal{F}) = \{M_f : f \in L^\infty(X, \mu)\}$;

(ii) 如果 A 与每个 M_f 交换 $(f \in \mathcal{F})$, 则存在 $\varphi \in L^\infty(X, \mu)$, 使得 $A = M_\varphi$.

证: (i) 由 Stone-Weierstrass 定理, 由 $\mathcal{F}$ 及其共轭和常数函数生成 $C(X)$ (在一致范数下), 因此 $W^*(\mathcal{F}) \supseteq \{M_f : f \in C(X)\}$. 对每个 $\varphi \in L^\infty(X, \mu)$, 由 Lusin 定理 (见附录), 存在一个连续函数列 $\{f_n\}$ 几乎处处收敛到 φ, 且 $\|f_n\|_\infty \leqslant \|\varphi\|_\infty$. 由控制收敛定理知, $M_{f_n} \to M_\varphi$ (WOT). 因此 $W^*(\mathcal{F}) \supseteq \{M_f : f \in L^\infty(X, \mu)\}$. 显然 $W^*(\mathcal{F}) \subseteq \{M_f : f \in L^\infty(X, \mu)\}$, 故 $W^*(\mathcal{F}) = \{M_f : f \in L^\infty(X, \mu)\}$.

(ii) 由命题 4.6.3 及 Fuglede-Putnam 定理 (定理 4.4.35) 和 (i) 立得. □

例子4.6.5 取 $X = \mathbb{T}$ (复平面上的单位圆周), $\mathrm{d}\mu = \frac{1}{2\pi} \mathrm{d}\theta$, $f = z$ (坐标函数), 由命题 4.6.4, 容易验证在 $L^2(\mathbb{T}, \frac{1}{2\pi} \mathrm{d}\theta)$ 上由 $A = M_z$ 生成的 von Neumann 代数是极大交换的, $W^*(z) = \{M_h : h \in L^\infty(\mathbb{T}, \frac{1}{2\pi} \mathrm{d}\theta)\}$, 即其换位子等于自身. 这也表明 M_z 约化子空间有形式 $\chi_E L^2(\mathbb{T}, \frac{1}{2\pi} \mathrm{d}\theta)$, 这里 χ_E 是 $\mathbb{T}$ 的子集 E 的特征函数. 同时注意到 M_z 是一个双向移位 (在规范正交基 $\{z^n : n \in \mathbb{Z}\}$ 下), 并因为 Hilbert 空间上的任何双向移位算子 B 酉等价于 M_z, 这个事实表明由双向移位算子 B 生成的 von Neumann 代数 $W^*(B)$ 是极大交换的, 即任何与 B 交换的算子一定属于 $W^*(B)$.

习题

1. 设 S 是 Hilbert 空间 H 上重数为 1 的单向移位, 证明: $W^*(S) = B(H)$.

2. 考虑在 $\Omega = [0,1] \times [0,1]$ 上 Lebesgue 平方可积的函数空间 $L^2(\Omega, \mathrm{d}x\,\mathrm{d}y)$, 以及乘法算子 M_f, 这里 $f(x, y) = x$. 证明: $W^*(f) = \{M_h : h \in L^\infty(\Omega, \mathrm{d}x\,\mathrm{d}y)$ 且 h 仅依赖于变量 $x\}$, 因此 $M_y \notin W^*(f)$. 这表明 $W^*(x)$ 不是极大交换的.

3. 设 $\{A_n\}$ 是 Hilbert 空间上自伴的一致有界的单调算子序列, 证明: 该序列在强算子拓扑下收敛.

4. 设 $\mathcal{A}$ 是 Hilbert 空间 H 上的一个 von Neumann 代数, $a \in \mathcal{A}$. 记 P_a 是从 H 到闭子空间 $\overline{aH}$ 上的正交投影, 证明 $P_a \in \mathcal{A}$. 对每个 $h \in H$, 记 Q_h 是从 H 到闭子空间 $\overline{\mathcal{A}h}$ 上的正交投影, 证明 $Q_h \in \mathcal{A}'$. 进一步证明每个 von Neumann 代数在弱算子拓扑下由投影生成.

5 (算子的极分解). 设 A 是 Hilbert 空间 H 上的一个有界线性算子, $|A| = (A^*A)^{\frac{1}{2}}$, 那么 $\|Ax\| = \||A|x\|$, $\forall x \in H$. 因为 $\ker A = \ker|A|$, 故可建立等距算子

$$S : \overline{\mathrm{Ran}|A|} \to \overline{\mathrm{Ran}A}, \quad |A|x \to Ax, x \in H.$$

在 H 上定义偏等距 V 如下: 在 $\overline{\mathrm{Ran}|A|}$ 上, $V = S$; 在 $\overline{\mathrm{Ran}|A|}^\perp$ 上, $V = 0$. 证明下列结论:

$$\text{(i)}\, A = V|A|; \qquad \text{(ii)}\, V^*V = P_{\overline{\mathrm{Ran}|A|}}; \qquad \text{(iii)}\, VV^* = P_{\overline{\mathrm{Ran}A}},$$

这里 $P_{\overline{\mathrm{Ran}|A|}}$, $P_{\overline{\mathrm{Ran}A}}$ 分别表示到子空间 $\overline{\mathrm{Ran}|A|}$ 和 $\overline{\mathrm{Ran}A}$ 的正交投影.

6. 设 A 是 Hilbert 空间 H 上的一个有界线性算子, $V^*(A)$ 表示由恒等算子和 A 生成的 von Neumann 代数. 证明出现在 A 的极分解中的偏等距 V 属于 $V^*(A)$. 记 $C^*(A)$ 表示由恒等算子和 A 生成的 C^*-代数, 举例说明这个偏等距 V 未必属于 $C^*(A)$. 例子: 取 Hilbert 空间上一个紧算子 K, 它满足 $\overline{\mathrm{Ran}|K|}$ 是无限维的并且也是无限余维的. 注意 $C^*(K)$ 中每个算子有形式 $B = \gamma + C$, 这里 γ 是常数, C 是紧算子. 设 $K = V|K|$ 是 K 的极分解. 若 $V \in C^*(K)$, 那么 V 有形式 $V = \gamma + C$. 因为 V^*V 是到 $\overline{\mathrm{Ran}|K|}$ 的投影, 由此容易推出 $|\gamma| = 1$. 因此 $V^*V = I - D$, 这里 D 是一个紧算子. D 的紧性表明 D 是一个有限秩投影, 这和"无限余维"假设矛盾.

7. 设 N 是 Hilbert 空间上的正规算子, 且 $N = V|N|$ 是它的极分解, 证明存在 $\sigma(N)$ 上的一个有界 Borel 可测函数 φ, 使得 $V = \varphi(N)$, 因此 $VN = NV$.

8. 证明 von Neumann 代数 $\mathcal{A}$ 中的投影的线性组合的全体在 $\mathcal{A}$ 中依范数稠密. 证明思路: 对每个 $A \in \mathcal{A}$, 写 $A = B + iC$, 这里 $B, C \in \mathcal{A}$, 并且 B, C 都是自伴

的. 因此只要证明 $\mathcal{A}$ 中每个自伴算子可由 $\mathcal{A}$ 中投影的线性组合依范数逼近就可以了. 设 $A \in \mathcal{A}$ 是自伴的,应用定理 4.6.1 和 §4.5.3 的正规算子的函数演算,对 $\sigma(A)$ 上的每个有界 Borel 可测函数 ψ,$\psi(A)$ 属于由 A 生成的 von Neumann 代数 $V^*(A)$,因此也在 $\mathcal{A}$ 中. 设 $A = \int_{\sigma(A)} z \, dE$ 是 A 的谱积分表示,在 $\sigma(A)$ 上用特征函数的线性组合一致逼近坐标函数 z,注意特征函数的谱积分是投影算子,因此通过函数演算,我们看到 A 可以由 $V^*(A)$ 中投影的线性组合依范数逼近.

第五章　Hilbert 空间上的算子

在本章，我们将介绍 Hilbert 空间上的紧算子、Hilbert-Schmidt 算子、迹类算子和 Fredholm 算子等. 这些理论的大部分可移植到 Banach 空间，只要读者细心地检查每个步骤并使用 Banach 空间的对偶方法.

在本章，我们总假定 Hilbert 空间是可分的.

§5.1　紧算子

§5.1.1　定义和例子

定义5.1.1　设 $B(H)$ 表示 Hilbert 空间 H 上有界线性算子全体，并且 **B** 是 H 的闭单位球 $\{x \in H : \|x\| \leqslant 1\}$. 给定 $T \in B(H)$，称 T 是紧算子，如果闭单位球在算子 T 下的像集 $T\mathbf{B}$ 的闭包是 H 的紧子集. 等价地，T 是紧的当且仅当：若 $x_n \overset{w}{\to} 0$，则 $\|Tx_n\| \to 0$.

紧算子享有有限维空间上矩阵的许多性质，是目前被人们了解得最清楚的一类算子.

例子5.1.2　设 $f \in L^{\infty}(\mathbb{T})$，定义 Hardy 空间上符号为 f 的 Toeplitz 算子

$$T_f : H^2(\mathbb{T}) \to H^2(\mathbb{T}), \quad T_f h = P(fh), \quad h \in H^2(\mathbb{T}),$$

这里 P 是 $L^2(\mathbb{T})$ 到 $H^2(\mathbb{T})$ 的正交投影. 如果 T_f 是紧的，那么 $f = 0$.

证法一：　事实上，对整数 $k \geqslant 0$，$n \geqslant 0$，有

$$T_f z^k = T_{\bar{z}^n} T_f T_{z^n} z^k,$$

从而

$$\|T_f z^k\| = \|T_{\bar{z}}^n T_f z^{n+k}\| \leqslant \|T_f z^{n+k}\|.$$

因为 $z^n \overset{w}{\to} 0$，故 $\|T_f z^k\| \leqslant \overline{\lim_{n\to\infty}} \|T_f z^{n+k}\| = 0$. 因此 $T_f = 0$, 这蕴含了 $f = 0$. 　　□

证法二： 对 $\lambda \in \mathbb{D}$，设 $k_\lambda = \frac{K_\lambda}{\|K_\lambda\|}$ 是正则化的 Hardy 再生核，容易验证

$$k_\lambda \xrightarrow{\text{w}} 0 \ (\lambda \to \partial\mathbb{D}),$$

那么

$$\langle T_f k_\lambda, k_\lambda \rangle = \int_0^{2\pi} f(\theta) P_\lambda(\theta) \, \mathrm{d}\theta/2\pi,$$

这里 $P_\lambda(\theta) = \frac{1-|\lambda|^2}{|e^{i\theta}-\lambda|^2}$ 是 Poisson 核. 对几乎所有 $\xi \in \partial\mathbb{D}$，当 λ 依非切向极限趋于 ξ 时，有

$$0 = \lim_{\lambda \to \xi} |\langle T_f k_\lambda, k_\lambda \rangle| = \lim_{\lambda \to \xi} \int_0^{2\pi} f(\theta) P_\lambda(\theta) \, \mathrm{d}\theta/2\pi = f(\xi).$$

故 $f = 0$.   □

例子5.1.3 对 $f \in L^\infty(\mathbb{D})$，定义 Bergman 空间上的符号为 f 的 Toeplitz 算子 $T_f : L_a^2(\mathbb{D}) \to L_a^2(\mathbb{D})$，$T_f h = P(fh)$，这里 P 是 $L^2(\mathbb{D})$ 到 $L_a^2(\mathbb{D})$ 的正交投影，则当 f 的支撑集是 $\mathbb{D}$ 的紧子集时，T_f 是紧的.

我们首先证明如果 $h_n \in L_a^2(\mathbb{D})$，且 $h_n \xrightarrow{\text{w}} 0$ 时，则对 $\mathbb{D}$ 的每个紧子集 K，存在常数 C_K，使得 $\sup\limits_{z \in K} |h_n(z)| \leqslant C_K$，$n = 1, 2, \cdots$. 为此，我们使用再生核技巧，对每个 $g \in L_a^2(\mathbb{D})$，有

$$|g(\lambda)|^2 = |\langle g, K_\lambda \rangle|^2 \leqslant \|g\|^2 \|K_\lambda\|^2, \quad \lambda \in \mathbb{D},$$

这里 $K_\lambda(z) = \frac{1}{(1-\bar\lambda z)^2}$ 是 Bergman 空间的再生核，并且

$$\|K_\lambda\|^2 = \langle K_\lambda, K_\lambda \rangle = K_\lambda(\lambda) = \frac{1}{(1-|\lambda|^2)^2}.$$

因此，若置 $C_K = \sup\limits_n \|h_n\| \sup\limits_{\lambda \in K} \frac{1}{(1-|\lambda|^2)}$，则 $\sup\limits_{z \in K} |h_n(z)| \leqslant C_K$，$n = 1, 2, \cdots$. 进一步，条件 $h_n \xrightarrow{\text{w}} 0$ 蕴含了：对每个 $z \in \mathbb{D}$，$h_n(z) \to 0$，这是因为 $h_n(z) = \langle h_n, K_z \rangle$. 因为 $K = \text{supp}(f)$ 是 $\mathbb{D}$ 的紧子集，所以

$$\|T_f h_n\|^2 \leqslant \|f h_n\|^2 = \frac{1}{\pi} \int_{\mathbb{D}} |f(z)|^2 |h_n(z)|^2 \, \mathrm{d}A(z) = \frac{1}{\pi} \int_{\mathbb{K}} |f(z)|^2 |h_n(z)|^2 \, \mathrm{d}A(z).$$

由控制收敛定理即有 $\lim\limits_{n \to \infty} \|T_f h_n\| = 0$，故 T_f 紧.

§5.1.2　紧算子的谱分析

定理5.1.4 (Riesz-Schauder)　设 $T \in \mathcal{K}(H)$, 且 H 是无限维的 Hilbert 空间, 则

(i) $0 \in \sigma(T)$;

(ii) $\lambda \in \sigma(T)$ 当且仅当 $\bar{\lambda} \in \sigma(T^*)$;

(iii) 如果 $\lambda \in \sigma(T)$, $\lambda \neq 0$, 则 λ 是 T 的特征值, 并且相应的特征空间 $E_\lambda = \{x \in H : Tx = \lambda x\}$ 是有限维的, $\mathrm{Ran}\,(\lambda - T)$ 是闭的, 同时

$$\dim \ker(\bar{\lambda} - T^*) = \dim\,[H/\mathrm{Ran}\,(\lambda - T)] < \infty,$$

进一步, $\dim \ker(\lambda - T) = \dim \ker(\bar{\lambda} - T^*)$;

(iv) $\sigma(T)$ 至多是可列的, 原点 0 是其可能的唯一极限点.

证:　(i), (ii) 显然.

(iii) 若 $\lambda \in \sigma(T)$, $\lambda \neq 0$. 首先断言: $\dim \ker(\lambda - T) < \infty$, 且 $\mathrm{Ran}\,(\lambda - T)$ 是闭的, 并有有限的余维数. 因为若 $E_\lambda = \ker(\lambda - T)$ 是无限维的, 则 $T\mid_{E_\lambda} = \lambda I\mid_{E_\lambda}$, 这与 T 的紧性矛盾. 现在作分解 $H = E_\lambda \oplus E_\lambda^\perp$, 那么

$$\mathrm{Ran}\,(\lambda - T) = (\lambda - T)E_\lambda^\perp.$$

注意 $(\lambda - T)\mid_{E_\lambda^\perp}$ 是单的, 因此 $\mathrm{Ran}\,(\lambda - T)$ 的闭性等价于 $(\lambda - T)\mid_{E_\lambda^\perp}$ 是下有界的. 假如 $(\lambda - T)\mid_{E_\lambda^\perp}$ 不是下有界的, 我们可选择 $x_n \in E_\lambda^\perp$, $\|x_n\| = 1$, 且 $x_n \xrightarrow{w} 0$, 使得 $\|(\lambda - T)x_n\| \to 0$. 因 T 是紧的, 我们得到 $|\lambda| = \lim_{n\to\infty} \|(\lambda - T)x_n\| = 0$. 这个矛盾表明 $\mathrm{Ran}\,(\lambda - T)$ 是闭的. 因为 $\mathrm{Ran}\,(\lambda - T)$ 的余维数等于 $\dim \ker(\bar{\lambda} - T^*)$, 从而余维数

$$\dim[H/\mathrm{Ran}\,(\lambda - T)] < \infty.$$

以下证明非零谱点是 T 的特征值, 假如不然, 即 $\lambda \notin \sigma_p(T)$, 由前面的推理, 算子 $\lambda - T$ 在 H 上是下有界的, 故有 $H \neq (\lambda - T)H$. 置

$$H_0 = H, \ H_1 = (\lambda - T)H, \cdots, \ H_n = (\lambda - T)^n H, \cdots,$$

则 $H_0 \supseteq H_1 \supseteq H_2 \supseteq \cdots$. 容易验证对每个 n, $H_n \supsetneqq H_{n+1}$. 为此选择单位向量 $h_n \in H_{n-1} \ominus H_n$, 那么 $h_n \xrightarrow{w} 0$. 然而, $Th_n = (T - \lambda)h_n + \lambda h_n$, 即有

$$\|Th_n\|^2 = \|(T - \lambda)h_n\|^2 + |\lambda|^2 \geqslant |\lambda|^2.$$

这与 T 的紧性矛盾, 因此非零谱点一定是特征值.

为了证明 $\dim\ker(\lambda - T) = \dim\ker(\bar{\lambda} - T^*)$，我们记

$$H_0 = \ker(\lambda - T), \quad \tilde{H}_0 = \ker(\bar{\lambda} - T^*).$$

如果 $\dim\tilde{H}_0 > \dim H_0$，那么可在 $H = H_0 \oplus H_0^\perp$ 上定义有界线性算子 L 如下：L 映 H_0 1-1 地到 $\tilde{H}_0$，且 $L|_{H_0^\perp} = (\lambda - T)|_{H_0^\perp}$. 由于 $\tilde{H}_0^\perp = (\lambda - T)H$，我们看到 L 是单的，但不满，且 $\lambda - L$ 是紧的. 置 $K = \lambda - L$，则 $L = \lambda - K$. 因为 L 是不可逆的，$\lambda \in \sigma(K)$，故 λ 是 K 的特征值，即存在非零 $x \in H$，使得 $Lx = (\lambda - K)x = 0$. 这与 L 的单性矛盾，并且因此 $\dim\tilde{H}_0 \leqslant \dim H_0$. 相反的方向以同样的方式得到.

(iv) 仅证明对 $\forall \varepsilon > 0$ 有有限个谱点 λ 满足 $|\lambda| \geqslant \varepsilon$. 若有无限个，可选一个谱点序列 λ_n，使得当 $n \neq m$ 时，$\lambda_n \neq \lambda_m$. 置

$$F_1 = E_{\lambda_1}, \cdots, F_n = \text{span}\{E_{\lambda_1}, \cdots, E_{\lambda_n}\}, \cdots,$$

则 $F_{n+1} \supsetneqq F_n$. 取 $e_n \in F_{n+1} \ominus F_n$，$\|e_n\| = 1$，那么 $(T - \lambda_{n+1})F_{n+1} \subseteq F_n$. 考虑

$$Te_{n+1} = (T - \lambda_{n+1})e_{n+1} + \lambda_{n+1}e_{n+1},$$

故

$$\|Te_{n+1}\|^2 = |\lambda_{n+1}|^2 + \|(T - \lambda_{n+1})e_{n+1}\|^2 \geqslant \varepsilon^2.$$

因为 $e_n \xrightarrow{\text{w}} 0$，上式和 T 的紧性矛盾. 这表明原点 0 是 $\sigma(T)$ 仅可能的极限点，并且 $\sigma(T)$ 至多可列.   □

例子5.1.5 设 $K(x, y)$ 是 $[0, 1] \times [0, 1]$ 上平方可积的函数 (对应于面积测度). 定义积分算子 $V : L^2[0, 1] \to L^2[0, 1]$，

$$Vf(x) = \int_0^1 K(x, y)f(y)\,dy, \quad f \in L^2[0, 1],$$

则 V 是紧的.

事实上，记 $K_x(y) = K(x, y)$，则对几乎所有 x，$K_x \in L^2[0, 1]$. 因为 $Vf(x) = \langle f, \bar{K}_x \rangle$，所以 $|Vf(x)| \leqslant \|K_x\|\|f\|$. 若 $f_n \xrightarrow{\text{w}} 0$，则

$$|\langle f_n, \bar{K}_x \rangle|^2 \leqslant \|K_x\|^2\|f_n\|^2 \leqslant C\|K_x\|^2,$$

这里 $C = \sup_n \|f_n\|^2$. 因为 $\|K_x\|^2 = \int_0^1 |K(x, y)|^2\,dy$ 关于 x 是可积的，且对几乎所有 $x \in [0, 1]$，

$$\lim_{n \to \infty} \langle f_n, \bar{K}_x \rangle = 0,$$

根据 $\|Vf_n\|^2 = \int_0^1 |\langle f_n, \bar{K}_x\rangle|^2\,\mathrm{d}x$ 和控制收敛定理知

$$\lim_{n\to\infty} \|Vf_n\| = 0,$$

因而 V 是紧的.

当 $K(x, y)$ 有界，且满足条件：当 $x < y$ 时，$K(x, y) = 0$，我们计算 $\sigma(V)$，设 $C = \sup |K(x, y)|$. 用归纳法，有

$$|V^{n+1}f(x)| \leqslant C^{n+1} \int_0^x \mathrm{d}x_1 \int_0^{x_1} \cdots \int_0^{x_n} |f(t)|\,\mathrm{d}t,$$

因为 $\int_0^{x_n} |f(t)|\,\mathrm{d}t \leqslant \|f\|$，故

$$|V^{n+1}f(x)| \leqslant \frac{C^{n+1}}{n!}\|f\|,$$

所以 $\|V^{n+1}f\| \leqslant \frac{C^{n+1}}{n!}\|f\|$. 这表明 V 的谱半径

$$r(V) = \lim_{n\to\infty} \|V^{n+1}\|^{\frac{1}{n+1}} = 0.$$

因此在此情况下，$\sigma(V) = \{0\}$，即 0 是 V 唯一的谱点.

(i) 若设 $K(x, y)$ 是子集 $\{(x, y) : y < \min(\frac{1}{2}, x)\}$ 的特征函数，取 f 是 $[0,1]$ 的子集 $(\frac{1}{2}, 1]$ 的特征函数，知 $Vf = 0$，此时，0 是 V 的特征值.

(ii) 若 $K(x, y)$ 为 $\{(x, y) : y \leqslant x\}$ 的特征函数，则由

$$\int_0^1 K(x, y)f(y)\,\mathrm{d}y = \int_0^x f(y)\,\mathrm{d}y = 0$$

知 $f = 0$，此时 0 不是 V 的特征值，因此在这种情况下，紧算子 V 没有特征值. 请读者写出 V^* 的表达式，计算 VV^* 的谱半径，并进一步求$\|V\|$.

§5.1.3　紧的正规算子

设 H 是无穷维可分的 Hilbert 空间，N 是 H 上的正规算子，即$N^*N = NN^*$. 这等价于对每个 $x \in H$，$\|Nx\| = \|N^*x\|$. 若 N 是正规的，则当 $\lambda \in \mathbb{C}$ 时，$N - \lambda$ 也正规. 因此，若 $\lambda \in \sigma(N)$，且 $\lambda \neq 0$，则 N 的特征空间 E_λ (对应特征值 λ) 与 N^* 的特征空间 $\tilde{E}_{\bar{\lambda}}$ (对应特征值 $\bar{\lambda}$) 一致. 因此，当 N 是正规算子时，不同的特征空间是正交的.

若 N 是紧的正规算子，其谱为 $\{0, \lambda_1, \cdots, \lambda_n, \cdots\}$，且若此集无限，则成立 $\lambda_n \to 0$. 置 $E = E_{\lambda_1} \oplus E_{\lambda_2} \oplus \cdots$，$E_0 = H \ominus E$. 因为 $NE \subseteq E$，$N^*E \subseteq E$，故 $NE_0 \subseteq E_0$，$N^*E_0 \subseteq E_0$，因而 N 是 E_0 上的正规算子. 注意 N，当限制在 E_0 上时，无非零的特征值，故 $r(N|_{E_0}) = \|N|_{E_0}\| = 0$，因此 $E_0 = \ker N$. 这表明 H 可分解为

$$H = E_0 \oplus E_{\lambda_1} \oplus E_{\lambda_2} \oplus \cdots, \qquad (\star)$$

即 H 可由 N 的特征向量构成一个规范正交基. 记 P_n 是 H 到 E_{λ_n} 的正交投影，那么 $P_n \perp P_m$，$n \neq m$. 下面是紧的正规算子的结构定理，它说明紧的正规算子可对角化.

定理5.1.6 设 N 是紧的正规算子，则

$$N = \bigoplus_n \lambda_n P_n.$$

证： 由分解 $(\star)$ 和 $\lambda_n \to 0$ 即得. □

对 $\varphi \in l^\infty(\mathbb{N})$，考虑 $l^2(\mathbb{N})$ 上的乘法算子 M_φ，定义为 $(M_\varphi h)(n) = \varphi(n)h(n)$. 在 $l^2(\mathbb{N})$ 的典型正交基下，M_φ 是一个对角算子，并且每一个在典型正交基下的对角算子有这样的形式. 定理 5.1.6 表明每一个紧的正规算子酉等价于 $l^2(\mathbb{N})$ 上的一个乘法算子，即可对角化. 在后面，我们将推广对角化到一般的正规算子.

例子5.1.7 考虑 Bergman 空间上 Toeplitz 算子 $T_{1-|z|^2}$，则它是紧的自伴算子. 因为 $N = T_{1-|z|^2} = I - M_z^* M_z$，故每个 z^n 是它的特征向量，相应于特征值 $\lambda_n = \frac{1}{n+2}$. 置 $e_n = \frac{z^n}{\|z^n\|} = \sqrt{n+1} z^n$，则 $T_{1-|z|^2} = \bigoplus_{n=0}^\infty \frac{1}{n+2} e_n \otimes e_n$ 是它的谱分解.

应用紧正规算子的结构定理 5.1.6 和算子的极分解（见 §5.3 节），我们可得一般的紧算子的结构定理. 证明留给读者.

定理5.1.8 设 $A: H_1 \to H_2$ 是紧的，那么存在 $N \in \mathbb{Z}_+ \cup \{\infty\}$，以及规范正交集 $\{\varphi_n\}_{n=1}^N \subset H_1$，$\{\psi_n\}_{n=1}^N \subset H_2$ 和一个复数列 $\{\lambda_n\}_{n=1}^N$，满足 $\lim\limits_{n\to\infty} \lambda_n = 0$ (如果 $N = \infty$)，按算子范数，A 有表示

$$A = \sum_{n=1}^N \lambda_n \psi_n \otimes \varphi_n.$$

§5.1.4　紧算子理想

这一节, 我们讨论 Hilbert 空间 H 上的紧算子理想. 它在算子理论和算子代数研究中有特殊的地位. 用 $B(H)$ 表示 H 上的有界线性算子全体, $\mathcal{K}(H)$ 表示 H 上的紧算子全体, 那么 $\mathcal{K}(H)$ 是 $B(H)$ 的闭 $*$-理想. 当 $x, y \in H$ 时, 定义秩 1 的算子 $x \otimes y$ 如下:

$$(x \otimes y)\, h = \langle h, y \rangle x, \quad h \in H.$$

命题 5.1.9　紧算子理想 $\mathcal{K}(H)$ 是 $B(H)$ 的最小非零闭 $*$-理想.

证:　事实上，因为对每个 $A \in B(H)$, $A \neq 0$，取 $v \in H$, 使得 $Av \neq 0$, 那么容易验证

$$\overline{\operatorname{span}} \{BAv : B \in B(H)\} = H.$$

故对每个 $x \in H$，存在有界算子列 $\{B_n\}$，使得 $B_n Av \to x$. 从而依算子范数，成立

$$B_n A(v \otimes y) = (B_n Av) \otimes y \to x \otimes y, \quad \forall y \in H,$$

这表明由每个非零算子生成的 $B(H)$ 闭的理想包含所有有限秩算子，因而包含 $\mathcal{K}(H)$. 这里用到的事实是每个紧算子可由有限秩算子依范数逼近，这是因为若 T 是紧的，且 $\{e_n\}$ 是 H 的一个规范正交基, P_n 是到 $\operatorname{span}\{e_1, \cdots, e_n\}$ 的正交投影，那么 $\|T - TP_n\| \to 0$. 　　□

在继续之前，我们先介绍一些基本概念. 设 $\mathcal{B}$ 是 $B(H)$ 的一个子集, M 是 H 的一个闭线性子空间, 如果对每个 $B \subset \mathcal{D}$, 都有 $BM \subset M$, 就称 M 是 $\mathcal{B}$ 的一个不变子空间; 如果 M 和 $M^{\perp}$ 都是 $\mathcal{B}$ 不变子空间, 称 M 是 $\mathcal{B}$ 的约化子空间. 当 $\mathcal{B}$ 是自伴时, 不变子空间必然是约化子空间. 下面的命题是一个容易的练习.

命题 5.1.10　假设 $\mathcal{B}$ 是自伴的, 则下列陈述是等价的:
  (i) $\mathcal{B}$ 是不可约的, 即不存在非平凡的约化子空间;
  (ii) $\mathcal{B}$ 的换位子代数 $\mathcal{B}' = \mathbb{C}I$;
  (iii) 若一个投影 P 与 $\mathcal{B}$ 中每个算子交换, 则 $P = I$ 或 $P = 0$;
  (iv) 对任何非零的 $h \in H$, $\overline{\operatorname{span}}\,\mathcal{B}h = H$, 即每个非零向量都是 $\mathcal{B}$ 的循环向量.

下面, 我们介绍紧算子理想的一些基本性质, 更深入的讨论可参阅 [Ar2].

定理 5.1.11　设 $\mathcal{B}$ 是 $B(H)$ 的一个不可约的 C^*-子代数(不假设其含恒等算子). 若 $\mathcal{B}$ 中含有非零紧算子, 则 $\mathcal{K}(H) \subseteq \mathcal{B}$.

证： 设非零紧算子 $T \in \mathcal{B}$，则 $T^*T \in \mathcal{B}$. 据紧正规算子的谱分解定理 5.1.6，T^*T 的每个谱投影属于 $\mathcal{B}$. 注意到这些谱投影都是有限秩的，因此 $\mathcal{B}$ 包含一个非零的有限秩投影 P，从而在 $\mathcal{B}$ 中存在一个极小的有限秩投影 E ($E \neq 0$)，即 E 的仅有的属于 $\mathcal{B}$ 的非零子投影是 E 本身. 断言：对任意 $T \in \mathcal{B}$, $ETE = \lambda E$，其中 λ 是一个复常数. 事实上，不妨假设 T 是自伴的，由紧正规算子的谱分解定理 5.1.6 知，$ETE = \bigoplus_n \lambda_n P_n$，从而当 $\lambda_n \neq 0$ 时，$P_n \in \mathcal{B}$，且 P_n 是 E 的一个子投影. 由 E 的极小性，$P_n = E$，断言得证. 取 $e, f \in EH, e \neq 0$ 且 $e \perp f$，那么对任何 $T \in \mathcal{B}$ 有

$$\langle f, Te \rangle = \langle f, ETEe \rangle = \langle f, \lambda e \rangle = \overline{\lambda} \langle f, e \rangle = 0.$$

由于 $\mathcal{B}$ 是不可约的，$\mathcal{B}e$ 在 H 中稠，故 $f = 0$. 因此 E 是秩一投影，且有 $E = e \otimes e$. 对任何秩一投影 $x \otimes x$ ($x \neq 0$)，存在 $T_n \in \mathcal{B}$，使得 $T_n e \to x$，从而按算子范数，我们有

$$(T_n e) \otimes (T_n e) \to x \otimes x.$$

因为 $(T_n e) \otimes (T_n e) = T_n (e \otimes e) T_n^* \in \mathcal{B}$，所以 $x \otimes x \in \mathcal{B}$. 由此易知所有有限秩算子都属于 $\mathcal{B}$. 由于有限秩算子全体在 $\mathcal{K}(H)$ 中稠，从而 $\mathcal{K}(H) \subseteq \mathcal{B}$. $\qquad \square$

命题5.1.12 设 $\mathcal{B}$ 是 $B(H)$ 的一个 C^*-子代数(不假设其含恒等算子)，则 $\mathcal{B} + \mathcal{K}(H)$ 是 $B(H)$ 的 C^*-子代数，且有等距 C^*-同构

$$\mathcal{B}/\mathcal{B} \cap \mathcal{K}(H) \cong (\mathcal{B} + \mathcal{K}(H))/\mathcal{K}(H), \quad \hat{B} \mapsto \widetilde{B}.$$

这里 $\hat{B}, \widetilde{B}$ 分别表示 $\mathcal{B}$ 中的算子 B 在两个相应的商代数中的像.

证： 考虑商 C^*-同态 $\pi : B(H) \to B(H)/\mathcal{K}(H)$，应用系 4.4.19 知，$\pi(\mathcal{B})$ 是 $B(H)/\mathcal{K}(H)$ 的一个闭子集. 由等式

$$\pi^{-1}(\pi(\mathcal{B})) = \mathcal{B} + \mathcal{K}(H),$$

$\mathcal{B} + \mathcal{K}(H)$ 是闭的，且易见其是 *-运算封闭的，从而它是 $B(H)$ 的一个 C^*-子代数. 因为 π 的限制映射 $\pi|_\mathcal{B} : \mathcal{B} \to (\mathcal{B} + \mathcal{K}(H))/\mathcal{K}(H)$ 有 $\ker \pi|_\mathcal{B} = \mathcal{B} \cap \mathcal{K}(H)$，因此就有 C^*-同构

$$\mathcal{B}/(\mathcal{B} \cap \mathcal{K}(H)) \cong (\mathcal{B} + \mathcal{K}(H))/\mathcal{K}(H).$$

$\qquad \square$

系5.1.13　设 $\mathcal{B}$ 是含恒等算子的 $B(H)$ 的 C^*-子代数, 则 $\mathcal{B} \cap \mathcal{K}(H) = \{0\}$ 当且仅当对每个 $B \in \mathcal{B}$ 成立 $\sigma(B) = \sigma_e(B)$, 这里 $\sigma_e(B)$ 是算子 B 的本质谱, 即 $\widetilde{B}$ 在 Calkin 代数 $B(H)/\mathcal{K}(H)$ 中的谱.

证：　若 $\mathcal{B} \cap \mathcal{K}(H) = \{0\}$, 由上述的 C^*-同构以及定理4.4.9知, $\sigma(B) = \sigma_{\mathcal{B}}(B) = \sigma_e(B)$.
反之, 若对每个 $B \in \mathcal{B}$ 成立 $\sigma(B) = \sigma_e(B)$, 则有

$$\sigma(B^*B) = \sigma_e(B^*B).$$

从而有

$$\|B\|^2 = r(B^*B) = r_e(B^*B) = \|B^*B\|_e = \|B\|_e^2.$$

这里 $r_e(B)$ 表示算子 B 的本质谱半径, $\|B\|_e$ 是 B 的本质范数, 即 $\widetilde{B}$ 在 Calkin 代数中的范数. 故对每个算子 $B \in \mathcal{B}$, $\|B\| = \|B\|_e$, 从此等式易知 $\mathcal{B} \cap \mathcal{K}(H) = \{0\}$.　□

例子5.1.14　设 N 是 Hilbert 空间 H 上的一个正规算子. $C^*(N)$ 是由 N 和恒等算子生成的 C^*-代数. 如果 $\sigma(N)$ 不含孤立点, 则 $C^*(N)$ 不含非零紧算子. 因此由系5.2.5, 对任何 $A \in C^*(N)$ 有

$$\sigma(A) = \sigma_e(A), \quad \|A\| = \|A\|_e.$$

事实上, 若 $C^*(N)$ 中有非零紧算子, 则由该算子的谱分解知 $C^*(N)$ 中含有非零的有限秩投影 P, 因此会有一个有限秩的极小投影 E, 即没有比 E 更小的且属于 $C^*(N)$ 的非零投影. 根据正规算子的连续函数演算定理4.4.17知, 存在 $\sigma(N)$ 的一个连通分支 S, 使得

$$E = \chi_S(N),$$

其中 χ_S 是支撑在 S 上的特征函数. 由于 S 是 $\sigma(N)$ 的一个连通分支且不是单点集, 可取 $a, b \in S\ (a \neq b)$, 由 Urysohn 引理知, 存在 $f \in C(\sigma(N))$, 使得 $f(a) = 0$, $f(b) = 1$, 且 f 在其他连通分支上为零. 根据投影 E 的极小性和正规算子的函数演算知, 存在常数 λ, 使得

$$\chi_S(N)f(N)\chi_S(N) = f(N), \quad Ef(N)E = \lambda E.$$

因此, $f = \lambda\chi_S$. 这是一个矛盾. 从而 $C^*(N)$ 不含非零紧算子. 其余的结论来自上面的推论.

定理5.1.15 假设 $\mathcal{B}_1, \mathcal{B}_2$ 是 $B(H)$ 的 C^*-子代数, 且 $\mathcal{K}(H) \subseteq \mathcal{B}_i, i = 1, 2$. 如果 $\pi : \mathcal{B}_1 \to \mathcal{B}_2$ 是一个 C^*-同构, 则存在 H 上的一个酉算子 U, 使得

$$\pi(B) = UBU^*, \quad B \in \mathcal{B}_1.$$

证: 对任意 $e \in H, \|e\| = 1$, 则 $\pi(e \otimes e)$ 是一个秩一的投影. 事实上, 显然 $\pi(e \otimes e)$ 是一个投影. 如果这个投影的秩大于1, 可写

$$\pi(e \otimes e) = P_1 + P_2,$$

这里 P_1 是秩一投影, 且 $P_1 \perp P_2$. 因为 $\mathcal{K}(H) \subset \mathcal{B}_2$, 则 $P_1, P_2 \in \mathcal{B}_2$. 从而

$$e \otimes e = \pi^{-1}(P_1 + P_2) = \pi^{-1}(P_1) + \pi^{-1}(P_2).$$

注意到两个非零投影 $\pi^{-1}(P_1)$ 和 $\pi^{-1}(P_2)$ 是正交的, 这表明上面的等式是不可能的. 因此 π 将秩一的投影映为秩一的投影. 由此易推出 π 将有限秩算子映为有限秩算子, 故 π 将紧算子映为紧算子. 从而 $\pi(\mathcal{K}(H)) \subset \mathcal{K}(H)$. 同样的推理表明 $\pi^{-1}(\mathcal{K}(H)) \subset \mathcal{K}(H)$, 故 $\pi(\mathcal{K}(H)) = \mathcal{K}(H)$.

取一个单位向量 e, 那么有单位向量 f, 使得

$$\pi(e \otimes e) = f \otimes f.$$

在 H 上定义算子 $Ux = \pi(x \otimes e)f, x \in H$. 那么 U 是线性的. 对任何 $x, y \in H$, 成立

$$
\begin{aligned}
\langle Ux, Uy \rangle &= \langle \pi(x \otimes e)f, \pi(y \otimes e)f \rangle \\
&= \langle \pi((e \otimes y)(x \otimes e))f, f \rangle \\
&= \langle x, y \rangle \langle \pi(e \otimes e)f, f \rangle \\
&= \langle x, y \rangle.
\end{aligned}
$$

因此, U 是 H 上的一个等距. 记

$$M = UH = \{\pi(x \otimes e)f : x \in H\},$$

那么 M 是闭的. 断言: $M = H$. 显然对任何 $x, y \in H$,

$$\pi(x \otimes e)M \subseteq M, \quad \pi(e \otimes y)M \subseteq M,$$

这表明

$$\pi(x \otimes y)M = \pi(x \otimes e)\pi(e \otimes y)M \subseteq M.$$

从而对任何有限秩算子 F, $\pi(F)M \subset M$. 由于有限秩算子全体在 $\mathcal{K}(H)$ 中稠, 故

$$\pi(\mathcal{K}(H))M = \mathcal{K}(H)M \subseteq M.$$

因为 $\mathcal{K}(H)$ 是不可约的, 由此推知 $M = H$, 断言得证. 由此断言, U 是 H 上的一个酉算子. 现在对任何 $x, y \in H$, 我们有

$$
\begin{aligned}
U(x \otimes y)U^* &= (Ux) \otimes (Uy) \\
&= (\pi(x \otimes e)f) \otimes (\pi(y \otimes e)f) \\
&= \pi(x \otimes e)(f \otimes f)\pi(e \otimes y) \\
&= \pi(x \otimes e)\pi(e \otimes e)\pi(e \otimes y) \\
&= \pi(x \otimes y).
\end{aligned}
$$

因此, 对任何有限秩算子 F, 成立

$$UFU^* = \pi(F).$$

从而上式对任何紧算子也成立.

对任何 $B \in \mathcal{B}_1$ 以及 $K \in \mathcal{K}(H)$, $BK \in \mathcal{K}(H)$. 故有

$$\pi(BK) = UBKU^*.$$

又由 $\pi(BK) = \pi(B)\pi(K) - \pi(B)UKU^*$ 可得

$$\pi(B)UKU^* = UBKU^* = (UBU^*)(UKU^*).$$

进而有

$$(\pi(B) - UBU^*)UKU^* = 0, \quad K \in \mathcal{K}(H).$$

从此式易知对任何 $B \in \mathcal{B}_1$ 有 $\pi(B) = UBU^*$.　　　　　　□

特别当取 $\mathcal{B}_1 = \mathcal{B}_2 = \mathcal{K}(H)$ 或 $B(H)$ 时, 就知 $\mathcal{K}(H)$ 和 $B(H)$ 上的自身 C^*-同构都是通过酉算子装配给出的.

当 $\mathcal{B}_1, \mathcal{B}_2$ 分别是可分 Hilbert 空间 H_1, H_2 的包含全体紧算子的 C^*-代数时, 可首先建立一个 Hilbert 空间 H_1 到 H_2 的酉同构 U, 然后将 $\mathcal{B}_2$ 拉回到 H_1 上进行讨论就行了, 即转化为 C^* 代数 $\mathcal{B}_1$ 和 $U^*\mathcal{B}_2U$ 的同构问题, 这就是上面的定理.

习题

1. 若 $f \in C(\overline{\mathbb{D}})$，则 Bergman 空间上的 Toeplitz 算子 T_f 紧当且仅当 $f|_{\partial \mathbb{D}} = 0$.

2. 证明 T 是 H 上的一个紧算子当且仅当 Ran T 不包含无限维的闭子空间.

3. 设 Ω 是 $\mathbb{R}^n$ 中的一个有界区域，$\alpha < n$，定义算子 $K : L^2(\Omega, m) \to L^2(\Omega, m)$，

$$Kf(x) = \int_{\Omega} \frac{f(y)}{|x-y|^{\alpha}} \, dy,$$

证明 K 是紧算子，这里 m 是 $\mathbb{R}^n$ 上的 Lebesgue 测度.

4. 若 T 是紧的，且 $\{e_n\}$ 是 H 的一个规范正交基，P_n 是到 span$\{e_1, \cdots, e_n\}$ 的正交投影，那么 $\|T - TP_n\| \to 0$.

5. 设 $A_1 \leqslant A_2 \leqslant \cdots$ 是 Hilbert 空间上自伴的紧算子序列，且按弱算子拓扑收敛到紧算子 A，证明：A_n 按算子范数收敛到 A (使用 Dini 定理证明).

6. 设 T 是 H 上的一个有界线性算子，$A_1, A_2, \cdots$ 是 H 上自伴的紧算子序列，写 $R_n = I - A_n$，假如 $\|R_n\| = 1$，$n = 1, 2, \cdots$，并且 $\|R_n x\| \to 0$，$\forall x \in H$. 证明 T 的本性范数 $\|T\|_e = \inf\{\|T + K\| : K$ 是紧算子$\} = \lim\limits_{n \to \infty} \|TR_n\|$.

7. 设 T 是可分 Hilbert 空间 H 上的一个紧算子，并且 T 是单的，Ran T 在 H 中稠密. 若 $T^*T = \sum_n \lambda_n e_n \otimes e_n$ 是 T^*T 的谱分解，证明 $\{Te_n\}$ 是 H 的一个正交基.

8. 设 V 是可分 Hilbert 空间 H 上的一个纯等距，即 $\bigcap_{n=1}^{\infty} V^n H = \{0\}$. 如果一个紧算子 A 满足 $V^*AV = A$，证明 $A = 0$.

9. 设 $\mathcal{A}$ 是 $B(H)$ 的一个含恒等算子的交换 C^*-子代数，并设 M 是 $\mathcal{A}$ 的极大理想空间. 在 w*-拓扑下，如果 M 不含孤立点，证明 $\mathcal{A}$ 中不含非零紧算子.

10. 若 $\mathcal{A}$ 是 $B(H)$ 的一个 C^* 子代数（不假设其含恒等算子），且 $\mathcal{K}(H) \subset \mathcal{A}$，证明 $\mathcal{A}$ 的最小闭理想是 $\mathcal{K}(H)$.

11. 证明命题5.1.10.

12. 如果 $\mathcal{B}$ 是可分的 Hilbert 空间 H 上算子的一个不可约的自伴集，证明：

$$\ker \mathcal{B} \stackrel{\triangle}{=} \bigcap_{B \in \mathcal{B}} \ker B = \{0\}.$$

§5.2   Hilbert-Schmidt 算子

引理5.2.1   设 $\{e_m\}$, $\{f_n\}$ 是 Hilbert 空间 H 的两个规范正交基，$A \in B(H)$，则

$$\sum_m \|Ae_m\|^2 = \sum_n \|A^*f_n\|^2 = \sum_{m,n} |\langle Ae_m, f_n \rangle|^2.$$

证：　应用 Parseval 等式.　　　　　　　　　　　　　　□

从上面的引理，我们看到：和式 $\sum_m \|Ae_m\|^2$ 不依赖于规范正交基的选取.

定义5.2.2　称 $A \in B(H)$ 是 Hilbert-Schmidt 算子，如果

$$\|A\|_2 = \Big(\sum_m \|Ae_m\|^2 \Big)^{\frac{1}{2}} < \infty,$$

$\|A\|_2$ 称为 A 的 Hilbert-Schmidt 范数. 易见，若 A 是 Hilbert-Schmidt算子，那么 A^* 也是. Hilbert 空间 H 上的 Hilbert-Schmidt 算子的全体用 $\mathcal{L}^2$ 表示.

例子5.2.3　设 $a = (a_1, a_2, \cdots) \in l^\infty(\mathbb{N})$，定义 $l^2(\mathbb{N})$ 上的对角算子 $Ae_n = a_n e_n$，这里 $e_n = (0, \cdots, 1, \cdots)$，第 n 个坐标为 1，其余为零. 则 $A \in \mathcal{L}^2$ 当且仅当 $a \in l^2(\mathbb{N})$.

例子5.2.4　设 $K(x, y)$ 是 $[0, 1] \times [0, 1]$ 上的平方可积函数，我们定义积分算子 $A_K : L^2[0, 1] \to L^2[0, 1]$，

$$A_K f(x) = \int_0^1 K(x, y) f(y) \, \mathrm{d}y.$$

像在例子 5.1.5 中表明的，A_K 是紧的. 事实上，A_K 是 Hilbert-Schmidt算子，并且

$$\|A_K\|_2 = \|K\|_2 = \Big(\int_0^1 \int_0^1 |K(x, y)|^2 \, \mathrm{d}x \, \mathrm{d}y \Big)^{\frac{1}{2}}.$$

为此，选 $L^2[0, 1]$ 一个规范正交基 $\{e_n(x)\}$，则由引理 5.2.1，有

$$\sum_n \|A_K e_n\|^2 = \sum_{m,n} |\langle A_K e_m, e_n \rangle|^2.$$

记 $f_{mn} = e_n(x)\overline{e_m(y)}$，则 $\{f_{mn} : m, n = 1, 2, \cdots\}$ 构成 $L^2\big([0, 1] \times [0, 1]\big)$ 的一个规范正交基. 因为

$$\langle A_K e_m, e_n \rangle = \int_0^1 \int_0^1 K(x, y) e_m(y) \overline{e_n(x)} \, \mathrm{d}x \, \mathrm{d}y = \langle K, f_{mn} \rangle,$$

故

$$\|A_K\|_2^2 = \sum_n \|A_K e_n\|^2 = \sum_{m,n} |\langle A_K e_m, e_n \rangle|^2 = \sum_{m,n} |\langle K, f_{mn} \rangle|^2 = \|K\|_2^2 < \infty.$$

即 A_K 是 Hilbert-Schmidt 算子，且映射

$$\Lambda : L^2\big([0, 1] \times [0, 1]\big) \to \mathcal{L}^2, \quad K \mapsto A_K$$

是等距的. 实际上，映射 Λ 是到上的，请验证：若 A 在 $\mathcal{L}^2$ 中，则由函数 $K(x,y) = \sum\limits_n (Ae_n)(x)\overline{e_n(y)}$ 定义了一个 L^2-核，且 Λ 将此核映到 A.

Hilbert-Schmidt 算子有下列性质.

定理5.2.5   设 $A \in \mathcal{L}^2$，则

    (i) $\|A\|_2 = \|A^*\|_2$；

    (ii) $\|A\| \leqslant \|A\|_2$；

    (iii) $\mathcal{L}^2$ 是 $B(H)$ 的一个 *-理想，即对 $T \in B(H)$，有 $TA, AT \in \mathcal{L}^2$，且

$$\|TA\|_2 \leqslant \|T\|\,\|A\|_2, \quad \|AT\|_2 \leqslant \|T\|\,\|A\|_2;$$

    (iv) 在 $\|\cdot\|_2$ 下，$\mathcal{L}^2$ 是一个 Hilbert 空间；

    (v) A 是紧的，且有限秩算子在 $\mathcal{L}^2$ 中稠 (按 $\|\cdot\|_2$ 范数).

证： (i)，(ii)，(iii) 是容易的.

    (iv) 先证明 $\|\cdot\|_2$ 是 $\mathcal{L}^2$ 上的范数. 为此，使用下面的算子的极化恒等式

$$4B^*C = \sum_{k=0}^{3} \mathrm{i}^k (C + \mathrm{i}^k B)^*(C + \mathrm{i}^k B) \tag{$\star$}$$

和引理 5.2.1，我们看到 $\mathcal{L}^2$ 上的内积

$$\langle C, B \rangle_2 = \sum_n \langle B^*Ce_n, e_n \rangle = \sum_n \langle Ce_n, Be_n \rangle \tag{$\star\star$}$$

是良定义的且不依赖于规范正交基 $\{e_n\}$ 的选取，并且范数 $\|\cdot\|_2$ 是由上述内积定义的. 该内积空间的完备性可通过 (ii) 完成.

    (v) 对任意 $\varepsilon > 0$，存在 N，使得当 $n \geqslant N$ 时，$\sum\limits_{n \geqslant N} \|Ae_n\|^2 \leqslant \varepsilon$，这里 $\{e_n\}$ 是 H 的一个规范正交基. 定义有限秩算子 B 如下：在 $H_N = \mathrm{span}\{e_1, \cdots, e_N\}$，$B = A$；在 $H_N^{\perp}$，$B = 0$. 那么

$$\|A - B\|_2^2 = \sum_{n \geqslant N} \|Ae_n\|^2 \leqslant \varepsilon,$$

结合 (ii) 知 A 是紧的. $\qquad\qquad\qquad\qquad\qquad\qquad\qquad\qquad\square$

§5.3　迹类算子

设 $A \in B(H)$，称 A 是正的，记为 $A \geqslant 0$，如果 $\langle Ax, x \rangle \geqslant 0$，$\forall x \in H$. 这等价于 $A = A^*$ 且 $\sigma(A) \subseteq [0, \infty)$. 在所有自伴算子的集上定义偏序：$A \geqslant B$，如果 $A - B \geqslant 0$.

引理5.3.1　*如果 $A \geqslant 0$，则对任意正整数 n，存在唯一的正算子 B，使得 $B^n = A$，记 $B = A^{\frac{1}{n}}$，称为 A 的 n 次根.*

证：　见命题 4.4.25.　　　　　　　　　　　　　　　　　　　　□

事实上，当 $A \geqslant 0$，且 $f(x)$ 是 $\sigma(A)$ 上的连续函数时，应用函数演算 (定理 4.4.17)，我们可以唯一地定义算子 $f(A)$. 特别地，设 $A \geqslant 0$，以及 α 是一个非负实数，$f(x) = x^\alpha$，定义 $A^\alpha = f(A)$.

据引理 5.3.1，若 $A \in B(H)$，定义 A 的绝对值 $|A| = (A^*A)^{\frac{1}{2}}$，则 $|A| \geqslant 0$ 且 $|A|^2 = A^*A$. 所以对任意 $A \in B(H)$，据引理 5.2.1，和 $\sum_n \langle |A| e_n, e_n \rangle$ 不依赖于规范正交基 $\{e_n\}$ 的选取. 如果 $\|A\|_1 = \sum_n \langle |A| e_n, e_n \rangle$ 有限，称 A 是迹类算子，其迹范数定义为 $\|A\|_1$. 所有迹类算子用 $\mathcal{L}^1$ 表示.

对 $A \in B(H)$，易见 $\||A| x\| = \|Ax\|$，$\forall x \in H$. 因此可定义算子 $W : H \to H$ 为 $W(|A| x) = Ax$，$\forall x \in H$，将其延拓到 $\overline{\text{Ran} |A|} = (\ker A)^\perp$；并在 $\ker A$ 上定义 $W = 0$，故有 $A = W|A|$，且 W 在 $(\ker A)^\perp$ 是等距. 分解 $A = W|A|$ 称为 A 的极分解，则 W 有性质：$W^*W = P_{(\ker A)^\perp}$，$WW^* = P_{\overline{\text{Ran} (A)}}$.

命题5.3.2　*下列各项是等价的：*

(i) $A \in \mathcal{L}^1$；

(ii) $|A|^{\frac{1}{2}} \in \mathcal{L}^2$；

(iii) A 可以表示为两个 Hilbert-Schmidt 算子的乘积.

证：　使用极分解以及算子恒等式 ($\star$).　　　　　　　　　　□

使用命题 5.3.2 (iii) 和算子恒等式 ($\star$) 知，若 $A \in \mathcal{L}^1$，那么对 H 的每个规范正交基 $\{e_n\}$，成立

$$\sum_n |\langle Ae_n, e_n \rangle| < \infty.$$

进一步，应用引理 5.2.1、命题 5.3.2 (iii) 知，当 $A \in \mathcal{L}^1$ 时，和 $\sum_n \langle Ae_n, e_n \rangle$ 不依赖规范正交基的选取.

定义5.3.3 如果 $A \in \mathcal{L}^1$，定义 $\mathrm{Tr}(A) = \sum_n \langle Ae_n, e_n \rangle$，称为 A 的迹.

定理5.3.4 关于迹类算子，有下列结论:

(i) 每一个迹类算子是紧的. 进一步，若 A 是紧的，且 $\lambda_1, \lambda_2, \cdots$ 是 $|A|$ 的特征值(按重数重复出现)，则 $A \in \mathcal{L}^1$ 当且仅当 $\{\lambda_n\} \in l^1$，并且此时 $\|A\|_1 = \sum_n \lambda_n$.

(ii) 如果 $A \in \mathcal{L}^1$，则 $A^* \in \mathcal{L}^1$，且 $\|A\|_1 = \|A^*\|_1$.

(iii) 如果 $A \in \mathcal{L}^1$，$B \in B(H)$，则 $AB, BA \in \mathcal{L}^1$，且

$$\|AB\|_1 \leqslant \|B\| \|A\|_1, \quad \|BA\|_1 \leqslant \|B\| \|A\|_1,$$

进一步，$\mathrm{Tr}(AB) = \mathrm{Tr}(BA)$，$|\mathrm{Tr}(AB)| \leqslant \|B\| \|A\|_1$.

(iv) $\mathcal{L}^1$ 是 $B(H)$ 的一个 *-理想，$\|\cdot\|_1$ 是 $\mathcal{L}^1$ 上的范数，在此范数下，$\mathcal{L}^1$ 是 Banach 空间.

(v) $\mathcal{L}^1$ 包含全体有限秩算子，且有限秩算子在 $\mathcal{L}^1$ 中稠密(依范数 $\|\cdot\|_1$). 若 H 可分，则 $\mathcal{L}^1$ 可分.

证: (i) 是容易的.

(ii) 若 $A \in \mathcal{L}^1$，设 $A = W|A|$ 是 A 的极分解，则 $AA^* = W|A|^2 W^*$，即有 $|A^*| = W|A|W^*$. 设 $|A| = \sum_n \lambda_n P_n$ 是 $|A|$ 的谱分解，则通过谱演算和 W 的性质，$|A^*| = \sum_n \lambda_n WP_nW^*$ 是 $|A^*|$ 的谱分解，这里 WP_nW^* 是到 λ_n 对应的特征空间的投影，易验证 $\dim P_n = \dim WP_nW^*$. 因此

$$\|A^*\|_1 = \sum_n \lambda_n \dim WP_nW^* = \sum_n \lambda_n \dim P_n = \|A\|_1.$$

(iii) 若 $A \in \mathcal{L}^1$，由命题 5.3.2 和 Hilbert-Schmidt 算子的性质知当 $B \in B(H)$ 时，就有 $AB, BA \in \mathcal{L}^1$.

断言: 若 $T_1, T_2 \in \mathcal{L}^2$，则 $\mathrm{Tr}(T_1 T_2) = \overline{\mathrm{Tr}(T_1^* T_2^*)}$. 事实上，设 $\{e_n\}$ 是 H 的一个规范正交基，那么 $T_2 e_n = \sum_m \langle T_2 e_n, e_m \rangle e_m$. 故

$$
\begin{aligned}
\mathrm{Tr}(T_1 T_2) &= \sum_n \langle T_1 T_2 e_n, e_n \rangle \\
&= \sum_{n,m} \langle T_1 e_m, e_n \rangle \langle T_2 e_n, e_m \rangle \\
&= \overline{\sum_{n,m} \langle T_1^* e_n, e_m \rangle \langle T_2^* e_m, e_n \rangle} \\
&= \overline{\mathrm{Tr}(T_1^* T_2^*)}.
\end{aligned}
$$

设 $A = C^*D$，这里 $C, D \in \mathcal{L}^2$，使用上面的事实，

$$
\begin{aligned}
\mathrm{Tr}(AB) &= \mathrm{Tr}(C^*DB) = \overline{\mathrm{Tr}(C(DB)^*)} \\
&= \overline{\mathrm{Tr}(CB^*D^*)} = \overline{\mathrm{Tr}((BC^*)^*D^*)} \\
&= \mathrm{Tr}(BC^*D) = \mathrm{Tr}(BA).
\end{aligned}
$$

使用上面的等式和极分解 $A = W|A|$，以及 ($\star\star$) 和定理 5.2.5 (iii)，我们有

$$
\begin{aligned}
|\mathrm{Tr}(AB)| &= |\mathrm{Tr}(BW|A|^{\frac{1}{2}}\,|A|^{\frac{1}{2}})| = |\langle BW|A|^{\frac{1}{2}}, |A|^{\frac{1}{2}}\rangle_2| \\
&\leqslant \||BW|A|^{\frac{1}{2}}\|_2\,\||A|^{\frac{1}{2}}\|_2 \quad (\text{Schwarz 不等式}) \\
&\leqslant \|B\|\,\||A|^{\frac{1}{2}}\|_2^2 \\
&= \|B\|\,\|A\|_1.
\end{aligned}
$$

余下的不等式通过极分解及相似的方法完成.

(iv) 令 $A + B = W|A + B|$ 是其极分解，则 $|A + B| = W^*A + W^*B$，

$$
\begin{aligned}
\sum_n \langle |A + B| e_n, e_n \rangle &= |\mathrm{Tr}(W^*A) + \mathrm{Tr}(W^*B)| \\
&\leqslant |\mathrm{Tr}(W^*A)| + |\mathrm{Tr}(W^*B)| \\
&\leqslant \|W\|\,\|A\|_1 + \|W\|\,\|B\|_1 \leqslant \|A\|_1 + \|B\|_1.
\end{aligned}
$$

故 $\|A + B\|_1 \leqslant \|A\|_1 + \|B\|_1$.

请读者完成 $\mathcal{L}^1$ 是 Banach 空间的证明.

(v) 使用紧自伴算子的谱分解完成第一部分的证明. 第二部分来自第一部分，即有限秩算子在 $\mathcal{L}^1$ 中稠 (依范数 $\|\cdot\|_1$). □

使用定理 5.1.8，对 Hilbert 空间上的每个迹类算子 $A : H \to H$，必然存在 $N \in \mathbb{Z}_+ \cup \{\infty\}$，以及规范正交集 $\{\varphi_n\}_{n=1}^N$，$\{\psi_n\}_{n=1}^N$ 和一个复数列 $\{\lambda_n\}_{n=1}^N$ 满足 $\sum_n |\lambda_n| < \infty$，并按算子范数

$$
A = \sum_{n=1}^N \lambda_n \psi_n \otimes \varphi_n.
$$

因此易证

$$
\mathrm{Tr}(A) = \sum_{n=1}^N \lambda_n \langle \psi_n, \varphi_n \rangle.
$$

下面我们通过 Bergman 空间的再生核来表达迹. 考虑单位圆盘上的 Bergman 空间 $L_a^2(\mathbb{D})$. 对每个 $w \in \mathbb{D}$, 赋值泛函 $E_w : L_a^2(\mathbb{D}) \to \mathbb{C}$, $f \mapsto f(w)$ 是连续的, 因此存在唯一的 $K_w \in L_a^2(\mathbb{D})$, 使得 $f(w) = \langle f, K_w \rangle$. K_w 称为 Bergman 再生核, 具体地可算出 $K_w(z) = \frac{1}{(1-\bar{w}z)^2}$. 设 $k_w(z) = \frac{K_w(z)}{\|K_w\|}$ 是正则化的再生核, 那么

$$k_w(z) = \frac{1-|w|^2}{(1-\bar{w}z)^2}.$$

容易检查正则化的再生核有性质 $k_z \xrightarrow{w} 0$ (当 $|z| \to 1$). 在 Bergman 空间 $L_a^2(\mathbb{D})$ 上的一个有界线性算子 A 的 Berezin 变换定义为

$$\hat{A}(z) = \langle A k_z, k_z \rangle, \quad z \in \mathbb{D}.$$

因此如果 A 是紧算子, 那么 $\hat{A}(z) \to 0$ (当 $|z| \to 1$). 这是判断算子紧的一个很有用的条件.

对迹类算子 A, 应用上面的计算和控制收敛定理, 我们有

$$
\begin{aligned}
\mathrm{Tr}(A) &= \sum_n \lambda_n \langle \psi_n, \varphi_n \rangle \\
&= \sum_n \frac{\lambda_n}{\pi} \int_{\mathbb{D}} \psi_n(z) \overline{\varphi_n(z)} \, \mathrm{d}A(z) \\
&= \frac{1}{\pi} \int_{\mathbb{D}} \Big(\sum_n \lambda_n \psi_n(z) \overline{\varphi_n(z)} \Big) \mathrm{d}A(z) \\
&= \frac{1}{\pi} \int_{\mathbb{D}} \langle A K_z, K_z \rangle \, \mathrm{d}A(z) \\
&= \frac{1}{\pi} \int_{\mathbb{D}} \hat{A}(z)(1-|z|^2)^{-2} \, \mathrm{d}A(z).
\end{aligned}
$$

命题5.3.5   设 A 是 Bergman 空间上的正算子, 则 $A \in \mathcal{L}^1$ 当且仅当

$$\frac{1}{\pi} \int_{\mathbb{D}} \hat{A}(z)(1-|z|^2)^{-2} \, \mathrm{d}A(z) < \infty,$$

并在这一情形, 有

$$\mathrm{Tr}(A) = \frac{1}{\pi} \int_{\mathbb{D}} \hat{A}(z)(1-|z|^2)^{-2} \, \mathrm{d}A(z).$$

证: 由前面的推理, 只需证当命题中的积分有限时, $A \in \mathcal{L}^1$. 因为正算子 A 可写为如下的强算子拓扑和形式:

$$A \overset{\mathrm{SOT}}{=} \sum_n f_n \otimes f_n.$$

由等式

$$\hat{A}(z)(1 - |z|^2)^{-2} = \langle AK_z, K_z \rangle = \sum_n |f_n(z)|^2,$$

我们看到 $\sum_n \|f_n\|^2 < \infty$. 这表明 $\{\sum_{n=1}^N f_n \otimes f_n\}_N$ 在 Banach 空间 $\mathcal{L}^1$ 中是 Cauchy 列, 易见此列按 $\mathcal{L}^1$ 范数收敛到 A, 因而 $A \in \mathcal{L}^1$. □

关于迹类算子的序列, 有下面的 Fatou 引理.

引理5.3.6 (Fatou 引理)　设 A_n 是可分 Hilbert 空间 H 上一个正的迹类算子序列, 且 $A_n \overset{\text{WOT}}{\to} A$, 则

$$\text{Tr}(A) \leqslant \varliminf_{n\to\infty} \text{Tr}(A_n).$$

特别当上式右边有限时, A 是迹类的.

证:　取 H 的一个规范正交基 $\{e_k\}$, 应用 Fatou 引理 (见附录), 有

$$\text{Tr}(A) = \sum_k \langle Ae_k, e_k \rangle = \sum_k \lim_{n\to\infty} \langle A_n e_k, e_k \rangle$$

$$\leqslant \varliminf_{n\to\infty} \sum_k \langle A_n e_k, e_k \rangle = \varliminf_{n\to\infty} \text{Tr}(A_n). \qquad □$$

习题

1. 给定 Hilbert 空间 H 上的一个紧算子 T, 按递减顺序排列 $|T|$ 的特征值 (计重数):

$$\lambda_0(T) \geqslant \lambda_1(T) \geqslant \lambda_2(T) \geqslant \cdots \geqslant \lambda_n(T) \geqslant \cdots.$$

对 H 的一个闭子空间 M, 记 $T|_M$ 为 T 在 M 上的限制, 并用 R_n 表示 H 上秩不超过 n 的算子全体, 证明下列结论:

　　(i) $\lambda_n(T) = \inf\{\|T|_{M^\perp}\| : \dim M = n\}$;

　　(ii) $\lambda_n(T) = \inf\{\|T - X\| : X \in R_n\}$.

2. 若 $T_1, T_2 \in \mathcal{K}(\mathcal{H})$, 证明:

　　(i) $|\lambda_n(T_1) - \lambda_n(T_2)| \leq \|T_1 - T_2\|$;

　　(ii) $\lambda_{n+m}(T_1 + T_2) \leq \lambda_n(T_1) + \lambda_m(T_2)$;

　　(iii) $\lambda_{n+m}(T_1 T_2) \leq \lambda_n(T_1) \cdot \lambda_m(T_2)$;

　　(iv) 对任何有界算子 T, $\lambda_n(T_1 T) \leq \lambda_n(T_1)\|T\|$, $\lambda_n(T T_1) \leq \|T\|\lambda_n(T_1)$;

(v) 每个 λ_n 是酉不变的，即对每个酉算子 U，$\lambda_n(U^*TU) = \lambda_n(T)$.

3. 若 $T \in \mathcal{K}(H)$，记 $\sigma_N(T) = \sum\limits_{n=0}^{N-1} \lambda_n(T)$，证明：

    (i) $\sigma_N(T) = \sup\{\|TE\|_1 : E$ 是投影, $\dim E = N\}$;

    (ii) $\sigma_N(T_1 + T_2) \le \sigma_N(T_1) + \sigma_N(T_2)$;

    (iii) $\sigma_N(T_1T_2) \le \sigma_N(T_1) \cdot \|T_2\|$, $\sigma_N(T_1T_2) \le \|T_1\| \cdot \sigma_N(T_2)$;

    (iv) σ_N 是酉不变的.

4. 设 $0 \le A \le B$，则

    (i) 当 $0 \le \alpha \le 1$ 时，$A^\alpha \le B^\alpha$ (Löwner-Heinz 不等式);

    (ii) 当 $r \ge 0$, $p \ge 0$, $q \ge 1$, $(1 + 2r)q \ge p + 2r$ 时，成立下面的 Furuta 不等式:

$$(a)\ (B^r A^p B^r)^{\frac{1}{q}} \le (B^r B^p B^r)^{\frac{1}{q}}; \quad (b)\ (A^r A^p A^r)^{\frac{1}{q}} \le (A^r B^p A^r)^{\frac{1}{q}}.$$

5. 举例说明存在算子 $0 \le A \le B$，但 $A^2 \nleq B^2$.

§5.4   Schatten p-类算子

§5.4.1   定义和例子

设 $A \in B(H)$，称 $A \in \mathcal{L}^p$，Schatten p-类算子 $(p > 0)$，如果 $|A|^p \in \mathcal{L}^1$. 定义 $\|A\|_p = \||A|^p\|_1^{\frac{1}{p}}$. 容易验证，Schatten p-类算子一定是紧的. 当 $A \in \mathcal{L}^p$，且 $\{\lambda_1, \lambda_2, \cdots\}$ 是 $|A|$ 的非零特征值 (据重数重复) 时，$\|A\|_p = (\sum_n \lambda_n^p)^{\frac{1}{p}}$. 反之，若 A 紧，$\{\lambda_1, \lambda_2, \cdots\}$ 是 $|A|$ 的非零特征值 (据重数重复)，则 $A \in \mathcal{L}^p$ 当且仅当 $\sum_n \lambda_n^p < \infty$，此时 $\|A\|_p = (\sum_n \lambda_n^p)^{\frac{1}{p}}$. 关于 Schatten p- 类算子的一般理论，可参阅 [DS, Part II].

例子5.4.1   在 $l^2(\mathbb{N})$ 上，定义 $Ae_n = a_n e_n$，则 $A \in \mathcal{L}^p$ 当且仅当 $a = \{a_n\} \in l^p(\mathbb{N})$，且此时

$$\|A\|_p = \|a\|_p.$$

例子5.4.2   考虑圆盘 $\mathbb{D}$ 上 Bergman 空间上的 Toeplitz 算子 $T_{1-|z|^2}$，由例子 5.1.7 知

$$T_{1-|z|^2} = \sum_{n \ge 0} \frac{1}{n+2} e_n \otimes e_n,$$

这里 $e_n = \sqrt{n+1}z^n$, $n = 0, 1, 2, \cdots$ 是 Bergman 空间的自然的规范正交基. 易见 $T_{1-|z|^2} \notin \mathcal{L}^1$，但它属于 $\bigcap_{p>1} \mathcal{L}^p$.

下面通过 Berezin 变换来讨论 Schatten p-类算子.

命题5.4.3 设 A 是 Bergman 空间上的算子, 且 $A \in \mathcal{L}^p$, $p \geqslant 2$, 则我们有

$$\int_{\mathbb{D}} |\hat{A}(z)|^p (1 - |z|^2)^{-2} \, \mathrm{d}A(z) < \infty.$$

证: 由 $\hat{A}(z) = \langle Ak_z, k_z \rangle$, $|\hat{A}(z)| \leqslant \|Ak_z\|$. 应用命题 5.3.5 和后面的命题 5.6.6, 我们有

$$
\begin{aligned}
\int_{\mathbb{D}} |\hat{A}(z)|^p (1 - |z|^2)^{-2} \, \mathrm{d}A(z) &\leqslant \int_{\mathbb{D}} \|Ak_z\|^p (1 - |z|^2)^{-2} \, \mathrm{d}A(z) \\
&= \int_{\mathbb{D}} \langle |A|^2 k_z, k_z \rangle^{p/2} (1 - |z|^2)^{-2} \, \mathrm{d}A(z) \\
&\leqslant \int_{\mathbb{D}} \langle |A|^p k_z, k_z \rangle (1 - |z|^2)^{-2} \, \mathrm{d}A(z) \\
&< \infty.
\end{aligned}
$$
□

我们这里叙述 Schatten p-类算子的一些基本性质, 证明留给有兴趣的读者.

(i) 当 $p > 0$ 时, $\mathcal{L}^p \subseteq \mathcal{K}(H)$, 且 $\mathcal{L}^p$ 是 $B(H)$ 的一个双边 *-理想. 进一步, 当 $A, B \in B(H)$, $T \in \mathcal{L}^p$ 时, 成立

$$\|ATB\|_p \leqslant \|A\| \, \|B\| \, \|T\|_p.$$

(ii) 当 $p < q$ 时, $\mathcal{L}^p \subseteq \mathcal{L}^q$, 且当 $A \in \mathcal{L}^p$ 时, $\|A\|_q \leqslant \|A\|_p$.

(iii) 设 $A \in \mathcal{L}^p$, $B \in \mathcal{L}^q$, 则 $AB \in \mathcal{L}^r$, 这里 $\frac{1}{r} = \frac{1}{p} + \frac{1}{q}$, 并且有

$$\|AB\|_r \leqslant 2^{\frac{1}{r}} \|A\|_p \|B\|_q.$$

(iv) 当 $0 < p < 1$ 时, $\|A\|_p$ 不是 $\mathcal{L}^p$ 上的范数, 但它满足

$$\|A + B\|_p^p \leqslant 2(\|A\|_p^p + \|B\|_p^p).$$

(v) 当 $p \geqslant 1$ 时, $\|A\|_p$ 是 $\mathcal{L}^p$ 上的范数, 且在此范数下, $\mathcal{L}^p$ 是 Banach 空间, 且具有同迹类算子一样的性质 (见定理 5.3.4).

习题

1. 证明 Schatten p-类算子的一些基本性质 (i-v). 提示: 应用 §5.3 习题 2.

2. 设 H 是无限维可分的 Hilbert 空间, 证明: $\mathcal{L}^0 \subsetneqq \bigcap_{p>0} \mathcal{L}^p$ (设 $\{e_k : k = 1, 2, \cdots\}$ 是 H 的一个规范正交基, 考虑算子 $A = \sum_k \frac{1}{k!} e_k \otimes e_k$). 当 $p > 0$ 时, $\mathcal{L}^p \subsetneqq \bigcap_{q>p} \mathcal{L}^q$ (考虑算子 $A = \sum_k k^{-\frac{1}{p}} e_k \otimes e_k$). 证明: $\bigcup_{p>0} \mathcal{L}^p \subsetneqq \mathcal{K}(H)$ (考虑算子 $A = \sum_{k \geqslant 2} \frac{1}{\log k} e_k \otimes e_k$).

3. 若 $T \in \mathcal{K}(H)$, $\sigma_N(T) = \sum\limits_{n=0}^{N-1} \lambda_n(T)$, 对 $1 \leq p < \infty$, 定义下面两个空间:

(1) $p = 1$, $\mathcal{L}^{(1,\infty)} = \{T \in \mathcal{K}(H) : \sigma_N(T) = O(\log N)\}$,

$$\|T\|_{1,\infty} = \sup\left\{\frac{\sigma_N(T)}{\log N}, N \geq 2\right\};$$

(2) $1 < p < \infty$, $\mathcal{L}^{(p,\infty)} = \{T \in \mathcal{K}(H) : \sigma_N(T) = O(N^{1-\frac{1}{p}})\}$,

$$\|T\|_{p,\infty} = \sup\left\{\frac{\sigma_N(T)}{N^{1-\frac{1}{p}}}, N \geq 1\right\}.$$

证明:

(i) 以上两个空间在各自的范数下为 Banach 空间;

(ii) 以上每个空间是 $\mathcal{B}(H)$ 的 *-理想;

(iii) 证明: $\mathcal{L}^1 \subsetneqq \mathcal{L}^{(1,\infty)} \subsetneqq \bigcap_{p>1} \mathcal{L}^p$ (考虑算子 $A = \sum_k \frac{1}{k} e_k \otimes e_k$, 以及 $B = \sum_{k \geqslant 2} \frac{\log^2 k}{k} e_k \otimes e_k$);

(iv) 证明: $\mathcal{L}^p \subsetneqq \mathcal{L}^{(p,\infty)} \subsetneqq \bigcap_{q>p} \mathcal{L}^q$.

4. 若 $A \in \mathcal{L}^p$, 且 $0 < p \leqslant 2$. 设 $\{e_n : n = 1, 2, \cdots\}$ 是 H 的一个规范正交基, 证明:

$$\|A\|_p^p \leqslant \sum_{m,n} |\langle Ae_m, e_n\rangle|^p.$$

5. 当 $1 \leqslant p \leqslant 2$ 时, 若存在 Hilbert 空间 H 的规范正交基 $\{e_n\}$, 使得 $\sum_n \|Ae_n\|^p < \infty$, 证明: $A \in \mathcal{L}^p$.

§5.4.2 Schatten p-类算子的对偶空间 $(p \geqslant 1)$

设 H 是无限维可分的 Hilbert 空间, 且 $p < 1$, $q > 1$, 则有下面严格递增的包含列

$$\mathcal{L}^0 \subseteq \cdots \subseteq \mathcal{L}^p \subseteq \cdots \subseteq \mathcal{L}^1 \cdots \subseteq \mathcal{L}^q \subseteq \cdots \subseteq \mathcal{K}(H).$$

$\mathcal{L}^p$ 可理解为"非交换"形式的 l^p 空间. 当 $p \geqslant 1$ 时，有下面重要的对偶公式. 设 $1 < p < \infty$，q 满足 $\frac{1}{p} + \frac{1}{q} = 1$，$q$ 称为 p 的对偶数. 若 $A \in \mathcal{L}^p$，$B \in \mathcal{L}^q$，读者可证明 $AB \in \mathcal{L}^1$. 因此对每个 $B \in \mathcal{L}^q$，在 $\mathcal{L}^p$ 上可定义线性泛函

$$F_B : \mathcal{L}^p \to \mathbb{C}, \quad F_B(A) = \mathrm{Tr}(AB), \quad A \in \mathcal{L}^p. \tag{$\star$}$$

定理5.4.4　设 $1 < p < \infty$，则映射 $B \mapsto F_B$ 建立了 $\mathcal{L}^q$ 到 $\mathcal{L}^{p*}$ 的等距同构，在此同构下，

$$\mathcal{L}^{p*} = \mathcal{L}^q.$$

定理5.4.5　对每个 $B \in \mathcal{B}(H)$，线性泛函 $F_B : \mathcal{L}^1 \to \mathbb{C}$，$F_B(A) = \mathrm{Tr}(AB)$ 满足 $\|F_B\| = \|B\|$，且映射 $B \mapsto F_B$ 建立了 $\mathcal{B}(H)$ 到 $\mathcal{L}^{1*}$ 的等距同构. 在此同构下，$\mathcal{L}^{1*} = \mathcal{B}(H)$.

我们证明定理 5.4.5，同样的方法可用来证明定理 5.4.4.

证：　对 $B \in \mathcal{B}(H)$，$\|F_B\| \leqslant \|B\|$ 来自定理 5.3.4 (iii)，故 F_B 是 $\mathcal{L}^1$ 上的有界线性泛函. 定义 $\varphi : \mathcal{B}(H) \to \mathcal{L}^{1*}$，$\varphi(B) = F_B$，则 φ 是线性有界的. 对 $\forall \varepsilon > 0$，取单位向量 $g \in H$，使得 $\|Bg\| \geqslant \|B\| - \varepsilon$，又选单位向量 $h \in H$ 满足 $\|Bg\| = \langle Bg, h \rangle = \mathrm{Tr}(B(g \otimes h))$. 故

$$F_B(g \otimes h) = \mathrm{Tr}(B(g \otimes h)) = \langle Bg, h \rangle = \|Bg\| \geqslant \|B\| - \varepsilon.$$

因为 $\|g \otimes h\| = \|g\| = \|h\| = 1$，从而 $\|F_B\| \geqslant \|B\| - \varepsilon$. 因此 $\|F_B\| \geqslant \|B\|$. 这表明对任何 $B \in B(H)$，$\|F_B\| = \|B\|$，即映射 $\varphi : \mathcal{B}(H) \to \mathcal{L}^{1*}$ 是等距的.

现在设 $\varphi \in \mathcal{L}^{1*}$，则 $\varphi(g \otimes h)$ 是 H 上的有界双线性泛函. 因为

$$|\varphi(g \otimes h)| \leqslant \|\varphi\| \|g \otimes h\|_1 = \|\varphi\| \|g\| \|h\|,$$

由系 1.2.9 知，存在 $B \in B(H)$，使得

$$\varphi(g \otimes h) = \langle Bg, h \rangle = \mathrm{Tr}(B(g \otimes h)).$$

故对每个有限秩算子 F，$\varphi(F) = \mathrm{Tr}(BF)$. 因为有限秩算子全体 $\mathcal{L}^0$ 在 $\mathcal{L}^1$ 中稠 (按 $\mathcal{L}^1$ 范数)，并结合定理 5.3.4 (iii) 知

$$\varphi(A) = \mathrm{Tr}(BA) = F_B(A), \quad A \in \mathcal{L}^1,$$

因而 $\varphi = F_B$. 这就证明了映射 $\varphi : \mathcal{B}(H) \to \mathcal{L}^{1*}$，$B \mapsto F_B$ 是等距同构的.　　□

用同样的方法，我们可以证明：

定理5.4.6 映射 $B \mapsto F_B$ 建立了 $\mathcal{L}^1$ 到 $\mathcal{K}(H)^*$ 的等距同构，在此对应下，

$$\mathcal{K}(H)^* = \mathcal{L}^1.$$

由定理 5.4.5，$B(H)$ 上有 w*-拓扑，这是由半范数族 $A \mapsto |\mathrm{Tr}(AB)|$，$B \in \mathcal{L}^1$ 诱导的拓扑，它满足 WOT $\subseteq$ w*-拓扑.

命题5.4.7
  (i) 如果 H 可分，则 $B(H)$ 的闭单位球在 w*-拓扑下是紧的度量空间.
  (ii) 在 $B(H)$ 的每一有界闭子集上，WOT 拓扑和 w*-拓扑一致.

证： (i) 由 Banach-Alaoglu 定理，$B(H)$ 的闭单位球是 w*-紧的，可度量化来自定理 5.3.4 (v) 和定理 2.4.5.
  (ii) 显然 WOT $\subseteq$ w*-拓扑. 考虑恒等映射

$$i : (B(H), w^*) \to (B(H), \mathrm{WOT}),$$

则 i 是连续的. 如果 S 是 $B(H)$ 的一个有界闭子集，则 S 是 w*-紧的. 因为映射 $i : (S, w^*) \to (S, \mathrm{WOT})$ 是连续的，故 i 是同胚. 所以有界闭子集上 w*-拓扑和 WOT 拓扑一致.   □

命题5.4.8 设 f 是 $B(H)$ 上的一个线性泛函，下列陈述是等价的：
  (i) f 在弱算子拓扑下连续；
  (ii) f 在强算子拓扑下连续；
  (iii) 存在 $x_1, y_1, \cdots, x_n, y_n$，使得

$$f(T) = \langle Tx_1, y_1 \rangle + \cdots + \langle Tx_n, y_n \rangle, \quad T \in B(H).$$

证： 显然 (i)⇒(ii) 并且 (iii)⇒(i). 我们仅需证明 (ii)⇒(iii). 因为 f 在强算子拓扑下连续，故存在 $h_1, \cdots, h_m$，使得当 $\|Th_i\| < 1$，$i = 1, \cdots, m$ 时，$|f(T)| < 1$. 因此，我们有

$$|f(T)| \leqslant \Big(\sum_{k=1}^{m} \|Th_i\|^2 \Big)^{\frac{1}{2}}, \quad T \in B(H).$$

设 $H_0 = \mathrm{span}\{h_1, \cdots, h_m\}$，并且 P 是到 H_0 上的投影，则

$$f(T) = f(T(I - P)) + f(TP) = f(TP).$$

设 $\{e_1, \cdots, e_n\}$ 是 H_0 的一个规范正交基，我们有

$$f(T) = f(Te_1 \otimes e_1) + \cdots + f(Te_n \otimes e_n).$$

易见 $f(g \otimes h)$ 是 H 上的一个连续双线性泛函，由系 1.2.9，存在 $A \in B(H)$，使得

$$f(g \otimes h) = \langle Ag, h \rangle, \ g, h \in H.$$

因此 $f(T) = \langle Te_1, A^*e_1 \rangle + \cdots + \langle Te_n, A^*e_n \rangle.$ □

由命题 5.4.8，我们有

$$(B(H), \mathrm{WOT})^* = (B(H), \mathrm{SOT})^* = \mathcal{L}^0,$$

这里 $\mathcal{L}^0$ 是 H 上有限秩算子全体，上面的等式说：对每个 $f \in (B(H), \mathrm{WOT})^*$，存在唯一的 $F \in \mathcal{L}^0$，使得

$$f(T) = \mathrm{Tr}(TF).$$

另一方面，对每个 $F \in \mathcal{L}^0$，上面的公式定义了 $(B(H), \mathrm{WOT})^*$ 上一个连续线性泛函.

命题5.4.9　当 $\dim H = \infty$ 时，在 $B(H)$ 上不存在一个 WOT-连续的非零线性泛函 $F: B(H) \to \mathbb{C}$，满足 $F(AB) = F(BA)$，$A, B \in B(H)$.

证：　首先，我们称 $B(H)$ 中的两个投影 P，Q 等价，并记为 $P \sim Q$，如果存在偏等距 V 满足 $V^*V = P$，$VV^* = Q$ 易见 $P \sim Q$ 当且仅当 $\dim P = \dim Q$. 设 $F: B(H) \to \mathbb{C}$ 是 WOT-连续的线性泛函并满足 $F(AB) = F(BA)$. 当 P 是一个秩为 1 的投影时，记 $a = F(P)$，并由上面的说明，a 不依赖于 P 的选择. 取重数为 1 的单向移位 S，则 $S^*S - SS^*$ 是一个秩为 1 的投影. 我们有

$$a = F(S^*S - SS^*) = F(S^*S) - F(SS^*) = 0.$$

注意到对任何单位向量 e, $e \otimes e$ 是一个秩为 1 的投影，并且也注意到等式

$$(e \otimes e)(x \otimes e) = \langle x, e \rangle e \otimes e, \quad (x \otimes e)(e \otimes e) = x \otimes e, \ x \in H,$$

应用前面的推理，我们看到 $F(x \otimes e) = 0$. 因此对任何有限秩算子 C，成立 $F(C) = 0$. 由命题 5.4.8，存在有限秩算子 B，使得对任何 $A \in B(H)$，$F(A) = \mathrm{Tr}(AB)$. 由等式 $F(B) = \mathrm{Tr}(B^*B) = 0$，我们得出 $B = 0$，从而 $F = 0$. □

习题

1. 当 $\dim H < \infty$ 时，证明：对 $B(H)$ 上的任何满足 $F(AB) = F(BA)$ 的线性泛函 F，存在常数 C，使得

$$F(A) = C\operatorname{Tr}(A), \quad A \in B(H).$$

2. 当 $\dim H = \infty$ 时，证明：在 $B(H)$ 上不存在非零线性泛函 F 满足 $F(AB) = F(BA)$，$A, B \in B(H)$. (参考 [Hal, Problem 234, Corollary 2]，Corollary 2 说在无限维 Hilbert 空间上每个有界线性算子可表为两个换位子的和.)

3. 证明：$(B(H), \mathrm{w}^*)^* = \mathcal{L}^1$.

4. 设 $1 < p < \infty$，q 满足 $\frac{1}{p} + \frac{1}{q} = 1$. 若 $A \in \mathcal{L}^p$，$B \in \mathcal{L}^q$，证明 $AB \in \mathcal{L}^1$，并且$|\operatorname{Tr}(AB)| \leqslant \|A\|_p \|B\|_q$ (Hölder 不等式).

5. 证明定理 5.4.4.

6. (Grothendieck) 设 X，Y 是 Banach 空间，对紧子集 $K \subseteq X$，$\varepsilon > 0$，以及 $T \in B(X, Y)$，定义

$$O(T, K, \varepsilon) = \{A \in B(X, Y) : \sup_{x \in K} \|Ax - Tx\| < \varepsilon\}.$$

设 S 是由所有 $O(T, K, \varepsilon)$ 构成的集合，并且 τ 是由 S 生成的 $B(X, Y)$ 上的拓扑. 且对紧集 $K \subseteq X$，定义半范数 $\|T\|_K = \sup_{x \in K} \|Tx\|$. τ' 是由半范数族 $\{\|\cdot\|_K : K \subseteq X$ 是紧$\}$ 生成的拓扑. 证明：

(i) $\tau = \tau'$；

(ii) $(B(X, Y), \tau)$ 上的每个连续线性泛函 f 有形式：存在序列 $\{x_n\} \subseteq X$，以及 $\{y_n\} \subseteq Y^*$，$\sum_n \|x_n\| \|y_n\| < \infty$，使得

$$f(T) = \sum_n \langle Tx_n, y_n \rangle.$$

§5.5 Fredholm 算子

§5.5.1 Atkinson 定理

设 $A \in B(H)$，称 A 是 Fredholm 算子，如果成立

$$\dim \ker A < \infty, \quad \dim H/\operatorname{Ran} A < \infty.$$

后者说 AH 在 H 中有有限的余维数. 由 §3.2 习题 6 知，这蕴含了 $\operatorname{Ran} A$ 是闭的.

设 $\pi : B(H) \to B(H)/\mathcal{K}(H)$ 是商映射，若 $A \in B(H)$，记 $\pi(A) = \dot{A}$.

定理5.5.1　A 是 Fredholm 的当且仅当 $\dot{A}$ 在 Calkin 代数 $B(H)/\mathcal{K}(H)$ 中可逆. 这等价于：存在算子 $B \in B(H)$，使得 $AB = I+$ 紧算子，$BA = I+$ 紧算子.

证：　必要性. 若 A 是 Fredholm 的，则 A 限制在 $(\ker A)^\perp$ 上是单的，且有闭的值域 $\operatorname{Ran} A$. 记 $A_1 = A|_{(\ker A)^\perp} : (\ker A)^\perp \to \operatorname{Ran} A$，则 A_1 是可逆的. 在 H 上定义算子 B，$B|_{\operatorname{Ran} A} = A_1^{-1}$，$B|_{(\operatorname{Ran} A)^\perp} = 0$，则 $B \in B(H)$. 且 $AB = I+$ 紧，$BA = I+$ 紧.

充分性来自定理 5.1.4 (iii). 　□

用 $\mathcal{F}(H)$ 表示所有 Fredholm 算子，则由定理 5.5.1，

$$\mathcal{F}(H) = \pi^{-1}\{B(H)/\mathcal{K}(H) \text{ 中的可逆元}\}.$$

因为 $B(H)/\mathcal{K}(H)$ 中的可逆元全体是开集，故 $\mathcal{F}(H)$ 是开的且在乘法下是封闭的.

记 $\sigma_e(A)$ 是 A 的本质谱，即 $\sigma_e(A)$ 是 $\dot{A}$ 在 Calkin 代数 $B(H)/\mathcal{K}(H)$ 中的谱，那么

$$\sigma_e(A) = \{\lambda \in \mathbb{C} : \lambda - A \text{ 不是 Fredholm 的}\}.$$

易见 $\sigma_e(A^*)$ 等于本质谱 $\sigma_e(A)$ 的复共轭，且有包含

$$\sigma_e(A) \subseteq \bigcap_{K \in \mathcal{K}(H)} \sigma(A + K) \text{——} A \text{ 的 Weyl 谱}.$$

§5.5.2　Fredholm 指标

设 $A \in B(H)$ 是 Fredholm 算子，则 $\dim \ker A < \infty$，$\dim \operatorname{coker} A < \infty$，这里 $\operatorname{coker} A = H/\operatorname{Ran} A$. 若 A 是 Fredholm 的，则 $\operatorname{Ran} A$ 是闭的，故有

$$\operatorname{coker} A = (\operatorname{Ran} A)^\perp = \ker A^*.$$

定义 A 的 Fredholm 指标

$$\operatorname{Ind} A = \dim \ker A - \dim \operatorname{coker} A = \dim \ker A - \dim \ker A^*.$$

若 $A, B \in \mathcal{F}(H)$，则 $AB \in \mathcal{F}(H)$. 我们有下面基本的加法公式.

定理5.5.2 (加法公式)　如果 $A, B \in \mathcal{F}(H)$，则

$$\operatorname{Ind} AB = \operatorname{Ind} A + \operatorname{Ind} B.$$

定理的证明通过下面两个引理完成.

引理5.5.3 $\dim \ker A + \dim \ker B = \dim \ker AB + \dim \ker A/(BH \cap \ker A)$.

证：   因为 $\ker AB \supseteq \ker B$，且容易验证

$$\dim \ker AB = \dim \ker B + \dim \ker A \cap BH.$$

上式两边加 $\dim \ker A/(BH \cap \ker A)$ 得

$$\dim \ker AB + \dim \ker A/(BH \cap \ker A) = \dim \ker A + \dim \ker B.$$

上面用到事实：序列

$$0 \to BH \cap \ker A \overset{i}{\to} \ker A \overset{\pi}{\to} \ker A/(BH \cap \ker A) \to 0$$

是正合的，这里正合是指：$\mathrm{Ran}(i) = \ker \pi$，并且 i 是单的，π 是满的. 因此我们有

$$\dim \ker A = \dim BH \cap \ker A + \dim \ker A/(BH \cap \ker A).$$

综合上面的推理就得到要求的结论.   □

引理5.5.4 $\dim \mathrm{coker} A + \dim \mathrm{coker} B = \dim \mathrm{coker} AB + \dim \ker A/(BH \cap \ker A)$.

证：   使用上面的引理，我们有

$$
\begin{aligned}
\dim \mathrm{coker}\, A + \dim \mathrm{coker}\, B \ &= \ \dim \ker A^* + \dim \ker B^* \\
&= \ \dim \ker B^* A^* + \dim \ker B^*/(\ker B^* \cap A^* H) \\
&= \ \dim \mathrm{coker}\, AB + \dim \ker B^*/(\ker B^* \cap A^* H).
\end{aligned}
$$

因为

$$
\begin{aligned}
\ker B^*/(\ker B^* \cap A^* H) \ &\cong \ (\ker B^* + A^* H)/A^* H \\
&\cong \ (\ker B^* + A^* H) \cap (A^* H)^\perp \\
&= \ \ker A \cap (\ker B^* + A^* H),
\end{aligned}
$$

以及

$$\ker A/(\ker A \cap BH) \cong \ker A \cap (BH \cap \ker A)^\perp \cong \ker A \cap (\ker B^* + A^* H),$$

从而

$$\dim \ker B^*/(\ker B^* \cap A^* H) = \dim \ker A/(\ker A \cap BH).$$

上面的推理给出了要求的等式.   □

结合上面两个引理, 易得加法公式.

定理5.5.5 (指标的稳定性) 设 $A \in \mathcal{F}(H)$, $K \in \mathcal{K}(H)$, 则

$$\text{Ind}\,(A + K) = \text{Ind}\,A,$$

即 Fredholm 指标在紧扰动下是不变的.

证: 由定理 5.1.4 (iii) 知, 对每个紧算子 C, Fredholm 指标 $\text{Ind}\,(I + C) = 0$. 若 $A \in \mathcal{F}(H)$, 则存在 $B \in \mathcal{F}(H)$, 使得 $AB = I +$ 紧. 因此 $(A + K)B = I +$ 紧, 从而

$$\text{Ind}\,AB = \text{Ind}\,A + \text{Ind}\,B = 0, \quad \text{Ind}\,(A + K)B = \text{Ind}\,(A + K) + \text{Ind}\,B = 0.$$

即有 $\text{Ind}\,(A + K) = \text{Ind}\,A$. □

定理5.5.6 (指标的连续性) 设 $A \in \mathcal{F}(H)$, 且 $A_n \in B(H)$, 使得 $A_n \to A$, 则当 n 充分大时, A_n 是 Fredholm 的, 且 $\text{Ind}\,A_n = \text{Ind}\,A$.

证: 因为 $\mathcal{F}(H)$ 是开的, 故当 n 充分大时, A_n 是 Fredholm 的. 由于 A 是 Fredholm 的, 故存在 $B \in \mathcal{F}(H)$, 使得 $AB = I + K$, K 紧. 写 $A_n = A + C_n$, 则 $\|C_n\| \to 0$. 故可找到 n_0, 使得当 $n \geqslant n_0$ 时, $\|C_n B\| < 1$ 且 A_n 是 Fredholm 的. 因此 $I + C_n B$ 是可逆的. 从而当 $n \geqslant n_0$ 时,

$$\text{Ind}\,A_n + \text{Ind}\,B = \text{Ind}\,(A + C_n)B = \text{Ind}\,(I + C_n B + K) = 0.$$

这给出了 $\text{Ind}\,A_n = -\text{Ind}\,B = \text{Ind}\,A$. □

称 $A_t\,(0 \leqslant t \leqslant 1)$ 是连接 A_0 和 A_1 的 Fredholm 算子道路是指: $t \mapsto A_t$ 是连续的 (依算子范数).

定理5.5.7 (指标的同伦不变性) 如果 Fredholm 算子道路 $A_t\,(0 \leqslant t \leqslant 1)$ 连接 A_0 和 A_1, 则

$$\text{Ind}\,A_0 = \text{Ind}\,A_1.$$

证: 根据指标的连续性, 函数 $t \mapsto \text{Ind}\,A_t$ 是连续的且只取整数值, 它只能是常数. □

称 W 是 H 上的一个单向加权移位, 如果存在 H 的一个规范正交基 $\{e_n\}$ 和复数列 $\{\alpha_n\}$, 使得 $We_n = \alpha_n e_{n+1}$, $n \geqslant 0$. 易见, W 有界当且仅当 $\sup_n |\alpha_n| < \infty$, W 紧当且仅当 $\lim \alpha_n = 0$. 当 W 有界时, $W^* e_0 = 0$, $W^* e_n = \overline{\alpha_{n-1}} e_{n-1}$, $n = 1, 2, \cdots$.

例子5.5.8 设 W 是一个单向加权移位，权序列为 $\{\alpha_n\}$，并且 $\alpha = \lim \alpha_n$. 那么 $\sigma_e(W) = \{\lambda : |\lambda| = |\alpha|\}$，$\sigma(W) = \{\lambda : |\lambda| \leqslant |\alpha|\}$. 当 $|\lambda| < |\alpha|$ 时，$W - \lambda$ 是 Fredholm 的，$\mathrm{Ind}\,(W - \lambda) = -1$.

(i) 如果 $\alpha = 0$，那么 W 是紧的，此时 $\sigma_e(W) = \{0\}$. 易见当 $\lambda \neq 0$ 时，$W - \lambda$ 是 Fredholm 的并且 $\mathrm{Ind}\,(W - \lambda) = 0$. 这是因为我们可取数 $\gamma > \sup_n |\alpha_n|$，那么 $W - \gamma$ 是可逆的. 由指标的同伦不变性知，

$$\mathrm{Ind}\,(W - \lambda) = \mathrm{Ind}\,(W - \gamma) = 0.$$

易见 $\lambda \neq 0$，算子 $W - \lambda$ 是单的，上面的结论表明它也是满的，故是可逆的. 因此 $\sigma(W) = \{0\}$.

(ii) 考虑情况 $\alpha \neq 0$. 设 S 是单向移位 $S e_n = e_{n+1}$，$n = 0, 1, \cdots$，那么 $W - \alpha S$ 是加权移位，权序列为 $\{\alpha_n - \alpha\}$，故 $W - \alpha S$ 是紧的. 从而我们有

$$\sigma_e(W) = \sigma_e(\alpha S) = \alpha \sigma_e(S) = \{\lambda : |\lambda| = |\alpha|\}.$$

当 $|\lambda| < |\alpha|$ 时，$\mathrm{Ind}\,(W - \lambda) = \mathrm{Ind}\,(\alpha S - \lambda) = -1$，这表明 $\{\lambda : |\lambda| \leqslant |\alpha|\} \subseteq \sigma(W)$. 当 $|\lambda| > |\alpha|$ 时，$\mathrm{Ind}\,(W - \lambda) = \mathrm{Ind}\,(\alpha S - \lambda) = 0$，并且考虑到此时 $W - \lambda$ 是单的，故可逆. 因此

$$\sigma(W) = \{\lambda : |\lambda| \leqslant |\alpha|\}.$$

请读者验证：$\sigma_e(S) = \{\lambda : |\lambda| = 1\}$，$\sigma(S) = \{\lambda : |\lambda| \leqslant 1\}$.

§5.5.3 BDF-定理

给定 $A \in \mathcal{B}(H_1)$，$B \in \mathcal{B}(H_2)$，称 A，B 是酉等价的，如果存在一个酉算子 $U : H_1 \to H_2$，使得 $A = U^* B U$. 谱、本质谱以及 Fredholm 指标是"酉等价"的不变量，就是说：若两个算子是酉等价的，那么它们有同样的谱、本质谱，以及 Fredholm 指标. 然而这些不变量不足以描述酉等价. 例如：考虑例子 5.5.8，取 W 是单向加权移位，具有权序列 $\{\frac{n}{n+1}\}$，并且 S 是单向移位，那么 W 和 S 有同样的谱、本质谱，以及 Fredholm 指标，但它们不是酉等价的，这是因为

$$S^* S = I, \; W^* W \neq I.$$

称 A，B 本质酉等价的，如果存在酉算子 $U : H_1 \to H_2$，使得 $A = U^* B U +$ 紧. 那么本质谱及 Fredholm 指标是"本质酉等价"的不变量，即：若两个算子是本质酉等价的，那么它们有同样的本质谱和 Fredholm 指标.

例子5.5.9　设 S 是 H_1 上的单向移位, 并且 W 是 H_2 上的一个双向移位, 即存在 H_2 的一个规范正交基 $\{f_n : n \in \mathbb{Z}\}$, 使得 $Wf_n = f_{n+1}$, 那么它们有同样的本质谱 —— 单位圆周. 然而, Ind $S = -1$, Ind $W = 0$. 因此它们非本质酉等价.

Hilbert 空间上 H 上的算子 A 称为本质正规的, 如果 $A^*A - AA^*$ 是紧的. 等价地, A 在 Calkin 代数中的像 $\dot{A}$ 是正规的. 在本质酉等价下分类本质正规算子是 20 世纪 70 年代算子论中心问题之一. 如果本质正规算子 A, B 本质酉等价, 那么它们有同样的本质谱和 Fredholm 指标. 对本质正规算子, 问题是不变量 $\{\sigma_e, \text{Ind}\}$ 能否完全描述本质酉等价, 即如果它们有同样的本质谱和 Fredholm 指标, 它们一定本质酉等价吗? L. Brown, R. Douglas 和 P. Fillmore 肯定地回答了这个问题, 这就是著名的 BDF-定理 [BDF].

定理5.5.10 (BDF-定理)　若 A, B 是 H 上的本质正规算子, 那么 A, B 是本质酉等价的当且仅当它们有同样的本质谱 Ω, 并且 Ind $(A - \lambda) = $ Ind $(B - \lambda)$, $\lambda \notin \Omega$.

BDF-定理是 20 世纪算子理论发展取得的最重要成就之一, 它大大地刺激了算子理论和算子代数的发展, 有广泛深刻的应用. 定理的证明创造性地使用了代数拓扑的技术. BDF-理论已成为当今算子理论、算子代数等许多重要分支的基础.

置 $\mathcal{N} + \mathcal{K} = \{N + K : N \text{ 正规}, K \text{ 紧}\}$.

下面两个推论取自 [BDF].

系5.5.11　设 $A \in \mathcal{B}(H)$ 是本质正规的, 则 $A \in \mathcal{N} + \mathcal{K}$ 当且仅当

$$\text{Ind}\,(A - \lambda) = 0, \quad \lambda \notin \sigma_e(A).$$

证:　必要性显然. 仅证充分性. 在 $\sigma_e(A)$ 中选一个稠序列 $\{\lambda_n\}$, 且当 λ 是 $\sigma_e(A)$ 的孤立点时, λ 在此序列中出现无穷次. 设 $\{e_n\}$ 是 H 的一个规范正交基, 定义对角算子 $De_n = \lambda_n e_n$, $n = 1, 2, \cdots$, 那么 D 是正规的, 且 $\sigma_e(D) = \sigma_e(A)$. 这个等式来自下面的推理: 易见 $\sigma_e(D)$ 包含 $\sigma_e(A)$ 的所有孤立点. 若 $\lambda \in \sigma_e(A)$ 非孤立点, 则存在无限个两两不同的 $\{\lambda_{n_k}\}$, 使得 $\lambda_{n_k} \to \lambda$. 如果 $D - \lambda$ 是 Fredholm 的, 那么 $\dim \ker(D - \lambda) < \infty$, 并且有正常数 C, 使得当 $x \in [\ker(D - \lambda)]^\perp$ 时, $\|(D - \lambda)x\| \geqslant C \|x\|$. 设 P_λ 是到 $\ker(D - \lambda)$ 上的投影, 那么 P_λ 是有限秩的, 因此 $\|P_\lambda e_{n_k}\| \to 0$. 故存在自然数 l, 当 $k \geqslant l$ 时, $\|(I - P_\lambda) e_{n_k}\| > 1/2$. 因而

$$\|(D - \lambda)e_{n_k}\| = \|(D - \lambda)(I - P_\lambda)e_{n_k}\| > C/2.$$

但依范数,

$$(D - \lambda)e_{n_k} = (\lambda_{n_k} - \lambda)e_{n_k} \to 0.$$

这个矛盾表明 $\sigma_e(D) \supseteq \sigma_e(A)$. 相反的包含来自 $\sigma_e(A) = \sigma(D) \supseteq \sigma_e(D)$.

应用 BDF-定理即得要求的结论.   □

系5.5.12   集 $\mathcal{N} + \mathcal{K}$ 依算子范数是闭的.

证: 假如 N_n 正规, K_n 紧, 使得 $N_n + K_n$ 依算子范数收敛到 A, 那么 A 是本质正规的 (注意所有本质正规算子的集是闭的). 对任何 $\lambda \notin \sigma_e(A)$, $A - \lambda$ 是 Fredholm 的, 并且 $N_n + K_n - \lambda \to A - \lambda$. 由于 Fredholm 算子之集是开的, 因此当 n 充分大时, 算子 $N_n + K_n - \lambda$ 是 Fredholm的. 由指标的连续性定理 5.5.6 知当 n 充分大时,

$$\text{Ind}\,(N_n + K_n - \lambda) = \text{Ind}\,(A - \lambda).$$

因为 $\text{Ind}\,(N_n + K_n - \lambda) = 0$, 上面的系说明了 $A \in \mathcal{N} + \mathcal{K}$. 即 $\mathcal{N} + \mathcal{K}$ 是闭的.   □

给定 H_1, H_2 上的有界线性算子 A, B, 在 $H_1 \oplus H_2$ 上定义算子 $A \oplus B$ 为

$$A \oplus B(h_1, h_2) = (Ah_1, Bh_2), \quad h_1 \in H_1, h_2 \in H_2.$$

请读者验证:

(i) $\sigma(A \oplus B) = \sigma(A) \cup \sigma(B)$;

(ii) $\sigma_e(A \oplus B) = \sigma_e(A) \cup \sigma_e(B)$;

(iii) $\text{Ind}\,(A \oplus B - \lambda) = \text{Ind}\,[(A - \lambda) \oplus (B - \lambda)] = \text{Ind}\,(A - \lambda) + \text{Ind}\,(B - \lambda)$, $\lambda \notin \sigma_e(A \oplus B)$.

回到例子 5.5.8, 给定单向加权移位 W, 权序列为 $\{\alpha_n\}$, 那么 W 酉等价于权序列为 $\{|\alpha_n|\}$ 的单向移位. 事实上, 设 $\{e_n\}$ 是 H 的一个规范正交基, 使得 $We_n = \alpha_n e_{n+1}$, $n = 0, 1, \cdots$, 定义酉算子

$$U : H \to H, \quad Ue_n = \lambda_n e_n, \text{ 这里 } |\lambda_n| = 1.$$

那么

$$U^*WUe_n = \lambda_n \bar{\lambda}_{n+1} \alpha_n\, e_{n+1}.$$

取 $\lambda_0 = 1$, 那么加权移位 U^*WU 有权序列 $\{\bar{\lambda}_1\alpha_0, \lambda_1\bar{\lambda}_2\alpha_1, \lambda_2\bar{\lambda}_3\alpha_2, \cdots\}$. 易见可合适地选取 $\lambda_1, \lambda_2, \cdots$, 使得这个权序列为 $\{|\alpha_0|, |\alpha_1|, |\alpha_2|, \cdots\}$.

从上面的事实我们看到，对任何 $|\xi| = 1$，W 和 ξW 是酉等价的. 因此 W 的谱和本质谱有圆对称性，即对任何 $|\xi| = 1$，$\xi \sigma(W) = \sigma(W)$，$\xi \sigma_e(W) = \sigma_e(W)$. 故

$$\sigma(W^*) = \overline{\sigma(W)} = \sigma(W), \quad \sigma_e(W^*) = \overline{\sigma_e(W)} = \sigma_e(W),$$

以及当 $\lambda \notin \sigma_e(W)$ 时，$\mathrm{Ind}\,(W - \lambda) = \mathrm{Ind}\,(W - \xi\lambda)$，$|\xi| = 1$. 后者来自指标的同伦不变性.

例子5.5.13 对本质正规的单向加权移位 W，$W \oplus W^* \in \mathcal{N} + \mathcal{K}$.

首先注意到本质正规的单向加权移位通过下述完全刻画. 因为

$$(W^*W - WW^*)e_n = (|\alpha_n|^2 - |\alpha_{n-1}|^2)e_n,\ n = 0, 1, \cdots,$$

所以 W 是本质正规的当且仅当权序列满足 $|\alpha_n| - |\alpha_{n-1}| \to 0$.

也易见，如果 W 是本质正规的，那么 $W \oplus W^*$ 必然本质正规. 因为

$$\sigma_e(W \oplus W^*) = \sigma_e(W) \cup \sigma_e(W^*) = \sigma_e(W),$$

并且当 $\lambda \notin \sigma_e(W)$ 时，

$$
\begin{aligned}
\mathrm{Ind}\,(W \oplus W^* - \lambda) &= \mathrm{Ind}\,(W - \lambda) + \mathrm{Ind}\,(W - \bar{\lambda})^* \\
&= \mathrm{Ind}\,(W - \lambda) - \mathrm{Ind}\,(W - \bar{\lambda}) \\
&= \mathrm{Ind}\,(W - \lambda) - \mathrm{Ind}\,(W - \lambda) \\
&= 0,
\end{aligned}
$$

由系 5.5.11 知，$W \oplus W^* \in \mathcal{N} + \mathcal{K}$.

设 $f \in H^\infty(\mathbb{D})$，定义 Hardy 空间 $H^2(\mathbb{D})$ 上的解析 Toeplitz 算子

$$T_f : H^2(\mathbb{D}) \to H^2(\mathbb{D}),\ T_f h = fh,\ h \in H^2(\mathbb{D}).$$

也设 $M_z : L_a^2(\mathbb{D}) \to L_a^2(\mathbb{D})$ 是由坐标函数 $f(z) = z$ 在 $L_a^2(\mathbb{D})$ 上定义的乘法算子，那么 M_z 在自然基 $e_n = \sqrt{n+1}z^n$ 下，$n = 0, 1, 2, \cdots$ 是单向加权移位，即

$$M_z e_n = \sqrt{\frac{n+1}{n+2}}\ e_{n+1},\ n = 0, 1, \cdots,$$

M_z 通常称为 Bergman 移位.

例子5.5.14 设 $\varphi \in H^\infty(\mathbb{D})$，那么 Bergman 移位 M_z 本质酉等价于 Hardy 空间 $H^2(\mathbb{D})$ 上的解析 Toeplitz 算子 T_φ 当且仅当存在常数 μ，$|\mu| = 1$ 和 $\lambda_0 \in \mathbb{D}$，使得

$$\varphi(z) = \mu \frac{z - \lambda_0}{1 - \bar{\lambda}_0 z}.$$

事实上，若存在酉算子 $U : H^2(\mathbb{D}) \to L_a^2(\mathbb{D})$，使得 $U^* M_z U = T_\varphi + K$，这里 K 紧，那么

$$U^*(I - M_z M_z^*)U = (I - T_\varphi T_\varphi^*) + K',$$

这里 K' 是紧的. 因为上式左边紧，故 $I - T_\varphi T_\varphi^*$ 是紧的，设 k_λ 是正则化的 Hardy 再生核，那么 $k_\lambda \xrightarrow{\text{w}} 0\,(|\lambda| \to 1)$. 因此当 $|\lambda| \to 1$ 时，

$$\langle (I - T_\varphi T_\varphi^*)k_\lambda, k_\lambda \rangle = 1 - |\varphi(\lambda)|^2 \to 0,$$

即

$$\lim_{|\lambda| \to 1} |\varphi(\lambda)|^2 = 1.$$

这个等式表明 $\varphi(z)$ 是有限 Blaschke 积，即有常数 $|\mu| = 1$ 和 $\lambda_1, \cdots, \lambda_n \in \mathbb{D}$，使得

$$\varphi(z) = \mu \frac{z - \lambda_1}{1 - \bar{\lambda}_1 z} \cdots \frac{z - \lambda_n}{1 - \bar{\lambda}_n z}.$$

由 Ind $T_\varphi =$ Ind $M_z = -1$，知 $n = 1$. 这给出了要求的结论.

反之，若 $\varphi(z) = \mu \frac{z - \lambda_0}{1 - \bar{\lambda}_0 z}$，则 T_φ 是本质正规的，且 $\sigma_e(T_\varphi) =$ 单位圆周. 当 $|\lambda| < 1$ 时，易见 Ind $(T_\varphi - \lambda) = -1$. 故 T_φ 和 M_z 有同样的本质谱和指标. 也注意到 M_z 是本质正规的，应用 BDF-定理知 M_z 和 T_φ 是本质酉等价的.

习题

1. 把 Hilbert 空间上的 Fredholm 算子理论推广到 Banach 空间.

2. 设 S 是单向移位 $S e_n = e_{n+1}$，$n = 0, 1, \cdots$，并设 $p(z)$ 是复的多项式，且在单位圆周上无零点，证明 $p(S)$ 是 Fredholm 算子，讨论 Ind $p(S) =$?

3. 设 $\varphi \in H^\infty(\mathbb{D})$，$B$ 是一个阶为 n 的有限 Blaschke 积，那么在 Bergman 空间 $L_a^2(\mathbb{D})$ 上，乘法算子 M_B 本质酉等价于 M_φ 当且仅当 φ 是一个 n 阶有限 Blaschke 积.

4. 设 $\varphi \in H^\infty(\mathbb{D})$，讨论 Hardy 空间 $H^2(\mathbb{D})$ 上的解析 Toeplitz 算子 T_φ 何时是正规的，何时是本质正规的 (参见第六章 Hardy 空间 Toeplitz 算子).

5. 若 A，B 是 H 上的本质正规算子，如果 A，B 是本质相似的，证明它们是本质酉等价的.

§5.6　正规算子

正规算子是目前人们理解得最清楚的一类算子. 在前面的章节, 我们已多次提到了正规算子, 特别是 §4.5.3 的定理 4.5.7, 我们通过谱积分给出了正规算子的表示, 并通常称这样的表示为正规算子的谱定理, 在 §4.5.3 中我们提到这是正规算子谱定理的"谱积分版本". 在这一节, 我们将介绍正规算子的对角化问题. 由定理 5.1.6 可知, 每个紧的正规算子可对角化, 即：如果 N 是可分 Hilbert 空间 H 上的一个紧的正规算子, 那么存在一个酉算子 $U : H \to l^2(\mathbb{N})$, 以及一个 $\varphi \in l^\infty(\mathbb{N})$, 使得 $UNU^* = M_\varphi$, 这里 $M_\varphi : l^2(\mathbb{N}) \to l^2(\mathbb{N})$ 定义为 $(M_\varphi h)(n) = \varphi(n)h(n)$.

人们自然希望把上面的情形推广到一般的正规算子, 这就是正规算子谱定理的"乘法版本". 谱定理这个版本的证明更多地基于测度论 (见 [Ar1]).

定理5.6.1 (谱定理的乘法版本)　设 N 是可分 Hilbert 空间 H 上的一个正规算子, 那么存在一个 σ-有限的测度空间 (X, μ), 以及 $\varphi \in L^\infty(X, \mu)$ 和酉算子 $U : H \to L^2(X, \mu)$, 使得 $UNU^* = M_\varphi$, 这里 M_φ 是 $L^2(X, \mu)$ 上的乘法算子, 定义为 $(M_\varphi h)(x) = \varphi(x)h(x)$.

定理的证明基于下面的引理. 设 $C^*(N)$ 是由恒等算子和 N 生成的 C^*-代数.

引理5.6.2　设 N 是 Hilbert 空间 H 上的一个正规算子, 并且 N 有 $*$-循环向量, 即存在 $e \in H$, 使得 $H = \overline{C^*(N)e}$, 那么在 $\sigma(N)$ 上存在唯一的有限正 Borel 测度 μ 及酉算子 $U : H \to L^2(\sigma(N), \mu)$, 使得 $UNU^* = M_z$.

证：　记 $X = \sigma(N)$. 由定理 4.4.17 可知, 存在唯一的 $*$-等距同构

$$\tau : C(X) \to C^*(N), \quad f \mapsto f(N).$$

定义一个线性泛函

$$\rho : C(X) \to \mathbb{C}, \quad \rho(f) = \langle f(N)e, e \rangle,$$

这里 e 是 N 的 $*$-循环向量. 由 $\rho(|f|^2) = \langle f(N)^* f(N)e, e \rangle = \|f(N)e\|^2 \geqslant 0$ 可知, ρ 是正的线性泛函. 再由 Riesz 表示定理 (定理 2.1.5) 知, 在 X 上存在唯一的有限正 Borel 测度 μ, 使得

$$\rho(f) = \int_X f(x) \, \mathrm{d}\mu, \ f \in C(X).$$

当 $f, g \in C(X)$ 时，我们有

$$\langle f(N)e, g(N)e \rangle = \langle g(N)^* f(N)e, e \rangle = \rho(\overline{g}f) = \int_X f(x)\overline{g(x)}\,\mathrm{d}\mu = \langle f, g \rangle_{L^2}.$$

又因为 $C(X)$ 在 $L^2(X, \mu)$ 中稠密，并且 e 是 N 的 *-循环向量，上面的等式表明映射 $W : C^*(N)e \to C(X)$，$f(N)e \mapsto f$ 是良定义的，并且可唯一地延拓为一个酉算子 $U : H \to L^2(X, \mu)$，满足

$$Uf(N)U^* = M_f, f \in C(X).$$

事实上，固定 $f \in C(X)$，对每个 $g \in C(X)$，有

$$Uf(N)g(N)e = fg = fUg(N)e = M_f Ug(N)e,$$

即 $Uf(N)U^* = M_f$. 特别地，$UNU^* = M_z$. $\qquad\square$

谱定理乘法版本的证明：因为 H 可分，由 Zorn 引理，可以找到一个序列 $\{e_1, \cdots, e_n, \cdots\}$，使得 H 分解为

$$H = \bigoplus_n H_n,$$

这里 $H_n = \overline{C^*(N)e_n}$. 置 $N_n = N|_{H_n}$，则易见 N_n 是 H_n 上 *-循环的正规算子. 应用引理 5.6.2，存在 $X_n = \sigma(N_n)$ 上的一个有限正 Borel 测度 μ_n，以及一个酉算子 $U_n : H_n \to L^2(X_n, \mu_n)$，使得 $U_n N_n U_n^* = M_z$.

设 $X = X_1 \sqcup \cdots X_n \sqcup \cdots$ 是 $X_1, \cdots, X_n, \cdots$ 的无交并. 定义 $\mathcal{R} = \{\varDelta \subseteq X : \varDelta \cap X_n$ 是 Borel 集，$n = 1, 2, \cdots\}$. 易见 $\mathcal{R}$ 是 X 上的一个 σ-代数，并且 X 上一个函数是 $\mathcal{R}$ 可测的当且仅当它在每一个 X_n 上的限制是 Borel 可测的. 在 $\mathcal{R}$ 上定义测度 μ 如下：

$$\mu(\varDelta) = \sum_n \mu_n(\varDelta \cap X_n), \quad \varDelta \in \mathcal{R}.$$

因为每个 μ_n 是有限的，所以 μ 是 σ-有限的. 在 X 上定义函数

$$\varphi : X \to \mathbb{C}, \quad \varphi(z) = z, z \in X.$$

因为当 $z \in X_n$ 时，$|\varphi(z)| \leqslant \|N_n\| \leqslant \|N\|$，故 $\varphi \in L^\infty(X, \mu)$，并且 $\|\varphi\|_\infty \leqslant \|N\|$. 对每个 $L^2(X_n, \mu_n)$ 中的函数，以自然的方式理解为 $L^2(X, \mu)$ 中的函数 (在 X_n 以外的点取零)，那么 $L^2(X_n, \mu_n)$ 是 $L^2(X, \mu)$ 的闭子空间并且 $L^2(X, \mu) = \bigoplus_n L^2(X_n, \mu_n)$. 定义 $U = \bigoplus_n U_n$，则 U 是 H 到 $L^2(X, \mu)$ 上的酉算子，满足

$$UNU^* = M_\varphi. \qquad\square$$

从谱定理的乘法版本，可以推出谱积分版本，但相反的方向似乎不是显然的. 下面我们从乘法版本推导出谱积分版本. 对一个 σ-有限的测度空间 (X, μ), 以及 $\varphi \in L^\infty(X, \mu)$, 我们首先给出 $H = L^2(X, \mu)$ 上乘法算子 $N = M_\varphi$ 的谱积分表达, 然后通过谱定理的乘法版本给出正规算子的谱积分表达. 对 $\sigma(N)$ 上的任何有界可测函数 f, 因为 φ 的本性值域是 $\sigma(N)$, 我们可定义 X 上的复合函数 $f \circ \varphi$. 对 $\sigma(N)$ 的每个 Borel 子集 ω, 定义 $L^2(X, \mu)$ 的乘法算子 $E(\omega) = M_{\chi_\omega \circ \varphi}$, 那么 $E(\omega)$ 是 H 上的投影且容易验证 (E, H) 是 $\sigma(N)$ 上的一个谱测度. 下面我们证明

$$M_\varphi = \int_{\sigma(N)} z \, \mathrm{d}E.$$

事实上，当 $f, g \in L^2(X, \mu)$ 时, 定义 $\sigma(N)$ 上的测度 $\nu(\omega) = \langle E(\omega)f, g \rangle$. 因为

$$\langle E(\omega)f, g \rangle = \int (\chi_\omega \circ \varphi) f \bar{g} \, \mathrm{d}\mu$$

并且 $\nu(\omega) = \int \chi_\omega \, \mathrm{d}\nu$, 所以对 $\sigma(N)$ 上的任何简单函数 g, 成立

$$\int_X (g \circ \varphi) f \bar{g} \, \mathrm{d}\mu = \int_{\sigma(N)} g \, \mathrm{d}\nu.$$

用简单函数一致逼近 $\sigma(N)$ 上的有界 Borel 可测函数, 我们看到对任何有界 Borel 可测函数上式成立. 特别对 $g(z) = z$ 上式成立, 这就得到乘法算子的谱积分版本.

现在回到谱定理的乘法版本, 若酉算子 $U: H \to L^2(X, \mu)$, 使得

$$UNU^* = M_\varphi,$$

定义 $\sigma(N)$ 上的谱测度 (E', H) 如下: $E'(\omega) = UE(\omega)U^*$. 那么容易验证

$$N = \int_{\sigma(N)} z \, \mathrm{d}E'.$$

谱定理的乘法版本有广泛的应用, 下面的命题给出了酉算子的平均遍历定理 [Hal, Problem 228].

命题5.6.3　设 U 是可分 Hilbert 空间上的一个酉算子, 则序列 $\{\frac{1}{n}\sum_{j=0}^{n-1} U^j\}$ 强收敛于一个投影.

证：　由正规算子谱定理的乘法版本，我们只需设 U 是 $L^2(X,\mu)$ 上的乘法算子 M_φ，其中 (X,μ) 是某个 σ-有限的测度空间. 显然，$|\varphi|=1$, a.e.$[\mu]$. 记 $E=\varphi^{-1}(1)$，并且 $\varphi_n=\frac{1}{n}(1+\varphi+\cdots+\varphi^{n-1})$，则 $\|\varphi_n\|_\infty \leqslant 1$，并且 φ_n 几乎处处收敛到 χ_E. 由控制收敛定理，对 $\forall h \in L^2(X,\mu)$，

$$\|(M_{\varphi_n}-M_{\chi_E})h\|^2 = \int_X |\varphi_n-\chi_E|^2|h|^2 \,\mathrm{d}\mu \to 0,$$

即 M_{φ_n} 强收敛于 M_{χ_E}. 注意到 M_{χ_E} 是一个投影，命题证毕. □

对酉算子的平均遍历定理，应用 Sz. -Nagy 的膨胀定理 (见 5.8 节)，可推广到一般的压缩算子.

定理5.6.4　设 A 是可分 Hilbert 空间 H 上的一个压缩算子，即 $\|A\| \leqslant 1$，则算子序列 $\{\frac{1}{n}\sum_{j=0}^{n-1} A^j\}$ 在强算子拓扑下收敛.

定理5.6.5 (Sz. -Nagy 膨胀定理)　设 A 是 Hilbert 空间上的一个压缩算子，那么存在一个 Hilbert 空间 $K \supseteq H$，以及 K 上一个酉算子 U，使得对任何整数 $n \geqslant 0$，

$$A^n = PU^n|_H,$$

这里 P 是 K 到 H 上的正交投影.

其证明见 5.8 节.

应用正规算子谱定理的乘法版本，容易获得下列算子不等式 [Zhu2].

命题5.6.6　设 A 是可分 Hilbert 空间 H 上的正规算子，并且 $p \geqslant 1$，那么对每个 $f \in H$，$\|f\| \leqslant 1$，成立

$$|\langle Af,f\rangle|^p \leqslant \langle |A|^p f,f\rangle,$$

等式成立当且仅当 A 是恒等算子的常数倍并且 $\|f\|=1$. 特别当 $A \geqslant 0$ 时，我们有

$$\langle Af,f\rangle^p \leqslant \langle A^p f,f\rangle.$$

证：　由正规算子谱定理的乘法版本，我们只需设 A 是 $L^2(X,\mu)$ 上的乘法算子 M_φ，其中 (X,μ) 是某个 σ-有限的测度空间，并且 φ 是有界可测函数. 当 $p>1$

并且 $\frac{1}{p} + \frac{1}{q} = 1$ 时，应用 Hölder 不等式表明

$$
\begin{aligned}
\langle Af, f \rangle|^p &= \left| \int_X \varphi(x)|f(x)|^2 \, \mathrm{d}\mu \right|^p \\
&\leqslant \int_X |\varphi(x)|^p |f(x)|^2 \, \mathrm{d}\mu \left(\int_X |f(x)|^2 \, \mathrm{d}\mu \right)^{p/q} \\
&\leqslant \int_X |\varphi(x)|^p |f(x)|^2 \, \mathrm{d}\mu \\
&= \langle |A|^p f, f \rangle.
\end{aligned}
$$

当 $p = 1$ 时，结论是显然的. $\qquad\square$

设 $A \in \mathcal{L}^p$, $p \geqslant 2$, 并且 $\{e_n\}$ 是 Hilbert 空间 H 的规范正交基，由命题 5.6.6，成立

$$
\sum_n \|A e_n\|^p \leqslant \mathrm{Tr}(|A|^p).
$$

我们知道，当 $p \leqslant 2$，并且存在 Hilbert 空间 H 的规范正交基 $\{e_n\}$，使得当 $\sum_n \|A e_n\|^p < \infty$ 时，A 必然是 Hilbert-Schmidt 算子，因此是紧算子. 下面我们构造一个例子说明存在算子 A 满足 $\sum_n \|A e_n\|^p < \infty$ (对任何 $p > 2$)，但 A 不是紧的.

设 $\varphi(z) = \sum_{n=1}^{\infty} \frac{z^n}{n} = -\log(1-z)$, 那么 Hardy 空间 $H^2(\mathbb{D})$ 上的 Hankel 算子 $H_{\bar\varphi}$ 是有界的，但不是紧的 (见第 6 章，例 6.4.9). 因为

$$
\|H_{\bar\varphi} z^n\|^2 = \frac{1}{(n+1)^2} + \frac{1}{(n+2)^2} + \cdots \leqslant \frac{1}{n},
$$

这表明当 $p > 2$ 时，

$$
\sum_n \|H_{\bar\varphi}^* H_{\bar\varphi} z^n\|^p \leqslant \|H_{\bar\varphi}\|^p \sum_n (\|H_{\bar\varphi} z^n\|^2)^{\frac{p}{2}} < \infty.
$$

下面我们介绍一个算子不等式，这在研究算子的换位子时是有用的.

命题5.6.7 设 A, B 是 Hilbert 空间 H 上的自伴算子，则对每个 $h \in H$, $\|h\| = 1$, 成立

$$
|\langle [A, B]h, h \rangle|^2 \leqslant 4(\|Ah\|^2 - \langle Ah, h \rangle^2)(\|Bh\|^2 - \langle Bh, h \rangle^2).
$$

证: 记 $a = \langle Ah, h \rangle$, $b = \langle Bh, h \rangle$, 那么

$$
\begin{aligned}
\langle (A-a)h, (B-b)h \rangle^2 &\leqslant \|(A-a)h\|^2 \|(B-b)h\|^2 \\
&= (\|Ah\|^2 - a^2)(\|Bh\|^2 - b^2).
\end{aligned}
$$

由 A，B 的自伴性，成立

$$\langle (A - a)h, (B - b)h \rangle = \langle (B - b)(A - a)h, h \rangle = \langle BAh, h \rangle - ab.$$

把 BA 写成实部和虚部之和，即

$$BA = \frac{BA + AB}{2} + \frac{i}{2}[(AB - BA)i],$$

并注意到 a，b 是实数，我们有

$$
\begin{aligned}
\frac{1}{2}|\langle [A, B]h, h \rangle| &\leqslant |\text{Im}(\langle (A - a)h, (B - b)h \rangle)| \\
&\leqslant |\langle (A - a)h, (B - b)h \rangle| \\
&\leqslant (\|Ah\|^2 - a^2)^{\frac{1}{2}}(\|Bh\|^2 - b^2)^{\frac{1}{2}}.
\end{aligned}
$$

由这个不等式，易见命题成立.   □

在这一节的最后，我们介绍 von Neumann 的一个定理，这是命题 5.6.3 的连续版本，它是单参数强连续酉算子群的一个平均遍历定理，在动力系统和统计力学中有重要的物理意义. 设 $\{U_t : t \geqslant 0\}$ 是 Hilbert 空间 H 上的一个强连续的单参数酉算子半群. 当 $t > 0$ 时，通过定义 $U_{-t} = U_t^*$ 可延拓该半群为一个酉算子群. 因此在讨论酉算子半群时，我们总可以延拓为一个酉算子群进行讨论. 记 $F = \{x \in H : U_t x = x, \forall t\}$，那么 F 是一个闭子空间，并记 P 是从 H 到 F 的正交投影. 当 $t > 0$ 时，定义时间平均算子

$$M_t x = \frac{1}{t}\int_0^t U_s x \, \mathrm{d}s, \quad x \in H.$$

当时间无限延伸时，下面的定理描述了单参数酉算子群的平均遍历状态.

定理5.6.8 (von Neumann)   在强算子拓扑下，$\lim\limits_{t \to \infty} M_t = P$，即对每个 $x \in H$，当 $t \to \infty$ 时，$M_t x \to Px$.

证：   固定 $r > 0$，记 $E_r = \ker(U_r - I)$，$R_r = \text{Ran}(U_r - I)$. 因为

$$E_r^\perp = \overline{\text{Ran}(U_r^* - I)} = \overline{\text{Ran}(I - U_r)U_r^*} = \overline{R_r},$$

故 $H = \overline{R_r} \oplus E_r$.

我们断言：(i) 当 $x \in \overline{R_r}$ 时，$\lim\limits_{t \to \infty} M_t x = 0$；(ii) 当 $x \in E_r$ 时，

$$\lim_{t \to \infty} M_t x = \frac{1}{r} \int_0^r U_s x \, \mathrm{d}s,$$

并且这个极限也属于 E_r.

(i) 任取 $x \in R_r$，那么有 $y \in H$, 使得 $x = (U_r - I)y$，因此我们有

$$
\begin{aligned}
M_t x &= \frac{1}{t} \int_0^t U_s x \, \mathrm{d}s = \frac{1}{t} \int_0^t U_s (U_r - I) y \, \mathrm{d}s \\
&= \frac{1}{t} \Big[\int_0^t U_{s+r} y \, \mathrm{d}s - \int_0^t U_s y \, \mathrm{d}s \Big] \\
&= \frac{1}{t} \Big[\int_t^{t+r} U_s y \, \mathrm{d}s - \int_0^r U_s y \, \mathrm{d}s \Big].
\end{aligned}
$$

从上式，我们看到

$$\|M_t x\| \leqslant \frac{1}{t} \Big[\int_t^{t+r} \|U_s y\| \, \mathrm{d}s + \int_0^r \|U_s y\| \, \mathrm{d}s \Big] = \frac{2r\|y\|}{t}.$$

因此当 $x \in R_r$ 时，$\lim\limits_{t \to \infty} M_t x = 0$. 由于 $\|M_t\| \leqslant 1$，一个简单的逼近推理给出 (i).

(ii) 当 $x \in E_r$ 时，即有 $U_r x = x$，写 $t = nr + q$, $0 \leqslant q < r$. 那么

$$
\begin{aligned}
M_t x &= \frac{1}{t} \Big[\int_0^{nr} U_s x \, \mathrm{d}s + \int_{nr}^{nr+q} U_s x \, \mathrm{d}s \Big] \\
&= \frac{1}{t} \Big[\sum_{k=1}^n \int_{(k-1)r}^{kr} U_s x \, \mathrm{d}s + \int_0^q U_s x \, \mathrm{d}s \Big] \\
&= \frac{n}{t} \int_0^r U_s x \, \mathrm{d}s + \frac{1}{t} \int_0^q U_s x \, \mathrm{d}s \\
&\xrightarrow{t \to \infty} \frac{1}{r} \int_0^r U_s x \, \mathrm{d}s.
\end{aligned}
$$

容易验证上面的极限也属于 E_r. 断言获证.

由这个断言，在强算子拓扑下，极限 $\lim\limits_{t \to \infty} M_t$ 存在，记为 M. 并且由这个断言，对每个 r, $\mathrm{Ran}M \subseteq E_r$. 因此我们有

$$\mathrm{Ran}M \subseteq \bigcap_r E_r = F.$$

也易见 M 限制在 F 上是恒等的，即对每个 $x \in F$, $Mx = x$. 因为 F 是酉群 $\{U_t\}$ 的不变子空间，容易推得 F 的正交补 $F^\perp$ 也是该酉群的不变子空间. 这就蕴含

了 $F^\perp$ 在 M 下是不变的. 因为 $\mathrm{Ran}M \subseteq F$,故 M 限制在 $F^\perp$ 上是零算子,从而 $M = P$,完成了证明. □

设 $\{N_t : t \geqslant 0\}$ 是 Hilbert 空间 H 上的一个强连续的单参数正规算子半群. 记 $F = \{x \in H : N_t x = x, \forall t \geqslant 0\}$,那么 F 是一个闭子空间,并记 P 是从 H 到 F 的正交投影. 当 $t > 0$ 时,定义时间平均算子 $M_t x = \frac{1}{t} \int_0^t N_s x \, \mathrm{d}s$, $x \in H$. 使用和证明 von Neumann 定理几乎同样的方法,可以证明下面的定理.

定理5.6.9 如果 $\sup_t \|N_t\| < \infty$,那么在强算子拓扑下,$\lim\limits_{t \to \infty} M_t = P$,即对每个 $x \in H$,当 $t \to \infty$ 时,$M_t x \to Px$.

习题

1. 应用正规算子谱定理证明:正规算子的谱半径等于它的范数.

2. 应用正规算子谱定理证明:若 A 是 Hilbert 空间 H 的正规算子,则 $\|A\| = \sup_{\|x\| \leqslant 1} |\langle Ax, x \rangle|$,且当 A 是紧算子时,范数是可达的.

3. 应用正规算子谱定理证明:Hilbert 空间 H 上的一个有界线性算子 A 是紧的当且仅当 $h_n \xrightarrow{\mathrm{w}} 0$, $\langle Ah_n, h_n \rangle \to 0$. 进一步证明 A 是紧的当且仅当对每一组规范正交基 $\{e_n\}$, $\langle Ae_n, e_n \rangle \to 0$.

4. 应用 Sz. -Nagy 定理证明压缩算子的遍历定理.

5. 应用 Sz. -Nagy 定理证明 von Neumann 不等式,即如果 A 是一个压缩算子,则对任何多项式 P, $\|P(A)\| \leqslant \max_{|z| \leqslant 1} |P(z)|$.

6. 对 Hilbert 空间 H 上的有界的自伴算子 A,证明 $U = (A - \mathrm{i}I)(A + \mathrm{i}I)^{-1}$ 是酉算子,并且 $1 \notin \sigma(U)$,这个算子称为 A 的 Cayley 变换. 反之,对任何酉算子 U,并且 $1 \notin \sigma(U)$,存在唯一的有界自伴算子 A 满足 Cayley 变换,并且 $A = \mathrm{i}(I + U)(I - U)^{-1}$. 因此 Cayley 变换建立了有界自伴算子 A 和酉算子 U ($1 \notin \sigma(U)$) 之间的 1-1 对应关系.

7. 证明定理 5.6.9.

§5.7   次正规算子和亚正规算子

§5.7.1   基本概念和例子

正规算子是目前人们了解得最清楚的一类算子. 正规算子的谱定理说明每个

正规算子都是某个 L^2 空间上的乘法算子. 和正规算子最接近的是所谓的次正规算子，文献 [Con3] 是关于次正规算子的一本优秀著作.

定义5.7.1 设 A 是 Hilbert 空间上的一个有界线性算子，若存在 Hilbert 空间 $K \supseteq H$ 和 K 上的正规算子 N，使得 $NH \subseteq H$，并且 $A = N|_H$，即 A 是 N 到 H 上的限制，就称 A 是一个次正规算子，此时称 N 是 A 的一个正规扩张. 等价地，次正规算子是正规算子到它的一个不变子空间上的限制.

例子5.7.2 设 $f \in H^\infty(\mathbb{D})$，则 Bergman 空间 $L_a^2(\mathbb{D})$ 上的乘法算子 M_f 是次正规的. 事实上，M_f 可视为 $L^2(\mathbb{D})$ 上的乘法算子到 Bergman 空间上的限制. 类似地，Hardy 空间上解析乘法算子是次正规的.

例子5.7.3 每个等距算子 $S : H \to H$ 是次正规的. 使用等距算子的 von Neumann-Wold 分解定理 (见本节习题 4).

命题5.7.4 (Halmos) 如果 A 是次正规的，则对任何 $x_0, x_1, \cdots, x_n \in H$，成立

$$\sum_{k,j=0}^n \langle A^j x_k, A^k x_j \rangle \geqslant 0.$$

证： 存在 $K \supseteq H$，以及 K 上的正规算子 N，使得 $NH \subseteq H$，且 $A = N|_H$，所以

$$\begin{aligned}
\sum_{k,j=0}^n \langle A^j x_k, A^k x_j \rangle &= \sum_{k,j=0}^n \langle N^{*k} N^j x_k, x_j \rangle \\
&= \sum_{k,j=0}^n \langle N^{*k} x_k, N^{*j} x_j \rangle \\
&= \left\| \sum_{k=0}^n N^{*k} x_k \right\|^2 \geqslant 0. \qquad \square
\end{aligned}$$

注记5.7.5 事实上，条件 $\sum_{k,j} \langle A^j x_k, A^k x_j \rangle \geqslant 0$ 是算子 A 为次正规算子的充要件，见文献 [Con3, pp.30].

命题5.7.6 若 A 是次正规的，则自换位子 $A^*A - AA^* \geqslant 0$.

证： 使用上面的证明过程，$A = P_H N P_H$，这里 P_H 是 K 到 H 的投影，则

$$\begin{aligned}
A^*A - AA^* &= P_H N^* P_H N P_H - P_H N P_H N^* P_H \\
&= P_H N^* N P_H - P_H N P_H N^* P_H \\
&= P_H N P_H^\perp N^* P_H = (P_H N P_H^\perp)(P_H N P_H^\perp)^* \geqslant 0. \qquad \square
\end{aligned}$$

定义5.7.7   Hilbert 空间上一个算子 A 称为亚正规的, 如果它满足

$$A^*A - AA^* \geqslant 0.$$

§5.7.2   Berger-Shaw 定理

亚正规算子的 Berger-Shaw 定理是算子论中最深刻的结果之一, 它表明有理循环的亚正规算子的自换位子是迹类的, 并给出了精确的迹估计.

Hilbert 空间 H 上的一个算子 A 称为 m-有理循环的, 如果存在 H 中的向量 $x_1, \cdots, x_m$, 使得子空间 $\mathrm{span}\{f(A)x_j : 1 \leqslant j \leqslant m, f \in \mathrm{Rat}(\sigma(A))\}$ 在 H 中稠密, 这里 $\mathrm{Rat}(\sigma(A))$ 表示极点在 $\sigma(A)$ 外的有理函数全体.

定理5.7.8 (Berger-Shaw)   设 A 是 m-有理循环的亚正规算子, 则自换位子 $[A^*, A]$ 是迹类的, 并且

$$\mathrm{Tr}([A^*, A]) \leqslant \frac{m}{\pi}\mathrm{Area}(\sigma(A)).$$

这里 $\mathrm{Area}(\sigma(A))$ 是谱 $\sigma(A)$ 的平面面积, 特别地, m-有理循环亚正规算子是本质正规的 (见文献 [BS]).

Berger-Shaw 定理的原始证明是相当复杂的 (见文献 [BS]), 后来出现了多个简化证明, 但仍较长 (见文献 [Con3]). 这里, 我们不打算给出 Berger-Shaw 定理的证明, 后面将介绍一个较弱情形的 Berger-Shaw 定理的证明.

我们先介绍 Berger-Shaw 定理的两个重要推论 (见文献 [Con3]).

系5.7.9 (Putnam 不等式)   如果 A 是亚正规的, 则

$$\|[A^*, A]\| \leqslant \frac{\mathrm{Area}(\sigma(A))}{\pi}.$$

证: 对 $\|f\| = 1$, 置 $K = \overline{\mathrm{span}}\{r(A)f : r \in \mathrm{Rat}(\sigma(A))\}$, 则 $T = A\mid_K$ 是 K 上 1-有理循环的亚正规算子. 由 Berger-Shaw 定理和 $\|T^*f\| \leqslant \|A^*f\|$ 即得

$$
\begin{aligned}
\langle [A^*, A]f, f \rangle &= \|Af\|^2 - \|A^*f\|^2 \\
&\leqslant \|Tf\|^2 - \|T^*f\|^2 \\
&= \langle [T^*, T]f, f \rangle \\
&\leqslant \mathrm{Tr}([T^*, T]) \\
&\leqslant \frac{1}{\pi}\mathrm{Area}(\sigma(T)) \\
&\leqslant \frac{1}{\pi}\mathrm{Area}(\sigma(A)).
\end{aligned}
$$

由此不等式，易见 $\|[A^*, A]\| \leqslant \frac{1}{\pi} \mathrm{Area}(\sigma(A))$. □

系5.7.10　如果 A 是亚正规的，并且其谱的面积为零，则 A 是正规的.

设 A 是 H 上的一个有界线性算子，称 A 是 m-循环的，如果存在向量 $x_1, \cdots, x_m$，使得子空间 $\{p(A)x_j : 1 \leqslant j \leqslant m, \ p \ \text{是多项式}\}$ 在 H 中稠密. 我们证明一个较弱情形的 Berger-Shaw 定理 (见文献 [Con3]).

定理5.7.11 (Berger-Shaw)　如果 A 是 m-循环的亚正规算子，则 $[A^*, A]$ 是迹类的，且有

$$\mathrm{Tr}([A^*, A]) \leqslant m\|A\|^2.$$

证：　对每个自然数 n，置

$$H_n = \overline{\mathrm{span}}\{p(A)x_j : 1 \leqslant j \leqslant m, \ p \ \text{是多项式}, \deg p \leqslant n\},$$

则 $H_1 \subseteq H_2 \subseteq \cdots$，并且 $\bigcup_n H_n$ 在 H 中稠密. 易见

$$AH_n \subseteq H_n + \mathrm{span}\{A^{n+1}x_1, \cdots, A^{n+1}x_m\}.$$

记 P_n 是 H 到 H_n 的投影，则有

$$\mathrm{rank}(P_n^\perp AP_n) \leqslant m.$$

接着，我们验证下面的不等式

$$\mathrm{Tr}((P_n[A^*, A]P_n)) \leqslant \|P_n^\perp AP_n\|_2^2.$$

这里 $\|\cdot\|_2$ 是 Hilbert-Schmidt 范数. 事实上，写 $H = H_n \oplus H_n^\perp$，并写

$$A = \begin{pmatrix} X & Y \\ Z & W \end{pmatrix}, \quad P_n = \begin{pmatrix} I & 0 \\ 0 & 0 \end{pmatrix}.$$

简单的计算表明

$$P_n[A^*, A]P_n = [X^*, X] + Z^*Z - YY^*.$$

由于 X 作用在有限维空间 H_n 上，故有 $\mathrm{Tr}([X^*, X]) = 0$，

$$\mathrm{Tr}(P_n[A^*, A]P_n) \leqslant \|Z\|_2^2 = \|P_n^\perp AP_n\|_2^2.$$

由不等式 $\mathrm{rank}(P_n^\perp A P_n) \leqslant m$, 我们看到

$$\mathrm{Tr}(P_n[A^*, A]P_n) \leqslant \|P_n^\perp A P_n\|_2^2 \leqslant m\|A\|^2.$$

由于 $H_1 \subseteq H_2 \subseteq \cdots$, 并且 $\bigcup_n H_n$ 在 H 中稠密, 可推知 $P_n \overset{\mathrm{SOT}}{\longrightarrow} I$. 进而可推得

$$P_n[A^*, A]P_n \overset{\mathrm{WOT}}{\longrightarrow} [A^*, A].$$

由 Fatou 引理 (引理 5.3.6) 知

$$\mathrm{Tr}([A^*, A]) \leqslant \underline{\lim}\mathrm{Tr}(P_n[A^*, A]P_n) \leqslant m\|A\|^2. \qquad \square$$

例子5.7.12　设 $f(z) \in H^\infty(\mathbb{D})$. 考虑解析乘法算子 M_f 作用在 Hardy 空间 $H^2(\mathbb{D})$ 上, 那么 M_f 是次正规的. 设 $f(z) = \sum_{n=0}^\infty a_n z^n$, 我们计算 $\mathrm{Tr}([M_f^*, M_f])$.

$$
\begin{aligned}
\mathrm{Tr}([M_f^*, M_f]) &= \sum_n (\|M_f z^n\|^2 - \|M_f^* z^n\|^2) \\
&= \sum_n \Big(\sum_m |a_m|^2 - \sum_{m \leqslant n} |a_m|^2 \Big) \\
&= \sum_n \sum_{m > n} |a_m|^2 \\
&= \sum_{m \geqslant 1} m|a_m|^2 \\
&= \frac{1}{\pi} \int_{\mathbb{D}} |f'(z)|^2 \, \mathrm{d}A(z),
\end{aligned}
$$

这里 $\mathrm{d}A(z)$ 是面积测度. 因此当 $f \in H^\infty(\mathbb{D})$, 且 $f' \in L_a^2(\mathbb{D})$ 时, $[M_f^*, M_f] \in \mathcal{L}^1$, 并且其迹由上面的公式给出. 取 $f(z) = z$, 则 M_z 是 1-循环的, 且

$$\mathrm{Tr}([M_z^*, M_z]) = 1,$$

因此 Berger-Shaw 不等式 (定理 5.7.8) 的估计是最佳的.

取 $f(z)$ 是 n-阶 Blaschke 积 $B(z)$, 容易验证换位子 $[M_B^*, M_B]$ 是到空间 $H^2(\mathbb{D}) \ominus BH^2(\mathbb{D})$ 的投影算子. 因为 $\dim(H^2(\mathbb{D}) \ominus BH^2(\mathbb{D})) = n$, 故有

$$n = \mathrm{Tr}([M_B^*, M_B]) = \frac{1}{\pi} \int_{\mathbb{D}} |B'(z)|^2 \, \mathrm{d}A(z).$$

设 $\mathfrak{D}$ 表示单位圆盘上的 Dirichlet 空间, 即

$$\mathfrak{D} = \{f(z) : f(z) \text{ 在 } \mathbb{D} \text{ 上解析}, \|f\|^2 = |f(0)|^2 + \frac{1}{\pi} \int_{\mathbb{D}} |f'(z)|^2 \, \mathrm{d}A(z) < \infty\},$$

则 $\mathfrak{D}$ 是一个 Hilbert 空间. 对每个内函数 η (见第 6 章), 考虑 Hardy 空间上的乘法算子 M_η, 则 $M_\eta^* M_\eta - M_\eta M_\eta^* = I - M_\eta M_\eta^*$ 是 $H^2(\mathbb{D})$ 到 $H^2(\mathbb{D}) \ominus \eta H^2(\mathbb{D})$ 上的投影算子. 因此

$$\mathrm{Tr}([M_\eta^*, M_\eta]) = \dim(H^2(\mathbb{D}) \ominus \eta H^2(\mathbb{D})).$$

由等式

$$\mathrm{Tr}([M_\eta^*, M_\eta]) = \frac{1}{\pi} \int_{\mathbb{D}} |\eta'(z)|^2 \, \mathrm{d}A(z),$$

我们看到 $\mathfrak{D}$ 中仅有的内函数是那些有限阶 Blaschke 积.

例子5.7.13　设 S 是 Hilbert 空间 H 上的一个等距, 并且 $m = \dim(H \ominus SH)$ 是有限的. 如果 $\bigcap_{n=1}^{\infty} S^n H = \{0\}$, 则 H 可分解为 $H = H_0 \oplus SH_0 \oplus S^2 H_0 \oplus \cdots$, 这里 $H_0 = H \ominus SH$. 因此 S 是 m-循环的亚正规算子. 此时 $[S^*, S] = I - SS^*$ 是到 H_0 上的投影. 由 $\sigma(S) = \overline{\mathbb{D}}$,

$$\mathrm{Tr}([S^*, S]) = m = \frac{m}{\pi} \mathrm{Area}(\sigma(S)).$$

因而在纯等距算子的情形, Berger-Shaw 不等式变为等式.

例子5.7.14　设 $f \in H^\infty(\mathbb{D})$, 考虑 Bergman 空间 $L_a^2(\mathbb{D})$ 上的乘法算子 M_f, 则 M_f 是次正规的. 为了计算 $\mathrm{Tr}([M_f^*, M_f])$, 我们展开 $f(z) = \sum_{m=0}^{\infty} a_m z^m$, 并注意到 Bergman 空间 $L_a^2(\mathbb{D})$ 的典型规范正交基 $\{e_n(z) = \sqrt{n+1} z^n\}$, 那么

$$
\begin{aligned}
\mathrm{Tr}([M_f^*, M_f]) &= \sum_{n=0}^{\infty} (\|M_f e_n\|^2 - \|M_f^* e_n\|^2) \\
&= \sum_{n=0}^{\infty} \sum_{m=0}^{\infty} |a_m|^2 (\|M_{z^m} e_n\|^2 - \|M_{z^m}^* e_n\|^2) \\
&= \sum_{m=0}^{\infty} |a_m|^2 \sum_{n=0}^{\infty} (\|M_{z^m} e_n\|^2 - \|M_{z^m}^* e_n\|^2) \\
&= \sum_{m=0}^{\infty} |a_m|^2 \mathrm{Tr}([M_{z^m}^*, M_{z^m}]).
\end{aligned}
$$

容易计算 $M_{z^m}^* M_{z^m} e_n = \frac{n+1}{n+m+1} e_n$, 并且

$$M_{z^m} M_{z^m}^* e_n = \frac{n-m+1}{n+1} e_n, \; n \geqslant m; \quad M_{z^m} M_{z^m}^* e_n = 0, \; n < m.$$

因此，换位子 $[M_{z^m}^*, M_{z^m}]$ 在基 $\{e_n\}$ 下是一个对角算子，

$$[M_{z^m}^*, M_{z^m}] = \sum_{n=0}^{m-1} \frac{n+1}{n+m+1} e_n \otimes e_n + m \sum_{n=m}^{\infty} \left(\frac{1}{n+1} - \frac{1}{n+m+1} \right) e_n \otimes e_n.$$

可算得其迹为

$$\mathrm{Tr}([M_{z^m}^*, M_{z^m}]) = \sum_{n<m} \frac{n+1}{n+m+1} + m \sum_{n \geqslant m} \left(\frac{1}{n+1} - \frac{1}{n+m+1} \right) = m.$$

从而

$$\mathrm{Tr}([M_f^*, M_f]) = \sum_{m=0}^{\infty} m|a_m|^2 = \frac{1}{\pi} \int_{\mathbb{D}} |f'(z)|^2 \, \mathrm{d}A(z).$$

因此当 $f \in H^\infty(\mathbb{D}) \cap \mathfrak{D}$ 时，换位子 $[M_f^*, M_f]$ 是迹类算子.

将这个结论和 Hankel 算子联系起来 (见第 6 章 §6.5)，从等式

$$M_f^* M_f - M_f M_f^* = H_{\bar{f}}^* H_{\bar{f}}$$

我们看到，当 $f \in H^\infty(\mathbb{D}) \cap \mathfrak{D}$ 时，Hankel 算子 $H_{\bar{f}}$ 是 Hilbert-Schmidt 的，其 Hilbert-Schmidt 范数由下式给出：

$$\|H_{\bar{f}}\|_2^2 = \frac{1}{\pi} \int_{\mathbb{D}} |f'(z)|^2 \, \mathrm{d}A(z).$$

若 Ω 是平面上一个有界单连通区域，并设 $\varphi : \mathbb{D} \to \Omega$ 是 Riemann 解析映射. 我们可以建立一个酉算子 $V : L_a^2(\Omega) \to L_a^2(\mathbb{D})$，由

$$(Vh)(z) = h \circ \varphi(z)\varphi'(z), \quad h \in L_a^2(\Omega),$$

易验证：

$$V^* M_{f \circ \varphi} V = M_f, \quad f \in H^\infty(\Omega).$$

通过 $L_a^2(\mathbb{D})$ 上的迹公式，在 $L_a^2(\Omega)$ 上，成立

$$\begin{aligned}
\mathrm{Tr}([M_f^*, M_f]) &= \mathrm{Tr}([M_{f \circ \varphi}^*, M_{f \circ \varphi}]) \\
&= \frac{1}{\pi} \int_{\mathbb{D}} |f'(\varphi(z))|^2 |\varphi'(z)|^2 \, \mathrm{d}A(z) \\
&= \frac{1}{\pi} \int_{\Omega} |f'(\omega)|^2 \, \mathrm{d}A(\omega).
\end{aligned}$$

习题

1. 设 A 是 Hilbert 空间上的一个加权移位，即有规范正交基 $\{e_n\}$ 以及数列 $\{a_n\}$，使得 $Ae_n = a_n e_{n+1}$, $n = 1, 2, \cdots$. 问 A 何时是亚正规的？在亚正规情形，写出计算迹 $\text{Tr}([A^*, A])$ 的公式.

2. 如果 $\ker A = 0$, 且 AH 闭，并有 $m = \dim H/AH < \infty$，如果 $\bigcap_n A^n H = \{0\}$，讨论 A 何时是 m-循环的.

3. 如果 A 是亚正规的，证明：$\|A^n\| = \|A\|^n$，进而有 $r(A) = \|A\|$.

4. 证明 von Neumann-Wold 分解定理：如果 S 是 Hilbert 空间 H 上的一个等距，设 $H_\infty = \bigcap_n S^n H$，则

　　(i) $S H_\infty = H_\infty$, $S^* H_\infty = H_\infty$, 并且 $S |_{H_\infty}$ 是酉的.

　　(ii) $S |_{H_\infty^\perp}$ 是一个单向移位，重数 $= \dim(H \ominus SH)$. 因此每个等距可分解为一个单向移位和一个酉算子的直和.

5. 设 $A \in \mathcal{B}(H_1)$, $B \in \mathcal{B}(H_2)$, 则 $\{A \oplus B\}' = \{A\}' \oplus \{B\}'$ 当且仅当不存在算子 $C : H_1 \to H_2$ 及 $D : H_2 \to H_1$, 使得等式 $CA = BC$, $AD = DB$ 同时成立.

6. 设 A, B 是 Hilbert 空间上的有界线性算子. 证明：

　　(i) $\sigma_p(AB) \cup \{0\} = \sigma_p(BA) \cup \{0\}$.

　　(ii) 当 $\lambda \in \sigma_p(AB)$, $\lambda \neq 0$ 时，记 $E_\lambda = \{x : ABx = \lambda x\}$, $E_\lambda' = \{x : BAx = \lambda x\}$. 则 $B : E_\lambda \to E_\lambda'$, $A : E_\lambda' \to E_\lambda$ 是双射，并且

$$AB |_{E_\lambda} = \lambda P_{E_\lambda}, \ BA |_{E_\lambda'} = \lambda P_{E_\lambda'},$$

因此 $\dim E_\lambda = \dim E_\lambda'$.

　　(iii) $\sigma(AB) \cup \{0\} = \sigma(BA) \cup \{0\}$. 提示：参考命题 4.4.26 的证明.

7. 算子 A 称为 $\mathcal{L}^1$ 酉算子，如果 $1 - A^*A$ 以及 $1 - AA^*$ 都属于 $\mathcal{L}^1$. 设 A 是 $\mathcal{L}^1$ 酉算子，证明：

$$\text{Tr}([A^*, A]) = -\text{Ind } A.$$

提示：用上题的结论.

§5.8　压缩算子的膨胀

　　Hilbert 空间 H 上一个算子 T 是压缩的，是指 $\|T\| \leqslant 1$. 因此每个算子都可乘一适当常数成为一个压缩算子. 在这一节，我们主要介绍 Sz. -Nagy 的压缩算子膨胀定理.

设 $\|T\| \leqslant 1$, $K \supseteq H$, P_H 是 K 到 H 上的正交投影. 如果 V 是 K 上的一个有界线性算子, 满足

$$T = P_H V|_H,$$

则称 V 是 T 的一个膨胀 (dilation), 并且 T 称为 V 的一个收缩 (compression). 如果 V 是酉算子、等距算子、正规算子, 则分别称为酉膨胀、等距膨胀、正规膨胀等. 研究算子膨胀的主要目的是通过 V 的特征来研究算子 T, 同时将涉及算子 T 的性质在一定条件下提升到 V 的水平, 如换位提升定理等. 当 T 是实数 $\cos\theta$ 时, 易见

$$V = \begin{pmatrix} \cos\theta & \sin\theta \\ \sin\theta & -\cos\theta \end{pmatrix}$$

是一个酉矩阵, 是 $\cos\theta$ 的酉膨胀.

当 T 是一个压缩时, 定义 T 的亏算子 $D_T = (I - T^*T)^{1/2}$. 在 $H \oplus H$ 上定义算子

$$U = \begin{pmatrix} T & D_{T^*} \\ D_T & -T^* \end{pmatrix},$$

则 U 是 T 的一个膨胀. 断言: U 是 T 的一个酉膨胀. 为此, 我们首先证明 $TD_T = D_{T^*}T$. 事实上, 从等式 $T(I - T^*T) = (I - TT^*)T$ 我们看到, 对任何多项式 $p(z)$, 成立

$$T\,p(I - T^*T) = p(I - TT^*)\,T.$$

从而应用 Stone-Weierstrass 定理, 对任何 $[0,1]$ 上的连续函数 f,

$$T\,f(I - T^*T) = f(I - TT^*)\,T.$$

取 $f(x) = \sqrt{x}$, 就得到 $TD_T = D_{T^*}T$. 由这个等式立得

$$UU^* = U^*U = \begin{pmatrix} I & 0 \\ 0 & I \end{pmatrix},$$

即 U 是 $H \oplus H$ 上的酉算子. 因此 U 是 T 的一个酉膨胀.

上面得到的酉膨胀一般不满足多项式运算性质, 即对任何多项式 p, 一般不成立 $p(T) = P_H p(U)|_H$.

引理5.8.1 当 $T = S$ 是一个等距时, 酉膨胀

$$U = \begin{pmatrix} S & D_{S^*} \\ 0 & -S^* \end{pmatrix}$$

满足多项式运算性质.

证： 因为对每个自然数 n，易见

$$U^n = \begin{pmatrix} S^n & * \\ 0 & (-1)^n(S^*)^n \end{pmatrix}.$$

因此对每个多项式 $p(z)$，

$$p(S) = P_H p(U)|_H.$$

$\square$

引理5.8.2 设 $\|T\| \leqslant 1$，令 $K = H \oplus H \oplus \cdots$. 在 $H \oplus K$ 上定义算子

$$S(\xi_0, \xi_1, \xi_2, \cdots) = (T\xi_0, D_T\xi_0, \xi_1, \xi_2, \cdots),$$

则 S 是 T 的等距膨胀，且满足多项式运算性质.

证： 显然 S 是等距，且对每个自然数 n，成立

$$S^n(\xi_0, \cdots) = (T^n\xi_0, \cdots).$$

从而对每个多项式 $p(z)$，

$$p(S)(\xi_0, \zeta_1, \cdots) = (p(T)\xi_0, \cdots).$$

故 $p(T) = P_H p(S)|_H$. $\square$

定理5.8.3 (Sz.-Nagy) 设 $\|T\| \leqslant 1$，则有 Hilbert 空间 $K \supseteq H$ 及 K 上的酉算子 U，使得对任何多项式 $p(z)$，成立

$$p(T) = P_H p(U)|_H.$$

证： 由引理 5.8.2，有Hilbert空间 $L \supseteq H$ 及 L 上的等距算子 S，使得对任何多项式 $q(z)$，成立.

$$q(T) = P_H q(S)|_H. \tag{$\star$}$$

又应用引理 5.8.1，存在 Hilbert 空间 $K \supseteq L$ 及 K 上的酉算子 U，满足：对任何多项式 $q(z)$，成立

$$q(S) = P_L q(U)|_L. \tag{$\star\star$}$$

综合($\star$)，($\star\star$)知，存在 Hilbert 空间 $K \supseteq H$ 及 K 上的酉算子 U，使得对任何多项式 $p(z)$，成立

$$p(T) = P_H p(U)|_H.$$

$\square$

应用 Sz.-Nagy 膨胀定理，我们可立得 von Neumann 不等式.

定理5.8.4 (von Neumann)   设 T 是 Hilbert 空间 H 上的一个压缩算子，则对任何多项式 $p(z)$，成立

$$\|p(T)\| \leqslant \sup_{|z|=1} |p(z)|.$$

证：   由 Sz. -Nagy 膨胀定理和 Gelfand-Naimark 定理 4.4.13，有

$$\|p(T)\| = \|P_H p(U)|_H\| \leqslant \|p(U)\| \leqslant \sup_{|z|=1} |p(z)|. \qquad \square$$

一个算子 $T \in \mathcal{B}(H)$ 称为多项式有界的，如果存在常数 C 使得对任何复多项式 $p(z)$，都成立

$$\|p(T)\| \leqslant C \sup_{|z|=1} |p(z)|.$$

如果 T 相似于一个压缩，即存在一个可逆算子 S，使得 $\|S^{-1}TS\| \leqslant 1$，那么 T 是多项式有界的，并且由 von Neumann 不等式，

$$\|p(T)\| \leqslant \|S^{-1}\|\|S\| \sup_{|z|=1} |p(z)|.$$

著名的"The Halmos problem"是：是否每个多项式有界算子都相似于一个压缩 [Hal1]? Pisier 构造了一个反例给出了该问题的否定回答 [Pis].

一个压缩 T 在 K 上的酉膨胀 U 称为极小的，如果 K 是 U 的仅有的包含 H 的约化子空间. 等价地，

$$K = \bigvee_{n \in \mathbb{Z}} U^n H.$$

容易证明下面的命题.

命题5.8.5

(i) 设 $U \in B(K)$ 是 T 的一个酉膨胀，则 U 在 $K_0 = \bigvee_{n \in \mathbb{Z}} U^n H$ 上的限制是 T 的一个极小酉膨胀；

(ii) 如果 $U_i \in B(K_i)$，$i = 1, 2$ 是 T 的两个极小酉膨胀，则存在唯一的酉算子 $V : K_1 \to K_2$，满足

$$V(U_1^n h) = U_2^n h, \quad n \in \mathbb{Z}, \quad h \in H,$$

并且 $VU_1 = U_2 V$.

Sz. -Nagy 膨胀定理可推广到二元算子的情形, 但三元情形就不成立了 (见 [Pis]).

定理5.8.6 (Ando) 设 T_1, T_2 是 H 上一对交换的压缩算子, 则存在 Hilbert 空间 $K \supseteq H$ 及 K 上一对交换的酉算子 U_1, U_2, 使得对任何二元复多项式 $p(z_1, z_2)$, 成立

$$p(T_1, T_2) = P_H p(U_1, U_2)|_H.$$

作为 Ando 定理的一个应用, 两个变元的 von Neumann 个等式成立.

定理5.8.7 设 T_1, T_2 是 H 上一对交换的压缩算子, 则对任何二元复多项式 $p(z_1, z_2)$, 成立

$$\|p(T_1, T_2)\| \leqslant \max_{|z_1| \leqslant 1; |z_2| \leqslant 1} |p(z_1, z_2)|.$$

证: 设 $\varDelta$ 是交换 C^*-代数 $C^*(U_1, U_2)$ 的极大理想空间. 应用 Ando 定理以及 Gelfand-Naimark 定理 4.4.13, 成立

$$\begin{aligned} \|p(T_1, T_2)\| &= \|P_H p(U_1, U_2)|_H\| \leqslant \|p(U_1, U_2)\| = \max_{\sigma \in \varDelta} |p(\sigma(U_1), \sigma(U_2))| \\ &\leqslant \max_{|z_1| \leqslant 1; |z_2| \leqslant 1} |p(z_1, z_2)|. \end{aligned}$$ □

习题

1. 设 T 是 Hilbert 空间 H 上的 一个压缩, 置

$$T^{(n)} = T^n, n \geqslant 0; \quad T^{(n)} = (T^*)^{-n}, n < 0.$$

证明: $L = \bigcap_{n=-\infty}^{\infty} \ker(I - T^{(n)*} T^{(n)})$ 是 T 的约化子空间 (即 $TL \subseteq L$; $T^* L \subseteq L$), 并且 T 在 L 上的限制是酉算子.

2. (Sarason) 设 T 是 Hilbert 空间 H 上的一个有界线性算子, 并且 N, M 是 T 的两个不变子空间, 满足 $N \supseteq M$, 称 $N \ominus M$ 为 T 的半不变子空间. 设 L 是 T 的一个半不变子空间, P_L 是到 L 上的投影, $S = P_L T P_L$, 证明对任何多项式 $p(z)$, 成立

$$p(S) = P_L p(T) P_L.$$

反之, 设 L 是 H 的一个闭子空间, 使得对任何多项式 $p(z)$, 成立 $p(S) = P_L p(T) P_L$, 证明: L 是 T 的一个半不变子空间.

第六章　Toeplitz 算子、Hankel 算子和复合算子

Toeplitz 算子、Hankel 算子和复合算子是函数空间上三类重要的算子，在现代分析中有着广泛的应用. 涉及这三类算子的文献十分丰富. 文献 [Ar1] 简要地介绍了 Toeplitz 算子的概念和基本理论. Douglas 的著作 [Dou] 深入地介绍了 Hardy 空间上 Toeplitz 算子理论，这是关于 Toeplitz 算子方面的经典文献. 专著 [Pel] 系统介绍了 Hankel 算子及其在分析中的应用. 文献 [CM, Sh2] 是复合算子方面的综合文献. 文献 [Zhu1] 系统地介绍了函数空间上的算子理论. 文献 [MR] 是解析函数空间中上述三类算子的入门读物. 本章所介绍的结果是众所周知的，我们没有去搜寻这些结果的原始出处.

本章将结合泛函分析的理论和方法，简要介绍这三类算子的概念和基本性质，并列举它们的一些应用.

§6.1　引言

在 n 维复空间 $\mathbb{C}^n$ 上，给定规范坐标系 $\{e_1, \cdots, e_n\}$，通过下述方式，线性变换和矩阵 1-1 对应.

对 $\mathbb{C}^n$ 上的线性变换 A，作矩阵 $\mathbb{A} = (a_{ij})_{n \times n}$，$a_{ij} = \langle Ae_i, e_j \rangle$, $i, j = 1, \cdots, n$，则

$$Ax = (x_1, \cdots, x_n)\, \mathbb{A}\, (e_1, \cdots, e_n)^\top, \ x = x_1 e_1 + \cdots + x_n e_n. \qquad (\star)$$

反之，给一个 $n \times n$ 矩阵 $\mathbb{A}$，通过此方式，定义了 $\mathbb{C}^n$ 上的一个线性变换，亦即定义算子 A 满足 $(\langle Ae_i, e_j \rangle)_{n \times n} = \mathbb{A}$. 如果 $\{e_1', \cdots, e_n'\}$ 是另一个规范坐标系，那么存在酉矩阵 U，使得

$$(e_1', \cdots, e_n')^\top = U(e_1, \cdots, e_n)^\top.$$

算子 A 在两组坐标系下对应的矩阵是酉等价的，确切地，

$$\mathbb{A} = U^* \mathbb{A}' U.$$

这里 $\mathbb{A}'$, $\mathbb{A}$ 分别是 A 在 $\{e_1', \cdots, e_n'\}$ 和 $\{e_1, \cdots, e_n\}$ 下的矩阵表示，$U^* = \overline{U}^\top$.

因此，有限维空间上的线性变换理论就是矩阵理论，这是高等代数的内容. 对无限维 Hilbert 空间 H，取定一个规范正交基 $\{e_0, e_1, \cdots\}$ (这也称一个坐标系). 若 A 是 H 上的线性算子，可作无限阶矩阵 (a_{ij})，$a_{ij} = \langle Ae_i, e_j \rangle$，此时，

$$Ae_i = \sum_j a_{ij} e_j, \quad i = 0, 1, \cdots. \qquad (\star\star)$$

现在对一个无限阶矩阵 (a_{ij})，能够通过 $(\star\star)$ 定义 H 上的一个有界线性算子的必要条件是

$$\sup_i \sum_j |a_{ij}|^2 < \infty.$$

这是因为

$$\sum_j |a_{ij}|^2 = \|Ae_i\|^2 \leqslant \|A\|^2.$$

对两个不同的规范正交基 $\{e_0, e_1, \cdots\}$ 和 $\{e'_0, e'_1, \cdots\}$，可通过一个无限阶的酉矩阵连接，$(e'_0, e'_1, \cdots)^\top = U(e_0, e_1, \cdots)^\top$，此处 U 满足

$$UU^* = U^*U = I, \quad U^* = \overline{U}^\top.$$

I 是无限阶单位矩阵.

因此，给定了无限阶矩阵后，它所诱导的算子的有界性独立于规范正交基的选取，事实上，诱导的算子是酉等价的.

一个自然的问题是由无限阶矩阵诱导的算子何时是有界的？何时是紧的？

设 $\mathbb{A}$ 是一个无限阶矩阵，H 是无限维 Hilbert 空间，$\{e_0, e_1, \cdots\}$ 是它的一个规范正交基，那么 $\mathbb{A}$ 在 H 上通过 $a_{ij} = \langle Ae_i, e_j \rangle$ 能够诱导有界线性算子 A 的必要条件是：

(i) $\sup\limits_i \sum\limits_j |a_{ij}|^2 < \infty$；

(ii) $\sup\limits_j \sum\limits_i |a_{ij}|^2 < \infty$.

上面的条件(ii)来自：若 A 有界，则 A^* 也有界，A^* 对应的矩阵是 $\overline{\mathbb{A}}^\top$.

因为 $e_n \overset{w}{\to} 0$，同样的分析表明 $\mathbb{A}$ 能够诱导紧算子的必要条件是：

(i) $\lim\limits_{i \to \infty} \sum\limits_j |a_{ij}|^2 = 0$；

(ii) $\lim\limits_{j \to \infty} \sum\limits_i |a_{ij}|^2 = 0$.

下面我们介绍两种特殊矩阵——Toeplitz 矩阵和 Hankel 矩阵.

给定一个双向序列 $\{\cdots, c_{-1}, c_0, c_1, \cdots\}$，定义 Toeplitz 矩阵

$$T = \begin{pmatrix} c_0 & c_{-1} & c_{-2} & c_{-3} & \cdots \\ c_1 & c_0 & c_{-1} & c_{-2} & \cdots \\ c_2 & c_1 & c_0 & c_{-1} & \cdots \\ \cdots & \cdots & \cdots & \cdots & \cdots \end{pmatrix}, \quad a_{mn} = c_{m-n},\ m, n = 0, 1, \cdots,$$

我们看到 T 能够定义一个有界线性算子的必要条件是

$$\sum_{n=-\infty}^{+\infty} |c_n|^2 < \infty.$$

给定序列 $\{c_1, c_2, \cdots\}$，定义 Hankel 矩阵

$$H = \begin{pmatrix} c_1 & c_2 & c_3 & \cdots \\ c_2 & c_3 & c_4 & \cdots \\ c_3 & c_4 & c_5 & \cdots \\ \cdots & \cdots & \cdots & \cdots \end{pmatrix}, \quad a_{mn} = c_{m+n+1},\ m, n = 0, 1, \cdots,$$

则 H 定义一个有界算子的必要条件是

$$\sum_{n=1}^{+\infty} |c_n|^2 < \infty.$$

我们将基于 Hardy 空间来研究由 Toeplitz 矩阵和 Hankel 矩阵定义的算子，称为 Toeplitz 算子和 Hankel 算子. 下面先介绍 Hardy 空间的概念.

§6.2 Hardy 空间

§6.2.1 Hardy 空间简介

Hardy 空间 $H^2(\mathbb{T})$ 定义为

$$H^2(\mathbb{T}) = \{f \in L^2(\mathbb{T}) : \hat{f}(-n) = \frac{1}{2\pi} \int_0^{2\pi} f e^{in\theta}\, d\theta = 0, \quad n = 1, 2, \cdots\}.$$

它是 $L^2(\mathbb{T})$ 的闭子空间. 对每个 $f \in H^2(\mathbb{T})$，f 有 Fourier 级数

$$f(e^{i\theta}) = \sum_{n=0}^{\infty} \hat{f}(n) e^{in\theta} = \sum_{n=0}^{\infty} \langle f, e^{in\theta}\rangle e^{in\theta}.$$

因为 $\sum\limits_{n=0}^{\infty} |\hat{f}(n)|^2 = \|f\|^2 < \infty$，这允许我们在圆盘 $\mathbb{D}$ 上定义唯一的解析函数，仍由 f 表示：

$$f(z) = \sum_{n=0}^{\infty} \hat{f}(n) z^n.$$

从不等式

$$|f(z)| \leqslant \Big(\sum_n |\hat{f}(n)^2| \Big)^{\frac{1}{2}} \Big(\sum_{n=0}^{\infty} |z|^{2n} \Big)^{\frac{1}{2}} = \frac{\|f\|}{\sqrt{1 - |z|^2}}$$

可以看到，对每个 $w \in \mathbb{D}$，赋值泛函 $E_w : H^2(\mathbb{T}) \to \mathbb{C}$，$f \mapsto f(w)$ 是连续的，由 Riesz 表示定理，存在唯一的 $K_w \in H^2(\mathbb{T})$，使得

$$f(w) = \langle f, K_w \rangle,$$

K_w 称为 Hardy 空间在 w 点的再生核，也称为 Szegö 核.

下面将具体写出 K_w 的表示形式. 设 $K_w = \sum\limits_{n=0}^{\infty} a_n(w) \mathrm{e}^{in\theta}$，那么

$$w^n = \langle \mathrm{e}^{in\theta}, K_w \rangle = \sum_k \overline{a_k(w)} \langle \mathrm{e}^{in\theta}, \mathrm{e}^{ik\theta} \rangle = \overline{a_n(w)}, \quad n = 0, 1, \cdots.$$

因此，$a_n(w) = \bar{w}^n$，这给出了

$$K_w = \sum_{n=0}^{\infty} \bar{w}^n \mathrm{e}^{in\theta} = \frac{1}{1 - \bar{w}\mathrm{e}^{i\theta}}.$$

因此有 Cauchy 积分公式：对 $f \in H^2(\mathbb{T})$，$w \in \mathbb{D}$，有

$$\begin{aligned} f(w) &= \frac{1}{2\pi} \int_0^{2\pi} \frac{f(\mathrm{e}^{i\theta})}{1 - w\mathrm{e}^{-i\theta}} \, \mathrm{d}\theta \\ &= \frac{1}{2\pi i} \int_{\mathbb{T}} \frac{f(\xi)}{\xi - w} \, \mathrm{d}\xi. \end{aligned}$$

设 $k_w = \dfrac{K_w}{\|K_w\|} = \dfrac{(1-|w|^2)^{\frac{1}{2}}}{1 - \bar{w}\mathrm{e}^{i\theta}}$ 是正则化的再生核，那么 $|k_w|^2 = \dfrac{1-|w|^2}{|\mathrm{e}^{i\theta}-w|^2}$ 是 Poisson 核. 对 $f \in H^2(\mathbb{T})$，我们有

$$f(w) = \langle f k_w, k_w \rangle = \frac{1}{2\pi} \int_0^{2\pi} f(\mathrm{e}^{i\theta}) \frac{1 - |w|^2}{|\mathrm{e}^{i\theta} - w|^2} \, \mathrm{d}\theta,$$

这是我们熟悉的 Poisson 积分公式.

记 $P_z(\theta) = \frac{1-|z|^2}{|e^{i\theta}-z|^2}$ 是 Poisson 核，那么对每个 $f \in H^2(\mathbb{T})$，f 将被视为 $\mathbb{D}$ 上的解析函数，并且成立

$$f(z) = \frac{1}{2\pi} \int_0^{2\pi} f(e^{i\theta}) \frac{1-|z|^2}{|e^{i\theta}-z|^2} \, d\theta, \quad z \in \mathbb{D}, \tag{♮}$$

它有性质

$$\lim_{r \to 1} \frac{1}{2\pi} \int_0^{2\pi} |f_r(\theta)|^2 \, d\theta = \|f\|^2,$$

这里 $0 < r < 1$，$f_r(\theta) = f(re^{i\theta})$.

另一方面，$\mathbb{D}$ 上的哪些解析函数可通过这种方式实现? 为了分析这个问题，设 $\varphi(z)$ 是 $\mathbb{D}$ 上的解析函数，且当 $0 < r < 1$ 时，记 $\varphi_r(\theta) = \varphi(re^{i\theta})$. 那么 $\frac{1}{2\pi} \int_0^{2\pi} |\varphi_r(\theta)|^2 \, d\theta$ 是 r 的递增函数. 这是因为: 写 $\varphi(z) = \sum_n a_n z^n$，那么 $\varphi_r(\theta) = \sum_n a_n r^n e^{in\theta}$，并且因此

$$\frac{1}{2\pi} \int_0^{2\pi} |\varphi(re^{i\theta})|^2 \, d\theta = \sum_n |a_n|^2 r^{2n}.$$

从而极限

$$\lim_{r \to 1} \frac{1}{2\pi} \int_0^{2\pi} |\varphi_r(\theta)|^2 \, d\theta = \sum_n |a_n|^2.$$

置

$$H^2(\mathbb{D}) = \{\varphi \text{ 在 } \mathbb{D} \text{ 上解析}: \text{极限} \lim_{r \to 1} \frac{1}{2\pi} \int_0^{2\pi} |\varphi_r(\theta)|^2 \, d\theta < \infty\},$$

那么 $H^2(\mathbb{D})$ 是一个 Hilbert 空间，其内积是

$$\langle \varphi, \psi \rangle = \lim_{r \to 1} \frac{1}{2\pi} \int_0^{2\pi} \varphi_r(\theta) \overline{\psi_r(\theta)} \, d\theta.$$

对每个 $\varphi(z) \in H^2(\mathbb{D})$，容易检查 $\varphi_r(\theta)$ 在 $H^2(\mathbb{T})$ 中收敛到 $\varphi(z)$ 的边界函数 $\varphi(\theta)$，即 $\lim_{r \to 1} \|\varphi_r(\theta) - \varphi(\theta)\| = 0$. 也注意到边界函数 $\varphi(\theta)$ 在 $H^2(\mathbb{T})$ 中的范数等于 $\varphi(z)$ 在 $H^2(\mathbb{D})$ 中的范数.

从上面的分析，通过 (♮) 可建立 $H^2(\mathbb{T})$ 和 $H^2(\mathbb{D})$ 之间的等距同构. 即每个 $f \in H^2(\mathbb{T})$，由 (♮) 定义了 $H^2(\mathbb{D})$ 的函数 $f(z)$，并且 $H^2(\mathbb{D})$ 中的每个函数是其边界函数的 Poisson 积分，它们有同样的范数. 因此在我们后面的讨论中，根据需要有时会把 $H^2(\mathbb{T})$ 中的函数理解为单位圆上的解析函数.

设 $H^\infty(\mathbb{T}) = H^2(\mathbb{T}) \cap L^\infty(\mathbb{T})$，并且 $H^\infty(\mathbb{D})$ 表示单位圆盘上有界解析函数全体，那么在它们的自然范数下 $H^\infty(\mathbb{T})$ 和 $H^\infty(\mathbb{D})$ 都是 Banach 代数，(♮) 建立了它们之间的等距代数同构.

§6.2.2　Beurling 定理

Hardy 空间中元素的解析特征对讨论算子论中许多问题带来方便. 下面我们将考虑单向移位的不变子空间. 注意到 $\{1, z, z^2, \cdots\}$ 是 $H^2(\mathbb{T})$ 的一个自然规范正交基, 在此基下, 由坐标函数 $Z(z) = z$ 定义的乘法算子

$$T_z : H^2(\mathbb{T}) \to H^2(\mathbb{T}), \quad T_z f = zf$$

是单向移位, 也称为 Hardy 移位. 因为任何可分 Hilbert 空间上的单向移位都酉等价于 Hardy 移位 T_z, 问题因此变为在 Hardy 空间上刻画 Hardy 移位 T_z 的不变子空间. Beurling 定理说: Hardy 移位 T_z 的不变子空间完全由内函数描述.

设 $\eta \in H^\infty(\mathbb{T})$, 称 η 是内函数 (inner function), 如果 $|\eta(\theta)| = 1$, a.e.. 因此当 η 是内函数时, 由公式 (♮), $|\eta(z)| < 1$, $z \in \mathbb{D}$. 有限 Blaschke 积是内函数. 当 $0 < |\alpha_n| < 1$ 时, $\sum_n (1 - |\alpha_n|^2) < \infty$, 无限 Blaschke 积

$$B(z) = z^l \prod_{n=1}^{\infty} \frac{|\alpha_n|}{\alpha_n} \frac{\alpha_n - z}{1 - \bar{\alpha}_n z}$$

也是内函数. 当内函数在单位圆盘中无零点时, 这样的内函数称为奇异内函数 (singular inner function). 给定 $\alpha > 0$, $\eta_\alpha(z) = \exp(-\alpha \frac{1-z}{1+z})$ 是典型的奇异内函数. 如不考虑常数因子, 每个内函数可唯一地分解为一个 Blaschke 积和一个奇异内函数的乘积 (参阅 [Gar, Hof]).

对每个内函数 η, 定义 $M_\eta = \eta H^2(\mathbb{T})$, 那么 M_η 是 T_z 的一个不变子空间, 即 M_η 是闭的, 且 $zM_\eta \subseteq M_\eta$. 读者容易验证: 如果 $\eta_1 H^2(\mathbb{T}) = \eta_2 H^2(\mathbb{T})$, 那么存在一个常数 γ, $|\gamma| = 1$, 使得 $\eta_1 = \gamma \eta_2$.

定理6.2.1 (Beurling 定理)　设 M 是 T_z 的一个非平凡不变子空间, 那么存在内函数 η, 使得 $M = \eta H^2(\mathbb{T})$.

证:　置 $N = M \ominus zM$, 那么容易检查

$$M = N \oplus zN \oplus z^2 N \oplus \cdots \oplus \bigcap_n z^n M,$$

且易见 $\bigcap_n z^n M = \{0\}$, 因此

$$M = N \oplus zN \oplus z^2 N \oplus \cdots.$$

取 $f, g \in N$，$\|f\| = \|g\| = 1$，那么 $z^m f \perp z^n g \ (m \neq n)$. 记 $s = \frac{1}{2\pi} \int_0^{2\pi} f\bar{g} \, d\theta$，我们有

$$\frac{1}{2\pi} \int_0^{2\pi} (f\bar{g} - s) e^{ik\theta} \, d\theta = 0, \ k \in \mathbb{Z}.$$

故 $f\bar{g} = s$. 特别取 $g = f$ 时，我们看到 f 是一个内函数，即 N 中每个具有范数 1 的函数是内函数. 如果 $\dim N > 1$，取 $f, g \in N$，$\|f\| = \|g\| = 1$，且 $g \perp f$，那么上面的推理给出 $f\bar{g} = 0$. 而 f，g 都是内函数，导致了矛盾. 这就表明 $\dim N = 1$. 现在取 η 是 N 中范数为 1 的函数，则 η 是内函数，且

$$M = \eta \mathbb{C} \oplus z\eta \mathbb{C} \oplus z^2 \eta \mathbb{C} \oplus \cdots,$$

即 $M = \eta H^2(\mathbb{T})$. $\qquad\qquad \square$

系6.2.2   设 $f \in H^2(\mathbb{T})$，并且 f 在 $\mathbb{T}$ 的一个正测集上为零，那么 $f = 0$.

证：   设 $S \subset \mathbb{T}$ 有正测度，并设 $M = \{h \in H^2(\mathbb{T}) : h|_S = 0\}$，那么 M 是 T_z 的一个不变子空间. 若 $M \neq \{0\}$，那么由 Beurling 定理，存在内函数 η，使得 $M = \eta H^2(\mathbb{T})$. 所以 $\eta \in M$，这是不可能的. 故 $M = \{0\}$. $\qquad\qquad \square$

考虑 $L^2(\mathbb{T})$ 上由坐标函数 $Z(z) = z$ 定义的乘法算子

$$M_z : L^2(\mathbb{T}) \to L^2(\mathbb{T}), \quad M_z f = zf,$$

M_z 在正交基 $\{\cdots, \bar{z}^2, \bar{z}, 1, z, z^2, \cdots\}$ 下是双向移位. 称 M 是 M_z 的一个约化子空间，如果 $M_z M = zM \subseteq M$，$M_z^* M = \bar{z} M \subseteq M$.

命题6.2.3 M 是 M_z 的一个非平凡约化子空间当且仅当存在 Lebesgue 可测集 $S \subset \mathbb{T}$，$0 < m(S) < 1$，使得 $M = \chi_S L^2(\mathbb{T})$，这里 χ_S 是 S 的特征函数.

证：   仅证必要性. 设 $M \neq 0$ 是 M_z 的约化子空间. 那么 $zM \subset M$，$\bar{z}M \subset M$. 通过简单的分析，$L^\infty(\mathbb{T}) M \subset M$. 设 S 是 M 的支撑集，即当 $f \in M$ 时，$f|_{\mathbb{T}-S} = 0$，且对任何 Lebesgue 可测子集 $E \subseteq S$，$m(E) > 0$，存在 $h \in M$，使得 $h|_E \neq 0$. 因此 $M \subseteq \chi_S L^2(\mathbb{T})$. 如果 $M \neq \chi_S L^2(\mathbb{T})$，则存在 $g \in L^2(\mathbb{T})$，$g|_S \neq 0$，满足

$$\int_S h \bar{g} \, d\theta = 0, \quad h \in M,$$

由于 $L^\infty(\mathbb{T}) M \subseteq M$，故在 S 上，对任何 $h \in M$，$h\bar{g} = 0$. 这给出了 $g|_S = 0$，这个矛盾表明 $M = \chi_S L^2(\mathbb{T})$. $\qquad\qquad \square$

系6.2.4　设 $M \subseteq L^2(\mathbb{T})$ 是 M_z 的一个不变子空间，且 $zM \subsetneqq M$，那么存在 $f \in L^\infty(\mathbb{T})$，$|f| = 1$，使得 $M = f H^2(\mathbb{T})$.

证：　使用 Beurling 定理的证法，存在 $|f| = 1$，使得

$$M = f H^2(\mathbb{T}) \oplus \bigcap_n z^n M.$$

易见 $\bigcap_n z^n M$ 是 M_z 的约化子空间，若其非零，则有 $S \subseteq \mathbb{T}$，$0 < m(S) < 1$，使得 $\bigcap_n z^n M = \chi_S L^2(\mathbb{T})$. 因此 $\chi_S \perp f H^2(\mathbb{T})$，即有 $\bar{f}\chi_S \perp H^2(\mathbb{T})$. 这隐含了 $\bar{f}\chi_S \in \overline{H_0^2(\mathbb{T})}$，这里 $H_0^2(\mathbb{T}) = \{f \in H^2(\mathbb{T}) : f(0) = 0\}$. 上面的系表明 $\bar{f}\chi_S = 0$. 这个矛盾意味着 $\bigcap_n z^n M = 0$，因此 $M = f H^2(\mathbb{T})$.　　$\square$

上面的一些技巧可应用到对等距算子的研究. 设 H 是一个 Hilbert 空间，并且 $S : H \to H$ 是等距算子，即 $\|Sh\| = \|h\|$，$h \in H$. 置

$$H_0 = H \ominus SH, \ H_\infty = \bigcap_n S^n H,$$

那么我们有下面的 von Neumann-Wold 分解定理.

定理6.2.5 (von Neumann-Wold **分解定理**)　Hilbert空间 H 有分解

$$H = H_0 \oplus S H_0 \oplus S^2 H_0 \oplus \cdots \oplus H_\infty.$$

进一步，H_∞ 约化 S，$S|_{H_\infty}$ 是酉的.

Beurling 定理完全刻画了单向移位的不变子空间. 算子不变子空间的研究是泛函分析的一个经典课题. 对于有限维空间 X 上的线性变换 A，根据 Jordan 块理论，可以把 X 分解为 A 的不变子空间的直和，当 A 限制在每一块上时只有一个特征值. 而在每一块上算子的结构特别简单，就是它的 Jordan 块. 在无限维 Banach 空间上，一个基本问题是研究算子的不变子空间. 这主要是因为人们总希望从整个空间中划分出某些不变子空间，使得算子在这些子空间上的结构比较简单，谱相对集中，从而获得算子的信息. 1984 年，C. Read 举例说明有无限维 Banach 空间及其上一个有界线性算子不存在非平凡的闭不变子空间. 因此，人们的目光自然转向：无限维 Hilbert 空间上有界线性算子是否有非平凡闭不变子空间？当该空间 H 是不可分时，每个有界算子 A 有非平凡闭不变子空间. 这是因为：取 $x \in H$，且 $x \neq 0$，那么 $\overline{\text{span}}\{x, Ax, A^2x, \cdots\}$ 是 A 的一个不变子空间.

因为该子空间是可分的, 故它是 A 的非平凡闭不变子空间. 因此著名的不变子空间问题如下所述.

不变子空间问题: 可分的无限维 Hilbert 空间上有界线性算子是否有非平凡闭不变子空间?

经过众多学者的努力, 不变子空间问题有许多进展. 然而到目前为止, 不变子空间问题还没完全解决. 在不变子空间方面一个里程碑的工作是苏联数学家 Lomonosov 关于紧算子不变子空间问题的解决, 他证明了紧算子总有非平凡的闭不变子空间. 事实上, 他得到了下列更强的结果 (见 [PS]).

Lomonosov 定理. 假设 B 不是恒等算子的常数倍, 并且它与一个非零紧算子交换. 如果 A 与 B 交换, 那么 A 有非平凡的闭不变子空间. 特别地, 每个紧算子有非平凡的闭不变子空间.

刻画某些特殊算子类的不变子空间目前仍是一个活跃的课题. 通过算子谱的结构讨论不变子空间可参阅 Riesz 函数演算. 在 1949 年, Beurling 用复分析的方法完全刻画了单向位移的不变子空间, 这就是上面的 Beurling 定理. 由 Beurling 定理的启发, 人们用复分析的方法研究算子论和不变子空间问题, 并已形成了多个重要数学分支, 如函数空间上的算子论以及函数代数上的 Hilbert 模等 [DP, CG]. 另外, 应提到 H. Bercovici, C. Foias 和 C. Pearcy 关于不变子空间问题的工作 [BFP]. 他们证明了不变子空间问题等价于: 对 Bergman 移位的两个闭不变子空间 M_1, M_2, $M_1 \subseteq M_2$, $\dim M_2/M_1 = \infty$, 是否存在 Bergman 移位的一个不变子空间 M 满足 $M_1 \subsetneq M \subsetneq M_2$. 因此不变子空间问题的研究归结为 Bergman 移位不变子空间结构的研究. 由 Beurling 定理, Hardy 移位的每个闭的不变子空间 M 由 $M \ominus zM$ 生成, 在此情形, $\dim(M \ominus zM) = 1$, 且 $M \ominus zM = \mathbb{C}\eta$, 这里 η 是内函数. 在 Bergman 空间的情形, 问题变得非常复杂, 一个肯定的结果是: 对 Bergman 移位的每个闭的不变子空间 M, M 由 $M \ominus zM$ 生成 [ARS], 然而 $\dim(M \ominus zM)$ 可取任何一个自然数, 也可取到 $+\infty$ [Hed]. 关于 Bergman 空间上解析乘法算子的不变子空间及约化子空间的研究可参阅 [HKZ, GH].

习题

1. 设 H 是可分的 Hilbert 空间, T 是 H 上的一个有界线性算子, 用 Lattice (T) 表示 T 的所有闭的不变子空间的集, 并在其上定义度量 $d(M, N) = \|P_M - P_N\|$, 这里 P_M, P_N 分别是到 M 和 N 的正交投影, 证明: 在此度量下, Lattice (T) 是完备的.

2. 设 $\varphi_1, \cdots, \varphi_n \in A(\mathbb{D})$，证明 $\varphi_1 H^2(\mathbb{T}) + \cdots + \varphi_n H^2(\mathbb{T})$ 是闭的当且仅当 $\inf_\theta \sum_{k=1}^n |\varphi_k(e^{i\theta})|^2 > 0$，并在这种情况下，$\varphi_1 H^2(\mathbb{T}) + \cdots + \varphi_n H^2(\mathbb{T})$ 具有有限的余维数. 证明同样的结论在 Bergman 空间上也成立.

3. 在 $L^2[0,1]$ 上定义 Volterra 算子 $Vf(x) = \int_0^x f(t)\,dt$. 对任何 $0 \leqslant \alpha \leqslant 1$，证明：$M_\alpha = \{f \in L^2[0,1] : f|_{[0,\alpha]} = 0, \text{a.e.}\}$ 是 Volterra 算子 V 的不变子空间；进一步证明 Volterra 算子的每一个不变子空间具有这种形式.

4. 证明 Schwarz 引理. 假设 $f \in H^\infty(\mathbb{D})$，$\|f\|_\infty \leqslant 1$，$f(0) = 0$. 证明

$$|f(z)| \leqslant |z|, \ z \in \mathbb{D},$$

并且上面不等式在某点 $z(\neq 0)$ 等号成立当且仅当 $f(z) = \gamma z$，这里 γ 是一个绝对值为 1 的常数.

5. 用 Schwarz 引理证明：假设 $f \in H^\infty(\mathbb{D})$，$\|f\|_\infty \leqslant 1$，$z_0 \in \mathbb{D}$，那么

$$\left| \frac{f(z) - f(z_0)}{1 - \overline{f(z_0)}f(z)} \right| \leqslant \left| \frac{z - z_0}{1 - \bar{z_0}z} \right|,$$

上面不等式在某点 $z(\neq z_0)$ 等号成立当且仅当 $f(z)$ 是一个 Möbius 变换. 进一步证明

$$\frac{|f'(z)|}{1 - |f(z)|^2} \leqslant \frac{1}{1 - |z|^2},$$

上面不等式在某点 z 等号成立当且仅当 $f(z)$ 是一个 Möbius 变换.

6. 假设 $f \in H^\infty(\mathbb{D})$，$\|f\|_\infty \leqslant 1$，并且 $f(z) = a_0 + a_1 z + \cdots$ 是 f 的 Taylor 展开. 由习题 5，并取 $z = 0$，我们有 $|a_1| \leqslant 1 - |a_0|^2$. 证明对每个自然数 $n \geqslant 1$，都有 $|a_n| \leqslant 1 - |a_0|^2$. 提示：令 $\omega = e^{\frac{2i\pi}{n}}$，并且

$$g(z) = \frac{1}{n}[f(z) + f(\omega z) + \cdots + f(\omega^{n-1} z)],$$

那么 $\|g\|_\infty \leqslant 1$，并且 $g(z) = a_0 + a_n z^n + a_{2n} z^{2n} + \cdots$.

7. (Krzyż 猜测) 假设 $f \in H^\infty(\mathbb{D})$，$\|f\|_\infty \leqslant 1$，并且 f 在单位圆盘 $\mathbb{D}$ 上无零点. Krzyż 猜测是关于 f 的 Fourier 系数绝对值大小的一个猜测，目前依然没有解决. 猜测是：当 $n \geqslant 1$ 时，

$$\frac{|f^{(n)}(0)|}{n!} \leqslant \frac{2}{e}.$$

证明下列结论:

　　(i) 对上面的 f，设 $f(z) = a_0 + a_1 z + \cdots$ 是 f 的 Fourier 展开. 若存在 a_n，使得 $|a_n| \geqslant 2/e$，那么所有其余的 Fourier 系数 $|a_m| < 2/e$.

(ii) 证明奇异内函数 $\eta_n(z) = \exp\left(\frac{z^n-1}{z^n+1}\right)$ 的 n 阶 Fourier 系数绝对值等于 2/e.

(iii) 证明 f 满足习题的假设当且仅当在单位圆盘上存在解析函数 $\varphi(z)$, $\operatorname{Re}\varphi(z) \leqslant 0$, 使得 f 有表达 $f(z) = e^{\varphi(z)}$. 因此每一个这样的非常数的 f 可唯一地表示为

$$f(z) = \beta e^{-sg(z)},$$

这里 β, s 是常数, 且 $|\beta| = 1$, $s > 0$, 以及 $\operatorname{Re} g(z) \geqslant 0$, $g(0) = 1$.

(iv) 注意到映射 $z \mapsto \frac{1-z}{1+z}$ 映单位圆盘到右半平面, 因此每个在 (iii) 中的 f 有如下形式的唯一表示:

$$f(z) = \beta e^{-s\frac{1-h(z)}{1+h(z)}},$$

这里 $h \in H^\infty(\mathbb{D})$, $\|h\|_\infty \leqslant 1$, $h(0) = 0$. 特别地, f 是一个奇异内函数当且仅当 h 是内函数.

(v) 应用 Schwarz 引理和 (iv) 证明 Krzyż 猜测在 $n = 1$ 时成立, 并且在 $n = 1$ 时, $|f'(0)| = \frac{2}{e}$ 当且仅当

$$f(z) = \beta e^{\frac{\alpha z-1}{\alpha z+1}},$$

这里 β, α 是常数, 并且 $|\alpha| = |\beta| = 1$.

8 (Pick 定理). 假设 $f \in H^\infty(\mathbb{D})$, $\|f\|_\infty \leqslant 1$. 使用归纳法证明对每个自然数 n, 存在一个阶数不超过 n 的有限 Blaschke 积 B_n, 使得 B_n 和 f 的前 n 项 Fourier 系数相同.

9. 设 ψ 是单位圆盘上的解析函数. 若 $f, g \in H^\infty(\mathbb{D})$, $\|f\|_\infty \leqslant 1$, $\|g\|_\infty \leqslant 1$, 并且 f, g 的前 n 项 Fourier 系数相同, 证明 $\psi \circ f$ 和 $\psi \circ g$ 的前 n 项 Fourier 系数相同. 结合习题 8 (Pick 定理)和习题 9 的结论表明: 在 Krzyż 猜测的研究中, 只要考虑形如 $f(z) = e^{-s\frac{1-B(z)}{1+B(z)}}$ 的函数就行了, 这里 $B(z)$ 是 n 阶有限 Blaschke 积.

10. 设 H 是可分的 Hilbert 空间, T 是 H 上的一个有界线性算子. 称 T 的两个闭的不变子空间 M, N 是酉等价的, 如果存在一个酉算子 $U : M \to N$, 使得 $U(Tx) = TUx$, $x \in M$. 证明下面的结论:

(i) Hardy 空间 $H^2(\mathbb{T})$ 的任何两个非平凡的闭的不变子空间是酉等价的.

(ii) Bergman 空间 $L_a^2(\mathbb{D})$ 的一个闭子空间称为不变的, 是指它是 Bergman 移位 M_z 的不变子空间. 证明 Bergman 空间的两个非平凡的闭的不变子空间是酉等价的当且仅当它们相等. 提示: 如果存在一个酉算子 $U : M \to N$, 使得 $U(zf) = zUf$, $f \in M$, 那么对任何解析多项式 p 都有 $\|pf\|^2 = \|p(Uf)\|^2$, 即有

$$\int_{\mathbb{D}} |p(z)|^2 (|f(z)|^2 - |(Uf)(z)|^2) \, dA(z) = 0.$$

从上面的等式，容易推得对任何解析多项式 p, q 都有

$$\int_{\mathbb{D}} p(z)\overline{q(z)}(|f(z)|^2 - |(Uf)(z)|^2)\,dA(z) = 0.$$

应用 Stone-Weierstrass 定理，存在模为 1 的常数 c，使得 $(Uf)(z) = c\,f(z), z \in \mathbb{D}$.

§6.2.3　内-外因子分解定理

设 $f \in H^2(\mathbb{T})$，称 f 是外函数 (outer function)，如果由 f 生成 T_z 的不变子空间 $[f] = \overline{\mathrm{span}}\{f, zf, z^2 f, \cdots\} = H^2(\mathbb{T})$.

例子6.2.6　设 $f \in H^2(\mathbb{T})$，$\mathrm{Re}\, f \geqslant 0$，则 f 是外函数. 特别地，若 η 是内函数，那么 $1 - \eta$ 是外函数.

事实上，置 $f_n = \frac{f}{\frac{1}{n}+f}$，则 $f_n \in H^2(\mathbb{T})$，且 $\|f_n\| \leqslant 1$. 由定理 2.4.5，$H^2(\mathbb{T})$ 的闭单位球是弱紧且可度量化的，故存在 $\{f_n\}$ 的子列，不妨仍设为 $\{f_n\}$，其弱收敛到 f_0. 对每个 $z \in \mathbb{D}$，当 $n \to \infty$ 时，

$$f_n(z) = \langle f_n, K_z \rangle \to \langle f_0, K_z \rangle = f_0(z).$$

因此 $f_0 = 1$. 因为 $\frac{1}{\frac{1}{n}+f} \in H^\infty(\mathbb{T})$，这表明 $1 \in [f]$. 故 $[f] = H^2(\mathbb{T})$，即 f 是外函数.

请验证：如果 $p(z)$ 是一个解析多项式，那么 $p(z)$ 是外函数当且仅当 $p(z)$ 在 $\mathbb{D}$ 上无零点.

使用 Beurling 定理，我们可获得如下的 $H^2(\mathbb{T})$ 函数内-外因子分解定理.

定理6.2.7　设 $f \in H^2(\mathbb{T})$，那么存在内函数 η 和外函数 g，使得

$$f = \eta g.$$

如不考虑常数因子，此分解是唯一的.

证：　由 Beurling 定理，存在内函数 η，使得

$$[f] = \eta H^2(\mathbb{T}).$$

由这个等式，易知有外函数 g，使得 $f = \eta g$.

下面证唯一性. 若存在另外的内函数 η' 和外函数 g'，使得 $\eta g = \eta' g'$，那么

$$\eta H^2(\mathbb{T}) = [\eta g] = [\eta' g'] = \eta' H^2(\mathbb{T}).$$

由上面的等式, 存在 η_1, $\eta_2 \in H^2(\mathbb{T})$, 使得 $\eta = \eta'\eta_1$, $\eta' = \eta\eta_2$. 这隐含着 η_1, η_2 是内函数, 且 $\eta_1\eta_2 = 1$, 即有 $\eta_1 = \bar{\eta}_2$. 由此, 不难看出 η_1 是常数, $\eta_1 = \gamma$, $|\gamma| = 1$, 并且 $\eta_2 = \bar{\gamma}$. 唯一性获证. □

系6.2.8 设 $f \in H^2(\mathbb{T})$, 如不考虑常数因子, 那么 f 可唯一地分解为

$$f = BSF,$$

这里 B 是 Blaschke 积, S 是奇异内函数, F 是外函数, 某些项也许不出现在分解中.

习题

1. 设 $f \in H^2(\mathbb{T})$, $f \not\equiv 0$, $Z(f) = \{z \in \mathbb{D} : f(z) = 0\} = \{z_0, z_1, \cdots\}$, 这里 $z_0 = 0$, 或者不出现, 且每个零点按阶数重复出现. 证明:

(i) f 的零点满足 Blaschke 条件: $\sum_k (1 - |z_k|^2) < \infty$;

(ii) Blaschke 积

$$B(z) = z^m \prod_{k \geqslant 1} \frac{|z_k|}{z_k} \frac{z_k - z}{1 - \bar{z}_k z}$$

是内函数, 满足 $Z(B) = Z(f)$;

(iii) f 可唯一地分解为 $f = BSF$, 这里 B 是 Blaschke 积, S 是奇异内函数, F 是外函数, 某些项也许不出现在分解中.

2. 设 $f \in H^2(\mathbb{T})$, 证明:

$$M(f) = \lim_{p \to 0+} \left(\frac{1}{2\pi} \int_0^{2\pi} |f(e^{i\theta})|^p \, d\theta \right)^{\frac{1}{p}} = \exp\left(\frac{1}{2\pi} \int_0^{2\pi} \log|f(e^{i\theta})| \, d\theta \right).$$

3. 如果 $p(z) = a_0(z - \alpha_1) \cdots (z - \alpha_d)$, 证明:

$$M(p) = |a_0| \prod_{i=1}^d \max(|\alpha_i|, 1).$$

4. 由习题 3, 我们看到当 $p(z)$ 是整系数多项式时, $M(p) \geqslant 1$. 证明: 当 $p(z)$ 是整系数多项式时, $M(p) = 1$ 当且仅当 $|a_0| = 1$, 并且 p 的非零根全位于单位圆周上. 这样的多项式称为分圆多项式. 著名的 Lehmer 猜测是 (1933 年): 当 $p(z)$ 是

整系数多项式，且 $M(p) \neq 1$ 时，存在常数 $c > 1$，使得 $M(p) \geqslant c$. Lehmer 猜测目前仍未解决.

5. 设 $f \in H^\infty(\mathbb{T})$，$f$ 是外函数，且存在正常数 C，使得 $|f| \geqslant C$，证明 $1/f$ 属于 $H^\infty(\mathbb{T})$. 提示：注意 $fH^2(\mathbb{T}) = H^2(\mathbb{T})$.

6. 若 $f, 1/f \in H^2(\mathbb{T})$，证明 f 是外函数.

7. 设 $f \in L^2(\mathbb{T})$，且存在正常数 C，使得 $|f| \geqslant C$，证明：存在外函数 g 满足 $|f| = |g|$. 提示：在 $L^2(\mathbb{T})$ 上考虑由 f 生成 M_z 的不变子空间 $[f] = \overline{\text{span}}\{f, zf, z^2f, \cdots\}$，并结合系 6.2.4 和外函数的定义.

8. 证明集 $\Gamma = \{\varphi\bar{\psi} : \varphi \in H^\infty(\mathbb{T}), \psi \text{ 是内函数}\}$ 是 $L^\infty(\mathbb{T})$ 的一个稠子代数. 提示：(1) 首先验证 Γ 是一子代数. (2) 因为所有特征函数的线性组合在 $L^\infty(\mathbb{T})$ 中稠，故要证明每一个特征函数可用 Γ 中的函数逼近. (3) 设 E 是 $\mathbb{T}$ 的 Lebesgue 可测集，则由题 6，存在一个 H^∞-函数 f 满足 $|f(e^{i\theta})| = \frac{1}{2}$，$e^{i\theta} \in E$；$|f(e^{i\theta})| = 2$，$e^{i\theta} \notin E$. 设 $1 + f^n = \eta_n F_n$ 是 $1 + f^n$ 的内-外因子分解，其中 η_n 是内函数，F_n 是外函数. 那么 $|F_n| = |1 + f^n| \geqslant \frac{1}{2}$. 由习题 5，$1/F_n \in H^\infty(\mathbb{T})$. 因此 $\frac{1}{1+f^n} = \frac{1}{F_n}\bar{\eta}_n \in \Gamma$. 容易验证 $\lim\limits_{n\to\infty} \|\chi_E - 1/(1 + f^n)\| = 0$.

9. 设 f 是 $H^2(\mathbb{T})$ 中的一个非零函数，证明 f 是外函数当且仅当

$$\log|f(0)| = \frac{1}{2\pi}\int_0^{2\pi} \log|f(e^{i\theta})|\,d\theta,$$

当且仅当对任何 $z \in \mathbb{D}$，都成立

$$\log|f(z)| = \frac{1}{2\pi}\int_0^{2\pi} P_z(e^{i\theta})\log|f(e^{i\theta})|\,d\theta,$$

这里 $P_z(e^{i\theta})$ 是在 z 点的 Poisson 核.

10. 设 f 是 $H^2(\mathbb{T})$ 中的一个外函数，则 f 有表示

$$f(z) = \frac{f(0)}{|f(0)|}\exp\left(\frac{1}{2\pi}\int_0^{2\pi} \frac{e^{i\theta}+z}{e^{i\theta}-z}\log|f(e^{i\theta})|\,d\theta\right).$$

提示：应用习题 9，并验证等式 $P_z(e^{i\theta}) = \text{Re}\left(\frac{e^{i\theta}+z}{e^{i\theta}-z}\right)$.

11. 证明 Szego 定理：设 f 是 $H^2(\mathbb{T})$ 中的一个非零函数，则有

$$\inf_{\substack{p(z)\in\mathbb{C}[z]\\p(0)=0}} \frac{1}{2\pi}\int_0^{2\pi} |1-p(e^{i\theta})|^2|f(e^{i\theta})|^2\,d\theta = \exp\left(\frac{1}{2\pi}\int_0^{2\pi}\log|f(e^{i\theta})|^2\,d\theta\right),$$

这里 $\mathbb{C}[z]$ 表示复变量 z 的解析多项式环.

§6.3 Hardy 空间上的 Toeplitz 算子

现在我们将用 Hardy 空间的理论和方法研究 Toeplitz 算子. 请再回到引言关于 Toeplitz 矩阵的描述. 取定 $H^2(\mathbb{T})$ 的自然正交基 $\{1, z, z^2, \cdots\}$. 令 $\varphi(z) = \sum\limits_{n=-\infty}^{\infty} c_n z^n$. 如果由双向序列 $\{\cdots, c_{-1}, c_0, c_1, \cdots\}$ 定义的 Toeplitz 矩阵诱导了有界的 Toeplitz 算子 A, 那么必然 $\varphi \in L^2(\mathbb{T})$. 此时

$$\langle Az^m, z^n \rangle = c_{m-n}, \quad m, n \geqslant 0.$$

设 P_+ 是 $L^2(\mathbb{T})$ 到 $H^2(\mathbb{T})$ 上的正交投影, 易见

$$\langle P_+ \varphi z^m, z^n \rangle = c_{n-m}, \quad m, n \geqslant 0.$$

定义具有符号 φ 的 Toeplitz 算子

$$T_\varphi : H^2(\mathbb{T}) \to H^2(\mathbb{T}), \quad T_\varphi h = P_+ \varphi h, \, h \in H^\infty(\mathbb{T}).$$

这是 $H^2(\mathbb{T})$ 上的一个稠定算子. 因此研究由 Toeplitz 矩阵诱导的 Toeplitz 算子等同于研究 Toeplitz 算子 T_φ.

对 $\lambda \in \mathbb{D}$, 设 $k_\lambda = \frac{K_\lambda}{\|K_\lambda\|} \in H^\infty(\mathbb{T})$ 是正则化的 Hardy 再生核, 如果上面定义的Toeplitz算子是有界的, 则有

$$|\langle T_\varphi k_\lambda, k_\lambda \rangle| = |P[\varphi](\lambda)| \leqslant \|T_\varphi\|,$$

这里 $P[\varphi](\lambda)$ 是 φ 的 Poisson 积分. 利用 Poisson 积分的性质, 在圆周上成立 $|\varphi| \leqslant \|T_\varphi\|$. 从这个不等式, 易见 $\varphi \in L^\infty(\mathbb{T})$, 且 $\|T_\varphi\| = \|\varphi\|_\infty$. 因此研究 Toeplitz 矩阵的问题归结为由符号 $\varphi \in L^\infty(\mathbb{T})$ 定义的 Toeplitz 算子的研究.

§6.3.1 Toeplitz 算子的代数性质

在本节, 我们介绍 Toeplitz 算子的一些代数性质.

命题6.3.1 Toeplitz 算子有下面的基本性质:

(i) 设 $f \in L^\infty(\mathbb{T})$, 则 $T_f^* = T_{\bar{f}}$.

(ii) 如果 $g \in H^\infty(\mathbb{T})$, 则 $T_f T_g = T_{fg}$, $T_g^* T_f = T_{\bar{g}f}$.

(iii) Hardy 空间上的有界线性算子 A 是 Toeplitz 算子当且仅当 $T_z^* A T_z = A$.

(iv) (Halmos) 设 $f_1, f_2 \in L^\infty$, 则 $T_{f_1} T_{f_2} = T_{f_1 f_2}$ 当且仅当 $\bar{f}_1 \in H^\infty(\mathbb{T})$ 或 $f_2 \in H^\infty(\mathbb{T})$.

(v) $T_{f_1}T_{f_2} = T_{f_2}T_{f_1}$ 成立当且仅当下列之一是真的:

(a) $f_1, f_2 \in H^\infty(\mathbb{T})$;

(b) $f_1, f_2 \in \overline{H^\infty(\mathbb{T})}$;

(c) 存在不全为零的常数 a, b, 使得 $af_1 + bf_2 =$ 常数.

(vi) 若 $f \in L^\infty(\mathbb{T})$, 则 $\|T_f\| = \|f\|_\infty$, $\|T_f\|_e = \|f\|_\infty$, 这里 $\|T_f\|_e$ 表示 T_f 的本性范数. 因此若 T_f 是紧的, 那么 $f = 0$.

(i), (ii) 的证明是容易的, 为了证明 (iii), (iv), (v), 我们引入 Berezin 变换的技巧.

设 A 是在 $H^2(\mathbb{T})$ 上的一个有界线性算子, A 的 Berezin 变换定义为:

$$\hat{A}(\lambda) = \langle Ak_\lambda, k_\lambda \rangle,$$

那么 $\hat{A}(\lambda)$ 是单位圆盘上的光滑有界函数, 因此我们可建立线性映射

$$\Lambda : \mathcal{B}(H^2(\mathbb{T})) \to C^\infty(\mathbb{D}), \quad A \mapsto \hat{A},$$

此映射的一个重要性质是:

引理6.3.2 如果 $\hat{A} = 0$, 则 $A = 0$, 即映射 Λ 是单的.

证: 因为

$$\hat{A}(\lambda) = \langle Ak_\lambda, k_\lambda \rangle = \frac{\langle AK_\lambda, K_\lambda \rangle}{\|K_\lambda\|^2} \qquad K_\lambda(z) = \frac{1}{1 - \lambda z}$$

故 $\hat{A} = 0$ 导致了

$$0 = \langle AK_\lambda, K_\lambda \rangle = \sum_{m,n} \bar{\lambda}^n \lambda^m \langle Az^n, z^m \rangle, \quad \lambda \in \mathbb{D},$$

$$\left. \frac{\partial^{m+n}\langle AK_\lambda, K_\lambda \rangle}{\partial \bar{\lambda}^n \partial \lambda^m} \right|_{\lambda=0} = m!n!\langle Az^n, z^m \rangle = 0,$$

从而 $\langle Az^n, z^m \rangle = 0$, $n, m \geqslant 0$, 即有 $A = 0$. □

证: (iii) 的证明: 若 A 是 Toeplitz 算子, 则必然有 $T_z^* A T_z = A$. 反之, 若 A 满足此方程, 要证明存在 $\psi \in L^\infty(\mathbb{T})$, 使得 $A = T_\psi$. 置

$$\psi(\lambda) = \langle Ak_\lambda, k_\lambda \rangle,$$

则

$$
\begin{aligned}
\psi(\lambda) = \langle Ak_\lambda, k_\lambda \rangle &= (1 - |\lambda|^2)\langle AK_\lambda, K_\lambda \rangle \\
&= (1 - |\lambda|^2) \sum_{m,n \geqslant 0} \bar{\lambda}^n \lambda^m \langle Az^n, z^m \rangle \\
&= \sum_{m,n \geqslant 0} \bar{\lambda}^n \lambda^m \langle Az^n, z^m \rangle - \sum_{m,n \geqslant 0} \bar{\lambda}^{n+1} \lambda^{m+1} \langle Az^n, z^m \rangle,
\end{aligned}
$$

故

$$
\begin{aligned}
\frac{\partial^2 \psi(\lambda)}{\partial \bar{\lambda} \partial \lambda} &= \sum_{m,n \geqslant 1} mn \bar{\lambda}^{n-1} \lambda^{m-1} \langle Az^n, z^m \rangle - \sum_{m,n \geqslant 0} (m+1)(n+1) \bar{\lambda}^n \lambda^m \langle Az^n, z^m \rangle \\
&= \sum_{m,n \geqslant 0} (m+1)(n+1) \bar{\lambda}^n \lambda^m \langle Az^{n+1}, z^{m+1} \rangle - \sum_{m,n \geqslant 0} (m+1)(n+1) \bar{\lambda}^n \lambda^m \langle Az^n, z^m \rangle \\
&= \sum_{m,n \geqslant 0} (m+1)(n+1) \bar{\lambda}^n \lambda^m \left[\langle T_z^* A T_z z^n, z^m \rangle - \langle Az^n, z^m \rangle \right] \\
&= 0.
\end{aligned}
$$

写 $\lambda = x + iy$，由公式

$$
\frac{\partial^2 \psi(\lambda)}{\partial x^2} + \frac{\partial^2 \psi(\lambda)}{\partial y^2} = 4 \frac{\partial^2 \psi(\lambda)}{\partial \bar{\lambda} \partial \lambda}
$$

知，ψ 是 $\mathbb{D}$ 上的有界调和函数，其边界函数仍记为 ψ，则

$$
\langle T_\psi k_\lambda, k_\lambda \rangle = P[\psi](\lambda) = \psi(\lambda).
$$

从而 $\langle Ak_\lambda, k_\lambda \rangle = \langle T_\psi k_\lambda, k_\lambda \rangle, \lambda \in \mathbb{D}$. 由引理 6.3.2 知 $A = T_\psi$.

(iv) 的证明：推理"$\Leftarrow$"是显然的. 仅证明必要性. 如果 $f_2 \notin H^\infty(\mathbb{T})$，写 $f_2 = g_1 + \bar{g}_2$，这里 $g_1, g_2 \in H^2(\mathbb{T})$，且 $g_2(0) = 0$. 下面讨论的 Toeplitz 算子定义在 $H^\infty(\mathbb{T})$ 上是有意义的. 由等式

$$
T_{f_1} T_{f_2} = T_{f_1}(T_{g_1} + T_{\bar{g}_2}) = T_{f_1 g_1} + T_{f_1} T_{\bar{g}_2}
$$

以及

$$
T_{f_1 f_2} = T_{f_1 g_1} + T_{f_1 \bar{g}_2},
$$

知

$$
T_{f_1} T_{\bar{g}_2} = T_{f_1 \bar{g}_2}.
$$

因为

$$\langle T_{f_1} T_{\bar{g}_2} k_\lambda, k_\lambda\rangle = \overline{g_2(\lambda)}\, P[f_1](\lambda) = \langle T_{f_1\bar{g}_2} k_\lambda, k_\lambda\rangle = P[f_1\bar{g}_2](\lambda), \quad \lambda \in \mathbb{D},$$

两边求 $\frac{\partial^2}{\partial\lambda\partial\lambda}$ 得

$$\overline{\left(\frac{\partial g_2(\lambda)}{\partial\lambda}\right)}\frac{\partial P[f_1](\lambda)}{\partial\lambda} = 0.$$

因为 $\frac{\partial g_2(\lambda)}{\partial\lambda} \neq 0$，故 $\frac{\partial P[f_1](\lambda)}{\partial\lambda} = 0$，从而 $P[f_1] \in \overline{H^\infty(\mathbb{T})}$，由此易得 $f_1 \in \overline{H^\infty(\mathbb{T})}$.

(v) 用相似的方法证明.

(vi) 只需证明 $\|T_f\|_e = \inf\{\|T_f + K\| : K$ 是紧算子$\} = \|f\|_\infty$. 因为成立不等式 $\|T_f\|_e \leqslant \|f\|_\infty$，我们仅需证明相反的方向. 因为对每个紧算子 K，

$$\|T_f + K\| \geqslant |\langle (T_f + K)k_\lambda, k_\lambda\rangle| \geqslant |\langle T_f k_\lambda, k_\lambda\rangle| - |\langle Kk_\lambda, k_\lambda\rangle|$$

$$= |P[f](\lambda)| - |\langle Kk_\lambda, k_\lambda\rangle|.$$

对几乎所有 $\xi \in \partial\mathbb{D}$，当 λ 沿径向趋于边界点 ξ 时，Poisson 积分 $P[f](\lambda)$ 收敛到 $f(\xi)$. 注意到 $k_\lambda \xrightarrow{w} 0$ (当 $\lambda \to \partial\mathbb{D}$ 时). 上面的不等式表明

$$\|T_f + K\| \geqslant \|f\|_\infty,$$

从而我们有 $\|T_f\|_e \geqslant \|f\|_\infty$，故 $\|T_f\|_e = \|f\|_\infty$. □

§6.3.2 连续符号的 Toeplitz 算子的指标公式

为了研究具有连续符号 Toeplitz 算子的指标公式，我们需要下面的命题.

命题6.3.3 设 $f, g \in L^\infty(\mathbb{T})$ 且它们之一在圆周 $\mathbb{T}$ 上连续，则半换位子 $T_f T_g - T_{fg}$ 是紧的.

证：不失一般性，假设 g 在圆周 $\mathbb{T}$ 上连续，即 $g \in C(\mathbb{T})$. 考虑到 Toeplitz 算子的性质和三角多项式在 $C(\mathbb{T})$ 中稠，故仅需证明对每个非负整数 n，当 $g = \bar{z}^n$ 时，$A = T_f T_g - T_{fg}$ 是紧的. 因为 $Az^n H^2(\mathbb{T}) = 0$，并且闭子空间 $z^n H^2(\mathbb{T})$ 在 $H^2(\mathbb{T})$ 中是有限余维的，余维数为 n，故 A 是有限秩算子. □

用 $C^*(\mathbb{T})$ 表示由连续符号的 Toeplitz 算子生成的 C^*-代数，容易看出此代数由单向移位 T_z 生成. 此外当 $h_1, h_2 \in H^2(\mathbb{T})$ 时，定义秩 1 算子 $h_1 \otimes h_2$ 为

$$h_1 \otimes h_2(h) = \langle h, h_2\rangle h_1, \quad h \in H^2(\mathbb{T}).$$

命题6.3.4 $C^*(\mathbb{T}) = \{T_f + K : f \in C(\mathbb{T}), K$ 是紧算子$\}$，且若 $A \in C^*(\mathbb{T})$，则 A 有唯一的表示 $A = T_f + K$，K 是紧算子.

证：   由命题 6.3.1 (vi) 和命题 6.3.3 知 $\{T_f + K : f \in C(\mathbb{T}), K$ 紧$\}$ 是一个 C^*-代数，且它包含 $C^*(\mathbb{T})$. 为了完成证明，仅需表明所有紧算子 $\mathcal{K}(H^2(\mathbb{T})) \subseteq C^*(\mathbb{T})$. 事实上，因为 $1 \otimes 1 = I - T_z T_z^*$，故对任何解析多项式 p，q，我们有

$$p \otimes q = T_p(I - T_z T_z^*) T_q^* \in C^*(\mathbb{T}).$$

因此所有有限秩算子属于 $C^*(\mathbb{T})$，从而所有紧算子 $\mathcal{K}(H^2(\mathbb{T})) \subseteq C^*(\mathbb{T})$. $C^*(\mathbb{T})$ 中每个算子有唯一的表示 $A = T_f + $ 紧，它来自事实：唯一的紧 Toeplitz 算子是零算子.   □

由命题 6.3.4，我们有 C^*-同构：

$$C^*(\mathbb{T})/\mathcal{K}(H^2(\mathbb{T})) \stackrel{C^*\text{-同构}}{\cong} C(\mathbb{T}), \quad T_f + 紧 \mapsto f,$$

即有 C^*-代数正合列：

$$0 \to \mathcal{K}(H^2(\mathbb{T})) \stackrel{i}{\to} C^*(\mathbb{T}) \stackrel{\pi}{\to} C(\mathbb{T}) \to 0, \quad \pi(T_f + 紧) = f.$$

这里正合是指：$\mathrm{Ran}(i) = \ker\pi$，并且 i 是单的，π 是满的. 因此，当 $f \in C(\mathbb{T})$ 时，

$$\sigma_e(T_f) = f(\mathbb{T}) = \{f(z) : z \in \mathbb{T}\}.$$

故 T_f 是 Fredholm 算子当且仅当 $f(z) \neq 0$，$\forall z \in \mathbb{T}$.

接下来，我们建立连续符号的 Toeplitz 算子的 Fredholm 指标公式. 首先给出下面的引理，这个引理可通过在 §4.2.4 末尾的提升引理证明.

引理6.3.5   设 $f(t) \in C[0, 2\pi]$，且 $f(t) \neq 0$，$\forall t \in [0, 2\pi]$，则存在 $G(t) \in C[0, 2\pi]$，使得

$$f(t) = e^{2\pi i G(t)}.$$

若 $f(z)$ 在 $\mathbb{T}$ 上无零点，那么存在函数 $G(t) \in C[0, 2\pi]$，使得

$$f(e^{it}) = e^{2\pi i G(t)}.$$

因为 $f(e^{i0}) = f(e^{2\pi i})$，故 $G(2\pi) - G(0)$ 是整数，显然此整数不依赖于连续函数 G 的选取. 定义 f 环绕原点的圈数

$$\sharp(f) = G(2\pi) - G(0).$$

环绕圈数可通过例子 $f(z) = z^n$ 来验证, 此时, $f(e^{it}) = e^{2\pi i \frac{nt}{2\pi}}$, $G(t) = \frac{nt}{2\pi}$, $n = G(2\pi) - G(0)$.

引理6.3.6　设 $f(z)$ 在圆周 $\mathbb{T}$ 上无零点, 且 $n = \sharp(f)$, 则有 $g \in C(\mathbb{T})$, 使得 $f(z) = z^n e^{g(z)}$.

证:　置 $\varphi(z) = z^{-n} f(z)$, 则 $\sharp(\varphi) = \sharp(z^{-n}) + \sharp(f) = -n + n = 0$. 由引理 6.3.5, 存在连续函数 $G(t) \in C[0, 2\pi]$, 使得 $\varphi(e^{it}) = e^{2\pi i G(t)}$, 且 $G(0) = G(2\pi)$. 因此函数 $2\pi i G(t)$ 有形式 $g(e^{it}) \in C(\mathbb{T})$. 故

$$f(z) = z^n e^{g(z)}. \qquad \square$$

定理6.3.7　设 $f(z) \in C(\mathbb{T})$, 且在单位圆周上无零点, 则

$$\text{Ind } T_f = -\sharp(f).$$

证:　置 $n = \sharp(f)$, 则 f 有形式 $f(z) = z^n e^{g(z)}$, $g \in C(\mathbb{T})$. 由于 $T_f - T_{z^n} T_{e^g}$ 是紧的, 故

$$\text{Ind } T_f = \text{Ind } T_{z^n} + \text{Ind } T_{e^g} = -n + \text{Ind } T_{e^g}.$$

只需证明 $\text{Ind } T_{e^g} = 0$ 即可. 考虑 Fredholm 算子连续道路 $A_t = e^{tg}$, $0 \leqslant t \leqslant 1$, 其中 $A_0 = I$, $A_1 = T_{e^g}$. 指标的同伦不变性给出了 $\text{Ind } T_{e^g} = \text{Ind } I = 0$. $\qquad \square$

引理6.3.8　(Coburn) 设 $\varphi \in L^\infty(\mathbb{T})$, $\varphi \neq 0$, 则 $\ker T_\varphi = 0$ 或 $\ker T_\varphi^* = 0$.

证:　假如 $\ker T_\varphi \neq 0$ 且 $\ker T_{\bar\varphi} \neq 0$, 我们分别取非零的 $f_1 \in \ker T_\varphi$, 以及 $f_2 \in \ker T_{\bar\varphi}$, 那么 $\varphi f_i \in (H^2(\mathbb{T}))^\perp$, $i = 1, 2$, 即有 $g_i \in H^2(\mathbb{T})$, $g_i(0) = 0$, 使得

$$\varphi f_1 = \bar g_1, \bar\varphi f_2 = \bar g_2.$$

从上面的等式, 容易推出

$$f_1 g_2 = \bar f_2 \bar g_1.$$

两边做 Poisson 积分得出

$$f_1(z) g_2(z) = \bar f_2(z) \bar g_1(z), \quad z \in \mathbb{D}.$$

上面等式的一边是解析的, 而另一边是共轭解析的, 结合等式 $g_1(0) = g_2(0) = 0$ 就容易得出 $\varphi = 0$. 这个矛盾给出了要求的结论. $\qquad \square$

系6.3.9　如果 T_φ 是 Fredholm 算子, 且 $\text{Ind } T_\varphi = 0$, 则 T_φ 是可逆的.

使用连续符号 Toeplitz 算子的指标理论, 可给出这类 Toeplitz 算子谱的完全描述.

设 $f \in C(\mathbb{T})$, 则 $\sigma(T_f) \supseteq \sigma_e(T_f) = f(\mathbb{T})$. 置

$$\mathbb{C} \setminus f(\mathbb{T}) = \Omega_\infty \sqcup \Omega_0 \sqcup \Omega_1 \sqcup \cdots,$$

这里 Ω_∞ 是无界连通分支, Ω_k 是有界连通分支, $k = 0, 1, \cdots$. 当 $\lambda \in \Omega_\infty$ 时 $\mathrm{Ind}\, T_{f-\lambda} = 0$. 设 $c_k = \mathrm{Ind}\, T_{f-\lambda}$, $\lambda \in \Omega_k$, c_k 独立于 λ 在 Ω_k 中的选取. 从上面的系, 可以得到下面众所周知的结论 [Ar1].

系6.3.10 $\sigma(T_f) = f(\mathbb{T}) \bigcup \bigcup_{c_k \neq 0} \Omega_k$.

从这个推论, 我们看到连续符号 Toeplitz 算子的谱和本质谱都是连通的. Hardy 空间上 Toeplitz 算子理论中最为深刻的结果之一是 Widom 定理 [Dou].

定理6.3.11 (Widom)   设 $\varphi \in L^\infty(\mathbb{T})$, 则 $\sigma(T_\varphi)$ 和 $\sigma_e(T_\varphi)$ 都是复平面的连通子集.

§6.3.3 Toeplitz 代数

在这一节, 我们将应用前面介绍过的 Berezin 变换的技巧研究由所有 Toeplitz 算子生成的代数的性质. 用这一变换研究 Toeplitz 代数的符号性质可参阅 M. Engliš 的文章 [Eng]. Berezin 变换为经典的 Toeplitz 理论的研究提供了一种有用的方法.

设 $k_\lambda(z) = \frac{K_\lambda}{\|K_\lambda\|} = \frac{\sqrt{1-|\lambda|^2}}{1-\bar{\lambda}z}$ 是正则化的 Hardy 再生核, 对 Hardy 空间上一个有界线性算子 A, A 的 Berezin 变换定义为

$$\hat{A}(\lambda) = \langle Ak_\lambda, k_\lambda \rangle = (1 - |\lambda|^2)\langle AK_\lambda, K_\lambda \rangle, \quad \lambda \in \mathbb{D}.$$

它是单位圆盘上的光滑有界函数, 像在引理 6.3.2 中表明的, 映射

$$\Lambda : \mathcal{B}(H^2(\mathbb{T})) \to L^\infty(\mathbb{D}), \quad A \mapsto \hat{A}$$

是单的有界线性算子.

在研究 Hardy 空间上的 Toeplitz 算子时, 人们更关心 $\hat{A}(\lambda)$ 的边界值. 对有界线性算子 A, 若对几乎所有 $\theta \in [0, 2\pi]$, 极限 $\lim_{r \to 1} \hat{A}(re^{i\theta})$ 存在, 记为 $\varsigma(A)$, 称为 A 符号函数. 显然 $\varsigma(A) \in L^\infty(\mathbb{T})$, 且 $\|\varsigma(A)\|_\infty \leqslant \|\hat{A}\|_\infty \leqslant \|A\|$. 容易验证

$$\Xi(H^2) = \{A \in \mathcal{B}(H^2(\mathbb{T})) : \text{对几乎所有 } \theta \in [0, 2\pi], \text{ 极限 } \lim_{r \to 1} \hat{A}(re^{i\theta}) \text{ 存在}\}$$

是 $\mathcal{B}(H^2(\mathbb{T}))$ 的闭的自伴子空间. 建立符号映射 $\varsigma : \varXi(H^2) \to L^\infty(\mathbb{T})$, $A \mapsto \varsigma(A)$, 则 $\|\varsigma(A)\|_\infty \leqslant \|A\|$, 且 $\varsigma(A^*) = \overline{\varsigma(A)}$.

设 $\mathfrak{T}(L^\infty)$ 是由所有 Toeplitz 算子 $\{T_f : f \in L^\infty(\mathbb{T})\}$ 生成的 Banach 代数, 它是一个 C^*-代数, 并且设 $\mathfrak{C}(L^\infty)$ 是 $\mathfrak{T}(L^\infty)$ 的换位子理想, 即由 $\{[T_f, T_g] : f, g \in L^\infty(\mathbb{T})\}$ 生成的 $\mathfrak{T}(L^\infty)$ 的闭理想.

命题6.3.12 关于符号映射, 下列成立.

(i) 若 $A = T_{f_1} T_{f_2} \cdots T_{f_n}$, 则 $\varsigma(A) = f_1 f_2 \cdots f_n$;

(ii) 设 $A \in \mathfrak{C}(L^\infty)$, 则 $\varsigma(A) = 0$.

证: (i) 用归纳法, 当 $n = 1$ 时, 由于

$$\hat{A}(\lambda) = \langle A k_\lambda, k_\lambda \rangle = \frac{1}{2\pi} \int_0^{2\pi} f_1 |k_\lambda|^2 \, \mathrm{d}\theta = \frac{1}{2\pi} \int_0^{2\pi} f_1(\theta) P_\lambda(\theta) \, \mathrm{d}\theta,$$

应用 Poisson 积分的性质即得. 设 $n = m$ 时结论成立, 在 $n = m + 1$ 的情形,

$$\begin{aligned}
\langle T_{f_1} \cdots T_{f_m} T_{f_{m+1}} k_\lambda, k_\lambda \rangle &= \langle T_{f_2} \cdots T_{f_m} T_{f_{m+1}} k_\lambda, (T_{\overline{f_1}} - \overline{f_1(\lambda)}) k_\lambda \rangle \\
&\quad + f_1(\lambda) \langle T_{f_2} \cdots T_{f_m} T_{f_{m+1}} k_\lambda, k_\lambda \rangle.
\end{aligned} \quad (\star)$$

断言: $|\langle T_{f_2} \cdots T_{f_m} T_{f_{m+1}} k_\lambda, (T_{\overline{f_1}} - \overline{f_1(\lambda)}) k_\lambda \rangle| \to 0$, a.e.$(|\lambda| \to 1)$. 事实上,

$$\begin{aligned}
|\langle T_{f_2} &\cdots T_{f_m} T_{f_{m+1}} k_\lambda, (T_{\overline{f_1}} - \overline{f_1(\lambda)}) k_\lambda \rangle| \\
&\leqslant \|T_{f_2} \cdots T_{f_m} T_{f_{m+1}}\| \, \|(T_{\overline{f_1}} - \overline{f_1(\lambda)}) k_\lambda\| \\
&\leqslant \|T_{f_2} \cdots T_{f_m} T_{f_{m+1}}\| \, \|\overline{(f_1 - f_1(\lambda))} k_\lambda\| \\
&\leqslant \|T_{f_2} \cdots T_{f_m} T_{f_{m+1}}\| \left(\frac{1}{2\pi} \int_0^{2\pi} |f_1 - f_1(\lambda)|^2 p_\lambda(\theta) \, \mathrm{d}\theta \right)^{\frac{1}{2}} \\
&\to 0, \text{ a.e.}(|\lambda| \to 1, \text{ 应用 Possion 积分的性质}).
\end{aligned}$$

由 $(\star)$ 和归纳假设知(i) 成立.

(ii) 因为形式为 $A = T_{f_1} \cdots T_{f_n} [T_\varphi, T_\psi] T_{g_1} \cdots T_{g_m}$ 的算子的线性组合在 $\mathfrak{C}(L^\infty)$ 中稠, 对这样的算子 A, 由 (i) 知 $\varsigma(A) = 0$. 故对每个 $A \in \mathfrak{C}(L^\infty)$, $\varsigma(A) = 0$. $\square$

命题 6.3.12 表明 Toeplitz 代数 $\mathfrak{T}(L^\infty) \subseteq \varXi(H^2)$.

定理6.3.13 关于符号映射, 我们有:

(i) 符号映射 $\varsigma : \mathfrak{T}(L^\infty) \to L^\infty(\mathbb{T})$, $A \mapsto \varsigma(A)$ 是满的 C^*-同态;

(ii) 序列

$$0 \to \mathfrak{C}(L^\infty) \xrightarrow{i} \mathfrak{T}(L^\infty) \xrightarrow{\varsigma} L^\infty(\mathbb{T}) \to 0$$

是正合的.

证： 设 $\mathfrak{GC}(L^\infty)$ 表示 $\mathfrak{T}(L^\infty)$ 的半换位子理想，即由 $[T_f, T_g] = T_f T_g - T_{fg}$ 生成的 $\mathfrak{T}(L^\infty)$ 的理想. 应用归纳法，容易证明

$$T_{f_1} T_{f_2} \cdots T_{f_n} - T_{f_1 f_2 \cdots f_n} \in \mathfrak{GC}(L^\infty).$$

我们断言：$\mathfrak{GC}(L^\infty) = \mathfrak{C}(L^\infty)$. 事实上，因为

$$T_f T_g - T_g T_f = (T_f T_g - T_{fg}) - (T_g T_f - T_{gf}),$$

所以 $\mathfrak{C}(L^\infty) \subseteq \mathfrak{GC}(L^\infty)$. 当 $\varphi_1, \varphi_2 \in H^\infty(\mathbb{T})$，并且当 ψ_1, ψ_2 是内函数时，

$$T_{\bar{\psi}_1 \varphi_1} T_{\bar{\psi}_2 \varphi_2} - T_{\overline{\psi_1 \psi_2} \varphi_1 \varphi_2} = T_{\bar{\psi}_1} (T_{\varphi_1} T_{\bar{\psi}_2} - T_{\bar{\psi}_2} T_{\varphi_1}) T_{\varphi_2} \in \mathfrak{C}(L^\infty).$$

由 §6.2.3 习题 7 知，集 $\Gamma = \{\varphi \bar{\psi} : \varphi \in H^\infty(\mathbb{T}), \psi$ 是内函数$\}$ 是 $L^\infty(\mathbb{T})$ 的一个稠子代数，结合这与上面的等式知断言成立. 由于

$$\mathfrak{T}(L^\infty) = \overline{\mathrm{span}} \left\{ T_{f_1} T_{f_2} \cdots T_{f_n} : f_1, \cdots, f_n \in L^\infty(\mathbb{T}) \right\},$$

所以形式为 $T_{f_1} T_{f_2} \cdots T_{f_n}$ 的算子的线性组合构成 $\mathfrak{T}(L^\infty)$ 的一个稠子集，对每一个具有这种形式的算子 A，由上面的断言和命题 6.3.12，A 可表达为 $A = T_\varphi + S$，这里 $\varphi = \varsigma(A)$，$S \in \mathfrak{C}(L^\infty)$，且成立 $\|\varsigma(A)\|_\infty \leqslant \|\hat{A}\|_\infty \leqslant \|A\|$. 由于 ς 是连续的，且 $\mathfrak{C}(L^\infty)$ 是闭的，一个简单逼近的方法表明每一个算子 $A \in \mathfrak{T}(L^\infty)$ 可唯一地写为 $A = T_\varphi + S$，$\varphi = \varsigma(A)$，$S \in \mathfrak{C}(L^\infty)$. 上面的推理表明符号映射 ς 是满的 C^*-同态. (ii) 是上面推理的一个显然结论.   □

由于换位子理想 $\mathfrak{C}(L^\infty)$ 包含紧算子理想，结合定理 6.3.13 和定理 4.4.9，我们有：

系6.3.14   下列结论成立.

(i) 如果 T_f 是 Fredholm 的，则 f 在 $L^\infty(\mathbb{T})$ 中可逆；

(ii) $\sigma(T_f) \supseteq \sigma_e(T_f) \supseteq \mathrm{Erange}(f)$；

(iii) 如果 $T_{f_1} \cdots T_{f_n}$ 是紧算子，则 $f_1 \cdots f_n = 0$.

符号映射 ς 在 Toeplitz 代数上是 C^*-同态，是否能够扩大到更大的 C^*-代数上去？相关的讨论见 [Eng]. 这段关于 Toeplitz 代数的结果及讨论也可参阅 Douglas 的著作 [Dou].

在 Hardy 空间上的 Toeplitz 算子理论中，一个有趣的问题是所谓的"零积问题"，即若 $T_{f_1} \cdots T_{f_n} = 0$，是否必然有某 $f_i = 0$? 容易检查当 $n = 1, 2$ 时，结论成立. 当 $n = 5$ 时，K. Guo 给出了肯定答案 [Guo]. 当 $n = 6$ 时，C. Gu 肯定地回答了这个问题. 一般情况由 A. Aleman 和 D. Vukotić 肯定地得到解决 [AV].

习题

1. 证明若 $T_f T_g$ 是有限秩算子，则 $f = 0$ 或 $g = 0$.
2. 证明若 $T_{f_1} T_{f_2} T_{f_3} = 0$，则 f_1, f_2, f_3 中至少有一个为零函数.
3. 在 $H^2(\mathbb{T})$ 上定义算子 A，$Az^k = z^{2k+1}$，$k = 0, 1, 2, \cdots$，则
   (i) $A^*A - AA^*$ 是到子空间 $\overline{\text{span}}\{1, z^2, z^4, \cdots\}$ 的正交投影;
   (ii) $\hat{A}(\lambda) = \frac{\lambda(1-|\lambda|^2)}{1-\lambda|\lambda|^2}$，$\lambda \in \mathbb{D}$，$\varsigma(A) = 0$;
   (iii) $\widehat{[A^*, A]}(\lambda) = \frac{1}{1+|\lambda|^2}$，$\lambda \in \mathbb{D}$，$\varsigma([A^*, A]) = \frac{1}{2}$.
因此 ς 在任何一个包含这样一个算子 A 的算子代数上不是可乘的. 特别地，$A \notin \mathfrak{T}(L^\infty)$.
4. 如果 P 是 $\mathfrak{T}(L^\infty)$ 中一个投影，那么 $\varsigma(P)$ 是圆周的一个可测子集的特征函数. 由习题 3，从 Hardy 空间到子空间 $\overline{\text{span}}\{1, z^2, z^4, \cdots\}$ 的正交投影不属于 Toeplitz 代数 $\mathfrak{T}(L^\infty)$. 一个有趣的问题是怎样刻画有限个 Toeplitz 算子乘积是一个投影.
5. 设 $\chi \neq 0, 1$ 是单位圆周 $\mathbb{T}$ 一个子集的特征函数，证明 $\sigma(T_\chi) = [0, 1]$.

§6.4　Hardy 空间上的 Hankel 算子

回到引言中的 Hankel 矩阵. 给定序列 $\{c_1, c_2, \cdots\}$，则由此序列产生的 Hankel 矩阵给出的算子有界必然有

$$\sum_{n=1}^{\infty} |c_n|^2 < \infty.$$

设 $\varphi(z) = \sum_{n=1}^{\infty} c_n z^n$，则 $\varphi \in H^2(\mathbb{T})$. 在 $L^2(\mathbb{T})$ 上定义酉算子如下：

$$U : L^2(\mathbb{T}) \to L^2(\mathbb{T}), \quad (Uf)(z) = \bar{z}f(\bar{z}), \quad f \in L^2(\mathbb{T}).$$

在 $H^2(\mathbb{T})$ 上定义小 Hankel 算子如下:

$$\Gamma_\varphi : H^2(\mathbb{T}) \to H^2(\mathbb{T}), \quad \Gamma_\varphi h = P_+ \varphi U h, \quad h \in H^\infty(\mathbb{T}),$$

则

$$\langle \Gamma_\varphi z^m, z^n \rangle = c_{m+n+1}, \quad m, n \geqslant 0.$$

这正是由 Hankel 矩阵 $H = (c_{m+n+1})$ 诱导的算子.

记 $H_0^2(\mathbb{T}) \subseteq H^2(\mathbb{T})$ 是由 $\{z, z^2, \cdots\}$ 张成的闭子空间，则

$$H^2(\mathbb{T})^\perp = L^2(\mathbb{T}) \ominus H^2(\mathbb{T}) = \overline{H_0^2(\mathbb{T})}.$$

对 $f \in L^2(\mathbb{T})$，定义 Hankel 算子

$$H_f : H^2(\mathbb{T}) \to H^2(\mathbb{T})^\perp, \quad H_f h = (I - P_+) f h, \quad h \in H^\infty(\mathbb{T}).$$

记 $\hat{\varphi}(z) = \varphi(\bar{z})$，则对上面的 φ，U，以及 $m \geqslant 0$，$n \geqslant 1$，我们有

$$\langle U\Gamma_\varphi z^m, \bar{z}^n \rangle = \langle \Gamma_\varphi z^m, U^* \bar{z}^n \rangle = \langle \Gamma_\varphi z^m, z^{n-1} \rangle = c_{m+n} = \langle H_{\hat{\varphi}} z^m, \bar{z}^n \rangle,$$

因此，$U\Gamma_\varphi = H_{\hat{\varphi}}$. 故在此典型的酉算子 U 下，Γ_φ 和 $H_{\hat{\varphi}}$ 有相同的理论. 后面将主要研究 Hankel 算子 H_f 的理论.

§6.4.1 Nehari 定理

设 $f \in L^2(\mathbb{T})$，定义 Hankel 算子

$$H_f : H^2(\mathbb{T}) \to H^2(\mathbb{T})^\perp, \quad H_f g = (I - P_+)(f g), \quad g \in H^\infty(\mathbb{T}),$$

那么 H_f 是稠定的算子，其定义域为 $H^\infty(\mathbb{T})$. 下面的 Nehari 定理表明若 H_f 有界，则其符号可取自 $L^\infty(\mathbb{T})$.

定理6.4.1 (Nehari) 若 H_f 有界，则存在 $\varphi \in L^\infty(\mathbb{T})$，使得 $H_f = H_\varphi$(亦即 $f - \varphi$ 属于 $H^2(\mathbb{T})$)，并且 $\|H_\varphi\| = \|\varphi\|_\infty$. 因此，当 $f \in L^\infty(\mathbb{T})$ 时，$\|H_f\| = \mathrm{dist}(f, H^\infty(\mathbb{T}))$.

证： 设 p 是解析多项式，$p(0) = 0$，则 $p = Bq$，其中 B 是有限 Blaschke 积，$B(0) = 0$，且 q 在 $\mathbb{D}$ 上无零点. 则 $\sqrt{q}$ (解析分支) 属于 $H^\infty(\mathbb{D})$. 注意到

$$\left| \frac{1}{2\pi} \int_0^{2\pi} f p \, d\theta \right| \leqslant |\langle H_f \sqrt{q}, \overline{B \sqrt{q}} \rangle|$$

$$\leqslant \|H_f\| \|\sqrt{q}\| \|B\sqrt{q}\| = \|H_f\| \|q\|_1 = \|H_f\| \|p\|_1. \tag{$\star$}$$

记 $L_0 = \{p : p$ 是解析多项式, $p(0) = 0\} \subseteq L^1$, 令 $F(p) = \frac{1}{2\pi}\int_0^{2\pi} fp\, \mathrm{d}\theta$, $p \in L_0$. 式 (⋆) 表明 F 是 L_0 上的一个有界线性泛函. 由 Hahn-Banach 保范延拓定理, F 可保范地延拓到 $L^1(\mathbb{T})$. 故存在 $\varphi \in L^\infty(\mathbb{T})$, 使得

$$\frac{1}{2\pi}\int_0^{2\pi} fp\, \mathrm{d}\theta = \frac{1}{2\pi}\int_0^{2\pi} \varphi p\, \mathrm{d}\theta, \quad p \in L_0,$$

同时 $\|F\| = \|\varphi\|_\infty \leqslant \|H_f\|$. 故有 $\frac{1}{2\pi}\int_0^{2\pi}(f - \varphi)p\, \mathrm{d}\theta = 0$, $p \in L_0$. 因为 $f - \varphi \in L^2(\mathbb{T})$, 等式蕴含了 $\overline{f - \varphi} \in H^2(\mathbb{T})$. 故存在 $h \in H^2(\mathbb{T})$, 使得

$$f = \varphi + h,$$

从而 $H_f = H_\varphi$. 因为

$$\|H_f\| = \|H_\varphi\| \leqslant \|(I - P_+)M_\varphi\| \leqslant \|M_\varphi\| = \|\varphi\|_\infty,$$

结合不等式

$$\|H_f\| \geqslant \|\varphi\|_\infty,$$

我们有 $\|H_f\| = \|H_\varphi\| = \|\varphi\|_\infty$. 当 $f \in L^\infty(\mathbb{T})$ 时, 容易验证 $\|H_f\| \leqslant \operatorname{dist}(f, H^\infty(\mathbb{T}))$. 由前面的推理, 存在 $\varphi \in L^\infty(\mathbb{T})$ 使得 $f - \varphi \in H^\infty(\mathbb{T})$, 且 $\|H_\varphi\| = \|\varphi\|_\infty$, 从而 $\|H_f\| = \operatorname{dist}(f, H^\infty(\mathbb{T}))$. □

请读者证明下面的命题.

命题6.4.2　设 $A : H^2(\mathbb{T}) \to H^2(\mathbb{T})^\perp$ 是一个有界线性算子, 那么 A 是 Hankel 算子当且仅当

$$(I - P_+)zAh = Azh, \quad h \in H^2(\mathbb{T}).$$

设 η 是一个内函数, 并设 $\mathcal{K}_\eta = H^2(\mathbb{T}) \ominus \eta H^2(\mathbb{T})$. 当 $\varphi \in H^\infty(\mathbb{T})$ 时, 定义

$$S_\varphi : \mathcal{K}_\eta \to \mathcal{K}_\eta, \quad S_\varphi h = P_\eta \varphi h,$$

这里 P_η 是从 $H^2(\mathbb{T})$ 到 $\mathcal{K}_\eta$ 的正交投影, 它等于 $P_\eta = I - T_\eta T_{\bar\eta}$. 容易验证,

$$S_\varphi S_z = S_z S_\varphi, \quad \varphi \in H^\infty(\mathbb{T}).$$

使用命题 6.4.2, 请读者证明:

命题6.4.3 设 T 是 $\mathcal{K}_\eta$ 上的一个有界线性算子. 定义

$$A : H^2(\mathbb{T}) \to H^2(\mathbb{T})^\perp, \quad Ah = \bar{\eta} T P_\eta h,$$

那么 $TS_z = S_z T$ 当且仅当 A 是 Hankel 算子.

定理6.4.4 (Sarason) 设 T 是 $\mathcal{K}_\eta$ 上的一个有界线性算子, 且 $TS_z = S_z T$, 那么存在 $\varphi \in H^\infty(\mathbb{T})$, 使得 $T = S_\varphi$, 并且 $\|T\| = \|\varphi\|_\infty$.

证: 题设表明在命题 6.4.3 中的算子 A 是 Hankel 算子. 应用 Nehari 定理, 存在 $\psi \in L^\infty(\mathbb{T})$, 使得 $A = H_\psi$, 且 $\|A\| = \|\psi\|_\infty$. 因为对任何 $f \in \eta H^2(\mathbb{T})$, $H_\psi f = Af = 0$, 这隐含着 $\eta\psi \in H^\infty(\mathbb{T})$. 写 $\varphi = \eta\psi$, 那么 $\varphi \in H^\infty(\mathbb{T})$, 并且 $\psi = \bar{\eta}\varphi$. 对任何 $f \in \mathcal{K}_\eta$, 有

$$Tf = \eta H_{\bar{\eta}\varphi} f = \eta(1 - P_+)\bar{\eta}\varphi f = (I - T_\eta T_{\bar{\eta}})\varphi f = P_\eta \varphi f = S_\varphi f,$$

即 $T = S_\varphi$. 也易见

$$\|T\| = \|A\| = \|\psi\|_\infty = \|\varphi\|_\infty. \qquad \square$$

§6.4.2 Hartman 定理

设 H_1, H_2 是两个 Hilbert空间, $T \in B(H_1, H_2)$, T 的本性范数定义为

$$\|T\|_e = \inf_{K \in \mathcal{K}(H_1, H_2)} \|T - K\|,$$

这里 $\mathcal{K}(H_1, H_2)$ 是 H_1 到 H_2 的全体紧算子.

为了研究紧的 Hankel 算子, 需要下面的结果.

定理6.4.5 (Sarason) $H^\infty(\mathbb{T}) + C(\mathbb{T})$ 是 $L^\infty(\mathbb{T})$ 的闭子代数, 且它由 $H^\infty(\mathbb{T})$ 和 $\bar{z}$ 生成, 即

$$H^\infty(\mathbb{T}) + C(\mathbb{T}) = H^\infty(\bar{z}).$$

证: 设 $A(\mathbb{T})$ 是圆代数 $A(\mathbb{D})$ 到圆周 $\mathbb{T}$ 上的限制, 那么它是 $C(\mathbb{T})$ 的闭子代数. 给定 $\varphi \in C(\mathbb{T})$, 断言:

$$\text{dist}(\varphi, H^\infty(\mathbb{T})) = \text{dist}(\varphi, A(\mathbb{T})).$$

显然，左边 ⩽ 右边. 对任何 $f \in L^\infty(\mathbb{T})$，也用 f 表示 f 到 $\mathbb{D}$ 的调和延拓. 对 $0 < r < 1$, $f_r(\xi) = f(r\xi)$, $\xi \in \mathbb{T}$，那么对 $h \in H^\infty(\mathbb{T})$，有

$$
\begin{aligned}
\|\varphi - h\|_\infty &\geqslant \overline{\lim_{r \to 1}}\|(\varphi - h)_r\|_\infty = \overline{\lim_{r \to 1}}\|\varphi_r - h_r\|_\infty \\
&\geqslant \overline{\lim_{r \to 1}}(\|\varphi - h_r\|_\infty - \|\varphi - \varphi_r\|_\infty) \\
&= \overline{\lim_{r \to 1}}\|\varphi - h_r\|_\infty \\
&\geqslant \mathrm{dist}(\varphi, A(\mathbb{T})).
\end{aligned}
$$

故

$$
\mathrm{dist}(\varphi, H^\infty(\mathbb{T})) \geqslant \mathrm{dist}(\varphi, A(\mathbb{T})),
$$

从而

$$
\mathrm{dist}(\varphi, H^\infty(\mathbb{T})) = \mathrm{dist}(\varphi, A(\mathbb{T})).
$$

考虑映射

$$
\tau : C(\mathbb{T})/A(\mathbb{T}) \to L^\infty(\mathbb{T})/H^\infty(\mathbb{T}), \ \varphi + A(\mathbb{T}) \mapsto \varphi + H^\infty(\mathbb{T}),
$$

则 τ 是线性等距. 映射 τ 的像是 $(H^\infty(\mathbb{T}) + C(\mathbb{T}))/H^\infty(\mathbb{T})$，故 $(H^\infty(\mathbb{T}) + C(\mathbb{T}))/H^\infty(\mathbb{T})$ 在 $L^\infty(\mathbb{T})/H^\infty(\mathbb{T})$ 中闭. 因为商映射

$$
\pi : L^\infty(\mathbb{T}) \to L^\infty(\mathbb{T})/H^\infty(\mathbb{T})
$$

是连续的，故 $H^\infty(\mathbb{T}) + C(\mathbb{T}) = \pi^{-1}\{(H^\infty(\mathbb{T}) + C(\mathbb{T}))/H^\infty(\mathbb{T})\}$ 是闭的. 注意到 $\mathcal{A} = \{f_0 + \bar{z}f_1 + \cdots + \bar{z}^n f_n : f_k \in H^\infty(\mathbb{T}), k = 0, \cdots, n\}$ 是 $H^\infty(\bar{z})$ 的稠子代数，且易见 $\mathcal{A} \subseteq H^\infty(\mathbb{T}) + C(\mathbb{T})$，故有 $H^\infty(\mathbb{T}) + C(\mathbb{T}) = H^\infty(\bar{z})$. □

定理6.4.6 (Hartman)　设 $\varphi \in L^\infty(\mathbb{T})$，则 $\|H_\varphi\|_e = \mathrm{dist}(\varphi, H^\infty(\mathbb{T}) + C(\mathbb{T}))$. 特别地，$H_\varphi$ 是紧的当且仅当 $\varphi \in H^\infty(\mathbb{T}) + C(\mathbb{T})$.

引理6.4.7　设 $K : H^2(\mathbb{T}) \to H^2(\mathbb{T})^\perp$ 是紧的，$S = T_z$，则 $\lim\limits_{n \to \infty} \|KS^n\| = 0$.

证：　首先对任何秩 1 的算子 $h_1 \otimes h_2$，有 $(h_1 \otimes h_2)S^n = h_1 \otimes S^{*n}h_2$. 易见

$$
\|(h_1 \otimes h_2)S^n\| = \|h_1\| \cdot \|S^{*n}h_2\| \to 0 \ (\text{当 } n \to \infty \text{ 时}),
$$

使用逼近的方法完成证明. □

Hartman 定理之证明: 首先对任何 $\psi \in C(\mathbb{T})$, H_ψ 是紧的. 故当 $h \in H^\infty(\mathbb{T})$ 时,

$$\|H_\varphi\|_e \leqslant \|H_\varphi - H_{h+\psi}\| = \|H_{\varphi-(h+\psi)}\| \leqslant \|\varphi - (h+\psi)\|_\infty,$$

因而

$$\|H_\varphi\|_e \leqslant \inf_{\psi \in C(\mathbb{T}), h \in H^\infty(\mathbb{T})} \|\varphi - (h+\psi)\|_\infty = \operatorname{dist}(\varphi, H^\infty(\mathbb{T}) + C(\mathbb{T})).$$

另一方面,对任何紧算子 $K : H^2(\mathbb{T}) \to H^2(\mathbb{T})^\perp$,

$$
\begin{aligned}
\|H_\varphi - K\| &\geqslant & \|(H_\varphi - K)S^n\| \geqslant \|H_\varphi S^n\| - \|KS^n\| \\
&=& \operatorname{dist}(\varphi z^n, H^\infty(\mathbb{T})) - \|KS^n\| \\
&=& \operatorname{dist}(\varphi, \bar{z}^n H^\infty(\mathbb{T})) - \|KS^n\| \\
&\geqslant& \operatorname{dist}(\varphi, H^\infty(\mathbb{T}) + C(\mathbb{T})) - \|KS^n\|.
\end{aligned}
$$

应用上面的引理有 $\|H_\varphi - K\| \geqslant \operatorname{dist}(\varphi, H^\infty(\mathbb{T}) + C(\mathbb{T}))$, 从而

$$\|H_\varphi\|_e \geqslant \operatorname{dist}(\varphi, H^\infty(\mathbb{T}) + C(\mathbb{T})).$$

因此我们证明了

$$\|H_\varphi\|_e = \operatorname{dist}(\varphi, H^\infty(\mathbb{T}) + C(\mathbb{T})). \qquad \square$$

注意 Toeplitz 算子半交换子和 Hankel 算子乘积有如下关系:

$$T_{fg} - T_f T_g = H_{\bar{f}}^* H_g.$$

因此 Toeplitz 算子理论和 Hankel 算子理论密切相关.

Axler, Chang, Sarason 和 Volberg [ACS, Vol] 证明了下列深刻的结果.

定理6.4.8 $T_{fg} - T_f T_g$ 是紧的当且仅当 $H^\infty[\bar{f}] \cap H^\infty[g] \subseteq H^\infty(\mathbb{T}) + C(\mathbb{T})$. 特别地, $H_{\bar{f}}^* H_g$ 是有限秩的当且仅当 $H_{\bar{f}}$ 或 H_g 是有限秩的.

Hankel 算子的研究和 Douglas 代数密切相关. 如果 $L^\infty(\mathbb{T})$ 的闭子代数 B 满足

$$H^\infty(\mathbb{T}) \subsetneqq B \subseteq L^\infty(\mathbb{T}),$$

称这样的 B 是 Douglas 代数. 记 $\operatorname{Inn}(B) = \{\eta : \eta$ 是内函数, $\bar{\eta} \in B\}$. Douglas 曾猜测每个这样的代数 B 由 $H^\infty(\mathbb{T})$ 和 $\operatorname{Inn}(B)$ 中的内函数的复共轭生成. Chang 和 Marshell 证明了这个猜测 (见 [Gar]). $H^\infty(\mathbb{T}) + C(\mathbb{T}) = H^\infty(\bar{z})$ 是最小的 Douglas 代数.

例子6.4.9 对 Hilbert 矩阵

$$\begin{pmatrix} 1 & \frac{1}{2} & \frac{1}{3} & \frac{1}{4} & \cdots \\ \frac{1}{2} & \frac{1}{3} & \frac{1}{4} & \cdots & \cdots \\ \frac{1}{3} & \frac{1}{4} & \cdots & \cdots & \cdots \\ \frac{1}{4} & \cdots & \cdots & \cdots & \cdots \\ \cdots & \cdots & \cdots & \cdots & \cdots \end{pmatrix},$$

考虑函数 $\varphi(z) = z + \frac{z^2}{2} + \cdots + \frac{z^n}{n} + \cdots = -\log(1-z)$，$\varphi(z)$ 是无界的，且 $U\Gamma_\varphi = H_{\hat\varphi}$，这里 $\hat\varphi(z) = \varphi(\bar z)$. 置 $\psi(e^{it}) = i(t-\pi)$，$0 \leqslant t \leqslant 2\pi$，则 $\psi \in L^\infty(\mathbb{T})$. 容易检查，$\hat\varphi - \psi \in H^2(\mathbb{T})$. 故 $H_{\hat\varphi} = H_\psi$，那么

$$\|\Gamma_\varphi\| = \|H_{\hat\varphi}\| = \|H_\psi\| \leqslant \|\psi\|_\infty = \pi.$$

即 Γ_φ 是有界的. 事实上，不难验证 $\|H_\psi\| = \pi$. 证明：H_ψ 不是紧的.

习题

1. 刻画有限秩的 Hankel 算子. 提示：$\ker H_f$ 是 T_z 的不变子空间.
2. 验证例子 6.4.9.

§6.4.3 对插值问题的应用

Toeplitz 算子、Hankel 算子在现代分析中有广泛的应用. 这里列举两个对插值问题的应用. 更广泛的应用可参阅书 [Pel].

设 $\lambda_1, \cdots, \lambda_n$ 是 $\mathbb{D}$ 中的 n 个不同点，$\mu_1, \cdots, \mu_n$ 是 n 个复数满足 $|\mu_j| < 1$，$j = 1, \cdots, n$. 著名的 Nevanlinna-Pick 插值问题是寻找 $f \in H^\infty(\mathbb{D})$，满足

$$f(\lambda_j) = \mu_j, \quad j = 1, \cdots, n, \ \text{且} \ \|f\|_\infty \leqslant 1. \tag{$\star$}$$

设 $\varphi_j(z) = \frac{z-\lambda_j}{1-\bar\lambda_j z}$，$B(z) = \varphi_1(z) \cdots \varphi_n(z)$，$B_j = B/\varphi_j$，$j = 1, \cdots, n$，则

$$g(z) = \sum_{j=1}^n \frac{\mu_j}{B_j(\lambda_j)} B_j$$

满足 $g(\lambda_i) = \mu_i$，$i = 1, \cdots, n$. 因此一个函数 $f \in H^\infty(\mathbb{D})$ 满足 $f(\lambda_j) = \mu_j$，$j = 1, \cdots, n$ 当且仅当 f 有形式 $f = g - Bh$，$h \in H^\infty(\mathbb{D})$. 从而插值问题 ($\star$) 是可解的

当且仅当

$$\inf_{h\in H^{\infty}(\mathbb{D})}\|g - Bh\|_{\infty} = \inf_{h\in H^{\infty}(\mathbb{D})}\|\bar{B}g - h\|_{\infty} = \mathrm{dist}(\bar{B}g, H^{\infty}(\mathbb{T})) \leqslant 1.$$

注意由 Nehari 定理, 上面的距离是可达到的. 进一步应用 Nehari 定理,

$$\|H_{\bar{B}g}\| = \mathrm{dist}(\bar{B}g, H^{\infty}(\mathbb{T})).$$

故插值问题 ($\star$) 是可解的当且仅当 $\|H_{\bar{B}g}\| \leqslant 1$, 当且仅当 $H_{\bar{B}g}^{*}H_{\bar{B}g} \leqslant I$.

定理6.4.10 (Nevanlinna-Pick) 插值问题 ($\star$) 可解当且仅当矩阵

$$\Big(\frac{1 - \mu_i\bar{\mu}_j}{1 - \lambda_i\bar{\lambda}_j}\Big)_{n\times n}$$

是半正定的.

证: 记 $K_B = (BH^2(\mathbb{T}))^{\perp}$, 则 K_B 有一个线性基 $\big\{\frac{B}{z-\lambda_1}, \cdots, \frac{B}{z-\lambda_n}\big\}$, 写 $h_i = \frac{B}{z-\lambda_i}$, $i = 1, \cdots, n$. 因为 $H_{\bar{B}g}^{*}BH^2(\mathbb{T}) = 0$, 故 $H_{\bar{B}g}^{*}H_{\bar{B}g} \leqslant I$ 等价于: 对任何复数 $c_1, \cdots, c_n$,

$$\Big\langle H_{\bar{B}g}^{*}H_{\bar{B}g}\Big(\sum_{i=1}^{n}c_ih_i\Big), \Big(\sum_{j=1}^{n}c_jh_j\Big)\Big\rangle \leqslant \Big\langle\sum_{i=1}^{n}c_ih_i, \sum_{j=1}^{n}c_jh_j\Big\rangle. \qquad (\star\star)$$

容易算出 $H_{\bar{B}g}h_i = \frac{\mu_i}{z-\lambda_i}$, $i = 1, \cdots, n$, 从而

$$\langle H_{\bar{B}g}h_i, H_{\bar{B}g}h_j\rangle = \frac{\mu_i\bar{\mu}_j}{1 - \lambda_i\bar{\lambda}_j}.$$

显然 $\langle h_i, h_j\rangle = \frac{1}{1 - \lambda_i\bar{\lambda}_j}$. 于是 ($\star\star$) 等价于下面的不等式:

$$\sum_{i,j}c_i\bar{c}_j\frac{1 - \mu_i\bar{\mu}_j}{1 - \lambda_i\bar{\lambda}_j} \geqslant 0.$$

完成了证明.   □

习题

1. 设 $c_0, c_1, \cdots, c_n$ 是 $n + 1$ 个复数, 是否存在函数 $f \in H^{\infty}(\mathbb{D})$, 其 Fourier 系数满足

$$\hat{f}(j) = c_j, \quad j = 1, \cdots, n, \ 且 \ \|f\|_{\infty} \leqslant 1?$$

提示: 函数 $g = c_0 + c_1z + \cdots + c_nz^n$, 并且考虑函数 $f(z) = g + z^{n+1}h$, $h \in H^{\infty}(\mathbb{D})$. 使用上面同样的方法.

§6.5　Bergman 空间上的 Toeplitz 算子和 Hankel 算子

单位圆盘上的 Bergman 空间 $L_a^2(\mathbb{D})$ 定义为:

$$L_a^2(\mathbb{D}) = \{f \text{ 在 } \mathbb{D} \text{ 上解析 } : \|f\|^2 = \frac{1}{\pi} \int_{\mathbb{D}} |f(z)|^2 \, \mathrm{d}A(z) < \infty\},$$

这里 $\mathrm{d}A$ 是面积测度.

Bergman 空间 $L_a^2(\mathbb{D})$ 有自然的规范正交基 $\{1, \sqrt{2}z, \cdots, \sqrt{n+1}z^n, \cdots\}$. 应用此规范正交基容易做如下计算. 设 $f(z) = \sum\limits_{n=0}^{\infty} a_n z^n \in L_a^2(\mathbb{D})$, 则 $\|f\|^2 = \sum\limits_{n \geqslant 0} \frac{|a_n|^2}{n+1}$. 容易检查 Bergman 空间是再生的解析 Hilbert 空间, 其再生核

$$K_\lambda(z) = \sum_{n=0}^{\infty} (\sqrt{n+1})^2 \bar{\lambda}^n z^n = \frac{1}{(1 - \bar{\lambda}z)^2}.$$

设 $k_\lambda(z) = \frac{K_\lambda(z)}{\|K_\lambda\|}$ 是正则化的再生核, 则 $k_\lambda \xrightarrow{\mathrm{w}} 0$ (当 $\lambda \to \partial\mathbb{D}$ 时). 使用再生核, 则对 $f \in L_a^2(\mathbb{D})$, 有

$$f(w) = \frac{1}{\pi} \int_{\mathbb{D}} \frac{f(z)}{(1 - w\bar{z})^2} \, \mathrm{d}A(z), \quad f \in L_a^2(\mathbb{D}), w \in \mathbb{D}.$$

进一步, 有

$$f(w) = \langle fk_w, k_w \rangle = \frac{(1 - |w|^2)^2}{\pi} \int_{\mathbb{D}} \frac{f(z)}{|1 - w\bar{z}|^4} \, \mathrm{d}A(z).$$

设 $f \in L^\infty(\mathbb{D})$, Toeplitz 算子 T_f 定义为

$$T_f : L_a^2(\mathbb{D}) \to L_a^2(\mathbb{D}), \ T_f h = P_+(fh), \ h \in L_a^2,$$

这里 $P_+ : L^2(\mathbb{D}) \to L_a^2(\mathbb{D})$ 为正交投影. Hankel 算子 H_f 定义为

$$H_f : L_a^2 \to L_a^{2\perp}, \ H_f h = (I - P_+)(fh), \ h \in L_a^2(\mathbb{D}).$$

Toeplitz 算子和 Hankel 算子有如下关系:

$$T_{\bar{f}g} - T_{\bar{f}}T_g = H_f^* H_g.$$

Toeplitz 算子的 Berezin 变换有性质:

$$\widehat{T_f}(\lambda) = \langle T_f k_\lambda, k_\lambda \rangle = \frac{1}{\pi} \int_{\mathbb{D}} f |k_\lambda|^2 \, \mathrm{d}A(z) = \frac{1}{\pi} \int_{\mathbb{D}} f \circ \varphi_\lambda \, \mathrm{d}A(z),$$

这里 $\varphi_\lambda(z) = \frac{\lambda - z}{1 - \bar{\lambda}z}$.

命题6.5.1 当 f 的支撑是 $\mathbb{D}$ 的紧子集时，T_f 是紧的.

证： 首先我们证明如果 $h_n \in L_a^2(\mathbb{D})$，且 $h_n \xrightarrow{w} 0$ 时，对 $\mathbb{D}$ 的每个紧子集 K，存在常数 C_K，使得 $\sup\limits_{z \in K} |h_n(z)| \leqslant C_K$，$n = 1, 2, \cdots$. 事实上，使用再生核，对每个 $g \in L_a^2(\mathbb{D})$，

$$|g(\lambda)|^2 = |\langle g, K_\lambda \rangle|^2 \leqslant \|g\|^2 \|K_\lambda\|^2,$$

这里 $\|K_\lambda\|^2 = \langle K_\lambda, K_\lambda \rangle = K_\lambda(\lambda) = \frac{1}{(1-|\lambda|^2)^2}$. 因此，若置 $C_K = \sup\limits_{n} \|h_n\| \sup\limits_{\lambda \in K} \frac{1}{(1-|\lambda|^2)}$，则 $\sup\limits_{z \in K} |h_n(z)| \leqslant C_K$，$n = 1, 2, \cdots$. 因为

$$\|T_f h_n\|^2 \leqslant \|f h_n\|^2 = \frac{1}{\pi} \int_{\mathbb{D}} |f(z)|^2 |h_n(z)|^2 \, \mathrm{d}A(z) = \frac{1}{\pi} \int_{K} |f(z)|^2 |h_n(z)|^2 \, \mathrm{d}A(z),$$

这里 K 是 f 的支撑，由控制收敛定理即有 $\lim\limits_{n \to \infty} \|T_f h_n\| = 0$，故 T_f 紧.   □

我们研究由连续符号 (符号属于 $C(\overline{\mathbb{D}})$) 的 Toeplitz 算子生成的 C^*-代数. 由 $C^*(\mathbb{D})$ 表示这个代数，则 $C^*(\mathbb{D})$ 由 Bergman 移位 T_z 生成.

命题6.5.2 $C^*(\mathbb{D}) = \{T_f + K : f \in C(\overline{\mathbb{D}}), K \text{ 紧}\}$. 若 $f \in C(\overline{\mathbb{D}})$，$f|_{\partial \mathbb{D}} = 0$，则 T_f 是紧的.

证： 首先证明若 $f|_{\partial \mathbb{D}} = 0$，则 T_f 是紧的. 事实上，若 $h_n \in L_a^2(\mathbb{D})$，且 $h_n \xrightarrow{w} 0$，则 h_n 内闭一致收敛到零. 因为

$$\|T_f h_n\|^2 \leqslant \|f h_n\|^2 = \frac{1}{\pi} \int_{\mathbb{D}} |f(z)|^2 |h_n(z)|^2 \, \mathrm{d}A(z),$$

使用简单的估计可知 $\|T_f h_n\| \to 0$，从而 T_f 是紧的.

由此推理和命题 6.5.1，当 $f \in C(\overline{\mathbb{D}})$ 时，

$$\|T_f\|_e \leqslant \|f|_{\partial \mathbb{D}}\|_\infty.$$

事实上这是一个等式. 因为对任何紧算子 K，

$$\begin{aligned}
\|T_f + K\| &\geqslant |\langle (T_f + K) k_\lambda, k_\lambda \rangle| = \left| \frac{1}{\pi} \int_{\mathbb{D}} f |k_\lambda|^2 \, \mathrm{d}A(z) + \langle K k_\lambda, k_\lambda \rangle \right| \\
&\geqslant \left| \frac{1}{\pi} \int_{\mathbb{D}} f \circ \varphi_\lambda \, \mathrm{d}A(z) \right| - |\langle K k_\lambda, k_\lambda \rangle|,
\end{aligned}$$

当 $\lambda \to \lambda_0 \in \partial\mathbb{D}$ 时，就有

$$\|T_f + K\| \geqslant |f(\lambda_0)|,$$

故有 $\|T_f\|_e \geqslant \|f|_{\partial\mathbb{D}}\|_\infty$，从而 $\|T_f\|_e = \|f|_{\partial\mathbb{D}}\|_\infty$.

　　也容易证明：当 $f \in C(\overline{\mathbb{D}})$ 时，H_f 是紧的(此可通过逼近的方法先验证 $H_{\bar{z}^n}$ 是紧的). 由前面的推理，$\{T_f + 紧 : f \in C(\overline{\mathbb{D}})\}$ 是 C^*-代数. 为了完成证明，仅需证明每一个紧算子属于 $C^*(\mathbb{D})$. 因为

$$1 \otimes 1 = I - 2T_z T_z^* + T_{z^2} T_{z^2}^*,$$

故 $1 \otimes 1 \in C^*(\mathbb{D})$. 对解析多项式 p, q，$T_p(1 \otimes 1)T_q^* = p \otimes q \in C^*(\mathbb{D})$. 从而 $C^*(\mathbb{D})$ 包含所有有限秩算子，故有 $\mathcal{K}(L_a^2) \subseteq C^*(\mathbb{D})$.　　　　□

　　上面的证明事实上给出了 C^*-同构：

$$C^*(\mathbb{D})/\mathcal{K}(L_a^2) \cong C(\mathbb{T}),\ T_f + 紧 \mapsto f|_{\partial\mathbb{D}}.$$

因而当 $f \in C(\overline{\mathbb{D}})$ 时，T_f 是 Fredholm 的当且仅当 f 在圆周上无零点，且对任何 $f \in C(\overline{\mathbb{D}})$，$\sigma_e(T_f) = f(\mathbb{T})$.

　　进一步，一个简单的推理表明当 $f \in C(\overline{\mathbb{D}})$，且 f 在 $\partial\mathbb{D}$ 上无零点时，

$$\mathrm{Ind}\ T_f = -\sharp(\tilde{f}),$$

这里 $\tilde{f} = f|_{\partial\mathbb{D}}$.

　　从另一个角度，读者可建立 $L_a^2(\mathbb{D})$ 与 $H^2(\mathbb{T})$ 之间的一个酉等价

$$U : L_a^2(\mathbb{D}) \to H^2(\mathbb{T}),\ U(\sqrt{n+1}z^n) = z^n,\quad n = 0, 1, \cdots.$$

通过此酉等价，实现了 Bergman 移位和 Hardy 移位之间的本质酉等价. 进一步可证明对 $f \in C(\overline{\mathbb{D}})$，成立 $UT_f U^* = T_{\tilde{f}} + 紧$，这里右边的 Toeplitz 算子是定义在 Hardy 空间上的.

　　著名的 Widom 定理陈述了 Hardy 空间上的 Toeplitz 算子的谱、本质谱都是连通的 (见定理 6.3.11). 然而 Bergman 空间的情形截然相反.

例子6.5.3　考虑 Bergman 空间 Toeplitz 算子 $T_{1-|z|^2}$，则

$$\sigma_e(T_{1-|z|^2}) = \{0\},\ \sigma(T_{1-|z|^2}) = \left\{\frac{1}{2}, \frac{1}{3}, \frac{1}{4}, \cdots\right\}.$$

关于 Bergman 空间上 Toeplitz 算子和 Hankel 算子的紧性，Axler 和 Zheng [AZ] 证明了下列深刻的结果.

定理6.5.4 设 $f \in L^\infty(\mathbb{D})$，则

(i) T_f 是紧的当且仅当 $\lim\limits_{\lambda \to \partial \mathbb{D}} \|T_f k_\lambda\| = 0$；

(ii) H_f 是紧的当且仅当 $\lim\limits_{\lambda \to \partial \mathbb{D}} \|H_f k_\lambda\| = 0$.

习题

1. 构造 Bergman 空间上一个 Toeplitz 算子，使其本质谱不连通.

2. 对 $\lambda \in \mathbb{D}$，置 $\varphi_\lambda(z) = \frac{\lambda - z}{1 - \bar\lambda z}$. 定义算子 $U_\lambda : L_a^2(\mathbb{D}) \to L_a^2(\mathbb{D})$，$U_\lambda f(z) = f(\varphi_\lambda(z))k_\lambda(z)$，证明：$U_\lambda$ 是一个自伴的酉算子，且 $U_\lambda^2 = I$. 在 Hardy 空间上也可相似地定义此类算子.

3. 如果 f 的支撑包含在单位圆盘 $\mathbb{D}$ 中，证明：T_f 是迹类算子.

4. 设 M 是 Bergman 移位 M_z 的一个不变子空间，并且 M 包含一个 H^∞ 函数，证明对几乎所有 $\xi \in \mathbb{T}$，$\lim_{\lambda \to \xi} \|P_M k_\lambda\| = 1$，这里 P_M 表示到 M 的正交投影.

§6.6 复合算子

在这一节，我们简要介绍 Hardy 空间、Bergman 空间上的复合算子. 复合算子在复分析、复动力系统、遍历理论等数学分支中有广泛的应用. 关于 Hardy 空间、Bergman 空间和其他解析函数空间上的复合算子的研究，有丰富的文献. 本节不涉及圆盘上的解析函数理论，仅介绍 Hardy 空间、Bergman 空间上的复合算子的一些基本概念和性质. 这些结果通过我们前面建立的基础容易得到. 对复合算子理论的一般研究，可参考综合文献 [CM, Sh2, Xu, Zhu1].

记 $H(\mathbb{D})$ 表示 $\mathbb{D}$ 上的解析函数全体；$\varphi : \mathbb{D} \to \mathbb{D}$ 是单位圆盘到自身的解析映射，定义算子

$$C_\varphi : H(\mathbb{D}) \to H(\mathbb{D}), \quad f \mapsto f \circ \varphi,$$

则 C_φ 是解析函数空间到自身的线性算子，称为符号为 φ 的复合算子.

为了讨论 C_φ 的算子论性质，我们把 C_φ 的定义域限制为 Hardy 空间和 Bergman 空间，来讨论 C_φ 的算子论性质和符号 φ 的解析性质之间的关系.

§6.6.1　Hardy 空间上的复合算子

解析函数空间上复合算子的有界性主要来自 Littewood 的从属原理.

Littewood 从属原理： 设 $\varphi : \mathbb{D} \to \mathbb{D}$ 是单位圆盘到自身的解析映射，并且 $\varphi(0) = 0$，$f \in H^2(\mathbb{D})$，则 $\|f \circ \varphi\| \leqslant \|f\|$，即若 f 的 Fourier 系数是绝对平方可和的，则 $f \circ \varphi$ 的 Fourier 系数也是绝对平方可和的，且后者的和不超过前者.

下面，我们通过 Hardy 空间再生核及 Poisson 积分的性质来推导这一原理. 设 $z \in \mathbb{D}$，$k_z(\theta) = \frac{K_z(\theta)}{\|K_z\|}$ 是正则化的 Hardy 再生核，则有

$$|k_z(\theta)|^2 = \frac{1 - |z|^2}{|1 - \bar{z}e^{i\theta}|^2} = \frac{1 - |z|^2}{|e^{i\theta} - z|^2} = \operatorname{Re}\left(\frac{e^{i\theta} + z}{e^{i\theta} - z}\right) = P_z(\theta). \text{（Poisson 核）}$$

设 $\varphi : \mathbb{D} \to \mathbb{D}$ 是单位圆盘到自身的解析映射，$f \in H^2(\mathbb{D})$，则

$$
\begin{aligned}
|f(\varphi(z))|^2 &= |\langle f k_{\varphi(z)}, k_{\varphi(z)} \rangle|^2 \\
&= \left| \frac{1}{2\pi} \int_0^{2\pi} P_{\varphi(z)}(\theta) f(\theta) \, d\theta \right|^2 \\
&\leqslant \frac{1}{2\pi} \int_0^{2\pi} P_{\varphi(z)}(\theta) |f(\theta)|^2 \, d\theta. \quad \text{（应用 Hölder 不等式）}
\end{aligned}
$$

由于

$$P_{\varphi(z)}(\theta) = \operatorname{Re}\left(\frac{e^{i\theta} + \varphi(z)}{e^{i\theta} - \varphi(z)}\right)$$

是变数 z 的调和函数，故

$$u(z) = \frac{1}{2\pi} \int_0^{2\pi} P_{\varphi(z)}(\theta) |f(\theta)|^2 \, d\theta$$

是变数 z 的调和函数，由调和函数的均值定理，

$$
\begin{aligned}
\frac{1}{2\pi} \int_0^{2\pi} |f(\varphi(re^{i\theta}))|^2 \, d\theta &\leqslant \frac{1}{2\pi} \int_0^{2\pi} u(re^{i\theta}) \, d\theta \\
&= u(0) \\
&= \frac{1}{2\pi} \int_0^{2\pi} \frac{1 - |\varphi(0)|^2}{|e^{i\theta} - \varphi(0)|^2} |f(\theta)|^2 \, d\theta \\
&\leqslant \frac{1 + |\varphi(0)|}{1 - |\varphi(0)|} \|f\|^2,
\end{aligned}
$$

因此，

$$\|f \circ \varphi\|^2 \leqslant \frac{1 + |\varphi(0)|}{1 - |\varphi(0)|} \|f\|^2,$$

即有

$$\|f \circ \varphi\| \leqslant \left(\frac{1 + |\varphi(0)|}{1 - |\varphi(0)|}\right)^{1/2} \|f\|. \qquad (\star)$$

特别地, 当 $\varphi(0) = 0$ 时, 就得到 Littewood 从属原理. 从 $(\star)$ 我们看到复合算子 $C_\varphi : H^2(\mathbb{D}) \to H^2(\mathbb{D})$, $f \mapsto f \circ \varphi$ 是有界的, 且 $\|C_\varphi\| \leqslant \left(\frac{1 + |\varphi(0)|}{1 - |\varphi(0)|}\right)^{1/2}$.

命题6.6.1 $\frac{1}{1 - |\varphi(0)|^2} \leqslant \|C_\varphi\|^2 \leqslant \frac{1 + |\varphi(0)|}{1 - |\varphi(0)|}$, 特别当 $\varphi(0) = 0$ 时, $\|C_\varphi\| = 1$.

证: 不等式的右边由上面的推理即得. 关于左边, 由一个简单的验证知成立下式:

$$C_\varphi^* K_z = K_{\varphi(z)}.$$

因而,

$$\|C_\varphi\|^2 = \|C_\varphi^*\|^2 \geqslant \|C_\varphi^* k_z\|^2 = \frac{\|K_{\varphi(z)}\|^2}{\|K_z\|^2} = \frac{1 - |z|^2}{1 - |\varphi(z)|^2},$$

故

$$\|C_\varphi\|^2 \geqslant \sup_{z \in \mathbb{D}} \frac{1 - |z|^2}{1 - |\varphi(z)|^2} \geqslant \frac{1}{1 - |\varphi(0)|^2}.$$

特别地, 当 $\varphi(0) = 0$ 时, $\|C_\varphi\| = 1$. $\qquad \square$

命题6.6.2 对 Hardy 空间上的复合算子, 下列成立:

(i) 如果 C_φ 是紧的, 则 $\lim\limits_{|z| \to 1} \frac{1 - |z|}{1 - |\varphi(z)|} = 0$;

(ii) 如果 C_φ 是紧的, 则 $|\varphi(e^{i\theta})| < 1$, a. e.;

(iii) C_φ 是 Hilbert-Schmidt 的当且仅当 $\int_0^{2\pi} \frac{1}{1 - |\varphi(\theta)|^2} \, d\theta < \infty$, 且在此情形, C_φ 的 Hilbert-Schmidt 范数由下式给出:

$$\|C_\varphi\|_{\mathrm{HS}}^2 = \frac{1}{2\pi} \int_0^{2\pi} \frac{1}{1 - |\varphi(\theta)|^2} \, d\theta,$$

特别地, 若 φ 满足 $|\varphi(z)| \leqslant s < 1$, 则 C_φ 是 Hilbert-Schmidt 的;

(iv) $\|C_\varphi\|_e^2 \geqslant \overline{\lim\limits_{|z| \to 1}} \frac{1 - |z|^2}{1 - |\varphi(z)|^2}$.

证: (i) 由于 $\|C_\varphi^* k_z\|^2 = \frac{1 - |z|^2}{1 - |\varphi(z)|^2}$, 并且 $k_z \xrightarrow{\mathrm{w}} 0$ ($|z| \to 1$), 故 (i) 成立.

(ii) 假如有 $[0, 2\pi]$ 的子集 E 满足 $m(E) > 0$, 使得 $|\varphi(e^{i\theta})| \geqslant 1$, $\theta \in E$, 置 $f_n(z) = z^n$, 则 $f_n \xrightarrow{\mathrm{w}} 0$, 且

$$\|C_\varphi f_n\|^2 = \|\varphi^n\|^2 = \frac{1}{2\pi} \int_0^{2\pi} |\varphi|^{2n} \, d\theta \geqslant \frac{1}{2\pi} \int_E |\varphi|^{2n} \, d\theta \geqslant \frac{m(E)}{2\pi},$$

这和 C_φ 的紧性矛盾，故 (ii) 成立.

(iii) 根据公式

$$\|C_\varphi\|_{\mathrm{HS}}^2 = \sum_n \|C_\varphi f_n\|^2 = \sum_n^\infty \frac{1}{2\pi} \int_0^{2\pi} |\varphi|^{2n}\, \mathrm{d}\theta = \frac{1}{2\pi} \int_0^{2\pi} \frac{1}{1 - |\varphi|^2}\, \mathrm{d}\theta$$

即得 (iii).

(iv) 对任何紧算子 K,

$$\|C_\varphi + K^*\| = \|C_\varphi^* + K\| \;\geqslant\; \|(C_\varphi^* + K)k_z\| = \left\| \frac{K_{\varphi(z)}}{\|K_z\|} + Kk_z \right\|$$

$$\geqslant \frac{\|K_{\varphi(z)}\|}{\|K_z\|} - \|Kk_z\| = \left(\frac{1 - |z|^2}{1 - |\varphi(z)|^2} \right)^{1/2} - \|Kk_z\|.$$

因为 K 是紧的，故 $\lim\limits_{|z|\to 1} \|Kk_z\| = 0$，从而

$$\|C_\varphi + K^*\| \geqslant \varlimsup_{|z|\to 1} \left(\frac{1 - |z|^2}{1 - |\varphi(z)|^2} \right)^{1/2}.$$

因此我们有

$$\|C_\varphi\|_e^2 = \inf\{\|C_\varphi + K\|^2 : K \text{ 是紧算子}\} \geqslant \varlimsup_{|z|\to 1} \frac{1 - |z|^2}{1 - |\varphi(z)|^2}. \qquad \square$$

关于 C_φ 的本性范数，Shapiro 通过 Nevanlinna 计值函数，给出了完全刻划 [Sh1]. 对 $w \in \mathbb{D} \setminus \{\varphi(0)\}$，记

$$N_\varphi(w) = \sum \left\{ \log \frac{1}{|z|} : z \in \varphi^{-1}(w) \right\}.$$

定理6.6.3 (Shapiro) C_φ 的本性范数

$$\|C_\varphi\|_e^2 = \varlimsup_{|w|\to 1} \frac{N_\varphi(w)}{\log \frac{1}{|w|}}.$$

特别地，C_φ 是紧的当且仅当 $\lim\limits_{|w|\to 1} \frac{N_\varphi(w)}{\log \frac{1}{|w|}} = 0$.

系6.6.4 (Shapiro)   如果 φ 是内函数，则

$$\|C_\varphi\|_e = \left(\frac{1 + |\varphi(0)|}{1 - |\varphi(0)|} \right)^{1/2}.$$

经过对 Shapiro 证明的细致分析, 可以得到

$$\|C_\varphi\|_e^2 \leqslant \varlimsup_{|w| \to 1} \|C_\varphi k_w\|^2 \leqslant \varlimsup_{|w| \to 1} \frac{N_\varphi(w)}{\log \frac{1}{|w|}}.$$

因此

$$\|C_\varphi\|_e^2 = \varlimsup_{|w| \to 1} \|C_\varphi k_w\|^2.$$

特别地, C_φ 是紧的当且仅当

$$\lim_{|w| \to 1} \|C_\varphi k_w\| = 0.$$

习题

1. 证明: 复合算子 C_φ 是正规的当且仅当有常数 λ, $|\lambda| \leqslant 1$, $\varphi(z) = \lambda z$.

2. 证明: 在 $H^2(\mathbb{D})$ 上一个算子 A 是复合算子当且仅当对每个 $\lambda \in \mathbb{D}$, $A^* K_\lambda$ 仍是一个再生核.

3. 证明: C_φ 是可逆的当且仅当存在 $\lambda \in \mathbb{D}$ 及 $\theta \in [0, 2\pi]$, 使得 $\varphi(z) = \mathrm{e}^{\mathrm{i}\theta} \frac{\lambda - z}{1 - \bar{\lambda} z}$, 此时 $C_\varphi^{-1} = C_{\varphi^{-1}}$.

4. 设 $\varphi(z) = \frac{1+z}{2}$, 证明: C_φ 不是紧的, 求 $\|C_\varphi\|$, $\|C_\varphi\|_e$.

5. 如果 φ 是内函数, 证明: $\|C_\varphi\| = \left(\frac{1+|\varphi(0)|}{1-|\varphi(0)|}\right)^{1/2}$.

6. 如果 C_φ 是等距, 证明: φ 是内函数, 且 $\varphi(0) = 0$.

7. $\varphi : \mathbb{D} \to \mathbb{D}$ 是单叶解析函数, 证明: C_φ 是紧算子的充要条件是

$$\lim_{|z| \to 1} \frac{1 - |z|}{1 - |\varphi(z)|} = 0.$$

§6.6.2 Bergman 空间上的复合算子

为了讨论 Bergman 空间上的复合算子, 我们需要 Schwarz-Pick 引理.

引理6.6.5 (Schwarz-Pick) 设 $\varphi(z)$ 是单位圆盘到自身的解析映射, 则

(i) 如果 $\varphi(0) = 0$, 则

$$|\varphi(z)| \leqslant |z|, \quad z \in \mathbb{D}, \text{ 且 } |\varphi'(0)| \leqslant 1,$$

上式等号在某点 z 处成立当且仅当 $\varphi(z) = \xi z$, 此处 $|\xi| = 1$;

(ii)

$$\left|\frac{\varphi(z) - \varphi(z_0)}{1 - \overline{\varphi(z_0)}\varphi(z)}\right| \leqslant \left|\frac{z_0 - z}{1 - \overline{z_0}z}\right|,$$

并且

$$|\varphi'(z)| \leqslant \frac{1 - |\varphi(z)|^2}{1 - |z|^2},$$

上式等号在某点 z 处成立当且仅当 $\varphi(z)$ 是一个 Möbius 变换.

证： (i) 由于 $\varphi(0) = 0$, 函数 $\psi(z) = \frac{\varphi(z)}{z}$ 在 $\mathbb{D}$ 上解析, 且

$$|\psi(\mathrm{e}^{\mathrm{i}\theta})| = |\varphi(\mathrm{e}^{\mathrm{i}\theta})| \leqslant 1, \text{ a.e.,}$$

另外

$$\psi(z) = \frac{1}{2\pi} \int_0^{2\pi} P_z(\theta)\psi(\mathrm{e}^{\mathrm{i}\theta}) \, \mathrm{d}\theta,$$

从而

$$|\psi(z)| \leqslant \frac{1}{2\pi} \int_0^{2\pi} P_z(\theta)|\psi(\mathrm{e}^{\mathrm{i}\theta})| \, \mathrm{d}\theta \leqslant \frac{1}{2\pi} \int_0^{2\pi} P_z(\theta) \, \mathrm{d}\theta = 1.$$

故有 $|\varphi(z)| \leqslant |z|$. 其余的结论是显然的.

(ii) 置 $\varphi_{z_0}(z) = \frac{z_0 - z}{1 - \overline{z_0}z}$, 且 $\psi(z) = \frac{\varphi \circ \varphi_{z_0}(z) - \varphi(z_0)}{1 - \overline{\varphi(z_0)}\varphi \circ \varphi_{z_0}(z)}$. 应用 (i) 有

$$\left|\frac{\varphi \circ \varphi_{z_0}(z) - \varphi(z_0)}{1 - \overline{\varphi(z_0)}\varphi \circ \varphi_{z_0}(z)}\right| \leqslant |z|.$$

将上式中 z 用 $\varphi_{z_0}(z)$ 替换, 根据 $\varphi_{z_0} \circ \varphi_{z_0}(z) = z$ 就有要求的不等式, 其余的用 (i) 的结论即可获得. □

设 $\varphi : \mathbb{D} \to \mathbb{D}$ 是圆盘到自身的解析映射, 且 $\varphi(0) = 0$. 当 $0 < r < 1$ 时, 记 $\tilde{\varphi}_r(z) = \frac{\varphi(rz)}{r}$, 由 Schwartz-Pick 引理, $\tilde{\varphi}_r(z)$ 是 $\mathbb{D}$ 到自身的解析映射, 且 $\tilde{\varphi}_r(0) = 0$. 设 $f \in L_a^2(\mathbb{D})$, 应用 Littewood 从属原理, 我们有

$$\frac{1}{2\pi} \int_0^{2\pi} |f(\varphi(r\mathrm{e}^{\mathrm{i}\theta}))|^2 \, \mathrm{d}\theta = \frac{1}{2\pi} \int_0^{2\pi} |f(r\tilde{\varphi}_r(\mathrm{e}^{\mathrm{i}\theta}))|^2 \, \mathrm{d}\theta$$

$$\leqslant \frac{1}{2\pi} \int_0^{2\pi} |f(r\mathrm{e}^{\mathrm{i}\theta})|^2 \, \mathrm{d}\theta.$$

因此有

$$
\begin{aligned}
\frac{1}{\pi}\int_{\mathbb{D}}|f(\varphi(z))|^2\,\mathrm{d}A(z) &= 2\int_0^1\left[\frac{1}{2\pi}\int_0^{2\pi}|f(\varphi(re^{i\theta}))|^2\,\mathrm{d}\theta\right]r\,\mathrm{d}r\\
&\leqslant 2\int_0^1\left[\frac{1}{2\pi}\int_0^{2\pi}|f(re^{i\theta})|^2\,\mathrm{d}\theta\right]r\,\mathrm{d}r\\
&= \frac{1}{\pi}\int_{\mathbb{D}}|f(z)|^2\,\mathrm{d}A(z). \qquad (\star)
\end{aligned}
$$

由上面的推理, 有下列结论.

命题6.6.6 设 $\varphi:\mathbb{D}\to\mathbb{D}$ 是圆盘到自身的解析映射, 且 $\varphi(0)=0$, 则复合算子 $C_\varphi:L_a^2(\mathbb{D})\to L_a^2(\mathbb{D})$ 是有界的, 且 $\|C_\varphi\|=1$.

证: 由 $(\star)$, 有 $\|C_\varphi f\|\leqslant\|f\|$, 因而 $\|C_\varphi\|\leqslant 1$. 又由 $\|C_\varphi 1\|=1$, 可知 $\|C_\varphi\|\geqslant 1$. 故有 $\|C_\varphi\|=1$. □

读者容易验证下列事实. 设 $\varphi_i:\mathbb{D}\to\mathbb{D}$ 是 $\mathbb{D}$ 上的解析自映射, $i=1,2$, 则 $C_{\varphi_1}C_{\varphi_2}=C_{\varphi_2\circ\varphi_1}$. 设 $\varphi_\lambda(z)=\frac{\lambda-z}{1-\bar\lambda z}$, 则 $\varphi_\lambda\circ\varphi_\lambda(z)=z$. 因此 $C_{\varphi_\lambda}^2=I$.

命题6.6.7 $\|C_{\varphi_\lambda}\|=\frac{1+|\lambda|}{1-|\lambda|}$.

证: 容易验证 $U_\lambda:L_a^2(\mathbb{D})\to L_a^2(\mathbb{D})$, $f\mapsto f\circ\varphi_\lambda k_\lambda$ 是酉算子, 这里 k_λ 是 Bergman 空间上正则化的再生核. 因此当 $f\in L_a^2(\mathbb{D})$ 时,

$$
\begin{aligned}
C_{\varphi_\lambda}f=f\circ\varphi_\lambda &= \frac{1}{k_\lambda}(f\circ\varphi_\lambda k_\lambda)\\
&= \frac{1}{k_\lambda}U_\lambda f\\
&= M_{\Phi_\lambda}U_\lambda f,
\end{aligned}
$$

这里 $\Phi_\lambda(z)=\frac{(1-\bar\lambda z)^2}{1-|\lambda|^2}$. 由上面的等式, 成立

$$
\begin{aligned}
\|C_{\varphi_\lambda}\|=\|M_{\Phi_\lambda}U_\lambda\| &= \|M_{\Phi_\lambda}\|=\sup_{z\in\mathbb{D}}|\Phi_\lambda(z)|\\
&= \frac{(1+|\lambda|)^2}{1-|\lambda|^2}=\frac{1+|\lambda|}{1-|\lambda|}.
\end{aligned}
$$
□

命题6.6.8 设 $\varphi:\mathbb{D}\to\mathbb{D}$ 是圆盘到自身的一个解析映射, 则 C_φ 有界, 且

$$
\frac{1}{1-|\varphi(0)|^2}\leqslant\|C_\varphi\|\leqslant\frac{(1+|\varphi(0)|)^2}{1-|\varphi(0)|^2}.
$$

证: 记 $\lambda_0 = \varphi(0)$, 则 $\varphi_{\lambda_0} \circ \varphi(0) = 0$. 记 $\psi = \varphi_{\lambda_0} \circ \varphi$, 由命题 6.6.6, $\|C_\psi\| = 1$. 因为

$$C_\varphi = C_\varphi C_{\varphi_{\lambda_0}} C_{\varphi_{\lambda_0}} = C_\psi C_{\varphi_{\lambda_0}},$$

从而由命题 6.6.7,

$$\|C_\varphi\| \leqslant \|C_\psi\| \|C_{\varphi_{\lambda_0}}\| = \frac{1 + |\varphi(0)|}{1 - |\varphi(0)|}.$$

不等式的另一半来自

$$\|C_\varphi\| = \|C_\varphi^*\| \geqslant \sup_{\lambda \in \mathbb{D}} \|C_\varphi^* k_\lambda\| = \sup_{\lambda \in \mathbb{D}} \frac{\|K_{\varphi(\lambda)}\|}{\|K_\lambda\|} = \sup_{\lambda \in \mathbb{D}} \frac{1 - |\lambda|^2}{1 - |\varphi(\lambda)|^2} \geqslant \frac{1}{1 - |\varphi(0)|^2}. \qquad \square$$

类似于命题 6.6.2 的证明, 我们有

命题6.6.9 下列成立:

(i) 如果 C_φ 是紧的, 则 $\lim_{|z| \to 1} \frac{1 - |z|^2}{1 - |\varphi(z)|^2} = 0$;

(ii) C_φ 是 Hilbert-Schmidt 的当且仅当 $\int_{\mathbb{D}} (1 - |\varphi(z)|^2)^{-2} \, dA(z) < \infty$, 且在此情形, C_φ 的 Hilbert-Schmidt 范数由下式给出:

$$\|C_\varphi\|_{\mathrm{HS}}^2 = \frac{1}{\pi} \int_{\mathbb{D}} (1 - |\varphi(z)|^2)^{-2} \, dA(z);$$

(iii) $\|C_\varphi\|_e \geqslant \overline{\lim_{|z| \to 1}} \left(\frac{1 - |z|^2}{1 - |\varphi(z)|^2} \right)^{1/2}$.

在 Bergman 空间的情形, 记

$$N_{\varphi,2}(w) = \sum \left\{ \left(\log \frac{1}{|z|} \right)^2 : z \in \varphi^{-1}(w) \right\}.$$

Shapiro 在 [Sh1] 中给出了 C_φ 的本性范数的一个估计, 后来在文献 [Pog] 中, 结合 Shapiro 的估计给出了 C_φ 本性范数的等式, 这就是下面的定理.

定理6.6.10 C_φ 的本性范数

$$\|C_\varphi\|_e^2 = \overline{\lim_{|w| \to 1}} \frac{N_{\varphi,2}(w)}{\left(\log \frac{1}{|w|} \right)^2}.$$

特别地, C_φ 是紧的当且仅当 $\lim_{|w| \to 1} \frac{N_{\varphi,2}(w)}{\left(\log \frac{1}{|w|} \right)^2} = 0$.

习题

1. 设 Ω 是复平面的一个区域，在 Ω 上的一个次调和函数 $v: \Omega \to [-\infty, \infty]$ 是满足下面两个条件的函数：

    (i) v 是上半连续的，即 $\lim\limits_{z \to z_0} v(z) \leqslant v(z_0)$；

    (ii) 对每个 $z_0 \in \Omega$，且圆盘 $O(z_0, r(z_0)) \subseteq \Omega$，则当 $r < r(z_0)$ 时，

$$v(z_0) \leqslant \frac{1}{\pi r^2} \int_{|z-z_0|<r} v(z) \, \mathrm{d}A(z).$$

    (a) 设 $f(z)$ 在 Ω 上解析，验证下面的函数是次调和函数：

$$\log|f(z)|; \qquad |f(z)|^p, \ p > 0.$$

    (b) $v: \Omega \to [-\infty, \infty]$ 是次调和函数当且仅当对每一个区域 U，$\overline{U} \subset \Omega$，以及每一个在 $\overline{U}$ 上连续的实的调和函数 $u(z)$，若 $v|_{\partial U} \leqslant u|_{\partial U}$，就有 $v(z) \leqslant u(z)$，$z \in U$.

    (c) [Littewood 从属原理] 设 $\varphi : \mathbb{D} \to \mathbb{D}$ 是单位圆盘到自身的解析映射，$\varphi(0) = 0$，并且 v 是圆盘上的次调和函数，则

$$\int_0^{2\pi} v(\varphi(re^{i\theta})) \, \mathrm{d}\theta \leqslant \int_0^{2\pi} v(re^{i\theta}) \, \mathrm{d}\theta.$$

    (d) 设 v 是圆盘 $\mathbb{D}$ 上的次调和函数，证明：$\int_0^{2\pi} v(re^{i\theta}) \, \mathrm{d}\theta$ 是 r 的递增函数.

2. 设 $0 < p < \infty$，μ 是单位区间 $[0, 1]$ 上的有限正测度，$X_{p,\mu}$ 是圆盘 $\mathbb{D}$ 上的所有满足下面条件的解析函数：

$$\|f\|^p = \int_0^1 \left(\frac{1}{2\pi} \int_0^{2\pi} |f(re^{i\theta})|^p \, \mathrm{d}\theta \right) \mathrm{d}\mu(r) < \infty.$$

设 $\varphi : \mathbb{D} \to \mathbb{D}$ 是单位圆盘到自身的解析映射，$\varphi(0) = 0$，那么 C_φ 作用在 $X_{p,\mu}$ 上是有界线性算子，且 $\|C_\varphi\| = 1$.

第七章 无界线性算子

在前面的章节中，我们主要研究和讨论有界线性算子. 在 §3.4 节介绍算子半群时，我们看到半群的母元算子一般是无界的. 事实上，在数学研究和应用中遇到的算子常常是无界的，如连续函数空间 $C[0,1]$ 中的微分算子 $\frac{\mathrm{d}}{\mathrm{d}x}$，它映函数 $f_n(x) = \sin 2n\pi x$ 到 $f'_n(x) = 2n\pi \cos 2n\pi x$，$\|f_n\| = 1$，而 $\|f'_n\| = 2n\pi$. 再如几何和偏微分方程中常常出现的 Laplace 算子、椭圆微分算子等；以及量子力学中的 Schrödinger 算子等. 这些基本的算子类在数学以及物理学中有重要的意义和作用.

本章简要地介绍无界线性算子的一些基本概念和研究方法，关于无界算子的一般理论可参阅 [Yos, Ru1, Con1].

在我们讨论无界线性算子时，它的定义域一般不是全空间，因此对无界算子，必须首先要指明它的定义域. 设 X，Y 是 Banach 空间，$T : X \to Y$ 是一个线性算子，它的定义域由 $\mathcal{D}(T)$ 表示，是 X 的一个线性子空间. 我们称 T 是稠定的，如果 $\mathcal{D}(T)$ 在 X 中稠密. 算子 T 的图像定义为

$$\mathcal{G}(T) = \{(x, Tx) : x \in \mathcal{D}(T)\},$$

它是 $X \times Y$ 的一个线性子空间，这里 $X \times Y$ 中元素 (x, y) 的范数定义为 $\|(x,y)\| = \sqrt{\|x\|^2 + \|y\|^2}$. 如果 T 的图像 $\mathcal{G}(T)$ 在 $X \times Y$ 中是闭的，则称 T 是闭算子. 容易验证 T 是闭的当且仅当若 $x_n \in \mathcal{D}(T)$，且 $x_n \to x$，$Tx_n \to y$，就有 $x \in \mathcal{D}(T)$，且 $y = Tx$.

我们考察闭区间 $[0,1]$ 上所有连续函数组成的 Banach 空间 $C[0,1]$ 中的微分算子 $\frac{\mathrm{d}}{\mathrm{d}x} : C[0,1] \to C[0,1]$，其定义域是

$$\mathcal{D} = \left\{ f : f \text{ 在 } [0,1] \text{ 上是连续的且可微的}, f' \in C[0,1] \right\}.$$

因为所有多项式在 $\mathcal{D}$ 中，故 $\frac{\mathrm{d}}{\mathrm{d}x}$ 是稠定的. 若按 $C[0,1]$ 的一致范数，我们看到若 $f_n \in \mathcal{D}$，且 $f_n \to f$ 以及 $f'_n \to g$，那么对每个 $x \in [0,1]$，

$$f_n(x) - f_n(0) = \int_0^x f'_n(t)\,\mathrm{d}t \to \int_0^x g(t)\,\mathrm{d}t,$$

上式表明 $f(x) = f(0) + \int_0^x g(t)\,\mathrm{d}t$. 从而 $f \in \mathcal{D}$, $g = \frac{\mathrm{d}f}{\mathrm{d}x}$. 因此微分算子 $\frac{\mathrm{d}}{\mathrm{d}x}$ 是 $C[0,1]$ 中闭的稠定算子.

在本章中, 我们主要讨论复的可分 Hilbert 空间中的无界线性算子. 由于可分的无限维 Hilbert 空间彼此等距同构, 我们总是考虑可分 Hilbert 空间到自身的算子. 考虑 Hilbert 空间的无界算子时, 由于其定义域不是全空间, 因此人们习惯称其为 Hilbert 空间中的算子, 当定义域是全空间时, 就称为 Hilbert 空间上的算子.

§7.1   无界算子的基本概念

设 T 是 Hilbert 空间 H 中的一个线性算子, $y \in H$, 若定义在 $\mathcal{D}(T)$ 上的线性泛函 $x \mapsto \langle Tx, y \rangle$ 是有界的, 那么由 Hahn-Banach 延拓定理将其延拓为 H 上的有界线性泛函然后应用 Riesz 表示定理, 存在 $y^* \in H$ 使得对任何 $x \in \mathcal{D}(T)$,

$$\langle Tx, y \rangle = \langle x, y^* \rangle.$$

如果 T 不是稠定的, 那么会有"很多 y^*"满足上式. 要确保上式 y^* 的唯一性, 自然要求 T 是稠定的. 这就引出共轭算子的概念.

设 T 是 Hilbert 空间 H 中的一个稠定线性算子, $y \in H$, 若 $\mathcal{D}(T)$ 上的线性泛函 $x \mapsto \langle Tx, y \rangle$ 是有界的, 那么存在唯一的 $y^* \in H$ 使得对任何 $x \in \mathcal{D}(T)$, 都有

$$\langle Tx, y \rangle = \langle x, y^* \rangle.$$

记所有具有上述性质的 y 的集合为 $\mathcal{D}(T^*)$, 并记 $y^* = T^*y$, 那么 $T^* : H \to H$ 是一个线性算子, 其定义域为 $\mathcal{D}(T^*)$, 并恒有等式

$$\langle Tx, y \rangle = \langle x, y^* \rangle, \quad x \in \mathcal{D}(T), y \in \mathcal{D}(T^*).$$

算子 T^* 称为 T 的共轭算子.

研究共轭算子的一个基本方法是 von Neumann 的图像方法. 在 Hilbert 空间 $H^{(2)} = H \times H$ 上定义算子 V, $V(x, y) = (-y, x)$, 那么 V 是酉算子且满足 $V^2 = -I$.

定理7.1.1   若 T 是稠定的, 则 $\mathcal{G}(T^*) = [V\mathcal{G}(T)]^{\perp}$. 特别地, T^* 是闭算子.

证: 我们通过下述推理完成证明.

$$
\begin{aligned}
(y, T^*y) \in \mathcal{G}(T^*) \quad &\Leftrightarrow \quad \langle Tx, y \rangle = \langle x, T^*y \rangle,\ \forall x \in \mathcal{D}(T) \\
&\Leftrightarrow \quad \langle (-Tx, x), (y, T^*y) \rangle = 0,\ \forall x \in \mathcal{D}(T) \\
&\Leftrightarrow \quad (y, T^*y) \in [V\mathcal{G}(T)]^{\perp}.
\end{aligned}
$$

上面的等价蕴含了要求的结论. □

Hilbert 空间 H 中一个算子 S 是 T 的扩张是指：$\mathcal{D}(T) \subset \mathcal{D}(S)$，并且当 $x \in \mathcal{D}(T)$ 时，$Sx = Tx$. 当 S 是 T 的一个扩张时，记为 $T \subset S$. 算子 T 称为可闭的，如果存在 T 的一个闭的扩张. 容易验证 T 是可闭的当且仅当 T 的图像的闭包 $\overline{\mathcal{G}(T)}$ 是一个算子的图像，这个算子称为 T 的闭包，记为 $\bar{T}$.

系7.1.2 若 T 是稠定的，则有

(i) $\overline{\mathcal{G}(T)} = [V\mathcal{G}(T^*)]^\perp$;

(ii) T^* 是稠定的当且仅当 T 是可闭的;

(iii) 若 T 是可闭的，则它的闭包 $\bar{T} = T^{**}$，并且 $\bar{T}^* = T^*$.

证： (i) 来自定理 7.1.1. (ii) 若 T^* 是稠定的，应用两次定理 7.1.1，

$$\mathcal{G}(T^{**}) = [V\mathcal{G}(T^*)]^\perp = \left[V[V\mathcal{G}(T)]^\perp\right]^\perp = \overline{\mathcal{G}(T)}.$$

因此 T 是可闭的，且 T 的闭包 $\bar{T} = T^{**}$. 反过来，若 T 是可闭的，且假设 $z \perp \mathcal{D}(T^*)$，即对任何 $y \in \mathcal{D}(T^*)$，$\langle z, y \rangle = 0$，故 $\langle (0,z), (-T^*y, y) \rangle = 0$. 从 (i)，我们看到

$$(0, z) \in \overline{\mathcal{G}(T)} = \mathcal{G}(\bar{T}),$$

故有 $z = \bar{T}0 = 0$. 因此 T^* 是稠定的. (iii) 来自 (ii) 的证明和 (i). □

例子7.1.3 设 $\{e_1, e_2, \cdots\}$ 是 H 的一个规范正交基，$\{\alpha_1, \alpha_2, \cdots\}$ 是一列复数. 定义对角算子 $Te_n = \alpha_n e_n$，$n = 1, 2, \cdots$，它的定义域是有限线性组合 $\sum_n c_n e_n$ 的全体 $\mathcal{L}$，则 T 是稠定的. 也易见 $\mathcal{D}(T^*) \supset \mathcal{L}$ 并且 $T^* e_n = \bar{\alpha}_n e_n$. 因此由系 7.1.2，$T$ 是可闭的. 容易验证 T 的闭包是：$\mathcal{D}(\bar{T}) = \{x = \sum_n x_n e_n : \sum_n |\alpha_n x_n|^2 < \infty\}$，$\bar{T}x = \sum_n \alpha_n x_n e_n$. 此外，$\mathcal{D}(T^*) = \mathcal{D}(\bar{T})$，$T^* x = \sum_n \bar{\alpha}_n x_n e_n$.

例子7.1.4 考虑单位圆盘上的 Bergman 空间 $L_a^2(\mathbb{D})$，并且 $\varphi \in L_a^2(\mathbb{D})$. 在 $L_a^2(\mathbb{D})$ 中定义乘法算子 M_φ，其定义是

$$\mathcal{D}(M_\varphi) = \{f \in L_a^2(\mathbb{D}) : \varphi f \in L_a^2(\mathbb{D})\}, \quad M_\varphi f = \varphi f.$$

那么该乘法算子 M_φ 是 $L_a^2(\mathbb{D})$ 中的一个闭的稠定算子.

例子7.1.5 考虑 L^2-空间 $L^2(\mathbb{R}, \mathrm{d}m)$ 中的坐标乘法算子 $\mathbf{M} = M_x$，其定义域限制在 Schwartz 空间 $\mathcal{S}$ 上（见 §3.3 节）. 因此 $\mathbf{M}$ 是稠定的. 下面我们表明 $\mathbf{M}$ 的闭包是：

$$\mathcal{D}(\mathbf{S}) = \{f \in L^2(\mathbb{R}, \mathrm{d}m) : xf(x) \in L^2(\mathbb{R}, \mathrm{d}m)\}, \quad \mathbf{S}f(x) = xf(x).$$

事实上，应用附录中的 Riesz 定理，容易验证这个算子 $\mathbf{S}$ 是闭的. 如果存在 $f \in \mathcal{D}(\mathbf{S})$，使得 $(f, xf) \perp (g, xg)$, $\forall g \in \mathcal{S}$，即 $\int_{\mathbb{R}}(1 + x^2)f\bar{g}\,\mathrm{d}m = 0$. 根据 Schwartz 空间中函数的性质，我们有 $\int_{\mathbb{R}} f\bar{g}\,\mathrm{d}m = 0$, $\forall g \in \mathcal{S}$. 因为 $\mathcal{S}$ 在 $L^2(\mathbb{R}, \mathrm{d}m)$ 中稠密，故有 $f = 0$. 这就表明了 $\bar{\mathbf{M}} = \mathbf{S}$. 在后面讨论坐标乘法算子时，我们总假定 $\mathbf{M}$ 的定义域是 $\{f \in L^2(\mathbb{R}, \mathrm{d}m) : xf(x) \in L^2(\mathbb{R}, \mathrm{d}m)\}$. 因此 $\mathbf{M}$ 是闭的稠定算子. 应用 Fourier 变换和命题 3.3.8，$\mathcal{F}\mathbf{M}\mathcal{F}^{-1} = \mathrm{i}\frac{\mathrm{d}}{\mathrm{d}x}$，微分算子 $\mathbf{D} = \frac{\mathrm{d}}{\mathrm{d}x}$ 也是 $L^2(\mathbb{R}, \mathrm{d}m)$ 中的闭的稠定算子. 坐标乘法算子 $\mathbf{M}$ 和微分算子 $\mathbf{D}$ 的另一个重要关系是：限制在 Schwartz 空间 $\mathcal{S}$ 上，$\mathbf{DM} - \mathbf{MD} = I$. 大家知道，对 Hilbert 空间上两个有界算子 A, B，其换位子 $[A, B] = AB - BA \neq I$，见 §4.1 节习题 4.

由于不同的算子定义域不同，因此在讨论无界算子的代数运算时要特别小心. 对 Hilbert 空间 H 中两个无界算子 S, T，它们和的定义域是 $\mathcal{D}(S + T) = \mathcal{D}(S) \cap \mathcal{D}(T)$，积的定义域是 $\mathcal{D}(ST) = \{x \in \mathcal{D}(T) : Tx \in \mathcal{D}(S)\}$.

命题7.1.6 设 S, T 是 H 中的稠定算子，则

(i) 如果 $S + T$ 是稠定的，那么 $S^* + T^* \subseteq (S + T)^*$，且当 S, T 之一有界的时，$(S + T)^* = S^* + T^*$；

(ii) 如果 ST 是稠定的，那么 $T^*S^* \subseteq (ST)^*$. 当 S 是有界算子时，则等式成立，即 $(ST)^* = T^*S^*$.

证： (i) 对任何 $x \in \mathcal{D}(S + T) = \mathcal{D}(S) \cap \mathcal{D}(T)$ 以及 $y \in \mathcal{D}(S^* + T^*) = \mathcal{D}(S^*) \cap \mathcal{D}(T^*)$，我们有

$$\begin{aligned}
\langle (S + T)x, y \rangle &= \langle Sx, y \rangle + \langle Tx, y \rangle \\
&= \langle x, S^*y \rangle + \langle x, T^*y \rangle \\
&= \langle x, (S^* + T^*)y \rangle.
\end{aligned}$$

上式蕴含了 $y \in \mathcal{D}((S + T)^*)$，并且有 $\langle (S + T)x, y \rangle = \langle x, (S + T)^*y \rangle$. 我们获得了 $S^* + T^* \subseteq (S + T)^*$.

由加法的交换性，可设 S 是有界的. 任取 $y \in \mathcal{D}((S + T)^*)$, $x \in \mathcal{D}(T)$，则有

$$\langle x, (S + T)^*y \rangle = \langle (S + T)x, y \rangle = \langle Sx, y \rangle + \langle Tx, y \rangle = \langle x, S^*y \rangle + \langle Tx, y \rangle,$$

从而

$$\langle Tx, y \rangle = \langle x, (S+T)^* y \rangle - \langle x, S^* y \rangle.$$

这蕴含着 $y \in \mathcal{D}(T^*)$，并且因此

$$y \in \mathcal{D}(T^*) \cap \mathcal{D}(S^*) = \mathcal{D}(S^* + T^*).$$

故有 $(S+T)^* = S^* + T^*$.

(ii) 对任何 $x \in \mathcal{D}(ST)$ 以及 $y \in \mathcal{D}(T^*S^*)$，我们有

$$\langle STx, y \rangle = \langle Tx, S^* y \rangle = \langle x, T^* S^* y \rangle,$$

上式蕴含了 $y \in \mathcal{D}((ST)^*)$，并且有

$$\langle STx, y \rangle = \langle x, (ST)^* y \rangle.$$

因此我们有 $T^* S^* \subseteq (ST)^*$.

当 S 是有界算子时，设 $y \in \mathcal{D}((ST)^*)$ 以及任何 $x \in \mathcal{D}(T)$，根据 S 的有界性，故

$$\langle Tx, S^* y \rangle = \langle STx, y \rangle = \langle x, (ST)^* y \rangle.$$

上式蕴含了 $S^* y \in \mathcal{D}(T^*)$，从而 $y \in \mathcal{D}(T^*S^*)$. 从上面的讨论，我们看到当 S 是有界算子时，$(ST)^* = T^* S^*$. $\quad\square$

Hilbert 空间中一个算子 T 称为有界可逆的，如果存在 H 上的有界线性算子 S，使得

$$TS = I, \quad ST \subseteq I.$$

容易证明 T 是有界可逆的当且仅当 T 是闭的，$\ker T = \{0\}$ 并且 $\mathrm{Ran}\, T = H$. 也易见当 T 是有界可逆时，T 是下有界的，即存在一个正常数 $C > 0$，使得 $\|Tx\| \geqslant C\|x\|$，$x \in \mathcal{D}(T)$. 当 T 是有界可逆时，其有界逆 S 是唯一的，记为 T^{-1}.

设 T 是 H 中的一个线性算子，T 的预解集 $\rho(T)$ 定义为

$$\rho(T) = \{\lambda \in \mathbb{C} : \lambda I - T \text{ 是有界可逆的}\}.$$

定义算子 T 的谱为

$$\sigma(T) = \mathbb{C} \setminus \rho(T) = \{\lambda \in \mathbb{C} : \lambda I - T \text{ 不是有界可逆的}\}.$$

当 T 不是闭算子时，对任何 $\lambda \in \mathbb{C}$，$\lambda I - T$ 不是闭算子，因此不是有界可逆的，在这种情形，$\sigma(T) = \mathbb{C}$.

命题7.1.7 (i) 算子 T 的谱 $\sigma(T)$ 是复平面的一个闭子集; (ii) 如果 T 是闭的稠定算子, 则 $\sigma(T^*) = \{\bar{\lambda} : \lambda \in \sigma(T)\}$.

证: (i) 即要证明 $\rho(T)$ 是开集. 这即是要证明如下事实: 若 A 是有界可逆的, 那么存在 $\delta > 0$ 使得当 $|\lambda| < \delta$ 时, $\lambda I + A$ 是有界可逆的. 事实上, 若 A 是有界可逆的, 其有界逆 B 满足 $AB = I$, $BA \subseteq I$. 取 $\delta = 1/\|B\|$, 那么当 $|\lambda| < \delta$ 时, $(\lambda I + A)B = I + \lambda B = C$ 是一个有界的可逆算子. 容易验证

$$(\lambda I + A)BC^{-1} = I, \ BC^{-1}(\lambda I + A) \subset I.$$

(ii) 如果 T 是闭的稠定算子, 由定理 7.1.1 和系 7.1.2, T^* 也是闭的稠定算子. 由命题 7.1.6 (ii), $\lambda I - T$ 是有界可逆的当且仅当 $\bar{\lambda} - T^*$ 是有界可逆的. 从这个推理, 我们立刻就得到 $\sigma(T^*) = \{\bar{\lambda} : \lambda \in \sigma(T)\}$. □

我们回到例子 7.1.3, 容易检查对这个例子中的 $\bar{T}$, 它的谱 $\sigma(\bar{T}) = \overline{\{\alpha_1, \alpha_2, \cdots\}}$. 因此无界算子的谱可取到复平面上的任何无界的闭集. 对例子 7.1.4 的 Bergman 空间中的乘法算子 M_φ, 容易验证它的谱 $\sigma(M_\varphi) = \overline{\varphi(\mathbb{D})}$.

我们接下来考虑 L^2-空间 $L^2(\mathbb{R}, \mathrm{d}m)$ 中的坐标乘法算子 $\mathbf{M} = M_x$, 其定义域是 $\mathcal{D}(\mathbf{M}) = \{f \in L^2(\mathbb{R}, \mathrm{d}m) : xf(x) \in L^2(\mathbb{R}, \mathrm{d}m)\}$. 由例子 7.1.5 知, 乘法算子 $\mathbf{M}$ 是 $L^2(\mathbb{R}, \mathrm{d}m)$ 中的闭的稠定算子. 下面我们验证 $\sigma(\mathbf{M}) = \mathbb{R}$. 当 $\lambda \notin \mathbb{R}$ 时, 容易验证 $\lambda I - \mathbf{M}$ 是单的且下有界的, 结合这个算子的闭性, $\mathrm{Ran}(\lambda I - \mathbf{M})$ 是 $L^2(\mathbb{R}, \mathrm{d}m)$ 的闭子空间. 因为 $(\lambda - x)^{-1}\mathcal{S} \subseteq \mathcal{D}(\mathbf{M})$ (这里 $\mathcal{S}$ 是 Schwartz 空间), 我们看到 $\mathrm{Ran}(\lambda I - \mathbf{M}) \supseteq \mathcal{S}$, 这便蕴含了 $\mathrm{Ran}(\lambda I - \mathbf{M}) = L^2(\mathbb{R}, \mathrm{d}m)$. 因此 $\sigma(\mathbf{M}) \subseteq \mathbb{R}$. 任取 $x_0 \in \mathbb{R}$, 并取支撑在 $(x_0 - 1, x_0 + 1)$ 中的一个连续函数 φ, 使得 $\|\varphi\| = 1$. 定义 $\varphi_n(x) = \sqrt{n}\,\varphi(n(x - x_0))$, 那么 $\|\varphi_n\| = 1$, 并且当 $n \to \infty$ 时, $\|(\mathbf{M} - x_0 I)\varphi_n\| = \frac{1}{n}\|x\varphi\| \to 0$. 这说明 $\mathbf{M} - x_0 I$ 不是下有界的, 因此 $x_0 \in \sigma(\mathbf{M})$. 这表明了 $\sigma(\mathbf{M}) = \mathbb{R}$.

下面的命题在后续的讨论中是有用的.

命题7.1.8 若 T 是稠定的, 则 $[\mathrm{Ran}T]^\perp = \ker T^*$, $\overline{\mathrm{Ran}T} = (\ker T^*)^\perp$. 若 T 也是闭的, 则 $[\mathrm{Ran}T^*]^\perp = \ker T$.

习题

1. 设 A 是 Hilbert 空间 H 上一个有界线性算子, A 是 1-1 的且 AH 在 H 中稠, 定义 A 的逆 A^{-1}: 其定义域 $\mathcal{D} = AH$, $A^{-1}(Ah) = h$, 证明 A^{-1} 是 H 中闭的稠定算

子.

2. 设 (X, μ) 为一个 σ- 有限的测度空间 $(\mu \geqslant 0)$，$\varphi \in L^2(X, \mu)$. 考虑乘法算子 M_φ：$L^2(X, \mu) \to L^2(X, \mu)$，$f \mapsto \varphi f$，它的定义域是 $\mathcal{D} = \{f \in L^2(X, \mu) : \varphi f \in L^2(X, \mu)\}$. 证明：(i) M_φ 是闭的稠定算子；(ii) $M_\varphi^* = M_{\bar{\varphi}}$，且它和 M_φ 有同样的定义域；(iii) $\sigma(M_\varphi) = \text{Erange}(\varphi)$，$\text{Erange}(\varphi)$ 为 φ 的本性值域，其定义为 $\lambda \in \text{Erange}(\varphi)$ 当且仅当对任何 $\varepsilon > 0$，$\mu\{x \in X : |\varphi(x) - \lambda| < \varepsilon\} > 0$.

3. 设 $\varphi \in L^2(\mathbb{D})$，在 Bergman 空间上定义 Toeplitz 算子 $T_\varphi f = P(\varphi f)$，这里 T_f 的定义域是 $\{f \in L_a^2(\mathbb{D}) : \varphi f \in L^2(\mathbb{D})\}$，$P$ 是从 $L^2(\mathbb{D})$ 到 Bergman 空间 $L_a^2(\mathbb{D})$ 上的正交投影. 那么 T_φ 是稠定的，讨论 T_φ 的闭性以及其共轭. 在 Hardy 空间 $H^2(\mathbb{D})$ 上考虑同样的问题.

4. 证明命题 7.1.8.

5. 设 $\mathcal{G}$ 是 $H \times H$ 的一个线性子空间，那么 $\mathcal{G}$ 是一个线性算子图像当且仅当 $\mathcal{G} \cap \{(0, y) : y \in H\} = \{0\}$.

6. 令 $\varphi(t) = \mathrm{e}^{-t^2}$，在 $L^2(\mathbb{R})$ 上定义算子 $(Sf)(t) = \varphi(t)f(t-1)$，那么 S 是一个有界线性算子. (i) 计算 $\|S^n\|$，并证明 $\sigma(S) = \{0\}$；(ii) 证明 S 是 1-1 的；(iii) 讨论 S^* 并表明 SH 是稠的；(iv) 依据习题 1，定义 S^{-1} 并证明 $\sigma(S^{-1}) = \emptyset$.

§7.2　对称算子和自伴算子

对称算子和自伴算子在无界算子的研究中占有重要的地位，一方面，很多无界算子的研究可化为对称算子或自伴算子的研究；另一方面，由于自然界的对称现象，大量来自数学和物理中的算子是对称的或自伴的.

§7.2.1　自伴算子的条件

Hilbert 空间中的算子 T 是对称的，如果对任何 $x, y \in \mathcal{D}(T)$，$\langle Tx, y \rangle = \langle x, Ty \rangle$. 使用共轭双线性泛函的极化恒等式，容易验证算子 T 是对称的当且仅当对任何 $x \in \mathcal{D}(T)$，$\langle Tx, x \rangle \in \mathbb{R}$. 当 T 稠定时，T 是对称的当且仅当 $T \subseteq T^*$. 算子 T 称为自伴的，如果 T 是稠定的且 $T^* = T$.

我们首先列出对称算子的一些简单性质.

命题7.2.1 设 T 是 H 中的对称算子，那么

(i) $\|(T \pm \mathrm{i}I)x\|^2 = \|Tx\|^2 + \|x\|^2$，$x \in \mathcal{D}(T)$；

(ii) $\ker(T \pm \mathrm{i}I) = \{0\}$；

(iii) T 是闭的当且仅当 $\text{Ran}(T \pm \mathrm{i}I)$ 是 H 的闭子空间.

证： (i) 由直接计算给出. (ii) 由 (i) 立得. (iii) 若 T 是闭的，并假设 $(T + \mathrm{i}I)x_n \to y$，$x_n \in \mathcal{D}(T)$. 由 (i)，序列 $\{Tx_n\}$ 和 $\{x_n\}$ 都是 H 中的 Cauchy 列，因此可设 $x_n \to x_0$，$Tx_n \to y_0$. 由 T 的闭性知，$x_0 \in \mathcal{D}(T)$ 并且 $y_0 = Tx_0$. 由此即可推出 $y = (T + \mathrm{i}I)x_0 \in \mathrm{Ran}(T + \mathrm{i}I)$. 同理可证 $\mathrm{Ran}(T - \mathrm{i}I)$ 是闭的. 相反的方向类似于上述推理.   □

下面的定理给出了对称算子为自伴算子的充要条件：

定理7.2.2 设 T 是稠定的对称算子，则以下三个陈述等价.

(i) T 是自伴的;

(ii) T 是闭的且 $\ker(T^* \pm \mathrm{i}I) = \{0\}$;

(iii) $\mathrm{Ran}(T \pm \mathrm{i}I) = H$.

证： (i) $\Rightarrow$ (ii) 来自命题 7.2.1 (ii) 和自伴算子的闭性. (ii) $\Rightarrow$ (iii) 由命题 7.2.1 (iii)，$\mathrm{Ran}(T \pm \mathrm{i}I)$ 是闭的. 应用命题 7.1.8，我们看到

$$\mathrm{Ran}(T \pm \mathrm{i}I) = (\ker(T^* \mp \mathrm{i}I))^\perp = H.$$

(iii) $\Rightarrow$ (i) 任取 $y \in \mathcal{D}(T^*)$，那么存在 $z \in \mathcal{D}(T)$，使得 $(T^* - \mathrm{i}I)y = (T - \mathrm{i}I)z$. 因为 $T \subseteq T^*$，上式给出了 $(T^* - \mathrm{i}I)(y - z) = 0$. 应用命题 7.1.8，我们有

$$y - z \in \ker(T^* - \mathrm{i}I) = \ker(T + \mathrm{i}I)^* = (\mathrm{Ran}(T + \mathrm{i}I))^\perp = 0.$$

故 $y = z \in \mathcal{D}(T)$，这就表明了 T 是自伴的.   □

下面的推论从谱的角度来刻画何时对称算子是自伴的.

系7.2.3 设 T 是稠定的对称算子，则 T 是自伴的当且仅当 $\sigma(T) \subseteq \mathbb{R}$.

证： 设 $\lambda = a + \mathrm{i}b$，$b \neq 0$，$a, b$ 是实数. 若 T 是自伴的，则有

$$\lambda I - T = b[b^{-1}(aI - T) + \mathrm{i}I].$$

记 $S = b^{-1}(aI - T)$，那么 S 是自伴的，并且因此是闭的. 由命题 7.2.1 (ii) 和定理 7.2.2 (iii) 知，$\lambda I - T = b(S + \mathrm{i}I)$ 是有界可逆的，从而 $\lambda \notin \sigma(T)$，故 $\sigma(T) \subseteq \mathbb{R}$. 我们证明相反的方向. 若 $\sigma(T) \subseteq \mathbb{R}$，则 T 是闭的，并且 $\pm\mathrm{i} \in \rho(T)$，因此 $\mathrm{Ran}(T \pm \mathrm{i}I) = H$. 由命题 7.1.8，我们有

$$\ker(T^* \pm \mathrm{i}I) = \ker(T \mp \mathrm{i}I)^* = (\mathrm{Ran}(T \mp \mathrm{i}I))^\perp = 0.$$

由定理 7.2.2 知，T 是自伴的.   □

下面的命题在我们构造正的自伴算子时是有用的.

命题7.2.4　设 T 是 H 中稠定的对称算子, 则有

(i) 若 $\mathcal{D}(T) = H$, 则 T 是有界的自伴算子;

(ii) 若 $\mathrm{Ran}\,T = H$, 则 T 是自伴的且 1-1 的, 且其逆 T^{-1} 是 H 上的有界自伴算子.

证:　(i) 若 $\mathcal{D}(T) = H$, 则 $T^* = T$, 应用闭图像定理表明 T 是有界的. (ii) 我们首先断言 T 是 1-1 的. 若 $x \in \mathcal{D}(T)$, $Tx = 0$, 则对任何 $y \in \mathcal{D}(T)$,

$$\langle x, Ty \rangle = \langle Tx, y \rangle = 0.$$

从 $\mathrm{Ran}\,T = H$, 我们看到 $x = 0$, 从而 T 是 1-1 的. 由此断言, T 的逆 T^{-1} 是定义在 H 上的线性算子. 对任何 $x, y \in H$, 存在 $x', y' \in \mathcal{D}(T)$, 使得 $x = Tx'$, $y = Ty'$, 那么

$$\langle T^{-1}x, y \rangle = \langle x', Ty' \rangle = \langle Tx', y' \rangle = \langle x, T^{-1}y' \rangle.$$

这表明 T^{-1} 是 H 上的对称算子. 由 (i), T^{-1} 是 H 上的有界的自伴算子. 容易验证 T 和 T^{-1} 的图像关系

$$\mathcal{G}(T) = V\mathcal{G}(-T^{-1}), \quad V\mathcal{G}(T) = \mathcal{G}(-T^{-1}),$$

由 T^{-1} 的自伴性和上式, T 是闭算子. 由定理 7.1.1 和 T^{-1} 的自伴性以及上式,

$$H \times H = V\mathcal{G}(-T^{-1}) \oplus \mathcal{G}(-T^{-1}) = \mathcal{G}(T) \oplus V\mathcal{G}(T),$$

另外由定理 7.1.1, $H \times H = V\mathcal{G}(T) \oplus \mathcal{G}(T^*)$. 因此我们有 $\mathcal{G}(T^*) = \mathcal{G}(T)$, 故 $T = T^*$. 完成了证明.　□

设 T 是 H 中稠定的算子, 定义算子 $S = T^*T$, 那么 S 的定义域是 $S = \{x \in \mathcal{D}(T) : Tx \in \mathcal{D}(T^*)\}$. 下面的命题说当 T 是 H 中稠定的闭算子时, S 是稠定的. 事实上它是一个自伴算子.

命题7.2.5　设 T 是 H 中稠定的闭算子, 则 T^*T 是自伴的且 $\sigma(T^*T) \subseteq [0, +\infty)$.

证:　根据 T 是 H 中稠定的闭算子以及定理 7.1.1, $H \times H = V\mathcal{G}(T) \oplus \mathcal{G}(T^*)$, 因此存在 H 上的线性算子 B, C, 使得

$$(0, x) = (-TBx, Bx) + (Cx, T^*Cx), \quad x \in H,$$

易见这里的算子 B, C 是唯一的. 因此, 我们有

$$C = TB, \qquad I = B + T^*C = (I + T^*T)B.$$

由于 $\|Bx\|^2 + \|Cx\|^2 \leqslant \|x\|^2$, 那么 B, C 是有界线性算子且 $\|B\| \leqslant 1$, $\|C\| \leqslant 1$. 令 $Q = I + T^*T$, 我们下面表明 $\mathcal{D}(Q) = \mathrm{Ran}B = BH$ 并且 $B \geqslant 0$. 事实上, 显然有 $BH \subseteq \mathcal{D}(Q)$. 对任何 $y \in \mathcal{D}(Q)$, 因为 $(0, Qy) = (-Ty, y) + (Ty, T^*Ty)$, 根据此表示的唯一性, 我们有 $y = BQy$. 因此 $\mathcal{D}(Q) = BH$ 并且有 $BQ \subseteq I$. 当 $x \in H$ 时, 由等式 $I = (I + T^*T)B$, 存在 $y \in \mathcal{D}(Q)$, 使得 $x = Qy$, 从而

$$\langle Bx, x \rangle = \langle BQy, Qy \rangle = \langle y, Qy \rangle \geqslant 0,$$

这表明 $B \geqslant 0$, 并且由这个等式易见 $\ker B = \{0\}$. 故 $\mathcal{D}(Q) = BH$ 在 H 中稠密. 显然 Q 是对称算子. 由命题 7.2.4 ii), Q 是自伴的, 从而 T^*T 是自伴的.

我们接下来证明 $\sigma(T^*T) \subseteq [0, +\infty)$. 由系 7.2.3, $\sigma(T^*T) \subseteq \mathbb{R}$. 当 $t > 0$ 时,

$$-t - T^*T = -t[I + (\sqrt{t^{-1}}\,T)^*(\sqrt{t^{-1}}\,T)].$$

上面的推理过程也表明这个算子是有界可逆的, 因此 $-t \in \rho(T^*T)$. 这就表明了 $\sigma(T^*T) \subseteq [0, +\infty)$. □

出现在命题 7.2.5 中的算子 $S = T^*T$ 满足 $\langle Sx, x \rangle = \|Tx\|^2 \geqslant 0$, $x \in \mathcal{D}(S)$, 具有这样性质的自伴算子称为正的自伴算子, 并记为 $S \geqslant 0$.

命题7.2.6 设 T 是 H 中的自伴算子, 那么 $T \geqslant 0$ 当且仅当 $\sigma(T) \subseteq [0, +\infty)$.

证: 若 $T \geqslant 0$, 即对任何 $x \in \mathcal{D}(T)$, $\langle Tx, x \rangle \geqslant 0$. 当 $t > 0$ 时, 我们有

$$\|(tI + T)x\|^2 = t^2\|x\|^2 + 2t\langle Tx, x \rangle + \|Tx\|^2 \geqslant t^2\|x\|^2 + \|Tx\|^2.$$

从上面的不等式, 我们看到 $tI + T$ 是闭的, 且 1-1 的, 以及其值域是闭的. 由命题 7.1.8, 其值域是全空间 H. 因此算子 $tI + T$ 是有界可逆的, 这表明了 $\sigma(T) \subseteq [0, +\infty)$.

现在证明对自伴算子 T, 若 $\sigma(T) \subseteq [0, +\infty)$, 则 $T \geqslant 0$. 若有 $x_0 \in \mathcal{D}(T)$, 使得 $\langle Tx_0, x_0 \rangle < 0$, 不失一般性, 假设 $\|x_0\| = 1$, $\langle Tx_0, x_0 \rangle = -1$, 因此 $\langle (I+T)x_0, x_0 \rangle = 0$. 因为 $I + T$ 是有界可逆的, 记其有界逆为 B, 则有 $(I + T)B = I$, $B(I + T) \subseteq I$. 根据逆的唯一性, B 是有界的自伴算子. 记 $y_0 = (I + T)x_0$, 那么 $By_0 = x_0$. 因此 $\langle y_0, By_0 \rangle = 0$. 我们断言 $B \geqslant 0$. 如果断言获证, 那么就有 $By_0 = 0$, 并且因

此就有 $x_0 = 0$. 这个矛盾就给出了要求的结论. 下面我们证明 $B \geqslant 0$, 即要证明 $\sigma(B) \subseteq [0, +\infty)$. 如果结论不真, 那么存在 $t > 0$, 使得 $tI + B$ 不可逆, 由于其是自伴的有界算子, 故存在一列 $\{x_n\}$, $\|x_n\| = 1$, $\|(tI + B)x_n\| \to 0$. 由于 $I + T$ 是有界可逆的, 存在 $y_n \in \mathcal{D}(T)$, 使得 $x_n = (I + T)y_n$, 因此

$$\|(tI + B)x_n\| = \|(tI + B)(I + T)y_n\| = t\|[T + (1 + 1/t)I]y_n\| \to 0.$$

因为 $T + (1 + 1/t)I$ 是有界可逆的, 故其是下有界的. 上式因此蕴含了 $y_n \to 0$. 从

$$\|(tI + B)x_n\| = t\|(T + I)y_n + y_n/t\| = t\|x_n + y_n/t\| \to 0,$$

我们看到 $\|x_n\| \to 0$, 这和假设矛盾. 故有 $\sigma(B) \subseteq [0, +\infty)$, 即 $B \geqslant 0$. 完成了证明. $\qquad\square$

Hilbert空间 H 中一个对称算子 T 称为极大对称的, 如果它再没有更大的对称扩张, 即若 $T \subset S$, 并且 S 是对称的, 那么 $S = T$.

命题7.2.7 (i) 设 T 是稠定的对称算子, 则 T 有极大对称扩张; (ii) 稠定的极大对称算子是闭的; (iii) 自伴算子是极大对称的.

证: (i) 若 S 是 T 的一个对称扩张, 则 $T \subseteq S \subseteq S^* \subseteq T^*$. 因此 T 的每个对称扩张 $S \subseteq T^*$, 应用 Zorn 引理即知 T 有极大对称扩张. (ii) 从 (i) 的推理, 每一个对称算子是可闭的, 也容易验证其闭包是对称的. 因此稠定的极大对称算子是闭的. (iii) 若 T 是对称的, 并且 S 是 T 的一个对称扩张, 那么

$$S \subseteq S^* \subseteq T^* = T \subseteq S,$$

这蕴含了 $S = T$. $\qquad\square$

最后, 让我们看一个典型的例子 (也见 [Ru1]).

例子7.2.8 考虑闭区间 $[0, 1]$ 上的 Lebesgue 平方可积函数空间 $L^2 = L^2[0, 1]$, 定义三个算子 T_1, T_2, T_3 如下: $\mathcal{D}(T_1) = \{f : f$ 是绝对连续的且 $f' \in L^2\}$,

$$\mathcal{D}(T_2) = \mathcal{D}(T_1) \cap \{f : f(0) = f(1)\}, \qquad \mathcal{D}(T_3) = \mathcal{D}(T_1) \cap \{f : f(0) = f(1) = 0\},$$

定义 $T_k f = if'$, $f \in \mathcal{D}(T_k)$, $k = 1, 2, 3$. 这三个算子是稠定的, 这是因为有限的线性组合空间 $\mathrm{span}\{e^{2ni\pi x} - 1 : n = 0, \pm 1, \pm 2, \cdots\} \subseteq \mathcal{D}(T_3)$ 在 L^2 中稠密. 由定义, $T_3 \subseteq T_2 \subseteq T_1$. 对这三个算子, 我们有下面的结论:

(i) $T_1^* = T_3$, $T_2^* = T_2$, $T_3^* = T_1$;

(ii) T_3 是对称的, T_2 是 T_3 的自伴扩张, T_1 是 T_2 的非对称的扩张.

下面我们证明这些结论. (i) 对 $k = 1, 2, 3$, $f \in \mathcal{D}(T_k)$, $g \in \mathcal{D}(T_{4-k})$, 由于 $f(1)\bar{g}(1) = f(0)\bar{g}(0)$, 应用分部积分公式,

$$\langle T_k f, g \rangle = \int_0^1 (\mathrm{i} f') \bar{g} \, \mathrm{d}x = \int_0^1 f(\overline{\mathrm{i} g'}) \, \mathrm{d}x = \langle f, T_{4-k} g \rangle,$$

因此有

$$T_1 \subseteq T_3^*, \ T_2 \subseteq T_2^*, \ T_3 \subseteq T_1^*. \tag{\dagger}$$

对 $k = 1, 2, 3$, $g \in \mathcal{D}(T_k^*)$, $\varphi = T_k^* g$, $\Phi(x) = \int_0^x \varphi(t) \, \mathrm{d}t$. 我们断言 $g + \mathrm{i}\Phi \in [\mathrm{Ran} T_k]^{\perp}$. 事实上, 对任何 $f \in \mathcal{D}(T_k)$, 应用分部积分公式, 我们有

$$\int_0^1 (\mathrm{i} f') \bar{g} \, \mathrm{d}x = \langle T_k f, g \rangle = \langle f, \varphi \rangle = \int_0^1 f \bar{\varphi} \, \mathrm{d}x = \int_0^1 f \overline{\Phi'} \, \mathrm{d}x = f(1)\overline{\Phi(1)} - \int_0^1 f' \overline{\Phi} \, \mathrm{d}x.$$

当 $k = 1, 2$ 时, $\mathcal{D}(T_k)$ 包含非零常数, 因此上式中的 $\Phi(1) = 0$. 当 $k = 3$ 时, $f(1) = 0$. 因此在所有情形, 上式给出了断言的证明. 容易检查当 $k = 1$ 时, $\mathrm{Ran} T_1 = L^2$, 故 $g = -\mathrm{i}\Phi \in \mathcal{D}(T_3)$, 因此结合 ($\dagger$), $T_1^* = T_3$. 当 $k = 2, 3$ 时, 容易验证 $\mathrm{Ran} T_k = \{h : \int_0^1 h \, \mathrm{d}x = 0\}$, 因此 $[\mathrm{Ran} T_k]^{\perp} = \mathbb{C}$. 故有 $g = -\mathrm{i}\Phi + c$, 这里 c 是一个常数. 当 $k = 2$ 时, g 绝对连续, 并且 $g' = -\mathrm{i}\Phi' = -\mathrm{i}\varphi \in L^2$, $g(0) = g(1) = c$, 因此 $g \in \mathcal{D}(T_2)$. 故结合 ($\dagger$), 我们看到 $T_2^* = T_2$. 当 $k = 3$ 时, 也易见 $g \in \mathcal{D}(T_1)$, 故结合 ($\dagger$), 我们看到 $T_3^* = T_1$.

(ii) 类似于前面的推理, 可直接验证 T_3 是对称的. T_1 是非对称的来自命题 7.2.7 (iii).

习题

1. 设 X 是一个复线性空间, $\varphi(x, y)$ 是 X 上一个共轭双线性形式, 即关于第一个变量是线性的, 关于第二个变量是共轭线性的. 验证极化恒等式

$$\varphi(x, y) = \frac{1}{4}[\varphi(x + y, x + y) - \varphi(x - y, x - y)] + \frac{\mathrm{i}}{4}[\varphi(x + \mathrm{i}y, x + \mathrm{i}y) - \varphi(x - \mathrm{i}y, x - \mathrm{i}y)].$$

并用此恒等式证明 Hilbert 空间 H 中一个算子 T 是对称算子当且仅当对任何 $x \in \mathcal{D}(T)$, $\langle Tx, x \rangle = \langle x, Tx \rangle$, 当且仅当对任何 $x \in \mathcal{D}(T)$, $\langle Tx, x \rangle \in \mathbb{R}$.

2. 对 Hilbert 空间 H 中一个闭的对称算子 T，证明 T 的谱 $\sigma(T)$ 恰为以下四个集之一：(i) 复平面 $\mathbb{C}$；(ii) 闭上半复平面 $\{z : \mathrm{Im}(z) \geqslant 0\}$；(iii) 闭下半复平面 $\{z : \mathrm{Im}(z) \leqslant 0\}$；(iv) $\sigma(T) \subseteq \mathbb{R}$.

3. 考虑 Hardy 空间 $H^2(\mathbb{D})$ 上的算子半群 $\{T(t), t \geqslant 0\}$，

$$[T(t)f](z) = \sum_{n=0}^{\infty}(n+1)^{-t}a_n z^n, \text{ 其中 } f(z) = \sum_{n=0}^{\infty} a_n z^n \in H^2(\mathbb{D}),$$

(i) 证明 $\{T(t)\}$ 是一个自伴的半群；

(ii) 求半群 $\{T(t)\}$ 的母元算子 T，并证明 $T \leqslant 0$，且有

$$\sigma(T) = \sigma_p(T) = \left\{\log 1, \log \frac{1}{2}, \log \frac{1}{3}, \cdots \right\}.$$

4. 考虑例子 7.2.8 中的算子 T_1，T_2，T_3，进一步定义 T_4 如下：

$$\mathcal{D}(T_4) = \{f \in \mathcal{D}(T_1) : f(0) = 0\}, \quad T_4 f = \mathrm{i} f'.$$

证明：

(i) T_1 的点谱 $\sigma_p(T_1) = \mathbb{C}$；

(ii) $\sigma(T_2) = \sigma_p(T_2) = \{2n\pi : n = 0, \pm 1, \pm 2, \cdots\}$；

(iii) 对每个 $\lambda \in \mathbb{C}$，$\mathrm{Ran}(\lambda I - T)$ 有余维数 1，因此 $\sigma(T_3) = \mathbb{C}$，$\sigma_p(T_3) = \emptyset$；

(iv) $\sigma(T_4) = \emptyset$.

5. 考虑半直线上的 Lebesgue 平方可积函数空间 $L^2 = L^2[0, +\infty)$，算子 S 定义为

$$\mathcal{D}(S) = \{f \in L^2 : \text{对任何 } t > 0, f \text{ 在 } [0, t] \text{ 上绝对连续}, f(0) = 0, f' \in L^2\}, \quad S f = \mathrm{i} f'.$$

(i) 证明 S 是稠定的闭算子；(ii) 求 $\mathcal{D}(S^*)$；(iii) 证明 S 是对称的.

§7.2.2　Cayley 变换

上半平面到单位圆盘的保形映射 $w = (z - \mathrm{i})(z + \mathrm{i})^{-1}$ 诱导了其边界实直线 $\mathbb{R}$ 与去点圆周 $\mathbb{T} \setminus \{1\} = \{z : |z| = 1, z \neq 1\}$ 的连续同胚. 结合正规算子的函数演算，对 Hilbert 空间 H 上的有界的自伴算子 A，$U = (A - \mathrm{i}I)(A + \mathrm{i}I)^{-1}$ 是酉算子，并且 $1 \notin \sigma(U)$，这个算子称为 A 的 Cayley 变换. 反之，对任何酉算子 U，并且 $1 \notin \sigma(U)$，则存在唯一的有界自伴算子 A，使得 A 的 Cayley 变换是 U，并且 A 可以通过 U 表达出来：$A = \mathrm{i}(I + U)(I - U)^{-1}$. 因此 Cayley 变换建立了有界自伴算子 A 和酉算子 U $(1 \notin \sigma(U))$ 之间的 1-1 对应关系.

这一节的主要内容是推广上述结论到对称算子的情形.

设 $\mathfrak{S}(H)$ 表示 H 中的对称算子全体, 这里不假定对称算子是稠定的; $\mathfrak{U}(H)$ 表示 H 中满足 $\ker(I-V)=\{0\}$ 的等距算子 V 的全体, 这里也不假定这些等距算子是稠定的. 通过考虑 "$\subseteq$", $\mathfrak{S}(H)$ 和 $\mathfrak{U}(H)$ 是偏序集. 当 T 是对称算子时, 由命题 7.2.1 (i), 当 $x \in \mathcal{D}(T)$ 时,

$$\|(T+\mathrm{i}I)x\|^2 = \|Tx\|^2 + \|x\|^2 = \|(T-\mathrm{i}I)x\|^2.$$

这给出了从子空间 $\operatorname{Ran}(T+\mathrm{i}I)$ 到 $\operatorname{Ran}(T-\mathrm{i}I)$ 上的等距 V, 其定义为 $V(T+\mathrm{i}I)x = (T-\mathrm{i}I)x$, $x \in \mathcal{D}(T)$. 由于 $T+\mathrm{i}I$ 是 1-1 地映 $\mathcal{D}(T)$ 到 $\mathcal{D}(V) = \operatorname{Ran}(T+\mathrm{i}I)$ 上, 故 V 可写为

$$V = (T-\mathrm{i}I)(T+\mathrm{i}I)^{-1}.$$

这个等距 V 称为 T 的 Cayley 变换, 记为 $\mathfrak{C}(T)$. 通过 Cayley 变换, 人们可以将对称算子的研究约化为等距算子的情况. 读者可以验证下面的结论, 它在后面的证明中是有用的.

命题7.2.9   (i) T 的 Cayley 变换 $\mathfrak{C}(T)$ 的定义域是 $\operatorname{Ran}(T+\mathrm{i}I)$, 其像集是 $\operatorname{Ran}[\mathfrak{C}(T)] = \operatorname{Ran}(T-\mathrm{i}I)$; (ii) $I - \mathfrak{C}(T) = 2\mathrm{i}(T+\mathrm{i}I)^{-1}$, 且 $\operatorname{Ran}[I-\mathfrak{C}(T)] = \mathcal{D}(T)$, 其逆 $[I-\mathfrak{C}(T)]^{-1} = -\frac{\mathrm{i}}{2}(T+\mathrm{i}I)$; (iii) $I + \mathfrak{C}(T) = 2T(T+\mathrm{i}I)^{-1}$, $\operatorname{Ran}[I+\mathfrak{C}(T)] = \operatorname{Ran}T$.

由命题 7.2.9 (ii), $\mathfrak{C}(T) \in \mathfrak{U}(H)$.

下面的定理给出了Cayley变换的主要性质.

定理7.2.10   设 T 是对称算子, $\mathfrak{C}(T) = (T-\mathrm{i}I)(T+\mathrm{i}I)^{-1}$ 是 T 的 Cayley 变换, 则

(i) Cayley 变换 $\mathfrak{C} : \mathfrak{S}(H) \to \mathfrak{U}(H)$ 是 1-1 的、到上的且严格保序的映射, 其逆变换 $\mathfrak{C}^{-1} : \mathfrak{U}(H) \to \mathfrak{S}(H)$ 由 $V \mapsto \mathrm{i}(I+V)(I-V)^{-1}$ 给出;

(ii) $\mathfrak{C}(T)$ 是闭的当且仅当 T 是闭的;

(iii) $\mathfrak{C}(T)$ 是酉算子当且仅当 T 是自伴的.

证: (i) 命题 7.2.9 (i) 和 (ii) 表明 Cayley 变换 $\mathfrak{C}$ 是 1-1 的且严格保序的映射, 即若 $T_1 \subsetneq T_2$, 那么 $\mathfrak{C}(T_1) \subsetneq \mathfrak{C}(T_2)$. 当 $V \in \mathfrak{U}(H)$ 时, 由于 $I-V$ 是 1-1 的, 其逆算子 $(I-V)^{-1} : \operatorname{Ran}(I-V) \to \mathcal{D}(V)$ 是良定义的. 令 $T = \mathrm{i}(I+V)(I-V)^{-1}$, 那么 T 是从 $\operatorname{Ran}(I-V)$ 到 $\operatorname{Ran}(I+V)$ 的线性算子. 我们断言 T 是对称的. 事实上, 当 $x, y \in \mathcal{D}(T)$ 时, 存在 $x', y' \in \mathcal{D}(V)$, 使得 $x = (I-V)x'$, $y = (I-V)y'$, 我们看到

$$\langle Tx, y \rangle = \mathrm{i}\langle (I+V)x', (I-V)y' \rangle = \mathrm{i}[\langle Vx', y' \rangle - \langle x', Vy' \rangle],$$

同理可得, $\langle x, Ty \rangle = i[\langle Vx', y' \rangle - \langle x', Vy' \rangle]$, 因此 T 是对称的, 并且容易验证 $\mathfrak{C}(T) = V$. 从而 Cayley 变换 $\mathfrak{C}$ 是 1-1 到上且严格保序的映射.

(ii) 由命题 7.2.1 (iii), T 是闭算子当且仅当 $\mathrm{Ran}(T \pm iI)$ 是闭的, 即其 Cayley 变换 $\mathfrak{C}(T)$ 的定义域和像集是闭的, 易验证这等价于 $\mathfrak{C}(T)$ 是闭算子.

(iii) 若 T 是自伴的, 那么 T 是稠定的. 因此应用定理 7.2.2 (iii) 表明了 $\mathfrak{C}(T)$ 是酉算子. 反之, 若 $\mathfrak{C}(T)$ 是酉算子, 并注意到 $\ker[I - \mathfrak{C}(T)] = \{0\}$, 那么

$$\left[\mathrm{Ran}(I - \mathfrak{C}(T))\right]^{\perp} = \ker[I - \mathfrak{C}^*(T)] = \ker \mathfrak{C}^*(T)[I - \mathfrak{C}(T)] = \{0\}.$$

结合上面等式与命题 7.2.9 (ii), $\mathcal{D}(T) = \mathrm{Ran}(I - \mathfrak{C}(T))$, T 是稠定的. 因此可以定义 T^*, 由 T 的对称性, $T \subset T^*$. 设 $y \in \mathcal{D}(T^*)$, 因为 $\mathrm{Ran}(T + iI) = \mathcal{D}(\mathfrak{C}(T)) = H$, 那么存在 $y_0 \in \mathcal{D}(T)$, 使得

$$(T^* + iI)y = (T + iI)y_0 = (T^* + iI)y_0,$$

从而 $(T^* + iI)(y - y_0) = 0$. 应用命题 7.1.8, $y - y_0 \in \ker(T^* + iI) = [\mathrm{Ran}(T - iI)]^{\perp} = \{0\}$, 这表明 $y = y_0$, 从而 $T^* = T$. □

下面我们可以应用上面的定理来讨论对称算子. 由对称算子 T 和它的 Cayley 变换 $\mathfrak{C}(T)$ 的关系可知, 对称算子的扩张约化到等距算子的扩张. 设 T 是 H 中闭的稠定的对称算子, 定义 T 的亏指标

$$n_+ = \dim[\mathrm{Ran}(T + iI)]^{\perp}; \quad n_- = \dim[\mathrm{Ran}(T - iI)]^{\perp}.$$

我们有下面的推论.

系7.2.11　设 T 是 H 中闭的稠定的对称算子, 那么我们有

(i) T 是自伴的当且仅当 $n_+ = n_- = 0$;

(ii) T 有自伴扩张当且仅当 $n_+ = n_-$;

(iii) T 是极大对称的当且仅当两个亏指标至少之一等于零.

证:　(i) 来自上述定理7.2.10 (iii). (ii) 如果 T 有自伴扩张, 那么对应的 Cayley 变换可扩张为一个酉算子. 一个简单的推导表明 $n_+ = n_-$. 反之, 若 $n_+ = n_-$, 则 T 的 Cayley 变换 V 可扩张为一个酉算子 U. 我们断言 $\ker(I - U) = \{0\}$. 事实上, 设 $x \in H$, 使得 $Ux = x$, 写 $x = x_1 + x_2$, $x_1 \in \mathrm{Ran}(T + iI)$, $x_2 \in [\mathrm{Ran}(T + iI)]^{\perp}$. 那么存在 $x_0 \in \mathcal{D}(T)$, 使得 $x_1 = (T + iI)x_0$, 并且

$$(T + iI)x_0 + x_2 = Ux = Ux_1 + Ux_2 = Vx_1 + Ux_2 = (T - iI)x_0 + Ux_2,$$

从而 $Ux_2 = 2ix_0 + x_2$. 由命题 7.1.8,

$$x_2 \in [\text{Ran}(T + iI)]^\perp = \ker(T^* - iI), \quad Ux_2 \in [\text{Ran}(T - iI)]^\perp = \ker(T^* + iI),$$

这给出了

$$T^*x_2 = ix_2, \quad T^*Ux_2 = -iUx_2.$$

因此我们有 $-iUx_2 = 2iT^*x_0 + ix_2$. 结合等式 $Ux_2 = 2ix_0 + x_2$ 表明 $(T^* + iI)x_0 + x_2 = 0$. 因为 $x_0 \in \mathcal{D}(T)$,我们看到

$$x = x_1 + x_2 = (T + iI)x_0 + x_2 = (T^* + iI)x_0 + x_2 = 0.$$

故 $\ker(I - U) = \{0\}$. 这个酉算子的逆 Cayley 变换就给出了 T 的自伴扩张,完成了 (ii) 的证明. (iii) 的证明是类似于 (ii) 的. $\qquad\qquad\square$

从这个推论,我们看到极大对称算子未必是自伴的. 例如考虑 Hardy 空间 $H^2(\mathbb{D})$ 上的坐标乘法算子 $V = M_z$,那么 $\ker(I - V) = \{0\}$. 其对应的在 Hardy 空间中的对称算子是由函数 $\varphi(z) = i\frac{1+z}{1-z}$ 定义的乘法算子,其定义域是 $(1 - z)H^2(\mathbb{D})$,它是闭的、稠定的和极大对称的,但不是自伴的. 在这个例子中,$n_+ = 0$,$n_- = 1$.

下面的推论经常被用于验证一个对称算子是否有自伴扩张.

系7.2.12 设 T 是 H 中的稠定的对称算子,并且 J 是 H 上的一个连续的共轭线性算子,即 $J(\alpha x + \beta y) = \bar{\alpha}Jx + \bar{\beta}Jy$,并且 J 满足:(i) $J^2 = I$;(ii) $J\mathcal{D}(T) \subseteq \mathcal{D}(T)$,$JT \subseteq TJ$,那么 T 有自伴扩张.

证: 由系 7.1.2,我们假设 T 是闭的稠定的对称算子. 对任何 $x \in \mathcal{D}(T)$,从等式 $x = J(Jx)$,我们看到 $J\mathcal{D}(T) = \mathcal{D}(T)$,以及 $JT = TJ$. 在 $H \times H$ 上定义双线性泛函 $L(x, y) = \langle x, Jy \rangle$. 由于 J 是连续的,应用 Riesz 表示定理,存在唯一的连续共轭线性算子 J^*,使得

$$\langle x, Jy \rangle = \langle y, J^*x \rangle, \quad x, y \in H.$$

因为 $J^2 = I$,故 $J^{*2} = I$. 对任何 $x \in \mathcal{D}(T)$,$y \in \mathcal{D}(T^*)$,我们有

$$\langle JTx, y \rangle = \langle TJx, y \rangle = \langle Jx, T^*y \rangle = \langle J^*T^*y, x \rangle,$$

并且有 $\langle JTx, y \rangle = \langle J^*y, Tx \rangle$，因此就有 $\langle J^*y, Tx \rangle = \langle J^*T^*y, x \rangle$. 上面的推理表明 $J^*\mathcal{D}(T^*) \subseteq \mathcal{D}(T^*)$，$J^*T^* \subset T^*J^*$. 因为 $J^{*2} = I$，我们有

$$J^*\mathcal{D}(T^*) = \mathcal{D}(T^*), \quad J^*T^* = T^*J^*.$$

由于 J^* 是共轭线性的可逆算子，也容易检查 $J^* \ker(T^* - iI) = \ker(T^* + iI)$，那么由命题 7.1.8，$n_+ = n_-$，并且因此由系 7.2.11 (ii) 知，$T$ 有自伴的扩张. □

习题

1. 设 V 是 Hilbert 空间 H 中的一个等距算子，其定义域为 $\mathcal{D}(V)$，证明对任何 $x, y \in \mathcal{D}(V)$，$\langle Vx, Vy \rangle = \langle x, y \rangle$. 提示：应用共轭双线性泛函极化恒等式.

2. 写出例子 7.2.8 中对称算子 T_3 的所有自伴扩张.

3. 考虑半直线上的 Lebesgue 平方可积函数空间 $L^2(\mathbb{R}_+)$ 中的算子 T，它的定义域是由所有具有紧支撑的连续可微函数 f 组成，$Tf = \mathrm{i}f'$. 证明 T 是稠定的并且对称的，但没有自伴扩张.

4. 考虑 Lebesgue 平方可积函数空间 $L^2[0,1]$ 中的算子 T，它的定义域是所有连续可微函数 f，$f(0) = f(1) = 0$，$Tf = \mathrm{i}f'$. 证明 T 是稠定的并且对称的，但 T 的闭包 $\bar{T}$ 不是自伴的. 然而 T 有自伴扩张.

5. 对单位圆盘上的任何非常数内函数 $\eta(z)$，考虑 Hardy 空间 $H^2(\mathbb{D})$ 上的等距乘法算子 $V = M_\eta$，那么 $\ker(I - M_\eta) = \{0\}$. 证明其在 Cayley 变换中对应的对称算子是由函数 $\varphi(z) = \mathrm{i}\dfrac{1+\eta(z)}{1-\eta(z)}$ 定义的乘法算子，其定义域是 $(1 - \eta)H^2(\mathbb{D})$，并证明它是闭的、稠定的和极大对称的，但不是自伴的；并且 $n_+ = 0$，$n_- = \dim [\eta H^2(\mathbb{D})]^\perp$.

§7.2.3 Friedrichs 扩张

这一节的 Friedrichs 扩张定理表明每一个正的稠定对称算子都有正的自伴扩张. Hilbert 空间 H 中一个算子 T 称为正的，如果它满足：当 $x \in \mathcal{D}(T)$ 时，$\langle Tx, x \rangle \geqslant 0$.

定理7.2.13 (Friedrichs) 设 T 是 Hilbert 空间 H 中一个正的稠定对称算子，那么存在 T 的一个正的自伴扩张 S.

在证明定理之前，我们需要一些准备工作.

设 H_0 是 Hilbert 空间 H 的一个稠的线性子空间, 并假设 H_0 在一个新内积 $\langle x, y \rangle_0$ 下也是 Hilbert 空间且使得嵌入映射 $i : H_0 \to H$, $x \mapsto x$ 是连续的, 即存在正常数 $C > 0$, 使得 $\|x\| \leqslant C \|x\|_0$, $x \in H_0$.

引理7.2.14 在上面的假设下, 我们有

(i) $i^* : H \to H_0$ 是 1-1 的, 并且 $\mathrm{Ran}(i^*)$ 作为 H 的一个子集在 H 中稠密;

(ii) 根据 (i), 定义 i^* 的逆映射, 记为 $\lambda = i^{*-1} : \mathrm{Ran}(i^*) \to H$, 作为 H 中的算子, 它是自伴的.

证: (i) 由于 H_0 作为 H 的子集在 H 中稠密, 故 $\ker i^* = [\mathrm{Ran}(i)]^\perp = H_0^\perp = \{0\}$, 即知 $i^* : H \to H_0$ 是 1-1 的. 给定一个 $x \in H$ 以及任何 $\varepsilon > 0$, 存在 $x_\varepsilon \in H_0$, 使得 $\|x_\varepsilon - x\| < \varepsilon$. 因为 i 是单射, 故 $\mathrm{Ran}(i^*)$ 按 H_0 的范数在 H_0 中稠密. 因此存在 $y \in H$, 使得 $\|i^* y - x_\varepsilon\|_0 < \varepsilon$. 这就给出了

$$\|i^* y - x\| \leqslant \|i^* y - x_\varepsilon + x_\varepsilon - x\| \leqslant \|i^* y - x_\varepsilon\| + \|x_\varepsilon - x\| \leqslant C \|i^* y - x_\varepsilon\|_0 + \|x_\varepsilon - x\| \leqslant (C+1)\varepsilon.$$

上面的推理表明 $\mathrm{Ran}(i^*)$ 作为 H 的一个子集在 H 中稠密.

(ii) 根据 (i), 定义 i^* 的逆映射, 记为 $\lambda = i^{*-1} : \mathrm{Ran}(i^*) \to H$ 是 H 中一个稠定算子, 且 $\mathrm{Ran}(\lambda) = H$. 要证明 λ 是自伴的, 由命题 7.2.4 (ii), 我们只要验证 λ 是对称的就行了. 任取 $x, y \in \mathrm{Ran}(i^*)$, 那么有 $x', y' \in H$, 使得 $x = i^* x'$, $y = i^* y'$ 并且有

$$\langle \lambda x, y \rangle = \langle x', y \rangle = \langle x', iy \rangle = \langle i^* x', y \rangle_0 = \langle x, y \rangle_0.$$

同理, $\langle x, \lambda y \rangle = \langle x, y \rangle_0$. 因此 λ 是对称的, 并且 $\mathrm{Ran}(\lambda) = H$, 由命题 7.2.4 (ii), λ 是自伴的.   □

Friedrichs定理的证明 令 $A = T + I$, 那么当 $x \in \mathcal{D}(A) = \mathcal{D}(T)$ 时,

$$\langle Ax, x \rangle \geqslant \|x\|^2. \tag{†1}$$

由不等式 (†1), 我们可以在 $\mathcal{D}(A)$ 上引入一个新内积

$$\langle x, y \rangle' = \langle Ax, y \rangle, \quad x, y \in \mathcal{D}(A),$$

并将其完备化得到一个 Hilbert 空间, 记为 H'. 因此当 $x \in \mathcal{D}(A)$时, 我们有

$$\|x\|' = \left[\langle Ax, x \rangle \right]^{1/2} \geqslant \|x\|. \tag{†2}$$

当 $\bar{x} \in H'$ 时，因为依 H' 的范数，$\mathcal{D}(A)$ 在 H' 中稠密，故有 $\mathcal{D}(A)$ 中的一个序列 $\{x_n\}$ 依 H' 的范数收敛到 $\bar{x}$. 由不等式 (†2)，$\{x_n\}$ 也是依 H 的范数的 Cauchy 列，故其在 H 中收敛，进一步由 (†2)，$\{x_n\}$ 在 H 中的极限仅依赖 $\bar{x}$, 不依赖序列 $\{x_n\}$ 的选取. 记此序列的极限为 $\alpha(\bar{x})$. 因此我们建立了一个映射 $\alpha: H' \to H$, $\bar{x} \mapsto \alpha(\bar{x})$. 容易验证此映射是线性的，且满足 $\|\alpha(\bar{x})\| \leqslant \|\bar{x}\|'$, 以及

$$\langle Ay, \alpha(\bar{x})\rangle = \langle y, \bar{x}\rangle', \quad \forall \bar{x} \in H', \ y \in \mathcal{D}(A). \tag{†3}$$

由于 $\mathcal{D}(A)$ 在 H' 中稠，因此 (†3) 蕴含了映射 α 是 1-1 的. 记 $H_0 = \mathrm{Ran}\,\alpha = \alpha(H')$, 并且在 H_0 上定义范数为：当 $x = \alpha(\bar{x})$ 时，$\|x\|_0 = \|\bar{x}\|'$, 那么 H_0 在此范数下成一 Hilbert 空间，其内积记为 $\langle x, y\rangle_0$. 且易见当 $x \in H_0$ 时，$\|x\| \leqslant \|x\|_0$, 因此嵌入映射 $i: H_0 \to H$ 是连续的. 因为 $\mathcal{D}(A) \subseteq H'$ 并且 α 映 $\mathcal{D}(A)$ 中每个元素到自身，因此作为集合，$\mathcal{D}(A) \subseteq H_0$. 这也蕴含了作为集合，$H_0$ 是 H 的一个稠子集. 应用引理 7.2.14 (ii)，算子 $\lambda = i^{*-1}$ 是 H 中的一个自伴算子. 因为当 $x, y \in \mathcal{D}(A) \subset H_0$ 时，

$$\langle x, y\rangle_0 = \langle x, y\rangle' = \langle Ax, y\rangle = \langle Ax, iy\rangle = \langle i^*Ax, y\rangle_0$$

依 H_0 的范数，$\mathcal{D}(A)$ 在 H_0 中稠密，故对任何 $x \in \mathcal{D}(A)$, $i^*Ax = x$. 这就蕴含了当 $x \in \mathcal{D}(A)$ 时，$\lambda x = Ax$. 引理 7.2.14 表明 λ 是 A 的一个自伴扩张. 当 $x \in \mathcal{D}(\lambda) = \mathrm{Ran}\,i^*$ 时，存在 $y \in H$, 使得 $x = i^*y$, 并且有

$$\langle \lambda x, x\rangle = \langle y, ix\rangle = \langle i^*y, x\rangle_0 = \langle x, x\rangle_0 = \|x\|_0^2 \geqslant \|x\|^2.$$

上式表明 A 的自伴扩张 λ 满足. 当 $x \subset \mathcal{D}(\lambda)$ 时，$\langle \lambda x, x\rangle \geqslant \langle x, x\rangle$. 因为 $A = T + I$, 故 T 有正的自伴扩张.

下面是 Friedrichs 定理的一个直接推论.

系7.2.15 设 T 是 Hilbert 空间 H 中一个稠定对称算子，则有

(i) 若 $a = \inf\{\langle Tx, x\rangle: x \in \mathcal{D}(T), \|x\| = 1\}$ 是有限的，则存在 T 的自伴扩张 S, 且 S 满足 $\inf\{\langle Sx, x\rangle: x \in \mathcal{D}(S), \|x\| = 1\} = a$.

(ii) 若 $b = \sup\{\langle Tx, x\rangle: x \in \mathcal{D}(T), \|x\| = 1\}$ 是有限的，则存在 T 的自伴扩张 S, 且 S 满足 $\sup\{\langle Sx, x\rangle: x \in \mathcal{D}(S), \|x\| = 1\} = b$.

(iii) 若 (i), (ii) 中的 a, b 都是有限的，那么 T 有唯一的有界的自伴扩张.

证：(i), (ii) 是 Friedrichs 定理的直接推论. (iii) 当 $x \in \mathcal{D}(T)$ 时，

$$a\langle x, x\rangle \leqslant \langle Tx, x\rangle \leqslant b\langle x, x\rangle.$$

记 $A = T - aI$，$c = b - a \geqslant 0$. 那么当 $x \in \mathcal{D}(A)$ 时，我们有

$$0 \leqslant \langle Ax, x \rangle \leqslant c \langle x, x \rangle.$$

考虑 $\mathcal{D}(A)$ 上的共轭双线性泛函 $\varphi(x, y) = \langle Ax, y \rangle$，由上面的不等式和双线泛函的极化恒等式 (见 §7.2.1 习题 1)，我们易得

$$\sup_{x, y \in \mathcal{D}(A), \|x\| = \|y\| = 1} |\varphi(x, y)| = C < \infty.$$

由 A 的稠定性，故对任何 $x \in \mathcal{D}(A)$，$y \in H$，

$$|\langle Ax, y \rangle| \leqslant C \|x\| \|y\|.$$

在上式中，当 $Ax \neq 0$ 时，取 $y = Ax/\|Ax\|$，就得到 $\|Ax\| \leqslant C \|x\|$，$x \in \mathcal{D}(A)$. 故 A 有唯一的有界的自伴扩张，因此 T 有唯一的有界的自伴扩张.　　　　□

§7.3　自伴算子的谱分解

在 §4.5 节，我们看到谱测度和谱积分在研究正规算子时发挥了巨大的威力. 同样地, 谱测度和谱积分也是研究无界自伴算子和正规算子的有力工具.

§7.3.1　可测函数的谱积分

设 $(\Omega, \mathcal{B}, E, H)$ 是一个谱测度空间，$f \in L^\infty(\Omega, E)$，在 §4.5.1 中，我们通过下式定义了有界线性算子 $\pi(f)$：

$$\langle \pi(f)x, y \rangle = \int f \, dE_{x,y}, \quad x, y \in H.$$

我们将在这一节推广这些内容到一般的可测函数的情形，并沿用 §4.5.1 中的术语和记号. 这一节的主要内容来源于 [Ru1]. 我们需要下面的命题.

命题7.3.1　设 f 是 Ω 上的可测函数，则有

(i) 令 $\mathcal{D}_f = \{x \in H : \int |f|^2 \, dE_{x,x} < \infty\}$，那么 $\mathcal{D}_f$ 是 H 的一个稠子空间；

(ii) 对任何 $x, y \in H$，成立不等式

$$\int |f| \, d|E_{x,y}| \leqslant \|y\| \left(\int |f|^2 \, dE_{x,x} \right)^{1/2}.$$

证：　(i) 如果 $x, y \in H$，$z = x + y$ 并且 $\omega \in \mathcal{B}$，那么有

$$\|E(\omega)z\|^2 = \|E(\omega)x + E(\omega)y\|^2 \leqslant 2(\|E(\omega)x\|^2 + \|E(\omega)y\|^2),$$

这即给出了 $E_{z,z}(\omega) \leqslant 2(E_{x,x}(\omega) + E_{y,y}(\omega))$，因此 $\mathcal{D}_f$ 是一个线性子空间.

令 $\omega_n = \{x \in \Omega : |f(x)| \leqslant n\}$. 那么当 $x \in E(\omega_n)H$ 时，我们有

$$E(\omega)x = E(\omega)E(\omega_n)x = E(\omega \cap \omega_n)x,$$

因此对任何可测集 ω，$E_{x,x}(\omega) = E_{x,x}(\omega \cap \omega_n)$. 从而

$$\int_\Omega |f|^2 \, \mathrm{d}E_{x,x} = \int_{\omega_n} |f|^2 \, \mathrm{d}E_{x,x} \leqslant n^2 \|x\|^2.$$

这就表明了 $\bigcup_{n=1}^\infty E(\omega_n)H \subseteq \mathcal{D}_f$. 因为 $\omega_1 \subseteq \omega_2 \subseteq \cdots$，并且 $\Omega = \bigcup_{n=1}^\infty \omega_n$，由谱测度的性质，对任何 $y \in H$，我们有 $E(\omega_n)y \to y\,(n \to \infty)$. 故 $\mathcal{D}_f$ 是 H 的一个稠子空间.

(ii) 当 f 是有界可测函数时，由 Radon-Nikodym 定理 (见附录)，存在 Ω 上的可测函数 u，$|u| = 1$，使得 $(uf) \, \mathrm{d}E_{x,y} = |f| \, \mathrm{d}|E_{x,y}|$. 沿用 §4.5.1 中的术语和记号，我们有

$$\int |f| \, \mathrm{d}|E_{x,y}| = \int (uf) \, \mathrm{d}E_{x,y} = \langle \pi(uf)x, y \rangle \leqslant \|\pi(uf)x\| \, \|y\| = \|y\| \left(\int |f|^2 \, \mathrm{d}E_{x,x} \right)^{1/2}.$$

应用单调收敛定理就给出了一般可测函数的结论.　　□

现在我们可以应用命题 7.3.1 推广谱积分到可测的无界函数的情形.

给定 Ω 上一个可测函数 f，那么对任何 $x \in \mathcal{D}_f$，由命题 7.3.1 (ii)，共轭线性映射 $y \mapsto \int f \, \mathrm{d}E_{x,y}$ 是 H 上一个有界的泛函且其范数不超过 $\left(\int |f|^2 \, \mathrm{d}E_{x,x} \right)^{1/2}$. 从而由 Riesz 表示定理知存在唯一的向量，依赖于 x，记为 $\pi(f)x$，使得

$$\langle \pi(f)x, y \rangle = \int f \, \mathrm{d}E_{x,y}, \quad x \in \mathcal{D}_f,\ y \in H, \tag{‡1}$$

并且

$$\|\pi(f)x\| \leqslant \left(\int |f|^2 \, \mathrm{d}E_{x,x} \right)^{1/2}. \tag{‡2}$$

根据 $E_{x,y}$ 关于 x 的线性性，$\pi(f)$ 定义了一个从 $\mathcal{D}_f$ 到 H 的线性算子，它的定义域是 $\mathcal{D}_f$，且完全由公式 (‡1) 唯一确定. 算子 $\pi(f)$ 也称为函数 f 关于谱测度 E 的谱积分.

为了证明这一节的主要定理，需要下面的引理.

引理7.3.2

(i) 如果 f, g 都是有界的, 则

$$\mathrm{d}E_{\pi(f)x,\pi(g)y} = f\bar{g}\,\mathrm{d}E_{x,y};$$

(ii) 如果 f 是有界的, 则 $\mathcal{D}_g \subseteq \mathcal{D}_{fg}$, 且当 $x \in \mathcal{D}_g$ 时, $\pi(f)\pi(g)x = \pi(fg)x$;

(iii) 如果 g 是有界的, 则 $\pi(f)\pi(g) = \pi(fg)$, 它们的定义域是 $\mathcal{D}_{fg}$.

证: (i) 当 f, g 都是有界时, 对任何有界函数 φ, 应用 §4.5.1 中的讨论, 我们有

$$\int \varphi\,\mathrm{d}E_{\pi(f)x,\pi(g)y} = \langle \pi(\varphi)\pi(f)x, \pi(g)y \rangle = \langle \pi(\varphi f\bar{g})x, y \rangle = \int \varphi\,(f\bar{g})\,\mathrm{d}E_{x,y},$$

因此有 $\mathrm{d}E_{\pi(f)x,\pi(g)y} = f\bar{g}\,\mathrm{d}E_{x,y}$.

(ii) 如果 f 是有界的, 则显然有 $\mathcal{D}_g \subseteq \mathcal{D}_{fg}$. 当 $x \in \mathcal{D}_g$ 时, 对任何 $y \in H$, 应用 (i) 就有

$$\langle \pi(f)\pi(g)x, y \rangle = \langle \pi(g)x, \pi(\bar{f})y \rangle = \int g\,\mathrm{d}E_{x,\pi(\bar{f})y} = \int fg\,\mathrm{d}E_{x,y} = \langle \pi(fg)x, y \rangle.$$

这就证明了 (ii).

(iii) 如果 g 是有界的, 应用 (i), 我们看到 $x \in \mathcal{D}_{fg}$ 当且仅当

$$\int |fg|^2\,\mathrm{d}E_{x,x} = \int |f|^2 (g\bar{g})\,\mathrm{d}E_{x,x} = \int |f|^2\,\mathrm{d}E_{\pi(g)x,\pi(g)x} < \infty,$$

当且仅当 $\pi(g)x \in \mathcal{D}_f$. 因此 $\mathcal{D}[\pi(fg)] = \mathcal{D}[\pi(f)\pi(g)]$. 当 $x \in \mathcal{D}_{fg}$, 以及任何 $y \in H$时, 应用 (i) 就有

$$\langle \pi(fg)x, y \rangle = \int fg\,\mathrm{d}E_{x,y} = \int g\,\mathrm{d}E_{x,\pi(\bar{f})y} = \langle \pi(g)x, \pi(\bar{f})y \rangle = \langle \pi(f)\pi(g)x, y \rangle.$$

这就给出了 (iii) 的结论. □

定理7.3.3 设 f 是 Ω 上的可测函数, 算子 $\pi(f)$ 由 (‡1) 定义. 那么 $\pi(f)$ 是闭的稠定算子, 并且

(i) 当 $x \in \mathcal{D}_f$ 时, 成立等式

$$\|\pi(f)x\|^2 = \int |f|^2\,\mathrm{d}E_{x,x};$$

(ii) $\pi^*(f) = \pi(\bar{f})$;

(iii) $\pi^*(f)\pi(f) = \pi(f)\pi^*(f) = \pi(|f|^2)$.

证：　算子 $\pi(f)$ 的稠定性来自命题 7.3.1 (i). 当我们完成 (ii) 的证明后，结合定理 7.1.1 就知道 $\pi(f)$ 是闭算子.

(i) 定义 f 的截断函数列 $f_n(x) = f(x)\varphi_n(x)$，这里 φ_n 是集 $\{x \in \Omega : |f(x)| \leqslant n\}$ 的特征函数. 因为 $\mathcal{D}_f = \mathcal{D}_{f-f_n}$，当 $x \in \mathcal{D}_f$ 时，那么由 (‡2) 以及控制收敛定理，就有

$$\|\pi(f)x - \pi(f_n)x\|^2 = \|\pi(f - f_n)x\|^2 \leqslant \int |f - f_n|^2 \, \mathrm{d}E_{x,x} \to 0.$$

因为 f_n 是有界的，故 $\|\pi(f_n)x\|^2 = \int |f_n|^2 \, \mathrm{d}E_{x,x}$. 结合此式与上面的推理就给出了

$$\|\pi(f)x\|^2 = \int |f|^2 \, \mathrm{d}E_{x,x}.$$

(ii) 若 $x \in \mathcal{D}_f$，$y \in \mathcal{D}_{\bar{f}} = \mathcal{D}_f$，类似于上面的推理给出了

$$\langle \pi(f)x, y \rangle = \lim_{n \to \infty} \langle \pi(f_n)x, y \rangle = \lim_{n \to \infty} \langle x, \pi(\bar{f}_n)y \rangle = \langle x, \pi(\bar{f})y \rangle.$$

故有 $\pi(\bar{f}) \subseteq \pi^*(f)$. 任取 $z \in \mathcal{D}(\pi^*(f))$，$v = \pi^*(f)z$，由关系 $f_n = f\varphi_n$ 以及引理 7.3.2 (iii) 知，$\pi(f_n) = \pi(f)\pi(\varphi_n)$，并且结合命题 7.1.6 (ii) 与 $\pi(\varphi_n)$ 的自伴性，我们有

$$\pi(\varphi_n)\pi^*(f) \subseteq \left[\pi(f)\pi(\varphi_n)\right]^* = \pi^*(f_n) = \pi(\bar{f}_n).$$

上式给出了 $\pi(\varphi_n)\pi^*(f)z = \pi(\varphi_n)v = \pi(\bar{f}_n)z$. 从而有

$$\int |f_n|^2 \, \mathrm{d}E_{z,z} = \|\pi(\bar{f}_n)z\|^2 = \|\pi(\varphi_n)v\|^2 \leqslant \|v\|^2.$$

应用单调收敛定理表明 $\int |f|^2 \, \mathrm{d}E_{z,z} \leqslant \|v\|^2$，故 $z \in \mathcal{D}_{\bar{f}}$，因此 $\pi(f)^* = \pi(\bar{f})$.

(iii) 由命题 7.2.5 和上式 (ii) 知，$T = \pi^*(f)\pi(f) = \pi(\bar{f})\pi(f)$ 是自伴算子. 任取 $x \in \mathcal{D}(\pi^*(f)\pi(f))$，即 $x \in \mathcal{D}_f$ 且由 (ii)，$y = \pi(f)x \in \mathcal{D}_f$，应用单调收敛定理以及引理 7.3.2 (ii) 和 f_n 的有界性，我们有

$$\begin{aligned}
\int |f|^2 \, \mathrm{d}E_{y,y} &= \lim_{n \to \infty} \int |f_n|^2 \, \mathrm{d}E_{y,y} = \lim_{n \to \infty} \langle \pi(|f_n|^2)\pi(f)x, \pi(f)x \rangle \\
&= \lim_{n \to \infty} \langle \pi(\bar{f}_n)\pi(f_n)\pi(f)x, \pi(f)x \rangle = \lim_{n \to \infty} \|\pi(f_n f)x\|^2 \\
&= \lim_{n \to \infty} \int |f_n f|^2 \, \mathrm{d}E_{x,x} = \int |f|^4 \, \mathrm{d}E_{x,x} < \infty.
\end{aligned}$$

上式说明 $x \in \mathcal{D}_{|f|^2}$. 任取 $x \in \mathcal{D}(\pi^*(f)\pi(f))$，那么 $x \in \mathcal{D}(\pi(|f|^2))$ 并且有

$$\langle \pi^*(f)\pi(f)x, x \rangle = \|\pi(f)x\|^2 = \int |f|^2 \, \mathrm{d}E_{x,x} = \langle \pi(|f|^2)x, x \rangle.$$

由共轭双线性泛函的极化恒等式知，对任何 $x, y \in \mathcal{D}\big(\pi^*(f)\pi(f)\big)$，成立

$$\langle \pi^*(f)\pi(f)x, y \rangle = \langle \pi(|f|^2)x, y \rangle,$$

故 $\pi^*(f)\pi(f) \subseteq \pi(|f|^2)$. 由自伴算子的极大对称性 (见命题 7.2.7) 以及上面的 (ii)，我们有

$$\pi^*(f)\pi(f) = \pi(f)\pi^*(f) = \pi(|f|^2). \qquad \square$$

例子7.3.4 让我们看一个例子. 考虑实直线上的 Borel 可测空间 $(\mathbb{R}, \mathcal{B})$ 以及 Hilbert 空间 $H = L^2(\mathbb{R})$，当 ω 是实直线上的 Borel 集时，定义 $E(\omega)$ 是由 ω 的特征函数 χ_ω 在 $L^2(\mathbb{R})$ 上定义的乘法算子，那么 (E, H) 是实直线上的一个谱测度. 当 $f \in L^2(\mathbb{R})$时，$E_{f,f}(\omega) = \int_\omega |f|^2 \, \mathrm{d}x$. 因此当 φ 是直线上一个 Borel 可测函数时，应用 Radon-Nikodym 定理，

$$\mathcal{D}_\varphi = \{f \in L^2(\mathbb{R}) : \int |\varphi|^2 \, \mathrm{d}E_{f,f} = \int |\varphi f|^2 \, \mathrm{d}x < \infty\}.$$

由 ($\ddagger$1) 和 Radon-Nikodym 定理，算子 $\pi(\varphi)$ 就是由 φ 在 $L^2(\mathbb{R})$ 中定义的乘法算子，其定义域如上给出.

用 $\mathcal{F}(\Omega)$ 表示 Ω 上可测的函数全体，那么 $\mathcal{F}(\Omega)$ 是一个复的线性空间. 用 $\mathcal{D}(H)$ 表示 H 中闭的稠定算子全体，完全不同于有界线性算子，$\mathcal{D}(H)$ 中不再有通常的代数运算. 然而根据命题 7.1.6，上面的关于无界算子代数运算的要求，在一定条件下仍可对无界算子进行代数运算. 本节中建立的可测函数的谱积分可归结为映射：$\pi: \mathcal{F}(\Omega) \to \mathcal{D}(H)$，它有下面的代数性质，证明留作习题.

定理7.3.5 (i) $\pi(f) + \pi(g) \subseteq \pi(f + g)$. 如果 f, g 之一是有界的，那么等式成立. (ii) $\pi(f)\pi(g) \subseteq \pi(fg)$，并且 $\mathcal{D}(\pi(f)\pi(g)) = \mathcal{D}_g \cap \mathcal{D}_{fg}$，等式成立当且仅当 $\mathcal{D}_{fg} \subseteq \mathcal{D}_g$. (iii) 对任何正整数 n，$\pi(f^n) = (\pi(f))^n$.

习题

1. 证明定理 7.3.4.
2. 证明 $\pi(f)$ 是自伴的当且仅当 f 是实函数.
3. 设 f 是 Ω 上的一个可测的函数，那么 $\pi(f)$ 是有界算子当且仅当 $\mathcal{D}_f = H$ 当且仅当 $f \in L^\infty(\Omega, E)$.
4. 对每个可测集 ω，证明 $\pi(f)$ 映 $\mathcal{D}_f \cap E(\omega)H$ 到 $E(\omega)H$.

5. 给定复数 α，令 $\omega_\alpha = \{x \in \Omega : f(x) = \alpha\}$，那么

(i) 如果 α 在 f 的本性值域内，那么 $E(\omega_\alpha) \neq 0$ 当且仅当 α 是 $\pi(f)$ 的特征值.

(ii) 如果 α 在 f 的本性值域内并且 $E(\omega_\alpha) = 0$，那么算子 $\pi(f) - \alpha I$ 1-1 地映 $\mathcal{D}_f$ 到 H 的一个真稠子空间，且存在向量 $x_n \in H$，$\|x_n\| = 1$，使得 $\lim\limits_{n \to \infty} (\pi(f) - \alpha I)x_n = 0$.

(iii) $\sigma(\pi(f))$ 等于 f 的本性值域.

§7.3.2　自伴算子的谱定理

这一节将通过 Cayley 变换建立自伴算子的谱定理. 在这个定理的证明中，我们需要一个引理，这是把引理 4.5.10 推广到可测函数的情形. 其证明可通过结合引理 4.5.10 和实分析中一些逼近的思想给出.

设 $\lambda : (\Omega_1, \mathcal{B}_1) \to (\Omega_2, \mathcal{B}_2)$ 是一个可测映射，即对任何 $C \in \mathcal{B}_2$，都有 $\lambda^{-1}(C) \in \mathcal{B}_1$. 如果 (E', H) 是 Ω_1 上的谱测度，那么它诱导的 Ω_2 的谱测度 E'' 是

$$E''(C) = E'(\lambda^{-1}(C)), \quad C \in \mathcal{B}_2.$$

引理7.3.6　设 f 是 Ω_2 上的可测函数且 $x, y \in H$，如果下面积分之一存在，则有

$$\int_{\Omega_2} f \, \mathrm{d}E''_{x,y} = \int_{\Omega_1} f \circ \lambda \, \mathrm{d}E'_{x,y}.$$

设 $(\Omega, \mathcal{B}, H, E)$ 是一个谱测度空间，f 是 Ω 上的一个实值可测函数，那么由上一节谱积分的定义，$\pi(f)$ 是 H 中的一个自伴算子，其由下式唯一确定：

$$\langle \pi(f)x, y \rangle = \int f \, \mathrm{d}E_{x,y}, \quad x \in \mathcal{D}_f, \ y \in H.$$

我们在直线的 Borel 可测集上定义谱测度 $E'(\omega) = E(f^{-1}(\omega))$，由上述引理，$\pi(f)$ 在直线上的 Borel 可测空间的谱表示是

$$\langle \pi(f)x, y \rangle = \int_{-\infty}^{+\infty} t \, \mathrm{d}E'_{x,y}(t), \quad x \in \mathcal{D}_f, \ y \in H.$$

因为 $\pi(f)$ 的谱是 f 的本性值域 (相对于谱测度 E)，根据 E' 的定义，直线上谱测度 E' 支撑在 $\pi(f)$ 的谱上. 下面要证明的自伴算子的谱定理表明所有自伴算子都有这样的谱表示.

定理7.3.7 (自伴算子的谱定理)　设 S 是 Hilbert 空间 H 中的一个自伴算子，那么在实直线的 Borel 可测空间 $(\mathbb{R}, \mathcal{B})$ 上存在唯一的谱测度 (E, H)，使得

$$\langle Sx, y \rangle = \int_{-\infty}^{+\infty} t \, \mathrm{d}E_{x,y}(t), \ x \in \mathcal{D}(S), \ y \in H.$$

进一步，谱测度 E 支撑在 S 的谱 $\sigma(S)$ 上，即 $E(\sigma(S)) = I$.

证：　设 U 是自伴算子 S 的 Cayley 变换，那么由定理 7.2.10，U 是酉算子，并且 1 不是 U 的特征值. 应用正规算子的谱定理 4.5.7 知，在单位圆周 $\mathbb{T}$ 上存在唯一的谱测度 (E', H)，使得 $E'(\{1\}) = 0$ 并且 $U = \int_{\mathbb{T}} z\, dE'$. 记 $\Omega = \mathbb{T} \setminus \{1\}$，那么对任何 $x, y \in H$，

$$\langle Ux, y \rangle = \int_\Omega z\, dE_{x,y}.$$

考虑 Ω 上的连续函数 $\varphi(z) = \mathrm{i}(1+z)/(1-z)$，它是从 Ω 到实直线 $\mathbb{R}$ 的同胚. 那么函数 $\varphi(z)$ 的谱积分 $\pi(\varphi)$：

$$\langle \pi(\varphi)x, y \rangle = \int_\Omega \varphi(z)\, dE_{x,y}, \quad x \in \mathcal{D}_\varphi,\ y \in H$$

是自伴的. 因为 $\varphi(z)(1-z) = \mathrm{i}(1+z)$，应用引理 7.3.2 (iii) 给出了 $\pi(\varphi)(I-U) = \mathrm{i}(I+U)$. 这个等式也蕴含了 $\mathrm{Ran}(I-U) \subseteq \mathcal{D}(\pi(\varphi))$. 由定理 7.2.10，

$$\mathcal{D}(S) = \mathrm{Ran}(I-U) \subseteq \mathcal{D}(\pi(\varphi)).$$

因此 $\pi(\varphi)$ 是 S 的一个自伴扩张. 因为自伴算子是极大对称的，故 $S = \pi(\varphi)$，即有

$$\langle Sx, y \rangle = \int_\Omega \varphi(z)\, dE'_{x,y}, \quad x \in \mathcal{D}(S),\ y \in H.$$

设 ω 是实直线上的任何 Borel 集，定义 $E(\omega) = E'(\varphi^{-1}(\omega))$，那么 E 是实直线上的一个谱测度，并且由引理 7.3.6，我们得到

$$\langle Sx, y \rangle = \int_{-\infty}^{+\infty} t\, dE_{x,y}(t), \quad x \in \mathcal{D}(S),\ y \in H.$$

因为 S 的谱是 $\varphi(z)$ 的本性值域 (相对于谱测度 E')，并且由谱测度 E 的定义，所以我们看到谱测度 E 支撑在 $\sigma(S)$ 上. 容易看出，谱测度 E 的唯一性来自酉算子谱分解的唯一性. □

我们回到例子 7.3.4，对直线上每个实 Borel 可测函数 φ，考虑 $L^2(\mathbb{R})$ 中的自伴算子 $\pi(\varphi)$，即由函数 φ 在 $L^2(\mathbb{R})$ 中定义的乘法算子. 定义谱测度 $E^\varphi(\omega) = E(\varphi^{-1}(\omega))$，由引理 7.3.7，那么自伴算子 $M_\varphi = \pi(\varphi)$ 的谱表示是

$$\langle M_\varphi f, g \rangle = \int_{-\infty}^{+\infty} \varphi(s)\, dE_{f,g}(s) = \int_{-\infty}^{+\infty} t\, dE^\varphi_{f,g}(t), \quad f \in \mathcal{D}_\varphi,\ g \in L^2(\mathbb{R}).$$

下面，我们给出自伴算子谱定理的一个简单应用. 设 $\{U_t : t \geqslant 0\}$ 是一个强连续的单参数酉半群，其母元算子记为 A. 我们证明 iA 是自伴算子. 事实上，我们可将该酉半群延拓为一个强连续的酉群，通过对 $t > 0$, 定义 $U_{-t} = U_t^*$. 应用单参数酉群的 Stone 表示定理 (定理 4.5.9), 在直线上存在谱测度 $E(s)$, 使得

$$U_t = \int_{-\infty}^{+\infty} e^{ist} \, dE(s).$$

设 S 是由下式定义的自伴算子:

$$\langle S x, y \rangle = \int_{-\infty}^{+\infty} s \, dE_{x,y}(s), \quad x \in \mathcal{D}(S), \, y \in H,$$

这里 $\mathcal{D}(S) = \{x \in H : \int_{-\infty}^{+\infty} |s|^2 \, dE_{x,x}(s) < \infty\}$. 那么当 $x \in \mathcal{D}(S)$ 并且 $t \to 0$ 时，应用控制收敛定理，我们有

$$\left\| \frac{U_t - I}{t} x - iS x \right\|^2 = \int_{-\infty}^{+\infty} \left| \frac{e^{ist} - 1}{ist} - 1 \right|^2 |s|^2 \, dE_{x,x}(s) \to 0.$$

上式表明 $S \subseteq -iA$. 接着证明 $-iA$ 是对称算子. 设 $x, y \in \mathcal{D}(A)$，那么

$$
\begin{aligned}
\langle (-iA)x, y \rangle &= -i \lim_{t \to 0} \left\langle \frac{U_t - I}{t} x, y \right\rangle = -i \lim_{t \to 0^+} \left\langle x, \frac{U_t^* - I}{t} y \right\rangle \\
&= i \lim_{t \to 0^+} \left\langle x, \frac{U_{-t} - I}{-t} y \right\rangle = \langle x, (-iA)y \rangle.
\end{aligned}
$$

因此 $-iA$ 是对称的. 根据自伴算子的极大对称性 (命题 7.2.7), 我们得到 $S = -iA$, 即 $A = iS$. 因为 $iS = \int_{-\infty}^{+\infty}(is) \, dE(s)$, 定义复函数 $f_t(z) = e^{tz}$, 那么由谱积分的函数演算，U_t 也可形式地写为

$$U_t = \int_{-\infty}^{+\infty} f_t(is) \, dE(s) = f_t(iS) = e^{itS}.$$

考虑 $L^2(\mathbb{R})$ 上的移位算子群 $\{\tau_t : t \in \mathbb{R}\}$, $(\tau_t f)(x) = f(x - t)$. 容易检查该群的母元算子是 $-d/dx$, 记 $D = d/dx$, 那么 τ_t 可写为 $\tau_t = e^{tD}$.

习题

1. 使用定理 7.3.5 和自伴算子谱定理证明下列结论:

(i) 每个自伴算子 S 可分解为 $S = S_+ - S_-$, 这里 $S_+ \geqslant 0$, $S_- \geqslant 0$, 并且 $\sigma(S_+) \subseteq \{t \geqslant 0 : t \in \sigma(S)\}$, $\sigma(S_-) \subseteq \{t \geqslant 0 : -t \in \sigma(S)\}$;

(ii) 设 S 是一个正的自伴算子，n 是正整数，证明存在唯一的正的自伴算子 T，使得 $T^n = S$.

2. 设 S 是自伴算子，n 是正整数，证明 S^n 是自伴算子. 若 $S \geqslant 0$，证明 $S^n \geqslant 0$.

§7.3.3   Hamburger 的矩量问题

在这一节，我们应用前几段的结果来研究和力学相关的矩量问题. 它是数学中的一个经典问题，最早由 T. Stieltjes 提出并研究. Stieltjes 的矩量问题是问：给定一个正数序列 $\{m_0, m_1, \cdots\}$，在什么条件下存在一个正半轴 $[0, +\infty)$ 上有界的单调增加的函数 g, 使得

$$m_n = \int t^n \, \mathrm{d}g, \quad n = 0, 1, \cdots? \tag{$\ast$1}$$

如果这样的 g 存在，在什么情况下 g 是唯一的？后来，Hamburger 考虑了直线上的矩量问题，也即若 $\{m_0, m_1, \cdots\}$ 是一个实数列，在什么条件下存在实直线上的正的 Borel 测度 μ 使得对所有非负整数 n, $\int |t|^n \, \mathrm{d}\mu(t) < \infty$ 并且

$$m_n = \int t^n \, \mathrm{d}\mu, \quad n = 0, 1, \cdots. \tag{$\ast$2}$$

如果这样的测度 μ 存在，我们就称 Hamburger 的矩量问题是可解的. 如果矩量问题是可解的，在什么条件下解测度是唯一的？

由测度 μ 给出的序列 $\{m_n\}$ 称为测度 μ 的矩量序列，m_n 称为 μ 的 n 阶矩量. 因此 Hamburger 的矩量问题是问：给定一个实序列，何时该序列是一个矩量序列？如果它是一个矩量序列，它的表示测度何时是唯一的？

矩量问题和数学、物理等多方面联系密切，在这里，我们仅提及和泛函分析及算子论中几个经典问题的联系. 用 $\mathbb{C}[t]$ 表示直线上复系数多项式全体，它是一个复线性空间. $\mathbb{C}[t]$ 上一个复线性泛函 F 称为正定的，如果当多项式 $p(t) \geqslant 0$ 时，就有 $F(p) \geqslant 0$. 可以证明直线上一个多项式 $p(t) \geqslant 0$ 当且仅当 $p(t)$ 可表示为 $p(t) = |q_1(t)|^2 + \cdots + |q_k(t)|^2$, 这里 $q_1, \cdots, q_k$ 是多项式 (见本节习题 1). 因此 F 是正定的当且仅当对任何多项式 $p(t)$, $F(|p|^2) \geqslant 0$.

给定一个实序列 $\{m_n\}$, 定义

$$F(t^n) = m_n, \quad n = 0, 1, \cdots, \tag{$\ast$3}$$

并将其线性延拓到整个多项式空间 $\mathbb{C}[t]$ 上，仍记为 F. 当 $\{m_n\}$ 是由测度 μ 定义

的矩量序列时, 对任何多项式 $p(t) = \sum_{i=0}^{n} \alpha_i t^i$, 容易验证

$$F(|p|^2) = F(\sum_{i,j=0}^{n} \alpha_i \bar{\alpha}_j t^{i+j}) = \sum_{i,j=0}^{n} m_{i+j} \alpha_i \bar{\alpha}_j = \int |p|^2 \, \mathrm{d}\mu \geqslant 0.$$

因此给定一个矩量序列, 通过 (∗3) 定义的泛函是正定的. 反过来的问题是: 若通过 (∗3) 定义的泛函是正定的, $\{m_n\}$ 是一个矩量序列吗? 即对任何多项式 $p(t) = \sum_{i=0}^{n} \alpha_i t^i$, 都有

$$F(|p|^2) = \sum_{i,j=0}^{n} m_{i+j} \alpha_i \bar{\alpha}_j \geqslant 0, \tag{∗4}$$

$\{m_n\}$ 是一个矩量序列吗?

　　我们在非负整数半群 $X = \mathbb{Z}_+$ 上定义两元函数 $K(i,j) = m_{i+j}$, 那么根据附录 B 及定理 B1, (∗4) 等价于半群 $\mathbb{Z}_+$ 上两元函数 $K(i,j)$ 的正定性. 因此矩量问题约化为半群 $\mathbb{Z}_+$ 上两元函数 $K(i,j)$ 的正定性的刻画.

　　在 §6.4 节, 我们引入了 Hankel 算子和小 Hankel 算子, 这两类算子是酉等价的. Hankel 算子最早通过 Hankel 矩阵定义. 后来数学家通过 Hardy 空间上的函数论和调和分析研究 Hankel 算子, 建立了 Hankel 矩阵和 Hankel 算子之间的 1-1 对应关系, 开辟了 Hankel 算子研究的新天地.

　　给定序列 $\{m_0, m_1, \cdots\}$ 并且假设 $\sum_i |m_i|^2 < \infty$, 其对应的 Hankel 矩阵 H 是如下形式的矩阵:

$$H = \begin{pmatrix} m_0 & m_1 & m_2 & \cdots \\ m_1 & m_2 & m_3 & \cdots \\ m_2 & m_3 & m_4 & \cdots \\ \cdots & \cdots & \cdots & \cdots \end{pmatrix}, \quad a_{ij} = m_{i+j}, \ i,j = 0,1,\cdots. \tag{∗5}$$

令 $e_n = e^{in\theta}$, 那么在 Hardy 空间 $H^2(\mathbb{T})$ 的典型正交基 $\{e_0, e_1, e_2, \cdots\}$ 下, 上述 Hankel 矩阵对应的 Hankel 算子 Γ 通过定义 $\Gamma e_i = \sum_j m_{i+j} e_j$, 然后线性延拓到由 $\{e_0, e_1, e_2, \cdots\}$ 张成的线性子空间中. 因此 Hankel 算子 Γ 是一个稠定的算子. 若 $f = \sum_i \alpha_i e_i$ 是一个有限和, 那么我们有

$$\langle \Gamma f, f \rangle = \sum_{i,j} m_{i+j} \alpha_i \bar{\alpha}_j. \tag{∗6}$$

因此当 $\{m_0, m_1, \cdots\}$ 是一个矩量序列且 $\sum_i |m_i|^2 < \infty$ 时, 同前面的推理一样, 相应的 Hankel 矩阵及 Hankel 算子是正定的. 反之, 可提出如下问题: 如果由 (∗5) 定义的 Hankel 算子是正定的, 那么相应的序列 $\{m_n\}$ 是矩量序列吗?

矩量问题与 $\mathbb{C}[t]$ 上正泛函的关系、与相应的 Hankel 矩阵、Hankel 算子的正定性的关系，以及与非负整数半群上正定函数的关系全部体现在下面的 Hamburger 的矩量问题可解性的刻画中. 下面的可解性定理的证明依赖于满足某种条件的对称算子自伴扩张的存在性. 这是无界自伴算子理论应用的一个典型范例. Hamburger 的原始证明花了大约 100 多页的篇幅. Conway 的书 [Con1] 和 Lax 的书 [Lax] 都有这个定理的证明. 下面给出的证明基于再生核函数空间的构造 (见附录 B), 具有更强的可推广性.

定理7.3.8   下面三个陈述是等价的.

(i) Hamburger 的矩量问题是可解的；

(ii) 半群 $\mathbb{Z}_+$ 上的两元函数 $K(i, j) = m_{i+j}$ 是正定的, 即对任何复数 $\alpha_0, \alpha_1, \cdots, \alpha_n$, 都有 $\sum_{i,j=0}^n m_{i+j}\alpha_i\bar{\alpha}_j \geq 0$;

(iii) 在一个可分 Hilbert 空间中存在一个自伴算子 S 以及一个向量 e 使得对任何非负整数 n, $e \in \mathcal{D}(S^n)$, 并且 $m_n = \langle S^n e, e \rangle$.

证: (i)$\Rightarrow$(ii) 设 μ 是矩量问题的表示测度, 并任取 $\alpha_0, \alpha_1, \cdots, \alpha_n \in \mathbb{C}$, 那么

$$\sum_{i,j=0}^n m_{i+j}\alpha_i\bar{\alpha}_j = \int\Big(\sum_{i,j=0}^n \alpha_i\bar{\alpha}_j t^{i+j}\Big)\,\mathrm{d}\mu(t) = \int\sum_{i,j=0}^n (t^i\alpha_i)(t^j\bar{\alpha}_j)\,\mathrm{d}\mu(t) = \int\Big|\sum_{j=0}^n \alpha_j t^j\Big|^2\,\mathrm{d}\mu(t) \geq 0.$$

(ii)$\Rightarrow$(iii) 对每个 $i \in \mathbb{Z}_+$, 定义 $\mathbb{Z}_+$ 上的函数 $K_i(j) = K(i, j) = m_{i+j}$. 设 $\mathfrak{H}_0$ 是由所有复系数的 K_i 的有限线性组合构成的线性空间. 在 $\mathfrak{H}_0$ 上定义

$$\Big\langle \sum_i \alpha_i K_i, \sum_j \beta_j K_j \Big\rangle = \sum_{i,j} \alpha_i\bar{\beta}_j K(i, j) = \sum_{i,j} \alpha_i\bar{\beta}_j m_{i+j}.$$

根据附录 B 和 Moore 定理证明的构造过程 (见定理 B1), 上式定义了 $\mathfrak{H}_0$ 上的一个内积, 并将此内积完备化得到的 Hilbert 空间记为 $\mathfrak{H}$. 那么像在附录 B 中定理 B1 所表明的, $\mathfrak{H}$ 是由 $\mathbb{Z}_+$ 上的函数构成的 Hilbert 空间.

在内积空间 $\mathfrak{H}_0$ 上定义平移算子 S_0 如下:

$$S_0\Big(\sum_i \alpha_i K_i\Big) = \sum_i \alpha_i K_{i+1},$$

那么容易验证 S_0 是良定义的线性算子, 且有

$$\begin{aligned}\Big\langle S_0\big(\sum_i \alpha_i K_i\big), \sum_j \beta_j K_j \Big\rangle &= \sum_{i,j} \alpha_i\bar{\beta}_j K(i+1, j) \\ &= \sum_{i,j} \alpha_i\bar{\beta}_j K(i, j+1) = \Big\langle \sum_i \alpha_i K_i, S_0\big(\sum_j \beta_j K_j\big)\Big\rangle.\end{aligned}$$

因为 $\mathfrak{H}_0$ 在 $\mathfrak{H}$ 中稠密，故 $\mathfrak{H}$ 是可分的 Hilbert 空间，且 S_0 是 $\mathfrak{H}$ 中一个稠定的对称算子.

在 $\mathfrak{H}$ 上定义算子 $(Jf)(i) = \bar{f}(i)$, $i = 0, 1, \cdots$. 易见 J 是共轭线性的、等距的，且 $J^2 = I$，以及

$$J\mathfrak{H}_0 = \mathfrak{H}_0, \quad JS_0 \subseteq S_0 J.$$

应用系 7.2.12, S_0 有一个自伴扩张 S.

令 $e = K_0$. 那么对任何 $n \geqslant 0$, $e \in \mathcal{D}(S_0^n) \subseteq \mathcal{D}(S^n)$. 简单的计算就给出了

$$\langle S^n e, e \rangle = \langle S_0^n e, e \rangle = m_n.$$

(iii)$\Rightarrow$(i) 由自伴算子的谱定理 (定理 7.3.7)，在实直线上存在 S 的谱测度 E，并定义直线上的测度 $\mathrm{d}\mu = \mathrm{d}E_{e,e}$. 注意到 $e \in \mathcal{D}(S^n)$ 并应用定理 7.3.5 (iii)，我们看到对任何非负整数 n，都有 $\int |t|^n \mathrm{d}\mu(t) < \infty$，并且有

$$m_n = \langle S^n e, e \rangle = \int t^n \mathrm{d}\mu(t). \qquad \square$$

接下来，我们应用 Friedrichs 扩张定理 7.2.13 给出 Stieltjes 矩量问题可解的条件. Stieltjes 矩量问题等价的表述是：给定一个正数序列 $\{m_n\}$，是否存在支撑在 $[0, \infty)$ 上的正的 Borel 测度 μ 使得对任何非负整数 n, $\int t^n \mathrm{d}\mu(t) < \infty$，并且 $m_n = \int t^n \mathrm{d}\mu(t)$.

定理7.3.9 下面三个陈述是等价的.

(i) Stieltjes 的矩量问题是可解的；

(ii) 对任何 $\alpha_0, \alpha_1, \cdots, \alpha_n \in \mathbb{C}$, 都有 $\sum_{i,j=0}^n m_{i+j} \alpha_i \bar{\alpha}_j \geqslant 0$, 并且

$$\sum_{i,j=0}^n m_{i+j+1} \alpha_i \bar{\alpha}_j \geqslant 0;$$

(iii) 在一个可分 Hilbert 空间中存在一个正的自伴算子 S 以及一个向量 e 使得对任何非负整数 n, $e \in \mathcal{D}(S^n)$, 并且 $m_n = \langle S^n e, e \rangle$.

证： 这个定理的证明和定理 7.3.8 的几乎是一样的. 根据假设，注意到在这个定理的证明中所构造的算子 S_0 也满足：当 $f = \sum_i \alpha_i K_i \in \mathfrak{H}_0$ 时，

$$\langle S_0 f, f \rangle = \sum_{i,j} m_{i+j+1} \alpha_i \bar{\alpha}_j \geqslant 0.$$

因此 S_0 是一个稠定的对称的正算子. 应用 Friedriches 扩张定理 7.2.13，存在 S_0 在 $\mathfrak{H}$ 中的一个正的自伴扩张 S，也注意正的自伴算子 S 的谱支撑在 $[0,\infty)$ 上. 其余步骤可仿照定理 7.3.8 的证明. $\qquad\square$

前面两个定理给出了矩量问题可解性的条件. 下面我们考虑矩量问题解的唯一性问题，即矩量序列表示测度的唯一性问题. 先看一个非唯一性的例子.

取直线上一个非零的紧支撑的光滑函数 f，进一步假设在 $t = 0$ 的一个邻域上 $f = 0$. 设

$$g(x) = \hat{f}(x) = \int f(t)\mathrm{e}^{-\mathrm{i}xt}\,\mathrm{d}m(t)$$

是 f 的 Fourier 变换. 由 §3.3 定理 3.3.4 的反演公式，f，g 都属于 Schwartz 空间，并且

$$f(x) = \int g(t)\mathrm{e}^{\mathrm{i}xt}\,\mathrm{d}m(t).$$

对任何非负整数 n，对上式两边求 n 阶导数并在 $x = 0$ 点取值，就有

$$\int (\mathrm{i}t)^n g(t)\,\mathrm{d}m(t) = f^{(n)}(0) = 0.$$

设 $g = \varphi + \mathrm{i}\psi$ 是 g 的实部、虚部分解，因为 $g \neq 0$，故 φ，ψ 至少之一是非零函数. 我们不妨假设 $\varphi \neq 0$，并分解 $\varphi = \varphi_+ - \varphi_-$ 为它的正部负部之差. 由 $\int t^n \varphi(t)\,\mathrm{d}m(t) = 0$，我们得到

$$m_n = \int t^n \varphi_+(t)\,\mathrm{d}m(t) = \int t^n \varphi_-(t)\,\mathrm{d}m(t), \quad n = 0, 1, \cdots.$$

这就给出了矩量序列 $\{m_n\}$ 的两种不同表示.

设 μ 是实直线上的一个 Borel 测度，定义 $R_\mu = \sup\{|t| : t \in \mathrm{support}(\mu)\}$. 当 μ 是紧支撑时，R_μ 是有限的，即 $[-R_\mu, R_\mu]$ 是最小的对称闭区间使得

$$\mathrm{support}(\mu) \subseteq [-R_\mu, R_\mu].$$

当 μ 的支撑是无界时，$R_\mu = +\infty$.

设 $\mathbf{m} = \{m_n\}$ 是一个矩量序列，记 $S_{\mathbf{m}} = \varliminf_{n\to\infty} m_{2n}^{1/2n}$.

命题7.3.10 设 $\mathbf{m} = \{m_n\}$ 是由测度 μ 定义的矩量序列，那么

$$R_\mu = S_{\mathbf{m}}.$$

证： 首先假设 $S_{\mathbf{m}}$ 是有限的，并任取 $s > S_{\mathbf{m}}$，以及 χ_s 表示 $\mathbb{R} \setminus (-s, s)$ 的特征函数，并令 $M_s = \mu(\mathbb{R} \setminus (-s, s))$，那么

$$s^{2n} M_s = \int (s\chi_s)^{2n}\,\mathrm{d}\mu \leqslant \int t^{2n}\,\mathrm{d}\mu = m_{2n}.$$

如果 $M_s \neq 0$，两边开 $2n$ 次方并取下极限，就得到

$$s \leqslant \lim_{n\to\infty} m_{2n}^{1/2n} = S_{\mathbf{m}}.$$

这和假设矛盾，因此 $M_s = 0$. 故有 $R_\mu \leqslant S_{\mathbf{m}}$. 反之，因为 support$(\mu) \subseteq [-R_\mu, R_\mu]$，故

$$m_{2n} = \int t^{2n}\,\mathrm{d}\mu(t) = \int_{-R_\mu}^{R_\mu} t^{2n}\,\mathrm{d}\mu(t) \leqslant (2R_\mu) R_\mu^{2n}.$$

两边开 $2n$ 次方并取下极限，就得到 $S_{\mathbf{m}} \leqslant R_\mu$. 在 $S_{\mathbf{m}}$ 是有限的情况下，以上就证明了 $R_\mu = S_{\mathbf{m}}$. 上面的推理也容易给出 $S_{\mathbf{m}} = +\infty$ 的情况. □

定理7.3.11 设 $\mathbf{m} = \{m_n\}$ 是一个矩量序列，那么我们有

(i) 如果 $S_{\mathbf{m}} < \infty$，那么该序列的表示测度是唯一的；

(ii) 如果 $\sup_n |m_n| < \infty$，那么该序列的表示测度是唯一的.

证： (i) 设 μ, ν 是矩量序列 $\mathbf{m} = \{m_n\}$ 的两个表示测度，那么应用命题 7.3.10，这两个正的 Borel 测度的支撑都包含在闭区间 $[-S_{\mathbf{m}}, S_{\mathbf{m}}]$ 中，并且有

$$\int_{-S_{\mathbf{m}}}^{S_{\mathbf{m}}} t^n\,\mathrm{d}\mu(t) = \int_{-S_{\mathbf{m}}}^{S_{\mathbf{m}}} t^n\,\mathrm{d}\nu(t), \quad n = 0, 1, \cdots.$$

应用定理 2.5.1 (Stone-Weierstrass)，对闭区间 $[-S_{\mathbf{m}}, S_{\mathbf{m}}]$ 上的任何连续函数都有上面的等式，因此 $\mu = \nu$.

(ii) 应用 (i) 即得. □

我们看一个简单的例子，设 $s > 0$，定义 $m_n = \int_0^1 t^n t^{s-1}\,\mathrm{d}t = \frac{1}{n+s}$. 那么由上述定理，这个矩量序列的表示测度是唯一的，测度是 $\chi_{[0,1]} t^{s-1}\,\mathrm{d}t$，其相应的 Hankel 矩阵

$$H_s = \begin{pmatrix} 1/s & 1/(1+s) & 1/(2+s) & \cdots \\ 1/(1+s) & 1/(2+s) & 1/(3+s) & \cdots \\ 1/(2+s) & 1/(3+s) & 1/(4+s) & \cdots \\ \cdots & \cdots & \cdots & \cdots \end{pmatrix}, \quad a_{ij} = 1/(i+j+s), \quad i, j = 0, 1, \cdots$$

是正定的, 以及对应的小 Hankel 算子也是正定的. 当 $s = 1$ 时, 其对应的 Hankel 矩阵是出现在例子 6.4.9 中的 Hilbert 矩阵. 应用系 7.3.15 (iii) 和例子 6.4.9 中的 Hankel 算子的有界性, 我们看到由 Hankel 矩阵 H_s 定义的 Hankel 算子是有界的.

在这一节的末尾, 我们要强调的是: 矩量问题、$\mathbb{C}[t]$ 上的正泛函、Hankel 矩阵、Hankel 算子的正定性、半群上两元函数的正定性以及相关的表示测度和自伴算子等数学内容之间的深刻联系正是泛函分析、算子理论的精神和力量的体现. 也请读者比较这一节的内容和 §4.5.4 节的 Stone 定理及应用部分的内容, 这两节内容从精神和思想上是一致的. 比如在 §4.5.4 节的末尾, 我们看到单圆周上的三角多项式空间上的正泛函都是由圆周上的正的 Borel 测度给出的. 在这一节, 由前面的讨论和定理 7.3.8, 直线上的多项式空间 $\mathbb{C}[t]$ 上的正泛函也是由正的 Borel 测度给出的. 关于正定性问题的一个详细讨论可见附录 B.

习题

1. 证明实直线上一个复系数多项式 $p(t) \geqslant 0$ 当且仅当 $p(t)$ 可表示为 $p(t) = |q_1(t)|^2 + \cdots + |q_k(t)|^2$, 这里 $q_1, \cdots, q_k$ 是多项式. 提示: 首先容易验证如果在每一点 t, $p(t) \geqslant 0$, 那么 $p(t)$ 的次数是偶数, 并且首项系数是正的. 使用归纳法, 当次数 $n = 0, 2$ 时, 结论是显然的. 若次数 $\leqslant 2n$ 时结论是真的, 我们考虑次数为 $2n + 2$ 的多项式 $p(t) = t^{2n+2} + \cdots + a_0$. 因为当 $t \to \pm\infty$ 时, $p(t) \to +\infty$, 故存在 t_0, 使得 $p(t_0) = \inf_{t \in \mathbb{R}} p(t)$. 令 $q(t) = p(t + t_0) - p(t_0)$. 那么 $q(t) \geqslant 0$, 并且 $q(0) = 0$. 写 $q(t) = t^{2n+2} + \cdots + b_1 t$, 断言 $b_1 = 0$. 当 $t \neq 0$ 时, $q(\frac{1}{t}) = 1 + \cdots + b_1(\frac{1}{t})^{2n-1} \geqslant 0$. 通过考虑 $t \to 0^+, 0^-$ 时 $q(\frac{1}{t})$ 的极限情况就会得出 $b_1 = 0$. 因此 $q(t) = t^2 r(t)$, 从而 $r(t) \geqslant 0$. 应用归纳假设就得出要求的结论.

2. 设 $\mathcal{M}$ 表示由直线上所有概率测度定义的 Hamburger 矩量序列的全体, 那么 $\mathcal{M}$ 是一个凸集. 证明 $\mathbf{m} = \{m_n\}$ 是 $\mathcal{M}$ 的一个端点当且仅当存在 $t_0 \in \mathbb{R}$, 使得 $\mathbf{m} = \{1, t_0, t_0^2, \cdots\}$.

§7.4   正规算子

有界的正规算子我们已在本书中有广泛深入的讨论. 无界正规算子也常常出现在数学、物理以及自然科学研究的方方面面. 这一节我们简要介绍无界正规算子的一些基本概念和性质.

§7.4.1　基本概念和性质

Hilbert 空间中一个算子 N 称为正规的，如果 N 是闭的稠定算子，并且满足

$$N^*N = NN^*.$$

容易验证出现在定理 7.3.3 中的算子 $\pi(f)$ 以及自伴算子等都是正规算子.

命题7.4.1　设 N 是 Hilbert 空间中稠定的闭算子，那么 N 是正规的当且仅当 $\mathcal{D}(N) = \mathcal{D}(N^*)$，并且当 $x \in \mathcal{D}(N)$ 时，$\|Nx\| = \|N^*x\|$.

证：　若 N 是正规的，即有 $N^*N = NN^*$. 当 $y \in \mathcal{D}(N^*N) = \mathcal{D}(NN^*)$ 时，我们有

$$\|Ny\|^2 = \langle Ny, Ny \rangle = \langle y, N^*Ny \rangle,$$

$$\|N^*y\|^2 = \langle N^*y, N^*y \rangle = \langle y, NN^*y \rangle,$$

故在此情形，$\|Ny\| = \|N^*y\|$.

任取 $x \in \mathcal{D}(N)$，我们断言存在序列 $x_n \in \mathcal{D}(N^*N)$ 使得在积空间 $H \times H$ 中，成立 $(x_n, Nx_n) \to (x, Nx)$. 为了证明断言，记 $X = \{(x, Nx) : x \in \mathcal{D}(N^*N)\}$，它是 $H \times H$ 的一个子空间. 因为 N 是闭的，N 的图空间 $\mathcal{G}(N)$ 是闭子空间，并且它包含 X. 断言是要证明 X 是 $\mathcal{G}(N)$ 的一个稠子空间. 若 $(x_0, Nx_0) \in \mathcal{G}(N)$ 并且 $(x_0, Nx_0) \perp X$，则对任何 $x \in \mathcal{D}(N^*N)$，$\langle x_0, x \rangle + \langle Nx_0, Nx \rangle = 0$. 故有

$$\langle x_0, (I + N^*N)x \rangle = \langle x_0, x \rangle + \langle Nx_0, Nx \rangle = 0.$$

因为 $\mathrm{Ran}(I + N^*N) = H$，故 $x_0 = 0$，因此 X 是 $\mathcal{G}(N)$ 的一个稠子空间，断言获证. 由断言，存在序列 $x_n \in \mathcal{D}(N^*N)$，使得 $x_n \to x$，$Nx_n \to Nx$. 由上面的结论，$\|N^*x_n - N^*x_m\| = \|Nx_n - Nx_m\|$. 因此 $\{N^*x_n\}$ 是一 Cauchy 列，并设 $N^*x_n \to z$. 由于 N^* 是闭的，我们得到 $x \in \mathcal{D}(N^*)$，$z = N^*x$. 从而 $\mathcal{D}(N) \subseteq \mathcal{D}(N^*)$，并且

$$\|N^*x\| = \|z\| = \lim_{n \to \infty} \|N^*x_n\| = \lim_{n \to \infty} \|Nx_n\| = \|Nx\|.$$

因为 $(N^*)^* = N$，N^* 也是正规的，依据上面的推理，

$$\mathcal{D}(N^*) \subseteq \mathcal{D}(N^{**}) = \mathcal{D}(N).$$

故有 $\mathcal{D}(N) = \mathcal{D}(N^*)$，并且当 $x \in \mathcal{D}(N)$ 时，$\|Nx\| = \|N^*x\|$.

在相反的方向，任取 $x \in \mathcal{D}(N) = \mathcal{D}(N^*)$，那么

$$\langle Nx, Nx \rangle = \langle N^*x, N^*x \rangle.$$

在 $\mathcal{D}(N)$ 上定义共轭双线性泛函 $\langle Nx, Ny \rangle$，那么由共轭双线性泛函的极化恒等式和上式，我们有

$$\langle Nx, Ny \rangle = \langle N^*x, N^*y \rangle, \quad x, y \in \mathcal{D}(N).$$

因此当 $x \in \mathcal{D}(N^*N)$，$y \in \mathcal{D}(N)$ 时，

$$\langle N^*Nx, y \rangle = \langle Nx, Ny \rangle = \langle N^*x, N^*y \rangle.$$

从上面等式的第一项和第三项，我们看到 $N^*x \in \mathcal{D}(N^{**}) = \mathcal{D}(N)$，因此

$$\langle N^*Nx, y \rangle = \langle NN^*x, y \rangle.$$

故当 $x \in \mathcal{D}(N^*N)$ 时，$N^*Nx = NN^*x$，因此 $N^*N \subseteq NN^*$. 由自伴算子的极大对称性，我们得到 $N^*N = NN^*$，即 N 是正规算子.   □

从 §7.1 习题 6，我们看到存在谱为空集的无界算子. 然而正规算子的谱总是非空的.

命题7.4.2 设 N 是 Hilbert 空间 H 中的正规算子，那么 $\sigma(N)$ 是非空的闭集.

证： 由命题 7.1.7，$\sigma(N)$ 是闭集. 因此我们证明它是非空的就行了. 假如 $\sigma(N)$ 是空集，那么 N 是有界可逆的，即存在有界算子 A，使得 $AN \subseteq I$，$NA = I$. 由此关系式，容易推出 A 是正规算子. 因为 $A \neq 0$，故 A 有非零的谱点. 取 A 的一个非零谱点 λ，则 λ 不是 A 的特征值. 否则从等式 $NA = I$ 就会推出 $1/\lambda$ 是 N 的特征值，这和假设矛盾. 由于 $\lambda I - A$ 是正规的，容易验证 $\mathrm{Ran}(\lambda I - A)$ 在 H 中是稠的，并且由于 $\lambda I - A$ 是单的，故存在一个序列 $\{x_n\}$，$\|x_n\| = 1$，使得 $\|(\lambda I - A)x_n\| \to 0$. 取 y_n，使得 $x_n = Ny_n$，那么

$$\|(\lambda I - A)Ny_n\| = \|\lambda Ny_n - y_n\| = |\lambda| \left\| \left(N - \frac{1}{\lambda} \right) y_n \right\| \to 0.$$

因为 $N - \frac{1}{\lambda}I$ 是有界可逆的，故 $y_n \to 0$. 再一次应用上式，$\|Ny_n\| \to 0$. 这就导致了 $\|x_n\| = \|Ny_n\| \to 0$. 这个矛盾表明 N 的谱是非空的.   □

§7.4.2 正规算子的谱定理

我们先看一个无界正规算子的典型例子.

例子7.4.3 设 $(\Omega, \mathcal{B}, \mu)$ 是 σ-有限的测度空间, φ 是 Ω 上的可测函数. 在 $L^2 = L^2(\Omega, \mu)$ 中定义乘法算子 $\mathbf{M} = M_\varphi$, 其定义域 $\mathcal{D}(\varphi) = \{f \in L^2 : \varphi f \in L^2\}$, $\mathbf{M}f = \varphi f$, $f \in \mathcal{D}(\varphi)$. 那么

(i) $\mathbf{M}$ 是稠定的闭算子;

(ii) $\mathbf{M}$ 是正规的, 并且 $\mathbf{M}^* = M_{\bar\varphi}$, $\mathbf{M}^*\mathbf{M} = \mathbf{M}\mathbf{M}^* = M_{|\varphi|^2}$;

(iii) $\sigma(\mathbf{M})$ 是 φ 的本性值域, 即 $\lambda \in \sigma(\mathbf{M})$ 当且仅当对任何 $\varepsilon > 0$, 都有 $\mu\big(\varphi^{-1}(O(\lambda, \varepsilon))\big) > 0$, 这里 $O(\lambda, \varepsilon)$ 表示以 λ 为中心、ε 为半径的开圆盘.

我们验证 (i), (ii) 和 (iii).

证： (i) 由于 Ω 是 σ-有限的, 那么存在一个可测集列 $\Omega_1'' \subseteq \Omega_2'' \subseteq \Omega_3'' \subseteq \cdots$, 并且每一个 Ω_n'' 的测度是有限的, 且 $\bigcup_{n=1}^\infty \Omega_n'' = \Omega$. 令 $\Omega_n' = \{x \in \Omega : |\varphi(x)| \leqslant n\}$ 并且置 $\Omega_n = \Omega_n' \cap \Omega_n''$, 那么 Ω_n 是一个递增的可测集列, 且 $\bigcup_{n=1}^\infty \Omega_n = \Omega$. 对每个 $f \in L^2$, 令 $f_n = \chi_{\Omega_n} f$, 那么我们有

$$\int_\Omega |\varphi f_n|^2 \, \mathrm{d}\mu = \int_{\Omega_n} |\varphi f|^2 \, \mathrm{d}\mu \leqslant n^2 \|f\|^2.$$

因此 $f_n \in \mathcal{D}(\varphi)$. 因为

$$\|f - f_n\|^2 = \int_{\Omega \setminus \Omega_n} |f|^2 \, \mathrm{d}\mu \to 0,$$

故 $\mathcal{D}(\varphi)$ 在 L^2 中是稠的, 即 $\mathbf{M}$ 是稠定的算子.

设 $f_n \in \mathcal{D}(\varphi)$, $f_n \to f$, $\varphi f_n \to g$, 由 Riesz 定理 (见附录), 存在子列 n_k, 使得 $\{f_{n_k}\}$ 几乎处处收敛到 f. 也注意到 $\varphi f_{n_k} \to g$, 故有其子列 $\varphi f_{n_k'}$ 几乎处处收敛到 g. 因此我们得到 $g = \varphi f$. 这蕴含了 $f \in \mathcal{D}(\varphi)$, 从而 $\mathbf{M}$ 是闭算子.

(ii) 任取 $f, g \in \mathcal{D}(\varphi)$, 因为

$$\langle \mathbf{M}f, g \rangle = \int (\varphi f) \bar{g} \, \mathrm{d}\mu = \int f(\overline{\bar\varphi g}) \, \mathrm{d}\mu = \langle f, \bar\varphi g \rangle,$$

从而 $g \in \mathcal{D}(\mathbf{M}^*)$, 并且 $\mathbf{M}^* g = \bar\varphi g$.

设 $h \in \mathcal{D}(\mathbf{M}^*)$, $f \in \mathcal{D}(\mathbf{M})$, 那么 $\langle \mathbf{M}f, h \rangle = \langle f, \mathbf{M}^*h \rangle$, 因此

$$\int f \overline{(\bar\varphi h - \mathbf{M}^* h)} \, \mathrm{d}\mu = 0.$$

记 $\psi = \overline{\varphi h - \mathbf{M}^* h}$，并设 ξ 是可测函数，$|\xi| = 1$，使得 $\xi\psi = |\psi|$. 因此对任何 $f \in \mathcal{D}(\mathbf{M})$，$\int f|\psi|\,\mathrm{d}\mu = 0$. 取 $f = \chi_{\Omega_n}$，那么就有 $\int_{\Omega_n} |\psi|\,\mathrm{d}\mu = 0$，从而可得 $\psi = 0$. 故有

$$\mathbf{M}^* h = \bar{\varphi} h \in L^2.$$

上面推理表明了 $\mathcal{D}(\mathbf{M}) = \mathcal{D}(\mathbf{M}^*)$ 并且 $\mathbf{M}^* = M_{\bar{\varphi}}$.

容易验证 $f \in \mathcal{D}(\mathbf{M}^*\mathbf{M})$ 当且仅当 $|\varphi|^2 f \in L^2$，因此我们有

$$\mathcal{D}(\mathbf{M}^*\mathbf{M}) = \mathcal{D}(\mathbf{M}\mathbf{M}^*) = \{f : |\varphi|^2 f \in L^2\}.$$

在此情形，$\mathbf{M}^*\mathbf{M} f = \mathbf{M}\mathbf{M}^* f = |\varphi|^2 f$.

(iii) 和例子 4.1.10 的验证是相似的.   □

上面的例子实际上给出了无界正规算子的一般情形. 在 §5.6 节中，我们讨论了有界正规算子谱定理的"乘法版本"，无界正规算子有相似的结构定理，也称为无界正规算子谱定理的"乘法版本". 它表明每个无界的正规算子都酉等价于某 L^2-空间中的一个乘法算子. 定理的证明可参考 Conway 的书 [Con1]，这里我们略去证明.

定理7.4.4 (谱定理的乘法版本)   设 N 是可分 Hilbert 空间 H 中的一个正规算子，那么存在一个 σ-有限的测度空间 $(\Omega, \mathcal{B}, \mu)$，以及 Ω 上的一个可测函数 φ 和一个酉算子 $U: H \to L^2(\Omega, \mu)$，使得 $UNU^* = M_{\varphi}$.

下面，我们遵循 §5.6 节的方法，从谱定理的乘法版本推导出谱积分版本，但相反的方向似乎不是显然的.

设 $(\Omega, \mathcal{B}, \mu)$ 是一个 σ-有限的测度空间，φ 是 Ω 上的一个可测函数. 我们首先给出 $H = L^2(\Omega, \mu)$ 上乘法算子 $\mathbf{M} = M_{\varphi}$ 的谱积分表达. 由例子 7.4.3，$\sigma(\mathbf{M})$ 是 φ 的本性值域，因此对 $\sigma(\mathbf{M})$ 上每个 Borel 可测函数 f，我们可定义 Ω 上的复合函数 $f \circ \varphi$. 对 $\sigma(\mathbf{M})$ 的每个 Borel 子集 ω，定义 $L^2(\Omega, \mu)$ 的乘法算子 $E(\omega) = M_{\chi_\omega \circ \varphi}$，那么 $E(\omega)$ 是 H 上的投影且容易验证 (E, H) 是 $\sigma(\mathbf{M})$ 上的一个谱测度.

下面我们证明当 $f \in \mathcal{D}(\varphi)$，$g \in L^2(\Omega, \mu)$ 时，

$$\langle \mathbf{M}f, g \rangle = \int_{\sigma(\mathbf{M})} \lambda \,\mathrm{d}E_{f,g}. \tag{$*1$}$$

事实上，记 $\nu(\omega) = \langle E(\omega)f, g \rangle$. 因为

$$\int_{\sigma(\mathbf{M})} \chi_\omega \,\mathrm{d}\nu = \nu(\omega) = \langle E(\omega)f, g \rangle = \int_{\Omega} (\chi_\omega \circ \varphi) f\bar{g} \,\mathrm{d}\mu,$$

所以对任何简单函数 ψ，成立

$$\int_\Omega (\psi \circ \varphi) f \bar{g} \, d\mu = \int_{\sigma(\mathbf{M})} \psi \, d\nu.$$

用简单函数一致逼近 $\sigma(\mathbf{M})$ 上的有界 Borel 可测函数，我们看到对任何有界 Borel 可测函数上式成立. 定义 $\mathbb{C}$ 上的函数列 $\psi_n(\lambda) = \lambda$, $|\lambda| \leqslant n$; $\psi_n(\lambda) = 0$, $|\lambda| > n$，那么我们有

$$\int_\Omega (\psi_n \circ \varphi) f \bar{g} \, d\mu = \int_{\sigma(\mathbf{M})} \psi_n \, d\nu. \tag{$*$2}$$

应用命题 7.3.1 (ii)，

$$\int_{\sigma(\mathbf{M})} |\lambda| \, d|\nu| \leqslant \|g\| \Big(\int_{\sigma(\mathbf{M})} |\lambda|^2 \, dE_{f,f} \Big)^{1/2} = \|g\| \Big(\int_\Omega |\varphi|^2 |f|^2 \, d\mu \Big)^{1/2} = \|g\| \, \|\varphi f\| < \infty,$$

故可对 ($*$2) 两边应用控制收敛定理，就得到等式 ($*$1)，这就是 $\mathbf{M}$ 的谱积分表示.

令 $\psi = \dfrac{\varphi}{\sqrt{1+|\varphi|^2}}$，那么容易推知有界的乘法算子 M_ψ 由下面的谱积分给出：

$$M_\psi = \int_{\sigma(\mathbf{M})} \frac{\lambda}{\sqrt{1+|\lambda|^2}} \, dE.$$

注意到映射 $\tau : \sigma(M_\varphi) \to \sigma(M_\psi)$, $\lambda \mapsto \dfrac{\lambda}{\sqrt{1+|\lambda|^2}}$ 是一个单的连续映射，我们可以在 $\sigma(M_\psi)$ 上定义谱测度 $E'(\omega) = E(\tau^{-1}(\omega))$，那么我们有

$$M_\psi = \int_{\sigma(\mathbf{M})} \frac{\lambda}{\sqrt{1+|\lambda|^2}} \, dE = \int_{\sigma(M_\psi)} \lambda \, dE'.$$

根据有界正规算子谱积分表示的唯一性，即谱测度 E' 的唯一性以及 E' 和 E 之间的关系，我们看到乘法算子 $\mathbf{M} = M_\varphi$ 的谱积分表示 ($*$1) 是唯一的.

现在我们结合上面的推理和谱定理的乘法版本，就得到了正规算子的谱定理.

定理7.4.5 (谱定理) 设 N 是可分 Hilbert 空间 H 中的一个正规算子，那么存在唯一的支撑在 $\sigma(N)$ 上的谱测度 (E, H)，使得当 $x \in \mathcal{D}(N)$, $y \in H$ 时，就有

$$\langle Nx, y \rangle = \int_{\sigma(N)} \lambda \, dE_{x,y}(\lambda).$$

§7.4.3   正规算子半群的表示

在这一节，我们用正规算子的谱定理研究正规算子半群的性质，给出强连续单参数正规算子半群的谱表示. 设 $\{N(t) : t \geqslant 0\}$ 是可分 Hilbert 空间 H 上一个强连续的单参数正规算子半群，那么由 §3.4 的定理 3.4.7，它的母元算子 N 是闭的稠定算子.

定理7.4.6   单参数强连续的正规算子半群的母元算子 N 是正规算子.

在证明这个定理之前，我们先应用这个定理给出单参数强连续的正规算子半群的谱表示. 设 E 是 N 在 $\sigma(N)$ 上的谱测度，那么由正规算子谱定理 7.4.5，我们有

$$N = \int_{\sigma(N)} \lambda \, \mathrm{d}E.$$

由定理 3.4.7 (iii)，存在正常数 β 使得当 $\lambda \in \sigma(N)$ 时，$\mathrm{Re}\lambda < \beta$. 因此对任何给定的实数 $t \geqslant 0$，定义在 $\sigma(N)$ 上的函数 $e_t(\lambda) = \mathrm{e}^{t\lambda}$ 是有界的. 那么应用关于谱积分的函数演算定理 4.5.1，我们可以定义一个有界算子，形式上记为 e^{tN}，

$$\mathrm{e}^{tN} = \int_{\sigma(N)} \mathrm{e}^{t\lambda} \, \mathrm{d}E.$$

那么容易检查 $\{\mathrm{e}^{tN} : t \geqslant 0\}$ 是一个单参数的正规算子半群. 当 $t \to 0$ 时，应用控制收敛定理，

$$\left\| \mathrm{e}^{tN} x - x \right\|^2 = \int_{\sigma(N)} |\mathrm{e}^{t\lambda} - 1|^2 \, \mathrm{d}E_{x,x} \to 0.$$

因此 $\{\mathrm{e}^{tN} : t \geqslant 0\}$ 是一个单参数的强连续的正规算子半群. 记该半群的母元算子为 A，那么由上述定理，A 是正规的. 因为当 $x \in \mathcal{D}(N)$ 并且 $t \to 0$ 时，应用控制收敛定理，

$$\left\| \frac{\mathrm{e}^{tN} - I}{t} x - Nx \right\|^2 = \int_{\sigma(N)} \left| \frac{\mathrm{e}^{t\lambda} - 1}{t} - \lambda \right|^2 \, \mathrm{d}E_{x,x} \to 0,$$

故 $x \in \mathcal{D}(A)$，从而 $N \subseteq A$. 由于正规算子是极大正规的 (见习题 1)，故 $A = N$. 由于强连续的单参数算子半群完全由其母元唯一确定，我们就得到了下面的强连续的单参数正规算子半群的谱表示定理.

定理7.4.7   设 $\{N(t) : t \geqslant 0\}$ 是单参数强连续的正规算子半群，N 是其母元算子，那么

$$N(t) = \mathrm{e}^{tN}.$$

为了完成定理 7.4.6 的证明, 我们需要一些准备. 首先回到定理 3.4.7 (iii), 那么存在正常数 β 使得当复数 λ 满足 $\mathrm{Re}\lambda > \beta$ 时, 对任何 $x \in H$, 预解算子

$$R(\lambda)x = \int_0^\infty \mathrm{e}^{-\lambda t} N(t)x \, \mathrm{d}t$$

是有界的线性算子, 并且

$$(\lambda I - N)R(\lambda) = I, \quad R(\lambda)(\lambda I - N) \subset I. \tag{$*$}$$

引理 7.4.8 当 $\mathrm{Re}\lambda > \beta$ 时, 预解算子 $R(\lambda)$ 是有界正规算子.

证: 对任何 $s \geqslant 0$ 以及 $x \in H$,

$$
\begin{aligned}
N(s)R(\lambda)x &= N(s)\int_0^\infty \mathrm{e}^{-\lambda t} N(t)x \, \mathrm{d}t = \int_0^\infty \mathrm{e}^{-\lambda t} N(s)N(t)x \, \mathrm{d}t \\
&= \int_0^\infty \mathrm{e}^{-\lambda t} N(t)N(s)x \, \mathrm{d}t = R(\lambda)N(s)x,
\end{aligned}
$$

即 $N(s)R(\lambda) = R(\lambda)N(s)$. 因为 $N(s)$ 是正规的, 由 Fuglede-Putnam 定理,

$$R(\lambda)^* N(s) = N(s)R(\lambda)^*.$$

应用这个等式到下面的推理:

$$R(\lambda)R(\lambda)^* x = \int_0^\infty \mathrm{e}^{-\lambda t} N(t)R(\lambda)^* x \, \mathrm{d}t = \int_0^\infty \mathrm{e}^{-\lambda t} R(\lambda)^* N(t)x \, \mathrm{d}t = R(\lambda)^* R(\lambda)x.$$

这就给出了 $R(\lambda)R(\lambda)^* = R(\lambda)^* R(\lambda)$. 从而 $R(\lambda)$ 是正规的. □

引理 7.4.9 若 A 是 Hilbert 空间上有界的正规算子, 且 $\ker A = \{0\}$, 定义 A 的逆算子 $A^{-1} : \mathrm{Ran}A \to H$, 那么

(i) A^{-1} 是闭的稠定算子;

(ii) A^{-1} 是 H 中的正规算子.

证: (i) 因为 A 是正规的, 我们有

$$\overline{\mathrm{Ran}A} = [\ker A^*]^\perp = [\ker A]^\perp = H,$$

所以 A^{-1} 是稠定的. 现在设 $x_n \in \mathrm{Ran}A$, $x_n \to x$; $A^{-1}x_n \to y$, 那么容易看出 $x = Ay$, 因此 $x \in \mathrm{Ran}A$, $y = A^{-1}x$, 即 A^{-1} 是闭算子.

(ii) 记 $B = A^{-1}$，那么 $BA = I$，$AB \subseteq I$，并由命题 7.1.6 (ii)，$A^*B^* \subseteq I$，$B^*A^* = I$. 任取 $x \in \mathcal{D}(B^*B)$，那么我们有

$$B^*Bx = (A^*)^{-1}Bx = (A^*)^{-1}A^{-1}x = (AA^*)^{-1}x = (A^*A)^{-1}x = A^{-1}(A^*)^{-1}x = BB^*x.$$

故有 $B^*B \subseteq BB^*$. 由自伴算子的极大对称性，我们看到 $B^*B = BB^*$. 这就证明了 A^{-1} 是正规的.   □

结合引理 7.4.8，7.4.9 和 (⊛) 就完成了定理 7.4.6 的证明.

习题

1. 证明正规算子是极大正规的，即若 M，N 都是正规的，且 $N \subseteq M$，那么 $M = N$.

2. 证明 Fuglede-Putnam 定理. 设 N 是 Hilbert 空间 H 中的一个正规算子，A 是一个有界算子，$AN \subseteq NA$，那么 $AN^* \subseteq N^*A^*$.

3. 设 $H_1, H_2, \cdots$ 是一列可分 Hilbert 空间，A_n 是 H_n 上的有界线性算子. 令 $\mathcal{D} = \{(h_n) \in \bigoplus_n H_n : \sum_n \|A_n h_n\|^2 < \infty\}$，并在 Hilbert 空间 $H = \bigoplus_n H_n$ 中定义算子 A 如下：A 的定义域是 $\mathcal{D}$，当 $h = (h_n) \in \mathcal{D}$ 时，$Ah = (A_n h_n)$. 证明 A 是闭的稠定算子，并且 A 是正规的当且仅当每个 A_n 是正规的.

4. 使用正规算子谱定理证明每个 (无界) 正规算子都可写为一列有界正规算子的直和 (在习题 3 的意义下).

5. 若 N 是 Hilbert 空间 H 中的正规算子，且 $\ker N = \{0\}$，证明 N 的逆 N^{-1} 也是正规的. 若 S 是自伴的，且 $\ker S = \{0\}$，证明 S 的逆 S^{-1} 也是自伴的.

6. 若 N 是 Hilbert 空间 H 中的正规算子，那么 $\lambda \in \sigma_p(N)$ 当且仅当 $E(\{\lambda\}) \neq 0$. 并在此情形，特征值 λ 对应的特征空间是 $\mathrm{Ran}E(\{\lambda\})$，这里 E 是正规算子 N 的谱测度.

附录 A   实分析中的一些常用结论

在这个附录中，我们简要地回顾一下 Lebesgue 积分的概念和实分析中一些常用结论，这些内容是我们学习本书的基础. 在实分析中，很多教材先定义简单函数的 Lebesgue 积分，然后通过逼近的方法定义一般可测函数的积分. 在 §4.5.1 节定义谱积分时，我们也遵循了这一思路.

测度空间是实分析的一个基本概念，典型的例子是直线上的 Lebesgue 测度空间 $(\mathbb{R}, L, m)$ 以及 Lebesgue-Stieltjes 测度空间 $(\mathbb{R}, L^g, g)$，这里 g 是直线上单调递增的右连续函数. 经典的 Lebesgue 积分主要是指建立在 Lebesgue 测度空间 $(\mathbb{R}, L, m)$ 的可测集上的积分. 遵循同样的思路，实分析的主要内容之一就是建立 σ-有限测度空间上的积分理论，通常也称为 Lebesgue 积分，简称 L-积分. 积分的引进遵循由特殊到一般的原则，需要多个递进步骤完成，可参阅复旦大学的教材 [XWYS]，定义方式总结如下.

设 $(\Omega, \mathcal{B}, \mu)$ 是一个 σ-有限测度空间，$f = \sum\limits_{n=1}^{N} a_n \chi_{\omega_n}$ 是 Ω 上的一个简单函数，这里 $\omega_n \in \mathcal{B}$ 且 $\mu(\omega_n) < \infty$，$n = 1, \cdots, N$. 定义 f 的 L-积分

$$\int f \, \mathrm{d}\mu = \sum_{n=1}^{N} a_n \mu(\omega_n).$$

首先说明这个定义的合理性，即上述定义不依赖简单函数的具体表达形式. 这就是要证明下面的结论.

命题 如果 $f = \sum\limits_{n=1}^{N} a_n \chi_{\omega_n} = 0$，那么 $\sum\limits_{n=1}^{N} a_n \mu(\omega_n) = 0$.

证：利用归纳法证明. 当 $N = 1$ 时，这是显然的. 假设当 $N \leqslant m$ 时，结论成立. 下面考虑 $N = m + 1$ 的情况. 不妨设 $a_n \neq 0$，$\mu(\omega_n) \neq 0$，$1 \leqslant n \leqslant m + 1$. 由题设 $f = \sum\limits_{n=1}^{m+1} a_n \chi_{\omega_n} = 0$ 可得 $f \cdot \chi_{\omega_1^c} = 0$，这里 ω_1^c 是 ω_1 的补集. 于是

$$f \cdot \chi_{\omega_1^c} = a_2 \chi_{\omega_2 \cap \omega_1^c} + \cdots + a_{m+1} \chi_{\omega_{m+1} \cap \omega_1^c} = 0.$$

由假设可知

$$a_2 \mu(\omega_2 \cap \omega_1^c) + \cdots + a_{m+1} \mu(\omega_{m+1} \cap \omega_1^c) = 0.$$

因为 $\omega_n \cap \omega_1^c = \omega_n \setminus (\omega_n \cap \omega_1)$，我们有 $\mu(\omega_n \cap \omega_1^c) = \mu(\omega_n) - \mu(\omega_n \cap \omega_1)$. 将其代入上式中可得

$$a_2\mu(\omega_2) + \cdots + a_{m+1}\mu(\omega_{m+1}) = a_2\mu(\omega_2 \cap \omega_1) + \cdots + a_{m+1}\mu(\omega_{m+1} \cap \omega_1).$$

将上式两边加 $a_1\mu(\omega_1)$ 得

$$\sum_{n=1}^{m+1} a_n\mu(\omega_n) = \sum_{n=1}^{m+1} a_n\mu(\omega_n \cap \omega_1).$$

记 $\omega_n' = \omega_n \cap \omega_1$，结合等式 $f \cdot \chi_{\omega_1} = \sum_{n=1}^{m+1} a_n\chi_{\omega_n \cap \omega_1} = 0$，考虑函数 $(f \cdot \chi_{\omega_1}) \cdot \chi_{\omega_2^c}$ 并应用上述推理可得

$$\sum_{n=1}^{m+1} a_n\mu(\omega_n') = \sum_{n=1}^{m+1} a_n\mu(\omega_n' \cap \omega_2),$$

也即

$$\sum_{n=1}^{m+1} a_n\mu(\omega_n \cap \omega_1) = \sum_{n=1}^{m+1} a_n\mu(\omega_n \cap \omega_1 \cap \omega_2).$$

前面的推理表明

$$
\begin{aligned}
\sum_{n=1}^{m+1} a_n\mu(\omega_n) &= \sum_{n=1}^{m+1} a_n\mu(\omega_n \cap \omega_1) = \sum_{n=1}^{m+1} a_n\mu(\omega_n \cap \omega_1 \cap \omega_2) \\
&= \cdots \\
&= \sum_{n=1}^{m+1} a_n\mu\left(\bigcap_{n=1}^{m+1} \omega_n\right) = \left(\sum_{n=1}^{m+1} a_n\right)\mu\left(\bigcap_{n=1}^{m+1} \omega_n\right) \\
&= 0,
\end{aligned}
$$

这里最后项等于零是因为

$$f \cdot \chi_{\bigcap_{n=1}^{m+1} \omega_n} = \left(\sum_{n=1}^{m+1} a_n\right)\chi_{\bigcap_{n=1}^{m+1} \omega_n} = 0. \qquad \square$$

因此对简单函数，这个命题说明上面积分的定义是合理的.

如果 E 是 σ-有限测度空间 Ω 的一个可测子集，且 $\mu(E) < \infty$，f 是 Ω 上的一个有界可测函数，我们可用简单函数一致逼近 f 定义 f 的 L-积分，即取一列

可测的简单函数 $\{f_n\}$ 使得 f_n 一致收敛到 f. 容易验证极限 $\lim_{n\to\infty}\int_E f_n\,\mathrm{d}\mu$ 存在且有限, 并且它不依赖序列 $\{f_n\}$ 的选取, 定义 f 的 L-积分

$$\int_E f\,\mathrm{d}\mu = \lim_{n\to\infty}\int_E f_n\,\mathrm{d}\mu.$$

这样, 对测度有限的可测集上的有界可测函数就完成了 L-积分的定义. 定义也表明测度有限的可测集上的有界可测函数 L-积分是有限的.

通过下面三个步骤, 我们可实现对 σ-有限的可测集上的可测函数的 L-积分的定义.

(i) 设 E 是 σ-有限的可测集并且 f 是 E 上非负的可测函数, 如果 $E_1 \subset E_2 \subset \cdots$ 是 E 的一列测度有限的单调覆盖 (即每个 E_n 的测度有限且 $\cup_n E_n = E$), 并且 M_n 是一列趋于 $+\infty$ 的正数列, 若极限 $\lim_{n\to\infty}\int_{E_n}[f]_{M_n}\,\mathrm{d}\mu < \infty$, 定义 f 在 E 上的 L-积分为

$$\int_E f\,\mathrm{d}\mu = \lim_{n\to\infty}\int_{E_n}[f]_{M_n}\,\mathrm{d}\mu,$$

这里 $[f]_M$ 表示 f 的截断函数, 定义为: 在 $f(x) \leqslant M$ 的那些点 x, $[f]_M(x) = f(x)$; 在 $f(x) > M$ 的那些点 x, $[f]_M(x) = M$. 那么可以证明这个极限不依赖可测集单调列 $\{E_n\}$ 以及正数列 $\{M_n\}$ 的选取, 因此在 σ-有限的可测集上非负函数的积分的定义是合理的.

(ii) 对 σ-有限的可测集上实值可测函数 f, 可分解为它的正部和负部之差, 即 $f = f_+ - f_-$, 这里 $f_+ = f\chi_{(f\geqslant 0)}$, $f_- = -f\chi_{(f\leqslant 0)}$. 如果在 (i) 的意义下, f_+, f_- 都是可积的, 定义 f 的 L-积分为

$$\int_E f\,\mathrm{d}\mu = \int_E f_+\,\mathrm{d}\mu - \int_E f_-\,\mathrm{d}\mu.$$

(iii) 对 σ-有限的可测集上的复值可测函数 f, 用实部和虚部表示 f, $f = \mathrm{Re}(f) + \mathrm{i}\,\mathrm{Im}(f)$. 如果 f 的实部和虚部在 (ii) 的意义下都是 L-可积的, 我们定义 f 的 L-积分为

$$\int_E f\,\mathrm{d}\mu = \int_E \mathrm{Re}(f)\,\mathrm{d}\mu + \mathrm{i}\int_E \mathrm{Im}(f)\,\mathrm{d}\mu.$$

下面介绍 Lebesgue 积分的主要性质.

绝对可积性 设 E 是 σ-有限的可测集, 那么可测函数 f 在 E 上是可积的当且仅当 $|f|$ 是可积的, 当 f 可积时,

$$\left|\int_E f\,\mathrm{d}\mu\right| \leqslant \int_E |f|\,\mathrm{d}\mu.$$

绝对连续性 设 E 是 σ-有限的可测集，并且 f 在 E 上是可积的，则对任何 $\varepsilon > 0$，存在 $\delta > 0$，使得当 ω 是 E 的任何可测子集且 $\mu(\omega) < \delta$ 时，就有

$$\left| \int_\omega f \,\mathrm{d}\mu \right| < \varepsilon.$$

线性性 设 E 是 σ-有限的可测集，f, g 是 E 上的可积函数，则对常数 a, b, 函数 $af + bg$ 也是可积的，且有

$$\int_E (af + bg)\,\mathrm{d}\mu = a\int_E f\,\mathrm{d}\mu + b\int_E g\,\mathrm{d}\mu.$$

可列可加性 设 E 是 σ-有限的可测集，且 E 是一列两两不交的可测集 E_n 的并，f 是 E 上的可测函数，那么 f 在 E 上 L-可积的充分必要条件是：(i) f 在每个 E_n 上是可积的；(ii) $\sum_n \int_{E_n} |f|\,\mathrm{d}\mu < \infty$. 当 f 在 E 上 L-可积时，就有

$$\int_E f\,\mathrm{d}\mu = \sum_n \int_{E_n} f\,\mathrm{d}\mu.$$

Lebesgue 积分理论是整个分析数学的基石，是数学研究和应用的一个基本工具. Lebesgue 积分的一个重要特征是处理积分和极限交换顺序时，要求的条件比 Riemann 积分弱得多.

Lebesgue 控制收敛定理 设 E 是一个 σ-有限的可测集，并且 $\{f_n\}$ 是 E 上一列可测函数，F 是 E 上的 L-可积函数. 如果 $|f_n| \leqslant |F|$，那么每个 f_n 是 L-可积的并且成立

(i) 若 $\{f_n\}$ 几乎处处收敛到可测函数 f，则 f 是 L-可积的并且 $\lim \int_E f_n\,\mathrm{d}\mu = \int_E f\,\mathrm{d}\mu$;

(ii) 若 $\{f_n\}$ 依测度收敛到可测函数 f，则 f 是 L-可积的并且 $\lim \int_E f_n\,\mathrm{d}\mu = \int_E f\,\mathrm{d}\mu$.

广义Lebesgue 控制收敛定理 设 E 是一个 σ-有限的可测集，并且 $\{f_n\}$, $\{g_n\}$ 是 E 上的两个可测函数列，且每个 $g_n \geqslant 0$，并有 $|f_n| \leqslant g_n$ a.e.，则有下面的广义Lebesgue 控制收敛定理.

(i) 若 $\{f_n\}$ 几乎处处收敛到可测函数 f，$\{g_n\}$ 几乎处处收敛到可测函数 g，并且 $\lim \int_E g_n\,\mathrm{d}\mu = \int_E g\,\mathrm{d}\mu < \infty$，那么 $\lim \int_E f_n\,\mathrm{d}\mu = \int_E f\,\mathrm{d}\mu$.

(ii) 若 $\{f_n\}$ 依测度收敛到可测函数 f，$\{g_n\}$ 依测度收敛到可测函数 g，并且 $\lim \int_E g_n\,\mathrm{d}\mu = \int_E g\,\mathrm{d}\mu < \infty$，那么 $\lim \int_E f_n\,\mathrm{d}\mu = \int_E f\,\mathrm{d}\mu$.

在下面 Levi 引理及 Fatou 引理中，我们允许函数和积分取 $+\infty$.

单调收敛定理 (Levi 引理) 如果 $0 \leqslant f_1 \leqslant f_2 \leqslant \cdots$ 是 σ-有限的可测集 E 上一列单调递增的可测函数，则成立

$$\lim \int_E f_n \, \mathrm{d}\mu = \int_E \lim f_n \, \mathrm{d}\mu.$$

Fatou 引理 如果 $\{f_n\}$ 是 σ-有限的可测集 E 上一列非负的可测函数，那么

$$\int_E \underline{\lim} f_n \, \mathrm{d}\mu \leqslant \underline{\lim} \int_E f_n \, \mathrm{d}\mu.$$

下面的 Fubini-Tonelli 定理描述了 L-重积分和二次积分的关系，是计算重积分的主要工具.

Fubini-Tonelli 定理 设 $(X, \mathcal{A}, \mu)$, $(Y, \mathcal{B}, \nu)$ 是两个 σ-有限的测度空间. 如果 $f(x, y)$ 在积空间 $(X \times Y, \mathcal{A} \times \mathcal{B}, \mu \times \nu)$ 上是 L-可积的，那么

(i) 对 ν-几乎所有 $y \in Y$，$f(x, y)$ 在 X 上是 μ-可积的；对 μ-几乎所有 $x \in X$，$f(x, y)$ 在 Y 上是 ν-可积的.

(ii) 关于 x 的函数 $\int_Y f(x, y) \, \mathrm{d}\nu(y)$ 在 X 上是 μ-可积的；关于 y 的函数 $\int_X f(x, y) \, \mathrm{d}\mu(x)$ 在 Y 上是 ν-可积的，并且成立

$$\int_{X \times Y} f(x, y) \, \mathrm{d}(\mu \times \nu) = \int_X \left(\int_Y f(x, y) \, \mathrm{d}\nu(y) \right) \mathrm{d}\mu(x) = \int_Y \left(\int_X f(x, y) \, \mathrm{d}\mu(x) \right) \mathrm{d}\nu(y). \qquad (\star)$$

进一步，如果 $|f|$ 的两个二次积分 $\int_X \left(\int_Y |f| \, \mathrm{d}\nu \right) \mathrm{d}\mu$, $\int_Y \left(\int_X |f| \, \mathrm{d}\mu \right) \mathrm{d}\nu$ 之一存在且有限，那么 f 在积空间 $X \times Y$ 上是 L-可积的，并且上面的等式 $(\star)$ 成立.

Riesz 定理描述了函数列的几乎处处收敛、依测度收敛以及依 L^p- 范数收敛之间的关系.

Riesz 定理 设 E 是 σ-有限测度空间 Ω 的一个可测集，那么我们有

(i) 若 E 上的可测函数列 $\{f_n\}$ 依测度收敛到可测函数 f，那么必存在其子列 $\{f_{n_m}\}$ 在 E 上几乎处处收敛到 f；

(ii) 若 E 上的可测函数列 $\{f_n\}$ 依 L^p-范数 $(0 < p < \infty)$ 收敛到可测函数 f，即 $\int_E |f_n - f|^p \, \mathrm{d}\mu \to 0$，那么 $\{f_n\}$ 依测度收敛到 f；

(iii) 若 $\mu(E) < \infty$，且可测函数列 $\{f_n\}$ 在 E 上几乎处处收敛到可测函数 f，那么该序列必依测度收敛到 f.

Egorov 定理描述了函数列的几乎处处收敛和一致收敛之间的关系.

Egorov 定理 设可测集 E 的测度是有限的, 即 $\mu(E) < \infty$. 如果 E 上的可测函数列 $\{f_n\}$ 几乎处处收敛到可测函数 f, 那么对任何 $\delta > 0$, 存在 E 的可测子集 $E_\delta \subseteq E$ 满足 $\mu(E \setminus E_\delta) < \delta$, 并且在 E_δ 上, $\{f_n\}$ 一致收敛到 f.

Lusin 定理描述了局部紧的 Hausdorff 空间上可测函数和连续函数之间的关系.

Lusin 定理 设 Ω 是一个局部紧的 Hausdorff 空间, μ 是 Ω 上的正则的正的 Borel 测度, E 是 Ω 的一个 Borel 子集且 $\mu(E) < \infty$. 如果 f 是 Ω 上的 Borel 可测函数, 且 f 的支撑包含在 E 中, 则对 $\forall \varepsilon > 0$, 存在 Ω 上的紧支撑的连续函数 g, 使得

$$\mu(\{x \in \Omega : f(x) \neq g(x)\}) < \varepsilon.$$

进一步, 如果 f 是有界的, 则 g 可选得适合 $\sup_{x \in \Omega} |g(x)| \leqslant \sup_{x \in \Omega} |f(x)|$.

把积分的绝对连续性应用到实直线上的 Lebesgue 积分, 就能把 Riemann 积分中的 Newton-Leibniz 公式推广到 Lebesgue 积分的情形. 称闭区间 $[a, b]$ 上的函数 F 是绝对连续的, 如果对任何 $\varepsilon > 0$, 存在 $\delta > 0$, 当区间 $[a, b]$ 的互不相交的子区间 $(a_1, b_1), \cdots, (a_n, b_n)$ 的总长度 $\sum_{i=1}^n (b_i - a_i) < \delta$ 时, 就有 $\sum_{i=1}^n |F(b_i) - F(a_i)| < \varepsilon$.

Newton-Leibniz 公式 设 F 是 $[a, b]$ 上的连续函数, 且 F 几乎处处可导, 那么等式

$$F(x) - F(a) = \int_a^x F'(t)\, dt$$

成立的充要条件是: F 是绝对连续的.

在可测空间 $(\Omega, \mathcal{B})$ 上的一个广义测度 μ 是指它是 $\mathcal{B}$ 上的一个可数可加的集函数并且满足: (i) $\mu(\emptyset) = 0$; (ii) μ 取值在 $\mathbb{R} \cup \{\pm\infty\}$ 中并且至多取到 $\pm\infty$ 之一.

Hahn-Jordan分解定理 如果 μ 是可测空间 $(\Omega, \mathcal{B})$ 上的一个广义测度, 那么存在 Ω 的一个可测分解 $\Omega = \Omega_+ \cup \Omega_-$, 其中 Ω_+, Ω_- 是可测集, 且 $\Omega_+ \cap \Omega_- = \emptyset$, 以及测度 μ 的分解 $\mu = \mu_+ - \mu_-$, 其中 μ_+, μ_- 都是正测度, 且 μ_+, μ_- 分别支撑在 Ω_+ 和 Ω_- 上, 即 $\mu_+(\Omega_-) = \mu_-(\Omega_+) = 0$. 满足分解条件的测度 μ_+, μ_- 是唯一的, 且除过一个 $|\mu| = \mu_+ + \mu_-$-零测集, Ω_+, Ω_- 也是唯一的.

可测空间 $(\Omega, \mathcal{B})$ 上的一个复值测度 μ 是指:

(i) $\mu(\emptyset) = 0$;

(ii) 它是可数可加的;

(iii) 它不取任何无限值.

对一个复值测度 μ,它的全变差定义为:当 $\omega \in \mathcal{B}$ 时,

$$|\mu|(\omega) = \sup\Big\{\sum_{j=1}^{n} |\mu(\omega_j)| : \{\omega_1, \cdots, \omega_n\} \text{ 是 } \omega \text{ 的任何可测划分}\Big\}.$$

可以证明 $|\mu|$ 是 $(\Omega, \mathcal{B})$ 上一个正的有限测度.

设 μ 是可测空间 $(\Omega, \mathcal{B})$ 上的一个复值测度,ν 是一个正测度. 我们说 μ 关于测度 ν 是绝对连续的,并记为 $\mu \ll \nu$,如果 $\nu(\omega) = 0 \Rightarrow \mu(\omega) = 0$. 如果 ν 是复值的,$\mu \ll \nu$ 是指 $\mu \ll |\nu|$.

Radon-Nikodym 定理 设 $(\Omega, \mathcal{B}, \nu)$ 是一个 σ-有限的测度空间,并且 $\mu \ll \nu$,那么存在唯一的复值函数 $f \in L^1(\Omega, \mathcal{B}, \nu)$,使得

$$\mu(\omega) = \int_\omega f \, \mathrm{d}\nu, \quad \omega \in \mathcal{B}.$$

上式的函数 f 称为测度 μ 关于 ν 的 Radon-Nikodym 导函数,记为 $f = \mathrm{d}\mu/\mathrm{d}\nu$.

Lebesgue 分解定理 设 $(\Omega, \mathcal{B}, \nu)$ 是一个 σ-有限的测度空间,μ 是可测空间 $(\Omega, \mathcal{B})$ 上一个复值测度或广义测度,那么存在 μ 的唯一分解 $\mu = \mu_a + \mu_s$,使得 $\mu_a \ll \nu$ 并且 $\mu_s \perp \nu$,后者表示 μ_s 支撑在一个 ν-零集上.

附录 B   正定函数和再生核函数空间

正定函数和核函数是泛函分析、调和分析和算子论中的两个基本概念，我们在 §4.5.4, §7.3.3 中研究了特殊的正定函数. 基本思想是通过正定函数构造 Hilbert 空间及其上的算子，然后再通过算子来表达正定函数. 在这个附录中，我们建立正定函数与再生核 Hilbert 空间之间的对应关系，并由此可应用 Hilbert 空间的方法解决许多数学问题. 文献 [Ar] 给出了关于正定函数和再生核函数空间的一个基本文献，文献 [PR] 是近期关于再生核 Hilbert 空间的一个比较完整的介绍. 本附录中的一些结果是新的，同时，我们也给出了一些已知结果的新的简单证明.

§B1   正定函数和再生核函数空间

给定一个集 X 以及由 X 上一些函数组成的 Hilbert 空间 H. 如果对每个 $x \in X$，赋值泛函 $E_x : H \to \mathbb{C}$，$f \mapsto f(x)$ 是连续的，那么由 Riesz 表示定理，存在唯一的函数 $K_x \in H$ 使得

$$f(x) = \langle f, K_x \rangle, \ f \in H.$$

这里 K_x 称为 H 在点 x 的再生核. 若记 $K_x(y) = K(x, y)$，那么 X 上的这个二元函数称为 Hilbert 空间 H 的再生核函数，并称 H 是 X 上的一个再生核函数 Hilbert 空间.

再生核函数 $K(x, y)$ 有如下的性质.

(i) $K(x, x) \geqslant 0$，$x \in X$;

(ii) (共轭对称性) $\overline{K(x, y)} = K(y, x)$;

(iii) (Cauchy-Schwartz 不等式) $|K(x, y)|^2 \leqslant K(x, x) K(y, y)$;

(iv) (正定性) 对任何 $x_0, x_1, \cdots, x_n \in X$ 以及复数 $z_0, z_1, \cdots, z_n$，有

$$\sum_{i,j=0}^{n} K(x_i, x_j) z_i \bar{z}_j \geqslant 0;$$

(v) 对 H 的任何一个规范正交基 $\{e_t\}$，都有

$$K(x, y) = \sum_t \overline{e_t(x)} e_t(y).$$

　　读者不难推导上述性质. 注意在 (v) 中, 对每一对 $x, y \in X$, 非零的和项至多是可数的. 我们可以应用 Parseval 等式验证 (v), 因为

$$K_x = \sum_t \langle K_x, e_t \rangle e_t,$$

从而

$$K(x, y) = K_x(y) = \sum_t \langle K_x, e_t \rangle e_t(y) = \sum_t \overline{e_t(x)} e_t(y).$$

应用 (v) 可得 (iv). (iv) 的一个直接验证是

$$\sum_{i,j=0}^{n} K(x_i, x_j) z_i \bar{z}_j = \sum_{i,j=0}^{n} \langle z_i K_{x_i}, z_j K_{x_j} \rangle = \left\| \sum_{i=0}^{n} z_i K_{x_i} \right\|^2 \geqslant 0.$$

性质 (iii)、(ii) 和 (i) 容易来自 (iv).

　　设 H 是一个 Hilbert 空间, 记 $X = \{x \in H : \|x\| \leqslant 1\}$, 那么每个 $h \in H$ 可看作 X 上的一个函数. 定义 $h(x) = \langle h, x \rangle$, $x \in X$, 那么赋值泛函 $E_x : H \to \mathbb{C}$, $h \mapsto h(x)$ 是连续的, 并且在这种情形, $K_x = x$. 因此再生核函数 Hilbert 空间理论具有广泛的统一性和应用性. 当然, 我们更感兴趣的是大多数自然的函数 Hilbert 空间.

　　我们回到正定函数的概念. 称 X 上的二元函数 $K(x, y)$ 是正定的, 如果它满足: 对任何 $x_0, x_1, \cdots, x_n \in X$ 以及复数 $z_0, z_1, \cdots, z_n$, 都有

$$\sum_{i,j=0}^{n} K(x_i, x_j) z_i \bar{z}_j \geqslant 0.$$

记 $K_x(y) = K(x, y)$, 那么 K_x 是 X 上的一元函数. 令 $\mathcal{F}$ 是由所有复系数的 K_x 的有限线性组合构成的线性空间. 在 $\mathcal{F}$ 上定义

$$\left[\sum_i a_i K_{x_i}, \sum_j b_j K_{y_j} \right] = \sum_{i,j} a_i \bar{b}_j K(x_i, y_j).$$

由 $K(x, y)$ 的正定性, 上式是 $\mathcal{F}$ 上良定义的共轭双线性泛函, 且当 $f = \sum_i a_i K_{x_i}$ 时,

$$[f, f] = \sum_{i,j} a_i \bar{a}_j K(x_i, x_j) \geqslant 0.$$

由上式，容易推出 $\mathcal{F}$ 上的 Cauchy-Schwartz 不等式，即当 $f, g \in \mathcal{F}$ 时，

$$\left|[f,g]\right|^2 \leqslant [f,f]\,[g,g].$$

由 Cauchy-Schwartz 不等式，等式 $[f,f] = 0$ 蕴含了 $f = 0$. 这是因为对任何 $x \in X$，

$$|f(x)| = \left|[f, K_x]\right| \leqslant [f,f]^{\frac{1}{2}} K(x,x)^{\frac{1}{2}} = 0.$$

以上推理表明共轭双线性泛函 $[f,g]$ 在 $\mathcal{F}$ 上定义了内积

$$\langle f, g \rangle = [f, g].$$

我们按此内积完备化 $\mathcal{F}$ 得到 Hilbert 空间 H.

Hilbert 空间 H 中的元素可理解为 X 上的函数. 任取 $g \in H$，在 X 上定义函数 $g(x) = \langle g, K_x \rangle$. 因为 K_x 的线性组合张成的空间在 H 中稠密，故若 $g \neq 0$，则函数 $g(x)$ 是 X 上的非零函数. 当 $g \in \mathcal{F}$ 时，显然有 $g(x) = \langle g, K_x \rangle$. 因此我们可以认为所得的 Hilbert 空间 H 是在原函数空间 $\mathcal{F}$ 中添加了 X 上许多新的函数. 进一步，H 是 X 上一个再生核函数空间，其再生核函数是 $K(x, y)$.

因为再生核函数空间由其再生核函数唯一确定，所以前面我们所做的一切完成了下面定理的证明.

定理 B1 (Moore). 设 X 是一个非空集，并且 X 上的二元函数 $K(x, y)$ 是正定的. 记 $\mathcal{H}_K$ 是由正定函数 $K(x, y)$ 通过上述过程得到的 Hilbert 空间. 那么映射 $K \mapsto \mathcal{H}_K$ 建立了 X 上正定函数与再生核函数 Hilbert 空间的 1-1 到上的对应关系.

应用 Moore 定理，我们看到在非负整数半群 $\mathbb{Z}_+$ 上的二元函数 $K(i, j)$ 是正定的当且仅当在可分的 Hilbert 空间 H 中有一列向量 $\{x_n\}$，使得 $K(i, j) = \langle x_i, x_j \rangle$，当且仅当对每个非负整数 n，矩阵 $[K(i, j)]_{n \times n}$ 是正定的.

在 C^*-代数表示的 GNS 构造中 (定理 4.4.32)，表示的构造过程和 Moore 定理中 Hilbert 空间的构造过程本质上是一致的. 事实上，若 φ 是 C^*-代数 $\mathcal{A}$ 上的一个正线性泛函，记 $K(a, b) = \varphi(b^*a)$，$a, b \in \mathcal{A}$，那么容易验证 K 在 C^*-代数 $\mathcal{A}$ 上是正定的. 记 $K_a(b) = K(a, b)$，并且 $\mathcal{F}$ 是由 K_a 的线性组合张成的空间. 那么由前面的构造可得 Hilbert 空间 $\mathcal{H}_\varphi$. 对每个 $a \in \mathcal{A}$，在 $\mathcal{F}$ 上定义算子 $\pi(a)$:

$$\pi(a)\Big(\sum_i \alpha_i K_{b_i}\Big) = \sum_i \alpha_i K_{ab_i},$$

仿照定理 4.4.32 的证明，容易验证 $\pi(a)$ 是良定义的且有界的，并且唯一地延拓为 $\mathcal{H}_\varphi$ 上的有界线性算子. 读者可细心地验证映射 $\pi : \mathcal{A} \to B(\mathcal{H}_\varphi)$ 给出了 C^*- 代数 $\mathcal{A}$ 的一个表示.

上述正定函数的方法是数学研究中最常用的方法之一. 下面我们介绍群的酉表示, 帮助读者进一步领会这种方法的本质.

在 §4.5.4 的定理 4.5.11 中, 我们本质上通过直线上的正定函数构造了实数加法群 $\mathbb{R}$ 的一个酉表示. 现在通过正定函数方法, 将这一结论推广到一般群的酉表示. 设 G 是一个群, e 是其单位元; H 是一个 Hilbert 空间, $\mathbf{U}(H)$ 是 H 上酉算子全体构成的乘法群. 群 G 在 Hilbert 空间 H 的酉表示是一个群同态 $\pi : G \to \mathbf{U}(H)$, 即 π 满足: (i) $\pi(e) = I$; (ii) $\pi(st) = \pi(s)\pi(t)$, $s, t \in G$. 如果 π 是 G 在 H 上的一个酉表示, 并且 $v \in H$, 定义 G 上的函数 $p(s) = \langle \pi(s)v, v \rangle$. 那么容易检查 G 上的二元函数 $K(s, t) = p(t^{-1}s)$ 是正定的. 事实上, 对 G 中的任何元素 $s_0, \cdots, s_n$ 及复数 $z_0, \cdots, z_n$,

$$\sum_{i,j=0}^{n} K(s_i, s_j) z_i \bar{z}_j = \sum_{i,j=0}^{n} \langle \pi(s_j^{-1} s_i)v, v \rangle z_i \bar{z}_j = \sum_{i,j=0}^{n} \langle z_i \pi(s_i)v, z_j \pi(s_j)v \rangle = \left\| \sum_{i=0}^{n} z_i \pi(s_i)v \right\|^2 \geqslant 0.$$

因此对 G 上的每个酉表示, 可产生无限多个 G 上的正定函数. 反过来, 给定 G 上一个正定函数, 我们可通过 Moore 定理的证明过程构造出 G 的酉表示. 为此, 我们先引入下面的概念: 称群 G 的表示 π 是循环的, 并有循环元 v 是指集 $\pi(G)v$ 的线性扩张在 H 中稠密; 称群 G 上的函数 $p(t)$ 是正定的, 如果 G 上的二元函数 $K(s, t) = p(t^{-1}s)$ 是正定的.

设 $p(s)$ 是群 G 上的一个正定函数, 由 Moore 定理, 我们通过正定函数 $K(s, t) = p(t^{-1}s)$ 构造出 Hilbert 空间 $\mathcal{H}_p$. 记 $K_s(t) = K(s, t) = p(t^{-1}s)$, 并且 $\mathcal{F}_p$ 是由 K_s 线性组合张成的空间, 那么 $\mathcal{F}_p$ 是 $\mathcal{H}_p$ 的一个稠子空间. 对每个 $t \in G$, 在 $\mathcal{F}_p$ 上定义算子 $\pi_p(t)$:

$$\pi_p(t) \left(\sum_i \alpha_i K_{s_i} \right) = \sum_i \alpha_i K_{ts_i}.$$

容易检查 $\pi_p(t)$ 是良定义的, 且它是从 $\mathcal{F}_p$ 到 $\mathcal{F}_p$ 的一个等距, 并且是到上的. 进一步可验证在 $\mathcal{F}_p$ 上, π_p 满足 $\pi(e) = I$, $\pi_p(st) = \pi_p(s)\pi_p(t)$. 因为 $\mathcal{F}_p$ 是 $\mathcal{H}_p$ 的一个稠子空间, 故对每个 $t \in G$, $\pi_p(t)$ 唯一地延拓为 $\mathcal{H}_p$ 上的酉算子, 从而 $\pi_p : G \to \mathbf{U}(\mathcal{H}_p)$ 是 G 在 $\mathcal{H}_p$ 上的一个典型酉表示. 因为 $\pi_p(s)K_e = K_s$, 故 $\pi_p(G)K_e = \{K_s : s \in G\}$ 的线性扩张在 $\mathcal{H}_p$ 中稠密. 从而表示 π_p 是一个循环表示, 其循环元是 K_e.

进一步，若 $\pi: G \to \mathbf{U}(H)$ 是 G 的循环表示，其循环元是 v. 设 $p(s) = \langle \pi(s)v, v \rangle$，那么 $p(s)$ 是正定的. 下面我们表明表示 π 是酉等价于 G 的典型循环酉表示 $\pi_p: G \to \mathbf{U}(\mathcal{H}_p)$. 为了证明这个结论，首先任取 $\mathcal{F}_p$ 中的函数 $\sum_i \alpha_i K_{s_i}$，我们有

$$
\begin{aligned}
\left\| \sum_i \alpha_i K_{s_i} \right\|^2 &= \sum_{i,j} \alpha_i \bar{\alpha}_j K_{s_i}(s_j) = \sum_{i,j} \alpha_i \bar{\alpha}_j p(s_j^{-1} s_i) \\
&= \sum_{i,j} \alpha_i \bar{\alpha}_j \langle \pi(s_j^{-1} s_i)v, v \rangle = \sum_{i,j} \alpha_i \bar{\alpha}_j \langle \pi(s_i)v, \pi(s_j)v \rangle \\
&= \left\| \sum_i \alpha_i \pi(s_i)v \right\|^2.
\end{aligned}
$$

由上面的等式，可定义算子 $V: \mathcal{F}_p \to H$，$V(\sum_i \alpha_i K_{s_i}) = \sum_i \alpha_i \pi(s_i)v$. 因为 V 是等距，并由 $\mathcal{F}_p$ 在 $\mathcal{H}_p$ 中的稠密性以及 π 的循环性，我们看到 V 唯一地延拓为 $\mathcal{H}_p$ 到 H 的一个酉算子，仍记为 V. 对每个 $t \in G$，成立

$$
V\pi_p(s)K_t = VK_{st} = \pi(st)v = \pi(s)\pi(t)v = \pi(s)VK_t.
$$

因为 K_t 的所有线性组合在 $\mathcal{H}_p$ 中稠密，故有

$$
V\pi_p(s) = \pi(s)V,
$$

即表示 π_p 和表示 π 是酉等价的.

上面的推理表明，群 G 上的正定函数和 G 的循环表示在酉等价意义下是 1-1 对应的. 这个结论就是著名的 Naimark 定理.

我们再挖掘一些正定函数的性质.

命题 B1. X 上的二元函数 $K(x, y)$ 是正定的当且仅当对任何 $x_0, x_1, \cdots, x_n \in X$，以及任何 Hilbert 空间 H 中的元素 $h_0, h_1, \cdots, h_n$ 都有

$$
\sum_{i,j=0}^{n} K(x_i, x_j)\langle h_i, h_j \rangle \geqslant 0.
$$

证： 记 H_0 是由 $h_0, h_1, \cdots, h_n$ 张成的 H 的子空间，那么它是闭的. 取 H_0 的一个规范正交基 $\{e_1, \cdots, e_m\}$，在此基下，每个 h_i 表示为

$$
h_i = \sum_{k=1}^{m} a_{i,k} e_k, \ i = 0, 1, \cdots, n.
$$

若 K 是正定的, 那么我们有

$$\sum_{i,j=0}^{n} K(x_i, x_j)\langle h_i, h_j\rangle = \sum_{i,j=0}^{n} K(x_i, x_j)\Big(\sum_{k=1}^{m} a_{i,k}\overline{a_{j,k}}\Big) = \sum_{k=1}^{m}\Big(\sum_{i,j=0}^{n} K(x_i, x_j)a_{i,k}\overline{a_{j,k}}\Big) \geqslant 0.$$

在相反的方向, 取 Hilbert 空间为复数域 $\mathbb{C}$ 就行了. □

命题 B2. 关于正定函数的运算, 有下列结论.

(i) 若 K 是正定的, 则 $\overline{K}$ 也是正定的;

(ii) 若 K, L 都是正定的, 那么 $K + L$, KL 都是正定的.

证:　这里我们仅证乘积函数 KL 是正定的, 其余的结论可通过定义直接验证. 当 $x, y \in X$ 时, 由定理 B1, $L(x, y) = \langle L_x, L_y\rangle$, 这里内积是 Hilbert 空间 $\mathcal{H}_L$ 中的内积. 因此对任何 $x_0, x_1, \cdots, x_n \in X$ 以及复数 $z_0, z_1, \cdots, z_n$, 有

$$\sum_{i,j=0}^{n} K(x_i, x_j)L(x_i, x_j)z_i\bar{z}_j = \sum_{i,j=0}^{n} K(x_i, x_j)\langle z_i L_{x_i}, z_j L_{x_j}\rangle \geqslant 0.$$

根据命题 B1, 乘积函数 KL 是正定的. □

应用命题 B2, 我们立得 Shur 定理, 即两个正定矩阵的 Schur 积是正定的. 设 $A = [a_{i,j}]_{n \times n}$, $B = [b_{i,j}]_{n \times n}$ 是两个 n 阶正定矩阵, 则其 Schur 积 $C = [a_{i,j}b_{i,j}]_{n \times n}$ 是正定的. 事实上, 令 $X = \{1, \cdots, n\}$, 在 X 上定义二元函数

$$K(i, j) = a_{i,j}, \; L(i, j) = b_{i,j},$$

那么 K, L 是正定的. 根据命题 B2 (ii), 我们看到 Schur 积 $C = KL$ 是正定的.

在 §4.5.4 的 Bochner 定理的讨论中, 我们定义了直线上的正定函数. 应用命题 B2 可知, 直线上两个正定函数的积也是正定的.

从前面的讨论我们知道, 再生核函数 Hilbert 空间与其核函数是 1-1 对应的. 事实上, 再生核函数 Hilbert 空间中的元素也由其核唯一确定. 这就是下面的定理. 设 H 是 X 上的一个再生核函数 Hilbert 空间, 并且 $K(x, y)$ 是其核函数.

定理 B2. 下列陈述是等价的.

(i) f 是 H 中的一个非零函数;

(ii) 存在正常数 C, 使得 $K(x, y) - C^2\overline{f(x)}f(y)$ 在 X 上是正定的.

在上述情形下, $1/\|f\|$ 是满足 (ii) 的最大常数.

证： (i) ⇒ (ii)   若 $f \in H$，记 $g = f/\|f\|$，那么存在 H 的一个包含 g 的规范正交基 $\{g_s\}$. 因为

$$K(x,y) - \overline{g(x)}g(y) = \sum_{g_s \neq g} \overline{g_s(x)}g_s(y),$$

容易验证上式是正定的，并且此时 $C = 1/\|f\|$.

(ii) ⇒ (i)   令 $g = Cf$，那么 $K(x,y) - \overline{g(x)}g(y)$ 是正定的. 从而对任何 $x_0, x_1, \cdots, x_n \in X$ 以及复数 $z_0, z_1, \cdots, z_n$，都有

$$\sum_{i,j=0}^{n} K(x_i, x_j)z_i\bar{z}_j - \sum_{i,j=0}^{n} \overline{g(x_i)}g(x_j)z_i\bar{z}_j \geqslant 0.$$

由上式，易得

$$\Big|\sum_{i=0}^{n} z_i\overline{g(x_i)}\Big|^2 \leqslant \Big\|\sum_{i=0}^{n} z_i K_{x_i}\Big\|^2.$$

令 $H_0 = \{\sum_{i=0}^{n} z_i K_{x_i} : x_i \in X, z_i \in \mathbb{C}, n \in \mathbb{Z}_+\}$. 在 H_0 上定义泛函

$$F : \sum_{i=0}^{n} z_i K_{x_i} \mapsto \sum_{i=0}^{n} z_i\overline{g(x_i)},$$

那么由上面的不等式，泛函 F 是良定义的线性泛函，且 F 在 H_0 上是有界的，并有 $\|F\|_{H_0} \leqslant 1$. 因为 H_0 在 H 中稠密，故 F 可唯一地延拓到整个 H 上，仍记为 F，且有 $\|F\| \leqslant 1$. 由 Riesz 表示定理，存在 $h \in H$，使得 $\|h\| = \|F\| \leqslant 1$，并且

$$\overline{g(x)} = F(K_x) = \langle K_x, h \rangle = \overline{h(x)}, \quad x \in X.$$

因此

$$g(x) = h(x), \quad x \in X.$$

故 $f = g/C \in H$，并且

$$\|f\| = \|g\|/C \leqslant 1/C.$$

这也给出了 $C \leqslant 1/\|f\|$. 完成了证明.   □

在 §3.2.6，我们讨论了 Hilbert 空间上的框架，特别是 Parseval 框架. 称 $\{x_s\}$ 是 H 的一个 Parseval 框架，如果对每个 $x \in H$，都成立

$$\|x\|^2 = \sum_s |\langle x, x_s \rangle|^2.$$

固定 H 的一个规范正交基 $\{e_s\}$. 当 H 是可分 Hilbert 空间时，系 3.2.19 表明 $\{x_s\}$ 是 H 的一个 Parseval 框架当且仅当存在一个等距算子 V 使得对所有 s，都有 $x_s = V^* e_s$. 不难验证，这个结论对所有 Hilbert 空间都成立.

　　下面的定理刻画了核函数和 Parseval 框架之间的关系.

定理 B3. 设 H 是 X 上的一个再生核函数 Hilbert 空间.

　　(i) 如果 $\{f_s\}$ 是 H 的一个 Parseval 框架，那么

$$K(x, y) = \sum_s \overline{f_s(x)} f_s(y), \ x, y \in X.$$

　　(ii) 假设每一个 f_s 是 X 上的函数，且有等式

$$K(x, y) = \sum_s \overline{f_s(x)} f_s(y), \ x, y \in X.$$

那么所有 f_s 都属于 H，且 $\{f_s\}$ 是 H 的一个 Parseval 框架.

证：　固定 H 的一个规范正交基 $\{e_s\}$，那么存在等距算子 V 使得对所有 s，都有 $f_s = V^* e_s$. 当 $x, y \in X$ 时，我们有

$$VK_x = \sum_s \langle VK_x, e_s \rangle e_s = \sum_s \langle K_x, V^* e_s \rangle e_s = \sum_s \langle K_x, f_s \rangle e_s = \sum_s \overline{f_s(x)} e_s;$$

$$VK_y = \sum_s \langle VK_y, e_s \rangle e_s = \sum_s \langle K_y, V^* e_s \rangle e_s = \sum_s \langle K_y, f_s \rangle e_s = \sum_s \overline{f_s(y)} e_s.$$

因为 V 是等距，从而

$$K(x, y) = \langle K_x, K_y \rangle = \langle VK_x, VK_y \rangle = \sum_s \overline{f_s(x)} f_s(y).$$

　　(ii) 由核函数的表达和定理 B2 (ii) 知，每一个 f_s 都属于 H，并且有 $\|f_s\| \leqslant 1$. 注意到 $H_0 = \{\sum_{i=0}^n z_i K_{x_i} : x_i \in X, z_i \in \mathbb{C}, n \in \mathbb{Z}_+\}$ 在 H 中稠密，任取其中一个函数

$h = \sum_{i=0}^{n} z_i K_{x_i}$，那么

$$
\begin{aligned}
\|h\|^2 &= \sum_{i,j=0}^{n} z_i \bar{z}_j \langle K_{x_i}, K_{x_j} \rangle = \sum_{i,j=0}^{n} z_i \bar{z}_j K(x_i, x_j) \\
&= \sum_{i,j=0}^{n} z_i \bar{z}_j \Big[\sum_s \overline{f_s(x_i)} f_s(x_j) \Big] = \sum_s \sum_{i,j=0}^{n} \Big[(\overline{z_i f_s(x_i)})(\bar{z}_j f_s(x_j)) \Big] \\
&= \sum_s \Big| \sum_{i=0}^{n} \bar{z}_i f_s(x_i) \Big|^2 = \sum_s \Big| \sum_{i=0}^{n} \langle f_s, z_i K_{x_i} \rangle \Big|^2 \\
&= \sum_s \Big| \langle f_s, \sum_{i=0}^{n} z_i K_{x_i} \rangle \Big|^2 = \sum_s \big| \langle h, f_s \rangle \big|^2.
\end{aligned}
$$

应用简单的逼近分析表明上面等式 $\|h\|^2 = \sum_s \big| \langle h, f_s \rangle \big|^2$ 对 H 中所有元素都成立，因此 $\{f_s\}$ 是 H 的一个 Parseval 框架. 完成了证明.   □

§B2   解析再生核函数空间

我们前面已多次遇到过解析再生核函数空间，如 Hardy 空间、Bergman 空间等. 在 §3.2.4 节，我们专门讨论了线性算子基本定理在解析再生核函数空间中的应用. 在这一段，我们简要介绍正定函数和解析再生核之间的对应关系.

设 Ω 是复平面上的一个区域，我们称 Ω 上的二元函数 $K(\lambda, z)$ 是 Ω 上的一个解析再生核，如果 $K(\lambda, z)$ 是正定的，且它关于变量 λ 是共轭解析的，关于变量 z 是解析的. 按照 §B1 的做法，通过解析再生核 $K(\lambda, z)$ 可构造出唯一的具有再生核 $K(\lambda, z)$ 的由 Ω 上的解析函数构成的 Hilbert 空间.

在这一段，我们主要考虑复平面圆盘上的一类最重要的解析再生核——由解析函数定义的再生核.

设 $f(z)$ 在开圆盘 $\mathbb{D}_R = \{z \in \mathbb{C} : |z| < R\}$ 中解析 $(0 < R \leqslant +\infty)$，并且

$$
f(z) = \sum_{n=0}^{\infty} \frac{f^{(n)}(0)}{n!} z^n
$$

是 $f(z)$ 的 Taylor 展式，那么在半径为 $r = \sqrt{R}$ 的开圆盘 $\mathbb{D}_r = \{z \in \mathbb{C} : |z| < r\}$ 上，我们定义二元函数 $K(\lambda, z) = f(\bar{\lambda} z)$. 下面的命题给出了 K 正定的条件.

命题 B3. 若 $f^{(n)}(0) \geqslant 0$，$n = 0, 1, 2, \cdots$，那么在开圆盘 $\mathbb{D}_r$ 上的二元函数 $K(\lambda, z)$ 是正定的.

证：　若对每个非负整数 n，$f^{(n)}(0) \geqslant 0$，那么对任何 $\lambda_0, \lambda_1, \cdots, \lambda_m \in \mathbb{D}_r$ 以及 $a_0, a_1, \cdots, a_m \in \mathbb{C}$，

$$\sum_{i,j=0}^{m} a_i \bar{a}_j K(\lambda_i, \lambda_j) = \sum_{n=0}^{\infty} \frac{f^{(n)}(0)}{n!} \Big(\sum_{i,j=0}^{m} (a_i \bar{\lambda}_i^{\,n})(\bar{a}_j \lambda_j^{\,n}) \Big) = \sum_{n=0}^{\infty} \frac{f^{(n)}(0)}{n!} \Big| \sum_{i=0}^{m} a_i \bar{\lambda}_i^{\,n} \Big|^2 \geqslant 0.$$

从而开圆盘 $\mathbb{D}_r$ 上的二元函数 $K(\lambda, z)$ 是正定的. 完成了证明.　　□

在命题 B3 的情形，若 $\sum_{n=0}^{\infty} \frac{f^{(n)}(0)}{n!} \big| \sum_{i=0}^{m} a_i \bar{\lambda}_i^{\,n} \big|^2 = 0$，那么对所有 $n \geqslant 0$，我们有

$$\frac{f^{(n)}(0)}{n!} \Big| \sum_{i=0}^{m} a_i \bar{\lambda}_i^{\,n} \Big|^2 = 0.$$

这蕴含了对所有 n，

$$\frac{f^{(n)}(0)}{n!} \sum_{i=0}^{m} a_i \bar{\lambda}_i^{\,n} = 0,$$

于是

$$\sum_{n=0}^{\infty} \frac{f^{(n)}(0)}{n!} \sum_{i=0}^{m} a_i \bar{\lambda}_i^{\,n} z^n = 0.$$

从而

$$\sum_{i=0}^{m} a_i K(\lambda_i, z) = 0.$$

这说明我们在 §B1 构造 Hilbert 空间过程中出现的 $\mathcal{F}_0 = \{0\}$. 记 $K_\lambda(z) = K(\lambda, z) = f(\bar{\lambda}z)$，并且记 $\mathcal{H}_f = \mathcal{H}_K$，那么 Hilbert 空间 $\mathcal{H}_f$ 就是由 $f(\bar{\lambda}z)$ 的线性组合张成的空间通过内积

$$\Big\langle \sum_i a_i f(\bar{\lambda}_i z), \sum_j b_j f(\bar{\lambda}_j z) \Big\rangle = \sum_{i,j} a_i \bar{b}_j f(\bar{\lambda}_i \lambda_j)$$

完备化得到的 Hilbert 空间. 对 $\mathcal{H}_f$ 的任何一个元素 g，定义开圆盘 $\mathbb{D}_r$ 上的函数 $g(\lambda) = \langle g, K_\lambda \rangle$. 由于 $f(\bar{\lambda}z)$ 的所有线性组合在 $\mathcal{H}_f$ 中稠密，那么存在一个序列 $\{g_n\}$，$g_n \to g$，并且每一个 g_n 是 $f(\bar{\lambda}z)$ 的一个线性组合. 对任何 $w \in \mathbb{D}_r$，

$$|g_n(w) - g(w)| = |\langle g_n - g, K_w \rangle| \leqslant \|g_n - g\| \|K_w\| = \|g_n - g\| \sqrt{f(|w|^2)},$$

同时注意到 f 在 $\mathbb{D}_r$ 的每一个紧子集上有界，以及每个 g_n 是 $\mathbb{D}_r$ 上的解析函数，因此在 $\mathbb{D}_r$ 的每一个紧子集上，解析函数 $g_n(w)$ 一致收敛到 $g(w)$. 这就表明了 g

也是 $\mathbb{D}_r$ 上的解析函数. 由此得到 $\mathcal{H}_f$ 是由 $\mathbb{D}_r$ 上的解析函数组成的再生核 Hilbert 空间，其再生核函数 $K(\lambda, z) = f(\bar{\lambda}z)$.

下面，在命题 B3 的情形，我们讨论 Hilbert 空间 $\mathcal{H}_f$ 的结构.

命题 B4. 在 $\mathbb{D}_r$ 上的解析再生核 Hilbert 空间 $\mathcal{H}_f$ 有规范正交基

$$\left\{ \left(\frac{f^{(n)}(0)}{n!} \right)^{\frac{1}{2}} z^n \ : \ \text{这里} \ f^{(n)}(0) \neq 0 \right\}.$$

证： 首先断言：如果当 $k = 0, 1, \cdots, m$ 时，$\frac{f^{(k)}(0)}{k!} z^k \in \mathcal{H}_f$，那么它们是相互正交的，且有

$$\left\| \frac{f^{(k)}(0)}{k!} z^k \right\| = \left(\frac{f^{(k)}(0)}{k!} \right)^{\frac{1}{2}}.$$

为了证明断言，令

$$P_m(z) = \sum_{k=0}^{m} \frac{f^{(k)}(0)}{k!} z^k.$$

那么对 $0 \leqslant l \leqslant m$ 以及任何 $\lambda \in \mathbb{D}_r$，我们有

$$\begin{aligned}
\frac{f^{(l)}(0)}{l!} \lambda^l &= \left\langle \frac{f^{(l)}(0)}{l!} z^l, \ K_\lambda(z) \right\rangle \\
&= \left\langle \frac{f^{(l)}(0)}{l!} z^l, \ P_m(\bar{\lambda}z) \right\rangle + \left\langle \frac{f^{(l)}(0)}{l!} z^l, \ f(\bar{\lambda}z) - P_m(\bar{\lambda}z) \right\rangle \\
&= \sum_{k=0}^{m} \lambda^k \left\langle \frac{f^{(l)}(0)}{l!} z^l, \ \frac{f^{(k)}(0)}{k!} z^k \right\rangle + \lambda^{m+1} h_l(\lambda),
\end{aligned}$$

这里

$$h_l(\lambda) = \left\langle \frac{f^{(l)}(0)}{l!} z^l, \ \sum_{k=m+1}^{\infty} \frac{f^{(k)}(0)}{k!} \bar{\lambda}^{k-m-1} z^k \right\rangle$$

是关于变数 λ 的解析函数. 考虑复变数 λ 以及 $0 \leqslant l \leqslant m$，由上面的推理，我们有

$$\frac{f^{(l)}(0)}{l!} \lambda^l = \sum_{k=0}^{m} \lambda^k \left\langle \frac{f^{(l)}(0)}{l!} z^l, \ \frac{f^{(k)}(0)}{k!} z^k \right\rangle.$$

因此函数 $\frac{f^{(k)}(0)}{k!} z^k$, $k = 0, 1, \cdots, m$ 是相互正交的，且

$$\left\| \frac{f^{(k)}(0)}{k!} z^k \right\| = \left(\frac{f^{(k)}(0)}{k!} \right)^{\frac{1}{2}}.$$

断言得证.

为了完成证明, 我们需要证明每一个 $\frac{f^{(k)}(0)}{k!}z^k$ 属于 $\mathcal{H}_f$. 当 $k = 0$ 时, 易见 $f(0) = K_0(z) \in \mathcal{H}_f$. 我们假设当 $0 \leqslant k \leqslant m$ 时, $\frac{f^{(k)}(0)}{k!}z^k \in \mathcal{H}_f$. 应用归纳法证明 $\frac{f^{(m+1)}(0)}{(m+1)!}z^{m+1} \in \mathcal{H}_f$. 置

$$P_m(z) = \sum_{k=0}^{m} \frac{f^{(k)}(0)}{k!}z^k,$$

那么对每个非零常数 c, $P_m(cz) \in \mathcal{H}_f$. 考虑序列 $\{\|n^{m+1}[K_{\frac{1}{n}}(z) - P_m(\frac{z}{n})]\|^2\}$, 并应用上述断言, 我们有

$$\left\|n^{m+1}\left[K_{\frac{1}{n}}(z) - P_m\left(\frac{z}{n}\right)\right]\right\|^2 = n^{2(m+1)}\left\langle f\left(\frac{z}{n}\right) - P_m\left(\frac{z}{n}\right), \ f\left(\frac{z}{n}\right) - P_m\left(\frac{z}{n}\right)\right\rangle$$

$$= \ n^{2(m+1)}\left[f\left(\frac{1}{n^2}\right) - P_m\left(\frac{1}{n^2}\right) - P_m\left(\frac{1}{n^2}\right) + \left\|P_m\left(\frac{z}{n}\right)\right\|^2\right]$$

$$= \ n^{2(m+1)}\left[f\left(\frac{1}{n^2}\right) - P_m\left(\frac{1}{n^2}\right) - P_m\left(\frac{1}{n^2}\right) + P_m\left(\frac{1}{n^2}\right)\right]$$

$$= \ n^{2(m+1)}\left[\sum_{k=m+1}^{\infty} \frac{f^{(k)}(0)}{k!}\frac{1}{n^{2k}}\right]$$

$$\rightarrow \ \frac{f^{(m+1)}(0)}{(m+1)!}, \ n \rightarrow \infty.$$

上面的推理表明在 $\mathcal{H}_f$ 的范数下, 序列 $\{n^{m+1}[K_{\frac{1}{n}}(z) - P_m(\frac{z}{n})]\}$ 是有界的, 并且因此存在一个弱收敛的子列, 记此子列为 $\{n_k^{m+1}[K_{\frac{1}{n_k}}(z) - P_m(\frac{z}{n_k})]\}$, 它弱收敛到 $\mathcal{H}_f$ 中的函数 h. 因此对任何 $\lambda \in \mathbb{D}_R$,

$$h(\lambda) = \langle h, \ K_\lambda \rangle = \lim_{k \rightarrow \infty} \left\langle n_k^{m+1}\left[K_{\frac{1}{n_k}}(z) - P_m\left(\frac{z}{n_k}\right)\right], \ K_\lambda \right\rangle$$

$$= \ \lim_{k \rightarrow \infty} n_k^{m+1}\left[f\left(\frac{\lambda}{n_k}\right) - P_m\left(\frac{\lambda}{n_k}\right)\right]$$

$$= \ \frac{f^{(m+1)}(0)}{(m+1)!}\lambda^{m+1}.$$

从而函数 $\frac{f^{(m+1)}(0)}{(m+1)!}z^{m+1} \in \mathcal{H}_f$. 因此归纳法表明

$$\left\{\left(\frac{f^{(n)}(0)}{n!}\right)^{\frac{1}{2}}z^n : \text{ 这里 } f^{(n)}(0) \neq 0\right\} \subseteq \mathcal{H}_f.$$

前面的断言表明集

$$\left\{\left(\frac{f^{(n)}(0)}{n!}\right)^{\frac{1}{2}}z^n : \text{ 这里 } f^{(n)}(0) \neq 0\right\}$$

是 $\mathcal{H}_f$ 的一个规范正交集. 用 $\mathcal{H}'$ 表示由这个规范正交集张成的闭子空间. 若 $\mathcal{H}_f \ominus \mathcal{H}' \neq \{0\}$, 我们取 $\mathcal{H}_f \ominus \mathcal{H}'$ 的一个规范正交基 $\{u_n(z)\}$, 那么由再生核的性质 (v),

$$K(\lambda, z) = f(\bar{\lambda}z) = \sum_{k=0}^{\infty} \frac{f^{(k)}(0)}{k!} \bar{\lambda}^k z^k + \sum_n \overline{u_n(\lambda)} u_n(z).$$

上式蕴含了 $\sum_n \overline{u_n(\lambda)} u_n(z) = 0$, 特别取 $z = \lambda$ 得到 $\sum_n |u_n(\lambda)|^2 = 0$, 故所有 $u_n = 0$. 完成了证明. $\qquad\square$

我们称函数 $f(z)$ 为正定的, 如果它定义的核函数 $K(\lambda, z) = f(\bar{\lambda}z)$ 是正定的. 下面是由正定函数诱导的几个经典的解析再生核函数空间.

例子 B1. 设 $f(z) = \frac{1}{1-z}$, 它诱导的解析再生核函数空间是单位圆盘上的 Hardy 空间 $H^2(\mathbb{D})$, 其再生核函数 $K(\lambda, z) = \frac{1}{1-\bar{\lambda}z}$.

例子 B2. 设 $f(z) = \frac{1}{(1-z)^2}$, 它诱导的解析再生核函数空间是单位圆盘上的 Bergman 空间 $L_a^2(\mathbb{D})$, 其再生核函数 $K(\lambda, z) = \frac{1}{(1-\bar{\lambda}z)^2}$.

例子 B3. 设 $f(z) = 1 - \log(1-z)$, 它诱导的解析再生核函数空间是单位圆盘上的 Dirichlet 空间 $\mathcal{D}^2(\mathbb{D})$, 其再生核函数 $K(\lambda, z) = 1 - \log(1-\bar{\lambda}z)$.

例子 B4. 设 $f(z) = e^z$, 它诱导的解析再生核函数空间是复平面 $\mathbb{C}$ 上的经典的 Fock 空间 $L_a^2(\mathbb{C})$, 其再生核函数 $K(\lambda, z) = e^{\bar{\lambda}z}$.

命题 B3 给出了解析函数是正定的充分条件, 事实上, 这个条件也是必要的. 这就是下面的定理.

定理 B4. 设 $f(z)$ 在原点 $z = 0$ 的一个邻域上解析, 那么 $f(z)$ 是正定的当且仅当对每个非负整数 n, $f^{(n)}(0) \geqslant 0$.

证: 充分性在命题 B3 中得证, 下面我们证必要性. 若 $g(z)$ 在原点 $z = 0$ 的一个邻域上解析, 定义其微商算子 $\mathrm{D}g(z) = \frac{g(z)-g(0)}{z}$. 断言: 若 g 是正定的, 那么其微商 $\mathrm{D}g$ 也是正定的. 我们首先证明 $\varphi(z) = g(z) - g(0)$ 是正定的. 设 $g(z) = a_0 + a_1 z + a_2 z^2 + \cdots$ 是 $g(z)$ 的解析展开, 记 R 为该级数的收敛半径. 因为 g 是正定的, 任取 $\mathbb{D}_r$ $(r = \sqrt{R})$ 中的点 $\lambda_0, \cdots, \lambda_m$, 以及 $\lambda_{m+1} = 0$, 并且任取复数 $\xi_0, \cdots, \xi_m$, 以及 $\xi_{m+1} = -(\xi_0 + \cdots + \xi_m)$, 那么就有

$$\sum_{i,j=0}^{m+1} \xi_i \bar{\xi}_j g(\bar{\lambda}_i \lambda_j) = \sum_{n=0}^{\infty} a_n \Big[\sum_{i,j=0}^{m+1} (\xi_i \bar{\lambda}_i^n)(\bar{\xi}_j \lambda_j^n) \Big] = \sum_{n=0}^{\infty} a_n \Big| \sum_{i=0}^{m+1} \xi_i \bar{\lambda}_i^n \Big|^2$$

$$= \sum_{n=1}^{\infty} a_n \Big| \sum_{i=0}^{m} \xi_i \bar{\lambda}_i^n \Big|^2 = \sum_{i,j=0}^{m} \xi_i \bar{\xi}_j \varphi(\bar{\lambda}_i \lambda_j) \geqslant 0.$$

上面的推理表明 $\varphi(z) = g(z) - g(0)$ 是正定的. 写 $\varphi(z) = z\psi(z)$, 这里 $\psi(z) = Dg(z)$. 仿照上面的步骤, 任取 $\mathbb{D}_r$ 中的点 $\lambda_0, \cdots, \lambda_m$, 且每个 $\lambda_i \neq 0$, 并且任取复数 $\xi_0, \cdots, \xi_m$, 记 $\xi_i' = \bar{\lambda}_i^{-1}\xi_i$, 那么我们有

$$\sum_{i,j=0}^{m} \xi_i \bar{\xi}_j \psi(\bar{\lambda}_i \lambda_j) = \sum_{i,j=0}^{m} \bar{\lambda}_i \lambda_j \xi_i' \bar{\xi}_j' \psi(\bar{\lambda}_i \lambda_j) = \sum_{i,j=0}^{m} \xi_i' \bar{\xi}_j' \varphi(\bar{\lambda}_i \lambda_j) \geqslant 0.$$

因为 ψ 是连续的, 应用简单的逼近方法表明上面的正定性的结论在去除 $\lambda_i \neq 0$ 的限制后依然成立. 从而 ψ 是正定的, 即 Dg 是正定的, 断言获证.

现在我们回到定理的证明. 展开 $f(z) = b_0 + b_1 z + \cdots$. 因为 $f(z)$ 正定, 故 $b_0 = f(0) \geqslant 0$. 由上面的断言, Df 正定, 故 $b_1 = Df(0) \geqslant 0$. 同理, $b_2 = D(Df)(0) \geqslant 0$. 依此类推, 对所有 n, $b_n = D^n f(0) \geqslant 0$. 完成了证明. □

在再生核解析函数 Hilbert 空间的情形, 应用定理 B3 和 [GH, Lemma A2], 我们将表明核函数和 Paseval 框架有更密切的关系.

设 Ω 是复平面上的一个区域, 记 $\Omega^* = \{z : \bar{z} \in \Omega\}$. 在文献 [GH] 中的 Lemma A2 是: 若 $G(z, w)$ 在 $\Omega \times \Omega^*$ 上解析, 且 $G(z, \bar{z}) = 0$, $z \in \Omega$, 那么 $G \equiv 0$.

命题 B5. 设 H 是 Ω 上的一个再生核解析函数 Hilbert 空间.

(i) 如果 $\{f_n\}$ 是 H 的一个 Parseval 框架, 那么

$$K(z, z) = \sum_n |f_n(z)|^2, \quad z \in \Omega.$$

(ii) 假设每一个 f_n 在 Ω 上是解析的, 且有等式

$$K(z, z) = \sum_n |f_n(z)|^2, \quad z \in \Omega,$$

那么所有 f_n 都属于 H, 且 $\{f_n\}$ 是 H 的一个 Parseval 框架.

证: (i) 是显然的. (ii) 定义 $\Omega \times \Omega^*$ 上的函数 $G(z, w) = \sum_n f_n(z)\overline{f_n(\bar{w})}$, 并令 $H(z, w) = K(\bar{w}, z)$, 那么 G, H 是 $\Omega \times \Omega^*$ 上的解析函数, 并且我们有

$$H(z, \bar{z}) = K(z, z) = \sum_n |f_n(z)|^2 = G(z, \bar{z}), \quad z \in \Omega.$$

应用 [GH, Lemma A 2], 我们得到 $H(z, w) = G(z, w)$, 并且

$$K(\lambda, z) = \sum_n \overline{f_n(\lambda)} f_n(z), \quad \lambda, z \in \Omega.$$

由定理 B3, 我们推知 $\{f_n\}$ 是 H 的一个 Parseval 框架. 完成了证明. □

参考文献

[Ar]   ARONSZAJN N. Theory of reproducing kernels[J]. Transactions of the American Mathematical Society, 1950, 68: 337-404.

[Ar1]   ARVESON W. A short course on spectral theory[M]. Graduate Texts in Mathematics 209. New York: Springer-Verlag, 2002.

[Ar2]   ARVESON W. An invitation to C^*-algebras[M]. Graduate Texts in Mathematics 39. New York: Springer-Verlag, 1976.

[Arn]   ARNOLD D N. Functional analysis[M/OL]. http://www.math.psu.edu/dna/.

[ACS]   AXLER S, CHANG S Y A, SARASON D. Products of Toeplitz operators[J]. Integral Equations and Operator Theory, 1978, 1: 285-309.

[ARS]   ALEMAN A, RICHTER S, SUNDBERG C. Beurling's theorem for the Bergman space[J]. Acta Mathematica, 1996, 177: 275-310.

[AZ]   AXLER S, ZHENG D C. Compact operators via the Berezin transform[J]. Indiana University Mathematics Journal, 1998, 47(2): 387-400.

[AV]   ALEMAN A, VUKOTIĆ D. Zero products of Toeplitz operators[J]. Duke Mathematical Journal, 2009, 148(3): 373-403.

[Ba]   BAGGETT L W. Functional analysis: a primer[M]. New York: Marcel-Dekker Inc, 1992.

[Ban]   BANACH S. Theory of linear operations[M]. Amsterdam: North-Holland, 1987.

[BS]   BERGER C A, SHAW B I. Selfcommutators of multicyclic hyponormal operators are always trace class[J]. Bulletin of the American Mathematical Society, 1973, 79: 1193-1199.

[BDF]   BROWN L G, DOUGLAS R G, FILLMORE P A. Unitary equivalence modulo the compact operators and extensions of C^*-algebras[M]//FILLMORE P A. Proceedings of a conference on operator theory. Lecture Notes in Mathematics 345. Berlin: Springer, 1973: 58-128.

[BFP]   BERCOVICI H, FOIAS C, PEARCY C. Dual algebras with applications to invariant subspaces and dilation theory[M]. CBMS Regional Conference Series in Mathematics 56. Rhode Island: American Mathematical Society, 1985.

[CG]　　CHEN X M, GUO K Y. Analytic Hilbert modules[M]. Research Notes in Mathematics 433. New York: Chapman & Hall/CRC, 2003.

[Ch]　　CHRISTENSEN O. An introduction to frames and Riesz bases[M]. 2ed. Applied and Numerical Harmonic Analysis. Basel: Birkhäuser, 2016.

[Con1]　CONWAY J B. A course in functional analysis[M]. 2ed. Graduate Texts in Mathematics 96. New York: Springer-Verlag, 1990.

[Con2]　CONWAY J B. A course in operator theory[M]. Graduate Studies in Mathematics 21. Rhoede Island: American Mathematical Society, 2000.

[Con3]　CONWAY J B. The theory of subnormal operators[M]. Mathematical Surveys and Monographs 36. Rhode Island: American Mathematical Society, 1991.

[CM]　　COWEN C C, MACCLUER B D. Composition operators on spaces of analytic functions[M]. Boca Raton: CRC Press, 1995.

[Die]　　DIEUDONNÉ J. History of functional analysis[M]. New York: North-Holland Publishing Compony, 1981.

[Dou]　　DOUGLAS R G. Banach algebra techniques in operator theory[M]. 2ed. Graduate Texts in Mathematics 179. New York: Springer-Verlag, 1998.

[DP]　　DOUGLAS R G, PAULSEN V I. Hilbert modules over function algebras[M]. Pitman Research Notes in Mathematics Series 217. Harlow :Longman Scientific & Technical, Harlow; copublished with New York: John Wiley & Sons, 1989.

[DS]　　DUNFORD N, SCHWARTZ J T. Linear operators: all three parts[M]. New York. John Wiley & Sons, 1988.

[Dur]　　DUREN P L. Theory of H^p space. New York: Academic Press, 1970.

[En]　　ENFLO P. A counterexample to the approximation property in Banach spaces[J]. Acta Mathematica, 1973, 130: 309-317.

[Eng]　　ENGLIŠ M. Toeplitz operators and the Berezin transform on H^2[J]. Linear Algebra and Its Application, 1995, 223/224: 171-204.

[Gar]　　GARNETT J B. Bounded analytic functions[M]. Graduate Texts in Mathematics 236. New York: Springer, 2007.

[Gam]　　GAMELIN T W. Uniform Algebras[M]. New Jersey: Prentice Hall, 1969.

[Guo]　　GUO K Y. A problem on products of Toeplitz operators[J]. Proceedings of the American Mathematical Society, 1996, 124: 869－871.

[GH]   GUO K Y, HUANG H S. Multiplication operators on the Bergman space[M]. Lecture Notes in Mathematics 2145. Berlin: Springer-Verlag, 2015.

[Gu]   GU C X. Products of several Toeplitz operators[J]. Journal of Functional Analysis. 2000, 171: 483 – 527.

[Hal]   HALMOS P R. A Hilbert space problem book[M]. 2ed. Graduate Texts in Mathematics 19. Encyclopedia of Mathematics and Its Applications 17. New York-Berlin: Springer-Verlag, 1982.

[Hal1]   HALMOS P R. Ten problems in Hilbert space[J]. Bulletin of the American Mathematical Society, 1970, 76: 887-933.

[Hed]   HEDENMALM H. An invariant subspace of the Bergman space having the codimension two property[J]. Journal für die Reine und Angewandte Mathematik, 1993, 443: 1-9.

[HKZ]   HEDENMALM H, KORENBLUM B, ZHU K H. Theory of Bergman spaces[M]. Graduate Texts in Mathematics 199. New York: Springer-Verlag, 2000.

[Hof]   HOFFMAN K. Banach spaces of analytic functions[M]. Prentice-Hall Series in Modern Analysis. New Jersey: Prentice-Hall, 1962.

[Jon]   JONES V. von Neumann algebras[M/OL]. http://math.berkeley.edu/˜vfr.

[KF]   KOLMOGOROV A N, FOMIN S V. Elements of the theory of functions and functional analysis[M]. New York: Dover Publications, 1999.

[Lax]   LAX P D. Functional analysis[M]. Pure and Applied Mathematics: A Wiley Series of Texts, Monographs and Tracts. New Jersey: John Wiley & Sons, 2002.

[MR]   MARTÍNEZ-AVENDAÑO R A, ROSENTHAL P. An introduction to operators on the Hardy-Hilbert space[M]. Graduate Texts in Mathematics 237. New York: Springer Science+Business Media, 2007.

[Neu]   von NEUMANN. Mathematical foundations of quantum mechanics[M]. New Jersey: Princeton University Press, 1955.

[Ox]   OXTOBY J C. Measure and category: a survey of the analogies between topological and measure spaces[M]. 2ed. Graduate Texts in Mathematics 2. New York-Berlin: Springer-Verlag, 1980.

[Pel]   PELLER V. Hankel operators and their applications[M]. Springer Monographs in Mathematics. New York: Springer-Verlag, 2003.

[Pis]   PISIER G. Similarity problems and completely bounded maps[M]. Lecture Notes in Mathematics 1618. Berlin: Springer-Verlag, 1996.

[PS]   PEARCY C, SHIELDS A L. A survey of the Lomonosov technique in the theory
            of invariant subspaces[M]//PEARCY C. Topics in operator theory. Mathematical
            Surveys 13. Rohde Island: American Mathematical Society, 1974: 219－229.

[Pog]   POGGI-CORRADINI P. The essential norm of composition operators revisit-
            ed[M]//JAFARI F, MACCLUER B D, COWEN C C, et al. Studies on composition
            operators. Contemporary Mathematics 213. Rohde Island: American Mathemati-
            cal Society, 1998: 167-173.

[PR]   PAULSEN V I, RAGHUPATHI M. An introduction to the theory of reproduc-
            ing kernel Hilbert spaces[M].Cambridge Studies in Advanced Mathematics 152.
            Cambridge: Cambridge University Press, 2016.

[Roy]   ROYDEN H, FITZPATRICK P. Real analysis[M]. 4ed. New Jersey: Prentice Hall,
            2010.

[RS]   REED M, SIMON B. Methods of modern mathematical physics: all four vol-
            umes[M]. 2ed. New York: Academic Press, 1980.

[Ru1]   RUDIN W. Functional analysis[M]. 2ed. International Series in Pure and Applied
            Mathematics. New York: McGraw-Hill, 1991.

[Ru2]   RUDIN W. Real and complex analysis[M]. 3ed. New York: McGraw-Hill, 1987.

[Ru3]   RUDIN W. Fourier Analysis on Groups. D. van Nostrand Co. 1962.

[Sh1]   SHAPIRO J H. The essential norm of a composition operator[J]. Annals of Math-
            ematics, 1987, 125(2): 375-404.

[Sh2]   SHAPIRO J H. Composition operators and classical function theory[M]. New
            York: Springer-Verlag, 1993.

[SS]   STEIN E, SHAKARCHI R. Functional analysis: introduction to further topics in
            analysis[M]. Princeton Lectures in Analysis 4. New Jersey: Princeton University
            Press, 2011.

[Vol]   VOLBERG A L. Two remarks concerning the theorem of S. Axler, S. -Y. A.
            Chang, and D. Sarason[J]. Journal of Operation Theory, 1982, 7(2): 209－218.

[Yos]   YOSIDA K. Functional analysis[M]. 6ed. Berlin: Springer-Verlag, 1980.

[Zei]   ZEIDLER E. Nonlinear functional analysis and its applications: all four vol-
            umes[M]. New York: Springer-Verlag, 1986.

[Zhu1]   ZHU K H. Operator theory in function spaces[M]. 2ed. Mathematical Surveys
            and Monographs 138. Rohde Isalnd: American Mathematical Society, 2007.

[Zhu2]   ZHU K H. Schatten class Hankel operators on the Bergman space of the unit ball[J]. American Journal of Mathematics, 1991, 113(1): 147-167.

[Zhu3]   ZHU K H. Duality of Block spaces and norm convergence of Taylor series[J]. Michigan Mathematical Journal, 1991, 38(1): 89-101.

[Wik]   Portal: Mathematics[EB/OL]. http://en.wikipedia.org/wiki/Portal:Mathematics.

[Guo]   郭坤宇. 算子理论基础[M]. 上海：复旦大学出版社，2014.

[Li1]   李炳仁. 算子代数[M]. 北京：科学出版社，1986.

[Li2]   李炳仁. Banach 代数[M]. 北京：科学出版社，1999.

[Tong]   童裕孙. 泛函分析教程[M]. 上海：复旦大学出版社，2001.

[Xia]   夏道行. 无限维空间上的测度和积分 —— 抽象调和分析[M]. 2 版. 北京：高等教育出版社，2008.

[XWYS]   夏道行，吴卓人，严绍宗等. 实变函数论与泛函分析（全二册）[M]. 2 版. 北京：高等教育出版社，2010.

[Xu]   徐宪民. 复合算子理论[M]. 北京：科学出版社，1999.